水利工程建设项目施工监理控制管理

主编 刘明忠 田淼 易柏生

中国水利水电出版社
www.waterpub.com.cn
·北京·

内 容 提 要

本书以现行有效的技术规范、规程、标准以及相关文件为依据，以规范性、实用性、可操作性为宗旨，采用专用表格、填表说明、文本示范等形式，对水利工程建设项目施工监理的控制、管理、协调等工作进行了较为详细地阐述，内容丰富，资料翔实。

本书分为 8 章，第 1 章施工前期的监理工作，第 2 章施工过程中的监理工作，第 3 章工程验收与移交的监理工作，第 4 章水利工程设备制造的监理工作，第 5 章常用表格及填表说明，第 6 章水利工程项目划分及质量、安全监控要点，第 7 章常用部分水利工程建设规范、标准及监理实施细则库，第 8 章水利工程施工、监理合同示范文本。

本书由湖北瑞洪工程管理有限公司组织具有实践经验的专家和技术人员编写。可供水利水电工程监理机构借鉴以指导水利水电工程施工监理工作，也可供发包人、运行单位、设计单位、施工单位的领导、技术人员以及高等院校施工监理等相关专业参考使用。

图书在版编目（CIP）数据

水利工程建设项目施工监理控制管理 / 刘明忠，田淼，易柏生主编. -- 北京 : 中国水利水电出版社，2019.1
ISBN 978-7-5170-7569-1

Ⅰ. ①水… Ⅱ. ①刘… ②田… ③易… Ⅲ. ①水利工程－监理工作－高等学校－教材 Ⅳ. ①TV523

中国版本图书馆CIP数据核字(2019)第056764号

书　　名	**水利工程建设项目施工监理控制管理** SHUILI GONGCHENG JIANSHE XIANGMU SHIGONG JIANLI KONGZHI GUANLI
作　　者	刘明忠　田　淼　易柏生　主编
出版发行	中国水利水电出版社 （北京市海淀区玉渊潭南路 1 号 D 座　100038） 网址：www.waterpub.com.cn E - mail：sales@waterpub.com.cn 电话：(010) 68367658（营销中心）
经　　售	北京科水图书销售中心（零售） 电话：(010) 88383994、63202643、68545874 全国各地新华书店和相关出版物销售网点
排　　版	中国水利水电出版社微机排版中心
印　　刷	清淞永业（天津）印刷有限公司
规　　格	210mm×285mm　16 开本　31.5 印张　932 千字
版　　次	2019 年 1 月第 1 版　2019 年 1 月第 1 次印刷
印　　数	0001—3000 册
定　　价	**100.00 元**

《水利工程建设项目施工监理控制管理》

编 委 会 名 单

主　编：刘明忠　田　淼　易柏生

编写人员：刘明忠　田　淼　易柏生　牛爱军　程国栋　赵华安

王知晓　李　锋　盛玉国　刘志强　罗金桥　向　阳

宁银军　刘　凯　胡小梅　郑　国　陈祖梅　陈崇德

前　言

为规范开展监理工作，确保水利工程建设监理单位向业主（发包人）提供符合规定要求的产品和满意周到的服务，以使工程质量合格，根据《水利工程施工监理规范》（SL 288—2014）、《水利水电工程施工质量检验与评定规程》（SL 176—2007）、《水利水电建设工程验收规程》（SL 223—2008）、《水利工程建设项目施工监理实用手册》等，结合水利水电监理项目的工程特点和质量控制体系的有关规定，湖北瑞洪工程管理有限公司组织具有实践经验的专家和技术人员编写了《水利工程建设项目施工监理控制管理》。本书分为 8 章，第 1 章施工前期的监理工作，第 2 章施工过程中的监理工作，第 3 章工程验收与移交的监理工作，第 4 章水利工程设备制造的监理工作，第 5 章常用表格及填表说明，第 6 章水利工程项目划分及质量、安全监控要点，第 7 章常用部分水利工程建设规范、标准及监理实施细则库，第 8 章水利工程施工、监理合同示范文本。通过采用专用表格、填表说明、文本示范等形式，对水利水电工程建设项目施工监理的控制、管理、协调等工作进行了较为详细的阐述，内容丰富，资料翔实，对于监理人员做好水利工程施工控制与管理工作具有实操性。

湖北瑞洪工程管理有限公司主要从事水利水电工程、水土保持、环境保护、金属结构与机电设备制造、安装等监理业务，承担过南水北调、鄂北引水、漳河水库整险加固、长江干堤加固等大型水利水电工程建设项目的施工监理任务。公司多次获得业务主管部门和社会有关部门颁发的"立信单位""诚信单位""守合同重信用单位"；所监理的工程多次获得"湖北省水利工程优质奖（江汉杯）""文明工地""大禹奖"等；在监理方面积累了长达 20 年实践经验。此次组织公司专家及技术人员编写本书，一方面，是总结在施工监理工作积累多年的好经验、好做法；另一方面，将已成体系的施工监理工作以书面文字形式记录下来，以便更好地规范施工监理工作，从而为保证水利工程质量发挥规范指导作用。

本书由刘明忠总撰，由田淼、易柏生负责主编。其中：赵华安、王知晓、刘凯进行了第 1 章的编写，刘明忠、田淼、胡小梅进行了第 2 章的编写，盛玉国、陈祖梅、陈崇德进行了第 3 章的编写，牛爱军、程国栋进行了第 4 章的编写，向阳、郑国进行了第 5 章的编写，李锋、罗金桥进行了第 6 章的编写，易柏生、刘志强、宁银军进行了第 7 章和第 8 章的编写。本书于 2016 年 6 月完成初稿，并在公司内部试运用两年多的时间，受到员工的喜爱和各方的好评，为全面提升公司监管能力和核心竞争力、打造公司优质监理品牌发挥了积极良好的作用。此外，在本书编写过程中，湖北省漳河工程管理局有关部门和专业人员进行了指导并提出了许多具体意见，在此一并致谢！

　　由于水平有限，时间仓促，不足之处，敬请大家指正。

编者

2019 年 1 月

目　录

第1章 施工前期的监理工作

1.1 工程招投标监理工作

1.1.1 编制监理大纲

监理大纲是监理单位在监理投标阶段编制的规划性文件，也是为承接某工程项目而编写的技术性文件。招标文件对监理大纲的编写都有较为具体要求，主要内容一般有：工程概况，监理范围与服务内容，监理依据、目标、机构及人员组成，监理工作程序、方法和制度，质量、安全、资金、进度控制措施，合同与信息管理方案，组织协调内容及措施，水土保持、环境保护、文明施工措施，监理工作的重点、难点分析与对策、建议，拟投入的监理设施、设备等。一般由公司项目管理部组织拟参与投标人员编写，经营部审核，技术负责人批准。

1.1.2 工程项目监理合同的签订

监理合同按水利部与国家工商行政管理总局联合颁发的统一格式《水利工程施工监理合同示范文本》（GF-2007-0211），包括"水利工程施工监理合同书""通用合同条款""专用合同条款""附件"四个部分。

"水利工程施工监理合同书"由委托人与监理人平等协商一致后签署；"通用合同条款""专用合同条款"是一个有机整体，"通用合同条款"不得修改，"专用合同条款"是针对具体工程项目特定条件对"通用合同条款"的补充和具体说明，应根据工程监理实际情况进行修改和补充；"附件"所列监理服务的工作内容及相关要求，供委托人和监理人签订合同时参考。

合同签订后，由经手人报综合部归档，综合部将合同复印件分发有关部门备案，拟任总监理工程师开始监理处的筹备工作。

1.1.3 协助发包人进行施工招标、投标工作

（1）协助编制招标报告的主要内容。

（2）协助编制工程预算。

（3）编制资格预审文件及参与资格预审。

（4）协助发包人编制招标文件。

（5）参与发包人与承包人的合同谈判、签订。

目前，国内水利工程项目主要由招标代理机构负责前4项工作，监理人适时参与第5项工作。

1.2 开工前期监理准备工作

1.2.1 组建现场工程项目监理处

（1）公司法定代表人任命总监理工程师。公司项目管理部依据招标文件要求，草拟监理处成立

文件报公司领导批复，并在监理合同约定的时间内，及时派遣监理人员进驻现场，组建项目监理处。向发包人报送成立项目监理处的函件，主要内容包括：人员组成，分工情况及相关岗位证书和资质证书、公司营业执照和资质证书等。

（2）按照公司与监理合同的要求，对现场监理处办公室进行布置。

1）设置监理处标牌。

2）有关资料上墙张贴。主要有：公司宗旨、质量目标、质量方针、管理方针、总监理工程师岗位职责、监理人员守则、工程平面与剖面图、晴雨表、监理处考勤表、单位资质、营业执照、质量认证证书复印件等。

3）配备办公、通信、交通、生活等设备和设施。

4）由项目总监理工程师依据现场需要，列出采购清单报公司领导批准后，由综合部负责采购。

1.2.2　制定各项工作制度

1. 技术文件审核、审批制度

（1）根据施工合同约定，认真核查、审核发包人提供的施工图纸、技术文件。

（2）审批承包人提交的开工申请、施工组织设计、施工措施计划、施工进度计划、专项施工方案、安全技术措施、度汛方案和灾害应急预案等文件以及施工组织机构设置和关键人员及其资格证书等。

（3）如果承包人、发包人在施工过程中对技术文件进行调整，监理处应重新核查、审核经过调整的技术文件，然后才能付诸实施。

（4）如果承包人、发包人没有主动提交调整的技术文件，监理处应当要求承包人、发包人提交。

（5）如果承包人、发包人拒绝提交调整技术文件的，监理处应当视情况采取相应的措施，如暂停施工等。

（6）监理处对于技术文件的核查、审核、审批，并不能减轻相对人（承包人、发包人）应当承担的责任。

2. 原材料、中间产品和工程设备报验制度

（1）根据合同约定，所有的原材料、中间产品和工程设备进场时，必须出具出厂合格证、生产许可证、质量保证书和使用说明书。复印件应加盖提供者（供应商）和提交者（承包人）的印章并签名，提交四份以便留备存档。

（2）进场的原材料、中间产品等均需按规范标准，在监理人员的见证下，取样送往具有相应资质的检测部门检测，检测结果及时报送监理处。

（3）对于不合格的原材料、中间产品和工程设备，监理处应作出不允许投入使用的决定，并按要求在监理人员的监督下运离施工现场。

（4）对于可以考虑降级使用的原材料、中间产品等，应得到有关单位的认可、批准。

（5）监理工程师必须到材料堆放场，按规定的比例和方法抽样，并送另一家具有相应资质的检测单位进行平行检测。

（6）承包人报送的《原材料/中间产品进场报验单》《施工设备进场报验单》《砂石料质量检验报告单》《混凝土配合比试验单》《钢筋焊接质量检验单》等，经监理工程师签字审核后方可使用。

3. 工程质量报验制度

（1）承包人每完成一道工序或一个单元工程后，首先由承包人进行"三检"（即初检、复检、终检），并有详细的自检记录。

（2）承包人经"三检"合格后，填写相应表格，报送监理处检验。

（3）对于"三检"资料不完善，"三检"不合格，特别是隐蔽工程资料不全的，监理工程师应当拒绝予以检验、评定。

（4）上道工序或上一单元工程未经复核检验或复核检验不合格，不得进行下道工序或下一单元工程施工。

（5）监理工程师在检查工作中发现的工程质量缺陷和一般的问题，应随时通知承包人及时改正，并做好记录，记入《监理日记》，指明质量问题的部位、性质及整改意见，限期纠正。待重新检验合格后，方可进行下道工序的施工。

（6）如承包人不及时改正，情节严重的，监理工程师可报请总监理工程师批准，发出部分工程《暂停施工指示》。待承包人改正后报监理处进行复核，确认合格后，发出《复工通知》，承包人方可重新施工。

（7）单元工程质量在承包人班组自检的基础上，由承包人工程负责人组织有关人员评定，并经承包人专职质量检查员核定，报现场监理工程师评定其质量等级。

（8）分部工程质量在承包人自评合格后，由监理处组织有关单位验收，发包人认定。分部工程验收的质量结论由发包人报质量监督机构核备。

（9）单位工程质量在承包人自评合格后，由监理单位复核，发包人组织有关单位验收。单位工程验收的质量结论由发包人报质量监督机构核定。

（10）监理工程师需要承包人执行的事项，除口头通知外，还应发出《监理通知》，监督承包人执行。

4. 工程计量付款签证制度

（1）根据合同约定，承包人在提交预付款支付申请的同时，应提供满足支付条件的证明，监理处将检查进场的施工人员、施工设备，核查工程保险、履约保函等是否符合合同规定，签署支付证书报发包人批准。

（2）监理处按照施工承包合同技术条款中关于工程量计量规则的约定，对承包人申请支付的工程量进行计量。

（3）未经批准，或因承包人责任，或因承包人施工需要而额外发生的工程量，不予计量。

（4）若施工承包合同未明确计量方法时，应与发包人、承包人协商后确定，再进行计量。

（5）承包人进度款申请应附有工程量计算书，监理工程师根据计量测量的结果审核完成工程量，同时应完成对单元工程的质量评定。在此基础上按照相应单价提出审核意见，签发支付证书后报发包人批准。进度款支付将根据合同规定扣还预付款、扣除质量保留金等。

（6）因各种原因超过合同工程量的部分项目，在完成变更手续后，可进入进度款结算；如变更手续没有完成，承包人占用资金较多，经发包人批准后，可进入进度款暂预结算部分。

5. 会议制度

（1）第一次监理工地会议。第一次监理工地会议在监理处批复合同工程开工前举行，是发包人、承包人、设计单位、监理人以及工程项目建设有关其他各方合作的开始。第一次工地会议由总监理工程师主持，总监理工程师负责起草第一次工地会议纪要，并由各方代表会签。第一次工地会议包括如下内容：

1）发包人、监理人、设计单位、各承包人各自介绍驻现场的机构、人员及其分工及相关信息的沟通。

2）发包人介绍开工准备情况及提出相关要求。

3）其他各单位介绍各自的准备情况。

4）监理处对施工准备情况提出意见、要求，并进行首次监理工作交底。

5）确定实行例会制，并定下例会周期、地点、各方参加的主要人员。

（2）监理例会。一般每旬或每周召开一次（特殊情况下可另定），主要有以下内容：

1）通报工程进展情况，检查上次监理例会中有关决定执行情况。

2）分析当前存在的问题，提出问题的解决方案或建议。

3）明确会后应当完成的任务及其责任方和完成时限。

4）商议解决有关需要议定的事项。

5）解决需要协调的有关事宜。

（3）监理专题会议。监理处根据工作需要，主持召开监理专题会议，会议议题可包括施工质量、施工方案、施工进度、技术交底、变更、索赔、争议及专家咨询等方面。

（4）图纸会审、设计交底会议。按照合同规定核查发包人提供的设计图纸后，监理处组织专门会议，要求设计方对其设计意图、设计要求进行必要的说明，对施工和监理单位有关人员提出的疑问进行答疑，并形成会议纪要。经监理处核查的设计图纸在监理处签署审查意见及加盖公章后发给承包人实施。

（5）监理实施细则交底会议。相应专业工程开工前，监理处应组织召开相应监理实施细则交底会议。

（6）监理内部工作会议。由总监理工程师主持，全体监理人员参加，研究、解决监理工作中有关工程质量、进度、投资、合同等方面出现的问题，并形成纪要和大事记。

（7）《会议纪要》。

1）所有会议纪要由监理处安排专人编写，会议主持人签字后分发给参加会议的各方。

2）参会各方收到本会议纪要后，持不同意见者应于 3 日内书面回复监理处；超过 3 日未书面回复意见的，视为同意本会议纪要。

3）《会议纪要》仅作为会议的原始记录，不具备约束力，没有合同效力，不能作为文件执行。

4）如果需要承包人执行《会议纪要》的内容，监理处则另行签发《监理通知》。

6. 施工现场紧急情况报告制度

（1）施工现场可能出现的紧急情况有各类自然灾害、事故等，影响施工正常进行与危及财产和生命安全。

（2）针对施工现场可能出现的各种紧急情况，编制处理预案等文件并适时组织演练。

（3）发生紧急情况时，监理处立即向发包人报告，并指示承包人采取有效的紧急处理措施，将损失降低到最低程度，必要时可直接向主管部门报告。

（4）紧急情况处理完毕，认真进行反思并编写总结报告。

7. 监理报告制度

（1）监理工作报告包括向发包人呈送的《监理月报》《监理专题报告》；在工程验收时，提交工程建设《监理工作报告》等。

（2）《监理月报》每月定期向发包人报告现场施工情况，主要内容有：本月工程施工情况；工程质量控制情况；工程进度控制情况；工程资金控制情况；施工安全监理情况；文明施工监理情况；合同管理的其他工作情况；监理机构运行情况；监理工作小结；存在的问题及有关建议；下月工作安排；监理大事记及附表等。附表格式采用《水利工程施工监理规范》（SL 288—2014）附录 E 中的监理工作常用表格格式。

（3）《监理专题报告》用于汇报专题事件实施情况，主要内容有：事件描述、事件分析、事件处理、对策与措施及其他等。格式按《水利工程施工监理规范》（SL 288—2014）附录 D.3 规定编写。

（4）监理工作报告。工程验收前及时向验收组（委员会）提交监理工作报告，格式按《水利工程施工监理规范》(SL 288—2014)附录 D.4 规定编写。

(5) 监理报告应真实反映工程或事件状况、监理工作情况，做到内容全面、重点突出、语言简练、数据准确，并附必要的图表和照片。

(6) 总监理工程师负责组织编制监理报告，审核后签字盖章。

8. **工程验收制度**

(1) 承包人提交验收申请后，监理处根据《水利水电建设工程验收规程》(SL 223—2008) 及合同约定，组织有关人员对验收条件进行审核。

(2) 隐蔽工程在覆盖前必须组织参建各方进行验收，未经验收的隐蔽工程不允许覆盖。

(3) 按照合同授权和规范要求，对符合验收的分部工程，监理处及时组织验收。

(4) 参与与协助发包人组织的各阶段验收或政府部门组织的验收工作。

(5) 工程验收前，监理处按时完成相应资料的整理并提交监理验收工作报告。

9. **收、发文制度**

(1) 监理处指派专人负责收文、发文的登记，并进行分类管理。

(2) 所有收文、发文都必须进行登记，并使用统一编制的《监理收文登记表》及《监理发文登记表》。

(3) 收文、发文的编号、内容、经办人员、日期等均必须记录完整。

(4) 收、发的文件必须及时送达相关人员的手中，必要时应进行提醒、督促。

(5) 按照档案管理规定，对各种来往信函、记录、报告、通知、图纸、文件处理等所有文件材料进行分类、编号、整理存档，形成电子档案目录，实现文件的快速查找。

(6) 总监理工程师定期检查收、发文登记与管理情况。

10. **监理处考勤制度**

(1) 监理处指派专人进行考勤记录，每月的最后一天对本月考勤情况进行汇总统计，并与发包人记录的监理人员考勤表相对照，发现问题及时纠正。同时按公司规定时间报送公司备查。

(2) 监理人员应坚守岗位，顾全大局，遵守劳动纪律，履行合同规定的在施工现场的工作时间。

(3) 监理处考勤记录每天上墙公布，接受所有人员的监督。

(4) 监理人员请假或休假离开施工现场时，必须得到总监理工程师的同意并办理好相应的交接手续。总监理工程师请假或休假离开施工现场时，必须向项目建设方请假，并委托相应的代理人。

11. **安全管理制度**

(1) 认真贯彻落实国家的安全生产方针、政策、法令、标准、规定和上级指示、决议，结合工程情况制定贯彻实施的措施并检查执行情况。

(2) 对施工单位安全资质、安全保证体系、安全施工技术措施、安全操作规程、安全度汛措施等进行审查、审批，并监督检查实施情况。

(3) 防止和避免发生监理人员及所监理项目的施工人员发生人身伤亡事故；防止和避免所监理工程项目发生重大环境污染事故、人员中毒事故和重大垮塌事故；防止和避免所监理工程项目发生重大工程质量、交通和火灾等事故；防止和避免所监理工程项目发生性质恶劣、影响较大的安全责任事故。

(4) 对所有监理人员进行安全责任教育，检查其执行情况。支持、配合地方安全监督部门工作。

(5) 监理人员在施工现场检查施工进展的同时，必须检查安全生产情况，及时纠正违章行为，对查出的问题，要责成有关部门限期解决，并制定不再重复发生相同问题的措施。

(6) 督促承包单位对施工人员进行安全生产培训及分部、分项工程的安全技术交底。

(7) 检查并督促承包单位按照建筑施工安全技术标准和规范要求，落实分部、分项工程或各工序、关键部位的安全防护措施。督促检查承包单位现场的消防工作、冬季防寒、夏季防暑、文明施工、卫生防疫等项工作。按《建筑施工安全检查评分标准》进行评价，对有关问题提出处理意见并限期整改。

（8）编写项目安全监理工作要点，制定安全生产责任制，明确责任。

12.《工程建设标准强制性条文》（水利工程部分）符合性审核制度

（1）提高贯彻实施《工程建设标准强制性条文》（水利工程部分）的认识，明确各自承担的工程建设任务的直接责任，建立工程质量终身负责制。

（2）组织监理处监理人员和施工单位管理人员参加《工程建设标准强制性条文》（水利工程部分）的学习、培训，并填写学习记录。

（3）督促施工单位结合工程实际组织实施《工程建设标准强制性条文》（水利工程部分），并填写好有关表格，做好实施记录。

（4）对承包人报送的各种技术文件和工地现场情况，按照强制性条文的有关规定，对其符合性进行审核。

（5）不定期对强制性条文实施情况进行检查，针对检查发现的问题要求责任单位在规定时间内进行整改并反馈整改结果，逾期未改或者整改不到位的，将有关情况报告发包人，请发包人监督整改到位。

（6）对不执行工程建设强制性技术标准所造成后果，按相关规定报发包人进行处罚。

13. 工程索赔管理制度

（1）承包人提出的工程《索赔意向通知》应包括：索赔事件及影响、索赔依据、索赔要求，必要的记录、证据、计算结果等。

（2）监理处在收到承包人的索赔意向通知后，应确定索赔的时效性，查验承包人的记录和证明材料，指示承包人提交持续性影响的实际情况说明和记录。根据合同有关条款，调查索赔事件的真实性，审查其索赔要求的合理性，在合同规定的时间内，对索赔意向做出处理决定，并报送发包人并抄报承包人。

（3）若合同双方或其中任何一方对监理处的索赔决定持有异议，有权要求将争议提交仲裁机关仲裁，或者提交法院裁决。仲裁机关或法院作出的决定具有同样的最终裁决权威，索赔双方必须遵照执行。

（4）工程索赔应在合同规定的期限内提出，被索赔方也应在合同规定的时间内答复，超过期限提出，监理处可不受理。

（5）发生合同约定的发包人索赔事件后，监理机构应根据合同约定和发包人的书面要求及时通知承包人，说明发包人的索赔事项和依据，按合同要求商定或确定发包人从承包人处得到赔付的金额和（或）缺陷责任期的延长期。

14. 监理人员巡视及旁站制度

（1）监理处结合本工程各专业的特点及设计图纸文件，在关键部位或关键工序的施工过程中安排旁站监理，并编制旁站监理方案，报送建设单位和承包单位。

（2）专业监理工程师与监理员根据工程的施工进度进行旁站监理，旁站监理后如实填写《旁站监理值班记录》，承包单位的有关人员应签字。

（3）监理工程师每天上午、下午分别不少于 1 次到现场巡视，每天的巡视情况记录在监理日志中。

（4）总监理工程师或总监代表每次巡视工程施工现场，并填写巡视记录表，并按月装订成册。同时定期（每月）检查监理工程师巡视和旁站记录情况。

15. 监理人员廉政制度

为做好工程建设中的反腐倡廉，保证工程建设高效优质，保证建设资金的安全有效使用及投资效益，同时维护公司监理人员的良好形象，监理处特制定以下廉政制度：

（1）严格遵守党和国家有关法律法规及业主的有关规定。

（2）标本兼治、综合治理，完善管理机制、监督机制，从源头上预防出现违法违纪行为。

（3）组织监理人员学习廉政建设政策法规，设立廉政警示牌和举报箱，以加强监督；自律与监督双管齐下，树立全员廉洁之风。

（4）监理活动的展开应坚持公开、公平、诚信、透明的原则，不得损害国家和集体的利益，不得违反工程建设管理规章制度。

（5）监理人员要严格执行有关工程建设的法律、法规、规章、技术标准和规范，认真贯彻执行"严格监理、热情服务、秉公办事、一丝不苟"的原则，以合同为依据，严格履行监理合同，监督工程施工承包合同的实施。

（6）监理人员不得接受被监理人及其工作人员馈赠礼金、有价证券、贵重礼品、超标准宴请和消费娱乐活动。

（7）监理人员不得在被监理的承包人和材料供应商中兼职，不得向被监理人推荐产品或介绍劳务人员。

（8）监理人员不得向被监理单位提出无理要求，以权谋私。

（9）监理人员不得与被监理单位互相串通、弄虚作假，违规提出损害业主利益的工程设计变更意见，降低工程质量，增加工程计量。

（10）监理人员不得利用职务之便要挟被监理单位以达个人目的，不得以任何名义向被监理单位索要钱物，不得在被监理单位报销个人费用。

（11）对违反以上廉政制度的监理人员，将视其情节轻重程度，给予经济处罚、记过、辞退、直至报请政府监督部门吊销监理执业资格。情况特别严重构成犯罪的，依法追究其法律责任。

16. 监理人员奖惩制度

为加强工程监理管理，确保工程建设目标的顺利实现，进一步强化监理人员的事业心和责任感，提高工作效率，充分调动监理人员的工作积极性，结合监理工作的实际情况，制定本奖惩办法：

（1）绩效考核。监理人员实行绩效考核制度，每月工资当月发放70%，另外30%为浮动绩效工资，将视其工作表现进行综合考核。对于工作表现优异、尽职尽责、无重大过失、无不良行为记录、无缺勤记录者，年终全额发放绩效工资。对有以下行为者，将视其情节按比例扣发绩效工资。

1）监理处因管理不善、工作安排不当等原因，造成公司成本消耗过高、效益低下、未能完成预定成本控制目标，或其他原因造成公司名誉经济损失的。

2）监理工作管理混乱，失误较多，工程质量低下，受到有关单位的通报批评的。

3）监理工作较差，关键工序旁站不到位，转序工作不负责任，受到业主或有关单位批评的。

（2）奖励。监理处本着优监优酬的原则，对工作积极认真负责、监理工作成绩突出，受到业主或有关部门好评，成本控制较好的监理人员，年终给予大会表彰、奖金、晋升加薪等奖励。

（3）处罚。当监理人员出现下列情况之一，视情节轻重，给予经济处罚、记过、辞退、直至报请政府监督部门吊销监理执业资格。

1）向承包人推荐队伍、推销原材料的监理人员。

2）生活作风不检点、触犯法纪的监理人员。

3）滥用职权，吃拿卡要，有意刁难承包人，造成恶劣影响的监理人员。

4）由于监理人员未尽职尽责或因监理工作失误造成的质量与安全事故的直接责任者。

5）工作不负责任，玩忽职守，同一监理人员多次出现遗漏转序、错误转序的。

6）监理旁站不到位，重点工序、重点部位现场旁站出现漏岗的。

7）监理人员未经批准擅自离岗、脱岗 24h，事先未请假，事后未报告的。

8）不遵守劳动纪律、不服从工作安排和调动且态度恶劣的。

9）不遵纪守法，被投诉有损公司形象的。

10）其他违法、违纪行为，造成不良社会影响或经济损失的。

17．档案管理制度

（1）档案人员岗位职责。

1）热爱档案事业，熟悉档案管理法律、法规与档案专业知识，保证立卷、归档的档案质量符合国家标准和有关规定。

2）熟悉水利工程建设项目资料，围绕工程建设中心任务，认真履行自己的职责，积极开发、提供档案信息资源，为工程建设服务。

3）组织与督促归档单位做好立卷工作，确保档案完整、准确、系统。

4）按规定做好档案保管、保护、借阅工作，确保档案安全。

5）按时完成档案资料的整理、立卷、归档工作和工程竣工后的档案移交。

（2）档案借阅制度。

1）因工作需要借阅档案资料，必须办理借阅登记手续。

2）借阅利用保密的档案资料，必须经总监理工程师批准。

3）监理处的档案资料原件（正本）原则上不予外借，一律在档案室内查阅或提供复印件。

4）复印或借出秘密级以上的档案，须经总监理工程师批准，并限期归还。

5）档案只限在监理处各办公室内使用，不得带出，确需带出，应注意做好安全保密工作。

6）借阅档案应及时归还，借阅期限不得超出 2 个月，特殊情况须经总监理工程师同意，并办理续借手续。

7）外单位借阅利用档案，须经总监理工程师批准，方可办理借阅登记手续。

8）档案资料只限本人借阅利用，不准代他人或外单位借阅。

9）档案资料借阅者必须爱护档案，不得拆卷、折叠、涂改、勾划、剪裁、照相、复印和私自借给他人。

10）档案工作人员按规定对借阅后归档资料进行详细检查，核对无误后方予办理归还手续，如发现有损坏、丢失等情况应立即进行调查，并报告有关部门领导人。

11）监理人员调离本监理处，必须归还所借档案资料，方予办理调离手续。

（3）档案保管制度。

1）档案室内的档案资料，要按门类和载体，分类存放，排列有序。

2）档案室必须有防火、防盗、防潮、防高温等设施，并按规定进行操作和维护；建立定期检查制度，发现问题及时采取措施处理，并向总监理工程师汇报。

3）做好档案室内温度的控制，力求温度保持在 14～24℃。

4）保持档案室清洁卫生，定期进行清扫，并注意做好周边环境的卫生，档案室内严禁吸烟，不得把易燃、易爆及生活用品带入档案室。

5）做好档案室内各种电源电器、门窗的检查工作，下班时关闭锁好门窗，切断所有电源。

6）做好档案进、出库房检查、登记工作，确保档案的安全与保密。

（4）档案保密制度。

1）档案管理人员应严格执行《档案法》《保密法》等法律法规，做好档案安全保密工作。

2）档案文件密级界定、变更、解密，按照保密法律法规及有关规定进行。

3）查阅、利用档案，必须严格履行登记手续，查阅涉密档案及有特殊要求的档案资料，须经总监理工程师同意，并在有关人员监督下查阅利用。

4）查阅档案一般只限在档案室内阅读，确需借出或复印，须经档案总监理工程师同意，复印和借出涉密和有特殊要求的档案资料，按保密规定办理相关手续。

5）借出档案必须按期归还，否则应及时办理续借手续，严禁将档案带出办公室。

6）外单位人员凭有关证件查阅利用普通档案资料须经档案总监理工程师批准，查阅利用涉密或有特殊要求的档案资料，须总监理工程师批准，并办理相关手续。

7）损毁、丢失、擅自销毁档案，或失密、泄密，给国家造成损失的，应依法追究其责任。

8）档案室销毁档案，需经监理处有关部门联合鉴定并登记造册，报请工程项目建设法人与总监理工程师批准后，由有关科室人员进行监销。

（5）立卷归档制度。

1）归档范围：凡是在本工程建设活动中形成并具有保存价值的各种载体的历史记录都要归档，由监理处专（兼）职档案人员负责积累、整理、归档。任何个人不得长期存放和占为己有。

2）归档要求。

a.归档的文件材料必须齐全、完整、准确，案卷质量必须标准。所有文件材料除归档送给有关单位外，应有副本一份做项目文件汇集保存。

b.归档的文件材料必须字迹整洁，图表清晰，禁止用圆珠笔、铅笔、纯蓝及易褪变和扩散的墨水书写，以利长期或永久保存。

c.归档的照片、录像带应附带有简短的文字说明（时间、地点、内容说明及摄影者等要素）。

18.监理处定期向公司报告制度

（1）每月5日前，各监理处（部）向公司项目管理部报送上月的考勤记录与监理月报。考勤记录必须真实，有记录人员与总监理工程师签名；监理月报按《水利工程施工监理规范》（SL 288—2014）格式编写。

（2）监理处每季度应向公司综合部报送与工作有关的稿件2篇，形式不限（如工地新闻、学习心得、工作总结、工程建设动态等），字数不限，内容要求健康、积极、上进，有正能量。稿件采用后，公司给予一定的现金奖励。

（3）监理处半年一次应向公司书面汇报工程建设监理工作总结，内容主要包括如下。

1）工程概况。

2）本阶段工作总结［监理处（部）本阶段的主要工作，影响工程进度、质量、安全、投资的主要原因分析，存在的主要问题等］。

3）下阶段工作安排（下阶段工作计划、打算与安排、合理化建议等）。

4）大事记与照片等。

（4）公司依据实时情况决定要求各监理处（部）报送有关资料，并应在指定时间内完成。

（5）加强监理处的心态、目标、时间、学习、行动管理，明确监理目标与任务，明确各自承担的职责，打造学习型、知识型监理处，保持监理工作的先进性、前瞻性。

1.2.3　制定各项工作职责

1.监理处基本职责与权限

（1）审查承包人拟选择的分包项目和分包人，报发包人审批。

（2）核查并签发施工图纸。

（3）审批、审核或确认承包人提交的各类文件。

（4）签发指示、通知、批复等监理文件。

（5）监督、检查现场施工安全，发现安全隐患及时要求承包人整改或暂停施工。

（6）监督、检查文明施工情况。

（7）监督、检查施工进度。

（8）核验承包人申报的原材料、中间产品的质量，复核工程施工质量。

（9）参与或组织工程设备的交货验收。

（10）审核工程计量，签发各类付款证书。

（11）审批施工质量缺陷处理措施计划，监督、检查施工质量缺陷的处理情况，组织施工质量缺陷备案表的填写。

（12）处置施工中影响工程质量和安全的紧急情况。

（13）处理变更、索赔和违约等合同事宜。

（14）依据有关规定参与工程质量评定，主持或参与工程验收。

（15）主持施工合同履行中发包人和承包人之间的协调工作。

（16）监理合同约定的其他职责与权限。

2. 监理人员守则

（1）遵纪守法，坚持求实、严谨、科学的工作作风，全面履行职责，正确运用权限，勤奋、高效地开展监理工作。

（2）努力钻研业务，熟悉和掌握工程建设管理知识和专业技术知识，提高自身素质、技能和管理水平。

（3）提高监理服务意识，增强责任感，加强与工程建设有关各方的协作，积极、主动开展工作，尽职尽责，公正廉洁。

（4）妥善保管并及时归还发包人提供的工程建设文件资料，未经许可，不得泄露与本工程有关的技术秘密和商务秘密。

（5）不得与承包人以及原材料、中间产品和工程设备供应单位有隶属关系或其他利害关系。

（6）不得出卖、出借、转让、涂改、伪造岗位证书、资格证书或注册证书。

（7）只能同时在一个监理单位注册、执业和从业。

（8）遵守职业道德，维护执业信誉，严禁徇私舞弊。

（9）不得索取、收受承包人的财物或者谋取其他不正当利益。

3. 总监理工程师岗位职责

（1）主持编制监理规划，制定监理处工作制度，审批监理实施细则。

（2）确定监理处部门职责及监理人员职责权限；协调监理处内部工作；负责监理处中监理人员的工作考核，调换不称职的监理人员；根据工程建设进展情况，调整监理人员。

（3）签发或授权签发监理处的文件。

（4）主持审查承包人提出的分包项目和分包人，报发包人批准。

（5）审查承包人提交的合同工程开工申请、施工组织设计、施工进度计划、资金流计划等。

（6）审查承包人按有关安全规定和合同要求提交的专项施工方案、度汛方案和灾害应急预案。

（7）审核承包人提交的文明施工组织机构和措施。

（8）主持或授权监理工程师主持设计技术交底；组织核查并签发施工图纸。

（9）主持第一次监理工地会议，主持或授权监理工程师主持监理例会和监理专题会议。

（10）签发合同工程开工通知、暂停施工指示和复工通知等重要监理文件。

（11）组织审核已完成工程量和付款申请，签发各类付款证书。

（12）主持处理变更、索赔和违约等事宜，签发有关文件。

（13）主持施工合同实施中的协调工作，调解合同争议。

(14) 要求承包人撤换不称职或不宜在本工程工作的现场施工人员或技术、管理人员。

(15) 组织审核承包人提交的质量保证体系文件、安全生产管理机构和安全措施文件并监督其实施，发现安全隐患及时要求承包人整改或暂停施工。

(16) 审批承包人施工质量缺陷处理措施计划，组织施工质量缺陷处理情况的检查和施工质量缺陷备案表的填写；按相关规定参与工程质量及安全事故的调查和处理。

(17) 复核分部工程和单位工程的施工质量等级，代表监理处评定工程项目施工质量。

(18) 参加或授发包人委托主持分部工程验收，参加单位工程验收、合同工程完工验收、阶段验收和竣工验收。

(19) 组织编写并签发《监理月报》《监理专题报告》和《监理工作报告》；组织整理监理档案资料。

(20) 组织审核承包人提交的工程档案资料，并提交审核专题报告。

4. 副总监理工程师职责

(1) 协助总监理工程师确定监理处部门职责及监理人员职责权限；协调监理处内部工作；负责监理处监理人员的工作考核，调换不称职的监理人员；根据工程建设进展情况提出调整监理人员的建议。

(2) 签发或授权签发监理处的文件。

(3) 审核承包人提交的文明施工组织机构和措施。

(4) 主持或授权监理工程师主持设计交底；组织核查施工图纸。

(5) 主持施工合同实施中的协调工作，调解合同争议。

(6) 组织审核承包人提交的质量保证体系文件、安全生产管理机构和安全措施文件并监督其实施，发现安全隐患及时要求承包人整改。

(7) 审批承包人施工质量缺陷处理措施计划，组织施工质量缺陷处理情况的检查和施工质量缺陷备案表的填写；按相关规定参与工程质量及安全事故的调查和处理。

(8) 组织审核承包人提交的工程档案资料，并提交审核专题报告。

5. 监理工程师岗位职责

(1) 参与编制监理规划，编制监理实施细则。

(2) 预审承包人提出的分包项目和分包人。

(3) 预审承包人提交的合同工程开工申请、施工组织设计、施工总进度计划、年施工进度计划、专项施工进度计划、资金流计划。

(4) 预审承包人按有关安全规定和合同要求提交的专项施工方案、度汛方案和灾害应急预案。

(5) 根据总监理工程师的安排核查施工图纸。

(6) 审核分部工程或分部工程部分工作的开工申请报告、施工措施计划、施工质量缺陷处理措施计划。

(7) 审批承包人编制的施工控制网和原始地形的施测方案；复核承包人的施工放样成果；审批承包人提交的施工工艺试验方案、专项检测试验方案，并确认试验成果。

(8) 协助总监理工程师协调参建各方之间的工作关系；按照职责权限处理施工现场发生的有关问题，签发一般监理指示和通知。

(9) 核查承包人报验的进场原材料、中间产品的质量证明文件；核验原材料和中间产品的质量；复核工程施工质量；参与或组织工程设备的交货验收。

(10) 检查、监督工程现场的施工安全和文明施工措施的落实情况，指示承包人纠正违规行为；情节严重时，向总监理工程师报告。

(11) 复核已完成工程量表。

(12) 核查付款申请表。

（13）提出变更、索赔及质量和安全事故处理等方面的初步意见。

（14）按照职责权限参与工程的质量评定工作和验收工作。

（15）收集、汇总、整理监理档案资料，参与编写监理月报，核签或填写监理日志。

（16）施工中发生重大问题或遇到紧急情况时，及时向总监理工程师报告、请示。

（17）指导、检查监理员的工作，必要时可向总监理工程师建议调换监理员。

（18）完成总监理工程师授权的其他工作。

（19）机电设备安装、金属结构设备制作安装、地质勘察和工程测量等专业监理工程师应根据监理工作内容和时间安排完成相应的监理工作。

6．监理员职责

（1）核实进场原材料和中间产品报验单并进行外观检查，核实施工测量成果报告。

（2）检查承包人用于工程建设的原材料、中间产品和工程设备等的使用情况，并填写现场记录。

（3）检查、确认承包人单元工程（工序）施工准备情况。

（4）检查并记录现场施工程序、施工工艺等实施过程情况，发现施工不规范行为和质量隐患，及时指示承包人改正，并向监理工程师或总监理工程师报告。

（5）对所监理的施工现场进行定期或不定期的巡视检查，依据监理实施细则实施旁站监理和跟踪检测。

（6）协助监理工程师预审分部工程或分部工程部分工作的开工申请报告、施工措施计划、施工质量缺陷处理措施计划。

（7）核实工程计量结果，检查和统计计日工情况。

（8）检查、监督工程现场的施工安全和文明施工措施的落实情况，发现异常情况及时指示承包人纠正违规行为，并向监理工程师或总监理工程师报告。

（9）检查承包人的《施工日志》和现场实验室记录。

（10）核实承包人质量评定的相关原始记录。

（11）填写《监理日记》，依据总监理工程师或监理工程师授权填写监理日志。

7．资料员职责

（1）负责项目监理处的文件、资料的登记和签收。

（2）负责项目的来文、来函、来电的记录、保存工作。

（3）负责将项目监理中的有关文件、资料记录整理与移交。

8．其他

当监理人员数量较少时，总监理工程师可同时承担监理工程师的职责，监理工程师可同时承担监理员的职责。

公司组建工程项目监理处和配置相关人员后，监理处人员分工由总监理工程师具体安排，但要注意上、下和交叉衔接的问题。

1.2.4　接收发包人提供的财产和收集与工程相关的资料

1．接收发包人提供的财产

发包人应提供的财产主要包括：

（1）办公、生活、交通、通信等设施。

（2）工程建设文件、项目立项批准文件、初步设计文件（初设概算）、工程地质勘察文件、施工设计文件。

（3）施工合同文件：招标文件、投标文件、协议书、通用条款、专用条款、中标通知书等。发包人提供所有的财产应对其实效性、完整性进行识别和验证，填写顾客财产登记表，并将此表报送公司项目管理部备查。

2．收集与工程建设相关资料

（1）国家法律法规。如：《中华人民共和国建筑法》《中华人民共和国合同法》《中华人民共和国安全生产法》《中华人民共和国环境保护法》《中华人民共和国水土保持法》《中华人民共和国水法》《中华人民共和国防洪法》等。

（2）国家标准。如：《水利泵站施工及验收规范》（GB/T 51033—2014）、《生活饮用水卫生标准》（GB 5749—2006）、《混凝土质量控制标准》（GB 50164—2011）、《混凝土结构工程施工质量验收规范》（GB 50204—2015）等。

（3）部门技术标准。水利部、建设部等部门颁布的技术规范标准，如：《水利工程建设标准强制性条文》（2016 年版）、《水工混凝土施工规范》（SL 677—2014）、《水利工程建设项目施工监理规范》（SL 288—2014）、《水利水电工程测量规范》（SL 197—2013）、《钢筋焊接及验收规程》（JGJ 18—2012）等。

（4）其他文件。地方政府和建设部门颁发的有关工程建设与管理的文件，如：建设单位编制的适用于本工程建设的有关制度和规定、建设单位下发的与工程建设有关的文件以及与本工程相关的其他文件资料等。

1.2.5　编制工程项目监理规划和监理实施细则

总监理工程师与所有参加工程项目建设的监理人员，必须熟悉监理合同、施工合同，设计文件，相关的规程、规范，为监理工作的开展打下基础。

1．编制工程项目监理规划

监理规划由总监理工程师主持编写，各专业监理工程师参加，所有监理人员应熟悉监理规划的内容。

监理规划应在监理大纲的基础上，结合承包人报批的施工组织设计、施工总进度计划等编制，并报公司技术负责人批准后实施。

监理规划采用公司统一封面和扉页，并加盖公司印章，第一次工地会议前报送发包人。

工程建设有重大调整或合同重大变更，对监理工作提出了新的要求时，应根据实际情况对监理规划进行修订。

监理规划的具体内容应根据不同工程项目的性质、规模、工作内容等情况编制，格式和条目可有所不同。主要包括以下内容。

（1）总则。

1）工程项目基本情况。简述工程项目的名称、性质、等级、建设地点、自然条件与外部环境；工程项目建设内容、规模及特点；工程建设的目的。

2）工程项目主要目标。工程项目总投资及组成、计划工期（包括阶段性目标的计划开工日期和完工日期）、质量控制目标。

3）工程项目组织。列明工程项目主管部门、质量监督机构、发包人、设计单位、承包人、监理单位、工程设备供应单位等。

4）监理工程范围和内容。发包人委托监理的工程范围和服务内容等。

5）监理的主要依据。列出开展监理工作所依据的法律、法规、规章，国家及部门颁发的有关技术标准，批准的工程建设文件和有关合同文件、设计文件等的名称、文号等。

6）监理组织。现场监理机构的组织形式与部门设置，部门职责，主要监理人员的配置和岗位职责等。

7）监理工作基本程序。

8）监理工作主要制度。包括技术文件审核与审批、会议、紧急情况处理、监理报告、工程验收等方面。

9）监理人员守则和奖惩制度。

（2）工程质量控制。①质量控制的内容；②质量控制的制度；③质量控制的措施。

（3）工程进度控制。①进度控制的内容；②进度控制的制度；③进度控制的措施。

（4）工程资金控制。①资金控制的内容；②资金控制的制度；③资金控制的措施。

（5）施工安全及文明施工管理。①施工安全监理的范围和内容；②施工安全监理的制度；③施工安全监理的措施；④文明施工监理。

（6）合同管理的其他工作。①变更的处理程序和监理工作方法；②违约事件的处理程序和监理工作方法；③索赔的处理程序和监理工作方法；④分包管理的监理工作内容；⑤担保及保险的监理工作。

（7）协调。①协调工作的主要内容；②协调工作的原则与方法。

（8）工程质量评定与验收监理工作。①工程质量评定；②工程验收。

（9）缺陷责任期监理工作。①缺陷责任期的监理内容；②缺陷责任期的监理措施。

（10）信息管理。①信息管理程序、制度及人员岗位职责；②文档清单、编码及格式；③计算机辅助信息管理系统；④文件资料预立卷和归档管理。

（11）监理设施。①制定现场监理办公和生活设施计划；②制定现场交通、通信、办公和生活设施使用管理制度。

（12）监理实施细则编制计划。①监理实施细则文件清单；②监理实施细则编制工作计划。

（13）其他。

2. 编制工程项目监理实施细则

（1）监理实施细则编写要点。

1）在施工措施计划批准后，专业工程（或作业交叉特别复杂的专项工程）施工前或专业工程开始前，负责相应工作的监理工程师应组织相关专业监理人员编制监理实施细则，并报总监理工程师批准。

2）监理实施细则应符合监理规划的基本要求，充分体现工程特点和监理合同约定的要求，结合工程项目的施工方法和专业特点，明确具体的控制措施、方法和要求，具有针对性、可行性和可操作性。

3）监理实施细则应针对不同情况制订相应的对策和措施，突出监理工作的事前审批、事中监控和事后检验。

4）监理实施细则可根据实际情况按进度、分阶段编写，但应注意前后的连续性、一致性。

5）总监理工程师在审批监理实施细则时，应注意各专业监理实施细则间的衔接与配套，以组成系统、完整的监理实施细则体系。

6）在监理实施细则条文中，应具体写明引用的规程、规范、标准及设计文件的名称、文号；文中涉及采用的报告、报表时，应写明报告、报表所采用的格式。

7）在监理工作实施过程中，监理实施细则应根据实际情况进行补充、修改和完善。

（2）监理实施细则的主要内容。

1）专业工程监理实施细则。专业工程主要指施工导（截）流工程、土石方明挖、地下洞室开挖、支护工程、地基与基础处理工程、土石方填筑工程、混凝土工程、砌体工程、疏浚及吹填工程、屋面及地面建筑工程、压力管道制造和安装、钢结构制作和安装、钢闸门及启闭机安装、预埋件埋设、机电设备安装、工程安全监测等。专业工程监理实施细则的编制应包括下列内容：①适用范围；②编制依据；③专业工程特点；④专业工程开工条件检查；⑤现场监理工作内容、程序和控制要点；⑥检查和检验项目、标准和工作要求；一般应包括：巡视检查要点；旁站监理的范围（包括部位和工序）、内容、控制要点和记录；检测项目、标准和检测要求，跟踪检测和平行检测的数量和要求；⑦资料和质量评定工作要求；⑧采用的表式清单。

2）专业工作监理实施细则。专业工作主要指测量、地质、试验、检测（跟踪检测和平行检测）、施工图纸核查与签发、工程验收、计量支付、信息管理等工作。可根据专业工作特点单独编写。根据监理工作需要，也可增加有关专业工作的监理实施细则，如进度控制、变更、索赔等。专业工作监理实施细则的编制应包括下列内容：①适用范围；②编制依据；③专业工作特点和控制要点；④监理工作内容、技术要求和程序；⑤采用的表式清单。

3）施工现场临时用电和达到一定规模的基坑支护与降水工程、土方和石方开挖工程、模板工程、起重吊装工程、脚手架工程、爆破工程、围堰工程和其他危险性较大的工程应编制安全监理实施细则，安全监理实施细则应包括下列内容：①适用范围；②编制依据；③施工安全特点；④安全监理工作内容和控制要点；⑤安全监理的方法和措施；⑥安全监理记录和报表格式。

4）原材料、中间产品和工程设备进场核验和验收监理实施细则，可根据各类原材料、中间产品和工程设备的各自特点单独编制，应包括下列内容：①适用范围；②编制依据；③检查、检测、验收的特点；④进场报验程序；⑤原材料、中间产品检验的内容、技术指标、检验方法与要求。包括原材料、中间产品的进场检验内容和要求，检测项目、标准和检测要求，跟踪检测和平行检测的数量和要求；⑥工程设备交货验收的内容和要求；⑦检验资料和报告；⑧采用的表式清单。

5）监理实施细则的具体内容可根据工程特点和监理工作需要进行调整。

（3）在审批承包人的施工组织设计后，按专业或工程项目由专业监理工程师编写《监理实施细则》，采用公司统一封面和扉页，总监理工程师批准后，加盖监理处印章报送发包人。

1.2.6　编制与建立监理质量控制体系

在监理规划、单元工程划分的基础上，编制与建立监理质量控制体系，主要内容如下。

（1）总体思路。包括：①指导思想；②总体思路；③监理服务总目标；④监理服务的具体目标。

（2）工程概况。包括：①工程概述；②气象、水文；③工程区地质条件；④工程总体布置；⑤工程设计；⑥施工内容及项目划分；⑦主要工程量与投资；⑧施工技术要求。

（3）监理控制目标。包括：①服务宗旨；②质量方针；③控制目标。

（4）监理组织。包括：①组织机构；②监理处各部门职责；③人员配置；④监理人员岗位职责；⑤质量控制组织。

（5）监理的基本程序和方法。包括：①监理工作基本程序；②监理工作主要方法。

（6）主要监理依据。包括：①国家有关政策、法规；②国家标准；③部门技术标准；④其他文件。

（7）质量控制的制度。主要工作制度有：工程开工制度，工地会议制度，施工组织设计及专项施工技术方案报审制度，原材料、中间产品进场审查制度，工程质量通病预防措施与制度，隐蔽（重要）工程验收制度，工程质量控制制度，单元工程质量评定制度，分部工程验收制度，工程变更签证制度，工程进度款支付审查制度，工程质量缺陷处理制度，工程质量事故处理制度，工程竣工验收制度。

（8）质量控制的原则、任务、方法和依据。包括：①质量控制的原则；②质量控制的任务；③质量控制的主要工作内容；④质量控制的主要依据；⑤质量控制的方法；⑥质量控制的主要措施。

（9）质量控制的体系。包括：①工程质量控制体系；②业主/监理工程师质量控制（检查）体系的作用；③施工过程中的工序质量控制；④旁站监理工作。

（10）质量控制的要点。包括：①质量控制难点分析；②质量控制点；③隐蔽工程和重要部位的质量检验；④工程质量事故与缺陷处理。

1.2.7　编制安全监理工作要点与签订安全生产管理责任制书

（1）编制安全监理工作要点。主要如下。

1）工程安全生产监督管理的目标、依据和职责。

2）安全生产监督保证体系。

3）安全生产监督管理措施。

4）施工准备阶段的安全监理工作。

5）施工阶段的安全监理。

6）针对本工程安全监理工作，所采取的专项安全监理措施。

（2）签订安全生产管理责任制书。安全教育、检查、控制与管理、整改等方面签订责任书，并报公司项目管理部备案。

1.2.8　编制其他工作方案

（1）编制旁站监理工作方案。一般包括：①工程概况；②监理旁站依据；③监理旁站方案制定的目的；④旁站监理人员及主要职责；⑤旁站监理的范围及主要内容；⑥旁站监理工作程序和方式；⑦旁站监理措施；⑧旁站监理制度；⑨旁站见证监理计划表；⑩隐蔽工程旁站监理计划表；⑪旁站监理值班记录表。

（2）编制监理处学习、培训计划。针对工程建设进展情况，有计划组织监理人员进行技能培训，也可与公司年度学习计划相结合。

（3）编制施工监理工作目标。目标要具体，用数据说话，并上墙张贴。主要有：①质量控制目标；②进度控制目标；③资金控制目标；④安全生产管理目标；⑤协调管理目标；⑥文明施工目标；⑦合同管理目标；⑧工程信息管理目标。

（4）编制施工质量缺陷处理管理办法。一般包括：①总则；②施工质量缺陷分类；③施工质量缺陷处理管理职责；④施工质量缺陷处理的管理等。

（5）编制其他方案。如平行检测方案、工程验收方案以及根据工程实际，编制其他工作方案等。

1.2.9　各种记录表格

（1）工作用表。施工常用表格（CB）和监理常用表格（JL）采用《水利工程施工监理规范》（SL 228—2014）中规定的相应表格（见 5.1.5 节与 5.1.6 节内容）。

（2）单元工程质量评定表。采用 2016 年新版《水利水电工程单元工程施工质量验收评定表及填表说明》（上、下册）中规定的相应表格。

（3）水利水电工程外观质量评定表、水利水电工程施工质量缺陷备案表、重要隐蔽单元工程（关键部位单元工程）质量等级签证表、分部工程施工质量评定表、单位工程施工质评定表、工程项目施工质量评定表等采用《水利水电工程施工质量检验与评定规程》（SL 176—2007）的相关表格。

（4）验收鉴定书。分部工程验收鉴定书、单位工程验收鉴定书、合同工程完工验收鉴定书、机组启动验收鉴定书、竣工验收鉴定书等验收相关表格与工作报告按《水利水电建设工程验收规程》（SL 223—2008）的格式和要求编制。

（5）设备制造监理常用表格采用《水利工程设备制造监理规范》（SL 472—2010）中的格式和要求。

（6）水利水电工程建设征地移民监理表格采用《水利水电工程建设征地移民安置规划设计规范》（SL 290—2015）及《水利水电工程建设征地移民安置规划大纲编制导则》（SL 441—2009）等相关的表格。

（7）水利水电工程单元工程施工质量验收评定表格采用以下标准中的表格。

1）《水利水电工程单元工程施工质量验收评定标准——土石方工程》（SL 631—2012）。

2）《水利水电工程单元工程施工质量验收评定标准——混凝土工程》（SL 632—2012）。

3）《水利水电工程单元工程施工质量验收评定标准——地基处理与基础工程》（SL 633—2012）。

4）《水利水电工程单元工程施工质量验收评定标准——堤防工程》（SL 634—2012）。

5）《水利水电工程单元工程施工质量验收评定标准——水工金属结构安装工程》（SL 635—2012）。

6）《水利水电工程单元工程施工质量验收评定标准——水轮发电机组安装工程》（SL 636—2012）。

7）《水利水电工程单元工程施工质量验收评定标准——水力机械辅助设备系统安装工程》（SL 637—2012）。

8）《水利水电工程单元工程施工质量验收评定标准——发电电气设备安装工程》（SL 638—2013）。

9）《水利水电工程单元工程施工质量验收评定标准——升压变电电气设备安装工程》（SL 639—2013）。

（8）如无适合的表格，可参照住建、交通、电力等相关行业采用的表格编制，并报相关质量监督部门批准。

1.2.10　施工前的检查

（1）检查开工前发包人应提供的施工条件是否满足开工要求，应包括下列内容：

1）首批开工项目施工图纸的提供。

2）测量基准点的移交。

3）施工用地的提供。

4）施工合同约定应由发包人负责的道路、供电、供水、通信及其他条件和资源的提供情况。

（2）检查开工前承包人的施工准备情况是否满足开工要求，应包括下列内容：

1）承包人派驻现场的主要管理人员、技术人员及特种作业人员是否与施工合同文件一致。如有变化，应重新审查并报发包人认可。

2）承包人进场施工设备的数量、规格和性能是否符合施工合同约定，进场情况和计划是否满足开工及施工进度的要求。

3）进场原材料、中间产品和工程设备的质量、规格是否符合施工合同约定，原材料的储存量及供应计划是否满足开工及施工进度的需要。

4）承包人的检测条件或委托的检测机构是否符合施工合同约定及有关规定。

5）承包人对发包人提供的测量基准点的复核，以及承包人在此基础上完成施工测量控制网的布设及施工区原始地形图的测绘情况。

6）砂石料系统、混凝土拌和系统或商品混凝土供应方案以及场内道路、供水、供电、供风及其他施工辅助加工厂、施工设施的准备情况。

7）承包人的质量保证体系。

8）承包人的安全生产管理机构和安全措施文件。

9）承包人提交的施工组织设计、专项施工方案、施工措施计划、施工总进度计划、资金流计划、安全技术措施、度汛方案和灾害应急预案等。

10）应由承包人负责提供的施工图纸和技术文件。

11）按照施工合同约定和施工图纸的要求需进行的施工工艺试验和料场规划情况。

12）承包人在施工准备完成后递交合同工程开工申请报告。

（3）监理处应参加、主持或与发包人联合主持召开设计交底会议，由设计单位进行设计文件的技术交底。

（4）施工图纸应经监理处核查并签发后，承包人方可用于施工。承包人无图纸施工或按照未经监理处签发的施工图纸施工，监理处有权责令其停工、返工或拆除，有权拒绝计量和签发付款证书。

（5）参与发包人组织的工程质量评定项目划分。

1.3 设计交底及施工设计图纸审查、签发

1.3.1 设计交底

工程开工前，由总监理工程师或发包人联合主持召开设计技术交底会议。设计、施工、监理、业主的有关人员参加，并邀请质量监督机构代表参加。主要议题为：设计单位对工程技术关键部位、隐蔽工程、施工难点、设计特点、质量要求、工艺、工序重点等进行技术交底；对施工、监理等单位提出的技术问题答疑；监理处负责记录、整理并形成设计交底会议纪要，分发与会各单位。

1.3.2 施工设计图纸审查、签发

1．施工图纸审查的依据

（1）设计使用的规程、规范。

（2）施工合同文件技术条款。

（3）已经审查批准的设计文件和设计委托合同书。

（4）监理合同。

2．审核程序

（1）监理处收到发包人批转的设计施工图纸后，在 14d 内完成审核、签发工作。

（2）监理处在收到承包人提供的各项设计文件和图纸后，在 14d 内完成批复工作。

（3）监理处设计施工审核流程如下。

1）监理处收到设计文件和图纸并进行登记后，送总监理工程师（或副总监理工程师）批阅。

2）总监理工程师（或副总监理工程师）批阅后送工程技术部审核。

3）工程技术部安排专人对设计图纸逐项审核，并填写审核记录单，提出审核结果和审核意见，经部门负责人审查签字后送总监理工程师。

4）总监理工程师（或副总监理工程师）对工程技术部送的审核结果进行复核并上报发包人。

5）发包人对监理处审核意见无异议后，监理处盖章签发设计文件。

3. 施工图纸审查方式

（1）监理工程师审查。对一般性或普通图纸，按照谁监理谁审查的原则组织监理工程师审查，并填写《施工图纸核查意见单》，报总监理工程师（或副总监理工程师）复核后，转交给发包人，由发包人转交设计单位进行修改完善。

（2）图纸会审。对关键部位、隐蔽工程或工程重点、难点或有争议的图纸，采取图纸会审的方式。会审会议由发包人或总监理工程师主持，有关单位的相关人员共同参加。首先由设计代表介绍设计意图、图纸设计特点及施工要求等；然后承包人、监理人代表指出图纸中存在的问题以及需要设计方进一步解释的问题；发包人代表提出其他要求和意见；参加会审会议的各方代表共同协商解决存在的问题。监理处编写会议纪要，会议主持人签字后分发参会各方，设计方按照审图意见修改。

（3）在施工图纸核查过程中，监理处可征求承包人的意见；必要时提请发包人组织有关专家会审。

4. 施工图纸审查的主要内容

施工图纸审查内容主要有3个方面：①审查是否经设计单位正式签字盖章；②审查施工图纸是否违背招标图纸的原则和内容；③审查图纸本身有无错误或矛盾的地方。具体内容如下。

（1）是否符合技术标准及强制性条文的规定。

（2）各类图纸之间，各专业图纸之间，平面图与剖面图之间，各剖面图之间有无矛盾，标识是否清楚、齐全无误。

（3）总平面布置图与施工图的位置、尺寸、标高是否一致。

（4）图纸与设计说明、技术要求是否一致。

（5）是否存在不便于施工或不能施工的技术问题。

（6）对工程安全、环境保护、消防方面是否满足有关要求。

（7）施工详图与图纸的差异。

（8）开挖类图纸建筑轮廓线及转角坐标与实际地形的符合程度。

（9）混凝土结构与开挖及金属结构相互关系是否正确。

（10）钢筋图与混凝土结构图配套关系及钢筋图与钢筋材料表是否对应。

（11）金属结构、机电图与埋件对应关系图及标识是否有误。

（12）灌浆图及其他图纸细部结构图能否满足施工需要。

（13）图纸标注尺寸、高程、说明是否有误，可否作为施工依据。

（14）结构优化的具体建议。

（15）其他涉及设计文件及施工图纸的问题。

5. 施工图审查要点

（1）水工专业图纸审查要点。

1）施工图的完整性和完备性。所提供审查的施工图应完整齐全，应包括设计总说明、开挖图、基础处理图、工程总体布置图、结构布置图、钢筋图、安全监测等全部图纸。审查其是否满足现行的有关规程、规范的要求。

2）设计总说明。施工图设计总说明应包括设计依据、工程等别及建筑物级别、洪水标准、抗震设防类别、设计资料、设计参数、施工技术要求、材料技术参数。技术审查应主要审查设计依据、设计参数和设计标准是否满足质量要求；施工技术要求提出的技术参数是否合理，材料技术参数是否满足质量要求；施工和材料技术参数是否与招标文件的技术条款一致。

3）总布置图。工程总体布置应合理，项目齐全，无子项目遗漏；确定控制点坐标，尺寸标注齐全，满足各部位准确定位的要求；与各专业图纸之间几何尺寸、高程关系应该一致。

4）地基处理和基础设计图。水工建筑物的工程抗震设防类别应符合《水工建筑物抗震设计规范》（SL 203—1997）的规定；正确使用岩土工程勘察报告所提供的岩土参数，地基处理方案和技术要求合理，施工、检测及验收要求明确并符合规范要求；桩基类型选择、桩的布置、试桩要求、成桩方法、终止沉桩条件、桩的检测及桩基的施工质量验收要求应明确并符合规范要求。

5）结构布置图。确定建筑物各构件的相互关系和构件的细部尺寸，明确各部位的分缝及缝体结构；确定建筑物各部位所采用的材料种类，提出合理的材料技术指标。平面图与剖面图之间、各剖面图之间应保持一致。

6）钢筋图。钢筋混凝土构件应按计算结果配置钢筋，应满足承载力极限状态和正常使用极限状态的要求。钢筋布置、锚固长度、搭接长度、连接方式、钢筋保护层、构造钢筋的配置等应满足《混凝土结构设计规范》（GB 50010—2010）或《水工混凝土结构设计规范》（SL 191—2008）；审核是否提出混凝土耐久性、抗腐蚀、防止碱骨料反应的措施，措施是否合理。

7）安全监测图。应提出安全监测总体布置图、建筑物及边坡安全监测布置图、监测仪器安装埋设详图等；选定监测仪器的型式、量程及精度等参数，并分别提出施工期和运行期安全监测设备数量清单及相应技术参数。提出监测设备埋设和投入监测的时间、监测方法、监测周期、资料整理分析与反馈等技术要求。审查要点是：监测系统布置和仪器埋设方式是否合理；设备和仪器选型是否合理；提出的监测要求是否全面合理。

8）计算书。计算书应齐全，应能证明水工建筑物的抗滑、抗倾、抗浮、抗渗稳定、沉降变形和构件强度等的安全性。计算所采用的基本资料应准确可靠，计算参数选用合理，计算方法正确，数学模型和边界条件应合理。计算采用的建筑物几何尺寸和计算结果应与设计图纸保持一致。

（2）机电专业图纸审查要点。

1）设计说明和施工图是否完整。

2）所采用的设计标准是否与已批复的初设文件一致，是否符合工程实际。

3）机电设备布置和油、气、水系统及测量系统设备选型及布置是否符合已批复的初设文件。

4）电气主接线布置、开关站（或变电站）设备选型和布置是否符合已批复的初设文件。

5）计算机控制系统和机电保护配置、通信系统布置和设备选型等是否符合已批复的初设文件。

6）图纸中应注明设备规格、型号、性能等技术参数与数量，但不得指定制造商和供应商，不得使用淘汰产品。

（3）金属结构专业图纸审查要点。

1）设计说明和施工图是否完整；是否满足现行的有关规程规范。

2）闸门及启闭机布置和选型、闸门门叶及门槽总体结构是否符合已批复的初设文件。

3）拦污栅栅叶、栅槽结构是否符合已批复的初设文件。

4）定型设备应提出设备规格、型号、性能等技术参数；非标准设备应提供完整的加工制造图和设计计算书。

6．地质勘察要求及审查地质资料注意事项

（1）初步勘察。

1）目的。对施工场地内建筑地段的地质稳定性做出评价，并为确定建筑总平面布置、主要建筑物地基基础方案及对不良地质现象的防治工程方案提供工程地质资料。

2）要求。

a．根据拟建建筑的高度，结合当地情况确定控制孔深，初步查明该深度范围地层、构造、岩石和土的物理力学性质、地下水埋藏条件及土的冰冻深度。

b．查明施工场地内不良地质现象的成因、分布范围、对建筑物稳定性的影响程度，以及发展趋势。

c. 对设防烈度 6 度及 6 度以上的地区应判断施工场地类别和岩土地震稳定性。

d. 初步查明地下水对工程的影响，应调查地下水的类型、补给和排泄条件，实测地下水位，初步判定其变化幅度及对基础的侵蚀性。

e. 提供勘察工作范围地下已有埋藏物的资料（如电力、电信电缆、各种管道、人防设施、洞室等），此项工作由勘察人收集，费用另计。也可由甲方收集，并入初勘资料，以利布置建筑物时回避。

f. 锁定初勘孔位坐标，在进行详细勘察时能利用初勘孔，可节省钻探时间、费用。

（2）详细勘察。

1）目的。对建筑地基做出工程地质评价，并为地基基础设计、地基处理与加固、不良地质现象的防治工程提供工程地质资料。

2）给勘察人提供的资料：①附有坐标及地形的建筑总平面布置图；②各个建筑物的地面整平标高、上部结构特点及地下设施情况等；③可能采取的基础形式、尺寸、埋置深度、总荷载或基础底面应力，以及有特殊要求的地基基础设计和施工方案；④勘探点的布置（注意数量多少、孔深影响勘探费用）。

以上资料，应由设计单位结构专业设计人与地质勘察单位协商提供，发包人、监理处做好相关事项的协调工作。

3）详细勘察要求。

a. 查明建筑物范围内地层结构、岩石和土的物理和力学性质。

b. 对地基的稳定性及地基承载力做出评价。

c. 提供不良地质现象的防治工程所需要的指标及资料。

d. 查明地下水的埋藏条件和侵蚀性。必要时，尚应查明地层的渗透性、地下水的变化幅度及规律。

e. 实际完成的勘探点（钻孔）位要按比例画在"坐标图"上，以防确定建筑物具体位置时无法对应。

f. 地质报告要提供勘察执行的规范、标准及依据。

（3）审查地质资料注意事项。工程地质勘察报告内容应与工程地质勘察阶段相适应。一般包括以下几方面内容：

1）工程名称、概况。

2）场地位置。

3）地形地物概述。

4）勘察手段与完成的工作量。

5）地层土质概述。包括地层土的类别名称、厚度和均匀性、物理力学性质指标等，并附有勘探点与建筑物平面配置图及地层剖面图、钻孔柱状图。

6）土工试验成果表和其他一些相关图表。

7）地基土的分析与评价。

8）结论与建议。内容包括如下。

a. 关于天然地基及人工地基：地基类型、基础埋置深度、持力层土质、地基承载力、对基础及上部结构设计要求、关于施工排水问题、关于基槽处理问题。

b. 关于桩基：桩的类型、截面尺寸，桩尖标高及持力层土质，单桩承载力设计参数及承载力估算，建议施工机械型号及施工控制条件，有关桩基方案的问题，以及其他注意事项。

c. 关于复合桩基。①对桩基作用、土的作用、承台作用等三者共同作用的产生条件、作用机理进行分析；②对复合桩基单桩技术承载力的确定及群桩验算进行分析；③对群桩-土-承台结构共同作用的几种分析方法以及使用条件进行略述；④对复合桩基的设计思路、适用条件提出方案。

9）若干提示：①有些地方施工图设计前，地质报告要交审图中心审批；②要选择正规勘探单位，否则给出参数偏保守，造成发包人成本偏高；③勘探作业中发包人应聘请有相应资质的监理单位，全程参与勘探过程监理，防止勘探单位编造数据。

7. 施工设计图签发

（1）监理处不得修改施工图纸，对核查中发现的问题，应通过发包人返回设计单位处理。

（2）对承包人提供的施工图纸，监理处应按施工合同的约定进行核查，在规定的期限内审签。对核查过程中发现的问题，监理处应通知承包人修改后重新报审。

（3）经审查的施工图纸，应由总监理工程师签发，并加盖监理处公章。同时由总监理工程师填写《施工图纸签发表》，进行设计图纸签发。

（4）工程施工所需的施工图纸，应经监理处核查并签发后，承包人方可用于施工。承包人无图纸施工或按照未经监理处签发的施工图纸施工，监理处有权责令其停工、返工或拆除，有权拒绝计量和签发付款证书。

8. 其他

（1）无论监理工程师是否提出审核意见，其技术责任和存在问题不应由监理处负责。

（2）监理处签发的图纸，承包人应认真研究，领会设计意图和设计要求，按正常程序做好各项施工准备工作。如发现该设计图纸尚有某些遗漏、欠缺和问题，则承包人应在收到图纸或文件后14d 内，以书面方式通知监理处和发包人。监理处复核后，报请发包人批转设计单位作出修改和补充。

（3）对施工图纸审查人员的审查意见及提供的基础资料、图纸、计算书等内容进行认真核对，确保审查意见的准确性。

（4）编写施工图纸审查报告时，文字简明扼要，表述准确，避免含糊不清、表述不一的现象。

（5）在施工图纸审查工作完成后，及时进行总结与评价，对审查过程出现的问题进行分析，并提出以后避免类似问题出现的解决方案，通过持续不断的总结、分析与积累，为以后的审图工作积累经验。

1.4　工程项目划分

1.4.1　工程项目划分原则

1. 单位工程项目划分原则

（1）枢纽工程，一般以每座独立的建筑物为一个单位工程。当工程规模大时，可将一个建筑物中具有独立施工条件的一部分划分为一个单位工程。

（2）堤防工程，按招标标段或工程结构划分单位工程。规模较大的交叉连接建筑物及管理设施以每座独立的建筑物为一个单位工程。

（3）引水（渠道）工程，按招标标段或工程结构划分单位工程。大、中型引水（渠道）建筑物以每座独立的建筑物为一个单位工程。

（4）除险加固工程，按招标标段或加固内容，并结合工程量划分单位工程。

2. 分部工程项目划分原则

（1）枢纽工程，土建部分按设计的主要组成部分划分。金属结构及启闭机安装工程和机电设备安装工程按组合功能划分。

(2) 堤防工程，按长度或功能划分。

(3) 引水（渠道）工程中的河（渠）道按施工部署或长度划分。大、中型建筑物按工程结构主要组成部分划分。

(4) 除险加固工程，按加固内容或部位划分。

(5) 同一单位工程中，各个分部工程的工程量（或投资）不宜相差太大，每个单位工程中的分部工程数目不宜少于 5 个。

3. 单元工程项目划分原则

(1) 按《水利水电工程单元工程施工质量验收评定标准——土石方工程》（SL 631—2012）、《水利水电工程单元工程施工质量验收评定标准——混凝土工程》（SL 632—2012）、《水利水电工程单元工程施工质量验收评定标准——地基处理与基础工程》（SL 633—2012）、《水利水电工程单元工程施工质量验收评定标准——堤防工程》（SL 634—2012）、《水利水电工程单元工程施工质量验收评定标准——水工金属结构安装工程》（SL 635—2012）、《水利水电工程单元工程施工质量验收评定标准——水轮发电机组安装工程》（SL 636—2012）、《水利水电工程单元工程施工质量验收评定标准——水力机械辅助设备系统安装工程》（SL 637—2012）、《水利水电工程单元工程施工质量验收评定标准——发电电气设备安装工程》（SL 638—2013）、《水利水电工程单元工程施工质量验收评定标准——升压变电电气设备安装工程》（SL 639—2013）〔以下简称《单元工程评定标准》（SL 631～637—2012、SL 638～639—2013）〕的规定进行划分。

(2) 河（渠）道开挖、填筑及衬砌单元工程划分界限宜设在变形缝或结构缝处，长度一般不大于 100m。同一分部工程中各单元工程的工程量（或投资）不宜相差太大。

(3) 《单元工程评定标准》（SL 631～637—2012，SL 638～639—2013）中未涉及的单元工程可依据工程结构、施工部署或质量考核要求，按层、块、段进行划分。常见工程项目单元工程项划分原则如下。

1）土石方开挖，按设计或施工检查验收的区、段划分，每区、段为一单元工程，或按相应混凝土浇筑仓块划分，每一块为一单元工程。

2）土石方填筑，按设计或施工检查验收区、段、层划分，常以每一区、段的每一层为一单元工程。

3）砂石垫层、反滤料按设计或施工检查验收的区、段划分，每区、段为一单元工程。

4）衬砌（干砌石、浆砌石、混凝土）按设计或施工检查验收的区、段划分，每区、段为一单元工程。

5）浆砌石体按设计或施工检查验收的区、段划分，每区、段为一单元工程，或按 2～3m 层高划分单元工程。

6）构筑物混凝土浇筑，按混凝土浇筑仓号划分，每一仓号为一个单元工程；排架柱梁按一次检查验收的范围，若干柱梁为一个单元工程。

7）喷射混凝土，按一次锚喷支护施工区、段划分阶段，以每一区段为一个单元工程。

8）钻灌工程，帷幕灌浆以相邻 10～20 孔为一个单元工程，固结灌浆按混凝土浇筑块、段划分，每一段的固结灌浆为一个单元工程，回填灌浆以施工确定的每一区、段划分为一个单元工程，高压喷射灌浆以相邻 5～10 孔为一个单元工程，劈裂灌浆以相邻 10 孔为一个单元工程，混凝土防渗墙以每一槽孔为一个单元工程。

9）钻孔灌注桩以每一按柱（墩）基础划分，每一柱（墩）下的灌注桩基础为一个单元工程。

10）金属结构以每扇闸门门体和埋件分别划分一个单元工程，启闭机安装以每台划分为一个单元工程。

1.4.2 项目划分程序

（1）由项目法人组织监理、设计及施工等单位进行工程项目划分，并确定主要单位工程、主要分部工程，重要隐蔽单元工程和关键部位单元工程开工前将项目划分表及说明书面报相应工程质量监督机构确认。

（2）工程质量监督机构收到项目划分书面报告后，应在 14 个工作日内对项目划分进行确认，并将确认结果书面通知项目法人。

（3）工程实施过程中，需对单位工程、主要分部工程、重要隐蔽单元工程和关键部位单元工程的项目划分进行调整时，项目法人应重新报送工程质量监督机构确认。

（4）工程施工过程中，由于设计变更、施工部署的重新调整等诸多因素，需要对工程开工初期批准的项目划分进行调整。从有利于施工质量管理工作的连续性和施工质量检验评定的合理性，对不影响单位工程、主要分部工程、关键部位单元工程、重要隐蔽部位单元工程的项目划分的局部调整，由项目法人组织监理、设计和施工单位进行。但对影响上述工程项目划分的调整，应重新报送工程质量监督机构进行确认。

1.4.3 项目划分示例

（1）水利水电枢纽工程项目划分见《水利水电工程施工质量检验与评定规程》（SL 176—2007）表 1。

（2）堤防工程项目划分见《水利水电工程施工质量检验与评定规程》（SL 176—2007）表 2。

（3）引水（渠道）工程项目划分见《水利水电工程施工质量检验与评定规程》（SL 176—2007）表 3。

水利水电工程项目划分见第 6.1 节相关内容。

1.5 协助发包人做好开工准备工作

1.5.1 协助发包人做好开工前需办理的各项手续

（1）协助发包人与土地、水保、河道、防汛、电力、供水、通信、劳动、公安、交通等部门办理有关手续。

（2）协助发包人做好工程区域内村组、社区居民的工作。

（3）协助发包人（设计）进行施工现场和测量基点的移交，并做好交接记录。

（4）协助发包人做好施工现场的四通一平工作。

（5）协助发包人召开第一次工地会议和组织技术交底。

（6）协助发包人做好工程项目的划分，并报质量监督部门批准。

（7）协助发包人做好与工程项目主管部门的联系、沟通与汇报工作，并及时向主管部门上报开工申请。

（8）根据施工合同约定，协助发包人做好其他条件和资源的提供工作。

1.5.2 做好调查，当好参谋

（1）施工环境与开工条件调查。对工程开工前应由发包人提供的工程用地、施工营地、施工准备和设计图纸等条件进行调查，对可能影响工程按期开工的各种因素进行评价，并提出处理措施报发包人决策。

（2）预测可能出现的其他不利因素，并及时与发包人联系、沟通。必要时以《监理机构联系单》或《监理机构备忘录》形式报送发包人。

（3）到质量监督部门办理相关监督手续。

1.6　工程开工审查

1.6.1　工程的准备工作审查

1. 组织机构与人员的审查

承包人填写《现场组织机构及主要人员报审表》，并应附有组织机构图、部门职责、主要人员清单及分工、主要人员资格和岗位证书；同时提交项目负责人、专职安全员的安全生产考核合格证及公司资质、营业执照、税务登记、组织机构代码证等复印件，报监理处审核。

监理处根据投标文件承诺的人员配备进行现场核对，并对其有关证件的有效性和完善性进行核查，并签署审核意见。如有差异，可依据有关证件和资料重新评定是否能胜任该项工作，对于不能胜任者，要求承包人更换。

2. 承包人选定分包商的审查

对承包人选定的分包商审查与工程招标投标阶段对承包人的资格预审类似，通过证明材料的申报或社会调查，了解分包商的法人资格、资质、承包过工程的施工情况、专业特长、人员设备、技术实力、管理水平、资金状况以及社会信誉等。

3. 工地试验室、计量设备及委托试验检测单位的核查

（1）试验室的等级及试验范围的证明文件。

（2）试验室仪器和设备的计量鉴定证书和设备率定证明文件。

（3）试验人员的资格证书和岗位证书。

（4）委托试验检测须有相应的资质，试验计量设备有年检合格证和率定表，材料试验室需有国家技术监督部门核发的计量认证证书。

（5）对以上核查的资质证、合格证、计量认证证书、率定资料等，监理处应存档备查，同时报送发包人。

4. 承包人施工测量及放样成果的复核

（1）承包人对设计或发包人提供的原始基点、基准线、水准点必须进行复核，并建立施工平面控制网和高程控制网。控制测量成果必须符合《水利水电工程测量规范》（SL 197—2013）要求。承包人填写《施工测量成果报验单》，并附有关计算资料及相关图表等。

（2）承包人对设计方的工程量测量成果及放样成果进行复核，复核结果（包括测量数据、图纸、计算表等）报监理处审查。

（3）监理工程师对承包人的施测过程进行监督，对其测量成果进行签字确认；或参加联合测量，共同签字确认测量结果；或单独组织测量成果抽查，确认测量成果正确与否。

（4）承包人使用的测量设备具备年检合格证。

5. 首批进场施工机具、设备的检查

（1）承包人按施工进度计划中设备进场计划，组织首批施工机具、设备进场，并填报《施工设备进场报验单》；新设备应附有出厂合格证；旧设备应有使用和维护记录及设备鉴定资格机构出具的检修合格证等。

（2）所有进场的施工机具、设备类型、型号性能、数量、状况及设备能力等应与投标文件一致。如有差异，可依据有关资料重新评定是否满足施工要求，否则，要求承包人替换或增加数量。

（3）首批进场的施工机具、设备（规格、型号、数量）必须满足工程正常开工的要求。对于施工过程中陆续进场的施工机具、设备也必须按此要求进行控制。

（4）由监理工程师核查后签署审核意见。

6.首批原材料、中间产品的检查

（1）承包人根据施工进度计划，采购首批原材料、中间产品等，其规格性能应符合设计要求，应有出厂合格证书；在监理的见证下取样送检，检验合格后填报《原材料/中间产品进场报验单》，并附检测报告，报监理处进行审批。

（2）监理工程师对其外观质量、出厂合格证、产品质量证书进行检测，并按规范要求，见证取样送检，检验合格后方可允许使用。同时在承包人自检的基础上，按一定比例独立进行检查或检测。

（3）进场的原材料、中间产品不同批次均需在监理的见证下取样送检，对不合格的产品，在监理的见证下，运离施工现场，并有影像资料记录。

（4）首批进场的材料、半成品、成品的数量也必须满足工程正常开工的要求。施工过程中，对陆续进场的原材料、中间产品的质量也必须按此原则进行控制。

7.质量保证体系的审查

（1）质量保证体系编写内容是否齐全，是否符合要求。

（2）制度上墙。组织机构，人员安排与职责、权限，会议制度，质量规章制度，原材料、中间产品质量检验检测制度，现场质量检验制度，职工培训与上岗制度，职工业绩与考核制度，施工公告，质量检验手段与技术等及其他应明确上墙公示内容。

（3）文件审核。包括质量手册、程序文件、作业指导书、技术交底记录、培训记录、表单/记录和其他有关质量保证体系活动的记录等文件的审核。

（4）专门质量管理机构和专职质量检测人员审查。审查质量管理机构和人员是否有效地实施其职责，执行的程度及有效性。

（5）审查施工人员、质量检验人员的岗位培训和业务考核情况。

（6）检查按照国家规定需要持证上岗人员的资格情况。

（7）审查质量制度、"三检制度"、原材料/中间产品质量检测、工序施工程序、单元工程质量评定、重要（关键）隐蔽工程施工等实施情况等。

8.施工组织设计和各技术方案的审查

（1）施工组织设计。承包人进场后，结合现场的实际情况，编制施工组织设计、专项施工方案、施工措施计划、施工总进度计划、资金流计划、安全技术措施、安全度汛方案及灾害应急预案等，并填报《施工技术方案申报表》，报送监理处进行审核。

（2）各技术方案的审查。主要内容如下。

1）范围。工程简介、工作程序所适用的范围。

2）施工方法。包括采用新技术、新设备、新材料、新工艺及重点工序施工方法的简要介绍。

3）材料供应。包括对材料的技术要求与材料的来源及检验方法、标准等。

4）施工操作。包括施工准备工作，每一道施工工序的操作方法及技术要求等。

5）质量控制。包括质量控制机构、人员，质量控制点等。

6）施工进度计划。包括进度控制目标、内容、措施等。

7）技术保证措施。包括技术规范规定和检验标准、采取的技术措施等。

8）安全技术措施。包括施工中的不安全因素，以及为了施工安全所采取的技术措施等。

9）文件及其递交。包括施工中应填报的有关技术文件与资料等。

监理处对技术方案进行审核后，填写《批复表》，一般批复由监理工程师签发，重要批复由总监理工程师签发。

9. 总施工进度计划的审查

承包人按《合同工程开工通知》注明的开工日期，编制切实可行的施工总进度计划，采用网络图或横道图形式，填报《施工进度计划申报表》，并附有相关的说明及材料、人员、设备配置计划和保证措施等。报监理处审批，由总监理工程师签发《批复表》。

10. 安全生产、文明施工、环境保护、水土保持等措施的审查

（1）审查三级安全教育情况。

（2）审查安全技术交底情况。

（3）审查安全操作规程情况。

（4）审查各项安全制度情况。

（5）审查三类人员安全考核合格证情况。

（6）审查安全文明施工措施及费用使用计划。

（7）审查重大危险源的识别及预防措施。

（8）审查施工总平面布置及"五牌一图"情况。

（9）审查环境保护、水土保持措施制订情况。

（10）审查封闭施工措施、设备、警示标牌等情况。

11. 砂石料系统、混凝土拌和系统检查

（1）检查场内道路、供水、供风、供电以及辅助加工、设备设施的准备情况。

（2）检查拌和系统试运行情况、商品混凝土供应方案。

（3）试验室设备、设施与试验人员的情况。

12. 审查签发图纸及技术交底

（1）审查签发图纸见1.3.2节所述内容。

（2）技术交底见1.3.1节所述内容。

1.6.2 第一次工地会议

在签发《合同工程开工批复》前，由总监理工程师或发包人联合主持第一次工地会议，设计、施工单位负责人参加。主要议题见1.2.2节"会议制度"内容。

1.6.3 不能按时开工的处理

（1）由于承包人原因使工程未能按期开工，监理机构应签发《监理通知》通知承包人按施工合同约定提交书面报告，说明延误开工原因及赶工措施。

（2）由于发包人原因使工程未能按期开工，监理机构在收到承包人提出的顺延工期要求后，应及时与发包人和承包人共同协商补救办法。

（3）由于承包人原因造成的工期延误和费用损失由承包人负担。由于发包人原因不能按合同约定时间开工，则起算工期可进行顺延。

1.6.4 签发合同工程开工批复

（1）合同工程开工。承包人完成合同开工准备，并具备开工条件后，提交《合同工程开工申请表》，并附开工申请报告和其他开工条件证明文件，报监理处审批，由总监理工程师签发《合同工程开工批复》。

（2）分部工程开工。分部工程开工前，承包人应向监理处报送《分部工程开工申请表》，并附开工申请报告和其他开工条件证明文件，报监理处审批，由监理工程师签发《分部工程开工批复》。

（3）单元工程开工。第一个单元工程应在分部工程开工批准后开工，后续单元工程凭监理工程师签认的上一单元工程施工质量合格文件方可开工。

（4）混凝土浇筑开仓。监理处对承包人报送的《混凝土浇筑开仓报审表》进行审批，符合开仓条件后，监理工程师签发审批意见。

第2章 施工过程中的监理工作

2.1 监理工作程序

（1）依据监理合同组建工程项目监理处，选派总监理工程师、监理工程师、监理员和其他工作人员。可选派人员原则上是投标书承诺的有关人员，如由于其他原因导致人员有变化，应办理人员变更手续，经发包人同意后进场工作。且变更人员的资历、业务能力应大于或等于被变更人员的资历、业务水平。

（2）熟悉工程建设有关法律、法规、规章以及技术标准，熟悉工程设计文件、施工合同文件和监理合同文件。

（3）编制监理规划。

（4）进行监理工作交底。

（5）编制监理实施细则。

（6）实施施工监理工作。监理工作实施程序见图2.1～图2.8。

（7）整理监理工作档案资料。

（8）参加工程验收工作；参加发包人与承包人的工程交接和档案资料移交。

（9）按合同约定实施缺陷责任期的监理工作。

（10）结清监理报酬。

（11）向发包人提交有关监理档案资料、监理工作报告。

（12）向发包人移交其所提供的文件资料和设施设备。

2.2 监理主要工作方法

（1）现场记录。监理处记录每日施工现场的人员、原材料、中间产品、工程设备、施工设备、天气、施工环境、施工作业内容、存在的问题及其处理情况等。

（2）发布文件。监理处采用签发有关通知、指示、批复、确认单、审核表等书面文件开展施工监理工作。

（3）旁站监理。监理处按照监理合同约定和监理工作需要，在施工现场对工程重要部位、隐蔽工程和关键工序的施工作业实施连续性的全过程监督、检查和记录。

（4）巡视检查。监理处对所监理工程的施工进行定期或不定期的监督与检查。

（5）跟踪检测。监理处对承包人在质量检测中的取样和送样进行监督，跟踪检测费用由承包人承担。

（6）平行检测。在承包人对原材料、中间产品和工程质量自检的同时，监理处按照监理合同约定独立进行抽样检测，核验承包人的检测结果。平行检测费用由发包人承担。

（7）协调。监理处依据合同约定对施工合同双方之间的关系以及工程施工过程中出现的问题和争议进行沟通、协商和调解。

2.3　开工条件的控制

（1）合同工程开工应遵守下列规定。

1）监理处应经发包人同意后向承包人发出合同工程开工通知，合同工程开工通知中应明确开工日期。

2）监理处应协助发包人向承包人移交施工合同中约定的应由发包人提供的施工用地、道路、测量基准点以及供水、供电、通信等。

3）承包人完成合同工程开工准备后，应向监理处提交合同工程开工申请表。监理处在检查 1.2.10 节所列各项条件满足开工要求后，应批复承包人的合同工程开工申请。

4）由于承包人原因使工程未能按期开工，监理处应通知承包人按施工合同约定提交书面报告，说明延误开工原因及赶工措施。

5）由于发包人原因使工程未能按期开工，监理处在收到承包人提出的顺延工期要求后，应及时与发包人和承包人共同协商补救办法。

（2）分部工程开工。分部工程开工前，承包人应向监理处报送分部工程开工申请表，经监理处批准后方可开工。

（3）单元工程开工。第一个单元工程应在分部工程开工批准后开工，后续单元工程凭监理工程师签字确认的上一单元工程施工质量合格文件方可开工。

（4）混凝土浇筑开仓。监理处应对承包人报送的混凝土浇筑开仓报审表进行审批，符合开仓条件后，方可签发。

2.4　质量控制

2.4.1　质量检查的职责和权力

（1）承包人的质量管理。承包人应建立和健全质量保证体系，在工地设置专门的质量检查机构，配备专职的质量检查人员，建立完善的质量检查制度。承包人应在接到开工通知后，在合同规定的时间内，应编制一份内容包括质量检查机构的组织和岗位责任及质量检测人员的组成、质量检查程序和实施细则等的工程质量保证措施报告，报送监理处审批。

（2）承包人的质量检查职责。承包人应严格按合同条款的规定和监理处的指示，对工程使用的材料和工程设备以及工程的所有部位及其施工工艺，进行全过程的质量检查，详细做好质量检查记录，编制工程质量报表，定期提交监理处审查。

（3）监理人的质量检查权力。监理处有权对全部工程的所有部位及其任何一项工艺、材料和工程设备进行检查和检验。承包人应为监理处的质量检查和检验提供一切方便，包括监理人员到施工现场或制造、加工地点或合同规定的其他地方进行察看和查阅施工记录。承包人还应按监理处的指示，进行现场取样试验、工程复核测量和设备性能检测，提供试验样品、试验报告和测量成果以及监理人要求进行的其他工作。监理处的检查和检验不免除承包人按合同规定应负的责任。

2.4.2　原材料、中间产品和工程设备检验

（1）检测单位资质审查。具体见 1.6.1 节相关内容。

（2）原材料、中间产品的检验应符合下列规定。

1）承包人对原材料和中间产品按照有关规定的内容进行检验，合格后向监理处提交原材料和中间产品进场报验单。

2）监理处应现场查验原材料和中间产品，核查承包人报送的进场报验单；监理合同约定需要平行检测的项目，按照有关规定进行。

3）经监理处核验合格并在进场报验单签字确认后，原材料和中间产品方可用于工程施工。原材料和中间产品的进场报验单不符合要求的，承包人应按监理处的要求进行复查，并重新上报；平行检测结果与承包人自检结果不一致的，监理处应组织承包人及有关单位进行原因分析，并提出具体处理意见。

（3）原材料和中间产品的检验主要内容如下。

1）对承包人或发包人采购的原材料和中间产品，承包人应按供货合同的要求查验质量证明文件，并进行合格性检测。若承包人认为发包人采购的原材料和中间产品质量不合格，应向监理处提供能够证明不合格的检测资料。

2）对承包人生产的中间产品，承包人应按施工合同约定和有关规定进行合格性检测，并报监理处审查。

（4）监理处发现承包人未按施工合同约定和有关规定对原材料、中间产品进行检测，应及时指示承包人补做检测；若承包人未按监理机构的指示补做检测，监理处可委托其他有资质的检测机构进行检测，承包人应为此提供一切方便并承担相应费用。

（5）监理处发现承包人在工程中使用不合格的原材料、中间产品时，应及时发出指示禁止承包人继续使用，监督承包人标识、处置并登记不合格原材料、中间产品。对已经使用了不合格原材料、中间产品的工程实体，监理处应提请发包人组织相关参建单位及有关专家进行论证，提出处理意见。

（6）检验结果审查及不合格材料处理。如发现原材料、中间产品不合格，则应向承包人下达明确指示，说明处理意见"将不合格品在监理的监督下运离工地，费用由承包人自理。"或"同意降级使用（需明确降级使用的具体部位）"。

（7）常用材料样品取样规则检查。水利水电工程常用材料质量检测内容见表2.1。

表 2.1 水利水电工程常用材料质量检测一览表

序号	材料名称	主要检测项目	检 测 取 样		
			取样单位	取样数量	取样方法
1	水泥	3d、28d抗压强度及抗折强度、细度、凝结时间、安定性等	同厂别、同品种、同标号、同批次每200~400t散装、袋装水泥为1个取样单位	水泥样重12kg	从20个不同部位（袋）水泥中等量取样，混合均匀作为样品，总数不少于20kg
2	砂	含泥量、泥块含量、云母含量、有机质含量、颗粒级配等	同料源每600t为一批取样单位，不足600t亦取1组	22kg	每批砂应隔一定距离于不同深度的8个部位取等份砂，用四分法缩分至所需样品数量
3	碎石、卵石	含泥量、泥块含量、颗粒级配、压碎指标、有机质含量、软弱颗粒含量等	同料源、同规格碎石每600t为一批取样单位，不足600t亦取1组	40kg	在不同部位抽取15份等量试样进行缩分至所需样品数量
4	混凝土	抗压强度（抗冻、抗折强度、抗渗性能）、抗拉强度等	大体积混凝土28d龄期每500m³、非大体积混凝土100m³同配比混凝土为1个取样单位，当混凝土方量不足以上数量时每一浇筑块也应取1组	一组3块，尺寸15cm×15cm×15cm	混凝土试样应在浇筑地点随机采取

续表

序号	材料名称		主要检测项目	检　测　取　样		
				取样单位	取样数量	取样方法
5	钢筋	钢筋混凝土用钢筋	外观质量及公称直径、重量偏差、抗拉强度、屈服点、伸长率、冷弯等	同一级别、同一直径、同批次重量不大于 60t 为 1 个取样单位	抗拉 2 根，冷弯 2 根	去掉端头 50cm 截取 1 组试样
		钢筋焊接	抗拉强度，对焊做抗拉强度、冷弯等	300 个焊接接头为 1 个取样单位，不足 300 个也作一批次	3 个焊接试样	从每批次取样单位中切取 3 个接头，也可按生产条件作模拟试件
6	砌筑砂浆		稠度、凝结时间、抗压强度	每工作班应至少制成试件 1 组	一组 6 块，尺寸 7.07cm×7.07cm×7.07cm	砂浆试样应在砌筑地点随机采取
7	建筑石灰	生石灰	未消化残渣、氧化钙、氧化镁含量	以同一厂家、同一批次石灰 100t 为取样单位，少于 100t 也为 1 个取样单位	块灰 6kg，消石灰 400g	块灰：由各层选 25 个点大致等到量取共 50kg，用四分法缩分至 6kg 为止；袋灰：从 10 袋灰中等量取 5kg，用四分法缩分至 400kg
		水石灰	未消化残渣含量、吸水消化速度、细度			
8	轻骨料		颗粒级配、比重、颗粒容重、含泥量、筒压强度、软化系数	每 300m³ 为一批，不足者也为一批	10kg	从料堆不同部位任选 10 个点抽取，用四分法缩分至 10kg
9	烧结普通砖		强度、外观质量、耐久性等	以同一厂、同一等级或标号为 1 个取样单位	外观检查：200 块砖；物理力学检查：20 块砖，其中抗压 5 块，抗折 5 块，备用 5 块	按随机抽样方法取样，物理检验用试样应在外观合格的样品中抽取
10	石油沥青		软化点、延伸度、针入度、溶解度、闪点、蒸发损失	同一批出厂、同一规格牌号的沥青以 20t 为 1 个取样单位，不足 20t 亦按 1 个取样单位		从每个取样单位的 5 处不同部位取洁净试样，每处所取数量大致相等
11	土工合成材料		单位面积质量、厚度、孔径，垂直、水平渗透系数，拉伸强度、顶破强度、落锥穿透、直接剪切摩擦、淤堵情况	同厂家、同材质、同批量、同规格、同一批次，抽样率应多于交货卷数 5%，最少不应少于 1 卷	6m²	由发包人、监理单位、质量检测部门共同随机抽取样品
12	土方回填	土石坝	黏性土的干密度、含水量、黏粒含量、塑性指标、渗透系数、有机质含量	黏性土防渗体 100～200m³，砾质土防渗体 200～400m³ 检测 1 次，砂砾坝体 400～2000m³ 取 1 个试样，但每层不少于 10 个	取样 1 次	环刀法、灌砂法、灌水法
		堤防填筑	非黏性土的相对密度及其对应的干密度、砾石含量、含泥量、颗粒分析、内摩擦角	按填筑量 100～150m³ 为一取样单位	取样 1 个	
13	块石		抗压强度、软化系数等	同一种类同批次的岩石且不大于 400m³ 为 1 个取样单位	6 个试样	随机取样，外观平整、大小适中，具有代表性

（8）监理处应按施工合同约定的时间和地点参加工程设备的交货验收，组织工程设备的到场交货检查和验收。

2.4.3 施工设备的检查

施工设备的检查应符合下列规定。

（1）监理处应监督承包人按照施工合同约定安排施工设备及时进场，并对进场的施工设备及其合格性证明材料进行核查。在施工过程中，监理处应监督承包人对施工设备及时进行补充、维修和维护，以满足施工需要。

（2）旧施工设备（包括租赁的旧设备）应进行试运行，监理处确认其符合使用要求和有关规定后方可投入使用。

（3）监理处发现承包人使用的施工设备影响施工质量、进度和安全时，应及时要求承包人增加、撤换。

2.4.4 施工测量控制

（1）监理工程师应检查承包人专职测量人员的岗位证书及测量仪器设备年检合格证书。

（2）施工测量控制应符合下列规定。

1）监理处应主持测量基准点、基准线和水准点及其相关资料的移交，并督促承包人对其进行复核和照管。

2）监理处应审批承包人编制的施工控制网施测方案，并对承包人施测过程进行监督，批复承包人的施工控制网资料。

3）监理处应审批承包人编制的原始地形施测方案，可通过监督、复测、抽样复测或与承包人联合测量等方法，复核承包人的原始地形测量成果。

4）监理处可通过现场监督、抽样复测等方法，复核承包人的施工放样成果。

（3）施工测量主要精度指标见表 2.2。

表 2.2　　　　　　　　　　　　　　　施工测量主要精度指标

序号	项　目		精　度　指　标			备　注
			内容	平面位置中误差 /mm	高程中误差 /mm	
1	混凝土建筑物		轮廓点放样	±(20～30)	±(20～30)	相对于邻近基本控制点
2	土石料建筑物		轮廓点放样	±(30～50)	±30	相对于邻近基本控制点
3	土石方开挖		轮廓点放样	±(50～200)	±(50～100)	相对于邻近基本控制点
4	局部地形测量		地物点	±0.75（图上）	—	相对于邻近图限点
			高程注记点	—	1/3 基本等高距	相对于邻近基本控制点
5	施工期间外部变形观测		水平位移测点	±(3～5)	—	相对于工作基点
			垂直位移测点	—	±(3～5)	相对于工作基点
6	隧洞 贯通	相向开挖长度 小于 4km	贯通面	横向±50	±25	横向、纵向相对于隧洞轴线。 高程相对于洞口高程控制点
				纵向±100		
		相向开挖长度 4～8km		横向±75	±38	
				纵向±150		
7	堤防工程		轮廓点放样	±(30～50)	±30	堤防工程基线相对于邻近基本控制点
			断面、立模、填筑轮廓	±50	±30	应根据不同的堤型，相隔一定距离设立观测点

注　1. 施工测量主要精度指标可具体参照《水电水利工程施工测量规范》（DL/T 5173—2012）、《水利水电工程测量规范》（SL 197—2013）及《水利水电工程施工测量规范》（SL 52—2015）。

　　2. 堤轴线点高程中误差为±30mm，高程负值不得连续出现，并不得超过总测点的30%。

2.4.5 现场试验

（1）现场材料试验。承包人应在工地建立自己的试验室，配备足够的人员和设备，按合同规定和监理处的指示进行各项材料试验，并为监理处进行质量检查和检验提供必要的试验资料和原始记录。监理人员在质量检查和检验过程中若需抽样试验，所需试件应由承包人提供，监理人员可以使用承包人的试验设备，承包人应予协助。上述试验所需提供的试件和监理人使用试验设备所需的费用由承包人承担。

（2）现场工艺试验。承包人应按合同规定和监理处的指示进行现场工艺试验，除合同另有规定外，其所需费用由承包人承担。在施工过程中，若监理处要求承包人进行额外的现场工艺试验时，承包人应遵照执行，但所需费用由发包人承担，影响的工期应予以合理补偿。

（3）现场工艺试验应符合下列规定。

1）监理处应审批承包人提交的现场工艺试验方案，并监督其实施。

2）现场工艺试验完成后，监理处应确认承包人提交的现场工艺试验成果。

3）监理处应依据确认的现场工艺试验成果，审查承包人提交的施工措施计划中的施工工艺。

4）对承包人提出的新工艺，监理处应提请发包人组织设计单位及有关专家对工艺试验成果进行评审认定。

2.4.6 施工过程质量控制

施工过程质量控制应符合下列规定。

（1）监理处可通过现场察看、查阅施工记录以及实施旁站监理、跟踪检测和平行检测等方式，对施工质量进行控制。

（2）监理处应加强对重要隐蔽单元工程和关键部位单元工程的质量控制，注重对易引起渗漏、冻融、冻蚀、冲刷、气蚀等部位的质量控制。

（3）监理处应要求承包人按施工合同约定及有关规定对工程质量进行自检，合格后方可报监理处复核。

（4）监理处应定期或不定期对承包人的人员、原材料、中间产品、工程设备、施工设备、工艺方法、施工环境和工程质量等进行巡视、检查。

（5）单元工程（工序）的质量评定未经监理处复核或复核不合格，承包人不得开始下一单元工程（工序）的施工。

（6）需进行地质编录的工程隐蔽部位，承包人应报请设代机构进行地质编录，并及时告知监理处。

（7）监理处发现由于承包人使用的原材料、中间产品、工程设备以及施工设备或其他原因可能导致工程质量不合格或造成质量问题时，应及时发出指示，要求承包人立即采取措施纠正，必要时责令其停工整改。监理处应对要求承包人纠正问题的处理结果进行复查，并形成复查记录，确认问题已经解决。

（8）监理处发现施工环境可能影响工程质量时，应指示承包人采取消除影响的有效措施。必要时，按 2.5.6 节相关规定要求其暂停施工。

（9）监理处应对施工过程中出现的质量问题及其处理措施或遗留问题进行详细记录，保存好相关资料。

（10）监理处应参加工程设备的安装技术交底会议，监督承包人按照施工合同约定和工程设备供货单位提供的安装指导书进行工程设备的安装。

（11）监理处应按施工合同约定和有关技术要求，审核承包人提交的工程设备启动程序，并监督承包人进行工程设备启动与调试工作。

2.4.7 监理检测

1. 抽检

监理抽检的方法主要如下。

（1）独立检验。监理人员在承包人自检的基础上进行独立检验，是对承包人自检结果的认可或否定。独立检验的项目有：工程的平面控制和基准标高、建筑物控制线和标高、建筑物墙后填土土料的检查、土料碾压含水量及压实密度、建筑物重要施工工序和隐蔽工程部位的检查等。

（2）见证检验。与承包人共同检验，对承包人一切现场试验和检测进行见证，得出的质量证明文件或收据就写在承包人的《施工质量等级评定表》上，但须注明"监理抽检"，并签上监理人员姓名。

（3）一般随机抽查。监理人员应当根据以往类似工程施工经验得出的质量通病，专找薄弱点进行抽查。一般有：

1）工序交接质量检验。监理应在承包人内部自检、互检、专检（"三检制"）的基础上，进行工序交接质量检验，坚持上道工序不合格，不能转入下倒工序的原则。

2）器材质量检验。通过检验判定器材是否符合合同规定及质量保证文件的要求。

3）隐蔽工程验收检验。这是防止质量隐患、确保工程质量的重要措施。隐蔽工程验收检验后，要办理隐蔽工程验收签证手续，列入工程档案。承包人必须认真处理监理工程师在隐蔽工程检验中发现的问题。处理完毕后，还需报经监理工程师复核，并写明处理情况。未经检验或检验不合格的隐蔽工程，不得进行覆盖。

4）施工预先检验。如对原始基准点、基准线和参考标高的复核等。这种在正式施工前所进行的质量检验，是防止工程发生差错、造成缺陷或不合格品出现的有力措施。

5）竣工验收检验。在承包人检验合格的基础上，对所有有关施工的质量技术资料（特别是重点部位）进行核查，并进行有关方面的试验，对工程产品的整体性能进行全方位的检验。

抽查要做到"出其不意，攻其不备"。如果这样做了，抽检的结果都符合要求，说明工程质量处于受控状态之中。

对关键工序、隐蔽工程、质量十分不稳定的工序、重要进口材料等，为保证工程质量需要采用全数检验。

2. 跟踪检测

（1）实施跟踪检测的监理人员应监督承包人的取样、送样以及试样的标记和记录，并与承包人送样人员共同在送样记录上签字。发现承包人在取样方法、取样代表性、试样包装或送样过程中存在错误时，应及时要求予以改正。

（2）跟踪检测的项目和数量（比例）应在监理合同中约定。其中，混凝土试样应不少于承包人检测数量的7%，土方试样应不少于承包人检测数量的10%。施工过程中，监理处可根据工程质量控制工作需要和工程质量状况等确定跟踪检测的频次分布，但应对所有见证取样进行跟踪。

3. 平行检测

平行检测应符合下列规定。

（1）监理处可采用现场测量手段进行平行检测。

（2）需要通过试验室进行检测的项目，监理处应按照监理合同约定，通知发包人委托或认可的具有相应资质的工程质量检测机构进行检测试验。

（3）平行检测的项目和数量（比例）应在监理合同中约定。其中，混凝土试样应不少于承包人检测数量的3%，重要部位每种标号的混凝土至少取样1组；土方试样应不少于承包人检测数量的5%，重要部位至少取样3组。施工过程中，监理处可根据工程质量控制工作需要和工程质量状况等确定平行检测的频次分布。根据施工质量情况要增加平行检测项目、数量时，监理处可向发包人提出建议，经发包人同意增加的平行检测费用由发包人承担。

（4）当平行检测试验结果与承包人的自检试验结果不一致时，监理处应组织承包人及有关各方进行原因分析，提出处理意见。

（5）平行检测的费用由发包人承担。试样应送往与承包人委托的检测机构不同的检测机构进行检测。

2.4.8 见证取样和送检的管理

对涉及工程结构安全的试块、试件及有关材料，应实行见证取样，并送至具有相应资质和检测能力的检测单位进行检测。

涉及结构安全的试块、试件和材料见证取样和送检的比例不得低于有关技术标准中规定应取样数量的 30％。

下列试块、试件和材料必须实施见证取样和送检：①主体结构及防渗体的混凝土试块；②有防渗功能的土方填筑；③用于承重结构的砌筑砂浆试块；④钢筋、水泥等重要原材料。

国家规定必须实行见证取样和送检的其他试块、试件和材料见证取样检测数量：混凝土试样不应少于承包人检测数量的 7％；土方试样不应少于承包人检测数量的 10％。

见证人员应由具备水利水电施工试验知识的监理工程师担任，并按照见证取样和送检计划，对施工现场的取样和送检进行见证，取样人员应在试样或其包装上作出标识、封志。由见证人员和取样人员签字及制作见证记录，并将见证记录归入施工技术档案。

2.4.9 巡视检验

1. 巡视检验内容

（1）检查承包单位的质量保证体系是否落实，施工机械、人员安排是否到位。

（2）检查施工现场管理人员，尤其是质检人员是否到岗到位。

（3）检查是否按图施工，是否按施工规范和批复的施工方案、措施进行。

（4）工程用料是否符合标准，储存、保管是否符合要求。

（5）检查施工操作人员的技术水平、操作条件是否满足工艺操作要求，特种操作人员是否持证上岗。

（6）检查整改、返工工程是否达到要求。检查已签发停工令的工程整改情况。

（7）检查工程实际进度，与计划进度进行比较，若落后于计划，找出原因，提出加快施工进度的措施。

（8）特别关注施工中的安全措施是否到位、是否存在隐患，提醒承包单位采取预防措施。

（9）检查"三检制"是否落实，已完成施工的部位是否存在质量缺陷。

例如，在钢筋混凝土施工的巡视检查中，以下内容可供参考：

1）检查垫层混凝土的面部平整度、面部高程是否满足设计要求，以保证底板钢筋安装的保护层厚度。

2）检查钢筋安装的重点是保护层厚度，检查垫块的数量是否足够、位置是否合适、固定是否牢固。同时检查架立钢筋及其他措施，保证钢筋位置的准确。

3）检查模板表面是否光洁、平整、接缝是否严密等；在模板安装中，检查模板的强度、刚度、稳定性，误差是否满足规范检验标准；并按规范的要求控制拆模的时间，特别是承重模板的拆除。

4）检查混凝土配合比。按照已获批准的试验室的配合比换算成施工配合比控制水泥、砂、石、水的投量。特别严格控制水灰比，不允许随意掺水，并严格控制混凝土拌和时间，测量坍落度。

5）在浇筑过程中，监理人员根据平行检测的计划数量进行独立抽取混凝土试块送往另外的检测机构检测。

2. 巡视要求

（1）巡视人员的组成。对于一般和定期巡视，由现场工程师进行。必需时，专业工程师参加。对于特殊问题的巡视，由总监理工程师组织，可邀请建设单位、承包单位负责人参加，对具体问题共同研究处理方案并组织实施。

（2）巡视方法。巡视采用定期和不定期相结合，一般与重点相结合。①定期巡视：由总监理工程师安排现场工程师、专业工程师巡视；②不定期巡视：限于解决某一具体问题或关键部位（工序）的施工质量问题；③一般巡视：是对普遍性问题的了解检查；④重点巡视：是对特殊问题的调查。对巡视检查情况，均需要做好记录，需要时应形成文件，分发有关单位。

3. 巡视时机

（1）定期巡视：由总监理工程师根据工程施工进展安排，每天安排进行巡视。

（2）不定期巡视：视工程施工进展，随时安排。巡视重点为关键的工序、重要的部位等。

（3）日常巡视应和工程检查有机结合进行。

4. 问题处理

（1）对于在巡视中发现的问题，比较易于处理的，应当时解决，并签发《工程现场书面通知》。

（2）对施工中的质量通病或普遍性问题，可签发《监理通知》或《整改通知》，通知承包人采取相应的措施。

（3）若存在的问题较多或较严重时，可签发《警告通知》，并向发包人反映。

（4）填写《监理巡视记录》，尤其是监理工程师与总监理工程师，对巡视情况应真实记录。

2.4.10　旁站监理

旁站监理是指监理人员对施工中关键部位、关键工序全过程的现场监督，它是工程质量控制最重要的手段。通过旁站监理，可以有效地控制施工过程中的人、机械设备、材料、工法、环境的情况，及时发现并制止一切不规范的行为，及时发出现场指令，避免发生工程质量事故。

根据工程施工难度、复杂性及稳定程度，可采用全过程旁站监理、部分时间旁站监理。但是，对于一些关键部位或关键工序，及需后期覆盖等部位的控制，如混凝土浇筑、闸门安装、灌浆、仪器埋设等，必须实施全过程跟班的连续监控，控制施工单位的质量活动。

1. 旁站人员职责

（1）检查承包人现场人员到岗、特殊工种人员持证上岗，以及施工机械、建筑材料准备等情况。

（2）在现场跟班监督关键部位、关键工序的施工中执行施工方案及工程建设强制性标准情况。

（3）核查进场建筑材料、构配件和设备的出厂质量证明、质量检验报告，督促承包人进行现场检查和必要的复验。

（4）做好旁站记录和监理日记，并保存好旁站监理原始资料。

（5）在旁站监理过程中，发现有违反工程建设强制性标准行为的，有权责成承包人立即改正；发现施工活动可能危及工程质量时，应及时向总监理工程师报告，由总监理工程师采取相应措施。

2. 旁站检查的方法和内容

（1）感觉性检查。包括观察、目测和手摸检查。如地基清理和处理，建筑物的布置及位置，材料的品种、规格和质量，模板安装的稳定性、刚度和强度，模板表面的光洁情况，混凝土浇筑的振捣情况，施工操作是否符合规程等。

（2）复测检查。采用测量仪器和工具进行检查。如建筑物的轴线、标高、轮廓尺寸、混凝土拌和物温度、坍落度、混凝土浇筑厚度、表面平整度等。

（3）材料试验与工程质量抽样检验。在混凝土浇筑施工中，监理人员应实施全过程跟班的连续监控。检查混凝土浇筑的顺序、方向和平仓、振捣作业。同时检查模板、支架等的稳固情况，发现问题及时解决。对于止水、预埋件的位置，要求作业人员慢送料、轻振捣。浇筑到顶部时，提醒作业人员及时消除仓面泌水等。

3. 旁站监理的要求

（1）监理人员在现场随时检查施工过程的每个细节，发现问题能及时纠正的，指令承包单位予以纠正；较复杂、难以及时解决的，暂停施工，问题解决后继续施工。

（2）监理人员做好文字记录及交接班工作，及时向总监理工程师汇报，必要时形成文字报总监理工程师批准。

4. 旁站监理的规定

（1）监理机构应依据监理合同和监理工作需要，结合批准的施工措施计划，在监理实施细则中明确旁站监理的范围、内容和旁站监理人员职责，并通知承包人。

（2）监理机构应严格实施旁站监理，旁站监理人员应及时填写旁站监理值班记录。

（3）除监理合同约定外，发包人要求或监理机构认为有必要并得到发包人同意增加的旁站监理工作，其费用应由发包人承担。

5. 旁站记录

监理人员应认真做好《旁站监理值班记录》，如实填写有关内容。旁站记录是监理工程师依法行使有关签字权的重要依据，是对工程质量的签认资料，有以下要求。

（1）内容要真实、准确、及时。

（2）对关键部位或关键工序，应按照时间或工序形成完整的记录。

（3）填写表格内容要完整，未经旁站人员和承包人质量检测人员签字，不得进入下道工序施工。

（4）记录表内"施工过程描述"是指所旁站的关键部位、关键工序的施工情况。例如，人员上岗情况、材料使用情况、施工工艺操作情况、执行施工方案和强制性标准情况等。

（5）"监理现场检查、检测情况"主要记录旁站人员、时间、旁站监理内容、对施工质量检查情况、评述意见等。应将发现的问题做好记录，并提出处理意见。

6. 旁站监理和施工企业的质量保证体系

参建各方在工程质量控制上是"业主负责，政府监督，监理控制，企业保证"的关系。工程质量是建立在施工企业自身的质量保证体系上的。旁站监理主要是通过督促承包人落实质量保证措施，强化承包人的质量管理意识，使其在施工过程的质量管理活动中发挥良好的作用，从而达到控制工程质量的目的。

监理人员在旁站过程中，发现施工作业中的不规范情况固然重要，更重要的是发现施工企业自身的质量保证体系运行得正常不正常。监理人员需要检查承包人的质量保证体系，主要检查内容包括如下。

（1）现场施工质量控制的业务职能分工。

（2）专门的质量管理机构、专职质量检测人员。

（3）现场施工的质量控制点及其控制措施。

（4）施工质量检验人员的岗位培训和业务考核情况。

（5）按照国家有关规定需要持证上岗的人员的资格情况。

（6）"三检制"是否切实落实。

7. 旁站方案的编制

要对需要旁站监理的部位、旁站监理内容、旁站人员安排做详细规定，对旁站监督过程中可能出现的问题要提出预防措施及应急方案。

2.4.11　质量控制点

质量控制点分为见证点、待检点、旁站点。

（1）见证点。施工作业达到该检验点时，承包人应通知监理工程师到现场进行见证。如果监理人员不能在约定的时间到场，承包人可以继续施工。

（2）待检点。施工中一些重要的检验点，必须在监理工程师到场监督、检查的情况下承包人才能检验，检验合格才能继续施工。

（3）旁站点。工程中的重要部位或关键工序，如混凝土浇筑、闸门安装、灌浆、仪器埋设等，必须进行旁站监理，实施跟班式的全过程监控，以控制施工单位的质量活动。

2.4.12 质量控制监理操作方法

"土方开挖施工""土方填筑施工""浆砌石施工""钢筋混凝土施工""防汛公路施工""混凝土防渗墙施工""水泥搅拌桩防渗墙施工""锥探灌浆施工""大坝劈裂灌浆施工""帷幕灌浆施工""高压喷射灌浆施工"等作业的质量控制监理操作见表2.3。

表 2.3　　　　　　　　　　　　质量控制监理操作表

施工作业分类	控制环节	监理控制				检验性质		检测方法		监 理 要 点
		文件报审	抽检	巡视	旁站	见证	待检	跟踪检测	平行检测	
土方开挖	轴线位置				√	√				允许误差±（30～50）mm
	轮廓尺寸			√		√				允许误差±（30～50）mm
	保护层开挖				√					符合规范要求，一般为30～50cm
	建基面高程				√					允许误差±30mm
	渗水处理				√	√				排堵妥善、无积水、无明流等
土方填筑	清基范围			√		√				在设计基面边线外30～50cm
	清基质量		√				√			树根草皮杂物清理、淤泥砂土清除、泉眼洞穴与风化滑坡处理、基础取样等
	铺垫边线			√	√					在设计基面边线外30～50cm
	铺层厚度		√					√		符合由碾压试验确定的参数，一般为20～30cm
	土料含水量		√					√		符合由碾压试验确定的参数
	碾压机械规格	√								轻型（5～10t平碾）、中型（12～15t平碾、5～8t振动碾、斗容205m³铲运机）
	碾压遍数		√		√					符合由碾压试验确定的参数
	土体干密度						√		√	满足设计压实干密度的要求
浆砌石	石料规格、质量	√								质地坚硬、不易风化、无裂纹、大致方正
	砂浆配合比	√								符合规范要求、砂浆沉入度等
	测量放线				√					平面位置允许误差［±（30～50）mm］、高程允许误差±30mm
	基面清理				√					浮渣清除、无积渣、积水、松动石块等
	砂浆试块制作					√			√	符合规范规定
	铺浆砌筑			√						铺浆前湿润石料，先铺浆后砌筑，分层卧砌，上下错缝，内外搭砌，砌立稳定，防止"填心法"砌筑等
	养护			√						砌筑完成后12h左右，即洒水养护，时间为14d
钢筋混凝土	原材料、中间产品质量	√				√				水泥品质、粗骨料最大粒径、细骨料细度模数等
	混凝土配合比	√								满足设计要求和规范规定
	测量放线				√	√				平面位置允许误差［±（30～50）mm］、高程允许误差±30mm

续表

施工作业分类	控制环节	监理控制				检验性质		检测方法		监理要点
		文件报审	抽检	巡视	旁站	见证	待检	跟踪检测	平行检测	
钢筋混凝土	基础面、施工缝处理				✓		✓			杂物清理、表面刨毛、湿润、铺水泥砂浆等
	钢筋制作、安装			✓						型号、规格、数量、安放位置、焊接或绑扎质量等
	模板制作、安装			✓						表面光洁平整、位置准确性、强度、刚度、稳定性等
	预埋件制作、安装			✓						位置准确性、尺寸准确性、固定牢固度等
	止水、伸缩缝安装			✓						材料规格质量、位置准确性、固定牢固度等
	混凝土浇筑				✓					水灰比、坍落度、拌和时间、浇筑顺序、方向、平仓分层厚度（一般小于50cm）、铺料均匀、铺料间歇时间、振捣有序、无漏振、重振、消除泌水等
	混凝土试块制作		✓						✓	符合规范规定
	混凝土养护			✓						在常温条件下，不应少于14d
防汛公路	测量放线				✓					纵断高程、横坡、宽度、路线等
	碎石垫层	✓								厚度、平整度、压实度、回弹模量、弯沉等
	底基层混合料摊铺			✓		✓				拌和、摊铺、碾压等
	原材料、中间产品质量	✓				✓				水泥品质、粗骨料最大粒径、细骨料细度模数等
	路面混凝土配合比	✓								满足设计要求和规范规定
	混凝土浇筑				✓					纵断高程、横坡、宽度、厚度、平整度、水灰比、坍落度、拌和时间、摊铺顺序、振捣、碾压等
	混凝土试块制作							✓	✓	符合规范规定
	混凝土养护			✓		✓				在常温条件下，不应少于14d
	路面切缝、嵌缝				✓					防止杂质落入缝内、清缝、嵌缝料饱满、密实、缝面整齐等
混凝土防渗墙	测量放线				✓					墙中心线下游方向的误差（<3cm）
	泥浆制作			✓						加量误差值（<5%）
	造孔开槽			✓						孔斜率（<4‰）
	清孔检查						✓			孔底淤积厚度（<10cm）
	原材料、中间产品质量	✓				✓				水泥品质、粗骨料最大粒径、细骨料细度模数等
	混凝土配合比	✓								入槽坍落度18~22cm、扩散度34~40cm
	混凝土浇筑				✓					水灰比、坍落度（18~20cm）、导管入混凝土内的深度（>1m）、浇筑连续性、混凝土上升速度（>2m/h）、浇筑顶部高程等
	墙体槽口取样检查				✓		✓			抗压、抗折强度试验等
水泥搅拌桩防渗墙	测量放线				✓					墙中心线下游方向的误差（<3cm）
	钻孔			✓		✓				桩位偏差（<30mm）、倾斜率（<0.3%）
	孔底高程检查						✓			深度偏差（<50mm）
	水泥品质	✓				✓				普通硅酸盐水泥（PO），标号不低于425号

续表

施工作业分类	控制环节	监理控制				检验性质		检测方法		监 理 要 点
		文件报审	抽检	巡视	旁站	见证	待检	跟踪检测	平行检测	
水泥搅拌桩防渗墙	浆液配制	✓	✓							存放有效时间（<3～5h）、浆液温度
	搅拌成墙			✓		✓				浆液过滤，供浆连续性等
	接头处理				✓					搭接间隙时间（<24h）、补桩处理等
	墙体质量检查				✓				✓	单轴抗压强度、渗透系数、允许渗透比降等试验
锥探灌浆	孔位放样				✓			✓		允许误差±（30～50）mm
	钻孔			✓						孔位偏差（<10cm）、孔向偏差等
	钻孔冲洗及压水试验		✓							栓塞位置准确，孔口、管道及接头等处不得有任何漏水现象
	材料品质	✓				✓				黏土、膨润土、水玻璃等满足规范要求
	灌浆			✓						每孔每次最大灌浆量、最大灌浆压力、封孔质量等
	质量检验	✓			✓				✓	分析资料，观测并配合钻孔、探井取样测定
大坝劈裂灌浆	孔位放样				✓					允许误差±（30～50）mm
	原材料质量	✓				✓				水泥、外加剂、掺和料等符合有关规范
	灌浆试验	✓						✓		观测灌浆压力、吃浆量及泥浆容重、坝体位移和裂缝等
	钻孔			✓						孔位、深度、孔径、钻孔顺序和孔斜等
	制浆		✓					✓		黏土、水泥、外加剂等试验，浆液物理力学性能应符合设计要求和规范规定
	灌浆		✓						✓	灌浆顺序、灌浆压力、复灌、封孔等
帷幕灌浆	孔位放样				✓					允许误差±（30～50）mm
	水泥品质	✓				✓				水泥细度为通过80μm方孔筛的筛余量不大于5%
	钻孔			✓						孔序、孔位等
	制浆		✓					✓		制浆材料的称量误差应小于5%
	灌浆		✓						✓	压水冲洗、自下而上灌制、灌浆压力、结束、封孔等
	压水试验	✓			✓					检查孔数量、压水时机、透水率、合格率等
高压喷射灌浆	孔位放样				✓					灌浆轴线、孔位等，允许误差±（30～50）mm
	浆液配合比	✓				✓				水泥、浆材配合比、进回浆比重、水压、风压、浆压、流量、单位进尺水泥耗量、回浆性状等
	钻孔			✓						轴线、孔位和孔口高程、孔深、孔底偏斜率等
	喷射灌浆		✓						✓	分排、分序、试喷、调整喷射方向、灌浆压力、进浆量等
	质量检验	✓			✓					围井试验检查、墙体钻孔检查、开挖检查等

2.4.13　隐蔽工程验收

（1）隐蔽工程是指被其他工序施工所掩盖的工程，如主要建筑物的地基开挖、地下洞室开挖、地基防渗、加固处理和排水等。对隐蔽工程坚持检验验收，是防止质量隐患、确保工程质量的重要措施。

（2）隐蔽工程和工程的隐蔽部位经承包人的自检确认具备覆盖条件后的24h内，承包人应通知监理处进行检查，通知应按规定的格式说明检查地点、内容和检查时间，并附有承包人自检记录和必要的检查资料。监理工程师接到申请后，应立即组织必要的检验。一些复杂的工程，尚需组织测量人员进行复测、组织地质人员进行地质测绘素描、组织设计人员到场检查。经确认符合设计和规范要求后，填写《重要隐蔽单元工程（关键部位单元工程）质量等级签证表》，并认真做好隐蔽工程的签证手续，有关检查人员应在检查记录上签字，并列入工程档案保管。

（3）承包人要认真处理监理工程师在隐蔽工程检验中发现的问题。处理完毕后，还需经监理工程师复核，并写明处理情况。

（4）监理处应在约定时间内到场进行隐蔽工程和工程隐蔽部位的检查，不得无故缺席或拖延。若监理处未及时派员到场检查，造成工期延误，承包人有权要求延长工期和赔偿其停工、窝工等损失。承包人未及时通知监理处到场检查，私自将隐蔽部位覆盖，监理处有权指示承包人采用钻孔探测以至揭开进行检查，由此增加的费用和工期延误责任由承包人承担。

（5）未经监理工程师检查、验收，或验收不合格的部位，自行封闭或掩盖，将不予以认可，并做违规处理。

（6）对隐蔽工程或工程的隐蔽部位进行检查并覆盖后，若监理人事后对质量有怀疑，可要求承包人对已覆盖的部位进行钻孔探测以至揭开重新检验，承包人应遵照执行。其重新检查所需增加的费用和工期延误，按合同条款的有关规定划分责任。

（7）重要隐蔽单元、分部工程及关键部位单元、分部工程，在隐蔽前所进行的验收检验由项目法人（或委托监理）、监理、设计、施工、工程运行管理等单位组成联合小组，共同核定质量等级并填写签证表，报质量监督机构核备。

2.4.14　工序交接检查、缺陷处理

1. 工序交接检查

工序交接检查是指前一道工序完工后，经检查合格方能进行下一道工序的作业。在上一道工序作业完成后，在施工班组进行质量自检基础上，监理人员将进行工序质量的交接检查。每道工序完工之后，经监理工程师检查认可其质量合格并签字确认后，才能移交下道工序继续施工；对没有达到质量标准的项目，要求返工直至合格为止。这样逐道的工序交接检查，一环扣一环，环环不放松，使整个施工过程的质量完全得到保证。

2. 缺陷处理

监理人员发现工程存在着不符合技术规范和有关要求的质量缺陷，可采取如下措施。

（1）当因施工而引起的质量缺陷处在萌芽状态时，应及时制止，并要求承包人立即更换不合格的材料、设备或不称职的施工人员，或要求立即改变不正确的施工方法及操作工艺。

（2）当质量缺陷发生在施工过程中或者发生在某道工序完工以后，或者发生在缺陷责任期内时，监理工程师将立即向承包人发出暂停施工的指令（先口头后书面），应立即检查缺陷部位的施工记录等资料，初步分析原因，审核承包人提出的处理方案，由总监理工程师批复后再监督承包人实施补救方案。

（3）在交工使用前的缺陷责任期内发生的施工质量缺陷，指令承包人进行修补、加固或返工处理。质量缺陷的修补与加固应依据以下原则。

1）因施工原因而产生的质量缺陷的修补与加固，应由承包人提出具体的修补加固方案及方法，经监理批准后方可进行。

2）非施工原因产生的质量缺陷，由监理会同现场设计代表及承包人进行分析，并提出具体的修补加固方案及方法，报发包人批准后，由承包人进行修补。

3）修补措施及办法均不得降低质量控制指标和验收标准。

4）监理处应按《水利水电工程施工质量检验与评定规程》（SL 176—2007）附录 B 的格式填写

《工程施工质量缺陷备案表》，及时报送工程质量监督机构备案，并作为竣工验收的资料妥善保存。

2.4.15 单元工程质量等级评定

（1）及时进行质量评定。每个单元工程施工完成后，应督促承包人按照真实、齐全、完善、规范的要求填写质量评定表，要求按规定对工序、单元工程的质量进行自评，监理对承包人的工程质量等级自评结果进行复核。

（2）单元工程质量等级评定表。水利部于 2012 年 9 月 19 日以〔2012〕第 57 号公告发布了《水利水电工程单元工程施工质量验收评定标准》（SL 631～637—2012），包括土石方工程、混凝土工程、地基处理与基础工程、堤防工程、水工金属结构安装工程、水轮发电机组安装工程、水力机械辅助设备系统安装工程，自 2012 年 12 月 19 日开始实施。于 2013 年 8 月 8 日以〔2013〕第 39 号公告发布了《水利水电工程单元工程施工质量验收评定标准》（SL 638～639—2013），包括发电电气设备安装工程、升压变电电气设备安装工程，自 2013 年 11 月 8 日开始实施。

（3）《水利水电工程单元工程施工质量验收评定表及填表说明》中全部表格共分上、下册，总计 539 个表。其中，上册包括：土石方工程 51 个表、混凝土工程 68 个表、地基处理与基础工程 52 个表、堤防工程 38 个表；下册包括：水工金属结构安装工程 50 个表、水轮发电机组安装工程 83 个表、水力机械辅助设备系统安装工程 45 个表、发电电气设备安装工程 106 个表、升压变电电气设备安装工程 46 个表。并逐表编写了填表说明。

（4）当实际情况和《单元工程评定标准》中评定表内容相差太大，可根据实际情况自行制定格式，但需满足《新标准》的要求，并事先报有关质量监督部门核备。

（5）单元（工序）工程质量检验工作程序见图 2.1。

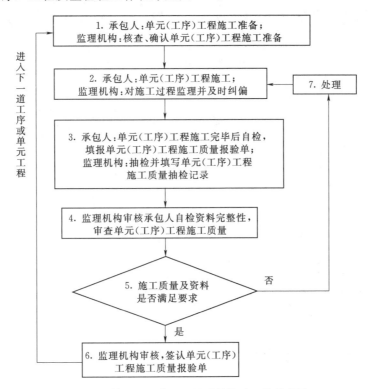

图 2.1　单元（工序）工程质量检验工作程序图

（6）质量等级评定。

1）单元工程质量等级评定按《单元工程评定标准》规定进行。

2）单元（工序）工程施工质量在承包人自评合格后，由监理处复核，监理工程师核定质量等级并签证认可。

3）单元工程质量达不到合格标准时，必须及时处理。其质量等级按下面规定加以确定。

a. 全部或局部返工重做的单元工程，可重新评定其质量等级。

b. 加固补强后，经法定检测单位鉴定能够达到设计要求的，其质量等级只能评为合格。

c. 经法定检测单位鉴定达不到原设计要求，经设计复核，项目法人及监理单位确认能基本满足安全和使用功能的，可不加补强；或经加固补强改变了外形尺寸，或造成永久性缺陷，经项目法人、监理及设计单位确认基本满足设计要求的，其质量按合格处理。

4）在核定单元工程质量时，除检查工程现场外，还应检查施工原始记录、质量检验记录等，确认单元工程质量评定表所填写的数据、内容的真实性、完整性，必要时可进行抽验。

（7）重要隐蔽单元工程及关键部位单元工程验收。由项目法人（或委托监理）、监理、设计、施工、工程运行管理等单位组成联合小组，共同核定质量等级并填写签证表，报质量监督机构核备。

2.4.16　质量事故处理

（1）质量事故发生后，监理部应立即向发包人报告，指示承包人及时采取必要的应急措施，同时保护现场，对事故经过做好记录并要求承包人做好相应记录。事后应要求承包人按规定及时提交事故报告。

（2）监理处应积极配合事故调查组进行工程质量事故调查、原因分析、处理意见等工作。

（3）监理处应指示承包人按照批准的工程质量事故处理方案和措施对事故进行处理。经监理处检验合格后，承包人方可进入下一阶段施工。

（4）对质量事故处理须遵循"三不放过"的原则，即：事故原因没查明不放过；主要事故责任人和全体职工没受到教育不放过；事故处理方案、补救措施没落实、不利因素没消除、防范措施没落实不放过。

（5）水利工程质量事故分类标准见表 2.4。

表 2.4　　　　　　　　　　　水利工程质量事故分类标准

损 失 情 况		事 故 类 别			
		特大质量事故	重大质量事故	较大质量事故	一般质量事故
事故处理所需的物质、器材和设备、人工等直接损失费用/万元	大体积混凝土，金属结构制作和机电安装工程	＞3000	500～3000（含）	100～500（含）	20～100（含）
	土石方工程、混凝土薄壁工程	＞1000	100～1000（含）	30～100（含）	10～30（含）
事故处理所需合理工期/月		＞6	3～6（含）	1～3（含）	≤1
事故处理后对工程功能和寿命影响		影响工程正常使用，需限制条件运行	不影响正常使用，但对工程寿命有较大影响	不影响正常使用，但对工程寿命有一定影响	不影响正常使用和工程寿命

注　1. 直接经济损失费用为必需条件，其余两项主要适用于大中型工程。

　　2. 小于一般质量事故的质量问题称为质量缺陷。

2.4.17　施工质量检验与评定标准

1. 施工质量检验

（1）承包人应首先对工程施工质量进行自检。承包人未自检或自检不合格、自检资料不齐全的单元工程（工序），监理处有权拒绝进行复核。

（2）监理处对承包人经自检合格后报送的单元工程（工序）质量评定表和有关资料，应按有关技术标准和施工合同约定的要求进行复核,复核合格后方可签字确认。

(3) 监理处可采用跟踪检测监督承包人的自检工作,并可通过平行检测核验承包人的检测试验结果。

(4) 重要隐蔽单元工程和关键部位单元工程应按有关规定组成联合验收小组共同检查并核定其质量等级,监理工程师应在质量等级签证表上签字。

(5) 在工程设备安装调试完成后,监理处应监督承包人按规定进行设备性能试验,并按施工合同约定要求承包人提交设备操作和维修手册。

2. 合格标准

(1) 合格标准是工程验收标准。不合格工程必须进行处理且达到合格标准后,才能进行后续工程施工或验收。水利水电工程施工质量等级评定的主要依据如下。

1) 国家及相关行业技术标准。

2)《单元工程评定标准》。

3) 经批准的设计文件、施工图纸、金属结构设计图样与技术条件、设计修改通知书、厂家提供的设备安装说明书及有关技术文件。

4) 工程承发包合同中约定的技术标准。

5) 工程施工期及试运行期的试验和观测分析成果。

(2) 单元(工序)工程施工质量合格标准应按照《单元工程评定标准》或合同约定的合格标准执行。当达不到合格标准时,应及时处理。处理后的质量等级应按下列规定重新确定。

1) 全部返工重做的,可重新评定质量等级。

2) 经加固补强并经设计和监理单位鉴定能达到设计要求时,其质量评为合格。

3) 处理后的工程部分质量指标仍达不到设计要求时,经设计复核,项目法人及监理单位确认能满足安全和使用功能要求,可不再进行处理;或经加固补强后,改变了外形尺寸或造成工程永久性缺陷的,经项目法人、监理及设计单位确认能基本满足设计要求的,其质量可定为合格,但应按规定进行质量缺陷备案。

(3) 分部工程施工质量同时满足下列标准时,其质量评为合格。

1) 所含单元工程的质量全部合格。质量事故及质量缺陷已按要求处理,并经检验合格。

2) 原材料、中间产品及混凝土(砂浆)试件质量全部合格,金属结构及启闭机制造质量合格,机电产品质量合格。

(4) 单位工程施工质量同时满足下列标准时,其质量评为合格。

1) 所含分部工程质量全部合格。

2) 质量事故已按要求进行处理。

3) 工程外观质量得分率达到70%以上。

4) 单位工程施工质量检验与评定资料基本齐全。

5) 工程施工期及试运行期,单位工程观测资料分析结果符合国家和行业技术标准以及合同约定的标准要求。

(5) 工程项目施工质量同时满足下列标准时,其质量评为合格。

1) 单位工程质量全部合格。

2) 工程施工期及试运行期,各单位工程观测资料分析结果均符合国家和行业技术标准以及合同约定的标准要求。

3. 优良标准

(1) 优良等级是为工程项目质量创优而设置。

(2) 单元工程施工质量优良标准应按照《单元工程评定标准》以及合同约定的优良标准执行。全部返工重做的单元工程,经检验达到优良标准时,可评为优良等级。

（3）分部工程施工质量同时满足下列标准时，其质量评为优良。

1）所含单元工程质量全部合格，其中 70％以上达到优良等级，重要隐蔽单元工程和关键部位单元工程质量优良率达 90％以上，且未发生过质量事故。

2）中间产品质量全部合格，混凝土（砂浆）试件质量达到优良等级（当试件组数小于 30 时，试件质量合格），原材料质量、金属结构及启闭机制造质量合格，机电产品质量合格。

（4）单位工程施工质量同时满足下列标准时，其质量评为优良。

1）所含分部工程质量全部合格，其中 70％以上达到优良等级，主要分部工程质量全部优良，且施工中未发生过较大质量事故。

2）质量事故已按要求进行处理。

3）外观质量得分率达到 85％以上。

4）单位工程施工质量检验与评定资料齐全。

5）工程施工期及试运行期，单位工程观测资料分析结果符合国家和行业技术标准以及合同约定的标准要求。

（5）工程项目施工质量同时满足下列标准时，其质量评为优良。

1）单位工程质量全部合格，其中 70％以上单位工程质量达到优良等级，且主要单位工程质量全部优良。

2）工程施工期及试运行期，各单位工程观测资料分析结果均符合国家和行业技术标准以及合同约定的标准要求。

4. 质量评定工作的组织与管理

（1）单元（工序）工程。单元（工序）工程质量由施工单位质量检测部门组织评定，评定合格后，报监理处复核；监理处会同发包人对单元（工序）工程质量进行复核，由监理工程师和发包人现场代表核定质量等级并签证认可。

（2）重要隐蔽单元工程及关键部位单元工程。重要隐蔽单元工程及关键部位单元工程质量经施工单位自评合格、监理单位抽检后，由项目法人（或委托监理）、监理、设计、施工、工程运行管理（施工阶段已经有时）等单位组成联合小组，共同检查核定其质量等级并填写签证表，报工程质量监督机构核备。重要隐蔽单元工程（关键部位单元工程）质量等级签证表见《水利水电工程施工质量检验与评定规程》（SL 176—2007）附录 F 的格式。

（3）分部工程质量。分部工程质量评定在施工单位质量检测部门自评合格的基础上，报监理处复核；监理处会同发包人、设计单位、承包人等对分部工程质量进行复核，项目法人认定。分部工程验收的质量结论由项目法人报工程质量监督机构核备。大型枢纽工程主要建筑物的分部工程验收的质量结论由项目法人报工程质量监督机构核定。分部工程施工质量评定表见《水利水电工程施工质量检验与评定规程》（SL 176—2007）附录 G 表 G-1 或 5.9 节相关内容。

（4）单位工程质量。在施工单位自评合格后，由监理单位复核，项目法人认定。单位工程验收的质量结论由项目法人报工程质量监督机构核定。单位工程施工质量评定表见《水利水电工程施工质量检验与评定规程》（SL 176—2007）附录 G 表 G-2 或 5.9 节相关内容，单位工程施工质量检验与评定资料核查表见《水利水电工程施工质量检验与评定规程》（SL 176—2007）附录 G 表 G-3 或 5.9 节相关内容。

（5）工程项目质量。在单位工程质量评定合格后，由监理单位进行统计并评定工程项目质量等级，经项目法人认定后，报工程质量监督机构核定。工程项目施工质量评定表见《水利水电工程施工质量检验与评定规程》（SL 176—2007）附录 G 表 G-4 或 5.9 节相关内容。

（6）阶段验收。

1）阶段验收包括枢纽工程导（截）流验收、水库下闸蓄水验收、引（调）排水工程通水验收、水电站（泵站）首（末）台机组启动验收、部分工程投入使用验收以及竣工验收主持单位根据工程建设需要增加的其他验收。

2）阶段验收应由竣工验收主持单位或其委托的单位主持。阶段验收委员会应由验收主持单位、质量和安全监督机构、运行管理单位的代表以及有关专家组成；必要时，可邀请地方人民政府以及有关部门参加。

3）工程参建单位应派代表参加阶段验收，并作为被验收单位在验收鉴定书上签字。

4）阶段验收前，工程质量监督机构应提交工程质量评价意见。

（7）工程质量监督机构。工程质量监督机构应按有关规定在工程竣工验收前提交工程质量监督报告，工程质量监督报告应有工程质量是否合格的明确结论。

5．质量评定监理工作程序

质量评定监理工作程序见图2.2。

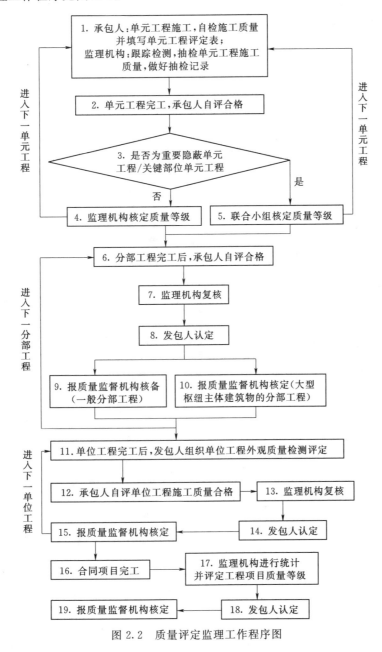

图2.2　质量评定监理工作程序图

2.4.18 堤防工程外观质量评定标准

堤防工程外观质量评定标准见表2.5。

表 2.5 堤防工程外观质量评定标准

项次	项目	检查、检测内容			质 量 标 准
1	外部尺寸	土堤	高程	堤顶	允许偏差为 0～+15cm
				平（戗）台顶	允许偏差为 -10～+15cm
			宽度	堤顶	允许偏差为 -5～+15cm
				平（戗）台顶	允许偏差为 -10～+15cm
			边坡坡度		不陡于设计值，目测平顺
		混凝土及砌石墙（堤）	堤顶高程	干砌石墙（堤）	允许偏差为 0～+5cm
				浆砌石墙（堤）	允许偏差为 0～+4cm
				混凝土墙（堤）	允许偏差为 0～+3cm
			墙面垂直度	干砌石墙（堤）	允许偏差为 0.5%
				浆砌石墙（堤）	允许偏差为 0.5%
				混凝土墙（堤）	允许偏差为 0.5%
			墙顶厚度	各类砌筑墙（堤）	允许偏差为 -1～+2cm
			边坡坡度		不陡于设计值，目测平顺
2	轮廓线	用长 15m 拉线沿堤顶轮廓连续测量			15m 长度内凹凸偏差为 3cm
3	表面平整度	干砌石墙（堤）			用 2m 靠尺检测，不大于 5.0cm/2m
		浆砌石墙（堤）			用 2m 靠尺检测，不大于 2.5cm/2m
		混凝土墙（堤）			用 2m 靠尺检测，不大于 1.0cm/2m
4	曲面与平面连接	现场检查			一级：圆滑过渡，曲线流畅； 二级：平顺连接，曲线基本流畅； 三级：连接不够平顺，有明显折线； 四级：连接不平顺，折线突出
5	排水	现场检查，结合检测			质量标准：排水通畅，形状尺寸误差为 ±3cm，无附着物。 一级：符合质量标准； 二级：基本符合质量标准； 三级：局部尺寸误差大，局部有附着物； 四级：排水尺寸误差大，多处有附着物
6	上堤马道	现场检查，结合检测			质量标准：马道宽度偏差为 ±2cm，高度偏差为 ±2cm。 一级：符合质量标准； 二级：基本符合质量标准； 三级：发现尺寸误差较大； 四级：多处马道尺寸误差大
7	堤顶附属设施	现场检查			一级：混凝土表面平整，棱线平直度等指标符合质量标准； 二级：混凝土表面平整，棱线平直度等指标基本符合质量标准； 三级：混凝土表面平整，棱线平直度等指标发现尺寸误差较大； 四级：混凝土表面平整，棱线平直度等指标误差大
8	防汛备料堆放	现场检查			一级：按规定位置备料，堆放整齐； 二级：按规定位置备料，堆放欠整齐； 三级：未按规定位置备料，堆放欠整齐； 四级：备料任意堆放

项次	项目	检查、检测内容	质 量 标 准
9	草皮	现场检查	一级：草皮铺设（种植）均匀，全部成活，无空白； 二级：草皮铺设（种植）均匀，成活面积90%以上，无空白； 三级：草皮铺设（种植）基本均匀，成活面积70%以上，有少量空白； 四级：达不到三级标准者
10	植树	现场检查	一级：植树排列整齐、美观，全部成活，无空白； 二级：植树排列整齐，成活率90%以上，无空白； 三级：植树排列基本整齐，成活率70%以上，有少量空白； 四级：达不到三级标准者
11	砌体排列	现场检查	一级：砌体排列整齐、铺放均匀、平整，无沉陷裂缝； 二级：砌体排列基本整齐、铺放均匀、平整，局部有沉陷裂缝； 三级：砌体排列多处不够整齐、铺放均匀、平整，局部有沉陷裂缝； 四级：砌体排列不整齐、不平整，多处有裂缝
12	砌缝	现场检查	一级：勾缝宽度均匀，砂浆填塞平整； 二级：勾缝宽度局部不够均匀，砂浆填塞基本平整； 三级：勾缝宽度多处不均匀，砂浆填塞不够平整； 四级：勾缝宽度不均匀，砂浆填塞粗糙不平

注 项次9草皮、项次10植树质量标准中的"空白"指漏栽（种）面积。

2.4.19 明（暗）渠工程外观质量评定标准

明（暗）渠工程外观质量评定标准见表2.6。

表2.6 明（暗）渠工程外观质量评定标准

项次	项目	检查、检测内容	质 量 标 准
1	外部尺寸	上口宽、底宽	允许偏差为±1/200设计值
		渠顶宽	±3cm
2	轮廓线	渠顶边线	用15m长拉线连续测量，其最大凹凸不超过3cm
		渠底边线	
		其他部位	
3	表面平整度	混凝土面、砂浆抹面、混凝土预制块	用2m直尺检测，不大于1cm/2m
		浆砌石（料石、块石、石板）	用2m直尺检测，不大于2cm/2m
		干砌石	用2m直尺检测，不大于3cm/2m
		泥结石路面	用2m直尺检测，不大于3cm/2m
4	曲面与平面连接	现场检查	一级：圆滑过渡，曲线流畅，表面清洁，无附着物； 二级：连接平顺，曲线基本流畅，表面清洁，无附着物； 三级：连接基本平顺，局部有折线，表面无附着物； 四级：达不到三级标准者
5	扭面与平面连接		
6	渠坡渠底衬砌	混凝土护面、砂浆抹面现场检查	一级：表面平整光洁，无质量缺陷； 二级：表面平整，无附着物，无错台、裂缝及蜂窝等质量缺陷； 三级：表面平整，局部蜂窝、麻面、错台及裂缝等质量缺陷面积小于5%，且已处理合格； 四级：达不到三级标准者

续表

项次	项目	检查、检测内容	质 量 标 准
6	渠坡渠底衬砌	混凝土预制板（块）护面现场检查	一级：完整、砌缝整齐，表面清洁、平整； 二级：完整、砌缝整齐，大面平整，表面较清洁； 三级：完整、砌缝基本整齐，大面平整，表面基本清洁； 四级：达不到三级标准者
		浆砌石（含料石、块石、石板、卵石）现场检查	一级：石料外形尺寸一致，勾缝平顺美观，大面平整，露头均匀，排列整齐； 二级：石料外形尺寸一致，勾缝平顺，大面平整，露头较均匀，排列较整齐； 三级：石料外形尺寸基本一致，勾缝平顺，大面基本平整，露头基本均匀； 四级：达不到三级标准者
7	变形缝、结构缝	现场检查	一级：缝宽均匀、平顺，充填材料饱满密实； 二级：缝宽较均匀，充填材料饱满密实； 三级：缝宽基本均匀，局部稍差，充填材料基本饱满； 四级：达不到三级标准者
8	渠顶路面及排水沟	现场检查	一级：路面平整，宽度一致，排水沟整洁通畅，无倒坡； 二级：路面平整，宽度基本一致，排水沟通畅，无倒坡； 三级：路面较平整，宽度基本一致，排水沟通畅； 四级：达不到三级标准者
9	渠顶以上边坡	混凝土格栅护砌现场检查	一级：网格摆放平稳、整齐，坡脚线为直线或规则曲线； 二级：网格摆放平稳、较整齐，坡脚线基本为直线或规则曲线； 三级：网格摆放平稳、基本整齐，局部稍差； 四级：达不到三级标准者
		砌石衬护边坡现场检查	一级：砌石排列整齐、平整、美观； 二级：砌石排列较整齐，大面平整； 三级：砌石面基本平整； 四级：达不到三级标准者
10	戗台及排水沟	戗台宽度	允许偏差为±2cm
		排水沟宽度	允许偏差为±1.5cm
		戗台边线顺直度	3cm/15m
11	沿渠小建筑物	现场检查	一级：外表平整、清洁、美观，无缺陷； 二级：外表平整、清洁，无缺陷； 三级：外表基本平整、较清洁、表面缺陷面积小于5%总面积； 四级：达不到三级标准者
12	梯步	现场检查	一级：梯步高度均匀，长度相同，宽度一致，表面清洁，无缺陷； 二级：梯步高度均匀，长度基本相同，宽度一致，表面清洁，无缺陷； 三级：梯步高度均匀，长度基本相同，宽度基本一致，表面较清洁，有局部缺陷； 四级：达不到三级标准者
13	弃渣堆放	现场检查	一级：堆放位置正确，稳定、平整； 二级：堆放位置正确，稳定、基本平整； 三级：堆放位置基本正确，稳定、基本平整，局部稍差； 四级：达不到三级标准者

续表

项次	项目	检查、检测内容	质 量 标 准
14	绿化	植树现场检查	一级：植树排列整齐、美观，全部成活，无空白； 二级：植树排列整齐，成活率90%以上，无空白； 三级：植树排列基本整齐，成活率70%以上，有少量空白； 四级：达不到三级标准者
		草皮现场检查	一级：草皮铺设（种植）均匀，全部成活，无空白； 二级：草皮铺设（种植）均匀，成活面积90%以上，无空白； 三级：草皮铺设（种植）基本均匀，成活面积70%以上，有少量空白； 四级：达不到三级标准者
		草方格（草格栅）现场检查	一级：大面平整，过渡自然，网格规则整齐，栽插均匀，栽种植物成活率达80%以上； 二级：大面较平整，网格规则，栽插较均匀，栽种植物成活率达60%以上； 三级：大面基本平整，网格基本规则，栽插基本均匀，栽种植物成活率达50%以上； 四级：达不到三级标准者
15	原状岩土面完整性	现场检查	一级：原状岩土面完整，无扰动破坏； 二级：原状岩土面完整，局部有扰动，无松动岩土； 三级：原状岩土面基本完整，松动岩土已处理； 四级：达不到三级标准者

注 项次14，植树和草皮质量标准中的"空白"指漏栽（种）面积。

2.4.20 引水（渠道）建筑物工程外观质量标准

引水（渠道）建筑物工程外观质量标准见表2.7。

表 2.7 引水（渠道）建筑物工程外观质量标准

项次	项目	检查、检测内容	质 量 标 准
1	外部尺寸	过流断面尺寸	允许偏差为±1/200设计值
		梁、柱截面	允许偏差为±0.5cm
		墩墙宽度、厚度	允许偏差为±4cm
		坡度 m	允许偏差为±0.05
2	轮廓线	连续拉线检测	尺寸较大建筑物，最大凹凸不超过2cm/10m；较小建筑物，最大凹凸不超过1cm/5m
3	表面平整度	混凝土面、砂浆抹面、混凝土预制块	用2m直尺检测，不大于1cm/2m
		浆砌石（料石、块石、石板）	用2m直尺检测，不大于2cm/2m
		干砌石	用2m直尺检测，不大于3cm/2m
		饰面砖	用2m直尺检测，不大于0.5cm/2m
4	立面垂直度	墩墙	允许偏差为1/200设计高，且不超过2cm
		柱	允许偏差为1/500设计高，且不超过2cm
5	大角方正	检测	±0.6°（用角度尺检测）
6	曲面与平面连接	现场检查	一级：圆滑过渡，曲线流畅； 二级：平顺连接，曲线基本流畅； 三级：连接不够平顺，有明显折线； 四级：未达到三级标准者
7	扭面与平面连接		

续表

项次	项目	检查、检测内容	质 量 标 准
8	梯步	检测	高度偏差为 ±1cm；宽度偏差为 ±1cm；长度偏差为 ±2cm
9	栏杆	现场检查、检测	混凝土栏杆：顺直度 1.5cm/15m；垂直度 ±1.0cm； 金属栏杆：顺直度 1cm/15m；垂直度 ±0.5cm；漆面色泽均匀，无起皱、脱皮、结疤及流淌现象
10	灯饰	现场检查	一级：排列顺直，外形规则； 二级：排列顺直，外形基本规则； 三级：排列基本顺直，外形基本规则； 四级：未达三级标准者
11	变形缝、结构缝	现场检查	一级：缝面顺直，宽度均匀，填充材料饱满密实； 二级：缝面顺直，宽度基本均匀，填充材料饱满； 三级：缝面基本顺直，宽度基本均匀，填充材料基本饱满； 四级：未达到三级标准者
12	砌体	现场检查	一级：砌体排列整齐、露头均匀，大面平整，砌缝饱满密实，缝面顺直，宽度均匀； 二级：砌体排列基本整齐、露头基本均匀，大面平整，砌缝饱满密实，缝面顺直，宽度基本均匀； 三级：砌体排列多处不整齐、露头不够均匀，大面基本平整，砌缝基本饱满，缝面基本顺直，宽度基本均匀； 四级：未达三级标准者
13	排水工程	现场检查	一级：排水沟轮廓顺直流畅，宽度一致，排水孔外形规则，布置美观，排水畅通； 二级：排水沟轮廓顺直，宽度基本一致，排水孔外形规则，排水畅通； 三级：排水沟轮廓基本顺直，宽度基本一致，排水孔外形基本规则，排水畅通； 四级：未达三级标准者
14	建筑物表面	现场检查	一级：建筑物表面洁净无附着物； 二级：建筑物表面附着物已清除，但局部清除不彻底； 三级：表面附着物已清除80%，无垃圾； 四级：未达到三级标准者
15	混凝土表面	现场检查、检测	一级：混凝土表面无蜂窝、麻面、挂帘、裙边、错台、局部凹凸及表面裂缝等缺陷； 二级：缺陷面积之和不大于3%总面积； 三级：缺陷面积之和为总面积3%～5%； 四级：缺陷面积之和超过总面积5%并小于10%，超过10%应视为质量缺陷
16	表面钢筋割除	现场检查、检测	设计有具体要求者，应符合设计要求。 一级：全部割除，无明显凸出部分； 二级：全部割除，少部分明显凸出表面； 三级：割除面积达到95%以上，且未割除部分不影响建筑功能及安全； 四级：割除面积小于95%者

项次	项目	检查、检测内容	质 量 标 准
17	水工金属结构表面	现场检查	一级：焊缝均匀，两侧飞渣清除干净，临时支撑割除干净，且打磨平整，油漆均匀，色泽一致，无脱皮起皱现象； 二级：焊缝均匀，表面清除干净，油漆基本均匀； 三级：表面清除基本干净，油漆防腐完整，颜色基本一致； 四级：未达到三级标准者
18	管线（路）及电气设备	现场检查	一级：管线（路）顺直，设备排列整齐，表面清洁； 二级：管线（路）基本顺直，设备排列基本整齐，表面基本清洁； 三级：管线（路）不够顺直，设备排列不够整齐，表面不够清洁； 四级：未达到三级标准者
19	房屋建筑安装工程		见《水利水电工程施工质量检验与评定规程》（SL 176—2007）附录 A.5 相关内容
20	绿化	现场检查	一级：草皮铺设、植树满足设计要求； 二级：草皮铺设、植树基本满足设计要求； 三级：草皮铺设、植树有空白，多处成活不好； 四级：未达到三级标准者

注 项次 20，绿化质量标准中的"空白"指漏栽（种）面积。

2.4.21 混凝土、砂浆强度检验标准

1. 普通混凝土试块试验数据统计方法

（1）同一标号（或强度等级）混凝土试块 28d 龄期抗压强度的组数 $n \geq 30$ 时，应符合表 2.8 的要求。

表 2.8 混凝土试块 28d 龄期抗压强度质量标准

项 目		质 量 标 准	
		优良	合格
任何一组试块抗压强度最低不得低于设计值的比例		90%	85%
无筋（或少筋）混凝土强度保证率		85%	80%
配筋混凝土强度保证率		95%	90%
混凝土抗压强度的离差系数	<20MPa	<0.18	<0.22
	≥20MPa	<0.14	<0.18

（2）同一标号（或强度等级）混凝土试块 28d 龄期抗压强度的组数 $5 \leq n < 30$ 时，混凝土试块强度应同时满足下列要求：

$$R_n - 0.7S_n > R_{标} \tag{2.1}$$

$$R_n - 1.60S_n \geq 0.83R_{标} \quad (R_{标} \geq 20) \tag{2.2}$$

$$R_{标} \geq 0.80R_{标} \quad (R_{标} < 20) \tag{2.3}$$

$$S_n = \sqrt{\frac{\sum_{i=1}^{n}(R_i - R_n)^2}{n-1}} \tag{2.4}$$

式中 S_n——n 组试件强度的标准差，MPa，当统计得到的 $S_n < 2.0$（或 1.5）MPa 时，应取 $S_n = 2.0$MPa（$R_{标} \geq 20$MPa），$S_n = 1.5$MPa（$R_{标} < 20$MPa）；

R_n——n 组试件强度的平均值，MPa；

R_i——单组试件强度，MPa；

$R_{标}$——设计 28d 龄期抗压强度值，MPa；

n——样本容量。

（3）同一标号（或强度等级）混凝土试块 28d 龄期抗压强度的组数 $2 \leqslant n < 5$ 时，混凝土试块强度应同时满足下列要求：

$$\overline{R_n} \geqslant 1.15 R_{标} \tag{2.5}$$

$$R_{\min} \geqslant 0.95 R_{标} \tag{2.6}$$

式中　$\overline{R_n}$——n 组试块强度的平均值，MPa；

$R_{标}$——设计 28d 龄期抗压强度值，MPa；

$R_{\min}$——n 组试块中强度最小一组的值，MPa。

（4）同一标号（或强度等级）混凝土试块 28d 龄期抗压强度的组数只有 1 组时，混凝土试块强度应满足下式要求：

$$R \geqslant 1.15 R_{标} \tag{2.7}$$

式中　R——试块强度实测值，MPa；

$R_{标}$——设计 28d 龄期抗压强度值，MPa。

2. 喷射混凝土抗压强度检验评定标准

水利水电工程永久性支护工程的喷射混凝土试块 28d 龄期抗压强度应满足重要工程的合格条件，临时支护工程的喷射混凝土试块 28d 龄期抗压强度应满足一般工程的合格条件。

（1）重要工程的合格条件为

$$f'_{ck} - K_1 S_n \geqslant 0.9 f_c \tag{2.8}$$

$$f'_{ck\,\min} \geqslant K_2 f_c \tag{2.9}$$

（2）一般工程的合格条件为

$$f'_{ck} \geqslant f_c \tag{2.10}$$

$$f'_{ck\,\min} \geqslant 0.85 f_c \tag{2.11}$$

式中　f'_{ck}——施工阶段同批 n 组喷射混凝土试块抗压强度的平均值，MPa；

f_c——喷射混凝土立方体抗压强度设计值，MPa；

$f'_{ck\,\min}$——施工阶段同批 n 组喷射混凝土试块抗压强度的最小值，MPa；

K_1、K_2——合格判定系数，按表 2.9 取值；

n——施工阶段每批喷射混凝土试块的抽样组数；

S_n——施工阶段同批 n 组喷射混凝土试块抗压强度的标准差，MPa。

表 2.9　　　　　　　　　　　合格判定系数 K_1、K_2 值

系数取值 ＼ 试块组数 n	$10 \sim 14$	$\geqslant 25$
K_1	1.70	1.60
K_2	0.90	0.85

当同批试块组数 $n < 10$ 时，可按 $f'_{ck} \geqslant 1.15 f_c$ 以及 $f'_{ck\,\min} \geqslant 0.95 f_c$ 验收。同批试块是指原材料和配合比基本相同的喷射混凝土试块。

3. 砂浆、砌筑用混凝土强度检验评定标准

（1）同一标号（或强度等级）试块组数 $n \geqslant 30$ 时，28d 龄期的试块抗压强度应同时满足以下标准。

1）强度保证率不小于 80。

2）任意一组试块强度不低于设计强度的 85%。

3）设计 28d 龄期抗压强度小于 20.0MPa 时，试块抗压强度的离差系数不大于 0.22；设计 28d 龄期抗压强度大于或等于 20.0MPa 时，试块抗压强度的离差系数小于 0.18。

（2）同一标号（或强度等级）试块组数 $n<30$ 组时，28d 龄期的试块抗压强度应同时满足以下标准：①各组试块的平均强度不低于设计强度；②任意一组试块强度不低于设计强度的 80%。

2.4.22 质量监督机构的监督

监理机构应接受质量监督机构的监督，主要内容包括如下。

（1）按要求参加质量监督机构的现场监督活动，并提供相关监理文件。

（2）质量监督机构要求监理处整改的，应按要求及时整改并提交整改报告。

（3）质量监督机构对施工质量保证体系和施工行为要求整改的，或者对工程实体质量问题要求处理的，应督促承包人进行整改、处理。

2.5 进度控制

2.5.1 进度控制的任务与内容

进度控制是对工程项目建设各阶段的工作内容、工作程序、持续时间和衔接关系根据进度总目标及资源优化配置的原则编制计划并付诸实施，然后在进度计划的实施过程中经常检查实际进度是否按计划要求进行，对出现的偏差情况进行分析，采取补救措施或调整、修改原计划后再付诸实施，如此循环，直到建设工程竣工验收交付使用。

建设工程进度控制的最终目的是确保建设项目按预定的时间动用或提前交付使用。建设工程进度控制的总目标是建设工期。

1. 工程实施阶段进度控制主要任务

（1）施工准备阶段进度控制的任务：①收集有关工期信息，进行工期目标和进度控制决策；②编制工程项目总进度计划；③进行环境及施工现场条件的调查和分析；④编制设计准备阶段详细工作计划，并控制其执行。

（2）设计阶段进度控制的任务：①编设计阶段工作进度计划，控制执行；②编制详细的出图计划并控制执行。

（3）施工阶段进度控制的任务：①编制施工总进度计划并控制执行；②编制单位工程施工进度计划并控制执行；③编制工程年、季、月实施计划并控制执行；④签发工程开工通知；⑤协助、监督承包单位进度计划的实施；⑥检查实际施工进度，分析工程建设滞后的原因，组织现场协调会，并提出解决的办法和实施措施；⑦必要时调整施工进度计划，并督促承包人执行；⑧签发工程进度款支付凭证，审批工程延期，进行停工、复工管理，确保建设工程进度始终处于可控制状态；⑨督促承包单位整理技术资料，整理监理部分工程资料等；⑩做好单元工程（工序）质量评定，做好重要隐蔽单元工程和关键部位单元工程的验收与质量等级核定，审批竣工验收申请报告，协助组织竣工验收（签署工程竣工报验单，提交质量评估报告）；⑪多与承包人、发包人协商、沟通、汇报；⑫工程移交。

2. 确定施工进度控制目标的主要依据

（1）工程建设项目总进度目标对施工工期的要求。

（2）工期定额，类似工程项目的实际进度。

（3）工程难易程度和工程条件的落实情况等。

3．施工阶段进度控制的工作内容

（1）施工进度控制目标分解图。

（2）施工进度控制的主要工作内容和深度。

（3）进度控制人员的职责分工。

（4）与进度控制有关各项工作的时间安排及工作流程。

（5）进度控制的方法。

（6）进度控制的具体措施。

（7）施工进度控制目标实现的风险分析。

（8）处理工期延误。由于承包人自己原因造成的工期拖延，其一切损失由承包人自己承担；由于承包人以外的原因造成的工期延长，工程延期经监理工程师审查批准后，所延长的时间属于合同工期的一部分。

（9）编写有关报告。

（10）其他的有关问题。

2.5.2 进度控制监理工作程序

进度控制监理工作程序见图 2.3。

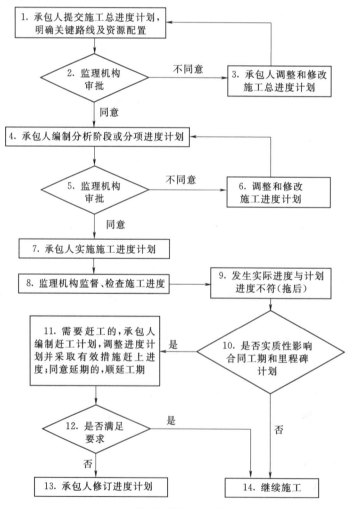

图 2.3 进度控制监理工作程序图

2.5.3 编制与审批工程控制性总进度计划、分阶段进度计划

（1）施工总进度计划应符合下列规定。

1）依据承包合同文件所确定的合同工期总目标、工程阶段目标、承包人应具备的施工水平和能力、施工布置、施工方案、施工资源配置、设计文件、设备进场时间、现场施工条件以及发包人提供的条件等，编制控制性总进度计划，以横道图或网络图的形式上墙公示。

2）总进度计划经发包人批准后，书面通知承包人。

3）为保证进度计划的表达方式、格式和项目划分与发包人、监理处的进度控制管理工作相协调，并提高承包人施工进度计划的可审核性和编制质量，承包人应按监理机构制定的进度计划编制要求编制。

4）注重总进度计划的合理性，防止承包人利用进度计划的安排造成发包人违约，并以此向发包人提出索赔。

5）总进度计划的编制要考虑与工作计划的协调性，满足连续性、均衡性的要求，并注重各承包人进度计划之间的协调。

（2）施工总进度计划的审批程序应符合下列规定。

1）承包人应按施工合同约定的内容、期限和施工总进度计划的编制要求，编制施工总进度计划，报送监理处。

2）监理处应在施工合同约定的期限内完成审查并批复或提出修改意见。

3）根据监理处的修改意见，承包人应修正施工总进度计划，重新报送监理处。

4）监理处在审查中，可根据需要提请发包人组织设代机构、承包人、设备供应单位、征迁部门等有关方参加施工总进度计划协调会议，听取参建各方的意见，并对有关问题进行分析处理，形成结论性意见。

（3）施工总进度计划审查应包括下列内容。

1）施工总进度计划与监理处提出的施工总进度计划编制要求的一致性。

2）施工总进度计划与合同工期和阶段性目标的响应性与符合性。

3）施工总进度计划中有无项目内容漏项或重复的情况。

4）施工总进度计划中各项目之间逻辑关系的正确性与施工方案的可行性。

5）施工总进度计划中关键路线安排的合理性。

6）人员、施工设备等资源配置计划和施工强度的合理性。

7）原材料、中间产品和工程设备供应计划与施工总进度计划的协调性。

8）本合同工程施工与其他合同工程施工之间的协调性。

9）用图计划、用地计划等的合理性，以及与发包人提供条件的协调性。

10）其他应审查的内容。

（4）分阶段、分项目施工进度计划控制应符合下列规定。

1）监理处应要求承包人依据施工合同约定和批准的施工总进度计划，分年度编制年度施工进度计划，报监理处审批。

2）根据进度控制需要，监理处可要求承包人编制季、月施工进度计划，以及单位工程或分部工程施工进度计划，报监理处审批。

（5）提交资金流计划申报表。承包人向监理处报送施工总进度计划的同时，按专用格式，向监理处提交按《资金流计划申报表》表。申报表应包括承包人计划可从发包人处得到的全部款额，以供发包人参考。此后，监理处还应根据进度实际情况，通知承包人在指定的期限内提交修订的资金流估算表。

2.5.4　检查、协调施工进度

（1）施工进度的检查应符合下列规定。

1）监理处应检查承包人是否按照批准的施工进度计划组织施工，资源的投入是否满足施工需要。

2）监理处应跟踪检查施工进度，分析实际施工进度与施工进度计划的偏差，重点分析关键路线的进展情况和进度延误的影响因素，并采取相应的监理措施。

（2）施工进度的检查方式如下。

1）定期地、经常地收集由承包单位提交的有关进度报表资料。

2）监理人员现场跟踪检查建设工程的实际进展情况。

3）监理工程师定期组织召开施工现场负责人会议，可从中了解施工过程中存在的问题，并及时采取相应的措施加以防范。

4）检查方法包括横道图比较法、S曲线比较法、香蕉曲线比较法、前锋线比较法及列表比较法等。

（3）网络图的检查。网络计划优化是在满足既定的约束条件下，按照既定的目标和确定的程序、方法，不断改善网络计划的初始方案，以使整个计划在实施过程中，以最短的周期、最少的费用和对资源作最有效的利用来运行。按照网络计划优化目标的不同，网络计划的优化可以分为工期优化、费用优化和资源优化三类。

网络图的检查主要包括：①各节点或工作的时间参数分析；②关键工作进度、非关键工作进度及尚可利用的时差分析；③实际进度对各项工作之间逻辑关系的影响分析。

（4）网络计划的调整内容。①关键线路长度的调整；②非关键工作时差的调整；③增减工作项目；④调整逻辑关系；⑤重新估计某些工作的持续时间；⑥对资源的投入作相应调整。

（5）工程进度曲线法的功能。

1）定性反映工程计划和实际进度的关系。当实际进度点处在计划进度左侧时，表明实际进度较计划进度超前；当处于右侧时，则表示拖后；若正好落在其上，则表示完全一致。

2）计算实际进度较计划超前或拖后的时间。检查时刻的实际进度点到计划进度曲线的水平距离，即表示实际进度较计划超前或落后的时间。

（6）进度计划的控制。

1）监理处应编制描述实际施工进度状况和用于进度控制的各类图表。

2）监理处应督促承包人做好施工组织管理，确保施工资源的投入，并按批准的施工进度计划实施。

3）监理处应做好实际工程进度记录以及承包人每日的施工设备、人员、原材料的进场记录，并审核承包人的同期记录。

4）监理处应对施工进度计划的实施全过程，包括施工准备、施工条件和进度计划的实施情况，进行定期检查，对实际施工进度进行分析和评价，对关键路线的进度实施重点跟踪检查。

5）监理处应根据施工进度计划，协调有关参建各方之间的关系，定期召开生产协调会议，及时发现、解决影响工程进度的干扰因素，促进施工项目的顺利进展。

2.5.5　调整施工进度计划

（1）当关键工作拖期，或非关键工作的拖期影响了后序关键工作的按期开工，或工作的拖期影响了其他施工项目的进展，有可能使合同工期目标不能按施工合同约定实现时，视为实质性偏离。

（2）当实际工程进度与施工进度计划发生了实质性偏离时，监理应与承包人共同分析工期拖延的原因，督促采取有效措施，并要求承包人及时调整施工进度计划，保证施工总进度目标的实现。

（3）施工进度计划的调整应符合下列规定。

1）监理处在检查中发现实际施工进度与施工进度计划发生了实质性偏离时，应指示承包人分析进度偏差原因、修订施工进度计划报监理处审批。

2）当变更影响施工进度时，监理处应指示承包人编制变更后的施工进度计划，并按施工合同约定处理变更引起的工期调整事宜。

3）施工进度计划的调整涉及总工期目标、阶段目标改变，或者资金使用有较大的变化时，监理处应提出审查意见报发包人批准。

（4）不论何种原因造成的工程实际进度与合同进度计划不符时，监理处应及时指示承包人采取有效措施赶上进度。承包人在向监理处报送修订进度计划的同时，编制一份赶工措施报告报送监理处审批，赶工措施应以保证工程按期完工为前提调整和修改进度计划，批准后的修订进度计划作为合同进度计划的补充文件。

（5）监理处视工程建设进度的实际情况，如认为有必要时，可签发监理通知，要求承包人按监理处指示的内容和期限，并根据合同进度计划的进度控制要求，编制单位工程（或分部工程）进度计划报送监理人审批。

2.5.6 暂停施工与复工管理

（1）监理处在签发暂停施工指示时，应遵守下列规定。

1）在发生下列情况之一时，监理处应提出暂停施工的建议，报发包人同意后签发暂停施工指示。

a. 工程继续施工将会对第三者或社会公共利益造成损害。

b. 为了保证工程质量、安全所必要。

c. 承包人发生合同约定的违约行为，且在合同约定时间内未按监理处指示纠正其违约行为，或拒不执行监理处的指示，从而将对工程质量、安全、进度和资金控制产生严重影响，需要停工整改。

2）监理处认为发生了应暂停施工的紧急事件时，应立即签发暂停施工指示，并及时向发包人报告。

3）在发生下列情况之一时，监理处可签发暂停施工指示，并抄送发包人。

a. 发包人要求暂停施工。

b. 承包人未经许可即进行主体工程施工时，改正这一行为所需要的局部停工。

c. 承包人未按照批准的施工图纸进行施工时，改正这一行为所需要的局部停工。

d. 承包人拒绝执行监理处的指示，可能出现工程质量问题或造成安全事故隐患，改正这一行为所需要的局部停工。

e. 承包人未按照批准的施工组织设计或施工措施计划施工，或承包人的人员不能胜任作业要求，可能会出现工程质量问题或存在安全事故隐患，改正这些行为所需要的局部停工。

f. 发现承包人所使用的施工设备、原材料或中间产品不合格，或发现工程设备不合格，或发现影响后续施工的不合格的单元工程（工序），处理这些问题所需要的局部停工。

4）监理处应分析停工后可能产生影响的范围和程度，确定暂停施工的范围。

（2）发生2.5.6节第（1）款第1）项暂停施工情形时，发包人在收到监理处提出的暂停施工建议后，应在施工合同约定时间内予以答复；若发包人逾期未答复，则视为其已同意，监理处可据此下达暂停施工指示。

（3）若由于发包人的责任需暂停施工，监理处未及时下达暂停施工指示时，在承包人提出暂停施工的申请后，监理处应及时报告发包人并在施工合同约定的时间内答复承包人。

（4）监理机构应在暂停施工指示中要求承包人对现场施工组织作出合理安排，以尽量减少停工影响和损失。

（5）下达暂停施工指示后，监理处应按下列程序执行。

1）指示承包人妥善照管工程，记录停工期间的相关事宜。

2）督促有关方及时采取有效措施，排除影响因素，为尽早复工创造条件。

3）具备复工条件后，若属于 2.5.6 节第（1）款 1）、2）、3）-a 项暂停施工情形，监理处应明确复工范围，报发包人批准后，及时签发复工通知，指示承包人执行；若属于 2.5.6 节第（1）款 3）-b～f 项暂停施工情形，监理处应明确通知复工范围，及时签发复工通知，指示承包人执行。

（6）在工程复工后，监理处应及时按施工合同约定处理因工程暂停施工引起的有关事宜。

（7）施工进度延误管理应符合下列规定。

1）由于承包人的原因造成施工进度延误，可能致使工程不能按合同工期完工的，监理处应指示承包人编制并报审赶工措施报告。

2）由于发包人的原因造成施工进度延误，监理处应及时协调，并处理承包人提出的有关工期、费用索赔事宜。

（8）发包人要求调整工期的，监理处应指示承包人编制并报审工期调整措施报告，经发包人同意后指示承包人执行，并按照施工合同约定处理有关费用事宜。

（9）监理处应审阅承包人按施工合同约定提交的施工月报、施工年报，并报送发包人。

（10）监理处应在监理月报中对施工进度进行分析，必要时提交进度专题报告。

（11）《暂停施工通知》由项目总监理工程师签发。

（12）停工因素已经消除，复工准备工作已就绪，承包人向监理处报送《复工申请报审表》。监理处经审查认为具备复工条件，由总监理工程师向承包人签发《复工通知》。

（13）工程暂停及复工管理基本程序见图 2.4。

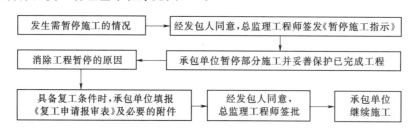

图 2.4　工程暂停及复工管理基本程序图

2.5.7　影响施工进度的因素

影响进度的因素很多，常见的影响因素主要如下。

（1）建设单位原因。资金投入不足或不能及时到位；图纸未及时到位；工程材料设备未及时到施工现场；应确定事项未及时确定；征地拆迁不彻底等。

（2）承建单位原因。包括总承包单位、各专业分承包单位、材料供应单位、设备制造安装单位，由于人力、技术力量投入不足，施工方案欠佳，出现施工质量问题需处理，所采用的工程材料、产品质量差需要整改，工程材料不足、供应不及时，资金调用失控，出现资金短缺现象等。

（3）设计单位原因。未及时向业主提交满足进度计划的设计文件；现场施工与设计图纸有矛盾需修改；现场发现配套专业设计与土建设计有矛盾；变更设计较多等。

（4）不利条件。发生了不可抗力，如台风、暴雨、传染病、电网不正常停电、不明障碍物等。

（5）外部单位原因。与工程有关的市政、规划、消防、电力、供水公司、电信等部门没有及时协调而影响等。

2.5.8 进度控制的措施

1. 组织措施

（1）建立进度控制目标体系，明确工程建设项目监理处各位监理人员分工及其职责。

（2）建立工程进度报告制度及进度信息沟通网络。

（3）建立进度计划审核制度和进度计划实施中的检查分析制度。

（4）建立进度协调会议制度，包括协调会议举行的时间、地点，协调会议的参加人员等。

（5）建立图纸审查、工程变更和设计变更管理制度。

（6）当监理的书面通知方式没有收到应有的效果，或承包人的重视高度不够时，监理处可组织进度控制的专题会议，召集现场各参建单位参加（其中施工单位除项目经理、副经理外，其相关管理人员及各专业工种负责人也可参加），协调并解决当前存在的问题。在会议召开前，监理处应收集相关的进度控制实时资料，如承包商的人员投入情况、机械投入情况、材料进场和验收情况、现场操作方法和施工措施环境情况，以及承包人进度滞后的主要原因分析等，以事实说话，以理服人，迫使承包人想方设法解决进度滞后的问题。

（7）当实际进度与计划进度出现差异时，在分析原因的基础上要求施工单位采取以下组织措施：如增加作业队伍，工作人数，工作班次，开内部进度协调会等；必要时同步采取其他配套措施：如改善外部配合条件，劳动条件，实施强有力的调度等。督促承包商调整相应的施工计划，材料设备供应，资金供应计划等，在新的条件下组织新的协调和平衡。

2. 技术措施

（1）审查承包商提交的进度计划，使承包商能在合理的状态下施工。

（2）编制进度控制工作细则，指导监理人员实施进度控制。

（3）采用网络计划技术及其他科学适用的计划方法并结合电子计算机的应用，对建设工程进度实施动态控制。

（4）对承包商的资源投入状态、资源利用状态以及资源使用后与目标值的比较状态等方面进行分析与综合运用。

（5）采取监帮结合的方式。

3. 经济措施

（1）及时办理工程预付款及工程进度款支付手续。

（2）对应急赶工给予优厚的赶工费用。

（3）对工期提前给予奖励。

（4）对工程延误收取误期损失赔偿金。

4. 合同措施

（1）推行 CM 承发包模式，对建设工程实行分段设计、分段发包和分段施工。

（2）加强合同管理，协调合同工期与进度计划之间的关系，保证合同中进度目标的实现。

（3）严格控制合同变更，对各方提出的工程变更和设计变更应严格审查；变更完成后，应补入合同文件中。

（4）加强风险管理，在合同中应充分考虑风险因素及其对进度的影响，以及相应的处理方法。

（5）加强索赔管理，公正地处理索赔。

2.5.9　横道图、网络图计划在进度控制中的应用

1. 横道图计划

（1）优点。①简单、明了、直观、易懂；②各项工作的起点、延续时间、工作进度、总工期一目了然；③流水情况表示清楚，资源计算便于据图叠加。

（2）缺点。

1）不能明确地反映出各项工作之间错综复杂的相互关系，因而在计划执行过程中，当某些工作的进度由于某种原因提前或拖延时，不便于分析其对其他工作及总工期的影响程度，不利于建设工程进度的动态控制。

2）不能明确地反映出影响工期的关键工作和关键线路，也就无法反映出整个工程项目的关键所在，因而不便于进度控制人员抓住主要矛盾。

3）不能反映出工作所具有的机动时间，看不到计划的潜力所在，无法进行最合理的组织和指挥。

4）不能反映工程费用与工期之间的关系，因而不便于缩短工期和降低工程成本。

（3）采用横道图计划控制工程进度。

1）在工程开工之后，监理工程师应对整个工程进行专业分析，建立工程分项的月、旬进度控制图表，以便对分项施工项目的月、旬进度进行监控。

2）其图表宜采用能直观反映工程实际进度的形式，如形象进度图等，可随时掌握各专业分项施工的实际进度与计划间的差距。

3）当出现差距时应及时向承包人发出进度缓慢信号，要求承包人采取措施，加快进度，及时向监理工程师汇报并提供资料，供监理工程师对工程实际进展情况进行综合评价。

4）如果承包人实际施工进度确实影响到整个工程的完工日期，应要求承包人尽快调整施工进度计划。

2. 网络图计划

（1）优点。①能明确反映各工序之间的制约与依赖关系；②通过网络计划时间参数的计算，可以找出关键线路和关键工作，便于管理人员抓住主要矛盾；③通过网络计划时间参数的计算，可以明确各项工作的机动时间；④网络计划可以利用电子计算机进行计算、优化和调整。

（2）缺点。①不像横道计划那么直观明了；②不能清晰反映流水情况、资源需要量的变化情况等。

（3）采用网络图计划控制工程进度。

1）用网络法制定施工计划和控制工程进度，可以使工序安排紧凑，便于抓住关键，保证施工机械、人力、财力、时间均获得合理的分配和利用。因此承包人在制定工程进度计划时，采用网络路线法确定本工程关键线路是相当重要的。

2）监理工程师除要求承包人制定网络图计划外，监理机构内部也要求监理人员随时用网络图计划检查工程进度。

3）采用网络图计划检查工程进度的方法是在每项工程完成时，在网络图上以不同颜色数字记下实际的施工时间，以便与计划对照和检查。检查结果有以下几种情况。

a. 关键线路上某项工程的施工时间比计划增加，这种情况会使整个工期延长，必须要求承包人对以后的关键线路上的工程采取加快施工进度或增加施工力量、缩短施工时间的有效措施，以弥补工程进度与计划进度的差距，使工程进度与计划进度保持平衡。

b. 关键线路上某项工程的实施时间比计划缩短，这种情况对缩短工期有利，此时监理工程师

应根据整个工程实际进度情况和工程本身的需要并与业主协商，以确定本工程有无必要提前完成，并将决定意见通知承包人，不论何种情况都应要求承包人重新修订以后的网络图计划，并检查关键线路有无变化，做好修订后进度计划管理工作以保证工程计划的实现。

c. 非关键线路上某项工程的施工时间比计划增加，一般情况均有调整的余地，对整个网络图计划不会有影响。但是，如果超出了非关键线路所计划的时间，而且没有调整的余地，就要检查是否会影响关键线路，甚至将非关键线路变成关键线路。如遇这种情况就应要求承包人采取相应的措施，缩短非关键线路上某些项目的施工时间，以保证关键线路的完工仍能满足计划的要求。

d. 非关键线路上某项工程的施工时间比计划缩短，整个网络图计划将不受影响。但应提醒承包人从非关键线路的工程项目中抽调施工力量加强关键线路上工程项目的施工，以达到缩短整个工期的目的。

（4）采用工程曲线控制工程进度。

1）分项工程进度控制通常是在分项工程计划的条形图上画出每个工程项目的实际开工日期、施工持续时间和竣工日期，这种方法比较简单直观，但就整个工程而言，不能反映实际进度与计划进度的对比情况。采用工程曲线法进行工程进度的控制则比较全面。

2）工程曲线是以横轴为工期（或以计划工期为100%，各阶段工期按百分率计），竖轴为完成工程量累计数（以百分率计）所绘制的曲线。

3）把计划的工程进度曲线与实际完成的工程进度曲线绘在同一图上，并进行对比分析，当发现工程实际进度与计划进度出现差距时，监理工程师可通知承包人采取措施，调整计划，以确保按期完成工程。

2.5.10　现场施工组织

1. 流水施工

（1）流水施工方式是将拟建工程项目中的每一个施工对象分解为若干个施工过程，并按照施工过程成立相应的专业工作队，各专业队按照施工顺序依次完成各个施工对象的施工过程，同时保证施工在时间和空间上连续、均衡、有节奏地进行，使相邻两专业队能最大限度地搭接作业。流水施工方式的特点：①尽可能地利用工作面进行施工，工期比较短；②各工作队实现了专业化施工，有利于提高技术水平和劳动生产率，也有利于提高工程质量；③专业工作队能够连续施工，同时使相邻专业队的开工时间能够最大限度地搭接；④单位时间内投入的劳动力、施工机具、材料等资源量较为均衡，有利于资源供应的组织；⑤为施工现场的文明施工和科学管理创造了有利条件。

（2）流水施工的步骤。①将整个工程按施工阶段划分成若干个施工过程，并组织相应的施工班组；②将建筑物划分为若干个劳动量大致相当的流水段（在平面和结构空间上）；③确定各施工班组在各段上工作的延续时间；④组织每个班组按一定的施工顺序，依次连续地在各段上完成自己的工作；⑤组织各施工班组同时在不同的空间进行平行作业。

（3）有节奏流水施工。有节奏流水施工是指在组织流水施工时，每一个施工过程在各个施工段上的流水节拍都各自相等的流水施工，它分为等节奏流水施工和异节奏流水施工。

1）等节奏流水施工。等节奏流水施工是指在有节奏流水施工中，各施工过程的流水节拍都相等的流水施工，也称为固定节拍流水施工或全等节拍流水施工。

2）异节奏流水施工。异节奏流水施工是指在有节奏流水施工中，各施工过程的流水节拍各自相等而不同施工过程之间的流水节拍不尽相等的流水施工。在组织异节奏流水施工时，又可以采用等步距和异步距两种方式。

a. 等步距异节奏流水施工。等步距异节奏流水施工是指在组织异节奏流水施工时，按每个施工过程流水节拍之间的比例关系，成立相应数量的专业工作队而进行的流水施工，也称为成倍节拍流水施工。

b. 异步距异节奏流水施工。异步距异节奏流水施工是指在组织异节奏流水施工时，每个施工过程成立一个专业工作队，由其完成各施工段任务的流水施工。

（4）无节奏流水施工。无节奏流水施工是指在组织流水施工时，全部或部分施工过程在各个施工段上的流水节拍不相等的流水施工。这种施工是流水施工中最常见的一种。

（5）依次施工。是将拟建工程项目中的每一个施工对象分解为若干个施工过程，按施工工艺要求依次完成每一个施工过程；当一个施工对象完成后，再按同样的顺序完成下一个施工对象，依此类推，直至完成所有施工对象。依次施工方式具有以下特点：①没有充分利用工作面进行施工，工期长；②如果按专业成立工作队，则各专业队不能连续作业，有时间间歇，劳动力及施工机具等资源无法均衡使用；③如果由一个工作队完成全部施工任务，则不能实现专业化施工，不利于提高劳动生产率和工程质量；④单位时间内投入的劳动力、施工机具、材料等资源量较少，有利于资源供应的组织；⑤施工现场的组织、管理比较简单。

（6）平行施工。组织多个劳动组织相同的工作队，在同一时间、不同的空间，按施工工艺要求完成各施工对象。平行施工方式具有以下特点：①充分利用工作面进行施工，工期短；②如果每一个施工对象均按专业成立工作队，则各专业队不能连续作业，劳动力及施工机具等资源无法均衡使用；③如果由一个工作队完成一个施工对象的全部施工任务，则不能实现专业化施工，不利于提高劳动生产率和工程质量；④单位时间内投入的劳动力、施工机具、材料等资源量成倍增加，不利于资源供应；⑤施工现场的组织、管理比较复杂。

2. 网络计划技术

（1）网络图是由箭线和节点按一定的规则组成，用来表示工作流程的有向、有序网状图形。

（2）一个网络图表示一项计划工作。计划工作可以是单位工程，也可以是分部工程、分项工程，一个施工过程也可以作为一项工作。

（3）网络图有双代号网络图和单代号网络图两种。①双代号网络图又称箭线式网络图，它是以箭线及其两端节点的编号表示工作，节点表示工作的开始或结束以及工作之间的连接状态。②单代号网络图又称节点式网络图，它是以节点及其编号表示工作，箭线表示工作之间的逻辑关系。

（4）双代号网络图的绘制一般应遵循以下基本规则。

1）网络图必须按照已定的逻辑关系绘制。由于网络图是有向、有序网状图形，因此必须严格按照工作之间的逻辑关系绘制，这是为保证工程质量和资源优化配置及合理使用所必须的。

2）网络图中严禁出现从一个节点出发，顺箭头方向又回到原出发点的循环回路；如果出现循环回路，会造成逻辑关系混乱，使工作无法按顺序进行，此时节点编号也发生错误。

3）网络图中的箭线（包括虚箭线，以下同）应保持自左向右的方向，不应出现箭头指向左方的水平箭线和箭头偏向左方的斜向箭线。若遵循该规则绘制网络图，就不会出现循环回路。

4）网络图中严禁出现双向箭头和无箭头的连线。因为工作进行的方向不明确，因而不能达到网络图有向的要求。

5）网络图中严禁出现没有箭尾节点的箭线和没有箭头节点的箭线。

6）严禁在箭线上引入或引出箭线，但当网络图的起点节点有多条箭线引出（外向箭线）或终点节点有多条箭线引入（内向箭线）时，为使图形简洁，可用母线法绘图。即：将多条箭线经一条共用的垂直线段从起点节点引出，或将多条箭线经一条共用的垂直线段引入终点节点，对于特殊线型的箭线，如粗箭线、双箭线、虚箭线、彩色箭线等，可在从母线上引出的支线上标出。

7）应尽量避免网络图中工作箭线的交叉。当交叉不可避免时，可以采用过桥法或指向法处理。

8）网络图中应只有一个起点节点和一个终点节点（任务中部分工作需要分期完成的网络计划除外）。除网络图的起点节点和终点节点外，不允许出现没有外向箭线的节点和没有内向箭线的节点。

（5）双代号网络图的绘图方法。当已知每一项工作的紧前工作时，可按下述步骤绘制双代号网络图。

1）绘制没有紧前工作的工作箭线，使它们具有相同的开始节点，以保证网络图只有一个起点节点。

2）依次绘制其他工作箭线。这些工作箭线的绘制条件是其所有紧前工作箭线都已经绘制出来。在绘制这些工作箭线时，应按下列原则进行：①当所要绘制的工作只有一项紧前工作时，则将该工作箭线直接画在其紧前工作箭线之后即可；②当所要绘制的工作有多项紧前工作时，应按以下4种情况分别予以考虑。

a. 对于所要绘制的工作（本工作）而言，如果在其紧前工作之中存在一项只作为本工作紧前工作的工作（即在紧前工作栏目中，该紧前工作只出现一次），则应将本工作箭线直接画在该紧前工作箭线之后，然后用虚箭线将其他紧前工作箭线的箭头节点与本工作箭线的箭尾节点分别相连，以表达它们之间的逻辑关系。

b. 对于所要绘制的工作（本工作）而言，如果在其紧前工作之中存在多项只作为本工作紧前工作的工作，应先将这些紧前工作箭线的箭头节点合并，再从合并后的节点开始，画出本工作箭线，最后用虚箭线将其他紧前工作箭线的箭头节点与本工作箭线的箭尾节点分别相连，以表达它们之间的逻辑关系。

c. 对于所要绘制的工作（本工作）而言，如果不存在情况 a 和情况 b 时，应判断本工作的所有紧前工作是否都同时作为其他工作的紧前工作（即在紧前工作栏目中，这几项紧前工作是否均同时出现若干次）。如果上述条件成立，应先将这些紧前工作箭线的箭头节点合并后，再从合并后的节点开始画出本工作箭线。

d. 对于所要绘制的工作（本工作）而言，如果既不存在情况 a 和情况 b，也不存在情况 c 时，则应将本工作箭线单独画在其紧前工作箭线之后的中部，然后用虚箭线将其各紧前工作箭线的箭头节点与本工作箭线的箭尾节点分别相连，以表达它们之间的逻辑关系。

3）当各项工作箭线都绘制出来之后，应合并那些没有紧后工作之工作箭线的箭头节点，以保证网络图只有一个终点节点（多目标网络计划除外）。

4）当确认所绘制的网络图正确后，即可进行节点编号。网络图的节点编号在满足前述要求的前提下，既可采用连续的编号方法，也可采用不连续的编号方法，如1、3、5…或5、10、15…，以避免以后增加工作时而改动整个网络图的节点编号。

5）当已知每一项工作的紧后工作时，也可按类似的方法进行网络图的绘制，只是其绘图顺序由前述的从左向右改为从右向左。

（6）单代号网络图的绘制规则。单代号网络图的绘图规则与双代号网络图的绘图规则基本相同，主要区别在于：当网络图中有多项开始工作时，应增设一项虚拟的工作（S），作为该网络图的起点节点；当网络图中有多项结束工作时，应增设一项虚拟的工作（F），作为该网络图的终点节点。

（7）网络计划的优化。

1）工期优化。指网络计划的计算工期不满足要求工期时，通过压缩关键工作的持续时间以满足要求工期的过程。

网络计划工期优化的基本方法是在不改变网络计划中各项工作之间逻辑关系的前提下，通过压缩关键工作的持续时间来达到优化目标。在工期优化过程中，按照经济合理的原则，不能将关键工作压缩成非关键工作。此外，当工期优化过程中出现多条关键线路时，必须将各条关键线路的总持续时间压缩相同数值；否则，不能有效地缩短工期。

2）费用优化。费用优化的基本思路：不断地在网络计划中找出直接费用率（或组合直接费用率）最小的关键工作，缩短其持续时间，同时考虑间接费用随工期缩短而减少的数值，最后求得工程总成本最低时的最优工期安排或按要求工期求得最低成本的计划安排。

3）资源优化。资源是指为完成一项计划任务所需投入的人力、材料、机械设备和资金等。完成一项工程任务所需要的资源量基本上是不变的，不可能通过资源优化将其减少。资源优化的目的是通过改变工作的开始时间和完成时间，使资源按照时间分布符合优化目标。

在通常情况下，网络计划的资源优化分为两种，即"资源有限，工期最短"的优化和"工期固定，资源均衡"的优化。前者是通过调整计划安排，在满足资源限制条件下，使工期延长最少的过程；而后者是通过调整计划安排，在工期保持不变的条件下，使资源需用量尽可能均衡的过程。

2.5.11　进度计划实施中的监测与调整方法

1. 实际进度监测系统过程

（1）进度计划执行过程中的跟踪检查。

（2）整理、统计和分析收集到的实际进度数据。

（3）实际进度与计划进度的对比分析。

2. 进度调整的系统过程

（1）分析进度偏差产生的原因。

（2）分析进度偏差对后续工作及总工期的影响。

（3）确定后续工作和总工期的限制条件。

（4）采取措施调整进度计划。

（5）实施调整后的进度计划。

3. 实际进度与计划进度的比较方法

（1）横道图比较法。横道图比较法是指将项目实施过程中检查实际进度收集到的数据，经加工整理后直接用横道线平行绘于原计划的横道线处，进行实际进度与计划进度的直接比较的方法。又分为匀速进度横道图比较法和非匀速进度横道图比较法。

1）匀速进度横道图比较法。匀速进度是指在工程项目中，每项工作在单位时间内完成的任务量都是相等的，即工作的进展速度是均匀的。此时，每项工作累计完成的任务量与时间成线性关系。采用匀速进度横道图比较法时，其步骤如下。

a. 编制横道图进度计划。

b. 在进度计划上标出检查日期。

c. 将检查收集到的实际进度数据经加工整理后按比例用涂黑的粗线标于计划进度的下方。

d. 对比分析实际进度与计划进度。①如果涂黑的粗线右端落在检查日期左侧，表明实际进度拖后；②如果涂黑的粗线右端落在检查日期右侧，表明实际进度超前；③如果涂黑的粗线右端与检查日期重合，表明实际进度与计划进度一致。

2）非匀速进度横道图比较法。非匀速进度横道图比较法在用涂黑粗线表示工作实际进度的同时，还要标出其对应时刻完成任务量的累计百分比，并将该百分比与其同时刻计划完成任务量的累计百分比相比较，判断工作实际进度与计划进度之间的关系。采用非匀速进度横道图比较法时，其步骤如下。

a. 编制横道图进度计划。

b. 在横道线上方标出各主要时间工作的计划完成任务量累计百分比。

c. 在横道线下方标出相应时间工作的实际完成任务量累计百分比。

d. 用涂黑粗线标出工作的实际进度，从开始之日标起，同时反映出该工作在实施过程中的连续与间断情况。

e. 通过比较同一时刻实际完成任务量累计百分比和计划完成任务量累计百分比，来判断工作实际进度与计划进度之间的关系。①如果同一时刻横道线上方累计百分比大于横道线下方累计百分比，表明实际进度拖后，拖欠的任务量为二者之差；②如果同一时刻横道线上方累计百分比小于横道线下方累计百分比，表示实际进度超前，超前的任务量为二者之差；③如果同一时刻横道线上下方两个累计百分比相等，表明实际进度与计划进度一致。

（2）S曲线比较法。S曲线比较法是以横坐标表示时间，纵坐标表示累计完成任务量，绘制一条按计划时间累计完成任务量的S曲线。

从整个工程项目实际进展全过程看，单位时间投入的资源量一般是开始和结束时较少，中间阶段较多。与其相对应，单位时间完成的任务量也呈同样的变化规律，而随工程进展累计完成的任务量则应呈S形变化。

（3）前锋线比较法。前锋线比较法是通过绘制某检查时刻工程项目实际进度前锋线，进行工程实际进度与计划进度比较的方法，它主要适用于时标网络计划。

前锋线可以直观地反映出检查日期有关工作实际进度与计划进度之间的关系。对某项工作来说，其实际进度与计划进度之间的关系可能存在3种情况：①工作实际进展位置点落在检查日期的左侧，表明该工作进度拖后，拖后的时间为二者之差；②工作实际进展位置点与检查日期重合，表明该工作实际进度与计划进度一致；③工作实际进展位置点落在检查日期的右侧，表明该工作实际进度超前，超前的时间为二者之差。

4. 进度计划实施中的调整方法

通过实际进度与计划进度的比较确定进度偏差后，根据工作的自由时差和总时差预测进度偏差对后续工作及项目总工期的影响。进度计划实施中的调整方法如下。

（1）改变某些工作间的逻辑关系。当工程项目实施中产生的进度偏差影响到总工期，且有关工作的逻辑关系允许改变时，可以改变关键线路和超过计划工期的非关键线路上的有关工作之间的逻辑关系，达到缩短工期的目的。例如，对于大型建设工程，由于其单位工程较多且相互间的制约比较小，可调整的幅度比较大，所以容易采用平行作业的方法来调整施工进度计划。而对于单位工程项目，由于受工作之间工艺关系的限制，可调整幅度比较小，因此通常采用搭接作业的方法来调整施工进度计划。

（2）缩短某些工作的持续时间。这种方法是不改变工程项目的各项工作之间的逻辑关系，而通过采取增加资源投入、提高劳动效率等措施来缩短某些工作的持续时间，使工程进度加快，以保证按计划工期完成该工作。其调整方法视限制条件及对其后续工作的影响程度的不同而有所区别。

1）网络计划中某项工作进度拖延的时间已超过其自由时差但未超过其总时差。①后续工作拖延时间无限制时，将拖延后的时间参数代入原计划，并化简网络计划；②后续工作拖延的时间有限制时，根据限制条件对网络计划进行调整。

2）网络计划中某项工作进度拖延的时间超过其总时差。①项目总工期不允许拖延时，采取缩短关键线路上后续工作持续时间（工期优化方法）；②项目总工期允许拖延时，只需以实际数据取代原计划数据，并重绘与化简网络计划；③项目总工期允许拖延的时间有限时，以总工期的限制时间作为规定工期，对检查日以后尚未实施的网络计划进行调整。

3）网络计划中某些工作进度超前，要综合分析进度超前对后续工作产生的影响，并同承包单位协商，提出合理的进度调整方案。

缩短某些工作的持续时间，通常需要采取一定的措施来达到目的。主要有：①组织措施，包括增加工作面、组织更多的施工队伍、增加每天的施工时间（如采用三班制等）、增加劳动力和施工机械的数量；②技术措施，包括改进施工工艺和施工技术、缩短工艺技术间歇时间、采用更先进的施工方法以减少施工过程的数量（如将现浇框架方案改为预制装配方案）、采用更先进的施工机械；③经济措施，包括实行包干奖励、提高奖金数额、对所采取的技术措施给予相应的经济补偿；④其他配套措施，包括改善外部配合条件、改善劳动条件、实施强有力的调度等。

（3）如由于工期拖延得太多，当采用上述某种方法进行调整，其调整的幅度又受到限制时，可同时利用两种方法对同一施工进度计划进行调整，以满足工期目标的要求。

2.5.12　工程延期的控制与管理

1. 工程延期的申报与审批

在施工过程中，发生下列情况之一使关键项目的施工进度计划拖后而造成工期延误时，承包人可要求发包人延长合同规定的工期。监理工程师应按合同规定，批准工程延期时间。

（1）增加合同中任何一项的工作内容。

（2）增加合同中关键项目的工程量超过专用合同条款规定的百分比。

（3）增加额外的工程项目。

（4）改变合同中任何一项工作的标准或特性。

（5）本合同中涉及的由发包人责任引起的工期延误，如未及时提供施工场地、未及时付款等。

（6）异常恶劣的气候条件。

（7）非承包人原因造成的任何干扰或阻碍。如延期交图、工程暂停、对合格工程的剥离检查及不利的外界条件等。

（8）可能发生的其他延误情况。

2. 工程延期的审批程序

（1）当工程延期事件发生后，承包单位应在合同规定的有效期内以书面形式通知监理工程师（即工程延期意向通知），以便于监理工程师尽早了解所发生的事件，及时作出一些减少延期损失的决定。随后，承包单位应在合同规定的有效期内（或监理工程师可能同意的合理期限内）向监理工程师提交详细的申述报告（延期理由及依据）。

（2）监理工程师收到该报告后应及时进行调查核实，准确地确定出工程延期时间。

（3）当延期事件具有持续性，承包单位在合同规定的有效期内不能提交最终详细的申述报告时，应先向监理工程师提交阶段性的详情报告。监理工程师应在调查核实阶段性报告的基础上，尽快作出延长工期的临时决定。临时决定的延期时间不宜太长，一般不超过最终批准的延期时间。

（4）待延期事件结束后，承包单位应在合同规定的期限内向监理工程师提交最终的详情报告。监理工程师应复查详情报告的全部内容，然后确定该延期事件所需要的延期时间。

（5）如果遇到比较复杂的延期事件，监理工程师可以成立专门小组进行处理。对于一时难以作出结论的延期事件，即使不属于持续性的事件，也可以采用先作出临时延期的决定，然后再作出最后决定的办法。这样既可以保证有充足的时间处理延期事件，又可以避免由于处理不及时而造成的损失。

（6）监理工程师在作出临时工程延期批准或最终工程延期批准之前，均应与业主和承包单位进行协商、沟通。

（7）工程延期的审批程序见图 2.5。

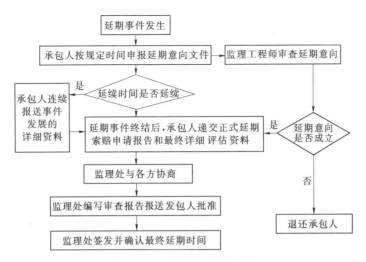

图 2.5　工程延期审批程序图

3. 监理工程师工程延期的审批原则

(1) 合同条件。监理工程师批准的工程延期必须符合合同条件，也就是说，导致工期拖延的原因确实属于承包单位自身以外的因素，否则不能批准为工程延期。这是监理工程师审批工程延期的根本原则。

(2) 影响工期。发生延期事件的工程部位，无论其是否处在施工进度计划的关键线路上，只有当所延长的时间超过其相应的总时差时，才能批准工程延期。如果延期事件发生在非关键线路上，且延长的时间并未超过总时差时，即使符合批准为工程延期的合同条件，也不能批准工程延期。应当说明的是，建设工程施工进度计划中的关键线路并非固定不变，也会随着工程的进展和情况的变化而转移。监理工程师应以承包单位提交的、经总监理工程师审核后的施工进度计划（不断调整后）为依据来决定是否批准工程延期。

(3) 实际情况。批准的工程延期必须符合实际情况。为此，承包单位应对延期事件发生后的各类有关细节进行详细记载，并及时向监理工程师提交详细报告。与此同时，监理工程师也应对施工现场进行详细考察和分析，并做好有关记录，以便为合理确定工程延期时间提供可靠依据。

4. 工程延期的控制

发生工程延期事件，不仅影响工程的进展，而且会给业主带来损失。因此，监理工程师应做好以下工作，以减少或避免工程延期事件的发生。

(1) 选择合适的时机签发工程开工通知：监理工程师在签发工程开工通知之前，应充分考虑业主的前期准备工作是否充分，特别是征地、拆迁问题是否已解决，设计图纸能否及时提供，以及付款方面有无问题等，以避免由于上述问题缺乏准备而造成工程延期。

(2) 提醒业主履行施工承包合同中所规定的职责：在施工过程中，监理工程师应经常提醒业主履行自己的职责，提前做好施工场地及设计图纸的提供工作，并能及时支付工程进度款，以减少或避免由此而造成的工程延期。

(3) 妥善处理工程延期事件：当延期事件发生以后，监理工程师应根据合同规定进行妥善处理。既要尽量减少工程延期时间及其损失，又要在详细调查研究的基础上合理批准工程延期时间。

(4) 延期事件发生后，监理处要与发包人、承包人多协商、多沟通，尽力避免事件扩大及损失增加。

5. 工期延误的处理

通常可以采用下列手段进行处理：①停止付款；②误期损失赔偿；③取消承包资格。

2.6　工程资金控制

2.6.1　资金控制的内容

（1）审批承包人提交的资金流计划。

（2）协助发包人编制合同项目的付款计划。

（3）监理合同付款台账，对付款情况进行记录。

（4）根据工程实际进展情况，对合同付款情况进行分析，必要时提出合同工程付款计划调整建议。

（5）审核工程付款申请，签发付款证书。

（6）根据施工合同约定进行价格调整。

（7）根据授权处理工程变更所引起的费用变化事宜。

（8）根据授权处理合同索赔中的费用问题。

（9）审核完工付款/最终结清申请单，签发完工付款/最终结清证书。

（10）签发合同解除付款核查报告。

2.6.2　工程计量

（1）可支付的工程量应同时符合以下条件。

1）经监理处签认属于合同工程量清单中的项目，或发包人同意的变更项目以及计日工。

2）所计量工程是承包人实际完成的并经监理机构确认质量合格。

3）计量方式、方法和单位等符合合同约定。

（2）工程计量应符合以下程序。

1）工程项目开工前，监理机构应监督承包人按有关规定或施工合同约定完成原始地形的测绘，并审核测绘成果。

2）在接到承包人提交的工程计量报验单和有关计量资料后，监理机构应在合同约定时间内进行复核，确定结算工程量，据此计算工程价款。当工程计量数据有异议时，监理机构可要求与承包人共同复核或抽样复测；承包人未按监理机构要求参加复核，监理机构复核或修正的工程量视为结算工程量。

3）监理机构认为有必要时，可通知发包人和承包人共同联合计量。

（3）当承包人完成了工程量清单中每个子目的工程量后，监理机构应要求承包人派员共同对每个子目的历次计量报表进行汇总和总体量测，核实该子目的最终计量工程量；承包人未按监理机构要求派员参加的，监理机构最终核实的工程量视为该子目的最终计量工程量。

（4）计量方法。

1）所有项目的计量应按《水利水电土建工程施工合同示范文本》（GF-2013-0208）通用条款第31条规定进行计量。所有工程项目的计量方法均应符合本技术条款各项的规定，承包人应自备一切计量设备和用具，并保证计量设备和用具符合国家度量衡标准的精度要求，并在率定有效期内。

2）凡超出施工图纸和有关技术条款规定的计量范围的长度、面积或体积，均不予计量。

3）实物工程量的计量，应由承包人使用标准的计量设备进行称量或计算，并经监理人签字确认后，列入承包人的每月工程量报表。

4）重量计量的计算。凡以重量计量的材料，应由承包人安排合格的称量人员，使用经国家计量监督部门检验合格的称量器，在规定的地点进行称量。

钢材的计量应按施工图纸所示的净值计量。钢筋应按监理人批准的钢筋下料表，以直径和长度计算，不计入钢筋损耗和架设定位的附加钢筋量；预应力钢绞线、预应力钢筋和预应力钢丝的工程量，按锚固长度与工作长度之和计算重量；钢板和型钢材按制成件的成型净尺寸和使用钢材规格的标准单位重量计算工程量，不计下料损耗量和施工安装等所需的附加钢材用量。施工附加量均不单独计量，而应包括在有关钢筋、钢材和预应力钢材等各自的单价中。

5）面积计量的计算。结构面积的计算，应按施工图纸所示结构物尺寸线或监理人指示在现场实际量测的结构物净尺寸线进行计算。

6）体积计量的计算。结构物体积计量的计算，应按施工图纸所示轮廓线内的实际工程量或按监理人批示在现场量测的净尺寸线进行计算。经监理人批准，大体积混凝土中所设体积小于 $0.1 m^3$ 的孔洞、排水管、预埋管和凹槽等工程量不予扣除，按施工图纸和指示要求对临时孔洞进行回填的工程量不重复计量。

7）长度计量的计算。所有以延米计量的结构物，除施工图纸另有规定，应按平行于结构物位置的纵向轴线或基础方向的长度计算。

8）对需要现场测量计量的工程量，土方开挖、结构物拆除、砌石护坡、混凝土护坡等工程，必须有原始测量记录。

（5）未经批准，或因承包人责任，或因承包人施工需要而额外发生的工程量，不予计量。

（6）若施工合同未明确计量方法时，监理处与合同双方商定后，再进行计量。

（7）有关计量资料如下。

1）图纸计量：应包括工程量计算简图及计算公式等。

2）现场计量：应附现场签证资料。

3）仪器仪表计量：应包括仪器仪表计量记录，监理处的签证等。

4）单据计量：应包括工程实际发生的进货或进场材料，设备的发票、收据等。

5）监理处的批准计量：应包括监理处的指示、现场签证等。

6）计日工计量：应包括计日工工作通知、计日工工程量签证单等。

7）总价计量：应包括总价项目分解、总价项目工程形象进度等。

8）支持性证明文件：主要包括质量合格证明和有关计量资料。

（8）以计日工方式计量的项目，其金额按照施工合同约定的计日工项目及其单价计算。若施工合同无约定，由双方协商确定。

2.6.3 工程款支付监理工作程序

进度款结算程序如下。

（1）承包单位按合同规定的时间提交支付申请及《工程计量签证单》《工程计量报验单》等资料。

（2）对合同未包括的项目，承包人报送《变更项目价格申报表》，并附上《单价分析表》以及有关批复文件。

（3）监理工程师和现场业主代表按照施工合同的规定审查、签字确认。

（4）总监理工程师审查、签署《工程计量报验单》《变更项目价格申报表》《单价分析表》后交承包人。

（5）承包人根据以上资料制作《工程价款月支付申请单》《工程进度付款汇总表》《已完工程量汇总表》《合同单价项目月支付明细表》《合同合价项目月支付明细表》《合同新增项目月支付明细表》《计日工项目月支付明细表》《计日工工程量月汇总表》等，报送监理处。

（6）由项目总监理工程师进行审查并签置付款凭证。

（7）报发包人财务部门办理付款手续，业主复核后付款。

工程款支付监理工作程序见图 2.6。

2.6.4　工程预付款支付

1．预付款支付规定

预付款支付应符合下列规定。

（1）监理机构收到承包人的工程预付款申请后，应按合同约定核查承包人获得工程预付款的条件和金额，具备支付条件后，签发工程预付款支付证书。监理机构应在核查工程进度付款申请单的同时，核查工程预付款应扣回的额度。

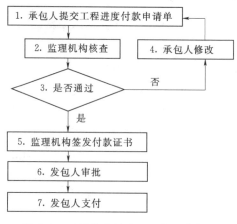

图 2.6　工程款支付监理工作程序框图

（2）监理机构收到承包人的材料预付款申请后，应按合同约定核查承包人获得材料预付款的条件和金额，具备支付条件后，按照约定的额度随工程进度付款一起支付。

（3）支付预付款的条件。

1）承包人提交合格的工程预付款保函（工程预付款保函在预付款被发包人扣回前一直有效）。

2）主要施工设备进场，且其估算价值已达到本次预付款金额。

3）由承包人提交《工程预付款申报单》。按合同的相关约定，总监理工程师签发《工程预付款付款证书》报发包人批准后支付。预付款收回后，监理工程师应出具预付款保函退还通知，发包人应将保函退还承包人。

2．工程预付款支付方法

（1）工程预付款总金额的额度和分次付款比例应按合同规定执行。一般情况下，工程预付款的总金额应不低于合同价格的 10%；分两次支付给承包人，第一次预付款的金额应不低于工程预付款总金额的 40%，第二次预付款的金额应为总预付款的剩余部分。

（2）第一次预付款应在协议书签订后 21d 内，由承包人向发包人提交了经发包人认可的工程预付款保函，并经监理人出具付款证书报送发包人批准后予以支付。工程预付款保函在预付款被发包人扣回前一直有效，保函金额为本次预付款金额，但可根据以后预付款扣回的金额相应递减。

（3）第二次预付款需待承包人主要设备进入工地后，其估算价值已达到本次预付款金额时，由承包人提出书面申请，经监理人核实后出具付款证书报送发包人，发包人收到监理人出具的付款证书后的 14d 内（或合同约定的时间）支付给承包人。

3．工程预付款扣回

工程预付款由发包人从月进度付款中扣回。在合同累计完成金额达到专用合同条款规定的数额时开始扣款，直至合同累计完成金额达到专用合同条款规定的数额时全部扣清。在每次进度付款时，累计扣回的金额按下列公式计算：

$$R = A/[(F_2 - F_1)S] \times (C - F_1 S) \qquad (2.12)$$

式中　R——每次进度付款中累计扣回的金额；

　　　A——工程预付款总金额；

　　　S——合同价格；

　　　C——合同累计完成金额；

F_1——按专用合同条款规定开始扣款时合同累计完成金额达到合同价格的比例；

F_2——按专用合同条款规定全部扣清时合同累计完成金额达到合同价格的比例。

上述合同累计完成金额均指价格调整前未扣保留金的金额。

4．工程材料预付款

（1）如专用合同条款中规定有工程材料预付款，则工程主要材料到达工地并满足以下条件后，承包人可向监理人提交材料预付款支付申请单，要求给予材料预付款。

1）材料的质量和储存条件符合合同中《技术条款》的要求。

2）材料已到达工地，并经承包人和监理人共同验点入库。

3）承包人应按监理人的要求提交材料的订货单、收据或价格证明文件。

（2）预付款金额为经监理人审核后的实际材料价的 90％（或合同约定比例），在月进度付款中支付。

（3）预付款从付款月后的 6 个月内在月进度付款中每月按该预付款金额的 1/6（或合同约定的比例）平均扣还。

2.6.5　工程进度款支付

（1）工程进度付款应符合下列规定。

1）监理机构应在施工合同约定时间内，完成对承包人提交的工程进度付款申请单及相关证明材料的审核，同意后签发工程进度付款证书，报发包人。

2）工程进度付款申请单应符合下列规定：①付款申请单填写符合相关要求，支持性证明文件齐全；②申请付款项目、计量与计价符合施工合同约定；③已完工程的计量、计价资料真实、准确、完整。

3）工程进度付款申请单应包括以下内容：①截至上次付款周期末已实施工程的价款；②本次付款周期已实施工程的价款；③应增加或扣减的变更金额；④应增加或扣减的索赔金额；⑤应支付和扣减的预付款；⑥应扣减的质量保证金；⑦价格调整金额；⑧根据合同约定应增加或扣减的其他金额。

4）工程进度付款属于施工合同的中间支付。监理机构出具工程进度付款证书，不视为监理处已同意、批准或接受了该部分工作。在对以往历次已签发的工程进度付款证书进行汇总和复核中发现错、漏或重复的，监理处有权予以修正，承包人也有权提出修正申请。

（2）工程进度款结算依据。

1）设计文件、设计图纸（包括变更）。

2）施工承包合同中关于计量和支付的条款、合同确定的单价。

3）施工承包合同中有关价差调整的规定。

4）经监理审核并报业主批准的合同外增加项目、工程量的单价及补充单价。

5）《水利工程量清单计价规范》（GB 50501—2007）的有关规定。

（3）进度款结算的审查项目。

1）完成工程项目的名称、部位、工程量、单价及总价。

2）完成项目的质量评价资料及其他证明材料。

3）结算报表递交的法律有效性、时间及份数。

（4）工程进度款资料。包括：《工程拨款签证单》《工程进度付款证书》《工程进度付款审核汇总表》《工程计量报验单》《工程进度付款申请表单》《工程进度付款汇总表》《已完工程量汇总表》《合同分类分项目进度付款明细表》《合同措施项目进度付款明细表》《变更项目进度付款明细表》《计日工项目进度付款明细表》《变更项目价格申报表》，并附《单价分析表》《工程计量签证单》。

以上资料由承包人整理成套，连同工程量计量支撑材料，发包人 2 套、监理 1 套、自留 1 套（或根据需要确定）。

（5）工程进度付款证书。监理人在收到工程进度付款申请单后的 14d 内完成核查，并向发包人出具工程进度付款证书。

（6）工程进度付款的修正和更改。监理人有权通过对以往历次已签证的月进度付款证书的汇总和复核中发现的错、漏或重复进行修正或更改；承包人亦有权提出此类修正或更改。经双方复核同意的此类修正或更改，应列入月进度付款证书中予以支付或扣除。

（7）支付时间。发包人收到监理人签证的月进度付款证书并审批后支付给承包人，支付时间不应超过监理人收到月进度付款申请单后 28d。若不按期支付，则应从逾期第一天起按专用合同条款中规定的逾期付款违约金加付给承包人。

（8）总价承包项目的支付。工程量清单中的总价承包项目，应根据总价承包项目分解表统计的实际完成情况，确定好分项的应付金额，以此来进行支付。

（9）变更款支付。变更款可由承包人列入工程进度付款申请单，由监理机构审核后列入工程进度付款证书。

（10）计日工支付应符合下列规定。

1）监理机构经发包人批准，可指示承包人以计日工方式实施零星工作或紧急工作。

2）在以计日工方式实施工作的过程中，监理机构应每日审核承包人提交的计日工工程量签证单，包括下列内容：①工作名称、内容和数量；②投入该工作所有人员的姓名、工种、级别和耗用工时；③投入该工程的材料类别和数量；④投入该工程的施工设备型号、台数和耗用台时；⑤监理机构要求提交的其他资料和凭证。

3）计日工由承包人汇总后列入工程进度付款申请单，由监理机构审核后列入工程进度付款证书。

（11）质量保证金的扣留与退还。

1）合同一般规定，项目法人应从承包人月进度支付款额中扣留一定比例（一般为 5%～10%）的金额，直到该项保证金款达到规定的保证金限额（如为合同价的 5%）为止。

2）监理处应从第一个月开始，在给承包人的工程进度付款中扣留按专用合同条款规定百分比的金额作为质量保证金（其计算额度不包括预付款和价格调整金额），直至扣留的保证金总额达到专用合同条款规定的数额为止。

3）在签发本合同工程移交证书后 14d 内，监理处应签发质量保证金保留金付款证书，发包人将保证金总额的一半支付给承包人。

4）在单位工程验收并签发移交证书后，将其相应的保证金总额的一半在工程进度付款中支付给承包人。

5）监理人在本合同全部工程的保修期满时，出具为支付剩余保留金的付款证书。发包人应在收到上述付款证书后 14d 内将剩余的保留金支付给承包人。若保修期满时尚需承包人完成剩余工作，则监理人有权在付款证书中扣留与剩余工作所需金额相应的保留金余额。

（12）在工程进度款支付审核中，注意扣除以下金额：①扣除按合同条款规定应由发包人扣还的工程预付款和工程材料预付款金额；②扣除按合同条款规定应由发包人扣留的保留金金额；③扣除按合同条款规定应由承包人付给发包人的其他金额。

2.6.6　工程完工付款

1. 完工付款规定

完工付款应符合下列规定。

（1）监理机构应在施工合同约定期限内，完成对承包人提交的完工付款申请单及相关证明材料的审核，同意后签发完工付款证书，报发包人。

（2）监理机构应审核下列内容：①完工结算合同总价；②发包人已支付承包人的工程价款；③发包人应支付的完工付款金额；④发包人应扣留的质量保证金；⑤发包人应扣留的其他金额。

2. 完工付款申请单

（1）在本合同工程移交证书颁发后 28d 内，承包人应按监理人批准的格式提交一份完工付款申请单（一式 4 份），并附有下述内容的详细证明文件：①至移交证书注明的完工日期止，根据合同所累计完成的全部工程价款金额；②承包人认为根据合同应支付给他的追加金额和其他金额；③完工付款证书及支付时间。

（2）监理人应在收到承包人提交的完工付款申请单后 28d 内完成复核，并与承包人协商修改后，在完工付款申请单上签字和出具完工付款证书报送发包人审批。发包人应在收到上述完工付款证书后 42d 内审批后支付给承包人。若发包人不按期支付，则应按合同约定的办法处理。

3. 最终结清

（1）最终结清应符合下列规定。

1）监理处应在施工合同约定期限内，完成对承包人提交的最终结清申请单及相关证明材料的审核，同意后签发最终结清证书，报发包人。

2）监理处应审核下列内容：①按合同约定承包人完成的全部合同金额；②尚未结清的名目和金额；③发包人应支付的最终结清金额。

3）若发包人和承包人双方未能就最终结清的名目和金额取得一致意见，监理处应对双方同意的部分出具临时付款证书，只有在发包人和承包人双方有争议的部分得到解决后，方可签发最终结清证书。

（2）监理处应按合同约定审核质量保证金退还申请表，签发质量保证金退还证书。

（3）最终付款申请单。

1）承包人在收到按规定颁发的保修责任终止证书后 28d 内，按监理处批准的格式向监理处提交一份最终付款申请单（一式 4 份），该申请单应包括以下内容，并附有关的证明文件。①按合同规定已经完成的全部工程价款金额；②按合同规定应付给承包人的追加金额；③承包人认为应付给他的其他金额。

2）若监理人对最终付款申请单中的某些内容有异议时，有权要求承包人进行修改和提供补充资料，直至监理人同意后，由承包人再次提交经修改后的最终付款申请单。

3）结清单。承包人向监理人提交最终付款申请单的同时，应向发包人提交一份结清单，并将结清单的副本提交监理人。该结清单应证实最终付款申请单的总金额是根据合同规定应付承包人的全部款项的最终结算金额。但结清单只在承包人收到退还履约担保证件和发包人已向承包人付清监理人出具的最终付款证书中应付的金额后才生效。

4）最终付款证书和支付时间。监理处收到经其同意的最终付款申请单和结清单副本后 14d 内，向发包人出具一份最终付款证书提交发包人审批。最终付款证书应说明：①按合同规定和其他情况应最终支付给承包人的合同总金额；②发包人已支付的所有金额以及发包人有权得到的全部金额。

5）发包人审查监理人提交的最终付款证书后，若确认还应向承包人付款，则应在收到该证书后 42d 内支付给承包人。若确认承包人应向发包人付款，则发包人应通知承包人，承包人应在收到通知后 42d 内付还给发包人。不论是发包人或承包人，若不按期支付，均应按专用合同条款的规定，将逾期付款违约金加付给对方。

6）若承包人和发包人始终未能就最终付款的内容和额度取得一致意见，监理人应对双方已同意的部分出具临时付款证书，双方应按上述规定执行，对于未取得一致的部分，双方均有权提出按合同争议处理的要求。

（4）完工支付与最终支付。在永久工程竣工、验收、移交后，承包人和发包人之间进行竣工结算，监理工程师签发《完工付款/最终付款证书》。工程付款涉及政府投资资金的，应按照国库集中支付等国家相关规定和合同约定办理。

2.6.7　施工合同解除后的支付

（1）因承包人违约造成施工合同解除的支付。合同解除后，监理处应按照合同约定完成下列工作。

1）商定或确定承包人实际完成工作的价款，以及承包人已提供的原材料、中间产品、工程设备、施工设备和临时工程等的价款。

2）查清各项付款和已扣款金额。

3）核算发包人按合同约定应向承包人索赔的由于解除合同给发包人造成的损失。

（2）因发包人违约造成施工合同解除的支付。监理处应按合同约定核查承包人提交的下列款项及有关资料和凭证。

1）合同解除日之前所完成工作的价款。

2）承包人为合同工程施工订购并已付款的原材料、中间产品、工程设备和其他物品的金额。

3）承包人为完成工程所发生的，而发包人未支付的金额。

4）承包人撤离施工场地以及遣散承包人员的金额。

5）由于解除施工合同应赔偿的承包人损失。

6）按合同约定在解除合同之前应支付给承包人的其他金额。

（3）因不可抗力致使施工合同解除的支付。监理机构应根据施工合同约定核查下列款项及有关资料和凭证。

1）已实施的永久工程合同金额，以及已运至施工场地的材料价款和工程设备的损害金额。

2）停工期间承包人按照监理机构要求照管工程和清理、修复工程的金额。

3）各项已付款和已扣款金额。

（4）发包人与承包人就上述解除合同款项达成一致后，出具最终结清证书，结清全部合同款项；未能达成一致时，按照合同争议处理。

2.6.8　价格调整

（1）物价波动引起的价格调整。因人工、材料和工程设备、施工机械台班等价格波动影响合同价格时，一般应按下式计算差额并调整合同价款。

$$\Delta P = P_0 \left[A + \left(B_1 \times \frac{F_{t1}}{F_{01}} + B_2 \times \frac{F_{t2}}{F_{02}} + B_3 \times \frac{F_{t3}}{F_{03}} + \cdots + B_n \times \frac{F_{tn}}{F_{0n}} \right) - 1 \right] \tag{2.13}$$

式中　　　　　ΔP——需调整的价格差额；

$\qquad P_0$——约定的付款证书中承包人应得到的已完成工程量的金额，此项金额应不包括价格调整、不计质量保证金的扣留和支付、预付款的支付和扣回，约定的变更及其他金额已按现行价格计价的也不计在内；

$\qquad A$——定值权重（即不调部分的权重）；

B_1、B_2、$B_3 \cdots B_n$——各可调因子的变值权重（即可调部分的权重），为各可调因子在投标函投标总报价中所占的比例；

F_{t1}、F_{t2}、$F_{t3}\cdots F_{tn}$——各可调因子的现行价格指数，指约定的付款证书相关周期最后一天前 42d 的各可调因子的价格指数；

F_{01}、F_{02}、$F_{03}\cdots F_{0n}$——各可调因子的基本价格指数，指基准日期的各可调因子的价格指数。

以上价格调整公式中的各可调因子、定值和变值权重，以及基本价格指数及其来源在投标函附录价格指数和权重表中约定。价格指数应首先采用工程造价管理机构提供的价格指数，缺乏上述价格指数时，可采用工程造价管理机构提供的价格代替。

（2）暂时确定调整差额。在计算调整差额时得不到现行价格指数的，可暂用上一次价格指数计算，并在以后的付款中再按实际价格指数进行调整。

（3）权重的调整。约定的变更导致原定合同中的权重不合理时，监理处应与承包人和发包人协商后进行调整。

（4）其他调价因素。除在专用合同条款中另有规定和本条各款规定的调价因素外，其余因素的物价波动均不另行调价。

（5）承包人工期延误后的价格调整。由于承包人原因未在约定的工期内竣工的，对原约定竣工日期后继续施工的工程，在使用公式（2.13）时，应采用原约定竣工日期与实际竣工日期的两个价格指数中较低的一个作为现行价格指数。若按有关程序规定延长了完工日期，但又由于承包人原因未能按延长后的完工日期内完工，则对延期期满后施工的工程，其价格调整计算应采用延长后的完工日期与实际完工日期的两个价格指数中的低者作为现行价格指数。

（6）法规更改引起的价格调整。在投标截至日前的 28d 后，国家的法律、行政法规或国务院有关部门的规章和工程所在地的省（自治区、直辖市）的地方法规和规章发生变更，导致承包人在实施合同期间所需要的工程费用发生除物价波动引起的价格调整以外的增减时，应由监理处与发包人和承包人进行协商后确定需调整的合同金额。

（7）监理处应按施工合同约定的程序和调整方法，审核单价、合价的调整。当发包人与承包人因价格调整不能协商一致时，应按照合同争议处理，处理期间监理处可依据合同授权暂定调整价格。调整金额可随工程进度付款一同支付。

2.7 施工安全监理

2.7.1 施工安全监理工作的主要内容

（1）督促承包人对作业人员进行安全交底，监督承包人按照批准的施工方案组织施工，检查承包人安全技术措施的落实情况，及时制止违规施工作业。

（2）定期和不定期巡视检查施工过程中危险性较大的施工作业情况。

（3）定期和不定期巡视检查承包人的用电安全、消防措施、危险品管理和场内交通管理等情况。

（4）核查施工现场施工起重机械、整体提升脚手架和模板等自升式架设设施和安全设施的验收等手续。

（5）检查承包人的度汛方案中对洪水、暴雨、台风等自然灾害的防护措施和应急措施。

（6）检查施工现场各种安全标志和安全防护措施是否符合《工程建设标准强制性条文》（水利工程部分）及相关规定的要求。

（7）督促承包人进行安全自查工作，并对承包人自查情况进行检查。

（8）参加发包人和有关部门组织的安全生产专项检查。

（9）检查灾害应急救助物资和器材的配备情况。

（10）检查承包人安全防护用品的配备情况。

2.7.2　施工安全控制的主要措施

1. 审查承包人施工安全保证体系

工程项目开工前，督促承包人建立施工安全保证体系，并根据工程进展情况和现场安全条件的变化，对施工安全保证体系进行补充、调整和完善。监理处审查承包人的施工安全保证体系主要内容如下。

（1）检查施工安全管理机构的设置（包括各级施工安全管理机构的设置、各级施工安全管理机构负责人及其资历、资质情况）、施工安全人员的配置情况。

（2）检查施工安全管理机构的职责、工作制度、岗位责任制。

（3）检查各种安全施工规章制度，包括消防安全责任制度，确定消防安全责任人，制订用火、用电、使用易燃易爆材料等各项消防安全管理制度和操作规程。

（4）检查安全培训教育制度。

（5）检查施工安全防护设施的总体规划与布置。

（6）检查专项工程施工过程中的施工安全保证措施、劳动保护与防护措施。

（7）检查保证施工安全条件所需的资源投入。

（8）检查对危险性较大施工作业的预防、监控措施和应急预案。

（9）业主、监理认为有必要报送的其他资料。

2. 审查承包人安全生产措施

在工程项目开工前，督促承包人依据建设工程强制性条文，编制施工安全生产措施（包括施工现场临时用电方案）和危险性较大作业的专项施工方案（如施工应急预案、高边坡开挖支护、地下开挖支护、起重吊装、拆除爆破等）报送监理处审批执行。

对没有制定施工安全生产措施，或安全生产措施不符合建设工程强制性条文的，不予签发开工通知。

在单位工程、分部工程开工前，督促承包人编制详细的施工安全生产措施和劳动保护措施报监理处批准。

3. 实施工程开工安全许可

在重要单元工程开工前，督促承包人检查施工安全生产与劳动保护措施，并在自检合格的基础上，向监理处申报开工（仓）许可签证。

4. 实行旁站监理

对如高边坡开挖支护、地下工程开挖支护、起重吊装、拆除爆破等危险性较大的施工作业实行旁站监理。发现存在危及施工安全的因素或承包人的安全生产严重失控时，及时下达整改通知，直至通过业主同意，由总监理工程师下达《暂停施工指示》。

5. 设立安全标志

要求承包人在属于其使用或管理区域的危险地段、陡坡、高边坡、急弯、限制高度、路况不良以及可能遭遇其他危险源影响等地方，设立必要的告警、指示等信号标示，悬挂"危险"或"禁止通行"标志牌，夜间设红灯示警。

2.7.3　安全生产控制监理制度

（1）监理单位在设置现场监理组织机构和岗位时，必须配备主管安全的副总监理工程师，同时，根据监理项目的大小设立安全监理组或配备专职安全监理工程师。所配备的安全监理人员必须满足项目安全管理需要。

（2）监督检查承包人安全生产组织体系、制度体系和责任体系的建立与落实情况，并提出整改意见，督促其持续改进。

（3）贯彻执行国家有关职业健康安全法律、法规和工程建设管理单位有关施工安全管理规定、标准，制定监理处安全生产管理责任制、监理工程师现场安全监察规定、安全职责考核规定等安全管理规章制度。

（4）对施工现场安全生产进行经常性的监督和检查。当发现存在危及施工安全的因素或承包人的安全生产严重失控时，应及时下达停工整改通知，指令承包人采取措施或整顿，由此延误的工期和增加的施工费用由承包人承担。

（5）组织或推动承包人开展安全生产教育，有计划地提高从业人员的安全生产素质。定期检查承包人对员工或民工的安全培训教育情况。

（6）定期做好各合同项目间及其外部环境间的安全生产协调工作。

（7）参加安全事故的检查分析，审查承包人的安全事故报告和安全报表，监督承包人对安全事故的处理，并协助政府安全监督管理部门查处违章失职责任。

（8）按时向项目管理部和安全管理委员会提交监理项目的月度、季度、半年、年度安全工作总结报告，及时反馈安全生产信息。

（9）协助进行安全事故的调查和处理。

2.7.4　施工安全控制监理工作职责

（1）根据施工现场监理工作需要，监理处应为现场监理人员配备必要的安全防护用具。

（2）监理处应审查承包人编制的施工组织设计中的安全技术措施、施工现场临时用电方案，以及灾害应急预案、危险性较大的分部工程或单元工程专项施工方案是否符合《工程建设标准强制性条文》（水利工程部分）及相关规定的要求。

（3）监理处编制的监理规划应包括安全监理方案，明确安全监理的范围、内容、制度和措施，以及人员配备计划和职责。监理机构对中型及以上项目、危险性较大的分部工程或单元工程应编制安全监理实施细则，明确安全监理的方法、措施和控制要点，以及对承包人安全技术措施的检查方法。

（4）监理处应按照相关规定核查承包人的安全生产管理机构，以及安全生产管理人员的安全资格证书和特种作业人员的特种作业操作资格证书，并检查安全生产教育培训情况。

（5）监理处发现施工安全隐患时，应要求承包人立即整改；必要时，可指示承包人暂停施工，并及时向发包人报告。

（6）当发生安全事故时，监理处应指示承包人采取有效措施防止损失扩大，并按有关规定立即上报，配合安全事故调查组的调查工作，监督承包人按调查处理意见处理安全事故。

（7）监理处应监督承包人将列入合同安全施工措施的费用按照合同约定专款专用。

（8）监理处应按有关法律、法规和规章以及合同的有关规定，检查、监督施工安全工作的实施，承包人应认真执行监理处有关安全管理工作的指示。监理处在检查中发现施工中存在不安全因素，应及时指示承包人采取有效措施予以改正，若承包人故意延误或拒绝改正，监理处有权责令其停工整改。

（9）承包人应按合同规定履行其安全职责。承包人应设置必要的安全管理机构和配备专职的安全管理人员，加强对施工作业安全的管理，特别应加强易燃、易爆材料与火工器材和爆破作业的管理，制定安全操作规程，配备必要的安全生产设施和劳动保护用具，并经常对其职工进行施工安全教育。

（10）发包人或委托承包人（应在专用合同条款中约定）在工地建立一支消防队伍负责全工地的消防工作，配备必要的消防水源、消防设备和救助设施。

2.7.5　施工安全控制监理工作程序

施工安全控制监理工作程序见图 2.7。

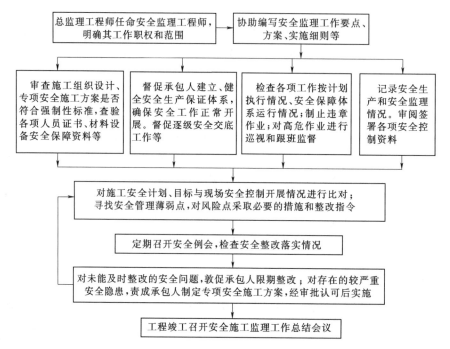

图 2.7　施工安全控制监理工作程序图

2.7.6　度汛安全的监理工作

（1）承包人应负责其管辖范围内的防汛和抗灾等工作，按发包人的要求和监理处的指示，做好每年的汛前检查，配置必要的防汛物资和器材，按合同规定做好汛情预报和安全度汛等工作。

（2）每年汛前应督促承包人编制可行的度汛方案，并报当地防汛指挥部门批准。

（3）在汛前协助发包人对承包人的度汛预案及准备情况进行检查，并督促落实到位。

（4）每年汛期应坚守施工现场，接收天气与汛情预报，检查承包人防汛值班与防汛抢险物资器材落实等情况，必要时对承包人发出防汛、抢险的指示。

（5）在工程度汛过程中，按照工程建设管理单位的统一部署，加强领导，督促承包人服从业主有关防洪、抢险和其他防汛工作的统一调度和指挥。

（6）防汛结束后，编写防汛工作总结。

2.7.7　工程施工安全控制的主要内容

1. 检查专项作业安全施工

（1）土方开挖作业。开挖作业一般应自上而下进行。必须采用上、下层同时开挖时，应采取有效的安全技术措施，并事先经监理处批准。

在不良地质中开挖，应在地质预报的基础上，坚持预防为主的方针，查清地质构造，加强安全检查，在确保施工安全的前提下，制定切实可行的施工方案。

对于施工人员必须停留作业或经常性地穿越的，可能存在高空坠物的危险区域，承包人必须设置安全棚、安全通道或采取其他可靠的安全防护措施。

对高边坡开挖，承包人要设置专人监测边坡的稳定情况，并做好排水、边坡支护等工作。

（2）混凝土浇筑作业。安装、拆卸模板作业人员，混凝土浇筑作业人员必须站在牢靠的立足点上，不得站在被安装或被拆卸的模板或支撑构件上作业。

吊装大型模板所使用的吊具、机具等安全设施必须经过技术鉴定合格后方可使用。

交叉作业时，下层作业位置必须处于上层作业物件可能坠落范围外，否则必须在上、下层作业面之间设置安全防护层。

必须在施工平台、浇筑仓面等边沿部位堆放模板、支架等材料时，堆放高度不得超过规定要求，也不得影响作业面的交通。

浇筑、吊装等机械设备之间，以及其与钢筋和浇筑埋设件之间必须留有足够的防止碰撞的安全距离。

（3）高空及夜间作业。对有可能发生高空坠物的施工部位，应督促承包人张挂安全防护网，并设置安全通道、安全作业平台等安全设施。

对必须采用两台以上设备进行抬吊的作业，或多台设备在近距离作业，或其他可能发生不安全因素的临时作业场所，监督承包人设置安全岗或流动安全岗。

在夜间或光照不良部位施工时，督促承包人必须按合同技术规范和用电安全规定设置照明系统，并保证施工作业区所必需的照明设备容量和照度。

（4）起重吊装作业。督促承包人编制专门的施工安全作业措施、安全作业规程报送监理处批准。

当遇到雷雨、大雾和速度达 20m/s 以上的大风时，停止塔机和其他大型塔吊机械作业。

（5）拆除作业。建筑物拆除施工安全生产管理目标：不损坏原有建筑物，不发生人身伤亡事故。拆除开工前，督促承包人制订安全技术措施、详细的作业程序指导书，并监督各项措施的落实。在拆除施工现场，承包人要有专人指挥，以免发生事故。

加强对高空作业和交叉作业的立体安全多层次防护措施的编制、指导和管理，并监督检查，从而不断发展安全防护技术，提高安全科技水平。

加强作业场所和施工现场的安全管理，作业场所和施工现场应有施工组织方案和安全技术措施，各种安全防护设施要到位，不留任何死角、漏洞，做到"一严、二细、三实"（严格要求；细心检查、细心操作；落实责任、落实措施、落实制度）。

2. 施工人员安全控制

（1）承担运输、爆破、吊装、电焊、气割（焊）及大型、特种机械设备操作人员，必须按国家法律、法规规定，培训考核合格后，持证上岗。爆破作业人员还须经地方公安部门考核，取得爆破作业合格证，并持证上岗。

（2）进入现场的施工人员，必须按照规定穿戴好防护用品和必要的安全防护用具，严禁穿拖鞋、高跟鞋或赤脚工作。

（3）凡经医生诊断，患有高血压、心脏病、贫血、精神病或其他不适合高处作业病症的人员，一律不得从事高处作业。

（4）高处作业下面或附近有煤气、烟尘和其他有害气体，必须采取排除或隔离措施，否则施工人员不得进入现场施工。

（5）在悬崖、陡坡、建筑物顶部等危险边缘，临空一面必须搭设安全网及防护栏杆。安全网及防护栏杆标准应严格按照建筑行业安全防护标准设置，确保施工人员的安全。

（6）在带电体附近进行高处作业时，距带电体的最小安全距离，必须满足安全的规定，遇到特殊情况，必须采取可靠的安全措施。

3. 施工用电安全控制

（1）施工现场临时用电线路一般应架空，用固定瓷瓶绝缘，动力和照明线路要分开架设。

（2）施工现场所有的用电设备除作保护接零外，必须在设备的首端处设置漏电保护装置。

（3）配电系统应设置室内总配电屏和室外分配电箱或设置室外总配电箱和分配电箱，实行三级配电两级保护。动力配电箱与照明配电箱宜分别设置，如合置在同一配电箱内，则动力线路和照明线路应分路设置。

（4）现场照明。照明专用回路应加装漏电保护器；灯具金属外壳作接零保护；室内线路及灯具安装高度低于 2m 时，应使用安全电压；潮湿作业场所和手持照明灯必须使用安全电压；禁止通行或危险处应设红灯警示。

（5）现场作业面使用的照明灯具、电动工器具（如振捣器、电焊机等）的电源线必须使用配备的电缆线，不得使用塑料线。

（6）闸具、熔断器参数应与设备容量匹配，安装应固定且符合要求，严禁使用其他金属丝代替熔丝。

（7）电气器材、物资的采购必须符合国家规定的质量标准，严禁购买无生产许可证和产品合格证的物质；仓储管理人员应加强对电气器材、物资的保管，防止受潮、污染、损坏。

4. 施工防火安全控制

（1）用火作业区距所建的建筑物和其他区域不得小于 25m，距生活区不得小于 15m。

（2）仓库区、易燃、可燃材料堆集场所距所建的建筑物和其他区域不得小于 20m。

（3）易燃废品集中站距所建的建筑物和其他区域不得小于 30m。防火间距中，不得堆放易燃和可燃物质。

5. 爆破安全控制

（1）爆破作业、爆炸加工和爆破器材的贮存、运输、加工、检验与销毁的安全技术要求及其管理工作要求应符合《爆破安全规程》（GB 6722—2003）要求。

（2）钻孔人员在施工中应随时检查工作面附近地形及岩石稳定情况，发现问题及时处理，对重大隐患应及时向当班施工员报告，严禁打残孔。

（3）装药前对钻孔作业面进行必要的清理，采用风或水清洗炮孔，采用各种措施清理塌孔。

（4）炮工在起爆过程中必须严格遵守操作规程，现场安全员根据作业规模做好人员、设备的避炮警戒工作，不能撤离的施工机具应加以妥善防护。单向开挖隧洞，安全地点至爆破工作面的距离应不少于 200m。

（5）洞室群几个工作面同时放炮时，应有专人统一指挥，确保点炮人员全部及时撤离。

（6）开挖面与衬砌面平行作业时的距离，应根据混凝土强度、围岩特性、爆破规模等因素确定，一般不宜小于 30m。

（7）相向开挖的两个工作面相距 30m 放炮时，双方人员均须撤离工作面；相距 15m 时，应停止一方工作单向开挖贯通。

（8）响炮后必须进行检查，遗留问题处理完毕且爆破后 20min 内禁止进入爆破区域，尽量让有害气体排除干净。爆破后工作面的有害气体未排除或冲淡至容许浓度，严禁施工人员进入工作面。根据爆破后炸药产生的有害气体选定通风机的型号，也可根据通风机的功率确定通风排烟时间。

6. 机械设备安全管理

（1）施工设备、工器具等应经常检查、维护和保养。挖装、运输设备操作人员作业前应对设备的安全性能进行检查，确保设备安全运行。

（2）挖装机械、运输车辆进入施工区域后应注意观察周边环境，挖装作业面和狭窄施工部位须指派专人指挥。装载机工作地点四周禁止人员停留，装载机在后退时应连续鸣号，以免伤人。

（3）车辆在施工区域行驶，时速不得超过 15km，隧洞内时速不超过 8km，在会车、弯道、险坡段时速不得超过 3km。各种机动车辆均不准带病或超载运行。

（4）采用机械拆除时，挖土机臂下回转半径内不得有人活动。

（5）施工机械的齿轮、皮带轮等高速运转的外露部位，必须安装防护罩或防护板。操作机械严禁戴手套。女工应戴工作帽，长发不得外露。禁止直接用手清理操作台面的残屑，不得在机械运转时清理或维修。

7. 隧洞安全施工

（1）洞口削坡，应严格按照明挖要求进行。严禁上下同时作业，同时应做好坡面、马道加固及排水等工作。

（2）进洞前，必须对洞脸岩体进行鉴定，确认稳定或采取措施后方可开挖洞口。洞口应设置防护棚。其顺洞轴方向的长度，可依实际地形、地质和洞型断面选定，一般不宜小于 5m。

（3）地下工程采用 380/220V 三相四线制；导洞内照明、工作面的工作灯，应采用 36V 或 24V 安全电压，并绝缘良好，保证施工人员的安全。专业电工经常对用电线路进行安全检查、测试，定期测试开关、接地电阻的接触和安全情况，并有书面记录，发现问题及时纠正。各种管线应敷设上墙，且平顺、稳固、可靠。

（4）施工现场悬挂必要的安全标识牌。施工区域应设置安全作业警戒线，并派设安全警戒人员，禁止闲杂人员进入。

（5）洞口削坡必须自上而下分层进行，开挖前应做好开挖范围内的危石清理和坡顶排水工作。随着坡面开挖按设计要求做好坡面加固。

（6）洞口周围岩体应尽量减少扰动，一般采用喷锚支护，并设置防护棚，必要时应在洞脸上部加设挡石栏栅。

（7）洞口段宜采取先导洞后扩挖的方法施工。当洞口明挖量大或岩体稳定性差时，可利用施工支洞或导洞自内向外开挖并及时做好支护。

（8）洞径在 10m 以下的平洞开挖，宜优先采用全断面开挖方法，否则采用台阶法开挖。在 IV 类围岩中开挖大断面平洞时应采用分部开挖法，及时做好支护工作；在 V 类围岩中开挖平洞时，应按不良工程地质地段施工的有关规定执行。

（9）通风采用送风时，风管端头距开挖工作面 10～15m；若采取吸风时，风管端以 20m 为宜。

（10）出渣前应组织有经验的工人进入开挖区域检查有无哑炮、拒爆等现象，一经发现，及时处理。同时检查围岩的稳定情况，确定支护措施。

（11）对有坍塌迹象的围岩，安全人员现场指导撬挖。利用反铲或装载机等机械对开挖区域进行机械撬挖，排除失稳的松动岩块。机械不能排除的松动岩块，可采取人工在爆堆上"敲帮问顶"，撬挖排除开挖区域内已失稳的岩块。确保出渣机械设备进入施工区域时的安全。

（12）撬挖顺序一般应先近后远、先顶部后两侧、先上后下进行；两人以上同时撬挖应保持一定的安全距离。

（13）安全检查时必须有足够的照明，配备强光电筒和观测仪器。

（14）地下工程施工不得使用汽油机械。使用柴油机械时，宜加设废气净化装置。施工管理人员在出渣前必须对汽车司机和机械操作手进行技术交底，作业人员要熟知地下工程开挖施工注意事项。

（15）喷锚支护施工前，施工技术人员应通过现场试验或依工程类比法制定合理的锚杆参数，对于特殊不良地质的临时支护，应结合永久支护进行，即在不拆除或部分拆除临时支护的条件下，进行永久性支护。

2.7.8　安全事故处理

（1）施工安全事故分类。施工安全事故按伤亡人数或直接经济损失的大小，分为一般事故、较大事故、重大事故、特别重大事故四类，见表 2.10。

表 2.10　施工安全事故分类

事故类别	一般事故	较大事故	重大事故	特别重大事故
人员轻伤或重伤人数	1～2	≥3		
人员死亡人数		1～2	3～49	≥50
不扣除保险公司赔偿的直接经济损失/万元	5（含）～10（含）	10～100（含）	100～1000（含）	>1000

（2）当发生安全事故时，无论哪类性质的事故，监理处都应督促承包人按程序和要求在规定的时间内向有关部门报告，不得有任何隐瞒行为。同时，事故发生后，监理处应协助发包人进行安全事故的调查、处理。

（3）安全事故处理。安全事故处理的原则，即"四不放过"原则：安全事故原因未查清不放过，职工和事故责任人未受到教育不放过，事故隐患不整改不放过，事故责任人不处理不放过。

（4）安全事故发生后，监理处按以下程序进行处理。

1）当现场发生重伤事故后，总监理工程师应签发《监理通知》，要求施工单位提交事故调查报告，提出处理方案和安全生产补救措施。安全监理专职人员应进行复查，并签署复查意见，由总监理工程师签字确认。

2）当现场发生死亡或重大死亡事故后，总监理工程师应签发《暂停施工指示》，并要求施工单位应立即实行抢救伤员，排除险情，采取必需措施，防止事故扩大，并做好标识，保护好现场。同时，要求发生安全事故的施工总承包单位迅速按安全事故类别和等级向相应的政府主管部门上报，并于 24h 内写出书面报告。

工程安全事故报告应包括以下主要内容：①事故发生的时间、地点和工程项目名称；②事故已经造成或者可能造成的伤亡人数（包括下落不明人数）；③事故工程的建设单位及项目负责人、施工单位及其法定代表人和项目经理、监理单位及其法定代表人和项目总监理工程师；④事故的简要经过和初步要因；⑤其他应当报告的情况。

3）监理工程师在事故调查组展开工作后，应积极协助，客观地提供相应证据，若监理方无责任，监理工程师可应邀参加调查组参与事故调查；若监理方有责任，则应予以回避，但应配合调查组做好以下工作：①查明事故发生的原因、人员伤亡及财产损失情况；②查明事故的性质和责任；③提出事故的处理及防止类似事故再次发生所应采取措施的建议；④提出对事故责任者的处理建议；⑤检查控制事故的应急措施是否得当和落实；⑥写出事故调查报告。

4）监理工程师接到安全事故调查组提出的处理意见涉及技术处理时，可组织相关单位研究，并要求相关单位完成技术处理方案，必要时应征求设计单位的意见。技术处理方案必须依据充分，应在安全事故的部位、原因全部查清的基础上进行，必要时组织专家进行论证，以保证技术处理方案可靠、可行，保证施工安全。

5）技术处理方案审核签字确认后，监理工程师应要求施工单位制定详细的施工方案，必要时监理工程师应编制监理实施细则，对工程安全事故技术处理的施工过程进行重点监控，对于关键部位和关键工序应派专人进行监控。

6）施工单位完工自检后，监理工程师应组织相关各方进行检查验收，必要时进行处理结果鉴定。要求事故单位整理编写安全事故处理报告，并审核签字确认，进行资料归档。工程安全事故处理报告主要包括以下内容：①人员重伤、死亡事故调查报告书；②现场调查资料（记录、图纸、照片）；③技术鉴定和试验报告；④物证、人证调查材料；⑤间接和直接经济损失；⑥医疗部门对伤亡者的诊断结论及影印件；⑦企业或其主管部门对该事故所做的结案报告；⑧处分决定和受处理人员的检查材料；⑨有关部门对事故的结案批复等；⑩事故调查人员的姓名、职务，及签字。

7）根据政府主管部门的复工通知，确认具备复工条件后，签发《复工通知》，恢复正常施工。

2.7.9 施工安全应急预案

施工安全事故发生时，立即启动安全事故应急预案，并进行处理。

1. 爆破事故应急处理措施

（1）确定安全区域，封闭现场，疏散人员。

（2）观察现场情况，事故有无扩展，分析人员伤亡、财产损失的情况，确定是否需要外界增援。

（3）在保证安全的前提下，抢救伤员，撤离财产；同时拨打施工现场的求助电话，不要错过最好的救助时机，使受伤人员能够得到及时有效的救助。

（4）依据事故的性质和事故的致因，选择相应的救助办法和救助设备进行救援。

2. 防洪度汛事故应急处理措施

（1）报警的同时，现场人员要采取相应的措施，在保障自身安全的前提下，及时抢救伤员，必须要按"先救命，后治伤，先重后轻，先急后缓"的原则进行，并保护现场。

（2）事故应急领导小组接到事故报警后，应立即启动，组织救援队员赶赴事故现场抢救伤员，即刻送往医院，同时应尽可能地撤离其他施工材料，若灾情不能控制，应拨打110报警电话请求警力支援。

（3）组织抢救被洪水围困的人员，抢救施工区受洪水淹没的设备和物资。

（4）救援物资全部启动，事故发生现场应设专人进行指挥，使紧急救援工作能够有条有序地进行。

3. 触电事故应急处理措施

（1）一旦发生触电事故，在场人员或相关人员立即用电话或手机向事故应急领导小组报警，并报告事故发生的详细地点、触电人数及伤亡程度等。

（2）事故报警的同时，现场人员要采取相应的措施，如拉断电闸、穿戴绝缘护具拉开电线等，对伤员及时进行抢救。

（3）事故应急领导小组接到事故报警后，应立即启动，组织救援队员赶赴事故现场抢救伤员，立即送往最近的医疗机构，或拨打120急救电话请求支援。

4. 火灾事故应急处理措施

（1）万一发生了火灾，不管是什么原因引起的，首先要想办法迅速切断火灾范围的电源。如发生电气火灾后，应使用盖土、盖沙或灭火器灭火。

（2）职工宿舍起火时如果有两人在场，可一人扑救一人报警；如果只有一个人，可一边报警一边向左邻右舍呼救。

（3）发现火苗要就地取材扑打。水是最方便的灭火器，但汽油、煤油、香胶水等比重比水小又不溶于水的液体引发的火灾以及电气火灾等不能用水扑救，可用干粉、黄沙、毛毯、棉被等覆盖火焰。个别物品着火，可将着火物移至室外进行灭火，无法搬动的可先隔离可燃物，然后灭火。

（4）家用电器着火，要先断电源，然后用湿毛毯、棉被覆盖灭火，如仍未熄火，再用水浇。电视机着火用毛毯、棉被灭火时，人要站在电视机后侧，以防显像管爆裂伤人。另外，救火时门窗不宜猛地打开，以免空气对流加速，火势蔓延加快和火苗突然蹿出伤人。

（5）梯道内应配置有灭火器，一旦发生火灾，便可将火扑灭在初起阶段。遇到油锅起火，首先一定要保持沉着冷静，迅速采取窒息法用锅盖或能遮住锅的大块湿布、湿麻袋，从人体处朝前倾斜着遮盖到起火的油锅上，使燃烧着的油锅接触不到空气因缺氧而熄灭。

（6）当在火场抢救被困员工时，要用毛巾把被救者的脸和头部盖住，以免穿过火区时被烧伤。如被救人员已烧伤，也可用毛巾将伤口盖住，以免烟雾粒子造成伤口感染。

（7）一旦发生火灾，事故现场人员不要慌乱，简单的方法是：处于被烟火包围之中，可采取俯身行走，弯腰贴近地面撤离，伏地爬行；用毛巾、手绢或衣物捂住口鼻，如有条件可用水将上述物品和全身浇湿，避免吸入烟气被呛晕倒，这样可减少烟毒危害。

（8）楼房底层着火，住上层的人自然只能从楼梯跑，面对着火的楼梯，可用湿毛毯、棉被等披在身上，屏住呼吸，从火中冲过去。一般人屏住呼吸在 $10\sim15s$ 内可跑 $25m$ 左右。如逃出后身体衣服着火，简单的办法是用水泼灭或就地打滚。

（9）楼梯已被大火封住，应立即跑到屋顶通过另一单元楼梯口出来，也可从阳台抱住排水管或利用竹竿下滑逃生。若这些逃生之路也被切断，应退回屋内，关闭通往燃烧房间的门窗，并向门窗上泼水，以延缓火势发展，同时打开未受烟火威胁的窗户抛一些醒目的或落地有声响的物品，向楼外发出求救信号。也可用绳或用撕开的被单连接起来，将其固定在物体上，沿绳向楼下逃至无火的楼层或地面。如果时间不允许，也可往地上抛一些棉被、沙发垫等软物，往下跳。

（10）发生中毒或窒息事故时应急措施如下。

1）抢救人员在进入危险区域前必须戴上防毒面具、自救器等防护用品，必要时也应给受难者戴上，迅速把受难者移到具有新鲜风流的地方，静卧保暖。

2）如果中毒者还没有停止呼吸或呼吸虽停止但心脏还在跳动，在清除中毒者口腔、鼻腔内的杂物使呼吸道保持畅通以后，立即进行人工呼吸。若心脏跳动也停止了，应迅速进行心脏外挤压，同时进行人工呼吸。

3）在救护中，急救人员一定要沉着，动作一定要迅速。在进行急救的同时，应通知医院派医生到现场进行诊治。

（11）如果现场除救护者之外，还有第二人在场，则应立即进行以下工作：①提供急救用的工具和设备；②劝退现场闲杂人员；③保持现场有足够的照明和保持空气流通；④向领导报告，并请医生前来抢救。

（12）与当地急救中心（联系电话：120）、消防等部门（联系电话：119）保持密切联系，一旦发生险情，及时与上述机构取得联系，请求得到他们的支持与帮助，把灾害带来的损失降到最小。

（13）启动应急预案，一旦发生火情，发现火情人员要及时通知现场负责人，并及时采取紧急措施，同时口头或书面报告救援办公室或救援领导小组，按领导小组指令组织事故救援。由现场最高领导启动紧急救援预案，根据现场实际情况，选择相应的应急对策。若需要救援时及时通知请求外援。

5. 交通事故应急处理措施

（1）发生事故，现场监理人员立即指挥其余人员紧急集合疏散到安全地段，并迅速将信息报监理部，由监理部及时向建设方项目部汇报。

（2）在场人员要迅速抢救受伤人员，在最短时间内将受伤人员送医院进行抢救，及时拨打110、119、120等相关部门请求援助，并保护好现场。

（3）做好有效的防范措施，做好事故善后处理。

2.8 合同管理

2.8.1 变更

（1）变更管理应符合下列规定。

1）变更的提出、变更指示、变更报价、变更确定和变更实施等过程应按施工合同约定的程序进行。

2）监理处可依据合同约定向承包人发出变更意向书，要求承包人就变更意向书中的内容提交变更实施方案（包括实施变更工作的计划、措施和完工时间）；审核承包人的变更实施方案，提出审核意见，并在发包人同意后发出变更指示。若承包人提出难以实施此项变更的原因和依据，监理处应与发包人、承包人协商后确定撤销、改变或不改变原变更意向书。

3）监理处收到承包人的变更建议后，应按下列内容进行审查：①变更的原因和必要性；②变更的依据、范围和内容；③变更可能对工程质量、价格及工期的影响；④变更的技术可行性及可能对后续施工产生的影响；⑤监理处若同意变更，应报发包人批准后，发出变更指示。

4）监理处应根据监理合同授权和施工合同约定，向承包人发出变更指示。变更指示应说明变更的目的、范围、内容、工程量、进度和技术要求等。

5）需要设代机构修改工程设计或确认施工方案变化的，监理处应提请发包人通知设代机构。

6）监理处审核承包人提交的变更报价时，应依据批准的变更项目实施方案，按下列原则审核后报发包人：①若施工合同工程量清单中有适用于变更工作内容的子目时，采用该子目的单价；②若施工合同工程量清单中无适用于变更工作内容的子目，但有类似子目的，可采用合理范围内参照类似子目单价编制的单价；③若施工合同工程量清单中无适用或类似子目的单价，可采用按照成本加利润原则编制的单价。

7）当发包人与承包人就变更价格和工期协商一致时，监理处应见证合同当事人签订变更项目确认单。当发包人与承包人就变更价格不能协商一致时，监理处应认真研究后审慎确定合适的暂定价格，通知合同当事人执行；当发包人与承包人就工期不能协商一致时，按合同约定处理。

8）承包人提出变更建议的情形一般有：①承包人认为收到的施工图纸和设计文件构成变更，但监理处未发出变更指示的；②承包人认为施工现场遇到了不可预见的自然物质条件、非自然的物质障碍和污染物，构成变更但监理处未发出变更指示的；③承包人的合理化建议被采纳并构成变更的。

9）监理处在变更审查中应与发包人和承包人充分沟通、协商。

（2）变更的范围和内容。

1）在履行合同过程中，监理处可根据工程的需要指示承包人进行以下各种类型的变更：①增加或减少合同中任何一项工作内容；②增加或减少合同中关键项目的工程量超过专用合同条款规定的百分比；③取消合同中任何一项工作（但被取消的工作不能转由发包人或其他承包人实施）；④改变合同中任何一项工作的标准或性质；⑤改变工程建筑物的形式、基线、标高、位置或尺寸；⑥改变合同中任何一项工程的完工日期或改变已批准的施工顺序；⑦追加为完成工程所需的任何额外工作；⑧没有监理处的指示，承包人不得擅自变更。

2）变更项目未引起工程施工组织和进度计划发生实质性变动和不影响其原定的价格时，不予调整该项目的单价。

（3）变更的处理原则。

1）变更需要延长工期时，应按第 2.5.5 节相关规定办理；若变更使合同工作量减少，监理处认为应予提前变更项目的工期时，由监理处和承包人协商确定。

2）变更需要调整合同价格时，按本节相关原则确定其单价或合价。

（4）变更指示。

1）监理处应在发包人授权范围内，按第 2.8.2 节相关规定及时向承包人发出变更指示。变更指示的内容应包括变更项目的详细变更内容、变更工程量、变更项目的施工技术要求和有关文件图纸以及监理处按本节相关规定指明的变更处理原则。

2）监理处在向承包人发出任何图纸和文件前，应仔细检查其中是否存在本节相关内容所述的变更。若存在变更，监理处应按本款的规定发出变更指示。

3）承包人收到监理处发出的图纸和文件后，经检查后认为其中存在本节所述的变更而监理处未按本款项规定发出变更指示，则应在收到上述图纸和文件后 14d 内或在开始执行前（以日期早者为准）通知监理处，并提供必要的依据。监理处应在收到承包人通知后 14d 内答复承包人。若同意变更，应按本款项规定补发变更指示；若不同意变更，亦应在上述期限内答复承包人。若监理处未在 14d 内答复承包人，则视为监理处已同意承包人提出的变更要求。

（5）变更的报价。

1）承包人收到监理处发出的变更指示后 28d 内，应向监理处提交一份变更报价书，其内容应包括承包人确认的变更处理原则和变更工程量及其变更项目的报价单。监理处认为必要时，可要求承包人提交重大变更项目的施工措施、进度计划和单价分析等。

2）承包人对监理处提出的变更处理原则持有异议时，可在收到变更指示后 7d 内通知监理处，监理处则应在收到通知后 7d 内答复承包人。

（6）变更决定。

1）监理处应在收到承包人变更报价书后 28d 内对变更报价书进行审核后作出变更决定，并通知承包人。

2）发包人和承包人未能就监理处的决定取得一致意见，则可暂定监理处认为合适的价格和需要调整的工期，并将其暂定的变更处理意见通知发包人和承包人，此时承包人应遵照执行。对已实施的变更，监理处可将其暂定的变更费用列入月进度付款中。但发包人和承包人均有权在收到监理处变更决定后 28d 内要求按 2.11.4 节相关规定提请争议调解组解决，若在此期限内双方均未提出上述要求，则监理处的变更决定即为最终决定。

3）在紧急情况下，监理人向承包人发出变更指示，可要求立即进行变更工作。承包人收到监理人的变更指示后，应先按指示执行，再按本节相关规定向监理处提交变更报价书，监理处则仍应按本节规定补发变更决定通知。

（7）变更影响本项目和其他项目的单价或合价。按本节相关内容进行的任何一项变更引起本合同工程或部分工程的施工组织和进度计划发生实质性变动，以致影响本项目和其他项目的单价或合价时，发包人和承包人均有权要求调整本项目和其他项目的单价或合价，监理处应与发包人和承包人协商确定。

（8）承包人原因引起的变更。

1）若承包人根据工程施工的需要，要求监理处对合同的任一项目和任一项工作作出变更，则应由承包人提交一份详细的变更申请报告报送监理处审批。未经监理处批准，承包人不得擅自变更。

2）承包人要求的变更属合理化建议时，应按相关的规定办理。

3）承包人违约或其他由于承包人原因引起的变更，其增加的费用和延误的工期由承包人承担。

（9）计日工。

1）监理处认为有必要时，可以通知承包人以计日工的方式，进行任何一项变更工作。其金额应按承包人在投标文件中提出，并经发包人确认后按列入合同文件的计日工项目及其单价进行计算。

2）采用计日工计量的任何一项变更工作，一般情况下应列入备用金中支付，承包人应在该项变更实施过程中，每天提交以下报表和有关凭证报送监理处审批：①项目名称、工作内容和工作数量；②投入该项目的所有人员姓名、工种、级别和耗用工时；③投入该项目的材料种类和数量；④投入该项目的设备型号、台数和耗用工时；⑤监理处要求提交的其他资料和凭证。

3）计日工项目由承包人按月汇总后按有关规定列入月进度付款申请单中，由监理处复核签证后按月支付给承包人，直至该项目全部完工为止。

（10）备用金。

1）备用金的定义。备用金指由发包人在《工程量清单》中专项列出的用于签订协议书时尚未确定或不可预见项目的备用金额。

2）备用金的使用。监理处可以指示承包人进行上述备用金项下的工作，并根据第 2.6.1 节规定的变更办理。

该项金额应按监理处的指示，并经发包人批准后才能动用。承包人仅有权得到由监理处决定列入备用金有关工作所需的费用和利润。监理处应与发包人协商后，将根据本款作出的决定通知承包人。

3）提供凭证。除了按合同文件中规定的单价或合价计算的项目外，承包人应提交监理处要求的属于备用金专项内开支的有关凭证。

（11）变更的程序。

1）工程变更的提出、审查、批准、实施等过程必须严格按施工合同约定的程序进行，同时必须执行各省（自治区、直辖市）相关规定。

2）施工过程中，参建各方均可提出工程变更。通常情况下，变更一般由承包人、发包人提出。

3）提出变更的单位应提交工程变更建议书，主要包括以下内容：变更的原因及依据、变更的内容及范围、变更引起的合同价的增减情况、变更引起的工期的提前或延长、相关附图及计算资料。

4）监理处应对变更建议书进行审查，与发包人、设计方、承包人进行协商。要谨慎签署意见，审查同意后的建议书应及时报发包人批准。

5）发包人批准后，应由原设计单位完成设计变更工作。

6）对设计变更文件及图纸进行审查后，监理处签发《变更指示》，承包人在合同约定的时间内进行变更报价，提交《变更项目价格申报表》，监理处对其报价进行审核，并署发《变更项目价格审核表》，报发包人和承包人，双方对监理处的审核价格认可后，监理处签发《变更项目价格/工期确认单》。

2.8.2 违约和索赔管理

（1）索赔管理应符合下列规定。

1）监理处应按施工合同约定受理承包人和发包人提出的合同索赔。

2）监理处在收到承包人的索赔意向通知后，应确定索赔的时效性，查验承包人的记录和证明材料，指示承包人提交持续性影响的实际情况说明和记录。

3）监理处在收到承包人的中期索赔申请报告或最终索赔申请报告后，应进行以下工作：①依据施工合同约定，对索赔的有效性进行审核；②对索赔支持性资料的真实性进行审查；③对索赔的计算依据、计算方法、计算结果及其合理性逐项进行审核；④对由施工合同双方共同责任造成的经济损失或工期延误，应通过协商，公平合理地确定双方分担的比例；⑤必要时要求承包人提供进一步的支持性资料。

4）监理处应在施工合同约定的时间内做出对索赔申请报告的处理决定，报送发包人并抄送承包人。若合同双方或其中任一方不接受监理处的处理决定，则按争议解决的有关约定进行。

5）在承包人提交了完工付款申请后，监理处不再接受承包人提出的在合同工程完工证书颁发前所发生的任何索赔事项；在承包人提交了最终结清申请后，监理处不再接受承包人提出的任何索赔事项。

6）发生合同约定的发包人索赔事件后，监理处应根据合同约定和发包人的书面要求及时通知承包人，说明发包人的索赔事项和依据，按合同要求商定或确定发包人从承包人处得到赔付的金额和（或）缺陷责任期的延长期。

（2）违约管理应符合下列规定。

1）对于承包人违约，监理处应依据施工合同约定进行下列工作：①在及时进行查证和认定事实的基础上，对违约事件的后果做出判断；②及时向承包人发出书面警告，限其在收到书面警告后的规定时限内予以弥补和纠正；③承包人在收到书面警告的规定时限内仍不采取有效措施纠正其违约行为或继续违约，严重影响工程质量、进度，甚至危及工程安全时，监理处应限令其停工整改，并要求承包人在规定时限内提交整改报告；④在承包人继续严重违约时，监理处应及时向发包人报告，说明承包人违约情况及其可能造成的影响；⑤当发包人向承包人发出解除合同通知后，监理处应协助发包人按照合同约定处理解除施工合同后的有关合同事宜。

2）对于发包人违约，监理处应根据施工合同约定进行下列工作：①由于发包人违约，致使工程施工无法正常进行，监理处在收到承包人书面要求后，应及时报发包人，促使工程尽快恢复施工；②在发包人收到承包人提出解除施工合同的要求后，监理处应协助发包人尽快进行调查、澄清和认定等工作。若合同解除，监理处应按有关规定和施工合同约定处理解除施工合同后的有关事宜。

（3）监理处要督促合同双方履行合同义务，及时提请双方避免违约。对于已发生的违约事件，监理处要依据施工合同，对违约的责任和后果做出判断，并及时采取有效措施（要求纠正、整改等），避免不良后果的扩大。

（4）索赔处理监理工作程序。索赔处理监理工作程序见图2.8。

2.8.3　承包人违约

（1）在履行合同过程中，承包人发生下述行为之一者属承包人违约。

1）承包人无正当理由未按开工通知的要求及时进点组织施工和未按签订协议书时商定的进度计划有效地开展施工准备，造成工期延误。

2）承包人违反转让与分包的有关规定私自将合同或合同的任何部分或任何权利转让给其他人，或私自将工程或工程的一部分分包出去。

3）未经监理处批准，承包人私自将已按合同规定进入工地的工程设备、施工设备、临时工程或材料撤离工地。

4）承包人违反有关规定使用了不合格的材料和工程设备，并拒绝按监理处的指示处理不合格的工程、材料和工程设备。

5）由于承包人原因拒绝按合同进度计划及时完成合同规定的工程，而又未按监理处的指示与有关规定采取有效措施赶上进度，造成工期延误。

6）承包人在保修期内拒绝按第2.13.2节相关规定和工程移交证书中所列的缺陷清单内容进行修复，或经监理处检验认为修复质量不合格而承包人拒绝再进行修补。

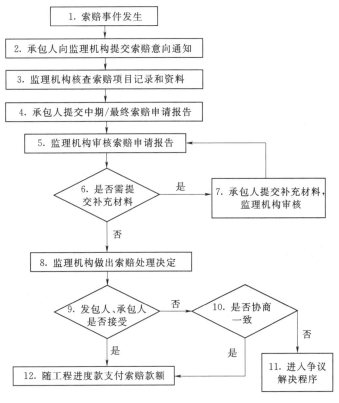

图 2.8 索赔处理监理工作程序图

7）承包人否认合同有效或拒绝履行合同规定的承包人义务，或由于法律、财务等原因导致承包人无法继续履行或实质上已停止履行本合同的义务。

（2）对承包人违约发出警告。承包人发生第 2.6.2 节第（2）款的违约行为时，监理处应及时向承包人发出书面警告，限令其在收到书面警告后的 28d 内予以改正。承包人应立即采取有效措施认真改正，并尽可能挽回由于违约造成的延误和损失。由于承包人采取改正措施所增加的费用，应由承包人承担。

（3）责令承包人停工整改。承包人在收到书面警告后的 28d 内仍不采取有效措施改正其违约行为，继续延误工期或严重影响工程质量，甚至危及工程安全，监理处可暂停支付工程价款，并按有关规定暂停其工程或部分工程施工，责令其停工整改，并限令承包人在 14d 内提交整改报告报送监理处。由此增加的费用和工期延误责任由承包人承担。

（4）承包人违约解除合同。监理处发出停工整改通知 28d 后，承包人继续无视监理处的指示，仍不提交整改报告，亦不采取整改措施，则发包人可通知承包人解除合同。发包人发出通知 14d 后派员进驻工地直接监管工程，使用承包人设备、临时工程和材料，另行组织人员或委托其他承包人施工，但发包人的这一行动不免除承包人按合同规定应负的责任。

（5）解除合同后的估价。因承包人违约解除合同后，监理处应尽快通过调查取证并与发包人和承包人协商后确定并证明：①在解除合同时，承包人根据合同实际完成的工作已经得到或应得到的金额；②未用或已经部分使用的材料、承包人设备和临时工程等的估算金额。

（6）解除合同后的付款。

1）若因承包人违约解除合同，则发包人应暂停对承包人的一切付款，并应在解除合同后发包人认为合适的时间，委托监理处查清以下付款金额，并出具付款证书报送发包人审批后支付：①承包人按合同规定已完成的各项工作应得的金额和其他应得的金额；②承包人已获得发包人的各项付款金额；③承包人按合同规定应支付的逾期完工违约金和其他应付金额；④由于解除合同，承包人应合理赔偿发包人损失的金额。

2）监理处出具上述付款证书前，发包人可不再向承包人支付合同规定的任何金额。此后，依据实际情况进行计算，承包人有权得到应得金额的余额；若金额超过时，则承包人应将超出部分付还给发包人。

（7）协议利益的转让。若因承包人违约解除合同，则发包人为保证工程延续施工，有权要求承包人将其为实施本合同而签订的任何材料和设备的提供或任何服务的协议和利益转让给发包人，并在解除合同后的 14d 内，通过法律程序办理这种转让。

（8）紧急情况下无能力或不愿进行抢救。在工程实施期间或保修期内发生危及工程安全的事件，当监理处通知承包人进行抢救时，承包人声明无能力执行或不愿立即执行，则发包人有权雇用其他人员进行该项工作。若此类工作按合同规定应由承包人负责，由此引起的费用应由监理处在发包人支付给承包人的金额中扣除，监理处应与发包人协商后将作出的决定通知承包人。

（9）当承包人违约，发包人要求保证人履行担保义务时，监理处应协助发包人按要求及时向保证人提供全面、准确的书面文件和证明资料。

2.8.4　发包人违约

（1）在履行合同过程中，发包人发生下述行为之一者属发包人违约。

1）发包人未能按合同规定的内容和时间提供施工用地、测量基准和应由发包人负责的部分准备工程等承包人施工所需的条件。

2）发包人未能按合同规定的期限向承包人提供应由发包人负责的施工图纸。

3）发包人未能按合同规定的时间支付各项预付款或合同价款，或拖延、拒绝批准付款申请和支付凭证，导致付款延误。

4）由于法律、财务等原因导致发包人已无法继续履行或实质上已停止履行本合同的义务。

（2）承包人有权暂停施工。

1）若发生第 2.8.4 节第（1）款 1）、2）项的违约时，承包人应及时向发包人和监理处发出通知，要求发包人采取有效措施限期提供上述条件和图纸，并有权要求延长工期和补偿额外费用。监理处收到承包人通知后，应立即与发包人和承包人共同协商补救办法。由此增加的费用和工期延误责任，由发包人承担。

发包人收到承包人通知后的 28d 内仍未采取措施改正，则承包人有权暂停施工，并通知发包人和监理处。由此增加的费用和工期延误责任，由发包人承担。

2）若发生第 2.8.4 节第（1）款 3）项的违约时，发包人应按有关规定加付逾期付款违约金，逾期 28d 仍不支付，则承包人有权暂停施工，并通知发包人和监理处。由此增加的费用和工期延误责任，由发包人承担。

（3）发包人违约解除合同。若发生第 2.8.4 节第（1）款 3）、4）项的违约时，承包人已按第 2.6.4 节第（2）款的规定发出通知，并采取了暂停施工的行动后，发包人仍不采取有效措施纠正其违约行为，承包人有权向发包人提出解除合同的要求，并抄送监理处。发包人在收到承包人书面要求后的 28d 内仍不答复承包人，则承包人有权立即采取行动解除合同。

（4）解除合同后的付款。若因发包人违约解除合同，则发包人应在解除合同后 28d 内向承包人支付合同解除日以前所完成工程的价款和以下费用（应减去已支付给承包人的金额）。

1）即将支付承包人的，或承包人依法应予接收的为该工程合理订购的材料、工程设备和其他物品的费用。发包人一经支付此项费用，该材料、工程设备和其他物品即成为发包人的财产。

2）已合理开支的、确属承包人为完成工程所发生的而发包人未支付的费用。

3）承包人设备运回承包人基地或合同另行规定的地点的合理费用。

4）承包人雇用的所有从事工程施工或与工程有关的职员和工人在合同解除后的遣返费和其他合理费用。

5）由于解除合同应合理补偿承包人损失的费用和利润。

6）在合同解除日前按合同规定应支付给承包人的其他费用。

发包人除应按本款规定支付上述费用和退还履约担保证件外，亦有权要求承包人偿还未扣完的全部预付款余额以及按合同规定应由发包人向承包人收回的其他金额。本款规定的任何应付金额应由监理处与发包人和承包人协商后确定，监理处应将确定的结果通知承包人。

2.8.5　索赔

（1）索赔的提出。承包人有权根据本合同任何条款及其他有关规定，向发包人索取追加付款，但应在索赔事件发生后的 28d 内，将索赔意向书提交发包人和监理处。在上述意向书发出后的 28d 内，再向监理处提交索赔申请报告，详细说明索赔理由和索赔费用的计算依据，并应附必要的当时记录和证明材料。如果索赔事件继续发展或继续产生影响，承包人应按监理处要求的合理时间间隔列出索赔累计金额和提出中期索赔申请报告，并在索赔事件影响结束后的 28d 内，向发包人和监理处提交包括最终索赔金额、延续记录、证明材料在内的最终索赔申请报告。

（2）承包人提交的索赔申请报告包含以下内容。

1）索赔名称。

2）索赔事件的简述及索赔要求（发生索赔事件的起因、时间、经过、索赔意向书提交的时间以及承包人为减轻损失所采取的措施、索赔金额、索赔工期等）。

3）索赔依据（合同约定、法律法规规定的）。

4）索赔计算（计算依据、计算方法、取费标准、计算过程等详细说明）。

5）索赔证明材料（记录、指示、签证、确认等相关文件；支持索赔计量的票据、凭证以及其他证据和说明）。

6）其他按施工合同文件约定或监理处要求应提交的，或承包人认为应报送的文件和资料。

（3）索赔的处理。

1）监理处收到承包人提交的索赔意向书后，应及时核查承包人的当时记录，并可指示承包人提供进一步的支持文件和继续做好延续记录以备核查，监理处可要求承包人提交全部记录的副本。

2）监理处收到承包人提交的索赔申请报告和最终索赔申请报告后的 42d 内，应立即进行审核，并与发包人和承包人充分协商后作出决定，在上述期限内将索赔处理决定通知承包人。

3）发包人和承包人应在收到监理处的索赔处理决定后 14d 内，将其是否同意索赔处理决定的意见通知监理处。若双方均接受监理处的决定，则监理处应在收到上述通知后的 14d 内，将确定的索赔金额列入工程进度付款、完工结算与最终结清的付款证书中支付；若双方或其中任一方不接受监理处的决定，则双方均可按第 2.11.4 节相关规定提请争议调解组解决。

4）若承包人不遵守本条各项索赔规定，则应得到的付款不能超过监理处核实后决定的或争议调解组按第 2.11.4 节相关规定提出的或由仲裁机构裁定的金额。

（4）提出索赔的期限。

1）承包人按规定提交了完工付款申请单后，应认为已无权再提出在本合同工程移交证书颁发前所发生的任何索赔。

2）承包人按规定提交的最终付款申请单中，只限于提出本合同工程移交证书颁发后发生的索赔。提出索赔的终止期限是提交最终付款申请单的时间。

2.8.6 工程担保与保险的审核与查验

（1）工程担保。

1）监理处应根据施工合同约定，督促承包人办理各类担保，并审核承包人提交的担保证件。

2）在签发预付款付款证书前，监理处应依据有关法律、法规及施工合同的约定，审核预付款担保的有效性。

3）监理处应定期向业主报告预付款扣回的情况。当预付款已全部扣回时，应督促业主在约定的时间内退还预付款保函。

4）在施工过程中和保修期，监理处应督促承包人全面履行施工合同约定的义务。当承包人违约，业主要求保证人履行担保义务时，监理处应协助业主按要求及时向保证人提供全面、准确的书面文件和证明资料。

5）监理处在签发保修责任终止证书后，应督促业主在施工合同约定的时间内退还履约担保证件。

（2）工程保险。

1）监理处应督促承包人按施工合同约定的险种办理应由承包人投保的保险，并要求承包人在向业主提交各项保险单副本的同时抄报监理处。

2）监理处应按施工合同约定对承包人投保的保险种类、保险额度、保险有效期等进行检查。

3）当监理处确认承包人未按施工合同约定办理保险时，应采取下列措施：①指示承包人尽快补办保险手续；②当承包人拒绝办理保险时，应协助业主代为办理保险，并从应支付给承包人的金额中扣除相应投保费用。

4）当承包人已按施工合同约定办理了保险，其为履行合同义务所遭受的损失不能从承保人处获得足额赔偿时，监理处在接到承包人申请后，应依据施工合同约定界定风险与责任，确认责任者或合理划分合同双方分担保险赔偿不足部分费用的比例。

2.8.7 工程分包、文物保护监理工作

（1）工程分包管理应符合下列规定。

1）监理处在施工合同约定或有关规定允许分包的工程项目范围内，对承包人的分包申请进行审核，并报发包人批准。

2）只有在分包项目最终获得发包人批准，承包人与分包人签订了分包合同并报监理处备案后，监理处方可允许分包人进场。

3）分包管理应包括下列工作内容：①监理处应监督承包人对分包人和分包工程项目的管理，并监督现场工作，但不受理分包合同争议；②分包工程项目的施工技术方案、开工申请、工程质量报验、变更和合同支付等，应通过承包人向监理处申报；③分包工程只有在承包人自检合格后，方可由承包人向监理处提交验收申请报告。

（2）监理处分包审核包括以下内容。

1）申请分包项目（或工作内容）、分包工程量及分包金额。

2）分包人的名称、资质等级、经营范围。

3）分包人拟用于本工程的技术力量及施工设备情况。

4）分包人过去曾担任过的与本分包工程相同或类似工程项目的情况。

5）分包人拟向分包项目派出的负责人、主要技术人员和管理人员基本情况。

6）其他必要的内容和资料。

（3）化石和文物保护监理工作应符合下列规定。

1）一旦在施工现场发现化石、钱币、有价值的物品或文物、古建筑结构以及有地质或考古价值的其他遗物，监理处应立即指示承包人按有关文物管理规定采取有效保护措施，防止任何人移动或损害上述物品，并立即通知发包人。必要时，可实施暂停施工。

2）监理处应受理承包人由于对文物采取保护措施而发生的费用和工期延误的索赔申请，提出意见后报发包人。

2.8.8 清场与撤离

（1）完工清场。监理处应依据有关规定或施工合同约定，在合同工程完工证书颁发前或在缺陷责任期满前，监督承包人完成施工场地的清理和环境恢复工作。施工场地清理的内容主要有：

1）工地范围内残留的垃圾已全部处理或清除出场，处理或清除需符合有关规定。

2）临时工程已按施工合同的约定拆除，场地已按合同要求清理和平整。

3）承包人的设备和材料已撤离，废弃的设备和材料已清除。

4）施工区内的永久道路和永久建筑物周围（包括边坡）的排水系统均已进行了疏通和修整。

5）主体工程建筑物附近及其上、下游河道内的施工堆积物已清理。

（2）承包人撤离。监理处应在合同工程完工证书颁发后的约定时间内，检查承包人在缺陷责任期内为完成尾工和修复缺陷应留在现场的人员、材料和施工设备情况，其余的人员、材料和施工设备均应按批准的计划退场，并应按合同技术条款的规定清理和平整临时征用的施工用地，做好环境恢复工作。

2.9 信息管理

2.9.1 监理信息的特点

（1）信息来源的广泛性。监理信息来自发包人、承包人、设计人、其他参建单位以及参建单位内部的各个部门；来自项目可行性研究、设计、招标、投标、实施等各个阶段的各个单位乃至各个专业；来自质量控制、投资控制、进度控制、安全（文明）控制、合同管理等各个方面。如果信息收集不完整、不准确、不及时，必然会影响到监理工程师判断和决策的正确性、及时性。

（2）信息量大。由于信息工程规模大、牵涉面广、协作关系复杂，使得网络监理工作涉及大量的信息。监理工程师不仅要了解国家及地方有关的政策、法规、技术标准、规程规范，而且还要掌控信息工程建设各个方面的信息。既要掌控计划的信息，又要掌控实际进度的信息，还要对两者进行对比分析。

（3）动态性强。工程建设过程中的监理实践是一个动态的过程，因此，信息工程建设的过程也是一个动态的过程，这就需要及时的收集和处理信息。

（4）有一定的范围和层次。业主委托的范围不相同，监理信息的范围也不相同。监理信息不全等于信息工程实施的信息。信息工程实施过程中，会产生非常多信息，只有那些和监理工作有关的信息才是监理信息。

（5）信息的系统性。监理信息是在一定的时间和空间范围内形成的，和监理活动密切相关。而且，监理信息的收集、加工、传递及反馈是个连续的闭合环路，具有明显的系统性。

2.9.2 信息管理的原则

（1）广泛收集信息。

1）信息主要来源。工程建设监理信息来自工程业主、设计单位、施工承包人、材料供应单位及监理组织内部各个部门以及其他有关单位和部门；来自可行性研究、设计、施工招标、施工投标、施工及保修等各个阶段中的各个环节；来自各个专业；来自质量控制、投资控制、进度控制、安全（文明）控制、合同管理等各个方面。所有这些信息都应被完整地搜集和处理。

2）信息表现形式。工程监理信息可以文字、报表、图表、图像、图纸和声音等多种形式表现，借助于计算机多媒体技术的发展，这些信息都可以很好地被管理。

3）信息的及时性与准确性。除了提供完善的信息，还必须保证信息的准确性和及时性。要做到这一点，必须对搜集到的所有信息进行及时检查和加工，排除垃圾数据，改正不准确的数据，然后纳入信息管理系统。

（2）信息系统管理。工程建设监理信息是在一定时空内形成的，与工程建设监理活动密切相关，而且，工程建设监理信息的搜集、加工、传递及反馈是一个连续的闭合环路，具有明显的系统性。进行系统管理，要做到以下几点。

1）明确工程建设监理信息流程。工程建设监理信息流程反映了工程项目建设过程中参与单位、部门之间的关系。为了保证工程建设监理工作的顺利进行，监理工程师应首先明确工程建设监理信息流程，使监理信息在工程建设监理组织机构内部上下级之间及监理内部组织与外部环境之间的流动畅通无阻。

2）建立工程建设监理信息编码系统。建立信息编码系统，为各项信息提供概念清楚的唯一编码，将便于数据存储、加工和检索，还可以提高数据处理的效率和精度。

3）工程建设监理信息的搜集。在工程建设的每一个阶段，都要进行大量的工作，这些工作将会产生大量的信息，而在这些信息中包含着丰富的内容，它们将是监理工程师实施监理、提供咨询的重要依据，因此，监理工程师应充分了解和掌握这些内容。工程建设监理信息的搜集，是一项非常重要的基础工作。工程建设信息管理工作的质量好坏，在很大程度上取决于原始资料的全面性和可靠性，因此，要建立一套完善的信息采集制度搜集工程建设监理的各类原始资料。搜集的信息包括工程建设的前期工作阶段、设计阶段、施工招标阶段、施工投标阶段、施工阶段、保修阶段等各方面的信息。

4）工程建设监理信息的加工整理和存储。监理工程师为了有效地控制工程建设的投资、进度、质量和安全（文明）目标，提高工程建设的投资效益，应在全面、系统搜集监理信息的基础上，加工整理搜集来的信息资料，包括工程进展情况、工程质量情况与问题、工程结算情况、施工索赔情况等，从而为监理工程师的正确决策提供可靠的依据。经搜集和整理后的大量信息资料，将存档以备使用。

5）工程建设监理信息的检索和传递。无论是存储在档案库还是存储在计算机中的信息资料，为了查找方便，将拟定一套科学的查找方法和手段，做好分类编目工作。信息的传递是工程建设各参与单位、部门之间交流、交换建设监理信息的过程。信息通过传递，才能形成信息流。信息流渠道必须畅通无阻，只有这样才能保证监理工程师及时得到完整、准确的信息，从而为监理工程师的科学决策提供可靠依据。

6）工程建设监理信息的使用。经过加工处理的信息，将以各种形式提供给各类监理人员，如报表、文字、图形、图像、声音等。

2.9.3　信息管理的内容

（1）在工程开工前，完成合同工程项目编码的划分和编码系统的编制。

（2）根据工程建设监理合同文件规定，建立信息文件目录，完善工程信息、文件的传递流程及各项信息管理制度。

（3）建立监理信息文件的编码方式。

（4）建立或完善信息存储、检索、统计分析等计算机管理系统。

（5）采集、整理工程施工中关于工程质量、施工安全、施工环境保护以及随工程施工进展进行的合同支付、质量认证和合同商务过程信息，并向业主反馈。

（6）督促承包人按工程承建合同文件规定和监理处要求，及时编制并向监理处报送工程报表和工程信息文件。

（7）监理处应按质量监理合同文件规定和业主要求及时、全面、准确地做好监理记录，并定期进行编制和反馈。

（8）合同工程施工和建设监理服务期间的所有往来文件。

（9）工程信息文件和工程报表的编发。

（10）工程监理信息包括文字、报表、图像、声音等多种形式，借助于计算机多媒体技术的发展，建立工程信息网和电子文档系统。

2.9.4 信息管理的制度

（1）信息的采集。

1）业主或上级主管单位的文件、工程前期文件、工程实施要求、工程图纸等，由总监理工程师收集。

2）承包人有关工程实施的文件、计划、报告，会议记录、通报，总结、管理制度、工程活动等，由信息员收集。

3）各施工、安装单位的有关工程进度、质量验评、费用变动、施工方案、工程变更、安全文明、设备人力等，由专业监理工程师收集。

4）各厂家的文件、图纸、说明书资料、设备监造、缺陷情况等，由专业监理工程师收集。

5）有关设计变更资料，由专业监理工程师收集。

6）各类监理工作文件，由监理工程师提供。

7）监理合同、监理规划、监理细则、操作文件、发出文函、分析报表、监理大事记、监理日志等，由信息员收集。

（2）信息的传递。

1）静态信息由总监理工程师、总工程师、总经理批阅后由信息员传递后收回，进行归档。

2）动态信息由总监理工程师、总工程师、总经理、专业监理工程师批阅后，提出意见、办法。实行闭环管理，即什么事、怎么处理、处理结果、证实文件等由信息员跟踪封闭。

3）信息利用。信息是管理的核心，是沟通内外的中枢，必须进行加工处理后以便提供监理工程师有效利用。

4）文档资料管理。监理处制定有《项目监理处文件资料管理规定》；对其文件的分类、批阅、标识进行传递、登记、查询、整编、入网等。

（3）信息管理方法。

1）做好现场监理记录、做好信息反馈。

2）监理文件必须为书面文件，应实事求是、表述明确、数据准确、用语规范、简明扼要，以有关承建合同与技术规范、规程及标准为依据。

3）编制《监理月报》，重点突出、语言简练地真实反映工程现状和监理情况，同时编制有关质量、进度、投资、安全（文明）等方面的专题报告。

4）准确、及时、不间断地记好《监理日志》，并加以妥善保管，不得涂抹、缺页、损坏、遗失。

5）做好文、录、表、单的日常管理。收集、整理、保管设计及施工等工程技术档案资料、图片，使之在施工期内任何合理时间内可以查阅。

6）定期提交有关的工程照片、资料和音像制品，由业主统一归档。

7）及时整理资料，使之真实、完整，且分类有序。

（4）信息管理的资源保障。

1）确定专职人员管理信息资料。

2）采用计算机进行信息管理。

3）信息资料由项目总监理工程师负责。

2.9.5　监理信息的管理

（1）监理资料的内容。根据水利部《水利工程建设项目档案管理规定》（水办〔2005〕480 号）、《水利工程施工监理规范》（SL 288—2014）、《水利水电建设工程验收规程》（SL 223—2008），施工监理实施过程中的监理资料主要包括下列内容。

1）监理合同、监理规划、监理实施细则。

2）开工、停工、复工相关文件资料。主要包括合同开工通知、合同工程开工批复、分部工程开工批复、暂停施工指示、复工通知等。

3）监理处通知相关文件资料。主要包括监理通知、工程现场书面通知、警告通知、整改通知等。

4）监理处审核、审批、核查、确认等相关文件资料。

5）监理处检查、检验、检测等相关记录文件资料。主要包括旁站监理记录、监理巡视记录、监理平行检测记录、监理跟踪检测记录、安全检查记录、《监理日记》《监理日志》等。

6）施工质量缺陷备案资料。

7）计量和支付相关文件资料。主要包括工程进度付款证书、合同解除付款核查报告、完工付款/最终结清证书等。

8）变更和索赔相关文件资料。主要包括变更指示、变更项目价格审核、变更项目价格/工期确认、索赔审核、索赔确认等。

9）会议记录资料。包括会议纪要、会议记录等。

10）监理报告。主要包括《监理月报》《监理专题报告》《监理工作报告》。

11）影像资料。

12）监理收、发文记录。

13）其他有关的重要来往文件。

（2）监理处建立的监理信息管理体系应包括下列内容。

1）配置信息管理人员并制定相应岗位职责。

2）制定包括文档资料收集、分类、保管、保密、查阅、复制、整编、移交、验收和归档等的制度。

3）制定包括文件资料签收、送阅程序，制定文件起草、打印、校核、签发等管理程序。

4）文件、报表格式应符合下列规定：①常用报告、报表格式宜采用附录 E 所列的和国务院水行政主管部门印发的其他标准格式；②文件格式应遵守国家及有关部门发布的公文管理格式，如文号、签发、标题、关键词、主送与抄送、密级、日期、纸型、版式、字体、份数等。

5）建立信息目录分类清单、信息编码体系，确定监理信息资料内部分类归档方案。

6）建立计算机辅助信息管理系统。

（3）监理文件应符合下列规定。

1）应按规定程序起草、打印、校核、签发。

2）应表述明确、数字准确、简明扼要、用语规范、引用依据恰当。

3）应按规定格式编写，紧急文件宜注明"急件"字样，有保密要求的文件应注明密级。

（4）通知与联络应符合下列规定。

1）监理处发出的书面文件，应由总监理工程师或其授权的监理工程师签名、加盖本人执业印章，并加盖监理机构章。

2）监理处与发包人和承包人以及与其他人的联络应以书面文件为准。在紧急情况下，监理工程师或监理员现场签发的工程现场书面通知可不加盖监理机构章，作为临时书面指示，承包人应遵照执行，但事后监理处应及时以书面文件确认；若监理处未及时发出书面文件确认，承包人应在收到上述临时书面指示后 24h 内向监理处发出书面确认函，监理处应予以答复。监理处在收到承包人的书面确认函后 24h 内未予以答复的，该临时书面指示视为监理处的正式指示。

3）监理处应及时填写发文记录，根据文件类别和规定的发送程序，送达对方指定联系人，并由收件方指定联系人签收。

4）监理处对所有来往书面文件均应按施工合同约定的期限及时发出和答复，不得扣压或拖延，也不得拒收。

5）监理处收到发包人和承包人的书面文件，均应按规定程序办理签收、送阅、收回和归档等手续。

6）在监理合同约定期限内，发包人应就监理处书面提交并要求其做出决定的事宜予以书面答复；超过期限，监理处未收到发包人的书面答复，则视为发包人同意。

7）对于承包人提出要求确认的事宜，监理处应在合同约定时间内做出书面答复，逾期未答复，则视为监理处已经确认。

（5）书面文件的传递应符合下列规定。

1）除施工合同另有约定外，书面文件应按下列程序传递：①承包人向发包人报送的书面文件均应报送监理处，经监理处审核后转报发包人；②发包人关于工程施工中与承包人有关事宜的决定，均应通过监理处通知承包人。

2）所有来往的书面文件，除纸质文件外还宜同时发送电子文档。当电子文档与纸质文件内容不一致时，应以纸质文件为准。

3）不符合书面文件报送程序规定的文件，均视为无效文件。

（6）监理日志、报告与会议纪要应符合下列规定。

1）现场监理人员应及时、准确完成《监理日记》。由监理处指定专人按照规定格式与内容填写《监理日志》并及时归档。

2）监理处应在每月的固定时间，向发包人、监理单位报送《监理月报》。

3）监理处可根据工程进展情况和现场施工情况，向发包人报送《监理专题报告》。

4）监理处应按照有关规定，在工程验收前，提交工程建设《监理工作报告》，并提供监理备查资料。

5）监理处应安排专人负责各类监理会议的记录和纪要编写。会议纪要应经与会各方签字确认后实施，也可由监理处依据会议决定另行发文实施。

（7）档案资料管理应符合下列规定。

1）监理处应要求承包人安排专人负责工程档案资料的管理工作，监督承包人按照有关规定和施工合同约定进行档案资料的预立卷和归档。

2）监理处对承包人提交的归档材料应进行审核，并向发包人提交对工程档案内容与整编质量情况审核的专题报告。

3）监理处应按有关规定及监理合同约定，安排专人负责监理档案资料的管理工作。凡要求立卷归档的资料，应按照规定及时预立卷和归档，妥善保管。

4）在监理服务期满后，监理处应对要求归档的监理档案资料逐项清点、整编、登记造册，移交发包人。

2.9.6　信息编码

（1）编码原则。①唯一确定性；②可扩充性和稳定性；③标准化与通用性；④逻辑性与直观性；⑤精炼性。

（2）编码方法。监理处将文件资料分为行政管理性、法规性文件，工程项目文件，质量、工期、投资、安全（文明）控制文件，工程验收文件等，并且根据文件资料的分类建立相关的信息编码系统。其中，承包人用表以"CB××"表示，形成资料的编号为"CB［　］××号"（××为表格名称的简称）；监理处用表以"JL××"表示，形成资料的编号为"JL［　］××号"（××为表格名称的简称）。

信息目录见表 2.11；承包人用表及填表说明见表 2.12；监理机构用表及填表说明见表 2.13。

表 2.11　　　　　　　　　　　　信 息 目 录 表

序号	类　　型	周期	提供者	接受者		
				A	B	C
1	工程建设批文	开工前 20d	A		★	
2	设计文件	开工前 20d	A		★	
3	施工招、投标文件	开工前 20d	A		★	
4	施工承包合同	开工前 20d	A		★	
5	开工报审资料	开工前 20d	C	☆	★	
6	施工进度计划	每月	C	☆	★	
7	材料、设备供应计划	每月	C	☆	★	
8	进度付款签证	每月	C	☆	★	
9	监理月报	每月	B	★	☆	
10	关于工程优化设计、工程变更的建议	不定期	B	★	☆	
11	投资情况分析预测及资金、资源的合理配置和投入的建议	不定期	B	★		
12	工程进度预测分析报告	不定期	B	☆	★	
13	监理日记及大事记	不定期	B	☆	★	
14	施工计划批复文件	不定期	B	☆	★	
15	施工措施批复文件	不定期	B	☆	★	
16	施工进度调整批复文件	不定期	B	☆	★	
17	原材料质量检验文件	不定期	B	☆	★	
18	成品、半成品质量检验文件	不定期	B	☆	★	
19	进度款支付确认文件	不定期	B	☆	★	
20	索赔受理、调查及处理文件	不定期	B	☆	★	
21	监理协调会议纪要文件	不定期	B	☆	★	
22	其他监理业务往来文件（包括监理备忘录、监理通知单、停工令、复工批准文件等）	不定期	B	☆	★	
23	工程专题报告等	不定期	B	★	☆	
24	其他	不定期	有关方			

注　符号说明：★—主送；☆—抄送（报）；A—业主；B—监理工程师；C—施工承包人。

表 2.12 承包人用表及填表说明

序号	表 格 名 称	表格类型	填 表 说 明
1	施工技术方案申报表	CB01	开工前，承包人向监理处报审施工组织设计、施工措施计划、工程测量检测计划和方案、施工工法、工程放样计划以及专向试验计划和方案等开工报审资料时填写此表。监理处收到此表后只签收，通过审查后用《批复表》予以批复
2	施工进度计划申报表	CB02	开工前，或在施工过程中报审年、月进度计划用表。监理处收到此表后只签收，通过审查后用《批复表》予以批复
3	施工用图计划申报表	CB03	开工前报审用表，监理处收到此表后只签收，通过审查后用《批复表》予以批复
4	资金流计划申报表	CB04	
5	施工分包申报表	CB05	
6	现场组织机构及主要人员报审表	CB06	开工前报审用表，监理处收到此表后进行审查，并签署审核意见
7	原材料/中间产品进场报验单	CB07	
8	施工设备进场报验单	CB08	
9	工程预付款申报单	CB09	投资控制用表，监理处收到此表后只签收，通过审查后用《工程预付款付款证书》予以批复
10	材料预付款报审表	CB10	投资控制用表，监理处收到此表后只签收，根据合同约定进行审查后予以审批
11	施工放样报验单	CB11	施工单位进行水准点复核或控制网布设或实地放样等工作的报审，监理处收到此表后进行复核或核验，并签署核验意见
12	联合测量通知单	CB12	开工前或施工后的工程计量测量，监理处收到此表后直接签署意见
13	施工测量成果报验单	CB13	上述测量工作完成后向监理处报审测量成果，监理工程师根据联合测量情况或复测情况或对附件进行核验后直接签署核验意见
14	合同工程开工申请表	CB14	在以上工作报审工作结束并经监理工程师审查合格后，承包人填写此表，并提交开工报告。监理处收到此表后，对开工报告及以上开工条件进行审查合格后，由总监理工程师签发《合同工程开工批复》
15	分部工程开工申请表	CB15	每个分部工程开工前，在此表中所列的 8 项工作准备结束后，承包人均应填写此表向监理处报审，监理处收到此表后进行签收，经监理工程师对表中 10 项工作及附件表中要求审查合格后由总监理工程师签发《分部工程开工批复》
	（1）施工安全交底记录	CB15 附件 1	
	（2）施工技术交底记录	CB15 附件 2	
16	工程设备采购计划报审表	CB16	在施工过程中，承包人根据合同约定和工程需要购买工程设备如启闭机、发电机等工程永久设备前应填写此表向监理处报审，监理处收到此表后进行签收。总监理工程师安排监理工程师通过对质量文件审核或到厂家考察后使用《批复表》进行批复
17	混凝土浇筑开仓报审表	CB17	在每仓混凝土开仓浇筑前，承包人通过对表中所列的 10 项内容自检合格后，填写此表后连同自检资料一起向监理处报审。监理工程师收到此表后，到场进行检验，合格后签署意见
18	＿工序/单元工程施工质量报验单	CB18	每个单元工程施工完成，承包人自检合格，填写此表，连同单元工程质量评定表一起报送监理处。监理处收到此表后，结合监理处旁站或抽检记录及时对单元工程质量等级进行核定，并在此表中填写核验意见。监理工程师未在此表中签署合格意见的，承包人不得进入下个单元工程施工

续表

序号	表 格 名 称	表格类型	填 表 说 明
19	施工质量缺陷处理方案报审表	CB19	承包人在收到监理处签发的《警告通知》《整改通知》或自查发现工程质量缺陷后，应立即填写此表向监理处报送。监理处收到此表后派员进行复查，并根据复查情况签署意见
20	施工质量缺陷处理措施计划报审表	CB20	
21	事故报告单	CB21	在发生质量事故后，承包人应在 24h 内使用本表向监理处报告。监理处收到此表后进行签收，并根据工程实际情况使用《批复表》《监理通知》《暂停施工指示》或《工程现场书面指示》进行回复，同时应使用《监理报告》向业主进行报告
22	暂停施工报审表	CB22	承包人要求停工时应填写此表向监理处报告，监理处收到此表后进行签收，通过调查后，如果不同意则采用《批复表》《监理通知》进行回复，如果同意则使用《暂停施工通知》进行回复，同时应使用《监理报告》向业主进行报告
23	复工申请报审表	CB23	不管是承包人、业主或监理处提出的暂停施工，监理处均应使用《暂停施工通知》通知承包人。承包人要求复工均应填写此表向监理处报送。监理处收到此表后进行签收，通过调查后，如果不同意则采用《批复表》《监理通知》进行回复，如果同意则使用《复工通知》进行回复，同时应使用《监理报告》向业主进行报告
24	变更申报表	CB24	承包人提出一般变更申请需填写此表，监理处提出初步意见后由设计、业主、监理共同签字确认。如果同意变更，监理处签发《变更指示》，承包人收到《变更指示》后向监理处提交《变更项目价格申报表》，监理处用《变更项目价格审核表》进行审核、回复，同时监理处还需填写《变更项目价格/工期确认单》，由承包人、业主、监理处共同签字确认
25	施工进度计划调整申报表	CB25	承包人根据工程实际需对进度进行调整时填写此表，监理处签收后，对进度计划进行分析，使用《批复表》进行批复
26	延长工期申报表	CB26	承包人根据客观事实需延长工期时填写此表，监理处签收后，对进度计划进行分析，使用《批复表》进行批复
27	变更项目价格申报表	CB27	承包人提出的变更已经监理处批准，或监理处指示变更，承包人均应填写此表
28	索赔意向通知	CB28	承包人提出索赔应在索赔期限内填写此表
29	索赔申请报告	CB29	报送监理处，监理处签收后进行调查，使用《批复表》进行批复。如果同意承包人提出的索赔意向，承包人则向监理处索赔申请报告。监理处签收后，使用《索赔审核表》进行回复，并同时填写《索赔签认单》，由承包人、业主和监理处共同签字确认
30	工程计量报验单	CB30	在月支付申请前由承包人向监理处报送，监理处进行审核、复测等工作后签署意见，作为月支付的依据
31	计日工单价报审表	CB31	
32	计日工工程量签证单	CB32	

序号	表 格 名 称	表格类型	填 表 说 明
33	工程进度付款申请单	CB33	为月支付申请表，其中附表由总监理工程师逐一审核后，签发《工程价款月付款证书》
	（1）工程进度付款汇总表	CB33 附表 1	
	（2）已完工程量汇总表	CB33 附表 2	
	（3）合同分类分项项目进度付款明细表	CB33 附表 3	
	（4）合同措施项目进度付款明细表	CB33 附表 4	
	（5）变更项目进度付款明细表	CB33 附表 5	
	（6）计日工项目进度付款明细表	CB33 附表 6	
34	施工月报表（ 年 月）	CB34	由承包人每月填写后向监理处报送
	（1）原材料/中间产品使用情况月报表	CB34 附表 1	
	（2）原材料/中间产品检验月报表	CB34 附表 2	
	（3）主要施工设备情况月报表	CB34 附表 3	
	（4）现场人员情况月报表	CB34 附表 4	
	（5）施工质量检验月汇总表	CB34 附表 5	
	（6）施工质量缺陷月报表	CB34 附表 6	
	（7）工程事故月报表	CB34 附表 7	
	（8）合同完成额月汇总表	CB34 附表 8	
	（9）（一级项目名称）合同完成额月汇总表	CB34 附表 8－1	
35	主要实物工程量月汇总表	CB34 附表 9	
36	验收申请报告	CB35	由承包人填写报监理处签署意见
37	报告单	CB36	同监理处往来用表
38	回复单	CB37	
39	确认单	CB38	
40	完工付款/最终结清申请单	CB39	由承包人填写报监理处签署意见
41	工程交接申请表	CB40	由承包人填写报监理处签署意见
42	质量保证金退还申请表	CB41	由承包人填写报监理处签署意见

表 2.13　　　　　　　　　　　　监理机构用表及填表说明

序号	表 格 名 称	表格类型	填 表 说 明
1	合同工程开工通知	JL01	由总监理工程师按合同约定的日期向承包人签发，承包人收到此表后，按合同约定及时调遣人员和施工设备、材料进场进行施工准备
2	合同工程开工批复	JL02	监理处收到承包人报送的《合同项目开工申请表》后，审查承包人开工准备工作合格后，由总监理工程师签发此表
3	分部工程开工批复	JL03	监理处收到承包人报送的《分部工程开工申请表》后，审查承包人分部工程开工准备工作合格后，由总监理工程师签发此表
4	工程预付款支付证书	JL04	监理处收到承包人报送的《工程预付款申请表》并审查付款条件后签发此表
5	批复表	JL05	本表为监理工程师或总监理工程师对承包人报送的申请、报告进行批复

序号	表 格 名 称	表格类型	填 表 说 明
6	监理通知	JL06	本表为监理工程师或总监理工程师对承包人签发通知、指示
7	监理报告	JL07	本表为监理处向业主报告工程有关事宜，比如质量事故，工程停工、复工、索赔等
8	计日工工作通知	JL08	经发包人批准后，对某项工作实行计日工，监理处用本表通知承包人
9	工程现场书面通知	JL09	本表为监理工程师现场向承包人签发指示
10	警告通知	JL10	监理工程师在现场发现承包人违规操作，可能影响工程质量、安全等，但未造成质量事故，及时签发本通知
11	整改通知	JL11	监理工程师在现场发现施工质量、材料、设备不合格后及时向总监理工程师报告，由总监理工程师签发本通知
12	变更指示	JL12	经承包人同意后的变更项目，由总监理工程师签发此表
13	变更项目价格审核表	JL13	监理处收到承包人报送的《变更项目价格申报表》后用本表进行批复，并填写《变更项目价格审核表》，经业主、施工单位、监理处共同签字后由承包人实施
14	变更项目价格/工期确认单	JL14	
15	暂停施工指示	JL15	监理处认为需要停工或复工，并向业主报告得到同意后，由总监理工程师向承包人签发本通知
16	复工通知	JL16	
17	索赔审核表	JL17	监理处收到承包人报送的《索赔申请报告》后，使用此表进行批复
18	索赔确认单	JL18	
19	工程进度付款证书	JL19	监理处收到承包人报送的《工程进度付款申请单》后，使用本表进行批复
	工程进度付款审核汇总表	JL19 附表 1	
20	合同解除付款核查报告	JL20	监理处收到合同解除文件后，使用本表批复承包人应得或退还的金额
21	完工付款/最终结清证书	JL21	监理处收到承包人报送的《完工付款/最终结清申请单》后，使用本表进行批复
22	质量保证金退还证书	JL22	监理处收到承包人报送的《质量保证金退还申请表》后，使用本表进行批复
23	施工图纸核查意见单	JL23	监理处收到发包人的图纸后，用本表填写审查意见，并存档
24	施工图纸签发表	JL24	施工图纸审查后，监理处用本表将施工图纸签发给承包人
25	监理月报	JL25	监理处指定专人按月、按规定模式编写，并报送发包人和监理公司
	（1）合同完成额月统计表	JL25 附表 1	
	（2）工程质量评定月统计表	JL25 附表 2	
	（3）工程质量平行检测试验月统计表	JL25 附表 3	
	（4）变更月统计表	JL25 附表 4	
	（5）监理发文月统计表	JL25 附表 5	
	（6）监理收文月统计表	JL25 附表 6	
26	旁站监理值班记录	JL26	关键工程、隐蔽部位施工用本表记录现场施工实际情况，值班监理人员与施工单位现场技术人员应签字
27	监理巡视记录	JL27	监理人员现场质量、进度、安全等巡视记录
28	工程质量平行检测记录	JL28	监理处平行检测情况汇总记录
29	工程质量跟踪检测记录	JL29	监理处工程质量跟踪检测情况汇总记录
30	见证取样跟踪记录	JL30	监理处见证取样跟踪情况汇总记录

序号	表格名称	表格类型	填表说明
31	安全检查记录	JL31	监理人员安全检查时，现场实际情况记录
32	工程设备进场开箱验收单	JL32	工程设备进场开箱验收时用本表记录数量与外观检查情况，承包人、供货单位、监理处与发包人代表应签字确认。符合移交条件时，自验收之日起，设备移交承包人保管
33	监理日记	JL33	现场监理的每位监理人员对施工的实际情况记录
34	监理日志	JL34	监理处指定专人填写，并与监理日记内容统一
35	监理机构内部会签单	JL35	监理处在作出决定前，需要内部会签时，用本表
36	监理发文登记表	JL36	监理处发出文件的记录
37	监理收文登记表	JL37	监理处收到文件的记录
38	会议纪要	JL38	召开的监理例会、各种专题会议及有关会议用本表记录，会议主持人签字后分发参会各方
39	监理机构联系单	JL39	监理处与监理工作有关单位的联系用本表
40	监理机构备忘录	JL40	监理处认为监理履职受阻，或参建单位经协商未达成一致意见时，用本表作出书面说明

2.10 文明施工管理与环境保护

2.10.1 文明施工监理工作内容

（1）监理处应依据有关文明施工规定和施工合同约定，审核承包人的文明施工组织机构和措施。

（2）监理处应检查承包人文明施工的执行情况，并监督承包人通过自查和改进，完善文明施工管理。

（3）监理处应督促承包人开展文明施工的宣传和教育工作，并督促承包人积极配合当地政府和居民共建和谐建设环境。

（4）监理处应监督承包人落实合同约定的施工现场环境管理工作。

（5）文明施工监理管理策划。①工程文明施工宣传策划；②工程文明施工重点、难点分析；③制订工程文明施工管理目标；④工程文明施工资金投入与管理经费落实；⑤部署工程文明施工对策。

2.10.2 文明施工管理具体措施

（1）人的管理。

1）人是文明施工管理的一个重要和主导因素，只有充分发挥人的主观能动性，树立文明施工的理念，自觉维护工程的形象，才能从根本上创造一个良好的文明施工环境。

2）监督承包人贯彻文明施工的要求，推行现代管理方法，科学组织施工，做好施工现场的作业区和营区的管理工作。

3）倡导文明用语，相互尊重。不仅尊重施工管理人员，对民工同样尊重，相互之间要礼貌相待，平等交往。

4）参建单位要自觉维护工程建设管理单位的形象，不做有损工程建设管理形象的事，不说有损工程建设管理形象的话。

5）参建单位要管理好本单位的员工，尊重当地居民的习俗，搞好与当地群众的关系，避免发生冲突。同时，参建单位之间要友好相处，杜绝打架、斗殴、聚众闹事等事情的发生。

6）统一挂牌上岗，进入施工现场的人员应佩带安全帽和证卡，严禁衣冠不整或其他不文明的着装进入施工现场。

7）进入施工现场的工作人员，应严格按照规定穿戴劳动防护用品。

8）督促承包人按合同文件的规定，保证文明施工费用的投入，并采取一定的合同措施进行控制。

9）定期组织文明施工大检查活动，结合目标考核做好评比表彰活动。

（2）设备、材料和施工器具管理。

1）做好设备和材料的使用及进场计划，要求进场的设备、材料堆放整齐有序。对不同类型设备应分别编号进行标设。

2）保持施工机具完好，施工人员下班时应清场，堆放整齐有序。

3）钢筋加工厂、木材加工厂、金属结构制作厂等辅助设施应按工程建设管理单位规划要求进行布置。

4）进场材料应按品种和类别堆放整齐，悬挂标识牌，严禁混杂。边脚料、废弃料应及时清理，统一处理。

5）现场施工休息室、工具房、材料房等应统一规划布置，整齐排列。

6）各类材料、机具、设备应按事先规划的位置，分类分规格进行区分，并排放整齐。

7）施工机械设备停放场地应按照批准的施工总平面布置图规定的位置和线路设置，并停放整齐，不得任意侵占场内道路。

（3）工地设施管理。

1）监督承包人按照规划要求布置、修建施工辅助企业、车间、仓库、堆场、施工设备停放场、施工道路等工地设施，做到文明有序、安全可靠。

2）指派专人打扫营地区域的卫生，维护营地区域的设施及绿化，设置集中的垃圾收集系统，并进行定期清运。

3）所有由承包人建造的临时设施，必须经过监理的审查、技术管理部门批准。其外形和标准应满足工程建设管理单位的统一规划，并与周围建筑物相协调，禁止乱搭工棚。建筑物须树立明显的标志。

4）由承包人修建的施工道路需满足合同文件规定的标准，分支路口应设立交通指示牌。对于泥结石路面应控制其配料选用，并做好路面排水沟，同时加强日常维护，定期对排水沟进行清理。承包人应定期对所负责维护范围内的施工道路进行清扫、洒水湿润，以控制扬尘，确保路面整洁，车辆安全行驶。

5）渣场道路布置应合理，对弃渣和有用材料应严格区分，并派专人保管。

6）对于独立的设施区，如砂石堆场、钢筋加工厂、金属结构制作厂等，应尽可能地修建封闭或半封闭隔离设施，防止无关人员进入。

7）监督承包人保证施工现场道路畅通，排水系统处于良好的使用状态，保持场容场貌的整洁，随时清理建筑垃圾。在车辆和行人通过的地方施工，应当设置沟井坎穴覆盖物和施工标志。

8）监督承包人及时清理自己作业区内的废物、废渣。堆料场、仓库的堆料应整齐并设置明显的标志，保持场地的平整，并始终处于良好的排水状态，工作面的积水应及时排除。

（4）工地标设管理。

1）工程施工现场必须设置明显的标牌，标明工程项目名称、工程建设管理单位、设计单位、监理单位、承包人及其项目经理姓名、开工和完工日期、工程施工范围等。承包人应负责施工现场标示标牌的保护工作。

2）各加工厂（场）应悬挂相应的操作程序、管理制度等。对重要部位和关键工序的运行管理制度应报监理处审批。

3）施工现场必须设置明显的标牌，禁止与施工无关的闲杂人员进入作业区。

4）鼓励承包人设立本单位的宣传牌，展示企业形象，在工地形成互相学习、相互竞争的氛围。

（5）工程施工过程管理。

1）推行标准化、规范化的施工管理。尽量减少现场加工和生产。确实需要在现场进行的，应设置指示操作的配合比牌、工艺流程牌，对工作部位、施工工序和配合比等信息进行说明。标识牌应美观、醒目，并固定牢固。设备、计量器具应满足现场加工或生产的要求，杜绝由人工随意下料。

2）在审查施工方案时，考虑控制粉尘、噪声的措施，并在施工和运行中监督落实。

3）对坡面挂渣应及时清理。

4）施工现场的用电线路、用电设施的安装和使用必须符合安装规范和安全操作规程，并按照批准的走向和方式进行架设，严禁任意拉线接电。施工现场必须设有保证施工安全的夜灯照明。危险潮湿场所的照明以及手持照明灯具，必须采用符合安全要求的电压。

（6）发包人应统一管理本工程的文明施工工作，负责管理和协调全工地的治安保卫、施工安全和环境保护等有关文明施工事项。发包人对文明施工的统一管理和协调工作不免除承包人按有关规定应负的责任。

（7）治安保卫。

1）发包人应负责与当地公安部门协商，共同在工地建立或委托当地公安部门，建立一个现场治安管理机构，统一管理全工地的治安保卫事宜，负责履行本工程的治安保卫职责。

2）各参建单位应教育各自的人员遵纪守法，共同维护全工地的社会治安，协助现场治安管理机构，做好各自管辖区（包括施工工地和生活区）的治安保卫工作。

2.10.3　环境保护责任、管理目标与任务

（1）环境保护责任。承包人在施工过程中，应遵守有关环境保护的法律、法规和规章及本合同的有关规定，并应对其违反上述法规、规章和施工合同规定所造成的环境破坏以及人员伤害和财产损失负责。

（2）环境管理目标。环境管理总目标为：确保工程项目建设符合环境保护法规的要求；保证环境保护措施与经费的落实与实施，使工程对环境的不利影响减轻到最低程度；实现工程建设的环境效益、社会效益与经济效益的统一。

（3）环境管理任务。

1）筹建环境管理机构，组织环境管理人员培训。根据环境影响报告书和环境保护设计要求，落实制订工程招、投标文件及合同文件中相关环境保护条款，保证环境影响报告书和环境保护设计中环境保护措施纳入工程施工文件。

2）贯彻执行国家有关环境保护方针、政策及法规条例，制订工程施工期环境保护管理规定与管理办法。编制环境管理工作计划，整编监测资料，建立工程生态与环境保护信息库。定期编制环境质量报告，报上级主管部门和地方环保部门。

3）加强施工期生态保护和污染防治管理工作。制订施工期生态保护和污染防治管理规定。加强环境监理工作，监督拆迁安置环保措施执行情况，定期对安置区生态与环境、社会经济、公共卫生、文化教育状况等进行调查，必要时开展环境监测与后评价工作，避免环境问题的发生。通过环

境监测，掌握环境因子变化规律及影响范围，及时发现可能与工程运用有关环境问题，提出防治对策和措施。协同地方环保部门，开展生态恢复和环境保护建设工作，组织开展环保科研工作。

2.10.4　环境影响分析

（1）水环境。工程在运行期不会排污，对水环境不会造成污染。主要是施工期污水排放影响较大，主要污水如下。

1）砂石料冲洗废水。工程砂石料主要为外购砂石料，一般情况下不需要进行筛选和冲洗，施工期砂石料冲洗废水产生的较少。

2）碱性废水。碱性废水主要来源于混凝土拌和系统的冲仓水，主要污染因子为 SS 和 pH，据有关资料，废水中悬浮物浓度为 5000mg/L，其 pH 可达 9～12。碱性废水如随意排放，将破坏周围土壤环境，影响受纳水体水质。

3）机械设备保养冲洗含油废水。工程以机械施工为主，需定期清洗主要施工机械和车辆。施工机械和车辆冲洗将产生一定的含油废水。施工机械和车辆含油废水若随意排放至滩地，会降低土壤肥力，改变土壤结构，不利于施工迹地恢复；若直接排放至附近沟、塘水体，在水体表面形成油膜，使水中溶解氧难以补充而影响水质。

4）生活污水。施工人员人均日用水量 80L，污水排放系数以 0.85 计，污染物浓度 BOD_5 为 200mg/L，COD_{Cr} 为 400mg/L。施工生活污水中主要污染物来源于排泄物、食物残渣、洗涤剂等。

施工污染物排放以悬浮物为主。碱性废水直接排入河流将使局部水体成碱性，增加水体浑浊度，但经过一段时间沉淀，水体功能恢复，对水质无明显不良影响。机械设备保养冲洗含油废水主要污染物是石油类，生活污水主要污染物是 BOD_5 和 COD_{Cr}，必须进行治理。

切实做好施工期各生活区、作业点的废水治理，建设相应的处理设施以保证正常运行和出水达标，从而减少施工对沿线河流的不良影响，保证河流水质达到各自的地表水环境质量标准。

（2）大气环境。工程对大气环境的影响主要在施工期，其大气污染物排放主要来自混凝土拌和楼、施工扬尘、施工道路扬尘、燃料污染物等。

1）混凝土拌和楼。工程购买成套的混凝土拌和楼，拌和罐为密封拌和，在拌和过程不会产生粉尘，粉尘主要来源于加料过程中产生的扬尘。

2）施工扬尘。施工扬尘是由于施工过程直接排放粉尘或由于施工地表浮土较多在风力或其他动力条件下产生的二次扬尘，工程施工扬尘主要来自开挖、出土、弃渣堆放、钻孔、出渣、筑堤碾压和散装水泥等作业，主要污染物为 TSP。

3）施工道路扬尘。交通运输中产生的扬尘主要来自两个方面：①汽车行驶产生扬尘；②装载水泥等多尘物料运输时，汽车在行进中如防护不当，易导致物料失落和飘散，使公路两侧空气中的含尘量增加。

车辆扬尘不会在大范围内平均分布，但在小空间内浓度还是较高；在道路局部地段积尘较多的地方，载重车辆经过时会掀起浓密的扬尘。

4）燃料污染物。工程施工燃料污染物主要为施工运输车辆和施工设备等燃油设备排放，其排放废气在公路上为线源污染，在施工区附近形成点源污染。

（3）声环境。工程施工活动产生的噪声主要包括以下类型：①固定噪声源，固定、连续式的施工机械设备运行噪声；②流动噪声源，车辆运输流动噪声。

由于施工期间有大量的施工人员和机械设备进驻施工现场，将会产生噪声。砂石料加工系统昼间 150m 以外、夜间 400m 以外声压级可达建筑施工场界噪声标准，因此要求施工场地的布置在居民居住地 400m 外。同时应通过合理的施工平面布置和作业时间调整来减少噪声对工程部分办公及生活区的影响。

施工区域位于深山，人口稀少，对照《声环境噪声标准》（GB 3096—2008）IV类标准，施工车辆车流组织方案昼间运输可以满足临近公路两侧居民区噪声达标要求。

（4）固体废弃物。

1）生活垃圾。工程施工区内高峰期每人每天垃圾量约为 0.2t/d，这类垃圾由废物品，废器械，废生、熟食品，废包装等组成。生活垃圾如任意堆放，不仅污染空气，而且在一定气候条件下，造成蚊蝇滋生、鼠类大量繁殖，加大各种疾病的传播机会，在人口密集的施工区导致疾病流行，影响施工人员身体健康。生活垃圾的各种有机污染物和病菌随径流或其他条件一旦进入河流水体，将增加水体中污染物浓度，污染附近水体水质。

2）生产垃圾。工程产生的弃渣主要以弃土为主，弃土场规划一般在工程沿线，并结合其他项目利用。

（5）生态环境。工程施工期间切断了渠道占地范围内的河流及沟渠，施工期对项目区原有的排灌系统带来了一定的不利影响。工程建成后，将全部原状恢复，保证原有河流及排灌系统功能基本不受影响。

（6）人群健康。工程施工期间施工区人口密度将增加，由于施工人员可能来自不同地区，部分人员在短时间内可能不适应施工区的生活环境，在生活设施及居住条件相对较差的情况下，可能导致人群中肝炎、痢疾等肠道传染病流行。施工期间人员集中，可能增加疾病传播机会。在施工人员劳动强度较大、工作时间较长等情况下，可导致机体抵抗疾病能力的减弱，同时施工区人员流动性大，存在感染和传播肺结核等呼吸道传染病的可能性。

2.10.5　环境保护监督的措施

（1）环境保护法律和法规的传达和贯彻。

（2）环境保护计划审核。

（3）环境保护预控方案的编制。

（4）完善与健全工程项目管理体制。

（5）环境保护措施实施监督。

（6）施工环境保护检查与评估。

（7）重点环境因子控制。

（8）及时处理公众投诉。

（9）督促承包人配备专职环保工作人员，制订环保和水保管理的工作计划，并督促落实以下工作。

1）承包人在编报施工组织设计中，做好施工弃渣的处理措施，严格按批准的弃渣规划有序地堆放或利用弃渣，防止任意堆放弃渣降低河道的行洪能力和影响其他承包人的施工及危及下游居民的安全。

2）承包人应按合同规定采取有效措施对施工开挖的边坡及时进行支护和做好排水措施，避免由于施工造成的水土流失。

3）承包人在施工过程中应采取有效措施，注意保护饮用水源免受施工活动造成的污染。

4）承包人应按合同条款的规定，加强对噪声、粉尘、废气、废水的控制和治理，努力降低噪声，控制粉尘和废气浓度以及做好废水和废油的治理和排放。

5）承包人应保持施工区和生活区的环境卫生，及时清除垃圾和废弃物，并运至指定的地点堆放和处理。进入现场的材料、设备必须置放有序，防止任意堆放器材、杂物阻塞工作场地周围的通道和破坏环境。

（10）准备好工程施工现场的环境影响报告书及政府有关部门批复意见，在施工平面布置图标明环境保护重点，并竖立标示牌随时接受国家和地方环保行政主管部门和水土保持主管部门的监督检查。

（11）对施工人员进行环境保护知识宣传教育，制订环保制度，保护野生动植物、施工区域周围文物古迹。

（12）建立环保宣传栏，对环境敏感点设立环保警示牌；施工中禁止随意弃土和向河中排放污水。

（13）在工程施工区布置排水沟渠收集废水，按环境保护设计的要求进行处理达标后排放。

（14）对含油及有毒施工废水需进行去油、去除有毒物质后方能排放。

（15）对场内施工道路及时清扫，定时洒水，限制车速，装载水泥和土料的运输车辆应防止泄露，污染道路和空气。

（16）在砂石料加工区、混凝土拌和系统，采用湿法加工，安装洒水装置，抑制生产区空气浮尘。

（17）对机械设备定期维护保养，选用低噪设备，对固定强噪声源采取临时隔离措施。

（18）对施工工地出现的野生保护动物（包括河中鱼类）一律不得伤害，发现陷于困境的动物，及时通知环保机构，选择安全的地点放生。

（19）工地布置有序，材料有序堆放，保持良好的工地景观；各级施工人员穿戴各自工作制服、安全帽，对强噪声等施工人员配备口罩、耳塞等劳保用品。

（20）对征地范围内的植被尽量保护，施工结束后，按照环保设计，尽快恢复土地用途，对没有明确规定的施工地覆土植草植树。

2.11 监理协调管理

2.11.1 监理协调的原则

（1）以合同为依据的原则。按照合同的规定和要求，通过充分的沟通，使参建各方协调一致，以实现合同规定的目标。

（2）总体协调的原则。在工程项目建设中，协调某一分项的工作时，避免影响另一分项的施工，工程协调必须以发包人总体目标为准。

（3）"管理命令源"唯一性原则。在工作协调中，避免多指令，使承包人不知所从。对承包人的所有指令，必须通过监理处发布。监理处不能协调的事宜，由监理处报告发包人组织协调，发包人的指令须通过监理处转发。

（4）公正、独立、科学的原则。在工程协调中，监理处应采取"公平、公正"的态度，科学、果断地处理问题。必要时，采取经济手段，以求参建各方能接受协调意见，促进工程施工有序进行。

（5）使用规定权限的原则。在工程协调中，超出监理处协调权限以外的，必须及时报发包人进行协调；超出发包人协调权限以外，发包人必须报工程项目主管单位进行协调，或者报其他上级部门组织协调。

（6）全面兼顾的原则。在确保工程质量的前提下，促进施工进度。在确保工程安全的条件下，推进施工进度。在寻求发包人更大投资效益的基础上，处理合同目标之间的矛盾。在维护发包人合同权益的同时，也实事求是地维护其他参建单位的合法权益。

2.11.2 监理协调的内容

（1）监理处内部协调。监理处的内部协调工作关系到监理管理体系能否正常运转，关系到质量控制、投资控制、进度控制、安全（文明）控制、合同管理、信息管理等工作能否有序开展。因此，监理处内部协调工作是十分必要的，也是非常关键的。其协调内容要点如下：①监理处内部人际关系的协调；②监理处内部组织关系的协调；③监理处内部需求关系的协调。

（2）协调各承包人的施工干扰。在工程项目建设中，承包人之间的施工干扰经常发生，监理处应做好这方面的协调工作。

1）要求承包人编制施工控制性进度计划，明确施工各项工程的作业衔接和施工现场交接的控制性时间。

2）监理处对承包人报送的施工控制性进度计划进行认真审核，要求承包人将工程进度计划进行分解，做到衔接有序。

3）做好施工进度的预测及预控工作，及时发现并排除可能影响控制性时间目标实现的不利因素。

4）加强进度计划实施过程中的管理，督促承包人按计划完成施工任务，以便各承包人在有限的时间、空间内相互配合，作业衔接有序。在作业频繁交叉地段，加强现场协调管理，及时解决施工作业冲突。

（3）协调施工进度与资源供给。工程能否顺利进行，施工进度计划的控制目标能否实现，取决于施工场地、施工图纸、材料与施工设备等资源的供给是否及时。因此，协调施工进度与资源供给是监理处的重要工作，主要内容如下。

1）施工场地提供的协调。在承包人提交了施工总进度计划后，根据施工进度计划中对场地使用的要求，监理处及时与发包人进行协调，确定场地提供计划。在施工过程中，对施工场地需求的变化，监理处及时向发包人汇报，协助发包人与有关部门协调，尽量减少对工程施工的影响。

2）施工图纸供应的协调。在工程项目开工前，监理处审核批准了承包人的总进度计划后，根据工程的先后顺序，要求承包人报送施工图纸需求计划。监理处将施工图纸需求计划及时报给发包人，并通过发包人督促设计单位按合同约定提供施工图纸，以满足施工需求。

3）原材料及设备供应的协调。根据施工进度计划，监理处要求承包人每月月底报送下月原材料和设备需求计划并进行审核，并督促承包人按审核批准的需求计划实施。

（4）协调工程变更相关事宜。工程变更一般会引起工程费用改变或进度的调整，是监理处经常性的协调工作。工程变更协调涉及设计与施工方案确定、变更单价调整、进度计划调整等。这些调整均需要与发包人、设计单位、承包人之间进行大量的沟通与协调。

（5）协调与有关部门的关系。

1）与设计单位的协调。设计与监理处无合同关系，但双方之间有着不可分割的工作联系，只有彼此尊重，相互支持，才能圆满地完成各自的任务。其协调工作主要通过发包人完成。

2）与检测单位的协调。工程施工质量检验是工程质量控制的关键环节。在工程项目建设中，检测项目多，检测量大，要求高，为此监理处应加强与检测单位的联系，了解存在的问题并及时研究解决，以保证工程质量与进度。

3）隐蔽工程验收协调。为保证工程质量与进度，监理处应根据工程进展情况，提前24h通知设计、业主、质量监督部门、承包人，由监理处主持组成联合验收小组，及时进行隐蔽工程验收。

2.11.3 监理协调的方法和措施

（1）监理协调职责。

1）外部协调是指与工程参建各方以外的政府部门和社会其他单位关系的协调。外部协调由发包人、工程项目主管单位或其他上级主管部门负责。

2）内部协调是指与工程参建各方关系的协调。工程项目的协调由监理处负责；如果协调有困难，应及时报告发包人，由发包人支持解决。

（2）协调制度。工程项目开工前，监理处应根据监理合同或发包人授予的权限、工程承包合同文件规定，建立监理协调制度，明确监理协调的程序、方式、内容和合同责任。

（3）会议协调。

1）监理例会。监理例会由监理处组织并主持，按一定程序召开，研究施工中出现的计划、进度、质量、安全、支付等问题的工地会议。

监理例会每周召开 1 次，另外可根据工程施工需要，每天召开 1 次施工现场协调例会。监理例会由总监理工程师主持召开，有发包人、承包人、设计单位和其他单位有关负责人参加。每天召开的施工现场协调例会由专业监理工程师负责主持，发包人、承包人和设计单位有关专业人员参加。

2）专题或专项会议。对于技术方面比较复杂的问题，由发包人或监理处组织并主持，采用专题或专项会议的形式进行研究和解决。

3）监理处参加发包人组织和主持的施工协调会议时，监理处根据发包人的要求，向参加会议的各方人员报告干扰部位的真实情况、产生干扰的原因，以及建议消除或减小干扰的措施，并评估建议的措施对各合同工程施工的影响。在发包人的协调决定做出后，监理处与承包人进行磋商，重新安排干扰部位的施工作业，并监督承包人的执行。

4）对于监理服务范围内的合同工程之间的施工干扰，监理处应召集并主持协调会议，与两个或两个以上承包人就现场施工干扰的问题进行讨论和磋商，并邀请发包人现场管理单位的代表参加，在会议上监理工程师应充分听取 2 个或 2 个以上承包人陈述和发表意见，在对各自合同工程施工影响的基础上，决定协调的措施和施工的优先权，并监督承包人执行。

（4）合同约见协调。

1）合同约见。当承包人拒不执行监理处的指令，或违反合同条件时，在进行处理之前总监理工程师可先采取合同约见的方式，向承包人提出警告。

2）约见程序。①向承包人发出约见通知，写明被约见人、约见的地点和时间，并简要说明约见的有关问题，约见通知应署名约见的姓名；②约见会谈时，首先由约见人指出承包人存在问题的严重性及可能造成的后果，并提出挽救问题的途径及建议。如果有必要的话，可由被约见人对情况进行说明或解释；③约见时应当有专人对双方的谈话作出详细的记录，然后以约见纪要的形式，将约见时的谈话内容以书面文件发送发包人和承包人。

（5）会议记录与文件。

1）会议记录。监理处在召开协调会议时，应安排专人进行记录，要求各方参加会议的人员签名。

工地例会、专题或专项会议及协调会议记录内容应包括会议时间、地点、主持人、会议内容、各方出席人员及其职务，各方出席人员的发言记录；内容应尽量完整和详尽。必要时，对于重要事项的发言记录，应在事后认真、仔细地进行核对。

2）会议文件。工地例会、专题或专项会议及协调会议结束后，监理处应及时整理成会议纪要文件，发送参加会议的单位，以便各方执行。对于重要的决定事项，监理处还应在事后及时补发监理文件予以进一步确认。

（6）交谈协调。

1）在工程协调中，不是所有的问题都需要开会进行解决，采取交谈是一种很好的、使用频繁的沟通方式。交谈可以是面对面的交谈，也可以采取电话交谈。

2）由于交谈本身没有合同效力，并具有方便性和及时性，是一种保持各方信息畅通的良好渠道。

3）在工程管理实践中，不管是发包人，还是监理处，可以采取交谈的方式发布口头指令，这样，一方面可以使对方及时地执行命令；另一方面，可以和对方进行交流，了解对方是否正确理解指令。事后再以书面形式加以确认。

（7）书面协调。当会议或者交谈不方便或不需要时，或者需要精确地表达自己的意见时，用书面方式进行协调。书面协调具有合同效力。书面协调一般用于以下方面。

1）不需要双方直接交流的书面报告、报表、指令和通知等。

2）需以书面形式向各方提供详细信息和情况通报的报告、信函和备忘录等。

3）事后对会议记录、交谈内容或口头指令的书面确认。

（8）访问协调。访问协调主要用于外部协调，有走访和邀访两种方式。因为在大多数情况下，有些单位或部门不一定了解工程，不清楚现场的实际情况，如果进行一些不恰当的干预，会对工程产生不利影响。这个时候，采取访问协调是一种相当有效的协调方式。

2.11.4　争议调解

（1）争议的提出。发包人和承包人或其中任一方对监理人作出的决定持有异议，又未能在监理人的协调下取得一致意见而形成争议，任一方均可以书面形式提请争议调解组解决，并抄送另一方。在争议尚未按第 2.11.1 节相关规定获得解决之前，承包人仍应继续按监理人的指示认真施工。

（2）争议调解组。发包人和承包人应在签订协议书后的约定时间内，按本款规定共同协商成立争议调解组，并由双方与争议调解组签订协议。争议调解组由 3（或 5）名有合同管理和工程实践经验的专家组成，专家的聘请方法可由发包人和承包人共同协商确定，亦可请政府主管部门推荐或通过行业合同争议调解机构聘请，并经双方认同。争议调解组成员应与合同双方均无利害关系。争议调解组的各项费用由发包人和承包人平均分担。

（3）争议的解决。争议解决期间，监理处应督促发包人和承包人仍按监理处就争议问题做出的暂时决定履行各自的义务，并明示双方，根据有关法律、法规或规定，任何一方均不得以争议解决未果为借口拒绝或拖延按施工合同约定应履行的义务。

1）应要求争议各方以互谅互让的精神，通过友好协商寻求争议的合理解决。

2）根据"协商→调解→仲裁→诉讼"的顺序解决争议。

3）在调解争议的同时，应督促承包人继续精心施工，严格执行工期要求，严格控制投资。

（4）争议的评审。

1）合同双方的争议，应首先由主诉方向争议调解组提交一份详细的申诉报告，并附有必要的文件图纸和证明材料，主诉方还应将上述报告的一份副本同时提交给被诉方。

2）争议的被诉方收到主诉方申诉报告副本后的 28d 内，亦应向争议调解组提交一份申辩报告，并附有必要的文件图纸和证明材料。被诉方亦应将其报告的一份副本同时提交给主诉方。

3）争议调解组收到双方报告后的 28d 内，邀请双方代表和有关人员举行听证会，向双方调查和质询争议细节；若需要时，争议调解组可要求双方提供进一步的补充材料，并邀请监理人代表参加听证会。

4）在听证会结束后的 28d 内，争议调解组应在不受任何干扰的情况下，进行独立和公正的评审，提出由全体专家签名的评审意见提交发包人和承包人，并抄送监理人。

5）若发包人和承包人接受争议调解组的评审意见，则应由监理人按争议调解组的评审意见拟定争议解决议定书，经争议双方签字后作为合同的补充文件，并遵照执行。

6）若发包人和承包人或其中任一方不接受争议调解组的评审意见，并要求提交仲裁，则任一方均可在收到上述评审意见后的 28d 内将仲裁意向通知另一方，并抄送监理人。若在上述 28d 期限内双方均未提出仲裁意向，则争议调解组的意见为最终决定，双方均应遵照执行。

（5）友好解决。发包人和承包人或其中任一方按第 2.11.1 节相关规定发出仲裁意向通知后，争议双方还应共同作出努力直接进行友好磋商解决争议，亦可提请政府主管部门或行业合同争议调解机构调解以寻求友好解决。若在仲裁意向通知发出后 42d 内仍未能解决争议，则任何一方均有权提请仲裁。

2.11.5　仲裁或诉讼

（1）仲裁。

1）发包人和承包人应在签订协议书的同时，共同协商确定本合同的仲裁范围和仲裁机构，并签订仲裁协议。

2）发包人和承包人未能在第 2.11.1 节相关规定的期限内友好解决双方的争议，则任一方均有权将争议提交仲裁协议中规定的仲裁机构仲裁。

3）在仲裁期间，发包人和承包人均应暂按监理处就该争议作出的决定履行各自的职责，任何一方均不得以仲裁未果为借口拒绝或拖延按合同规定应进行的工作。

（2）诉讼。发包人和承包人因本合同发生争议，未达成书面仲裁协议的，任一方均有权向人民法院起诉。

2.12　风险与保险管理

2.12.1　施工风险的类型与辨识

（1）风险类型。根据项目的实际情况，风险类型主要有：①不可抗力因素造成的风险，包括暴风、洪涝灾害、雷击等；②火灾、爆炸引起的风险；③制造工艺、材料或技术缺陷引起的风险；④施工过程中操作人员违反操作规程造成的风险等。

（2）风险因素。主要包括地理因素、工程施工承包商因素、协调因素、监理因素、设计机构因素、材料和设备因素等。最主要风险因素是工程施工承包商因素、材料和设备因素等。

（3）风险辨识。

1）危险化学品风险主要有：易燃、易爆性；易挥发性；易积聚静电性；流动扩散性；受热膨胀性；毒害性、刺激性。

2）作业场所风险主要有：火灾及爆炸；容器爆炸；中毒和窒息；物体打击；高处坠落；机械伤害；车辆伤害；起重伤害；触电；灼烫；坍塌；淹溺等。

3）职业健康风险主要有：有机毒物中毒；高温危害；噪声危害；粉尘危害；振动危害；其他伤害等。

4）自然风险主要有：地震、暴雨洪水、地质灾害、风暴等。

2.12.2　施工风险分析与等级判定

（1）风险事故发生的可能性判断准则，见表 2.14。

表 2.14　　　　　　　　　　　风险事故发生的可能性判断准则

等级	风险事故发生的可能性判断标准
5	没有防范、监测、保护等措施，风险危害不容易被发现，正常情况下发生过不应该发生的事故
4	有防范、监测、保护等措施，但未有效实施，造成风险危害不容易被发现，或危害发生在预期内

等级	风险事故发生的可能性判断标准
3	有防范、监测、保护等措施，未严格按操作程序执行，或在异常情况下发生事故
2	有防范、监测、保护等措施，并定期进行监测，能及时发现风险危害，偶尔发生事故
1	有防范、监测、保护等措施，员工安全生产意识较高，严格执行操作规程。不可能发生人为事故

注 风险事故等级 5 表示巨大风险；风险事故等级 4 表示重大风险；风险事故等级 3 表示中等风险；风险事故等级 2 表示可接受风险；风险事故等级 1 表示轻微风险。

（2）事故后果严重性判别准则，见表 2.15。

表 2.15 事故后果严重性判别准则

等级	法律、法规及其他要求	人员	财产损失/万元	对工程影响	影响范围
5	违反法律、法规和标准	死亡	>50	部分或全部暂停施工	社会
4	违反法规和标准	丧失劳动能力	>25	部分暂停施工	行业内
3	违反行业的规定等	身体缺陷	>10	部分暂停施工	地区影响
2	违反内部规定	轻微受伤	<10	影响不大，不停工	周边地区
1	完全符合	无伤亡	无损失	不停工	无

（3）风险等级判定准则。

风险度计算公式为

$$R = L \times S \tag{2.14}$$

式中 R——风险度；

L——事故发生的可能性（表 2.13）；

S——事故后果严重性（表 2.14）。

风险等级判定准则及控制措施见表 2.16。

表 2.16 风险等级判定准则及控制措施

风险度 R	等级	控 制 措 施	整改期限
20~25	5	暂停施工，对整改措施进行评估后立即整改	立即整改
15~16	4	采取降低风险措施，并经常检查、评估	立即整改
9~12	3	建立健全规章制度，加强教育培训	近期整改
4~8	2	建立健全规章制度，并落实到位	限时整改
<4	1	吸取教训，保存资料记录	

2.12.3 工程风险

（1）发包人的风险。工程（包括材料和工程设备）发生以下各种风险造成的损失和损坏，均应由发包人承担风险责任。

1）发包人负责的工程设计不当造成的损失和损坏。

2）由于发包人责任造成工程设备的损失和损坏。

3）发包人和承包人均不能预见、不能避免并不能克服的自然灾害造成的损失和损坏，但承包人迟延履行合同后发生的除外。

4）战争、动乱等社会因素造成的损失和损坏，但承包人迟延履行合同后发生的除外。

5）其他由于发包人原因造成的损失和损坏。

（2）承包人的风险。工程（包括材料和工程设备）发生以下各种风险造成的损失和损坏，均应由承包人承担风险责任。

1）由于承包人对工程（包括材料和工程设备）照管不周造成的损失和损坏。

2）由于承包人的施工组织措施失误造成的损失和损坏。

3）其他由于承包人原因造成的损失和损坏。

（3）风险责任的转移。工程通过完工验收并移交给发包人后，原由承包人按上述第（2）款规定承担的风险责任同时转移给发包人（在保修期发生的在保修期前因承包人原因造成的损失和损坏除外）。

（4）不可抗力解除合同。合同签订后发生第 2.12.1 节风险类型③④，造成工程的巨大损失和严重损坏，使双方或任何一方无法继续履行合同时，经双方协商后可解除合同。解除合同后的付款由双方协商处理。

2.12.4　工程保险和风险损失的补偿

（1）工程和施工设备的保险。

1）承包人应以承包人和发包人的共同名义向发包人同意的保险公司投保工程险（包括材料和工程设备），投保的工程项目及其保险金额在签订协议书时由双方协商确定。

2）承包人应以承包人的名义投保施工设备险，投保项目及其保险金额由承包人根据其配备的施工设备状况自行确定，但承包人应充分估计主要施工设备可能发生的重大事故以及自然灾害造成施工设备的损失和损坏对工程的影响。

3）工程和施工设备的保险期限及其保险责任范围为：①从承包人进点至颁发工程移交证书期间，除保险公司规定的除外责任以外的工程（包括材料和工程设备）和施工设备的损失和损坏；②在保修期内，由于保修期以前的原因造成上述工程和施工设备的损失和损坏；③承包人在履行保修责任的施工中造成上述工程和施工设备的损失和损坏。

（2）损失和损坏的费用补偿。

1）自工程开工至完工移交期间，任何未保险的或从保险部门得到的赔偿费尚不能弥补工程损失和修复损坏所需的费用时，应由发包人或承包人根据第 2.12.1 节相关规定的风险责任承担所需的费用，包括由于修复风险损坏过程中造成的工程损失和损坏所需的全部费用。

2）若发生的工程风险包含第 2.12.1 节所述的发包人和承包人的共同风险，则应由监理处与发包人和承包人通过友好协商，按各自的风险责任分担工程的损失和修复损坏所需的全部费用。

3）若发生承包人设备（包括其租用的施工设备）的损失或损坏，其所得到的保险金尚不能弥补其损失或损坏的费用时，除第 2.12.1 节所列的风险外，应由承包人自行承担其所需的全部费用。

4）在工程完工移交给发包人后，除了在保修期内发现的由于保修期前承包人原因造成的损失或损坏外，应由发包人承担任何风险造成工程（包括工程设备）的损失和修复损坏所需的全部费用。

2.12.5　人员的工伤事故

（1）人员工伤事故的责任。

1）承包人应为其执行本合同所雇用的全部人员（包括分包人的人员）承担工伤事故责任。承包人可要求其分包人自行承担自己雇用人员的工伤事故责任，但发包人只向承包人追索其工伤事故责任。

2）发包人应为其现场机构雇用的全部人员（包括监理人员）承担工伤事故责任，但由于承包人过失造成在承包人责任区内工作的发包人的人员伤亡，则应由承包人承担其工伤事故责任。

（2）人员工伤事故的赔偿。发包人和承包人应根据有关法律、法规和规章以及按第 2.12.3 条

（1）款规定，对工伤事故造成的伤亡按其各自的责任进行赔偿。其赔偿费用的范围应包括人员伤亡和财产损失的赔偿费、诉讼费和其他有关费用。

（3）人员工伤事故的保险。在合同实施期间，承包人应为其雇用的人员投保人身意外伤害险。承包人可要求分包人投保其自己雇用人员的人身意外伤害险，但此项投保不免除承包人按第 2.12.3 节相关规定应负的责任。

2. 12. 6   人身和财产的损失

（1）发包人的责任。发包人应负责赔偿以下各种情况造成的人身和财产损失。

1）工程或工程的任何部分对土地的占用所造成的第三者财产损失。

2）工程施工过程中，承包人按合同要求进行工作所不可避免地造成第三者的财产损失。

3）由于发包人责任造成在其管辖区内发包人和承包人以及第三者人员的人身伤害和财产损失。

上述赔偿费用应包括人身伤害和财产损失的赔偿费、诉讼费和其他有关费用。

（2）承包人的责任。承包人应负责赔偿由于承包人的责任造成在其管辖区内发包人和承包人以及第三者人员的人身伤害和财产损失。

上述赔偿费用应包括人身伤害和财产损失的赔偿费、诉讼费和其他有关费用。

（3）发包人和承包人的共同责任。由于在承包人辖区内工作的发包人人员或非承包人雇用的其他人员的过失造成的人员伤害和财产损失，若其中含有承包人的部分责任时，应由监理人与发包人和承包人共同协商合理分担其赔偿费用。

（4）第三者责任险（包括发包人的财产）。承包人应以承包人和发包人的共同名义投保在工地及其毗邻地带的第三者人员伤害和财产损失的第三者责任险，其保险金额由双方协商确定。此项投保不免除承包人和发包人各自应负的在其管辖区内及其毗邻地带发生的第三者人员伤害和财产损失的赔偿责任，其赔偿费用应包括赔偿费、诉讼费和其他有关费用。

2. 12. 7   对各项保险的要求

（1）保险凭证和条件。承包人应在接到开工通知后的合同约定时间内向发包人提交按合同规定的各项保险单的副本，并通知监理人。保险单的条件应符合本合同的规定。

（2）保险单条件的变动。承包人需要变动保险单的条件时，应事先征得发包人同意，并通知监理人。

（3）未按规定投保的补救。若承包人在接到开工通知后的合同约定时间内未按合同规定的条件办理保险，则发包人可以代为办理，所需费用由承包人承担。

（4）遵守保险单规定的条件。发包人和承包人均应遵守保险单规定的条件，任何一方违反保险单规定的条件时，应赔偿另一方由此造成的损失。

2. 12. 8   风险控制与管理的主要措施

（1）明确风险控制与管理机构、职责。各参建单位设立风险管理专职机构，第一责任人为各参建单位现场负责人；依据工程建设项目风险事件的特点，定期分析、总结，不断完善符合项目特色的风险控制与管理措施；制定风险管理计划、目标，定期进行风险识别与更新工作；制定并落实有效的风险应对策略。

（2）风险控制与管理原则。①全面控制与管理的原则。风险控制与管理贯穿工程建设项目始终，并对关键、易发生风险的重点部位实行全方位、全天候控制与管理。②可知、可控、可承受的原则。对工程建设项目可能存在的风险事先预测，通过定性和定量分析、评估，制定风险应对策略，将风险降至可承受的范围内。③经济有效的原则。在同样安全的前提下，选择成本合理的风险控制与管理措施方案。

（3）风险处置方案。①风险回避方案。主要是通过严格的招标、投标程序，选择讲信用、守承诺，重合同、知名度较高的施工企业降低技术风险；严格控制工程分包，尤其是防止将工程分包给无资质的施工企业；在满足工程设计要求的条件下，尽可能回避地质条件复杂、拆迁困难的地域。②风险自留方案。根据工程实际情况，将不能回避和转移的风险留给自己承担，但需要进行周密的风险安排，尽可能将风险控制在较小的时间和空间内，或制定有效的预控措施，尽可能地化解风险。③风险转移方案。主要是工程保险，为工程合同的履行提供履约担保，化解风险程度和减少风险损失。

（4）风险分析。对每个潜在的风险源进行分析，主要包括：可能出现的潜在事故类型，风险因素，事故或事件触发的主要原因，事故后果，风险等级及风险防范措施等。

（5）编制风险应急预案。按相关规定编制专项安全施工组织设计、风险应急预案及各项风险、安全管理规章制度等。同时分标段编制《重大风险源及控制措施清单》，审查批准的施工单位编报的重大风险源专项施工方案（或控制措施计划）等。

（6）制定风险控制目标。根据工程建设项目施工的具体情况，拟定风险控制目标，主要内容有：无重大高处坠落、物体打击；无重大火灾、爆炸事故；无坍塌事故；无触电伤亡事故；无重大机械事故；杜绝损坏地下管线的事故；杜绝损坏机电设备的事故等。

（7）编制专项风险源控制与管理方案。主要内容有：工程概况、工程环境条件分析、风险因素及危害性分析、工程重点、难点、施工方案和主要施工工艺、保护措施、监测实施方案，监控量测控制指标和标准、专项预案、组织管理措施等，同时明确风险控制与管理的相关责任部门和直接责任人等。

（8）制定并严格执行操作控制规程。制定各项工种的安全生产操作规程，并确保严格执行；签订安全生产责任书，提高参建人员的安全生产意识；加大安全生产考核力度，对素质较差、责任心不强的操作人员采取必要的处罚措施。

（9）教育与培训。对所有进场施工人员进行安全技术培训、岗位技术操作培训、告知作业可能存在的危险性与防范措施等，经过考试合格后才可上岗。

（10）风险工程开工条件控制。开工前，各参建单位应完成的工作如下。①法人单位：施工安全设计交底，重大安全专项方案编制等；②监理单位：风险评估报告审查、风险控制监理实施细则编制等；③施工单位：施工环境调查、设计文件分析、风险识别、风险评估报告、安全专项方案编制、安全专项方案论证、风险源清单台账等。

（11）检查与巡视。①定期进行专项安全检查，加强对重大风险源安全状况的监督与监控，及时排除安全隐患。②设备进场与使用检查。进场设备良好无缺陷，有合格证、牌照齐全；大型施工机械有检修、维护等台账记录；使用过程中对大型施工机械设备经常进行检查、保养、调整、紧固；交叉作业时，操作前先给对方警示信号；设备闲置时间较长或经过暴风雨后，可能使强度、刚度、构件的稳定性等受到损害，再次使用前必须全面试验。③操作人员持证上岗检查。所有操作人员均持相应的岗位证书；离开特种作业岗位达 6 个月以上，未重新进行实际操作考核的，必须经确认合格后才可上岗作业；定期对特种作业岗位操作员进行体检，确保操作员身体状况适应工作环境。

（12）加强风险监控力度。各参建单位安排专人对发生概率较高和影响较大的潜在风险进行动态监控，随时分析风险影响程度和发展态势，及时掌握风险变化情况、评估风险控制与管理效果，报告预警信息，不断完善风险管理方案和应急预案，保证各方案的有效性和持续性，发生风险时，及时报告并积极处理。

（13）合理选址。确保危险源与居民区、办公场所、公共设施、工矿企业和其他工程项目施工工地的安全距离。

（14）接受监督。接受并配合政府主管部门定期对重大危险源进行监察、调查、评估和咨询。接到相关监督部门的整改意见通知书及时组织整改，并制定与落实避免再次出现相同问题的措施。

（15）资源、信息共享。水利工程建设项目实施过程中的风险与所有参与者（发包人、施工单位、设计单位、监理单位、设备供应商等）有关，因此，利用互相关联的关系，最大限度的整合工程项目建设相关各方的资源，加强技术、信息等各方面的合作，并形成战略联盟，实现资源、信息共享，有助于改革、创新、发展，有助于提升工程建设项目抵御风险的能力和提高风险控制与管理的水平。

（16）建立重大风险源档案。主要包括内容：重大环境风险源基本情况；控制措施和应急预案的编制情况；方案的审批记录；实施准备情况记录；实施过程记录（施工、监理记录）；实施过程中的方案变更记录；监控测量情况；总结评价等。

2.13　完工与缺陷责任期管理

2.13.1　工程质量评定与验收

（1）监理处应按有关规定进行工程质量评定，其主要职责应包括下列内容。

1）审查承包人填报的单元工程（工序）质量评定表的规范性、真实性和完整性，复核单元工程（工序）施工质量等级，由监理工程师核定质量等级并签证认可。

2）重要隐蔽单元工程及关键部位单元工程质量经承包人自评、监理处抽检后，按有关规定组成联合小组，共同检查核定其质量等级并填写签证表。

3）在承包人自评的基础上，复核分部工程的施工质量等级，报发包人认定。

4）参加发包人组织的单位工程外观质量评定组的检验评定工作；在承包人自评的基础上，结合单位工程外观质量评定情况，复核单位工程施工质量等级，报发包人认定。

5）单位工程质量评定合格后，统计并评定工程项目质量等级，报发包人认定。

（2）监理处应按照有关规定组织或参加工程验收，其主要职责应包括下列内容。

1）参加或受发包人委托主持分部工程验收，参加发包人主持的单位工程验收、水电站（泵站）中间机组启动验收和合同工程完工验收。

2）参加阶段验收、竣工验收，解答验收委员会提出的问题，并作为被验单位在验收鉴定书上签字。

3）按照工程验收有关规定提交工程建设监理工作报告，并准备相应的监理备查资料。

4）监督承包人按照分部工程验收、单位工程验收、合同工程完工验收、阶段验收等验收鉴定书中提出的遗留问题处理意见完成处理工作。

（3）分部工程验收中的主要监理工作应包括下列内容。

1）在承包人提出分部工程验收申请后，监理处应组织检查分部工程的完成情况、施工质量评定情况和施工质量缺陷处理情况，并审核承包人提交的分部工程验收资料。监理处应指示承包人对申请被验分部工程存在的问题进行处理，对资料中存在的问题进行补充、完善。

2）经检查分部工程符合有关验收规程规定的验收条件后，监理处应提请发包人或受发包人委托及时组织分部工程验收。

3）监理处在验收前应准备相应的监理备查资料。

4）监理处应监督承包人按照分部工程验收鉴定书中提出的遗留问题处理意见完成处理工作。

（4）单位工程验收中的主要监理工作应包括下列内容。

1）在承包人提出单位工程验收申请后，监理处应组织检查单位工程的完成情况和施工质量评定情况、分部工程验收遗留问题处理情况及相关记录，并审核承包人提交的单位工程验收资料。监理处应指示承包人对申请被验单位工程存在的问题进行处理，对资料中存在的问题进行补充、完善。

2）经检查单位工程符合有关验收规程规定的验收条件后，监理处应提请发包人及时组织单位工程验收。

3）监理处应参加发包人主持的单位工程验收，并在验收前提交工程建设监理工作报告，准备相应的监理备查资料。

4）监理处应监督承包人按照单位工程验收鉴定书中提出的遗留问题处理意见完成处理工作。

5）单位工程投入使用验收后，工程若由承包人代管，监理机构应协调合同双方按有关规定和合同约定办理相关手续。

（5）合同工程完工验收中的主要监理工作应包括下列内容。

1）承包人提出合同工程完工验收申请后，监理处应组织检查合同范围内的工程项目和工作的完成情况、合同范围内包含的分部工程和单位工程的验收情况、观测仪器和设备已测得初始值和施工期观测资料分析评价情况、施工质量缺陷处理情况、合同工程完工结算情况、场地清理情况、档案资料整理情况等。监理处应指示承包人对申请被验合同工程存在的问题进行处理，对资料中存在的问题进行补充、完善。

2）经检查已完合同工程符合施工合同约定和有关验收规程规定的验收条件后，监理处应提请发包人及时组织合同工程完工验收。

3）监理处应参加发包人主持的合同工程完工验收，并在验收前提交工程建设监理工作报告，准备相应的监理备查资料。

4）合同工程完工验收通过后，监理处应参加承包人与发包人的工程交接和档案资料移交工作。

5）监理处应监督承包人按照合同工程完工验收鉴定书中提出的遗留问题处理意见完成处理工作。

（6）监理处应审核承包人提交的合同工程完工申请，满足合同约定条件的，提请发包人签发合同工程完工证书。

（7）阶段验收中的主要监理工作应包括下列内容。

1）水电站（泵站）首（末）台机组启动或部分工程投入使用之前，监理处应核查承包人的阶段验收准备作，具备验收条件的，提请发包人安排阶段验收工作。

2）各项阶段验收之前，监理处应协助发包人检查阶段验收具备的条件，并提交阶段验收工程建设监理工作报告，准备相应的监理备查资料。

3）监理处应参加阶段验收，解答验收委员会提出的问题，并作为被验单位在阶段验收鉴定书上签字。

4）监理处应监督承包人按照阶段验收鉴定书中提出的遗留问题处理意见完成处理工作。

（8）监理处应协助发包人组织竣工验收自查，核查历次验收遗留问题的处理情况。

（9）竣工验收中的主要监理工作应包括下列内容。

1）在竣工技术预验收和竣工验收之前，监理处应提交竣工验收工程建设监理工作报告，并准备相应的监理备查资料。

2）监理处应派代表参加竣工技术预验收，向验收专家组报告工程建设监理情况，回答验收专家组提出的问题。

3）总监理工程师应参加工程竣工验收代表监理单位解答验收委员会提出的问题，并在竣工验收鉴定书上签字。

2.13.2 工程缺陷责任期的监理工作

（1）监理处应监督承包人按计划完成尾工项目，协助发包人验收尾工项目，并按合同约定办理付款签证。

（2）监理处应监督承包人对已完工程项目中所存在的施工质量缺陷进行修复。在承包人未能执行监理处的指示或未能在合理时间内完成修复工作时，监理处可建议发包人雇用他人完成施工质量缺陷修复工作，按合同约定确定责任及费用的分担。

（3）根据工程需要，监理处在缺陷责任期可适时调整人员和设施，除保留必要的外，其他人员和设施应撤离，或按照合同约定将设施移交发包人。

（4）监理处应审核承包人提交的缺陷责任终止期申请，满足合同约定条件的，提请发包人签发缺陷责任期终止证书。

（5）缺陷责任期。缺陷责任期自工程移交证书中写明的全部工程完工日开始算起，缺陷责任期限在专用合同条款中规定。在全部工程完工验收前，已经发包人提前验收的单位工程或部分工程，若未投入正常使用，其缺陷责任期亦按全部工程的完工日开始算起。

（6）缺陷责任期内监理工作。

1）缺陷责任期内，承包人应负责未移交的工程和工程设备的全部日常维护和缺陷修复工作，对已移交发包人使用的工程和工程设备，则应由发包人负责日常维护工作，但承包人应按移交证书中所列的缺陷修复清单进行修复，直至经监理人检验合格为止。

2）发包人在缺陷责任期期内使用工程和工程设备过程中，发现新的缺陷和损坏或原修复的缺陷部位或部件又遭损坏，则承包人应按监理人的指示负责修复，直至经监理人检验合格为止。监理人应会同发包人和承包人共同进行查验，若经查验确属由于承包人施工中隐存的或其他由于承包人责任造成的缺陷或损坏，应由承包人承担修复费用；若经查验确属发包人使用不当或其他由于发包人责任造成的缺陷或损坏，则应由发包人承担修复费用。

（7）缺陷责任期终止证书。在整个工程缺陷责任期满后的28d内，由发包人或授权监理人签署和颁发缺陷责任期终止证书给承包人。若缺陷责任期满后还有缺陷未修补，则承包人应按监理人的要求完成缺陷修复工作后，再发缺陷责任期终止证书。尽管颁发了缺陷责任期终止证书，发包人和承包人均应对缺陷责任期终止证书颁发前尚未履行的义务和责任负责。

2.14 资料整理

2.14.1 资料整理的分类

（1）综合类资料。项目批文、开工批文、《监理规划》《监理实施细则》、项目划分批文等。

（2）合同类资料。监理合同、施工承包合同、补充协议、各种采购合同、其他合同变更资料等。

（3）质量控制资料。项目划分及编码、质量评定汇总表、施工单位测量仪器鉴定证书、委托检测机构资质认定资料、工程原材料检测（包括跟踪检测、平行检测）资料统计、中间产品检测（砂、石、混凝土试块、砂浆试块等）资料统计、施工质量监理抽检记录、旁站监理记录、质量缺陷备案表、质量事故处理资料等。

（4）进度控制资料。合同工程开工通知、开工报审资料、合同工程开工批复、施工进度计划申报表与批复表、进度计划调整资料、要求赶工的《监理通知》及回复、工程延期申请及审批资料、工期延误的处理资料等。

（5）投资控制资料。工程投资计划、工程款支付申请、工程计量复核签证、工程款支付款证书、工程量增减文件及设计变更资料、索赔资料等。

（6）安全文明生产控制。实施安全监理过程中的过程资料，比如安全文明生产的规章制度、措施、检查资料、落实情况、各种安全要求的通知、安全细则、事故发生—报告—整改—处分及建议—教育等。

（7）管理类资料。项目总监理工程师委托书、项目监理处组成人员任命书、有关规程规范目录。

（8）其他资料。《监理通知》与回复单、报告单及批复表、联系单、《监理专题报告》《会议纪要》、收文发文登记、《监理日志》《监理月报》、险情处理记录、工程照片及声像资料等。

2.14.2　竣工图要求

竣工图是水利工程档案的重要组成部分，必须做到完整、准确、清晰、系统、修改规范、签字手续完备。施工单位应以单位工程或专业为单位编制竣工图。竣工图须由编制单位在图标上方空白处逐张加盖"竣工图章"，有关单位和责任人应严格履行签字手续。每套竣工图应附编制说明、鉴定意见及目录。根据《水利工程建设项目档案管理规定》（水利部水办〔2005〕480 号）、《水利工程建设项目档案验收管理办法的通知》（水利部水办〔2008〕366 号）等有关文件规定，施工单位应按以下要求编制竣工图。

（1）竣工图应完整、准确、清晰、规范、修改到位，真实反映项目竣工验收时的实际情况。

（2）施工单位按施工图施工，图纸没有变动的，在施工图上加盖竣工图章（图章尺寸为 60mm×80mm）。竣工图章内容包括"竣工图"字样、编制单位、编制人、技术负责人、编制日期、监理单位名称、监理人。

（3）图纸更改应符合更改、划改或圈改要求，在原图上更改的加盖图纸更改章，写明更改依据、日期、编号。如图纸变更面积超过 1/3 的应重新绘制竣工图。

（4）竣工图章应使用红色印泥，盖在标题栏附近空白处，各项内容填写清楚，不得代签，应用碳素墨水书写。

（5）不同版面竣工图统一折叠成 A4 幅面，图标栏露在外面。

（6）编制竣工图时应附编制说明，叙述竣工图编制原则、各专业目录及编制情况。

（7）一张更改通知单涉及多张图纸的，如果图纸不在同一卷册内，应将复印件附在有关卷册中，并说明原件在某卷。

（8）同一建筑物、构筑物重复的标准图、通用图可不编入竣工图中，但应在图纸目录中列出图号，指明该图所在位置并在编制说明中注明；不同建筑物、构筑物应分别编制。

（9）监理单位在做好监理移交竣工资料外，还应督促和协助各施工单位检查竣工图编制工作，发现不准确或短缺时要及时修补和补齐。

（10）各施工单位在编制竣工资料时，编制单位要另行编制项目变更文件汇总一览表，没有此表将不能移交竣工资料。

2.14.3　档案管理

（1）水利工程档案工作应贯穿于水利工程建设程序的各个阶段。即从水利工程建设前期就应进行文件材料的收集和整理工作；在签订有关合同、协议时，应对水利工程档案的收集、整理、移交提出明确要求；检查水利工程进度与施工质量时，要同时检查水利工程档案的收集、整理情况；在进行项目成果评审、鉴定和水利工程重要阶段验收与竣工验收时，要同时审查、验收工程档案的内容与质量，并作出相应的鉴定评语。

（2）各监理处应积极配合档案业务主管部门，认真履行监督、检查和指导职责，共同抓好水利工程档案工作。

（3）监理处在认真做好自身产生档案的收集、整理、保管工作的同时，配合发包人负责工程档案工作的人员，加强对各参建单位归档工作的监督、检查和指导。

（4）各参建单位应明确本单位相关部门和人员的归档责任，切实做好职责范围内水利工程档案的收集、整理、归档和保管工作；属于向发包人等单位移交的应归档文件材料，在完成收集、整理、审核工作后，应及时提交发包人。

（5）监理处档案管理人员须按要求将工作中形成的应归档文件材料，进行收集、整理、归档，如遇工作变动，须先交清原岗位应归档的文件材料。

（6）水利工程档案的质量是衡量水利工程质量的重要依据，因此，水利工程档案应接受质量管理部门的监督检查。凡参建单位未按规定要求提交工程档案的，不得通过验收或进行质量等级评定。工程档案达不到规定要求的，发包人不得返还其工程质量保证金。

（7）各监理处均应建立与工作任务相适应的、符合规范要求的专用档案库房，配备必要的档案装具和设备；所需费用由监理机构支付。

（8）各监理处应按照国家信息化建设的有关要求，充分利用新技术，开展水利工程档案数字化工作，建立工程档案数据库，大力开发档案信息资源，提高档案管理水平，为工程建设与管理服务。

2.14.4　归档与移交要求

（1）水利工程档案的保管期限分为永久、长期、短期三种。长期档案的实际保存期限，不得短于工程的实际寿命。

（2）发包人可结合工程实际情况，补充制定更加具体的工程档案归档范围及符合工程建设实际的工程档案分类方案。

（3）水利工程档案的归档工作，一般是由产生文件材料的单位或部门负责。总包单位对各分包单位提交的归档材料负有汇总责任。各参建单位技术负责人应对其提供档案的内容及质量负责；监理工程师对施工单位提交的归档材料应履行审核签字手续，监理处应向发包人提交对工程档案内容与整编质量情况的专题审核报告。

（4）水利工程文件材料的收集、整理应符合《科学技术档案案卷构成的一般要求》（GB/T 1182—2008）的规定。归档文件材料的内容与形式均应满足档案整理规范要求。即内容应完整、准确、系统；形式应字迹清楚、图样清晰、图表整洁、竣工图及声像材料须标注的内容应清楚、签字（章）手续完备，归档图纸应按《技术制图 复制图的折叠方法》（GB/T 10609.3—1989）要求统一折叠。

（5）水利工程建设声像档案是纸制载体档案的必要补充。参建单位应指定专人，负责各自产生的照片、胶片、录音、录像等声像材料的收集、整理、归档工作，归档的声像材料均应标注事由、时间、地点、人物、作者等内容。工程建设重要阶段、重大事件、事故，必须要有完整的声像材料归档。

（6）电子文件的整理、归档，参照《电子文件归档与管理规范》（GB/T 18894—2002）执行。

（7）发包人可根据实际需要，确定不同文件材料的归档份数，但应满足以下要求。

1）项目法人与运行管理单位应各保存 1 套较完整的工程档案材料（当二者为一个单位时，应异地保存 1 套）。

2）工程涉及多家运行管理单位时，各运行管理单位则只保存与其管理范围有关的工程档案材料。

3）当有关文件材料需由若干单位保存时，原件应由项目产权单位保存，其他单位保存复制件。

4）流域控制性水利枢纽工程或大江、大河、大湖的重要堤防工程，发包人应负责向流域机构档案馆移交 1 套完整的工程竣工图及工程竣工验收等相关文件材料。

5）工程档案的归档与移交必须编制档案目录。档案目录应为案卷级，并须填写工程档案交接单。交接双方应认真核对目录与实物，并由经手人签字、加盖单位现场机构公章确认。

6）工程档案的归档时间，可由项目法人根据实际情况确定。可分阶段在单位工程或单项工程完工后向项目法人归档，也可在主体工程全部完工后向项目法人归档。整个项目的归档工作和项目法人向有关单位的档案移交工作，应在工程竣工验收后 3 个月内完成。

2.14.5　档案验收

（1）水利工程档案验收是水利工程竣工验收的重要内容，应提前或与工程竣工验收同步进行。凡档案内容与质量达不到要求的水利工程，不得通过档案验收；未通过档案验收或档案验收不合格的，不得进行或通过工程的竣工验收。

（2）各级水行政主管部门组织的水利工程竣工验收，应有档案人员作为验收委员参加。水利部组织的工程验收，由水利部办公厅档案部门派员参加；流域机构或省级水行政主管部门组织的工程验收，由相应的档案管理部门派员参加；其他单位组织的有关工程项目的验收，由组织工程验收单位的档案人员参加。

（3）大中型水利工程在竣工验收前要进行档案专项验收，其他工程的档案验收应与工程竣工验收同步进行。档案专项验收可分为初步验收和正式验收。初步验收可由工程竣工验收主持单位委托相关单位组织进行；正式验收应由工程竣工验收主持单位的档案业务主管部门负责。

（4）水利工程在进行档案专项验收前，发包人应组织工程参建单位对工程档案的收集、整理、保管与归档情况进行自检，确认工程档案的内容与质量已达要求后，可向有关单位报送档案自检报告，并提出档案专项验收申请。

档案自检报告应包括：工程概况，工程档案管理情况，文件材料的收集、整理、归档与保管情况，竣工图的编制与整编质量，工程档案完整、准确、系统、安全性的自我评价等内容。

（5）档案专项验收的主持单位在收到申请后，可委托有关单位对其工程档案进行验收前检查评定，对具备验收条件的项目，应成立档案专项验收组进行验收。档案专项验收组由验收主持单位、国家或地方档案行政管理部门、地方水行政主管部门及有关流域机构等单位组成。必要时，可聘请相关单位的档案专家作为验收组成员参加验收。

（6）档案专项验收工作的步骤、方法与内容如下。

1）听取项目法人对有关工程建设情况和档案收集、整理、归档、移交、管理与保管情况的自检报告。

2）听取监理单位对项目档案整理情况的审核报告。

3）对验收前已进行档案检查评定的水利工程，还应听取被委托单位的检查评定意见。

4）查看现场（了解工程建设实际情况）。

5）根据水利工程建设规模，抽查各单位档案整理情况。抽查比例一般不得少于发包人应保存档案数量的 8%，其中竣工图不得少于一套竣工图总张数的 10%；抽查档案总量应在 200 卷以上。

6）验收组成员进行综合评议。

7）形成档案专项验收意见，并向项目法人和所有会议代表反馈。

8）验收主持单位以文件形式正式印发档案专项验收意见。

2.14.6 水利工程建设项目文件材料归档范围与保管期限

水利工程建设项目文件材料归档范围与保管期限见表 2.17。

表 2.17　　　　　　　　　水利工程建设项目文件材料归档范围与保管期限

序号	归　档　文　件	发包人	运行管理单位	流域机构档案馆	备注
		保管期限			
1	工程建设前期工作文件材料				
1.1	勘测设计任务书、报批文件及审批文件	永久	永久		
1.2	规划报告书、附件、附图、报批文件及审批文件	永久	永久		
1.3	项目建议书、附件、附图、报批文件及审批文件	永久	永久		
1.4	可行性研究报告书、附件、附图、报批文件及审批文件	永久	永久		
1.5	初步设计报告书、附件、附图、报批文件及审批文件	永久	永久		
1.6	各阶段的环境影响、水土保持、水资源评价等专项报告及批复文件	永久	永久		
1.7	各阶段的评估报告	永久	永久		
1.8	各阶段的鉴定、实验等专题报告	永久	永久		
1.9	招标设计文件	永久	永久		
1.10	技术设计文件	永久	永久		
1.11	施工图设计文件	长期	长期		
2	工程建设管理文件材料				
2.1	工程建设管理有关规章制度、办法	永久	永久		
2.2	开工报告及审批文件	永久	永久		
2.3	重要协调会议与有关专业会议的文件及相关材料	永久	永久		
2.4	工程建设大事记	永久	永久	永久	
2.5	重大事件、事故声像材料	长期	长期		
2.6	有关工程建设管理及移民工作的各种合同、协议书	长期	长期		
2.7	合同谈判记录、纪要	长期	长期		
2.8	合同变更文件	长期	长期		
2.9	索赔与反索赔材料	长期			
2.10	工程建设管理涉及的有关法律事务往来文件	长期	长期		
2.11	移民征地申请、批准文件及红线图（包括土地使用证）、行政区域图、坐标图	永久	永久		
2.12	移民拆迁规划、安置、补偿及实施方案和相关的批准文件	永久	永久		
2.13	各种专业会议记录	长期	*长期		
2.14	专业会议纪要	永久	*永久	*永久	
2.15	有关领导的重要批示	永久	永久		
2.16	有关工程建设计划、实施计划和调整计划	长期			
2.17	重大设计变更及审批文件	永久	永久	永久	
2.18	有关质量及安全生产事故处理文件材料	长期	长期		
2.19	有关招标技术设计、施工图设计及其审查文件材料	长期	长期		
2.20	有关投资、进度、质量、安全、合同等控制文件材料	长期			

序号	归 档 文 件	保管期限			备注
		发包人	运行管理单位	流域机构档案馆	
2.21	招标文件、招标修改文件、招标补遗及答疑文件	长期			
2.22	投标书、资质资料、履约类保函、委托授权书和投标澄清文件、修正文件	永久			
2.23	开标、评标会议文件及中标通知书	长期			
2.24	环保、档案、防疫、消防、人防、水土保持等专项验收的请示、批复文件	永久	永久		
2.25	工程建设不同阶段产生的有关工程启用、移交的各种文件材料	永久	永久	＊永久	
2.26	出国考察报告及外国技术人员提供的有关文件材料	永久			
2.27	项目法人在工程建设管理方面与有关单位（含外商）的重要来往函电	永久			
3	施工文件材料				
3.1	工程技术要求、技术交底、图纸会审纪要	长期	长期		
3.2	施工计划、技术、工艺、安全措施等施工组织设计报批及审核文件	长期	长期		
3.3	建筑原材料出厂证明、质量鉴定、复验单及试验报告	长期	长期		
3.4	设备材料、零部件的出厂证明（合格证）、材料代用核定审批手续、技术核定单、业务联系单、备忘录等	长期			
3.5	设计变更通知、工程更改洽商单等	永久	永久	永久	
3.6	施工定位（水准点、导线点、基准点、控制点等）测量、复核记录	永久	永久		
3.7	施工放样记录及有关材料	永久	永久		
3.8	地质勘探和土（岩）试验报告	永久	长期		
3.9	基础处理、基础工程施工、桩基工程、地基验槽记录	永久	永久		
3.10	设备及管线焊接试验记录、报告，施工检验、探伤记录	永久	长期		
3.11	工程或设备与设施强度、密闭性试验记录、报告	长期	长期		
3.12	隐蔽工程验收记录	永久	长期		
3.13	记载工程或设备变化状态（测试、沉降、位移、变形等）的各种监测记录	永久	长期		
3.14	各类设备、电气、仪表的施工安装记录，质量检查、检验、评定材料	长期	长期		
3.15	网络、系统、管线等设备、设施的试运行、调试、测试、试验记录与报告	长期	长期		
3.16	管线清洗、试压、通水、通气、消毒等记录、报告	长期	长期		
3.17	管线标高、位置、坡度测量记录	长期	长期		
3.18	绝缘、接地电阻等性能测试、校核记录	永久	长期		
3.19	材料、设备明细表及检验、交接记录	长期	长期		
3.20	电器装置操作、联动实验记录	短期	长期		
3.21	工程质量检查自评材料	永久	长期		
3.22	施工技术总结，施工预、决算	长期	长期		
3.23	事故及缺陷处理报告等相关材料	长期	长期		
3.24	各阶段检查、验收报告和结论及相关文件材料	永久	永久	＊永久	
3.25	设备及管线施工中间交工验收记录及相关材料	永久	长期		

续表

序号	归 档 文 件	保管期限			备注
		发包人	运行管理单位	流域机构档案馆	
3.26	竣工图（含工程基础地质素描图）	永久	永久	永久	
3.27	反映工程建设原貌及建设过程中重要阶段或事件的声像材料	永久	永久	永久	
3.28	施工大事记	长期	长期		
3.29	施工记录及施工日记	长期			
4	监理文件材料				
4.1	监理合同协议，监理大纲，监理规划、细则、采购方案、监造计划及批复文件	长期			
4.2	设备材料审核文件	长期			
4.3	施工进度、延长工期、索赔及付款报审材料	长期			
4.4	开（停、复、返）工令、许可证等	长期			
4.5	监理通知，协调会审纪要，监理工程师指令、指示，来往信函	长期			
4.6	工程材料监理检查、复检、实验记录、报告	长期			
4.7	监理日志、监理周（月、季、年）报、备忘录	长期			
4.8	各项控制、测量成果及复核文件	长期			
4.9	质量检测、抽查记录	长期			
4.10	施工质量检查分析评估、工程质量事故、施工安全事故等报告	长期	长期		
4.11	工程进度计划实施的分析、统计文件	长期			
4.12	变更价格审查、支付审批、索赔处理文件	长期			
4.13	单元工程检查及开工（开仓）签证，工程分部分项质量认证、评估	长期			
4.14	主要材料及工程投资计划、完成报表	长期			
4.15	设备采购市场调查、考察报告	长期			
4.16	设备制造的检验计划和检验要求、检验记录及试验、分包单位资格报审表	长期			
4.17	原材料、零配件等的质量证明文件和检验报告	长期			
4.18	会议纪要	长期	长期		
4.19	监理工程师通知单、监理工作联系单	长期			
4.20	有关设备质量事故处理及索赔文件	长期			
4.21	设备验收、交接文件，支付证书和设备制造结算审核文件	长期	长期		
4.22	设备采购、监造工作总结	长期	长期		
4.23	监理工作声像材料	长期	长期		
4.24	其他有关的重要来往文件	长期	长期		
5	工艺、设备材料（含国外引进设备材料）文件材料				
5.1	工艺说明、规程、路线、试验、技术总结	长期			
5.2	产品检验、包装、工装图、检测记录	长期			
5.3	采购工作中有关询价、报价、招投标、考察、购买合同等文件材料	长期			
5.4	设备、材料报关（商检、海关）、商业发票等材料	永久			
5.5	设备、材料检验、安装手册、操作使用说明书等随机文件	长期			
5.6	设备、材料出厂质量合格证明、装箱单、工具单、备品备件单等	短期			

续表

序号	归档文件	保管期限			备注
		发包人	运行管理单位	流域机构档案馆	
5.7	设备、材料开箱检验记录及索赔文件等材料	永久			
5.8	设备、材料的防腐、保护措施等文件材料	短期			
5.9	设备图纸、使用说明书、零部件目录	长期			
5.10	设备测试、验收记录	长期			
5.11	设备安装调试记录、测定数据、性能鉴定	长期			
6	科研项目文件材料				
6.1	开题报告、任务书、批准书	永久			
6.2	协议书、委托书、合同	永久			
6.3	研究方案、计划、调查研究报告	永久			
6.4	试验记录、图表、照片	永久			
6.5	实验分析、计算、整理数据	永久			
6.6	实验装置及特殊设备图纸、工艺技术规范说明书	永久			
6.7	实验装置操作规程、安全措施、事故分析	长期			
6.8	阶段报告、科研报告、技术鉴定	永久			
6.9	成果申报、鉴定、审批及推广应用材料	永久			
6.10	考察报告	永久			
7	生产技术准备、试生产文件材料				
7.1	技术准备计划	长期			
7.2	试生产管理、技术责任制等规定	长期			
7.3	开停车方案	长期			
7.4	设备试车、验收、运转、维护记录	长期			
7.5	安全操作规程、事故分析报告	长期			
7.6	运行记录	长期			
7.7	技术培训材料	长期			
7.8	产品技术参数、性能、图纸	长期			
7.9	工业卫生、劳动保护材料、环保、消防运行检测记录	长期			
8	财务、器材管理文件材料				
8.1	财务计划、投资、执行及统计文件	长期			
8.2	工程概算、预算、决算、审计文件及标底、合同价等说明材料	永久			
8.3	主要器材、消耗材料的清单和使用情况记录	长期			
8.4	交付使用的固定资产、流动资产、无形资产、递延资产清册	永久	永久		
9	竣工验收文件材料				
9.1	工程验收申请报告及批复	永久	永久	永久	
9.2	工程建设管理工作报告	永久	永久	永久	
9.3	工程设计总结（设计工作报告）	永久	永久	永久	
9.4	工程施工总结（施工管理工作报告）	永久	永久	永久	
9.5	工程监理工作报告	永久	永久	永久	

续表

序号	归　档　文　件	保管期限			备注
		发包人	运行管理单位	流域机构档案馆	
9.6	工程运行管理工作报告	永久	永久	永久	
9.7	工程质量监督工作报告（含工程质量检测报告）	永久	永久	永久	
9.8	工程建设声像材料	永久	永久	永久	
9.9	工程审计文件、材料、决算报告	永久	永久	永久	
9.10	环境保护、水土保持、消防、人防、档案等专项验收意见	永久	永久	永久	
9.11	工程竣工验收鉴定书及验收委员签字表	永久	永久	永久	
9.12	竣工验收会议其他重要文件材料及记载验收会议主要情况的声像材料	永久	永久	永久	
9.13	项目评优报奖申报材料、批准文件及证书	永久	永久	永久	

注　＊表示相关单位只保存与本单位有关或较重要的相关文件材料。

2.15　其他

2.15.1　纳税、严禁贿赂

（1）纳税。承包人应按有关法律、法规的规定纳税。除合同另有规定外，承包人应纳的税金包括在合同价格中。

（2）严禁贿赂。

1）严禁与本合同有关的单位和人员采用贿赂和类似的不正当竞争行为谋取不正当的利益。

2）若发现任何上述行为，发包人和承包人均应进行追查和处理，构成犯罪的提交司法部门处理。

2.15.2　化石和文物

（1）在施工场地发掘的所有化石、钱币、有价值的物品或文物、古建筑结构以及有地质或考古价值的其他遗物等均为国家财产。

（2）承包人应按国家文物管理的有关规定采取合理的保护措施，防止任何人员移动或损坏上述物品。

（3）一旦发现上述物品，应立即把发现的情况通知监理处，并按监理处的指示做好保护工作。由于采取保护措施而增加的费用和工期延误，监理处将依据承包人的合理要求及有关规定办理。

2.15.3　专利技术

（1）承包人应保障发包人免于承担工程所用的或与工程有关的任何材料、承包人设备、工程设备或施工工艺等方面因侵犯专利权等知识产权而引起的一切索赔和诉讼，保障发包人免于承担由此导致或与此有关的一切损害赔偿费、诉讼费和其他有关费用。但如果此类侵犯是由于遵照发包人的要求或发包人提供的设计或技术条款引起者除外。

（2）发包人要求采用的专利技术，应办理相应的申报审批手续，承包人则应按发包人的规定使用，并承担使用专利技术的一切试验工作。申报专利技术和试验所需的费用应由发包人承担。

（3）发包人应对承包人在投标中和合同执行过程中提交的标有密级的施工文件进行保密，应保障文件中涉及承包人自身拥有的专利等知识产权不因发包人的疏漏而遭损害。若由于发包人的责任或其人员的不正当行为造成对承包人专利和知识产权的侵害，则承包人有权要求发包人赔偿损失。

2.15.4　承包人的合理化建议

在合同实施过程中，承包人对发包人提供的施工图纸、技术条款及其他方面提出的合理化建议应以书面形式提交监理处，建议的内容应包括建议的价值、对其他工程的影响和必要的设计原则、标准、计算和图纸等。监理处收到承包人的合理化建议后应会同发包人与有关单位研究后确定。若建议被采纳，需待监理处发出变更指示后方可实施，否则承包人仍应按原合同规定进行施工。若由于采用了承包人提出的合理化建议降低了合同价格，则发包人应酌情给予奖励。

2.15.5　合同生效和终止

（1）合同生效。除合同另有规定外，发包人和承包人的法定代表人或其授权代表在协议书上签字并盖公章后，合同生效。

（2）合同终止。承包人已将合同工程全部移交给发包人，且保修期满，发包人或被授权的监理处已颁发保修责任终止证书，合同双方均未遗留按合同规定应履行的义务时，合同自然终止。

第3章 工程验收与移交的监理工作

3.1 工程验收的监理工作

3.1.1 工程验收组织、依据与内容

（1）水利水电建设工程验收按验收主持单位可分为法人验收和政府验收。

（2）法人验收应包括分部工程验收、单位工程验收、水电站（泵站）中间机组启动验收、合同工程完工验收等；政府验收应包括阶段验收、专项验收、竣工验收等。验收主持单位可根据工程建设需要增设验收的类别和具体要求。

（3）工程验收应以下列文件为主要依据。

1）国家现行有关法律、法规、规章和技术标准。

2）有关主管部门的规定。

3）经批准的工程立项文件、初步设计文件、调整概算文件。

4）经批准的设计文件及相应的工程变更文件。

5）施工图纸及主要设备技术说明书等。

6）法人验收还应以施工合同为依据。

（4）工程验收应包括以下主要内容。

1）检查工程是否按照批准的设计进行建设。

2）检查已完工程在设计、施工、设备制造安装等方面的质量及相关资料的收集、整理和归档情况。

3）检查工程是否具备运行或进行下一阶段建设的条件。

4）检查工程投资控制和资金使用情况。

5）对验收遗留问题提出处理意见。

6）对工程建设做出评价和结论。

（5）政府验收应由验收主持单位组织成立的验收委员会负责；法人验收应由项目法人组织成立的验收工作组负责。验收委员会（工作组）由有关单位代表和有关专家组成。

验收的成果性文件是验收鉴定书，验收委员会（工作组）成员应在验收鉴定书上签字。对验收结论持有异议的，应将保留意见在验收鉴定书上明确记载并签字。

（6）工程验收结论应经2/3以上验收委员会（工作组）成员同意。

验收过程中发现的问题，其处理原则应由验收委员会（工作组）协商确定。主任委员（组长）对争议问题有裁决权。若1/2以上的委员（组员）不同意裁决意见时，法人验收应报请验收监督管理机关决定；政府验收应报请竣工验收主持单位决定。

（7）工程项目中需要移交非水利行业管理的工程，验收工作宜同时参照相关行业主管部门的有关规定。

（8）当工程具备验收条件时，应及时组织验收。未经验收或验收不合格的工程不得交付使用或进行后续工程施工。验收工作应相互衔接，不应重复进行。

（9）工程验收应在施工质量检验与评定的基础上，对工程质量提出明确结论意见。

（10）验收资料制备由项目法人统一组织，有关单位应按要求及时完成并提交。项目法人应对提交的验收资料进行完整性、规范性检查。

（11）验收资料分为应提供的资料和需备查的资料。有关单位应保证其提交资料的真实性并承担相应责任。验收资料目录分别见表 3.1 和表 3.2。

（12）工程验收的图纸、资料和成果性文件应按竣工验收资料要求制备。除图纸外，验收资料的规格宜为国际标准 A4（210mm×297mm）。文件正本应加盖单位印章且不得采用复印件。

（13）工程验收所需费用应计入工程造价，由项目法人列支或按合同约定列支。

（14）水利水电建设工程的验收除应遵守《水利水电建设工程验收规程》（SL 223—2008）外，还应符合国家现行有关标准的规定。

（15）《水利水电建设工程验收规程》（SL 223—2008）适用于由中央、地方财政全部投资或部分投资建设的大中型水利水电建设工程（含 1、2、3 级堤防工程）的验收，其他水利水电建设工程的验收可参照执行。

3.1.2　工程验收监督管理

（1）水利部负责全国水利工程建设项目验收的监督管理工作。水利部所属流域管理机构（以下简称流域管理机构）按照水利部授权，负责流域内水利工程建设项目验收的监督管理工作。

县级以上地方人民政府水行政主管部门按照规定权限负责本行政区域内水利工程建设项目验收的监督管理工作。

（2）法人验收监督管理机关应对工程的法人验收工作实施监督管理。由水行政主管部门或者流域管理机构组建项目法人的，该水行政主管部门或者流域管理机构是工程的法人验收监督管理机关；由地方人民政府组建项目法人的，该地方人民政府水行政主管部门是工程的法人验收监督管理机关。

（3）工程验收监督管理的方式应包括现场检查、参加验收活动、对验收工作计划与验收成果性文件进行备案等。

（4）水行政主管部门、流域管理机构以及法人验收监督管理机关可根据工作需要到工程现场检查工程建设情况、验收工作开展情况以及对接到的举报进行调查处理等。

（5）工程验收监督管理应包括以下主要内容：①验收工作是否及时；②验收条件是否具备；③验收人员组成是否符合规定；④验收程序是否规范；⑤验收资料是否齐全；⑥验收结论是否明确。

（6）当发现工程验收不符合有关规定时，验收监督管理机关应及时要求验收主持单位予以纠正，必要时可要求暂停验收或重新验收并同时报告竣工验收主持单位。

（7）法人验收监督管理机关应对收到的验收备案文件进行检查，不符合有关规定的备案文件应要求有关单位进行修改、补充和完善。

（8）项目法人应在开工报告批准后 60 个工作日内，制定法人验收工作计划，报法人验收监督管理机关备案。当对工程建设计划进行调整时，法人验收工作计划也应相应地进行调整并重新备案。法人验收工作计划内容要求见表 3.3。

（9）法人验收过程中发现的技术性问题原则上应按合同约定进行处理。合同约定不明确的，按国家或行业技术标准规定处理。当国家或行业技术标准暂无规定时，由法人验收监督管理机关负责协调解决。

3.1.3　分部工程验收

（1）分部工程验收应由项目法人（或委托监理单位）主持。验收工作组由项目法人、勘测、设计、监理、施工、主要设备制造（供应）商等单位的代表组成。运行管理单位可根据具体情况决定是否参加。

质量监督机构宜派代表列席大型枢纽工程主要建筑物的分部工程验收会议。

（2）大型工程分部工程验收工作组成员应具有中级及其以上技术职称或相应执业资格；其他工程的验收工作组成员应具有相应的专业知识或执业资格。参加分部工程验收的每个单位代表人数不宜超过 2 名。

（3）分部工程具备验收条件时，施工单位应向项目法人提交验收申请报告，其内容要求见表 3.4。项目法人应在收到验收申请报告之日起 10 个工作日内决定是否同意进行验收。

（4）分部工程验收应具备以下条件。

1）所有单元工程已完成。

2）已完单元工程施工质量经评定全部合格，有关质量缺陷已处理完毕或有监理机构批准的处理意见。

3）合同约定的其他条件。

（5）分部工程验收应包括以下主要内容。

1）检查工程是否达到设计标准或合同约定标准的要求。

2）评定工程施工质量等级。

3）对验收中发现的问题提出处理意见。

（6）分部工程验收应按以下程序进行。

1）听取施工单位工程建设和单元工程质量评定情况的汇报。

2）现场检查工程完成情况和工程质量。

3）检查单元工程质量评定及相关档案资料。

4）讨论并通过分部工程验收鉴定书。

（7）项目法人应在分部工程验收通过之日后 10 个工作日内，将验收质量结论和相关资料报质量监督机构核备。大型枢纽工程主要建筑物分部工程的验收质量结论应报质量监督机构核定。

（8）质量监督机构应在收到验收质量结论之日后 20 个工作日内，将核备（定）意见书面反馈项目法人。

（9）当质量监督机构对验收质量结论有异议时，项目法人应组织参加验收单位进一步研究，并将研究意见报质量监督机构。当双方对质量结论仍然有分歧意见时，应报上一级质量监督机构协调解决。

（10）分部工程验收遗留问题处理情况应有书面记录并有相关责任单位代表签字，书面记录应随分部工程验收鉴定书一并归档。

（11）分部工程验收鉴定书格式见表 3.5。正本数量可按参加验收单位、质量和安全监督机构各一份以及归档所需要的份数确定。自验收鉴定书通过之日起 30 个工作日内，由项目法人发送有关单位，并报送法人验收监督管理机关备案。

3.1.4　单位工程验收

（1）单位工程验收应由项目法人主持。验收工作组由项目法人、勘测、设计、监理、施工、主要设备制造（供应）商、运行管理等单位的代表组成。必要时，可邀请上述单位以外的专家参加。

（2）单位工程验收工作组成员应具有中级及其以上技术职称或相应执业资格，每个单位代表人数不宜超过 3 名。

（3）单位工程完工并具备验收条件时，施工单位应向项目法人提出验收申请报告，其格式见附表 3.4。项目法人应在收到验收申请报告之日起 10 个工作日内决定是否同意进行验收。

（4）项目法人组织单位工程验收时，应提前 10 个工作日通知质量和安全监督机构。主要建筑物单位工程验收应通知法人验收监督管理机关。法人验收监督管理机关可视情决定是否列席验收会议，质量和安全监督机构应派员列席验收会议。

（5）单位工程验收应具备以下条件。

1）所有分部工程已完建并验收合格。

2）分部工程验收遗留问题已处理完毕并通过验收，未处理的遗留问题不影响单位工程质量评定并有处理意见。

3）合同约定的其他条件。

（6）单位工程验收应包括以下主要内容。

1）检查工程是否按批准的设计内容完成。

2）评定工程施工质量等级。

3）检查分部工程验收遗留问题处理情况及相关记录。

4）对验收中发现的问题提出处理意见。

（7）单位工程验收应按以下程序进行。

1）听取工程参建单位工程建设有关情况的汇报。

2）现场检查工程完成情况和工程质量。

3）检查分部工程验收有关文件及相关档案资料。

4）讨论并通过单位工程验收鉴定书。

（8）需要提前投入使用的单位工程应进行单位工程投入使用验收。单位工程投入使用验收由项目法人主持，根据工程具体情况，经竣工验收主持单位同意，单位工程投入使用验收也可由竣工验收主持单位或其委托的单位主持。

（9）单位工程投入使用验收除满足 3.1.4 节第（5）款的条件外，还应满足以下条件：①工程投入使用后，不影响其他工程正常施工，且其他工程施工不影响该单位工程安全运行；②已经初步具备运行管理条件，需移交运行管理单位的，项目法人与运行管理单位已签订提前使用协议书。

（10）单位工程投入使用验收除完成 3.1.4 节第（6）款的工作内容外，还应对工程是否具备安全运行条件进行检查。

（11）项目法人应在单位工程验收通过之日起 10 个工作日内，将验收质量结论和相关资料报质量监督机构核定。

（12）质量监督机构应在收到验收质量结论之日起 20 个工作日内，将核定意见反馈项目法人。

（13）当质量监督机构对验收质量结论有异议时，按 3.1.3 节第（9）款的规定执行。

（14）单位工程验收鉴定书格式见表 3.6。正本数量可按参加验收单位、质量和安全监督机构、法人验收监督管理机关各一份以及归档所需的份数确定。自验收鉴定书通过之日起 30 个工作日内，由项目法人发送有关单位，并报法人验收监督管理机关备案。

3.1.5　合同工程完工验收

（1）合同工程完成后，应进行合同工程完工验收。当合同工程仅包含一个单位工程（分部工程）时，宜将单位工程（分部工程）验收与合同工程完工验收一并进行，但应同时满足相应的验收条件。

（2）合同工程完工验收应由项目法人主持。验收工作组由项目法人以及与合同工程有关的勘测、设计、监理、施工、主要设备制造（供应）商等单位的代表组成。

（3）合同工程具备验收条件时，施工单位应向项目法人提出验收申请报告，其内容要求见表3.4。项目法人应在收到验收申请报告之日起20个工作日内决定是否同意进行验收。

（4）合同工程完工验收应具备以下条件。

1）合同范围内的工程项目已按合同约定完成。

2）工程已按规定进行了有关验收。

3）观测仪器和设备已测得初始值及施工期各项观测值。

4）工程质量缺陷已按要求进行处理。

5）工程完工结算已完成。

6）施工现场已经进行清理。

7）需移交项目法人的档案资料已按要求整理完毕。

8）合同约定的其他条件。

（5）合同工程完工验收应包括以下主要内容。

1）检查合同范围内工程项目和工作完成情况。

2）检查施工现场清理情况。

3）检查已投入使用工程运行情况。

4）检查验收资料整理情况。

5）鉴定工程施工质量。

6）检查工程完工结算情况。

7）检查历次验收遗留问题的处理情况。

8）对验收中发现的问题提出处理意见。

9）确定合同工程完工日期。

10）讨论并通过合同工程完工验收鉴定书。

（6）合同工程完工验收的工作程序可参照3.1.4节第（7）款的规定进行。

（7）合同工程完工验收鉴定书格式见表3.7。正本数量可按参加验收单位、质量和安全监督机构以及归档所需要的份数确定。自验收鉴定书通过之日起30个工作日内，由项目法人发送有关单位，并报送法人验收监督管理机关备案。

3.1.6　阶段验收

3.1.6.1　一般规定

（1）阶段验收应包括枢纽工程导（截）流验收、水库下闸蓄水验收、引（调）排水工程通水验收、水电站（泵站）首（末）台机组启动验收、部分工程投入使用验收以及竣工验收主持单位根据工程建设需要增加的其他验收。

（2）阶段验收应由竣工验收主持单位或其委托的单位主持。阶段验收委员会由验收主持单位、质量和安全监督机构、运行管理单位的代表以及有关专家组成；必要时，可邀请地方人民政府以及有关部门参加。

工程参建单位应派代表参加阶段验收，并作为被验收单位在验收鉴定书上签字。

（3）工程建设具备阶段验收条件时，项目法人应向竣工验收主持单位提出阶段验收申请报告，其内容要求见表3.8。竣工验收主持单位应自收到申请报告之日起20个工作日内决定是否同意进行阶段验收。

（4）阶段验收应包括以下主要内容。

1）检查已完工程的形象面貌和工程质量。

2）检查在建工程的建设情况。

3）检查后续工程的计划安排和主要技术措施落实情况，以及是否具备施工条件。

4）检查拟投入使用工程是否具备运行条件。

5）检查历次验收遗留问题的处理情况。

6）鉴定已完工程施工质量。

7）对验收中发现的问题提出处理意见。

8）讨论并通过阶段验收鉴定书。

（5）大型工程在阶段验收前，验收主持单位根据工程建设需要，可成立专家组先进行技术预验收。

（6）技术预验收工作可参照 3.1.8.4 节的规定进行。

（7）阶段验收的工作程序可参照 3.1.8.5 节相关规定进行。

（8）阶段验收鉴定书格式见表 3.9。数量按参加验收单位、法人验收监督管理机关、质量和安全监督机构各一份以及归档所需要的份数确定。自验收鉴定书通过之日起 30 个工作日内，由验收主持单位发送有关单位。

3.1.6.2 枢纽工程导（截）流验收

（1）枢纽工程导（截）流前，应进行导（截）流验收。

（2）导（截）流验收应具备以下条件。

1）导流工程已基本完成，具备过流条件，投入使用（包括采取措施后）不影响其他未完工程继续施工。

2）满足截流要求的水下隐蔽工程已完成。

3）截流设计已获批准，截流方案已编制完成，并做好各项准备工作。

4）工程度汛方案已经有管辖权的防汛指挥部门批准，相关措施已落实。

5）截流后壅高水位以下的移民搬迁安置和库底清理已完成并通过验收。

6）有航运功能的河道，碍航问题已得到解决。

（3）导（截）流验收应包括以下主要内容。

1）检查已完水下工程、隐蔽工程、导（截）流工程是否满足导（截）流要求。

2）检查建设征地、移民搬迁安置和库底清理完成情况。

3）审查导（截）流方案，检查导（截）流措施和准备工作落实情况。

4）检查为解决碍航等问题而采取的工程措施落实情况。

5）鉴定与截流有关已完工程施工质量。

6）对验收中发现的问题提出处理意见。

7）讨论并通过阶段验收鉴定书。

（4）工程分期导（截）流时，应分期进行导（截）流验收。

3.1.6.3 水库下闸蓄水验收

（1）水库下闸蓄水前，应进行下闸蓄水验收。

（2）下闸蓄水验收应具备以下条件。

1）挡水建筑物的形象面貌满足蓄水位的要求。

2）蓄水淹没范围内的移民搬迁安置和库底清理已完成并通过验收。

3）蓄水后需要投入使用的泄水建筑物已基本完成，具备过流条件。

4）有关观测仪器、设备已按设计要求安装和调试，并已测得初始值和施工期观测值。

5）蓄水后未完工程的建设计划和施工措施已落实。

6）蓄水安全鉴定报告已提交。

7）蓄水后可能影响工程安全运行的问题已处理，有关重大技术问题已有结论。

8）蓄水计划、导流洞封堵方案等已编制完成，并做好各项准备工作。

9）年度度汛方案（包括调度运用方案）已经有管辖权的防汛指挥部门批准，相关措施已落实。

（3）下闸蓄水验收应包括以下主要内容。

1）检查已完工程是否满足蓄水要求。

2）检查建设征地、移民搬迁安置和库区清理完成情况。

3）检查近坝库岸处理情况。

4）检查蓄水准备工作落实情况。

5）鉴定与蓄水有关的已完工程施工质量。

6）对验收中发现的问题提出处理意见。

7）讨论并通过阶段验收鉴定书。

（4）工程分期蓄水时，宜分期进行下闸蓄水验收。

（5）拦河水闸工程可根据工程规模、重要性，由竣工验收主持单位决定是否组织蓄水（挡水）验收。验收工作可参照3.1.6.3节第（3）款的规定进行。

3.1.6.4　引（调）排水工程通水验收

（1）引（调）排水工程通水前，应进行通水验收。

（2）通水验收应具备以下条件。

1）引（调）排水建筑物的形象面貌满足通水的要求。

2）通水后未完工程的建设计划和施工措施已落实。

3）引（调）排水位以下的移民搬迁安置和障碍物清理已完成并通过验收。

4）引（调）排水的调度运用方案已编制完成；度汛方案已得到有管辖权的防汛指挥部门批准，相关措施已落实。

（3）通水验收应包括以下主要内容。

1）检查已完工程是否满足通水的要求。

2）检查建设征地、移民搬迁安置和清障完成情况。

3）检查通水准备工作落实情况。

4）鉴定与通水有关的工程施工质量。

5）对验收中发现的问题提出处理意见。

6）讨论并通过阶段验收鉴定书。

（4）工程分期（或分段）通水时，应分期（或分段）进行通水验收。

3.1.6.5　水电站（泵站）机组启动验收

（1）水电站（泵站）每台机组投入运行前，应进行机组启动验收。

（2）首（末）台机组启动验收应由竣工验收主持单位或其委托单位组织的机组启动验收委员会负责；中间机组启动验收应由项目法人组织的机组启动验收工作组负责。验收委员会（工作组）应有所在地区电力部门的代表参加。

根据机组规模情况，竣工验收主持单位也可委托项目法人主持首（末）台机组启动验收。

（3）机组启动验收前，项目法人应组织成立机组启动试运行工作组开展机组启动试运行工作。首（末）台机组启动试运行前，项目法人应将试运行工作安排报验收主持单位备案，必要时，验收主持单位可派专家到现场收集有关资料，指导项目法人进行机组启动试运行工作。

（4）机组启动试运行工作组应主要进行以下工作。

1）审查批准施工单位编制的机组启动试运行试验文件和机组启动试运行操作规程等。

2）检查机组及相应附属设备安装、调试、试验以及分部试运行情况，决定是否进行充水试验和空载试运行。

3）检查机组充水试验和空载试运行情况。

4）检查机组带主变压器与高压配电装置试验及负荷试验情况，决定是否进行机组带负荷连续运行。

5）检查机组带负荷连续运行情况。

6）检查带负荷连续运行结束后消缺处理情况。

7）审查施工单位编写的机组带负荷连续运行情况报告。

（5）机组带负荷连续运行应符合以下要求。

1）水电站机组带额定负荷连续运行时间为72h；泵站机组带额定负荷连续运行时间为24h或7d内累计运行时间为48h，包括机组无故障停机次数不少于3次。

2）受水位或水量限制无法满足上述要求时，经过项目法人组织论证并提出专门报告报验收主持单位批准后，可适当降低机组启动运行负荷以及减少连续运行的时间。

（6）首（末）台机组启动验收前，验收主持单位应组织进行技术预验收，技术预验收应在机组启动试运行完成后进行。

（7）技术预验收应具备以下条件。

1）与机组启动运行有关的建筑物基本完成，满足机组启动运行要求。

2）与机组启动运行有关的金属结构及启闭设备安装完成，并经过调试合格，可满足机组启动运行要求。

3）过水建筑物已具备过水条件，满足机组启动运行要求。

4）压力容器、压力管道以及消防系统等已通过有关主管部门的检测或验收。

5）机组、附属设备以及油、水、气等辅助设备安装完成，经调试合格并经分部试运转，满足机组启动运行要求。

6）必要的输配电设备安装调试完成，并通过电力部门组织的安全性评价或验收，送（供）电准备工作已就绪，通信系统满足机组启动运行要求。

7）机组启动运行的测量、监测、控制和保护等电气设备已安装完成并调试合格。

8）有关机组启动运行的安全防护措施已落实，并准备就绪。

9）按设计要求配备的仪器、仪表、工具及其他机电设备已能满足机组启动运行的需要。

10）机组启动运行操作规程已编制，并得到批准。

11）水库水位控制与发电水位调度计划已编制完成，并得到相关部门的批准。

12）运行管理人员的配备可满足机组启动运行的要求。

13）水位和引水量满足机组启动运行最低要求。

14）机组按要求完成带负荷连续运行。

（8）技术预验收应包括以下主要内容：①听取有关建设、设计、监理、施工和试运行情况报告；②检查评价机组及其辅助设备质量、有关工程施工安装质量，检查试运行情况和消缺处理情况；③对验收中发现的问题提出处理意见；④讨论形成机组启动技术预验收工作报告。

（9）首（末）台机组启动验收应具备以下条件：①技术预验收工作报告已提交；②技术预验收工作报告中提出的遗留问题已处理。

（10）首（末）台机组启动验收应包括以下主要内容：①听取工程建设管理报告和技术预验收

工作报告；②检查机组和有关工程施工和设备安装以及运行情况；③鉴定工程施工质量；④讨论并通过机组启动验收鉴定书。

（11）中间机组启动验收可参照首（末）台机组启动验收的要求进行。

（12）机组启动验收鉴定书格式见表3.10；机组启动验收鉴定书是机组交接和投入使用运行的依据。

3.1.6.6 部分工程投入使用验收

（1）项目施工工期因故拖延，并预期完成计划不确定的工程项目，部分已完成工程需要投入使用的，应进行部分工程投入使用验收。

（2）在部分工程投入使用验收申请报告中，应包含项目施工工期拖延的原因、预期完成计划的有关情况和部分已完成工程提前投入使用的理由等内容。

（3）部分工程投入使用验收应具备以下条件。

1）拟投入使用工程已按批准设计文件规定的内容完成并已通过相应的法人验收。

2）拟投入使用工程已具备运行管理条件。

3）工程投入使用后，不影响其他工程正常施工，且其他工程施工不影响部分工程安全运行（包括采取防护措施）。

4）项目法人与运行管理单位已签订部分工程提前使用协议。

5）工程调度运行方案已编制完成；度汛方案已经有管辖权的防汛指挥部门批准，相关措施已落实。

（4）部分工程投入使用验收应包括以下主要内容。

1）检查拟投入使用工程是否已按批准设计完成。

2）检查工程是否已具备正常运行条件。

3）鉴定工程施工质量。

4）检查工程的调度运用、度汛方案落实情况。

5）对验收中发现的问题提出处理意见。

6）讨论并通过部分工程投入使用验收鉴定书。

（5）部分工程投入使用验收鉴定书格式见表3.11；部分工程投入使用验收鉴定书是部分工程投入使用运行的依据，也是施工单位向项目法人交接和项目法人向运行管理单位移交的依据。

（6）提前投入使用的部分工程如有单独的初步设计，可组织进行单项工程竣工验收，验收工作参照3.1.8节有关规定进行。

3.1.7 专项验收

（1）工程竣工验收前，应按有关规定进行专项验收。专项验收主持单位应按国家和相关行业的有关规定确定。

（2）项目法人应按国家和相关行业主管部门的规定，向有关部门提出专项验收申请报告，并做好有关准备和配合工作。

（3）专项验收应具备的条件、验收主要内容、验收程序以及验收成果性文件的具体要求等应执行国家及相关行业主管部门有关规定。

（4）专项验收成果性文件应是工程竣工验收成果性文件的组成部分。

3.1.8 竣工验收

3.1.8.1 一般规定

（1）竣工验收应在工程建设项目全部完成并满足一定运行条件后1年内进行。不能按期进行竣工验收的，经竣工验收主持单位同意，可适当延长期限，但最长不得超过 6 个月。一定运行条件是指：①泵站工程经过一个排水或抽水期；②河道疏浚工程完成后；③其他工程经过 6 个月（或一个汛期）至 12 个月。

（2）工程具备验收条件时，项目法人应向竣工验收主持单位提出竣工验收申请报告，其内容要求见表 3.12。竣工验收申请报告应经法人验收监督管理机关审查后报竣工验收主持单位，竣工验收主持单位应自收到申请报告后 20 个工作日内决定是否同意进行竣工验收。

（3）工程未能按期进行竣工验收的，项目法人应提前 30 个工作日向竣工验收主持单位提出延期竣工验收专题申请报告。申请报告应包括延期竣工验收的主要原因及计划延长的时间等内容。

（4）项目法人编制完成竣工财务决算后，应报送竣工验收主持单位财务部门进行审查和审计部门进行竣工审计。审计部门应出具竣工审计意见。项目法人应对审计意见中提出的问题进行整改并提交整改报告。

（5）竣工验收分为竣工技术预验收和竣工验收两个阶段。

（6）大型水利工程在竣工技术预验收前，应按照有关规定进行竣工验收技术鉴定。中型水利工程，竣工验收主持单位可以根据需要决定是否进行竣工验收技术鉴定。

（7）竣工验收应具备以下条件。

1）工程已按批准设计全部完成。

2）工程重大设计变更已经有审批权的单位批准。

3）各单位工程能正常运行。

4）历次验收所发现的问题已基本处理完毕。

5）各专项验收已通过。

6）工程投资已全部到位。

7）竣工财务决算已通过竣工审计，审计意见中提出的问题已整改并提交了整改报告。

8）运行管理单位已明确，管理养护经费已基本落实。

9）质量和安全监督工作报告已提交，工程质量达到合格标准。

10）竣工验收资料已准备就绪。竣工验收主要工作报告格式及主要内容见表 3.14、表 3.15。

（8）工程有少量建设内容未完成，但不影响工程正常运行，且能符合财务有关规定，项目法人已对尾工做出安排的，经竣工验收主持单位同意，可进行竣工验收。

（9）竣工验收应按以下程序进行：①项目法人组织进行竣工验收自查；②项目法人提交竣工验收申请报告；③竣工验收主持单位批复竣工验收申请报告；④进行竣工技术预验收；⑤召开竣工验收会议；⑥印发竣工验收鉴定书。

3.1.8.2　竣工验收自查

（1）申请竣工验收前，项目法人应组织竣工验收自查。自查工作由项目法人主持，勘测、设计、监理、施工、主要设备制造（供应）商以及运行管理等单位的代表参加。

（2）竣工验收自查应包括以下主要内容。

1）检查有关单位的工作报告。

2）检查工程建设情况，评定工程项目施工质量等级。

3）检查历次验收、专项验收的遗留问题和工程初期运行所发现问题的处理情况。

4）确定工程尾工内容及其完成期限和责任单位。

5）对竣工验收前应完成的工作做出安排。

6）讨论并通过竣工验收自查工作报告。

（3）项目法人组织工程竣工验收自查前，应提前 10 个工作日通知质量和安全监督机构，同时向法人验收监督管理机关报告。质量和安全监督机构应派员列席自查工作会议。

（4）项目法人应在完成竣工验收自查工作之日起 10 个工作日内，将自查的工程项目质量结论和相关资料报质量监督机构核备。

（5）工程项目竣工验收自查工作报告格式见表 3.13。参加竣工验收自查的人员应在自查工作报告上签字。项目法人应自竣工验收自查工作报告通过之日起 30 个工作日内，将自查报告报法人验收监督管理机关。

3.1.8.3　工程质量抽样检测

（1）根据竣工验收的需要，竣工验收主持单位可以委托具有相应资质的工程质量检测单位对工程质量进行抽样检测。项目法人应与工程质量检测单位签订工程质量检测合同。检测所需费用由项目法人列支，质量不合格工程所发生的检测费用由责任单位承担。

（2）工程质量检测单位不得与参与工程建设的项目法人、设计、监理、施工、设备制造（供应）商等单位隶属同一经营实体。

（3）根据竣工验收主持单位的要求和项目的具体情况，项目法人应负责提出工程质量抽样检测的项目、内容和数量，经质量监督机构审核后报竣工验收主持单位核定。以堤防工程质量抽样检测为例，堤防工程质量抽检要求见表 3.16。

（4）工程质量检测单位应按照有关技术标准对工程进行质量检测，按合同要求及时提出质量检测报告并对检测结论负责。项目法人应自收到检测报告 10 个工作日内将检测报告报竣工验收主持单位。

（5）对抽样检测中发现的质量问题，项目法人应及时组织有关单位研究处理。在影响工程安全运行以及使用功能的质量问题未处理完毕前，不得进行竣工验收。

3.1.8.4　竣工技术预验收

（1）竣工技术预验收应由竣工验收主持单位组织的专家组负责。技术预验收专家组成员应具有高级技术职称或相应执业资格，2/3 以上成员应来自工程非参建单位。工程参建单位的代表应参加技术预验收，负责回答专家组提出的问题。

（2）竣工技术预验收专家组可下设专业工作组，并在各专业工作组检查意见的基础上形成竣工技术预验收工作报告。

（3）竣工技术预验收应包括以下主要内容。

1）检查工程是否按批准的设计完成。

2）检查工程是否存在质量隐患和影响工程安全运行的问题。

3）检查历次验收、专项验收的遗留问题和工程初期运行中所发现问题的处理情况。

4）对工程重大技术问题做出评价。

5）检查工程尾工安排情况。

6）鉴定工程施工质量。

7）检查工程投资、财务情况。

8）对验收中发现的问题提出处理意见。

（4）竣工技术预验收应按以下程序进行。

1）现场检查工程建设情况并查阅有关工程建设资料。

2）听取项目法人、设计、监理、施工、质量和安全监督机构、运行管理等单位工作报告。

3）听取竣工验收技术鉴定报告和工程质量抽样检测报告。

4）专业工作组讨论并形成各专业工作组意见。

5）讨论并通过竣工技术预验收工作报告。

6）讨论并形成竣工验收鉴定书初稿。

（5）竣工技术预验收工作报告应是竣工验收鉴定书的附件，其格式见表 3.17。

3.1.8.5　竣工验收

（1）竣工验收委员会可设主任委员 1 名，副主任委员以及委员若干名，主任委员应由验收主持单位代表担任。竣工验收委员会由竣工验收主持单位、有关地方人民政府和部门、有关水行政主管部门和流域管理机构、质量和安全监督机构、运行管理单位的代表以及有关专家组成。工程投资方代表可参加竣工验收委员会。

（2）项目法人、勘测、设计、监理、施工和主要设备制造（供应）商等单位应派代表参加竣工验收，负责解答验收委员会提出的问题，并作为被验收单位代表在验收鉴定书上签字。

（3）竣工验收会议应包括以下主要内容和程序。

1）现场检查工程建设情况及查阅有关资料。

2）召开大会：①宣布验收委员会组成人员名单；②观看工程建设声像资料；③听取工程建设管理工作报告；④听取竣工技术预验收工作报告；⑤听取验收委员会确定的其他报告；⑥讨论并通过竣工验收鉴定书；⑦验收委员会委员和被验收单位代表在竣工验收鉴定书上签字。

（4）工程项目质量达到合格以上等级的，竣工验收的质量结论意见为合格。

（5）竣工验收鉴定书格式见表 3.18。数量按验收委员会组成单位、工程主要参建单位各一份以及归档所需要份数确定。自鉴定书通过之日起 30 个工作日内，由竣工验收主持单位发送有关单位。

3.2　工程移交及遗留问题处理

3.2.1　工程交接

（1）通过合同工程完工验收或投入使用验收后，项目法人与施工单位应在 30 个工作日内组织专人负责工程的交接工作，交接过程应有完整的文字记录并有双方交接负责人签字。

（2）项目法人与施工单位应在施工合同或验收鉴定书约定的时间内完成工程及其档案资料的交接工作。

（3）工程办理具体交接手续的同时，施工单位应向项目法人递交工程质量保修书，其格式见表 3.19。保修书的内容应符合合同约定的条件。

（4）工程质量保修期从工程通过合同工程完工验收后开始计算，但合同另有约定的除外。

（5）在施工单位递交了工程质量保修书、完成施工场地清理以及提交有关竣工资料后，项目法人应在 30 个工作日内向施工单位颁发合同工程完工证书，其格式见表 3.20。

3.2.2　工程移交

（1）工程通过投入使用验收后，项目法人宜及时将工程移交运行管理单位管理，并与其签订工程提前启用协议。

（2）在竣工验收鉴定书印发后 60 个工作日内，项目法人与运行管理单位应完成工程移交手续。

（3）工程移交应包括工程实体、其他固定资产和工程档案资料等，应按照初步设计等有关批准文件进行逐项清点，并办理移交手续。

（4）办理工程移交，应有完整的文字记录和双方法定代表人签字。

3.2.3　验收遗留问题及尾工处理

（1）有关验收成果性文件应对验收遗留问题有明确的记载。影响工程正常运行的，不得作为验收遗留问题处理。

（2）验收遗留问题和尾工的处理由项目法人负责。项目法人应按照竣工验收鉴定书、合同约定等要求，督促有关责任单位完成处理工作。

（3）验收遗留问题和尾工处理完成后，有关单位应组织验收，并形成验收成果性文件。项目法人应参加验收并负责将验收成果性文件报竣工验收主持单位。

（4）工程竣工验收后，应由项目法人负责处理的验收遗留问题，项目法人已撤销的，由组建或批准组建项目法人的单位或其指定的单位处理完成。

3.2.4　工程竣工证书颁发

（1）工程质量保修期满后30个工作日内，项目法人应向施工单位颁发工程质量保修责任终止证书，其格式见表3.21。但保修责任范围内的质量缺陷未处理完成的除外。

（2）工程质量保修期满以及验收遗留问题和尾工处理完成后，项目法人应向工程竣工验收主持单位申请领取竣工证书。申请报告应包括以下内容：①工程移交情况；②工程运行管理情况；③验收遗留问题和尾工处理情况；④工程质量保修期有关情况。

（3）竣工验收主持单位应自收到项目法人申请报告后30个工作日内决定是否颁发工程竣工证书，其格式见表3.22（正本）和表3.23（副本）。颁发竣工证书应符合以下条件：①竣工验收鉴定书已印发；②工程遗留问题和尾工处理已完成并通过验收；③工程已全面移交运行管理单位管理。

（4）工程竣工证书是项目法人全面完成工程项目建设管理任务的证书，也是工程参建单位完成相应工程建设任务的最终证明文件。

（5）工程竣工证书数量按正本3份和副本若干份颁发，正本由项目法人、运行管理单位和档案部门保存，副本由工程主要参建单位保存。

3.3　缺陷责任期与资料验收归档的监理工作

3.3.1　合同责任

（1）建筑物等工程完工后未通过完工验收及正式移交发包人以前，监理机构应督促承包人负责建筑物等工程的管理、维护。

（2）对通过单位工程和阶段验收的工程项目，承包人仍然有维护、照管、保修的合同责任，直至完工验收。

（3）合同工程项目通过完工验收后，监理机构及时通知有关单位办理并签发工程交接证书。

（4）工程项目交接证书签发后，工程管理、维护的责任由发包人承担。

（5）合同中约定的其他事项。

3.3.2　缺陷责任期的主要监理工作

（1）缺陷责任期的起算、延长和终止。

1）监理处应按有关规定和施工合同约定，在工程移交证书中注明缺陷责任期的起算日期。

2）若缺陷责任期满后，仍存在施工期的质量缺陷未修复或有施工合同约定的其他事项时，监理处应在征得发包人同意后，作出相关的工程项目缺陷责任期延长的决定。

3）缺陷责任期或缺陷责任期延长期满，承包人提出缺陷责任期终止申请后，监理处应检查承包人是否按施工合同的约定，完成其全部工作内容，且经检验合格后，应及时办理工程项目缺陷责任期终止事宜。

4）合同中另有约定的按合同约定办理。

（2）缺陷责任期监理工作的主要内容如下。

1）督促承包人完成尾工项目，协助发包人进行验收和办理付款签证。

2）监督承包人对已完建设工程项目中所存在的施工质量缺陷进行处理。如承包人未执行监理工程师的指示或未能在合理时间内完成工程质量缺陷处理工作时，监理处可建议发包人雇请他人完成工程质量缺陷的修复工作，并协助处理因此项工作所发生的费用及对修复情况进行验收和记录。

3）对承包人合同工程的施工资料进行审查，并及时向发包人进行移交。

4）签发《完工付款/最终结清证书》。

5）缺陷责任期满后按合同约定签发缺陷责任期终止证书。

6）若该质量缺陷是由业主或运行管理单位的使用或管理不周造成的，监理处应受理承包人提出的追加费用付款申请。

7）缺陷责任期内，监理处可适时调整人员和设施，除保留必要的人员和设备外，其他人员和设备可撤离或将设施移交发包人。

3.3.3　资料验收及归档

1. 资料整理的要求

（1）资料应符合《建设工程文件归档整理规范》（GB/T 50328—2014）、《水利工程建设项目档案管理规定》（水办〔2005〕480 号）以及工程所在省工程档案验收管理办法等文件的要求。

（2）资料应完整真实、分类有序，能反映工程建设的全过程。

（3）各类监理用表必须符合相关规定，用词准确，记叙清楚，内容真实、准确，签字、盖章，代码规范，手续齐全。

2. 监理资料的分类

监理资料的分类见 2.14.1 节内容。

3. 施工单位资料的分类

（1）综合类资料。主要有项目经理部组成人员任命书、开工申请报告、施工组织设计、施工进度计划、施工方案、施工工艺、施工措施、测量仪器鉴定证书、委托检测机构资质认定资料、工程原材料及中间产品检测试验成果资料、施工机械性能及运行资料、工程设备出厂资料、开箱检查资料、施工日记、施工月报、施工原始记录、往来函件、会议记录、安全监测资料、施工大事记、事故处理报告等。

（2）施工质量评定资料。按批准的工程项目划分统计、汇总。

（3）竣工图纸。

4. 资料的管理

（1）指定专人随工程施工进展，及时做好合同资料的收集、整理和管理工作。

（2）总监理工程师应定期对监理资料管理工作进行检查、指导，并督促承包人按合同规定做好工程资料管理工作。

5．资料的移交

（1）各参建单位将本单位形成的工程文件资料按有关要求立卷，监理审查，并通过档案部门验收后向业主移交。

（2）完工验收后向业主递交真实、完整、规范的并通过档案部门验收的监理工作资料。

3.4　验收有关的资料与表格

表 3.1　　　　　　　　　　　　　　　验收应提供的资料清单

序号	资料名称	分部工程验收	单位工程验收	合同工程完工验收	机组启动验收	阶段验收	技术预验收	竣工验收	提供单位
1	工程建设管理工作报告		√	√	√	√	√	√	项目法人
2	工程建设大事记						√	√	项目法人
3	拟验工程清单、未完工程清单、未完工程的建设安排及完成时间		√	√	√	√			项目法人
4	技术预验收工作报告				*	*	√	√	专家组
5	验收鉴定书（初稿）				√	√	√	√	项目法人
6	度汛方案				*	√	√		项目法人
7	工程调度运用方案				√	√	√		项目法人
8	工程建设监理工作报告		√	√	√	√	√	√	监理机构
9	工程设计工作报告		√	√	√	√	√	√	设计单位
10	工程施工管理工作报告		√	√	√	√	√	√	施工单位
11	运行管理工作报告						√	√	运行管理单位
12	工程质量和安全监督报告				√	√	√	√	质量安全监督机构
13	竣工验收技术鉴定报告						*	*	技术鉴定单位
14	机组启动试运行计划文件				√				施工单位
15	机组试运行工作报告				√				施工单位
16	重大技术问题专题报告					*	*	*	项目法人

注　符号"√"表示"应提供"，符号"＊"表示"宜提供"或"根据需要提供"。

表 3.2　　　　　　　　　　　　　　　验收应准备的备查档案资料清单

序号	资料名称	分部工程验收	单位工程验收	合同工程完工验收	机组启动验收	阶段验收	技术预验收	竣工验收	提供单位
1	前期工作文件及批复文件		√	√	√	√	√	√	项目法人
2	主管部门批文		√	√	√	√	√	√	项目法人
3	招标投标文件		√	√	√	√	√	√	项目法人
4	合同文件		√	√	√	√	√	√	项目法人
5	工程项目划分资料	√	√	√	√	√	√	√	项目法人
6	单元工程质量评定资料	√	√	√	√	√	√	√	施工单位
7	分部工程质量评定资料		√	*	√	√	√	√	项目法人
8	单位工程质量评定资料		√	*	√	√	√	√	项目法人
9	工程外观质量评定资料		√		√	√	√	√	项目法人
10	工程质量管理有关文件	√	√	√	√	√	√	√	参建单位

续表

序号	资 料 名 称	分部工程验收	单位工程验收	合同工程完工验收	机组启动验收	阶段验收	技术预验收	竣工验收	提供单位
11	工程安全管理有关文件	√	√	√	√	√	√	√	参建单位
12	工程施工质量检验文件	√	√	√	√	√	√	√	施工单位
13	工程监理资料	√	√	√	√	√	√	√	监理机构
14	施工图设计文件		√	√	√	√	√	√	设计单位
15	工程设计变更资料	√	√	√	√	√	√	√	设计单位
16	竣工图纸		√	√		√	√	√	施工单位
17	征地移民有关文件		√			√	√	√	承担单位
18	重要会议记录	√	√	√	√	√	√	√	项目法人
19	质量缺陷备案表	√	√	√	√	√	√	√	监理机构
20	安全、质量事故资料	√	√	√	√	√	√	√	项目法人
21	阶段验收鉴定书						√	√	项目法人
22	竣工决算及审计资料						√	√	项目法人
23	工程建设中使用的技术标准	√	√	√	√	√	√	√	参建单位
24	工程建设标准强制性条文	√	√	√	√	√	√	√	参建单位
25	专项验收有关文件						√	√	项目法人
26	安全、技术鉴定报告					√	√	√	项目法人
27	其他档案资料	根据需要由有关单位提供							

注 符号"√"表示"应提供",符号"＊"表示"宜提供"或"根据需要提供"。

表 3.3 法人验收工作计划内容要求

序 号	内 容 要 求
1	工程概况
2	工程项目划分
3	工程建设总进度计划
4	法人验收工作计划

表 3.4 法人验收申请报告内容要求

序 号	内 容 要 求
1	验收范围
2	工程验收条件的检查结果
3	建议验收时间

表 3.5 分部工程验收鉴定书格式

编号：

×××××工程

××××分部工程验收

鉴 定 书

单位工程名称：

××××分部工程验收工作组

年 月 日

前言（包括验收依据、组织机构、验收过程等）
一、分部工程开工完工日期
二、分部工程建设内容
三、施工过程及完成的主要工程量
四、质量事故及质量缺陷处理情况
五、拟验工程质量评定（包括单元工程、主要单元工程个数、合格率和优良率；施工单位自评结果；监理单位复核意见；分部工程质量等级评定意见）
六、验收遗留问题及处理意见
七、结论
八、保留意见（保留意见人签字）
九、分部工程验收工作组成员签字表
十、附件：验收遗留问题处理记录

表 3.6 　　　　　　　　　　　　　**单位工程验收鉴定书格式**

×××××工程
××××单位工程验收

鉴 定 书

××××单位工程验收工作组
年　　月　　日

验收主持单位：
法人验收监督管理机构：
项目法人：
代建机构（如有时）：
设计单位：
监理单位：
施工单位：
主要设备制造（供应）商单位：
质量和安全监督机构：
运行管理单位：
验收时间：　　　年　　　月　　　日
验收地点：

前言（包括验收依据、组织机构、验收过程等）
一、单位工程概况
　　（一）单位工程名称及位置
　　（二）单位工程主要建设内容
　　（三）单位工程建设过程（包括工程开工、完工时间，施工中采取的主要措施等）
二、验收范围
三、单位工程完成情况和完成的主要工程量
四、单位工程质量评定表
　　（一）分部工程质量评定
　　（二）工程外观质量评定
　　（三）工程质量检测情况
　　（四）单位工程质量等级评定意见
五、分部工程验收遗留问题处理情况
六、运行准备情况（投入使用验收需要此部分）
七、存在的主要问题及处理意见
八、意见和建议
九、结论
十、保留意见（保留意见人签字）
十一、单位工程验收工作组成员签字表

表 3.7 合同工程完工验收鉴定书格式

×××××工程 ××××合同工程完工验收 （合同名称及编号） 鉴　定　书 ××××合同工程完工验收工作组 年　月　日

项目法人： 代建机构（如有时）： 设计单位： 监理单位： 施工单位： 主要设备制造（供应）商单位： 质量和安全监督机构： 运行管理单位： 验收时间：　　　年　月　　日 验收地点：

前言（包括验收依据、组织机构、验收过程等） 一、合同工程概况 　（一）合同工程名称及位置 　（二）合同工程主要建设内容 　（三）合同工程建设过程 二、验收范围 三、合同执行情况（包括合同管理、工程完成情况和完成的主要工程量、结算情况等） 四、合同工程质量评定 五、历次验收遗留问题处理情况 六、存在的主要问题及处理意见 七、意见和建议 八、结论 九、保留意见（保留意见人签字） 十、合同工程验收工作组成员签字表 十一、附件：施工单位向项目法人移交资料目录

表 3.8 阶段验收申请报告内容要求

序　号	内　容　要　求
1	工程基本情况
2	工程验收条件的检查结果
3	工程验收准备工作情况
4	建议验收时间、地点和参加单位

表 3.9 阶段验收鉴定书格式

×××××工程 ××××阶段验收 鉴　定　书 ××××工程××××阶段验收委员会 年　月　日

验收主持单位：
法人验收监督管理机关：
项目法人：
代建机构（如有时）：
设计单位：
监理单位：
主要施工单位：
主要设备制造（供应）商单位：
质量和安全监督机构：
运行管理单位：
验收时间：　　　年　　月　　日
验收地点：

前言（包括验收依据、组织机构、验收过程等）
一、工程概况
（一）工程位置及主要任务
（二）工程主要技术指标
（三）项目设计简况（包括设计审批情况，工程投资和主要设计工程量）
（四）项目建设简况（包括工程施工和完成工程量情况等）
二、验收范围和内容
三、工程形象面貌（对应验收范围和内容的工程完成情况）
四、工程质量评定
五、验收前已完成的工作（包括安全鉴定、移民搬迁安置和库底清理验收、技术预验收等）
六、截流（蓄水、通水等）总体安排
七、度汛和调度运行方案
八、未完工程建设安排
九、存在的主要问题及处理意见
十、建议
十一、结论
十二、验收委员会成员签字表
十三、附件：技术预验收工作报告（如有时）

表 3.10　　　　　　　　　　　机组启动验收鉴定书格式

××××××工程
机组启动验收
鉴　定　书
××××工程机组启动验收委员会（工作组）
年　　月　　日

验收主持单位：
法人验收监督管理机关：
项目法人：
代建机构（如有时）：
设计单位：
监理单位：
主要施工单位：
主要设备制造（供应）商单位：
质量和安全监督机构：
运行管理单位：
验收时间：　　　年　　月　　日
验收地点：

前言（包括验收依据、组织机构、验收过程等）
一、工程概况
　（一）工程主要建设内容
　（二）机组主要技术指标
　（三）机组及主要辅助设备设计、制造和安装情况
　（四）与机组启动有关工程形象面貌
二、验收范围和内容
三、工程质量评定
四、验收前已完成的工作（试运行、带负荷连续运行情况）
五、技术预验收情况
六、存在的主要问题及处理意见
七、建议
八、结论
九、验收委员会（工作组）成员签字表
十、附件：技术预验收工作报告（如有时）

表 3.11　　　　　　　　　　　　部分工程投入使用验收鉴定书格式

××××××工程

部分工程投入使用验收

鉴　定　书

××××××工程部分工程投入使用验收委员会

年　　月　　日

验收主持单位：
法人验收监督管理机关：
项目法人：
代建机构（如有时）：
设计单位：
监理单位：
主要施工单位：
主要设备制造（供应）商单位：
质量和安全监督机构：
运行管理单位：
验收时间：　　　　年　　　月　　　日
验收地点：

前言（包括验收依据、组织机构、验收过程等）
一、工程概况
　（一）工程名称及位置
　（二）工程主要建设内容
二、验收范围和内容
三、拟投入使用工程概况
　（一）工程主要建设内容
　（二）工程建设过程（包括工程开工、完工时间，施工中采取的主要措施等）
四、拟投入使用工程完成情况和完成的主要工程量
五、拟投入使用工程质量评定
　（一）工程质量评定
　（二）工程质量检测情况
六、验收遗留问题处理情况
七、调度运行方案、度汛方案
八、存在的主要问题及处理意见
九、建议
十、结论
十一、保留意见（保留意见人签字）
十二、部分工程投入使用验收委员会成员签字表

表 3.12　　　　　　　　　　　竣工验收申请报告内容要求

序　号	内　容　要　求
1	工程基本情况
2	竣工验收条件的检查结果
3	尾工情况及安排意见
4	验收准备工作情况
5	建议验收时间、地点和参加单位
6	附件：竣工验收自查工作报告

表 3.13　　　　　　　　　　工程项目竣工验收自查工作报告格式

×××××工程项目竣工验收
××××阶段验收

自 查 工 作 报 告

×××××工程项目竣工验收自查工作组
年　　月　　日

项目法人：
代建机构（如有时）：
设计单位：
监理单位：
主要施工单位：
主要设备制造（供应）商单位：
质量和安全监督机构：
运行管理单位：

前言（包括组织机构、自查工作过程等）
一、工程概况
（一）工程名称及位置
（二）工程主要建设内容
（三）工程建设过程
二、工程项目完成情况
（一）工程项目完成情况
（二）完成工程量与初设批复工程量比较
（三）工程验收情况
（四）工程投资完成及审计情况
（五）工程项目移交与运行情况
三、工程项目质量评定
四、验收遗留问题处理情况
五、尾工情况及安排意
六、存在的主要问题及处理意见
七、结论
八、工程项目竣工验收自查工作组成员签字表

表 3.14　　　　　　　　　　　竣工验收主要工作报告格式

×××××工程竣工验收

××××工 作 报 告

编制单位：
年　　月　　日

批准：
审定：
审核：
主要编写人员：

表 3.15　　　　　　　　　　　　竣工验收主要工作报告内容

报告类型	报　告　内　容	备　注
工程建设管理 工作报告	（1）工程概况	
	1）工程位置	
	2）立项、初设文件批复	
	3）工程建设任务及设计标准	
	4）主要技术特征指标	
	5）工程主要建设内容	
	6）工程布置	
	7）工程投资	
	8）主要工程量和总工期	
	（2）工程建设简况	
	1）施工准备	
	2）工程施工分标情况及参建单位	
	3）工程开工报告及批复	
	4）主要工程开完工日期	
	5）主要工程施工过程	
	6）主要设计变更	
	7）重大技术问题处理	
	8）施工期防汛度汛	
	（3）专项工程和工作	
	1）征地补偿和移民安置	
	2）环境保护工程	
	3）水土保持设施	
	4）工程建设档案	
	（4）项目管理	
	1）机构设置及工作情况	
	2）主要项目招标投标过程	
	3）工程概算与投资计划完成情况	
	①批准概算与实际执行情况	
	②年度计划安排	
	③投资来源、资金到位及完成情况	
	4）合同管理	
	5）材料及设备供应	
	6）资金管理与合同价款结算	
	（5）工程质量	
	1）工程质量管理体系和质量监督	

续表

报告类型	报 告 内 容	备 注
工程建设管理 工作报告	2) 工程项目划分	
	3) 质量控制和检测	
	4) 质量事故处理情况	
	5) 质量等级评定	
	(6) 安全生产与文明工地	
	(7) 工程验收	
	1) 单位工程验收	
	2) 阶段验收	
	3) 专项验收	
	(8) 蓄水安全鉴定和竣工验收技术鉴定	
	1) 蓄水安全鉴定（鉴定情况、主要结论）	
	2) 竣工验收技术鉴定（鉴定情况、主要结论）	
	(9) 历次验收、鉴定遗留问题处理情况	
	(10) 工程运行管理情况	
	1) 管理机构、人员和经费情况	
	2) 工程移交	
	(11) 工程初期运行及效益	
	1) 工程初期运行情况	
	2) 工程初期运行效益	
	3) 工程观测、监测资料分析	
	(12) 竣工财务决算编制与竣工审计情况	
	(13) 存在问题及处理意见	
	(14) 工程尾工安排	
	(15) 经验与建议	
	(16) 附件	
	1) 项目法人的机构设置及主要工作人员情况表	
	2) 项目建议书、可行性研究报告、初步设计等批准文件及调整批准文件	
工程建设大事记	(1) 工程建设有关批文、上级有关批示	(1) 根据水利工程建设程序，主要记载项目法人从委托设计、报批立项到竣工验收过程中对工程建设有较大影响的事件； (2) 工程建设大事记可单独成册，也可作为"工程建设管理工作报告"的附件
	(2) 设计重大变化	
	(3) 主管部门稽查和检查	
	(4) 有关合同协议的签订	
	(5) 建设过程中的重要会议	
	(6) 施工期度汛抢险及其他重要事件	
	(7) 主要项目的开工和完工情况	
	(8) 历次验收情况	
工程施工管理工作报告	(1) 工程概况	
	(2) 工程投标	
	(3) 施工进度管理	
	(4) 主要施工方法	
	(5) 施工质量管理	
	(6) 文明施工与安全生产	

续表

报告类型	报 告 内 容	备　注
工程施工管理工作报告	(7) 合同管理	
	(8) 经验与建议	
	(9) 附件	
	1) 施工管理机构设置及主要工作人员情况表	
	2) 投标时计划投入的资源与施工实际投入资源情况表	
	3) 工程施工管理大事记	
	4) 技术标准目录	
工程设计工作报告	(1) 工程概况	
	(2) 工程规划设计要点	
	(3) 工程设计审查意见落实	
	(4) 工程标准	
	(5) 设计变更	
	(6) 设计文件质量管理	
	(7) 设计服务	
	(8) 工程评价	
	(9) 经验与建议	
	(10) 附件	
	1) 设计机构设置和主要工作人员情况表	
	2) 工程设计大事记	
	3) 技术标准目录	
工程建设监理工作报告	(1) 工程概况	
	(2) 监理规划	
	(3) 监理过程	
	(4) 监理效果	
	(5) 工程评价	
	(6) 经验与建议	
	(7) 附件	
	1) 监理机构的设置与主要人员情况表	
	2) 工程建设监理大事记	
工程运行监理工作报告	(1) 工程概况	
	(2) 运行管理	
	(3) 工程初期运行	
	(4) 工程监测资料和分析	
	(5) 意见和建议	
	(6) 附件	
	1) 管理机构设立的批文	
	2) 机构设置情况和主要工作人员情况	
	3) 规章制度目录	
工程质量监督报告	(1) 工程概况	
	(2) 质量监督工作	
	(3) 参建单位质量管理体系	
	(4) 工程项目划分确认	
	(5) 工程质量检测	
	(6) 工程质量核备与核定	

报告类型	报 告 内 容	备 注
工程质量监督报告	(7) 工程质量事故和缺陷处理	
	(8) 工程项目质量结论意见	
	(9) 附件	
	1) 有关该工程项目质量监督人员情况表	
	2) 工程建设过程中质量监督意见（书面材料）汇总	
工程安全监督报告	(1) 工程概况	
	(2) 安全监督工作	
	(3) 参建单位安全管理体系	
	(4) 现场监督检查	
	(5) 安全生产事故处理情况	
	(6) 工程安全生产评价意见	
	(7) 附件	
	1) 有关该工程项目安全监督人员情况表	
	2) 工程建设过程中安全监督意见（书面材料）汇总	

表 3.16　　　　　　　　　　　　堤防工程质量抽检要求

工程类别	抽检内容	抽 检 要 求
土料填筑工程	干密度和外观尺寸	(1) 每 2000m 堤长至少抽检 1 个断面； (2) 每个断面至少抽检 2 层，每层不少于 3 点，且不得在堤防顶层取样； (3) 每个单位工程抽检样本点总数不得少于 20 个
干（浆）砌石工程	厚度、密实程度和平整度，必要时应拍摄图像资料	(1) 每 2000m 堤长至少抽检 3 点； (2) 每个单位工程至少抽检 3 点
混凝土预制块砌筑工程	预制块厚度、平整度和缝宽	(1) 每 2000m 堤长至少抽检 1 组，每组 3 点； (2) 每个单位工程至少抽检 1 组
垫层工程	垫层厚度及垫层铺设情况	(1) 每 2000m 堤长至少抽检 3 点； (2) 每个单位工程至少抽检 3 点
堤脚防护工程	断面复核	(1) 每 2000m 堤长至少抽检 3 个断面； (2) 每个单位工程至少抽检 3 个断面
混凝土防洪墙和护坡工程	混凝土强度	(1) 每 2000m 堤长至少抽检 1 组，每组 3 点； (2) 每个单位工程至少抽检 1 组
堤身截渗、堤基处理及其他工程	工程质量抽检的主要内容、要求及方法由工程质量监督机构提出方案报项目主管部门批准后实施	

表 3.17　　　　　　　　　　　　竣工技术预验收工作报告格式

×××××工程

竣工技术预验收工作报告

××××工程竣工技术预验收专家组

年　　月　　日

前言（包括验收依据、组织机构、验收过程等）

第一部分　工程建设

一、工程概况

（一）工程名称、位置

（二）工程主要任务和作用

（三）工程设计主要内容

1. 工程立项、设计批复文件

2. 设计标准、规模及主要技术经济指标

3. 主要建设内容及建设工期

二、工程施工过程

1. 主要工程开工、完工时间（附表）

2. 重大技术问题及处理

3. 重大设计变更

三、工程完成情况和完成的主要工程量

四、工程验收、鉴定情况

（一）单位工程验收

（二）阶段验收

（三）专项验收（包括主要结论）

（四）竣工验收技术鉴定（包括主要结论）

五、工程质量

（一）工程质量监督

（二）工程项目划分

（三）工程质量检测

（四）工程质量评定

六、工程运行管理

（一）管理机构、人员和经费

（二）工程移交

七、工程初期运行及效益

（一）工程初期运行情况

（二）工程初期运行效益

（三）初期运行监测资料分析

八、历次验收及相关鉴定提出的主要问题的处理情况

九、工程尾工安排

十、评价意见

第二部分　专项工程（工作）及验收

一、征地补偿和移民安置

（一）规划（设计）情况

（二）完成情况

（三）验收情况及主要结论

二、水土保持设施

（一）设计情况

（二）完成情况

（三）验收情况及主要结论

三、环境保护

（一）设计情况

（二）完成情况

（三）验收情况及主要结论

四、工程档案（验收情况及主要结论）

五、消防设施（验收情况及主要结论）

六、其他

第三部分　财务审计

一、概算批复

二、投资计划下达及资金到位

三、投资完成及交付资产

四、征地拆迁及移民安置资金

五、结余资金

六、预计未完工程投资及费用

七、财务管理

八、竣工财务决算报告编制

九、稽查、检查、审计

十、评价意见

第四部分　意见和建议

第五部分　结论

第六部分　竣工技术预验收专家组专家签名表

表 3.18　　　　　　　　　　　竣工验收鉴定书格式

×××××××工程竣工验收

鉴　定　书

×××××××工程竣工验收委员会

年　　月　　日

前言（包括验收依据、组织机构、验收过程等）

一、工程设计和完成情况

（一）工程名称及位置

（二）工程主要任务和作用

（三）工程设计主要内容

1. 工程立项、设计批复文件

2. 设计标准、规模及主要技术经济指标

3. 主要建设内容及建设工期

4. 工程投资及投资来源

（四）工程建设有关单位（可附表）

（五）工程施工过程

1. 主要工程开工、完工时间

2. 重大设计变更

3. 重大技术问题及处理情况

（六）工程完成情况和完成的主要工程量

（七）征地补偿及移民安置

（八）水土保持设施

（九）环境保护工程

二、工程验收及鉴定情况

（一）单位工程验收

（二）阶段验收

（三）专项验收

（四）竣工验收技术鉴定

三、历次验收及相关鉴定提出问题的处理情况

四、工程质量

　（一）工程质量监督
　（二）工程项目划分
　（三）工程质量抽检（如有时）
　（四）工程质量核定
五、概算执行情况
　（一）投资计划下达及资金到位
　（二）投资完成及交付资产
　（三）征地补偿和移民安置资金
　（四）结余资金
　（五）预计未完工程投资及预留费用
　（六）竣工财务决算报告编制
　（七）审计
六、工程尾工安排
七、工程运行管理情况
　（一）管理机构、人员和经费情况
　（二）工程移交
八、工程初期运行及效益
　（一）初期运行管理
　（二）初期运行效益
　（三）初期运行监测资料分析
九、竣工技术预验收
十、意见和建议
十一、结论
十二、保留意见（保留意见人签字）
十三、验收委员会委员和被验单位代表签字表
十四、附件：竣工技术预验收工作报告

表 3.19　　　　　　　　　　　**工程质量保修书格式**

×××××工程

质 量 保 修 书

施工单位：

年　月　日

×××××工程质量保修书

一、合同工程完工验收情况
二、质量保修的范围和内容
三、质量保修期
四、质量保修责任
五、质量保修费用
六、其他
施工单位：
法定代表人：（签字）

年　月　日

表 3.20　　　　　　　　　　**合同工程完工证书格式**

××××××工程
××××合同工程
（合同名称及编号）

完 工 证 书

项目法人：

年　月　日

项目法人：
代建机构（如有时）：
设计单位：
监理单位：
施工单位：
主要设备制造（供应）商单位：
运行管理单位：

合同工程完工证书

××××合同工程已于××××年××月××日通过了由××××主持的合同工程完工验收，现颁发合同工程完工证书。
项目法人：
法定代表人：（签字）

年　月　日

表 3.21　　　　　　　　　**工程质量保修责任终止证书**

××××××工程
（合同名称及编号）

质量保修责任终止证书

项目法人：

年　月　日

××××××工程

质量保修责任终止证书

××××××工程（合同名称及编号）质量保修期已于××××年××月××日期满，合同约定的质量保修责任已履行完毕，现颁发质量保修责任终止证书。
项目法人：
法定代表人：（签字）

年　月　日

表 3. 22　　　　　　　　　　　　**工程竣工证书格式（正本）**

×××××工程竣工证书

×××××工程已于××××年××月××日通过了由××××主持的竣工验收，现颁发工程竣工证书。

颁发机构：

年　　月　　日

注　正本证书外形尺寸：60cm×40cm（长×宽）。

表 3. 23　　　　　　　　　　　　**工程竣工证书格式（副本）**

×××××工程

竣　工　证　书

年　　月　　日

竣工验收主持单位：

法人验收监督管理机关：

项目法人：

项目代建机构（如有时）：

设计单位：

监理单位：

主要施工单位：

主要设备制造（供应）商单位：

运行管理单位：

质量和安全监督机构：

工程开工日期：　　　　年　　月　　日

竣工验收日期：　　　　年　　月　　日

×××××工程竣工证书

×××××工程已于××××年××月××日通过了由××××主持的竣工验收，现颁发工程竣工证书。

颁发机构：

年　　月　　日

3.5　水库除险加固工程单位工程验收工作报告编制

水库除险加固工程单位工程验收阶段工作报告，主要包括《工程建设管理工作报告》《工程建设大事记》《拟验工程清单、未完工程清单》《工程运用和度汛方案》《工程建设监理工作报告》《工程设计工作报告》《工程质量评定报告》《工程施工管理工作报告》《重大技术问题专题报告》《工程运行管理准备工作报告》《工程建设征地补偿及移民安置工作报告》（以上统称《报告》）《单位工程验收鉴定书（草稿）》等一系列工作报告和竣工图册，是水库除险加固工程建设各方辛勤劳动的结晶，是单位工程验收的重要依据。为了保证这一系列报告的规范性和高质量，加快编制报告的速度，根据《水利水电建设工程验收规程》（SL 223—2008），结合水库除险加固工程建设的实际情况，借鉴干堤加固工程验收工作报告的编制要求，特制订此编制要求。

3.5.1　编制要求

（1）《报告》应反映水库除险加固工程高水平的建设、设计、施工、监理、运行管理成果，要求内容翔实、数据准确、结论要实事求是，能据实反映工程建设的实际情况。

（2）《报告》文字表达应准确贴切、深入浅出、逻辑严谨，使用词语规范，避免产生不易理解或不同理解的文字表述，避免口语化。宜用文字说明的用文字，宜用图表表达的用图表。

（3）《报告》一律使用标准简化字，不得用生造字、繁体字或不标准的简化字。

3.5.2　编制规定

1. 封面颜色、纸质和格式

（1）为了便于区别，《报告》封面颜色规定如下。

1）单位工程验收资料之一。

《工程建设管理工作报告》——深红色

《拟验工程清单、未完工程清单》（编入《工程建设管理工作报告》）

《单位工程验收资料目录》（编入《工程建设管理工作报告》）

《工程建设大事记》（编入《工程建设管理工作报告》）

《工程运用和度汛方案》（编入《工程建设管理工作报告》）

2）单位工程验收资料之二。

《工程建设监理工作报告》——棕黄色

3）单位工程验收资料之三。

《工程设计工作报告》——淡灰色

4）单位工程验收资料之四。

《水利水电工程质量评定报告》——奶白色

5）单位工程验收资料之五。

《工程施工管理工作报告》——淡蓝色

6）单位工程验收资料之六。

《工程建设征地补偿及移民安置工作报告》——深蓝色

7）单位工程验收资料之七。

《单位工程验收鉴定书（草稿）》——浅绿色

（2）封面纸质采用180～200g的布纹纸或浮雕纸。

1）封面格式如下。

××××验收资料之×××　　（左上角）（4 号仿宋体）

××××水库除险加固工程　（工程名称）（一号楷体）

××××单位工程验收　（单位工程名称）（一号楷体）

工程建设管理工作报告（小一号黑体）

单位全称（三号仿宋）

××××年××月（三号仿宋）

2）内封页。内容同封面，纸质 80g。

2. 扉页内容

主要包括：批准、审查、校核、编写等相关情况说明。

3. 目录

编写至二级目录（章，节），如确有必要可编写至三级目录

例：1（一级标题，章）··（附上页码）

　　2 ··（附上页码）

　　2.1（二级标题，节）··（附上页码）

　　2.2 ··（附上页码）

　　2.3 ··（附上页码）

　　3 ··（附上页码）

　　4 ··（附上页码）

4. 标题层次及编号

章	节	小标题	项	分项
1				
2	2.1			
	2.2	2.2.1	(1)	1)
				2)
			(2)	
		2.2.2		
	2.3			

以上顺序不能颠倒和重复。凡属标题，后面不加标点，空一格排文字。各章版面以新一页开始，不要接在上一章的末页纸上。

《报告》为 A4 幅版面（210mm×297mm）（每页 24 行×30 字）。大标题用小 2 号黑体；"章"的编号顶格排，空一格排标题，3 号黑体；"节"的编号顶格排，空一格排标题，4 号黑体；小标题编号顶格排，空一格排标题，4 号宋体；正文 5 号宋体。例如：

1　工程概况

1.4　主要建设内容

1.4.1　大坝除险加固

（1）大坝基础防洪工程

1）坝基高喷工程

5. 标点符号

根据 1990 年 7 月 14 日中国语言文字工作委员会和国家新闻出版署联合颁布的标点符号用法规

定使用。例如：

波浪号（～）用于表示数字范围，占一格。

句号（。）表示陈述句末尾的停顿，占一格。不要用实心点（.）作句号。

6. 数字

（1）公历世纪、年代、月、日和时刻，记数和计量（包括正负整数、分数、小数、百分比、约数等），以及表序、表注、图注等一律用阿拉伯数字表示。例如：

1）20 世纪 90 年代。

2）1949 年 10 月 1 日（不能简写，如不能将 1949 年写成 49 年）。

3）48 300（4 位和 4 位以上的数字，采用国际通行的三节分位法，节与节之间空半个阿拉伯数字的位置）。

4）一个多位数的阿拉伯数字不能换行。

5）尾数零多的 5 位以上的数字，可用万、亿为单位。

如 185 000 000t 可改写成 1.85 亿 t 或 18 500 万 t，不能写成 1 亿 8500 万 t 或 1 亿 8 千 5 百万 t。

（2）数字作为词素构成定型的词、词组、惯用语、缩略语或具有修辞色彩的词句，以及邻近两个数字并列连用表示概数时，应使用汉字数字。例如：

"九五"计划、二三米、十之八九、七八十种等。

（3）"二"和"两"的用法：如果用作序数，应当用"二"，如"第二""二月份"等；如果与量词连用，应当用"两"，如"两个""两次"等。

（4）数字的增加可用倍数或用百分数表示，数字的减少不能用倍数，而只能用百分数表示。例如：

1）增加到 2 倍，即原来为 1，现在为 2。

2）增加（了）2 倍，即原来为 1，现在为 3。

3）降低到 80%，即原来为 100，现在为 80。

4）降低（了）80%，即原来为 100，现在为 20。

（5）表示偏差范围的数值按下列方式书写。

1）单位相同的参数范围，只需写出后一个参数的单位。例如：15～18m，不能写成 15m～18m；80±2mm，不能写成 80mm±2mm。

2）单位不完全相同的参数范围，每个参数的单位都要写出。例如：36°～42°18′。

3）百分数的范围，前一个参数的百分号不能省掉。例如：63%～67%，不能写成 63～67%；65%±2%，不能写成 65±2%。

4）$1.1 \times 10^3 \sim 1.3 \times 10^3$，不能写成 $1.1 \sim 1.3 \times 10^3$。

7. 计量单位

（1）计量单位一律采用《中华人民共和国法定计量单位》，不得使用英制和旧制单位。

（2）计量单位在图表和文字叙述中一般使用符号。叙述中若采用单位名称表示时，单位名称与单位符号顺序一致。例如：流量 $50m^3/s$ 的正确表达是"50 立方米每秒"，而不能写成"每秒 50 立方米"。

（3）应正确使用符号、代号和其名称。在文中不得使用符号代替符号名称或文字说明，示例如下表。

正确书写	不正确书写
混凝土每立方米质量	混凝土每 m^3 质量
宽度大于 2m 的断层	宽度>2m 的断层
测量结果以百分数表示	测量结果以%表示

8. 表格

（1）正文中的表格应只包含对形成报告要说明其观点有关的数值。表的正文不应与正文、插图相重复。一个表格只应表达一个主题，不应把性质不同的结果放在同一表格内。

表格要求表序、表名齐全。表格统一使用卡线表，两侧封口。表在正文中应至少引用 1 次。引用时须指明表序，如"见表 1.3.2""（表 1.3.2）"，而不要写"见下表"。表格要居中，表旁不串文，表格根据情况可横排或竖列；在一页内排不完的表需要在下页续排时，要重排表头，续排表顶线上应加排"续表×××"字样；大表格可采用横跨两个内页的通栏表格，或一页的超宽部分装订后按规格折叠。

（2）表格的组成与编制如下。

1）表序。表序按章节序编排，如第 1 章第 3 节第 2 表，其表序为"表 1.3.2"。

2）表名。

a. 表名要简明、具体、贴切。

b. 表中全部数值如为一种计量单位，可置于表格外，用圆括号括起来。

c. 表序与表名中间空一个字，与表序一起居中排。如表名数字多需转行时，表名上下行对齐起排。

（3）项目栏（包括项目名称、代号及量纲单位）。

1）文字要简明。

2）量纲名称后带或不带量纲符号全表须一致。

3）有几列的横排表达量名称时，量名称（或符号）置于上，量的单位符号用圆括号括起，置于下。

（4）表身。

1）重复出现的文字或计数、计量单位等，应移入项目栏内。

2）数字应上下对齐（一般以小数点为准），数字前有"＋""－"号者，或数字间有"～""/"号者，要以这些符号为准对齐。

3）数字相同时，应重复写出，不能用"同上""同左"代之。

4）全为文字时，居中排出。如文字较多需转行，头行应缩 1 格。文字须正确使用标点符号，但每段最后一律不用标点。

（5）脚注或说明。

1）脚注置于表下底线之外。

2）脚注编号顺序是从左至右，从上到下，用符号"＊，＊＊，…"表示，置于上标。

3）脚注文字前不要"注"字样。各项用分号连接，最后用句号。

4）说明文字前应有"说明："字样和标点，各项可连排，也可每项另起一行，最后用句号。

（6）表序和表名用 4 号黑体，项目栏和表身字体可根据需要自定。

9. 插图

（1）插图的基本要求。

1）插图的表达项目要齐全，线型、计量单位、符号、坐标、名词术语等应符合制图要求和专业标准。

2）图中文字以小 5 号字为宜。

3）插图要有图序、图名、图注（如果有）和图例（如果有），文字说明应简明扼要。

（2）插图的版式。

1）插图应在正文首先叙述的自然段序之后，以图文互见为佳。

2）插图居中编排，图旁不串文。图宽以不超过 14cm 为宜。图宽超过页宽的可竖排或横跨两个内页通栏排或一页的超宽部分装订后按规定折叠。

3）图序与表序一样以章节序编号，例如："图 1.3.2"。图序与图名之间空一格，图名长不超过图的宽度。如图名数字多，则回行齐肩编排，句末不加标点。

（3）图序和图名用 4 号黑体，图注文字用 5 号仿宋体。

（4）图例（如果有）在图序和图名的上方；图注则在其下方。图注文字回行时齐肩编排，图注序码与文字间用冒号"："，各项间连接用分号"；"，最后一个文字说明句末不加标点。

10．照片

（1）照片要清晰，最好用彩印，不能粘贴。

（2）说明正文内容的照片，按序号排序集中放在报告后面。照片序号按章节编排，如第一章第三节第二张照片，其序号为"照片 1.3.2"，并应在正文引用处注明。

（3）每张照片的文字说明要简明具体，序号与说明之间空一格，置于照片下方，居中排。

（4）序号用 4 号黑体，照片说明用 4 号仿宋体。

11．常见错别字举例（括号内是正确的）

园（圆）周　　予（预）报　　另（零）件　　仃（停）止
令（龄）期　　付（副）职　　复（覆）盖　　介（解）决
迁（遇）到　　磨（摩）擦　　邦（帮）助　　布（部）署
储（贮）藏　　澈（彻）底　　折（褶）皱　　坚（艰）巨
监（检）查　　沙（砂）石料

12．常用参数的计量单位

项　目	密　度	重　度	渗透系数	压缩系数	压缩模量
单　位	g/cm³	kN/m³	cm/s	MPa^{-1}	MPa
项　目	固结系数	凝聚力	摩擦角	弹性模量	承载力
单　位	cm²/s	MPa	（°）	MPa	MPa

13．竣工图纸

（1）竣工图纸是验收工程是否达到设计要求、今后维修养护加固的重要依据，必须认真、具实做好此项工作。每个单位工程的竣工图纸单独成册，图幅一般为 3 号。少数图幅较大的图纸可以加大折叠。为方便管理工作需要，可适当晒制散装蓝图存档。

（2）图纸要采用计算机成图，制版印刷，严禁使用复印图纸。建设管理单位要将计算机成图软盘刻录光盘存档。

（3）图角签名要全。一般图纸要有制图、校核、项目负责人、技术负责人签字，总图还要施工单位分管负责人签字。

（4）图序一般按平面图、纵横剖面图、结构图、细部图、钢筋图的顺序排列。

（5）图号一般采用"××—××—××—××"即"工程简称—单位工程简称（如坝、溢、输等）—专业（如水工、金属结构等）—编号"。

14．其他

竣工验收的各种主要报告编制大纲等略，请参考相应规范编写。

第4章 水利工程设备制造的监理工作

4.1 监理机构与监理人员

4.1.1 基本规定

（1）水利工程设备制造监理是指依法成立的工程设备制造监理单位，受项目法人委托，按照监理合同的约定，对水利工程设备制造的质量、进度和投资等实施监督和管理。

（2）从事水利工程设备制造监理的单位和个人，必须取得相应的资格证书。水利工程设备制造监理单位应严格按照监理资格证书中所明确的级别、业务范围和有效期开展业务。个人在取得水利工程设备制造监理人员的相应资格，并在水利工程设备制造监理单位注册后，方可从事水利工程设备制造监理业务。

（3）依据监理合同约定，以及设备制造项目的特点、制造数量和工艺的难易程度等综合因素，监理单位应组建设备制造监理处进驻设备制造现场，独立、公正、诚信、科学地全面履行设备制造监理工作。

（4）监理处由总监理工程师、监理工程师、监理员以及监理行政事务与辅助人员等组成，总监理工程师负责项目监理处的全面工作，监理单位对总监理工程师的聘任、调整与撤换均应事先得到建设单位的同意。

（5）遵守监理人员的职业道德、工作纪律和资格、岗位要求。

4.1.2 责任、义务和权利

1. 责任和义务

（1）执行国家和水利部的有关法律、法规、规章和水利工程设备的有关技术标准，坚持监理的科学性、公正性。

（2）按监理合同约定的职责范围，组建现场监理机构，派出专业配套、符合资格要求的监理人员进驻现场，认真、负责地开展监理工作，完成监理任务，并承担相应的监理责任。

（3）遵守监理工作的职业道德和行为规范，维护委托方和被监理方的合法权益；不得参与关系到监理单位利益或其他有利害关系的活动。

（4）监理方应按照作业程序及时到位，对过程进行动态跟踪监理。对项目执行中重要过程、关键部件的质量进行见证、检查、审核等控制。

（5）采取有效的手段，做好工程实施阶段各种信息的收集、整理和归档，并保证现场记录、试验、检验以及质量检查等资料的完整性和准确性。应认真做好《监理日记》，及时向发包人提交监理工作月度报告及监理业务范围内的专题报告。

（6）对委托方提供使用的设备、工具、资料文件等负责保管、使用。监理任务完成后，按委托方要求进行移交；不得泄漏委托方及被监理方的技术秘密。

（7）如因监理方违约或自身的过失造成工程质量问题或发包人的直接经济损失，应按合同的规定承担相应的经济责任。

（8）接受政府有关部门的监督和检查。

2．权利

（1）不受法律与监理合同约定以外因素的干预，独立公正地开展监理工作。

（2）按照监理合同从委托方获取有关资料和工作条件。

（3）设计、制造、工艺文件的审核确认权。只有经过监理方确认的设计文件和图纸，才能作为施工的依据。

（4）与设备形成有关的各阶段的管理权。对执行中重要过程、关键部件的质量控制进行见证、检查、审核，并签字通过。

（5）按照合同规定的金额范围权限，处置现场修改、变更的权力。

（6）按照合同规定发布开工、停工、返工和复工通知，发布停工和复工通知时应事先征得项目法人同意。

（7）对使用的材料、产品质量有检验权、确认权和否决权。

（8）设备制造款支付的审核和签认权。未经监理方的签字确认，项目法人不得支付任何设备制造款项。

（9）协调各方在有关设备质量和工作进度安排方面的权力。

（10）按监理合同约定获得设备制造监理费用。

4.1.3 监理人员主要职责

1．总监理工程师主要职责

（1）明确监理机构人员的分工和岗位职责，检查和监督监理人员的工作，根据制造项目的进展情况进行监理人员的调配。

（2）主持编写监理规划，审批监理实施细则。

（3）当合同文件允许分包时，审查分包单位的资质，并提出审查意见。

（4）签发监理机构的文件和指令见表 4.1～表 4.5。

表 4.1　　　　　　　　　　　　开 工 通 知 单

（设监第　　　号）

合同名称：　　　　　　　　　　　　　　合同编号：

致（设备制造单位）：

贵单位　　年　　月　　日报送的（　　　　　　　　　）项目设备制造开工申请（申请单编号：　　　　　）已通过审查，望在接到该开工通知单后（　　）天内适时安排开工。

监理机构：　　　　　　　　　签署人：

　　　　　　　　　　　　　　　　　　　日　期：　　年　　月　　日

主送：（设备制造单位）　　　　　　抄报：（建设单位）

表 4. 2 暂 时 停 工 通 知 单

（设监第　　号）

合同名称：　　　　　　　　　　　　　　　　　　　合同编号：

致（设备制造单位）： 　　由于本通知单所述原因，现通知贵单位于　　年　月　日　　时以前对（　　　　　　　　）项目设备制造工作暂时停止生产。 　　监理机构：　　　　　　　　签署人： 　　　　　　　　　　　　　　　　　　　　　　日　期：　　年　月　日	
生产暂停原因	
附注	

主送：（设备制造单位）　　　　　　　　抄报：（建设单位）

表 4. 3 复 工 通 知 单

（设监第　　号）

合同名称：　　　　　　　　　　　　　　　　　　　合同编号：

致（设备制造单位）： 　　鉴于（设监第　　号）停工通知单中所述设备（工序）制造暂停的因素已经消除，请贵单位于　　年　月　日　　时以前对（　　　　　　　　）项目设备制造工作恢复生产。 　　监理机构：　　　　　　　　签署人： 　　　　　　　　　　　　　　　　　　　　　　日　期：　　年　月　日	
附注	

主送：（设备制造单位）　　　　　　　　抄报：（建设单位）

表 4. 4 变 更 通 知 单

（设监第　　号）

合同名称：　　　　　　　　　　　　　　　　　　　合同编号：

致（设备制造单位）： 　　根据设备制造合同文件第　　　条合同变更的规定，决定对（　　　　　　）制造项目（　　　　　　　　　）部件予以部分变更，请据此执行。 　　监理机构：　　　　　　　　签署人： 　　　　　　　　　　　　　　　　　　　　　　日　期：　　年　月　日	
变更理由	
变更内容	
变更加工量	
支付方式	

主送：（设备制造单位）　　　　　　　　抄报：（建设单位）

表 4. 5 返 工 通 知 单

（设监第　　号）

合同名称：　　　　　　　　　　　　　　　　　　　合同编号：

致（设备制造单位）： 　　由于本通知单所述原因，通知你单位对（　　　　　　）制造项目（　　　　　　　　）部件按下列要求予以返工，并确保返工设备（部件）制造质量达到合格标准。 　　监理机构：　　　　　　　　签署人： 　　　　　　　　　　　　　　　　　　　　　　日　期：　　年　月　日	
返工原因	
返工要求	

主送：（设备制造单位）　　　　　　　　抄报：（建设单位）

（5）组织审查设备图样、工艺文件、质量措施和安全措施，审定制造单位提交的开工报告、施工组织设计和进度计划。

（6）主持或参与质量事故的调查、处理设计变更事宜、处理索赔、调解建设单位与设备制造单位的合同争议。

（7）负责编写监理工作总结报告。

2．监理工程师主要职责

监理工程师在总监理工程师的领导下，负责实施某一专业或某一方面的监理工作，其主要职责如下。

（1）负责编制监理实施细则。

（2）负责监理工作的具体实施，组织、指导、检查和监督本专业监理员的工作，当人员需要调整时，向总监理工程师提出建议。

（3）对制造单位报送的产品检验计划和检验方案进行审核，确认各阶段的检验时间、内容、方法、标准是否满足检验要求。

（4）按照产品检验计划及时对产品的检验进行见证。不合格品通知和见证记录表的格式见表4.6和表4.7。

表4.6 不 合 格 品 通 知 单
（设监第 号）

合同名称： 合同编号：

致（设备制造单位）： 　　经检查/试验表明贵单位生产（供应）的（ ）产品不符合合同技术规范要求，现要求对该产品进行（ ）处理。 　　监理机构： 签署人： 　　　　　　　　　　　　　　　　　　日 期： 年 月 日
第 号不合格产品通知单于 年 月 日收到，我们将根据该通知单重申的技术规范要求和监理工程师的意见进行整改。 　　设备制造单位： 签收人： 　　　　　　　　　　　　　　　　　　日 期： 年 月 日

一式两份，设备制造单位签收留一份，另一份退回监理机构存档。

表4.7 见 证 记 录 表
（设监第 号）

合同名称： 合同编号：

产品名称		产品编号			
部件名称		部件编号		部件图号	
监理地点		监理时间			
监理内容					
参加人员					
见证情况与结论	监理工程师： 　　　　　　　　　　日 期： 年 月 日				

（5）根据监理工作实施情况做好《监理日志》，定期向总监理工程师提交监理工作实施情况报告，对重大问题及时向总监理工程师汇报和请示。

（6）做好设备制造阶段各种有关信息资料的收集、整理和归档，编写监理月报以及监理工作专题报告和总结报告，签发监理通知单、监理联系单及监理月报。监理通知单表格格式见表 4.8。

表 4.8　　　　　　　　　　　　　监 理 通 知 单

（设监第　　号）

合同名称：　　　　　　　　　　　　　　　　合同编号：

致（设备制造单位）：
事由：
通知内容：
监理机构：　　　　　　　　　监理工程师：
日　　期：　　年　　月　　日

一式三份，监理机构、总监理工程师、制造单位各一份。

3. 监理员主要职责

监理员应在监理工程师的指导下，按被授予的权限协助监理工程师开展相关监理工作，且应履行下列职责。

（1）对设备制造的原材料、外购、外协配件的质量证明文件及检验报告进行收集、归档。

（2）及时向监理工程师报告监理工作。

（3）做好《监理日志》和有关的监理记录。

4.1.4　监理依据、内容和程序

1. 监理依据

（1）国家和行业颁布的有关技术标准。

（2）经批准的设计图样及设计文件。

（3）建设单位与设备制造单位签订的设备制造合同文件。

（4）建设单位与设备制造监理单位签订的设备制造监理合同。

2. 监理内容

水利工程设备制造阶段监理工作应以合同管理为中心，以设备制造质量、设备生产工期和设备合同费用为控制目标，并协调与设备制造有关单位的工作关系，主要内容如下。

（1）协助建设单位编制设备制造招标文件和商签设备制造合同。

（2）审查设备制造分包单位资质。

（3）审查设备制造设计文件和图样。

（4）审查设备制造进度计划、工艺文件、质量保证与控制措施、安全措施等。

（5）检查、见证使用的原材料、标准件、毛坯件等质量证明文件及检验报告。

（6）检查、验证使用的设备、仪器仪表和量具。

（7）查验特殊工种操作人员的资格证书。

（8）审核批准设备制造项目开工申请。

（9）按照设备制造监理规划规定的产品检查见证项目，进行现场见证或文件见证，对重要部件、关键工序采取旁站监理或平行检验，对设备出现的缺陷及处理进行质量跟踪。

（10）参加制造单位的厂内预装、整机调试和设备出厂检验，符合规定要求的应予以签认。

（11）在设备制造过程中，当发现质量失控或重大质量事故时，下达暂停工指令，提出处理意见，同时报告建设单位；当制造单位整改或妥善处理后，下达复工指令。

（12）检查制造单位设备制造进度计划的实施，督促制造单位采取措施保证进度计划的实现。

（13）参加建设单位组织的设备出厂验收。

（14）审核制造单位的费用支付申请表。

（15）监理技术文件和档案资料的管理。

（16）监理工作结束后，对监理工作进行总结，向建设单位提交监理工作总结报告。

3．监理程序

（1）项目法人应依照国家有关法律、法规和规章，通过招标方式择优选定设备制造监理单位，并与中标的监理单位签订设备制造监理合同。

（2）设备制造监理合同中主要内容应包括：监理范围、内容和标准；合同双方的职权和义务；监理费用的计取与支付；违约责任及其争端处理方式；合同生效、变更和终止；双方约定的其他事项等。

（3）项目法人应将委托的监理单位总监理工程师及其主要组成人员名单、监理工作的范围与内容及所赋予的权限书面通知被监理方。被监理方应按与项目法人签订的设备制造合同约定及书面通知接受监理。

（4）水利工程设备制造监理单位承担监理合同约定的监理责任，但不因此而减轻或免除被监理方应承担的责任。

（5）水利工程设备制造监理单位应在实施监理活动前，依据合同约定的监理范围和内容，编制设备制造监理大纲和程序文件，并经项目法人确认后实施。

（6）监理人员应熟悉工程设备有关的法规、规范、技术标准和有关设计文件等资料，了解被监理方质量保证措施，合理选择见证点。生产工艺和试验流程中关键设备的原材料检验、制造、无损检测等主要工艺及技术标准的执行情况应有详细记录。

（7）水利工程设备制造监理单位应适时掌握各见证点的监理活动情况，按计划分阶段或定期向委托人提交监理报告。重大情况还应及时通报。监理单位按监理合同完成监理任务后，应按监理合同约定向委托方提交最终监理报告和合同约定提交的监理资料。

水利工程设备制造监理工作程序见图 4.1。在监理工作实施过程中，可根据实际情况的变化对监理工作程序进行调整和完善。

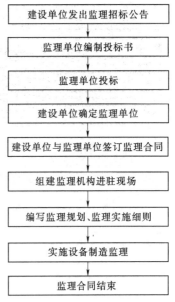

图 4.1　水利工程设备制造监理工作程序图

4.2　设备制造前监理工作

4.2.1　技术准备

（1）监理人员应全面熟悉设备制造合同文件、图样、技术标准和规范。

（2）监理规划应在监理大纲的基础上，针对设备制造项目的实际情况，明确监理机构的工作目标，确定具体的监理工作范围、内容、依据、制度、程序、方法和措施，并具有指导性。监理规划应经单位技术负责人批准，并报建设单位同意后实施。

（3）监理实施细则应依据监理规划和设备制造技术要求，分专业编写，具有可操作性。监理实施细则应经总监理工程师批准后实施。

4.2.2　设备制造保证能力审查

对制造单位的设备制造保证能力审查主要有以下内容。

（1）质量管理体系与合同质量要求相适应的质量管理机构、质量和技术管理制度、专项质量检验人员和检测设备等是否符合和满足设备制造合同文件规定和要求。

（2）合同设备制造要求的制造能力和条件。制造单位是否具备与合同设备相适应的制造能力和条件，包括加工设备的生产能力、场地、车间、起吊设备等。

（3）设备制造的关键零部件加工人员上岗前是否经过技术培训，特殊工种操作人员是否持合法证书上岗。

（4）设备制造单位在编制设备制造工艺流程时是否满足设备制造图样及技术规范的要求。重要部件、关键工序是否有专门的工艺控制措施。

（5）储备的原材料、标准件等备品设备是否满足设备制造的质量和进度要求。

（6）外构件、外协件的订货合同是否经过监理处确认。外构件、外协件在进厂前是否经过开箱检验，具有产品质量合格证书。

（7）分包单位资质的审查。设备零部件的分包制造，是否按照设备制造合同规定，选择具有生产加工能力的分包单位，并经监理处认可。

4.3　设备制造控制与管理

4.3.1　制造前质量控制

（1）设备制造前，监理处应参加建设单位主持召开的设计联络会，由设计单位进行技术交底，明确设计意图，及时解决设计中存在的问题。

（2）设备制造前，监理处应对制造单位报送的设备制造工艺文件（主要有：设备加工图样和技术要求、工艺流程、重要及关键零部件加工措施方案，加工工序卡片和工艺卡片等）进行审批。

4.3.2　零部件制造过程质量控制

（1）监理处应对制造单位报送的开工申请进行审查，当设备制造满足开工条件，总监理工程师应及时签发开工通知。

（2）监理处应对制造单位投入的设备的生产能力、加工精度进行检查，以保证设备制造过程中生产资源的投入能满足设备制造质量要求。

（3）当设备制造单位采用新材料、新工艺、新技术、新设备时，监理处应要求设备制造单位报送相应的制造工艺措施和证明材料，组织专题论证，经审核后予以签认。

（4）设备制造过程中，设备制造单位提出的变更申请，应经监理处审核并报建设单位。

（5）在设备制造过程中，监理处应进行现场监督，对设备形成过程所使用的原材料、铸锻件毛坯及外购外协件进行见证，必要时可要求制造单位取样试验。原材料见证工作应在下料前完成。

（6）在零部件加工过程中，监理处应进行巡视监理，对于关键工序或重要部件的加工，监理处应按监理规划的规定进行旁站监理，必要时由监理工程师进行平行检验，以确认产品符合质量要求。

（7）必要时监理处对制造单位生产管理中影响设备制造质量的责任人员可提出撤换建议。

4.3.3　装配过程质量控制

（1）在设备重要部件或整体装配前，监理人员应审查制造单位递交的设备装配方案，包括装配工艺规程、试验规程以及装配进度等。

（2）监理人员宜对重要部件或整体装配进行旁站监理，做好记录。

（3）在装配过程中，监理人员应监督制造单位严格有序地进行零件的套装和组装，宜对零件间的配合质量进行旁站监理，必要时可进行平行检验。

（4）装配工作完成后，监理人员应对整机或部件的性能试验进行旁站监理，对试验结果予以确认，对需要解体的设备进行编号确认和相邻部件对位基准复核。

（5）监理人员应参加设备出厂检验，合格后应予以签认。

4.3.4　设备制造质量缺陷与事故处理

（1）发现质量缺陷时，监理人员应发出不符合项处理单，要求制造单位及时查明其部位和数量、分析产生的原因、提出缺陷处理措施。缺陷处理措施，经监理处批准后方可执行。重大缺陷的处理应报告建设单位批准。

（2）发生质量事故时，监理处应立即报告建设单位，督促制造单位及时提交事故报告。

（3）监理处应对事故经过做好记录，督促制造单位做好相应记录，并根据需要对事故现场进行拍照或摄像取证，为事故调查、处理提供依据。

（4）监理处应按设备制造合同文件规定，参加事故的调查与处理。

4.4　制造进度控制

4.4.1　进度计划审查

（1）设备制造单位按合同总工期要求编制设备制造总进度计划和分步实施计划，标明重要节点工期（如厂内组装、试验、交货等），报送监理处。

（2）监理处结合水利工程总体施工计划、设备运输条件以及设备安装衔接关系，对设备制造总体进度计划和分步实施计划进行审查，提出预审意见后报建设单位批准。

（3）对设备制造进度计划的审查内容主要包括：①与设备质量、合同交付工期、费用支付等控制目标的符合性；②审查制造单位生产组织、关键加工工艺路线安排的合理性；③审查制造单位生产资源投入的适应性。

4.4.2　制造过程进度控制

（1）监理处应逐周（旬）、逐月检查进度计划的实施情况，发现影响制造进度的不利因素时应及时查找原因，要求制造单位采取调整措施按期完成进度计划。对可能影响制造工期目标的应及时上报建设单位。

（2）对可能致使设备制造不能按合同工期完成的实施进度，监理机构应发布赶工指示，要求制造单位按合同规定的期限调整生产进度，保证总工期目标的实现。

（3）制造进度计划确需进行实质性调整时，监理处应审查制造单位提出的合同工期修改报告，并报建设单位。

（4）监理处宜建立用于制造进度控制和记录的图表，作为进度控制与合同工期管理的依据，同时应督促制造单位定期递交月、季、年生产进度报告。

4.5　合同费用控制

4.5.1　合同费用审核

（1）监理处按照设备制造合同规定的费用支付办法、审核程序对设备制造单位申报的合同费用支付凭证进行审核，符合合同文件规定的予以签证。付款支付证书所采用的表格式样见表 4.9。

表 4.9　　　　　　　　　　　**付　款　支　付　证　书**

（设监第　　　号）

合同名称：　　　　　　　　　　　　　　　合同编号：

致（建设单位）： 　　（制造单位）已完成　　　　　　　　　，根据合同文件　　　　　　规定，提出付款申请（申请单号　　　　）。 经审核同意（制造单位）支付申请，本次支付如下数额的设备款项： 　　人民币（大写）：　　　　　　　　　　（¥　　　）
备注：
监理机构：　　　　　　　　　　　　　总监理工程师： 　　日期：　　　年　月　日　　　　　　　日期：　　　年　月　日

一式三份，建设单位、制造单位、监理机构各一份。

（2）监理处依据设备制造合同费用计算依据、编制原则、计价方法和定额，对设计修改、材料变更、运输方式改变，工期调整申报的经济合理性进行审核，并提出复核意见后报建设单位。

4.5.2　合同费用支付

（1）监理人员要了解、熟悉和掌握设备制造合同文件规定的设备制造项目各类费用计量和支付的具体程序、方法和要求，避免发生重复计量支付或计量支付遗漏与失误等事项的发生。

（2）监理处应依据设备制造合同文件规定，按时签发设备制造预付款支付申请，并报建设单位。

（3）监理处应依据设备制造合同文件规定，对制造单位提交的设备进度款支付申请进行审核，并报建设单位。

（4）对制造单位递交的设备价款最终价款支付申请报告，只有在建设单位和设备制造单位双方就最终付款的内容、额度取得一致意见后，监理处方可签发最终付款证书。

4.6　合同、信息、档案资料管理与监理协调

4.6.1　合同管理

（1）设备制造合同发生违约时，监理处应根据设备制造合同与合同双方进行协商，对违约责任

和后果进行判断，及时采取有效措施（如纠正、整改等），尽力促成违约原因的消除，避免不良后果的扩大。

（2）如果一方提出终止合同的通知，监理处应及时进行调查、认证和事实澄清，并按合同规定办理合同终止手续，处理好合同终止后的有关事宜，以减少双方的利益损失、避免引发更严重的违约后果。

（3）当认为设备制造技术条件、工艺、材料、配件或原设计方案与制造质量、标准、工期不适应时，建设单位、设备制造单位或工程设计单位可提出设备制造变更要求和建议。

（4）设备制造变更的提出、审查、批准和实施过程应按设备制造合同文件约定的程序进行。在建设单位和设备制造合同文件授权范围内，监理处可对设备制造过程的局部或部分进行变更，并指示制造单位实施。如设备的结构形式或主要材料配件的变更导致合同费用较大幅度的增加，经监理处审核后，报送建设单位批准执行。

（5）监理处在受理合同索赔（合同索赔分为设备制造费用和工期延误索赔）申请时，应依据合同的约定，对索赔的有效性、合理性进行分析和审核，公平合理地确定双方应分担的利益损失，并作出处理决定。在设备出厂验收签证后，监理处不再接受合同任何一方提出的索赔申请。

（6）由于受设备加工条件或工期制约，必须对某一种或某一些设备部件进行外协加工时，设备制造单位按设备制造合同的约定，提出分包项目申请，报监理处审查。

（7）对设备制造单位提出的设备制造分包项目的范围、内容、质量、工期、费用等，监理处应按合同约定进行审核，做出批准或不批准的决定。分包项目协议生效后，监理处应要求制造单位加强对分包单位的设备制造质量的监督和管理，并对分包单位的行为承担合同责任。

4.6.2　信息管理

（1）在设备制造过程中，监理处应对生产进度、产品质量、费用支付以及合同履行中的其他信息进行采集，并按照合同编码的划分进行整理，并形成书面文件。

（2）在信息管理中，监理处应建立信息文件目录、设备制造信息文件的传递流程及各项信息的管理制度。

（3）监理人员应及时、全面、准确地做好《监理日志》等记录，并定期进行监理月报等文件的编制与报送。

（4）《监理日志》记录当天监理工作所发生的设备制造事件、处理方法、措施以及结果，并定期（一般以周、旬或月）进行报告的编制与反馈。

（5）对影响设备制造工期、质量等有关重大问题的信息，监理处应提出《监理专题报告》，及时报送建设单位。

4.6.3　档案资料管理

（1）监理处应按工程档案管理的规定，做好监理文件的分类和归档工作，并按时向建设单位移交。

（2）监理处应督促设备制造单位按照工程档案管理的规定，做好设备制造过程中文件的归档和移交工作。

（3）监理档案资料有专人管理，并有存放资料的房间及设施。设备制造监理实施过程中的资料主要有：

1）工程设计图纸、工厂设计图纸及其复核资料。

2）监理规划和监理实施细则。

3）设备制造质量标准、加工工艺文件、试验报告、检测记录。

4）设备制造质量检查见证、平行检测、旁站监理记录。

5）材料、毛坯、外购外协件报验、检验资料。

6）合同费用计量证书和费用支付证书。

7）合同费用变更。

8）质量缺陷与事故的处理资料。

9）监理工作来往文件、指示、通知单、签证、移交证书、保修责任、终止证书。

10）《监理日志》、会议纪要、监理报告等其他文件。

4.6.4 监理协调

（1）监理处应依据建设单位授予的权限和设备制造合同文件规定，建立监理协商制度、明确监理协调程序、方式和责任。

（2）监理处应运用监理协调权限，及时解决设备制造过程中生产进度、产品质量与费用支付之间的矛盾，及时解决与设备制造相关各方应承担的义务与责任之间的矛盾，努力减少并及时解决制造过程与合同履行中的矛盾纠纷。

（3）监理处在协调与设备制造相关单位的工作关系时，应遵循下列规定：①在保证设备质量的前提下，加快生产进度；②在维护设备制造各方权益的同时，正确处理各方的矛盾和纠纷。

（4）监理处应根据设备制造情况定期或不定期召开监理协调会议，研究设备制造过程中出现的质量、进度、安全等问题，做好相应记录，对需要落实的重要事项进行跟踪核对。监理会议尽量做到一事一议，解决具体问题。

（5）监理处应及时做好各类监理会议纪要编写工作，分发与会各方。会议纪要不应作为实施的依据，监理处及与会各方应根据会议决定的各项事宜另行发布监理指示或履行相应文件程序。

（6）会议纪要文件和监理决定事项文件在监理服务期满后编整成册，随监理资料移交建设单位。

4.7 设备出厂验收、发运的监理工作

4.7.1 设备出厂验收的监理工作

（1）设备出厂验收应按设备制造合同文件规定执行，对能够在厂内进行组装的设备，监理处可一次性办理出厂验收签证。对不能在厂内整体组装的设备，可按最大组件分批、分阶段进行出厂验收签证。设备出厂签证书所用的表格式样见表4.10。

（2）设备出厂验收阶段。监理处应进行下列工作。

1）审核制造单位报送的验收大纲和验收申请，依据合同文件规定的时间要求，签署意见后报送建设单位。

2）编写向设备出厂验收会提交的监理工作报告。

3）参加建设单位主持的设备出厂验收会或受建设单位委托主持设备出厂验收会。

4）督促制造单位完成符合合同文件要求的验收资料整理。

5）对验收会后的遗留问题处理及后续工序等进行监督，对处理结果进行验证及签认。

（3）向验收会议提交的监理工作报告主要内容有：验收范围、内容、执行标准、技术要求、设备制造过程的质量、进度、费用控制及评价，监理大事记，监理工作总结及建议等。

表 4.10

设 备 出 厂 签 证 书

（设监第　　号）

合同名称：　　　　　　　　　　　　　　　　　合同编号：

设备名称		设备编号	
设备型号		设备规格	
监理地点		签证时间	
设备制造合同履行情况：			
设备制造质量结论：			
设备质量保证期：			
监理机构： 　　　日期：　　年　　月　　日		总监理工程师 　　　日期：　　年　　月　　日	

4.7.2　设备发运的监理工作

（1）应审查制造单位报送的设备交货清单是否符合合同要求。

（2）应审查包装运输方案、发货单元以及包装和捆扎的质量是否符合合同要求。

（3）应查验实际发运的设备（或大部件）是否与发货清单一致并签认。

（4）应查验设备随机附件、专业工（夹）具等是否与配套设备同步发运。

（5）设备启运后，监理处应及时将发运信息传递给建设单位收货人。

4.8　金属结构出厂验收注意事项

（1）金属结构设备验收必要时可由发包人聘请国家认定的金属结构质检机构进行抽检复测，并作出质量评定，承包人必须承认评定结果（防腐宜选择具有防腐施工资质的单位承担）。

（2）承包人在设备出厂验收前，必须作好如下准备工作。

1）编制出厂验收大纲。出厂验收大纲的内容至少应包括：设备概况、设备的主要技术参数、供货范围、检验的依据、检验项目及允许值和实测值、检验方法及工具仪器、竣工图样、外协外购件清单及产品合格证、完整而且有效的质量证明文件、必要的列表和说明等部分。承包人应在出厂验收前 28d 将出厂验收大纲经监理人审签后报发包人组织审批。

2）出厂竣工资料整理成册。竣工资料至少由下列部分组成。

a. 出厂竣工图。

b. 产品质量证明文件。产品质量证明文件应包括：材质证明及检测和试验报告、质检评定结果报告、外协和外购件出厂合格证、部件组装和总装检测及试验记录、焊缝质量检验记录及无损探伤报告、防腐涂装施工记录及质量检验报告、铸锻件探伤检验报告、零部件热处理试验报告及原始记录、重大质量缺陷处理记录、有关会议纪要、设计修改通知单等。产品质量证明文件一式 8 份，其中原始件 1 份。原始件应完整，书写纸张良好，字迹清楚，数据准确，签证或签章手续齐全，按 A4 幅面分别袋装或盒装。

c. 竣工资料应提交一套电子版本。

3）承包人的质检部门根据施工图纸、设计通知单、合同和有关规范完成设备自检并达到合格，设备组装和总组装待验状态应符合标书有关设备验收状态条款的规定。

（3）承包人在完成以上准备工作后，提出设备自检合格报告和出厂验收申请报告，经监理人审签后，发包人组织出厂验收。发包人收到此两份报告后的 7d 内将验收人员名单及赴厂验收时间通知承包人。

（4）设备处于组装、待验收状态，并支承在足够刚度及高度的支墩上以供验收人员目睹承包人实测各主要技术数据。

（5）设备整体组装验收合格后，承包人应于组合处明显显示出组装标记、安装控制点和做好定位板等，经监理人检查认可后方可拆开。

（6）承包人对验收检查发现的制造质量缺陷，必须采取措施使其达到合格，并经监理人审签后设备方可包装，否则，监理人有权拒绝签证，由此引起延误交货期的责任由承包人承担。

（7）设备经出厂验收合格，其包装状况和发货清单及竣工资料等，必须符合标书合同有关条款的规定，并经监理人签署出厂验收证书后，设备方可发运。

（8）设备出厂验收并不是设备的最终验收，承包人还须承担设备的全部合同责任。

（9）装箱、产品标志和标牌、运输及存放应符合下列要求。

1）承包人应对设备进行包装、运输、吊运设计，并报监理人批准后方可实施。

2）装箱。

a. 闸门门体在分解成运输单元后必须对每个运输单元进行切实的加固，避免吊运中产生变形，若在吊运中产生变形，承包人应负全部责任。

b. 小型结构件按最大运输吊装单元合并装箱供货。

c. 设备及部件应包装后整体装箱供货，止水橡皮（不得盘卷）和小部件应分类装箱供货。

d. 各类标准件分类装箱供货。

e. 供货的同时必须具备设备清单。

3）产品标志和标牌。

a. 金属结构设备的组装件和零部件应在其明显处作出能见度高的编号和标志以及工地组装的定位板及控制点。

b. 金属结构设备的标牌内容包括：制造厂名、产品名称、产品型号或主要技术参数、制造日期等。标牌尺寸不得大于 40cm×60cm。

4）运输及存放。

a. 承包人如遇有超大件装备的运输，应由承包人向交通管理部门申请办理手续。起吊和运输超大件设备所需进行的道路和桥梁临时加固或改建费用以及其他有关费用由承包人承担。

b. 金属结构设备的运输和存放应符合《水利水电工程钢闸门制造安装及验收规范》（DL/T 5018—2004）的规定。

c. 运输时，运输单元刚度不足的部位应采取措施加强。机械加工面应采取保护措施。为防止运输过程中设备锈蚀，应涂刷合适的涂料或黄油，或粘贴防锈纸。

第5章 常用表格及填表说明

5.1 施工、监理工作常用表格（2014 版）

5.1.1 表格类型占格式

（1）表格可分为以下两种类型：①承包人用表，以 CB×× 表示；②监理机构用表，以 JL×× 表示。

（2）表的标题（表名）应采用如下格式。

CB11	施工放样报验单 （承包 ［ ］ 放样 号）

> 注 1. "CB11"——表格类型及序号。
> 2. "施工放样报验单"——表格名称。
> 3. "承包 ［   ］ 放样   号"——表格编号。其中，① "承包"：指该表以承包人为填表人，当填表人为监理机构时，即以"监理"代之；②当监理工程范围包括两个以上承包人时，为区分不同承包人的用表，"承包"可用其简称表示；③ "［   ］"：指年份，如"［2014］"表示 2014 年的表格；④ "放样"：表格的使用性质，即用于"放样"工作；⑤ "   号"：一般为 3 位数的流水号。

如承包人简称为"华安"，则 2014 年承包人向监理机构报送的第 3 次放样报表如下。

CB11	施工放样报验单 （华安 ［2014］ 放样 003 号）

5.1.2 表格使用说明

（1）监理机构可根据施工项目的规模和复杂程度，采用其中的部分或全部表格；如果表格不能满足工程实际需要时，可调整或增加表格。

（2）各表格脚注中所列单位和份数为基本单位和推荐份数，工作中应根据具体情况和要求予以具体明确各类表格的报送单位和份数。

（3）相关单位都应明确文件的签收人。

（4）"CB01 施工技术方案申报表"可用于承包人向监理机构申报关于施工组织设计、施工措施计划、专项施工方案、度汛方案、灾害应急预案、施工工艺试验方案、专项检测试验方案、工程测量施测方案、工程放样计划和方案、变更实施方案等需报请监理机构批准的方案。

（5）承包人的施工质量检验月汇总表、工程事故月报表除作为施工月报附表外，还应按有关要求另行单独填报。

（6）表格中凡属部门负责人签名的，项目经理都可签署；凡属监理工程师签名的，总监理工程师都可签署。表格中签名栏为"总监理工程师/副总监理工程师""总监理工程师/监理工程师"和"项目经理/技术负责人"的可根据工程特点和管理要求视具体授权情况由相应人员签署。

（7）监理用表中的合同名称和合同编号指所监理的施工合同名称和编号。

5.1.3　施工监理工作常用表格目录

承包人常用表格目录见表5.1。

表 5.1　　　　　　　　　　　　　　承包人常用表格目录

序号	表 格 名 称	表格类型	表 格 编 号
1	施工技术方案申报表	CB01	承包 [ ] 技案 号
2	施工进度计划申报表	CB02	承包 [ ] 进度 号
3	施工用图计划申报表	CB03	承包 [ ] 图计 号
4	资金流计划申报表	CB04	承包 [ ] 资金 号
5	施工分包申报表	CB05	承包 [ ] 分包 号
6	现场组织机构及主要人员报审表	CB06	承包 [ ] 机构 号
7	原材料/中间产品进场报验单	CB07	承包 [ ] 报验 号
8	施工设备进场报验单	CB08	承包 [ ] 设备 号
9	工程预付款申请单	CB09	承包 [ ] 工预付 号
10	材料预付款报审表	CB10	承包 [ ] 材预付 号
11	施工放样报验单	CB11	承包 [ ] 放样 号
12	联合测量通知单	CB12	承包 [ ] 联测 号
13	施工测量成果报验单	CB13	承包 [ ] 测量 号
14	合同工程开工申请表	CB14	承包 [ ] 合开工 号
15	分部工程开工申请表	CB15	承包 [ ] 分开工 号
	（1）施工安全交底记录	CB15 附件 1	承包 [ ] 安交 号
	（2）施工技术交底记录	CB15 附件 2	承包 [ ] 技交 号
16	工程设备采购计划报表	CB16	承包 [ ] 设采 号
17	混凝土浇筑开仓报审表	CB17	承包 [ ] 开仓 号
18	＿＿＿工序/单元工程施工质量报验单	CB18	承包 [ ] 质报 号
19	施工质量缺陷处理方案报审表	CB19	承包 [ ] 缺方 号
20	施工质量缺陷处理措施计划报审表	CB20	承包 [ ] 缺陷 号
21	事故报告单	CB21	承包 [ ] 事故 号
22	暂停施工报审表	CB22	承包 [ ] 暂停 号
23	复工申请报审表	CB23	承包 [ ] 复工 号
24	变更申报表	CB24	承包 [ ] 变更 号
25	施工进度计划调整申报表	CB25	承包 [ ] 进调 号
26	延长工期申报表	CB26	承包 [ ] 延期 号

续表

序号	表 格 名 称	表格类型	表 格 编 号
27	变更项目价格申报表	CB27	承包〔 〕变价 号
28	索赔意向通知	CB28	承包〔 〕赔通 号
29	索赔申请报告	CB29	承包〔 〕赔报 号
30	工程计量报验单	CB30	承包〔 〕计报 号
31	计日工单价报审表	CB31	承包〔 〕计审 号
32	计日工工程量签证单	CB32	承包〔 〕计签 号
33	工程进度付款申请单	CB33	承包〔 〕进度付 号
	（1）工程进度付款汇总表	CB33 附表1	承包〔 〕进度总 号
	（2）已完工程量汇总表	CB33 附表2	承包〔 〕量总 号
	（3）合同分类分项项目进度付款明细表	CB33 附表3	承包〔 〕分类付 号
	（4）合同措施项目进度付款明细表	CB33 附表4	承包〔 〕措施付 号
	（5）变更项目进度付款明细表	CB33 附表5	承包〔 〕变更付 号
	（6）计日工项目进度付款明细表	CB33 附表6	承包〔 〕计付 号
34	施工月报表（ 年 月）	CB34	承包〔 〕月报 号
	（1）原材料/中间产品使用情况月报表	CB34 附表1	承包〔 〕材料月 号
	（2）原材料/中间产品检验月报表	CB34 附表2	承包〔 〕检验月 号
	（3）主要施工设备情况月报表	CB34 附表3	承包〔 〕设备月 号
	（4）现场人员情况月报表	CB34 附表4	承包〔 〕人员月 号
	（5）施工质量检测月汇总表	CB34 附表5	承包〔 〕质检月 号
	（6）施工质量缺陷月报表	CB34 附表6	承包〔 〕缺陷月 号
	（7）工程事故月报表	CB34 附表7	承包〔 〕事故月 号
	（8）合同完成额月汇总表	CB34 附表8	承包〔 〕完成额 号
	（一级项目名称）合同完成额月汇总表	CB34 附表8－___	承包〔 〕完成额月 号
	（9）主要实物工程量月汇总表	CB34 附表9	承包〔 〕实物月 号
35	验收申请报告	CB35	承包〔 〕验报 号
36	报告单	CB36	承包〔 〕报告 号
37	回复单	CB37	承包〔 〕回复 号
38	确认单	CB38	承包〔 〕确认 号
39	完工付款/最终结清申请单	CB39	承包〔 〕付结 号
40	工程交接申请表	CB40	承包〔 〕交接 号
41	质量保证金退还申请表	CB41	承包〔 〕保退 号

5.1.4 监理机构常用表格目录

监理机构常用表格目录见表5.2。

表 5.2　　　　　　　　　　　　　　监理机构常用表格目录

序号	表 格 名 称	表格类型	表 格 编 号
1	合同工程开工通知	JL01	监理〔　〕开工　　号
2	合同工程开工批复	JL02	监理〔　〕合开工　　号
3	分部工程开工批复	JL03	监理〔　〕分开工　　号
4	工程预付款支付证书	JL04	监理〔　〕工预付　　号
5	批复表	JL05	监理〔　〕批复　　号
6	监理通知	JL06	监理〔　〕通知　　号
7	监理报告	JL07	监理〔　〕报告　　号
8	计日工工作通知	JL08	监理〔　〕计通　　号
9	工程现场书面通知	JL09	监理〔　〕现通　　号
10	警告通知	JL10	监理〔　〕警告　　号
11	整改通知	JL11	监理〔　〕整改　　号
12	变更指示	JL12	监理〔　〕变指　　号
13	变更项目价格审核表	JL13	监理〔　〕变价审　　号
14	变更项目价格/工期确认单	JL14	监理〔　〕变确　　号
15	暂停施工指示	JL15	监理〔　〕停工　　号
16	复工通知	JL16	监理〔　〕复工　　号
17	索赔审核表	JL17	监理〔　〕索赔审　　号
18	索赔确认单	JL18	监理〔　〕索赔确　　号
19	工程进度付款证书	JL19	监理〔　〕进度付　　号
	工程进度付款审核汇总表	JL19 附表 1	监理〔　〕付款审　　号
20	合同解除付款核查报告	JL20	监理〔　〕解付　　号
21	完工付款/最终结清证书	JL21	监理〔　〕付结　　号
22	质量保证金退还证书	JL22	监理〔　〕保退　　号
23	施工图纸核查意见单	JL23	监理〔　〕图核　　号
24	施工图纸签发表	JL24	监理〔　〕图发　　号
25	监理月报	JL25	监理〔　〕月报　　号
	（1）合同完成额月统计表	JL25 附表 1	监理〔　〕完成统　　号
	（2）工程质量评定月统计表	JL25 附表 2	监理〔　〕评定统　　号
	（3）工程质量平行检测试验月统计表	JL25 附表 3	监理〔　〕平行统　　号
	（4）变更月统计表	JL25 附表 4	监理〔　〕变更统　　号
	（5）监理发文月统计表	JL25 附表 5	监理〔　〕发文统　　号
	（6）监理收文月统计表	JL25 附表 6	监理〔　〕收文统　　号
26	旁站监理值班记录	JL26	监理〔　〕旁站　　号
27	监理巡视记录	JL27	监理〔　〕巡视　　号
28	工程质量平行检测记录	JL28	监理〔　〕平行　　号
29	工程质量跟踪检测记录	JL29	监理〔　〕跟踪　　号
30	见证取样跟踪记录	JL30	监理〔　〕见证　　号
31	安全检查记录	JL31	监理〔　〕安检　　号
32	工程设备进场开箱验收单	JL32	监理〔　〕设备　　号
33	监理日记	JL33	监理〔　〕日记　　号
34	监理日志	JL34	监理〔　〕日志　　号
35	监理机构内部会签单	JL35	监理〔　〕内签　　号
36	监理发文登记表	JL36	监理〔　〕监发　　号
37	监理收文登记表	JL37	监理〔　〕监收　　号
38	会议纪要	JL38	监理〔　〕纪要　　号
39	监理机构联系单	JL39	监理〔　〕联系　　号
40	监理机构备忘录	JL40	监理〔　〕备忘　　号

5.1.5 承包人常用表格推荐格式

1. 施工技术方案申报表

CB01　　　　　　　　　　　**施工技术方案申报表**

（承包〔　　〕技案　　号）

合同名称：　　　　　　　　　　合同编号：

致（监理机构）：
我方今提交_____工程（名称及编码）的：
附：□ 施工组织设计　　　　　　□ 施工措施计划
□ 专项施工方案　　　　　　□ 度汛方案
□ 灾害应急预案　　　　　　□ 施工工艺试验方案
□ 专项检测试验方案　　　　□ 工程测量施测计划和方案
□ 工程放样计划和方案　　　□ 变更实施方案
请贵方审批。
<div align="right">承 包 人：（现场机构名称及盖章） 项目经理：（签名） 日　期：　年 月 日</div>
监理机构将另行签发审批意见。
<div align="right">监理机构：（名称及盖章） 签 收 人：（签名） 日　期：　年 月 日</div>

说明：本表一式___份，由承包人填写，监理机构签收后，发包人___份、设代机构___份、监理机构___份、承包人___份。

2. 施工进度计划申报表

CB02　　　　　　　　　　　**施工进度计划申报表**

（承包〔　　〕进度　　号）

合同名称：　　　　　　　　　　合同编号：

致（监理机构）：
我方今提交_____工程（名称及编码）的：
□ 施工总进度计划
□ 年施工进度计划
□ 月施工进度计划
□ 专项施工进度计划（如：度汛计划、赶工计划等）
请贵方审批。
附件：1. 施工进度计划。
2. 图表、说明书共____页。
3.
<div align="right">承 包 人：（现场机构名称及盖章） 项目经理：（签名） 日　期：　年 月 日</div>
监理机构将另行签发审批意见。
<div align="right">监理机构：（名称及盖章） 签 收 人：（签名） 日　期：　年 月 日</div>

说明：本表一式___份，由承包人填写，监理机构签收后，发包人___份、设代机构___份、监理机构___份、承包人___份。

3. 施工用图计划申报表

CB03

施工用图计划申报表

（承包〔　　〕图计　　号）

合同名称：　　　　　　　　　　　　　　　　合同编号：

致（监理机构）： 　　我方今提交＿＿＿＿＿＿＿＿＿＿＿工程（名称及编码）的： 　　□（总）用图计划 　　□时段用图计划 　　□ 　　请贵方审核。 　　附件：1. 用图计划。 　　　　　2. 　　　　　　　　　　　　　　　　　承 包 人：（现场机构名称及盖章） 　　　　　　　　　　　　　　　　　项目经理：（签名） 　　　　　　　　　　　　　　　　　日　　期：　年 月 日
监理机构将另行签发审核意见。 　　　　　　　　　　　　　　　　　监理机构：（名称及盖章） 　　　　　　　　　　　　　　　　　签 收 人：（签名） 　　　　　　　　　　　　　　　　　日　　期：　年 月 日

说明：本表一式＿＿份，由承包人填写，监理机构签收后，发包人＿＿份、设代机构＿＿份、监理机构＿＿份、承包人＿＿份。

4. 资金流计划申报表

CB04

资金流计划申报表

（承包〔　　〕资金　　号）

合同名称：　　　　　　　　　　　　　　　　合同编号：

致（监理机构）：

　　我方今提交＿＿＿＿＿＿＿＿＿＿＿工程项目的资金流计划，请贵方审核。

年	月	工程预付款和工程 材料预付款/元	完成工作量 付款/元	质量保证金 扣留/元	预付款扣还 /元	其他 /元	应得付款 /元
合计							

附件：资金计划使用编制说明。

　　　　　　　　　　　　　　　　　承 包 人：（现场机构名称及盖章）
　　　　　　　　　　　　　　　　　项目经理：（签名）
　　　　　　　　　　　　　　　　　日　　期：　年 月 日

监理机构将另行签发审核意见。

　　　　　　　　　　　　　　　　　监理机构：（名称及盖章）
　　　　　　　　　　　　　　　　　签 收 人：（签名）
　　　　　　　　　　　　　　　　　日　　期：　年 月 日

说明：本表一式＿＿份，由承包人填写，监理机构签收后，发包人＿＿份、设代机构＿＿份、监理机构＿＿份、承包人＿＿份。

5. 施工分包申报表

CB05

施 工 分 包 申 报 表

（承包 〔　　〕分包　　号）

合同名称：　　　　　　　　　　　　　　　　合同编号：

致（监理机构）：

　　根据施工合同约定和工程需要，我方拟将本申请表中所列项目分包给所选分包人，经考察，所选分包人具备按照合同要求完成所分包工程的资质、经验、技术与管理水平、资源和财务能力，并具有良好的业绩和信誉，请贵方审核。

分包人名称									
序号	合同工程量清单项目编号	分包工作名称	单位	合同工程量	合同单价/元	合同金额/元	分包工作金额/元	分包工作金额占签约合同价的比例/%	
1									
2									
3									
合计									

附件：分包人简况（包括分包人资质、业绩、经验、能力、信誉、财务，主要人员经历等资料）

　　　　　　　　　　　　　　　　　　　　承 包 人：（现场机构名称及盖章）

　　　　　　　　　　　　　　　　　　　　项目经理：（签名）

　　　　　　　　　　　　　　　　　　　　日　　期：　年 月 日

监理机构将另行签发审核意见。

　　　　　　　　　　　　　　　　　　　　监理机构：（名称及盖章）

　　　　　　　　　　　　　　　　　　　　签 收 人：（签名）

　　　　　　　　　　　　　　　　　　　　日　　期：　年 月 日

说明：1. 本表一式___份，由承包人填写，监理机构签收后，发包人___份、监理机构___份、承包人___份。

　　　2. 本表中的分包工作金额＝合同单价×分包工程量。

6. 现场组织机构及主要人员报审表

CB06

现场组织机构及主要人员报审表

（承包 〔　　〕机构　　号）

合同名称：　　　　　　　　　　　　　　　　合同编号：

致（监理机构）：

　　现提交第___次现场机构及主要人员报审表，请贵方审查。

　　附件：1. 组织机构图。

　　　　　2. 部门职责及主要人员数量、分工。

　　　　　3. 人员清单及其资格或岗位证书。

　　　　　4.

　　　　　　　　　　　　　　　　　　　　承 包 人：（现场机构名称及盖章）

　　　　　　　　　　　　　　　　　　　　项目经理：（签名）

　　　　　　　　　　　　　　　　　　　　日　　期：　年 月 日

审查意见：

　　　　　　　　　　　　　　　　　　　　监理机构：（名称及盖章）

　　　　　　　　　　　　　　　　　　　　总监理工程师/副总监理工程师：（签名）

　　　　　　　　　　　　　　　　　　　　日　　期：　年 月 日

说明：本表一式___份，由承包人填写，监理机构审核后，发包人___份、监理机构___份、承包人___份。

7. 原材料/中间产品进场报验单

CB07　　　　　　　　　　　　　**原材料/中间产品进场报验单**

（承包〔　　〕报验　　号）

合同名称：　　　　　　　　　　　　　合同编号：

致（监理机构）：

我方于___年__月__日进场的原材料/中间产品如下表。拟用于下述部位：

1.　_____；2.　_____；3.　_____。

经自检，符合合同要求，请贵方审核。

序号	原材料/中间产品名称	原材料/中间产品来源、产地	原材料/中间产品规格	用途	本批原材料/中间产品数量	承包人试验					
						试样来源	取样地点	取样日期	试验日期	试验结果	质检负责人
1											
2											

附件：1. 质量证明文件。

　　　2. 进场原材料/中间产品外观验收检查记录。

　　　3. 检测报告。

承 包 人：（现场机构名称及盖章）

项目经理/技术负责人：（签名）

日　　期：　年 月 日

审核意见：

□ 同意进场使用　　　　□ 不同意进场使用

理由：

监理机构：（名称及盖章）

监理工程师：（签名）

日　　期：　年 月 日

说明：本表一式___份，由承包人填写，监理机构审核后，发包人___份、监理机构___份、承包人___份。

8. 施工设备进场报验单

CB08　　　　　　　　　　　　　**施工设备进场报验单**

（承包〔　　〕设备　　号）

合同名称：　　　　　　　　　　　　　合同编号：

致（监理机构）：

我方于___年__月__日进场的施工设备如下表。拟用于_____的施工。

经自检，符合合同要求，请贵方审核。

序号	设备名称	规格型号	数量	进场日期	完好状况	设备权属	生产能力	备注
1								
2								

附件：1. 进场施工设备照片。

　　　2. 进场施工设备生产许可证。

　　　3. 进场施工设备产品合格证（特种设备应提供安全检定证书）。

　　　4. 操作人员资格证。

承 包 人：（现场机构名称及盖章）

项目经理/技术负责人：（签名）

日　　期：　年 月 日

审查意见：

□ 同意进场使用　　　　□ 不同意进场使用

理由：

监理机构：（名称及盖章）

监理工程师：（签名）

日　　期：　年 月 日

说明：本表一式___份，由承包人填写，监理机构审核后，发包人___份、监理机构___份、承包人___份。

9. 工程预付款申请单

CB09　　　　　　　　　　**工程预付款申请单**

（承包［　　］工预付　　　号）

合同名称：　　　　　　　　　　　　合同编号：

致（监理机构）：
我方承担的＿＿＿＿＿＿＿＿＿＿＿＿＿＿合同工程，依据施工合同约定，已具备工程预付款支付条件，现申请支付第＿＿次工程预付款，计（大写）＿＿＿＿＿＿＿＿＿＿＿元（小写＿＿＿＿＿元）。请贵方核查。 　　附件：1. 已具备工程预付款支付条件的证明材料。 　　　　　2. 计算依据及结果。 　　　　　3. 　　　　　　　　　　　　　　　　　　承包人：（现场机构名称及盖章） 　　　　　　　　　　　　　　　　　　项目经理：（签名） 　　　　　　　　　　　　　　　　　　日　期：　年 月 日
监理机构将另行签发工程预付款支付证书。 　　　　　　　　　　　　　　　　　　监理机构：（名称及盖章） 　　　　　　　　　　　　　　　　　　签 收 人：（签名） 　　　　　　　　　　　　　　　　　　日　期：　年 月 日

说明：本表一式＿＿份，由承包人填写，监理机构签收后，随同审批意见，发包人＿＿份、监理机构＿＿份、承包人＿＿份。

10. 材料预付款报审表

CB10　　　　　　　　　　**材料预付款报审表**

（承包［　　］材预付　　　号）

合同名称：　　　　　　　　　　　　合同编号：

致（监理机构）：
我方已采购下列材料并进场，经自检和监理机构审核，材料的质量和储存条件符合合同约定并验点入库，特申请材料预付款，请贵方核查。

序号	材料名称	规格	型号	单位	数量	单价/元	合价/元	付款凭据编号
1								
2								
3								
4								

本次申请材料预付款金额：　　仟 佰 拾 万 仟 佰 拾 元（小写：　　　　）
附件：1. 材料报验单＿＿＿＿＿份。 　　　　2. 材料付款凭据复印件＿＿＿张。 　　　　　　　　　　　　　　　　　　承包人：（现场机构名称及盖章） 　　　　　　　　　　　　　　　　　　项目经理：（签名） 　　　　　　　　　　　　　　　　　　日　期：　年 月 日
经核查，本次材料预付款金额为（大写）＿＿＿＿＿＿＿＿＿＿元（小写＿＿＿＿＿＿元），随工程进度付款一同支付。 　　　　　　　　　　　　　　　　　　监理机构：（名称及盖章） 　　　　　　　　　　　　　　　　　　总监理工程师：（签名） 　　　　　　　　　　　　　　　　　　日　期：　年 月 日

说明：本表一式＿＿份，由承包人填写，作为CB33表的附表，一同流转，审批结算时用。

11. 施工放样报验单

CB11　　　　　　　　　　　　施 工 放 样 报 验 单

（承包〔　〕放样　号）

合同名称：　　　　　　　　　　　　　　　合同编号：

致（监理机构）：
根据合同要求，我方已完成＿＿＿＿＿＿＿＿＿＿的施工放样工作，经自检合格，请贵方审核。

序号或位置	工程或部位名称	放样内容	备　注

附件： □ 开挖或建筑物放样测量成果 □ 金属结构安装放样测量成果 □ 机电设备安装放样测量成果 □ 　　　　　　　承 包 人：（现场机构名称及盖章） 　　　　　　　技术负责人：（签名） 　　　　　　　日　　期：　年 月 日
审核意见： 　　　　　　　监理机构：（名称及盖章） 　　　　　　　监理工程师：（签名） 　　　　　　　日　　期：　年 月 日

说明：本表一式＿＿份，由承包人填写，监理机构审核后，发包人＿＿份、监理机构＿＿份、承包人＿＿份。

12. 联合测量通知单

CB12　　　　　　　　　　　　联 合 测 量 通 知 单

（承包〔　〕联测　号）

合同名称：　　　　　　　　　　　　　　　合同编号：

致（监理机构）：
根据合同约定和工程进度，我方拟进行工程测量工作，请贵方派员参加。 施测工程部位： 项目工作内容： 任务要点： 施测计划时间：＿＿＿＿年＿＿月＿＿日至＿＿＿＿年＿＿月＿＿日 　　　　　　　承 包 人：（现场机构名称及盖章） 　　　　　　　技术负责人：（签名） 　　　　　　　日　　期：　年 月 日
□ 拟于＿＿＿＿年＿＿月＿＿日派监理人员参加测量 □ 不派人参加联合测量，你方测量后将测量结果报我方审核。 　　　　　　　监理机构：（名称及盖章） 　　　　　　　监理工程师：（签名） 　　　　　　　日　　期：　年 月 日

说明：本表一式＿＿份，由承包人填写，监理机构签署后，发包人＿＿份、监理机构＿＿份、承包人＿＿份。

13. 施工测量成果报验单

CB13　　　　　　　　　　　**施工测量成果报验单**

（承包 [　　] 测量　　号）

合同名称：　　　　　　　　　　　　　　合同编号：

致（监理机构）：
我方已完成 □施工控制测量　□工程计量测量　□地形测量　□施工期变形监测的施工测量工作，经自检合格，请贵方审核。 　　施测部位： 　　施测说明： 　　附件：

施工控制测量	□工程计量测量	地形测量	施工期变形监测
1. 测量数据 2. 数据分析及平差成果	1. 工程量计算表 2. 断面图 3. 其他	1. 测量数据 2. 数据分析及成果（数据处理方法、断面图或地形图）	1. 观测数据 2. 数据分析及评价
		承　包　人：（现场机构名称及盖章） 技术负责人：（签名） 日　　期：　年 月 日	
审核意见： 　　　　　　　　　　　　　　　　　　　监理机构：（名称及盖章） 　　　　　　　　　　　　　　　　　　　监理工程师：（签名） 　　　　　　　　　　　　　　　　　　　日　　期：　年 月 日			

说明：本表一式___份，由承包人填写，监理机构审核后，发包人___份、监理机构___份、承包人___份。

14. 合同工程开工申请表

CB14　　　　　　　　　　　**合同工程开工申请表**

（承包 [　　] 合开工　　号）

合同名称：　　　　　　　　　　　　　　合同编号：

致（监理机构）：
我方承担的_____合同工程，已完成了各项施工准备工作，具备了开工条件，现申请开工，请贵方审批。 　　附件：合同工程开工申请报告 　　　　　　　　　　　　　　　　　　　承　包　人：（现场机构名称及盖章） 　　　　　　　　　　　　　　　　　　　项目经理：（签名） 　　　　　　　　　　　　　　　　　　　日　　期：　年 月 日
审核后另行批复。 　　　　　　　　　　　　　　　　　　　监理机构：（名称及盖章） 　　　　　　　　　　　　　　　　　　　签　收　人：（签名） 　　　　　　　　　　　　　　　　　　　日　　期：　年 月 日

说明：本表一式___份，由承包人填写，监理机构签收后，发包人___份、设代机构___份、监理机构___份、承包人___份。

15. 分部工程开工申请表

CB15

分部工程开工申请表

（承包〔　　〕分开工　　号）

合同名称：　　　　　　　　　　　　合同编号：

致（监理机构）：
＿＿＿＿＿＿＿□分部工程　□分部工程部分工作 已具备开工条件，施工准备已就绪，请贵方审批。

申请开工分部工程名称、编码			

	序号	检查内容	检查结果
承包人施工准备工作自检记录	1	施工技术交底和安全交底情况	
	2	主要施工设备到位情况	
	3	施工安全、质量保证措施落实情况	
	4	工程设备检查和验收情况	
	5	原材料/中间产品质量及准备情况	
	6	现场施工人员安排情况	
	7	风、水、电等必须的辅助生产设施准备情况	
	8	场地平整、交通、临时设施准备情况	
	9	测量放样情况	
	10	工艺试验情况	

附件：□分部工程施工措施计划　　□分部工程进度计划
□确认的工艺试验成果　　□施工安全交底记录
□施工技术交底记录　　　□申请开工的部分工作清单（对分部工程部分工作开工情况）
承 包 人：（现场机构名称及盖章）
项目经理：（签名）
日　　期：　年 月 日
审核后另行批复。
监理机构：（名称及盖章）
签 收 人：（签名）
日　　期：　年 月 日

说明：本表一式＿＿份，由承包人填写，监理机构签收后，发包人＿＿份、设代机构＿＿份、监理机构＿＿份、承包人＿＿份。

16. 施工安全交底记录

CB15 附件 1

施 工 安 全 交 底 记 录

（承包〔　　〕安交　　号）

合同名称：　　　　　　　　　　　　合同编号：

单位工程名称		承包人	
分部工程名称		施工内容	
主持人/交底人		时间/地点	

1. 施工安全交底依据文件清单：
（法律、法规、规章、工程建设标准强制性条文、合同文件、施工组织设计及施工措施计划中的安全技术措施、专项施工方案、施工现场临时用电方案等。）
2. 施工安全交底内容：

施工安全交底记录：	
	记录人：

与会人员签名：

说明：可加附页。

17. 施工技术交底记录

CB15 附件 2　　　　　　施 工 技 术 交 底 记 录

（承包 〔　　〕技交　　号）

合同名称：　　　　　　　　　　　　　合同编号：

单位工程名称		承包人单位	
分部工程名称		施工内容	
主持人/交底人		时间/地点	
1. 施工技术交底依据文件清单： （合同文件、工程建设标准强制性条文、施工图纸、施工组织设计、施工措施计划等。）			
2. 施工技术交底内容： （设计要求和质量标准交底、作业指导书交底等。）			
施工技术交底记录： 　　　　　　　　　　　　　　　　　　　　　　　　　记录人：			
与会人员签名：			

说明：可加附页。

18. 工程设备采购计划报审表

CB16　　　　　　　　　　工程设备采购计划报审表

（承包 〔　　〕设采　　号）

合同名称：　　　　　　　　　　　　　合同编号：

致（监理机构）：
　　根据合同进度计划，我方将按下表进行工程设备采购，请贵方审核。

序号	名称	品牌	规格/型号	厂家/产地	数量	拟采购日期	计划进场日期	备注
1								
2								
3								
4								
5								
6								
7								
8								

　　　　　　　　　　　　　　　　　　承 包 人：（现场机构名称及盖章）
　　　　　　　　　　　　　　　　　　项目经理：（签名）
　　　　　　　　　　　　　　　　　　日　　期：　年 月 日

审核意见：

　　　　　　　　　　　　　　　　　　监理机构：（名称及盖章）
　　　　　　　　　　　　　　　　　　总监理工程师：
　　　　　　　　　　　　　　　　　　/副总监理工程师：（签名）
　　　　　　　　　　　　　　　　　　日　　期：　年 月 日

说明：本表一式＿＿份，由承包人填写，监理机构审核后，发包人＿＿份、设代机构＿＿份、监理机构＿＿份、承包人＿＿份。

19. 混凝土浇筑开仓报审表

CB17   **混凝土浇筑开仓报审表**

（承包〔　　〕开仓　　号）

合同名称：　　　　　　　　　　　　　　合同编号：

致（监理机构）：		
我方下述工程混凝土浇筑准备工作已就绪，请贵方审批。		

单位工程名称		分部工程名称	
单元工程名称		单元工程编码	

申报意见	主要内容	准备情况
	备料情况	
	施工配合比	
	检测装备	
	基面/施工缝处理	
	钢筋制作安装	
	模板支立	
	细部结构	
	预埋件（含止水安装、监测仪器安装）	
	混凝土系统准备	
	附：自检资料	承 包 人：（现场机构名称及盖章） 现场负责人：（签名） 日　　期：　　年　月　日
监理机构意见	审批意见：	监 理 机 构：（名称及盖章） 监理工程师：（签名） 日　　期：　　年　月　日

说明：本表一式＿＿份，由承包人填写，监理机构审批后，发包人＿＿份、设代机构＿＿份、监理机构＿＿份、承包人＿＿份。

20. ＿＿＿＿＿＿＿工序/单元工程施工质量报验单

CB18   **＿＿＿＿＿＿＿工序/单元工程施工质量报验单**

（承包〔　　〕质报　　号）

合同名称：　　　　　　　　　　　　　　合同编号：

致（监理机构）：	
＿＿＿＿＿＿＿＿＿＿＿□ 工序　□ 单元工程 已按合同要求完成施工，经自检合格，报请贵方复核。 　附：□ ＿＿＿＿＿＿＿＿工序施工质量评定表。 　　　□ ＿＿＿＿＿＿＿＿工序施工质量检查、检测记录。 　　　□ ＿＿＿＿＿＿＿＿单元工程施工质量评定表。 　　　□ ＿＿＿＿＿＿＿＿单元工序施工质量检查、检测记录。	承 包 人：（现场机构名称及盖章） 质检负责人：（签名） 日　　期：　　年　月　日
监理机构意见	复核结果： 　　□同意进入下一工序　　　　　□不同意进入下一工序 　　□同意进入下一单元工程　　　□不同意进入下一单元工程 附件：监理复核支持材料。 　　　　　　　　　　　监 理 机 构：（名称及盖章） 　　　　　　　　　　　监理工程师：（签名） 　　　　　　　　　　　日　　期：　　年　月　日

说明：本表一式＿＿份，由承包人填写，监理机构复核后，监理机构＿＿份、返承包人＿＿份。

21. 施工质量缺陷处理方案报审表

CB19 **施工质量缺陷处理方案报审表**

（承包〔   〕缺方   号）

合同名称：   合同编号：

致（监理机构） 我方今提交＿＿＿＿＿＿＿＿＿施工质量缺陷处理方案，请贵方审批。 附件：1. ＿＿＿＿＿＿＿＿＿施工质量缺陷处理方案。 　　　2.   承 包 人：（现场机构名称及盖章）： 项目经理：（签名） 日　　期：　年 月 日

监理机构 意见		监 理 机 构：（名称及盖章） 总监理工程师：（签名） 日　　期：　年 月 日
设代机构 意见		设代机构：（名称及盖章） 负 责 人：（签名） 日　　期：　年 月 日
发包人意见		承 包 人：（名称及盖章） 负 责 人：（签名） 日　　期：　年 月 日

说明：1. 本表由承包人填写，应经监理机构批准，必要时由设代机构和发包人确认。
　　　2. 本表一式＿＿份，发包人＿＿份、设代机构＿＿份、监理机构＿＿份、承包人＿＿份。

22. 施工质量缺陷处理措施计划报审表

CB20 **施工质量缺陷处理措施计划报审表**

（承包〔   〕缺陷   号）

合同名称：   合同编号：

致（监理机构）： 我方今提交＿＿＿＿＿＿＿＿＿＿＿＿＿工程的施工质量缺陷处理措施计划报审表，请贵方审批。 附件：施工质量缺陷处理方案。 承 包 人：（现场机构名称及盖章） 项目经理：（签名） 日　　期：　年 月 日

单位工程名称		分部工程名称	
单元工程名称		单元工程编码	
质量缺陷 工程部位			
质量缺陷情况 简要说明			
拟采用的施工质量缺陷 处理措施计划简述			
缺陷处理时段		年 月 日至　年 月 日	

审批意见：   监理机构：（名称及盖章） 监理工程师：（签名） 日　　期：　年 月 日

说明：本表一式＿＿份，由承包人填写，监理机构审批后，发包人＿＿份、监理机构＿＿份、承包人＿＿份。

23. 事故报告单

CB21

事 故 报 告 单

（承包 〔　　〕事故　　号）

合同名称：　　　　　　　　　　　合同编号：

致（监理机构）： 　　_____年___月___日___时，在_____发生_____事故，现将事故发生情况报告如下： 　　1. 事故简述。 　　2. 已经采取的应急措施。 　　3. 初步处理意见。 　　　　　　　　　　　　　　　　　　　　　承 包 人：（现场机构名称及盖章） 　　　　　　　　　　　　　　　　　　　　　项目经理：（签名） 　　　　　　　　　　　　　　　　　　　　　日　　　期：　年 月 日
监理机构意见： 　　　　　　　　　　　　　　　　　　　　　监 理 机 构：（名称及盖章） 　　　　　　　　　　　　　　　　　　　　　总监理工程师：（签名） 　　　　　　　　　　　　　　　　　　　　　日　　　期：　年 月 日

说明：本表一式___份，由承包人填写，监理机构签署意见后，发包人___份、监理机构___份、承包人___份。

24. 暂停施工报审表

CB22

暂 停 施 工 报 审 表

（承包 〔　　〕暂停　　号）

合同名称：　　　　　　　　　　　合同编号：

致（监理机构）： 　　由于发生本申请所列原因，造成工程无法正常施工，依据施工合同约定，我方申请对所列工程项目暂停施工。 　　附件： 　　　　　　　　　　　　　　　　承 包 人：（现场机构名称及盖章） 　　　　　　　　　　　　　　　　项目经理：（签名） 　　　　　　　　　　　　　　　　日　　　期：　年 月 日	
暂停施工工程项目 范围/部位	
暂停施工原因	
引用合同条款	
审批意见： 　　　　　　　　　　　　　　　　监 理 机 构：（名称及盖章） 　　　　　　　　　　　　　　　　总监理工程师：（签名） 　　　　　　　　　　　　　　　　日　　　期：　年 月 日	

说明：本表一式___份，由承包人填写，监理机构审批后，发包人___份、监理机构___份、承包人___份。

25. 复工申请报审表

CB23

复 工 申 请 报 审 表

（承包〔　　〕复工　　号）

合同名称：　　　　　　　　　　　　　　合同编号：

致（监理机构）：

　　_____工程项目，依据□暂停施工指示（监理〔　　〕停工　　号）□批准的暂停施工报审表（承包〔　　〕暂停　　号）已于_____年___月___日___时暂停施工。鉴于致使该工程的停工因素已经消除，复工准备工作已就绪，特申请复工，请贵方审批。

　　附件：1. 停工因素消除情况说明。

　　　　　2. 复工条件情况说明。

　　　　　　　　　　　　　　　　　　　承 包 人：（现场机构名称及盖章）

　　　　　　　　　　　　　　　　　　　项目经理：（签名）

　　　　　　　　　　　　　　　　　　　日　　期：　年 月 日

审批意见：

　　　　　　　　　　　　　　　　　　　监 理 机 构：（名称及盖章）

　　　　　　　　　　　　　　　　　　　总监理工程师：（签名）

　　　　　　　　　　　　　　　　　　　日　　　　期：　年 月 日

说明：本表一式___份，由承包人填写，报送监理机构审批后，随同审批意见，发包人___份、监理机构___份、承包人___份。

26. 变更申报表

CB24

变 更 申 报 表

（承包〔　　〕变更　　号）

合同名称：　　　　　　　　　　　　　　合同编号：

致（监理机构）：

　　我方□根据贵方变更意向书□依据贵方变更指示（监理〔　　〕变指　　号）□由于_____原因，现提交□变更实施方案□变更建议书，请贵方审批。

　　附件：□变更建议书（承包人提出的变更建议，应附变更建议书）。

　　　　　□变更实施方案（承包人收到监理机构发出的变更意向书或变更指示，应提交变更实施方案）。

　　　　　　　　　　　　　　　　　　　承 包 人：（现场机构名称及盖章）

　　　　　　　　　　　　　　　　　　　项目经理：（签名）

　　　　　　　　　　　　　　　　　　　日　　期：　年 月 日

监理机构另行签发审批意见：

　　　　　　　　　　　　　　　　　　　监 理 机 构：（名称及盖章）

　　　　　　　　　　　　　　　　　　　签 收 人：（签名）

　　　　　　　　　　　　　　　　　　　日　　期：　年 月 日

说明：本表一式___份，由承包人填写，监理机构签收后，随同审批意见，发包人___份、监理机构___份、承包人___份。

27. 施工进度计划调整申报表

CB25 施工进度计划调整申报表

（承包〔 〕进调 号）

合同名称： 合同编号：

致（监理机构）：   我方现提交＿＿＿＿＿＿＿＿＿＿＿＿＿＿＿＿＿＿工程项目施工进度调整计划，请贵方审批。 附件：施工进度调整计划（包括调整理由、形象进度、工程量、资源投入计划等）。   承 包 人：（现场机构名称及盖章） 项目经理：（签名） 日 期： 年 月 日
监理机构将另行签发审批意见：   监理机构：（名称及盖章） 签 收 人：（签名） 日 期： 年 月 日

说明：本表一式＿＿份，由承包人填写，监理机构签收后，随同审批意见，发包人＿＿份、监理机构＿＿份、承包人＿＿份。

28. 延长工期申报表

CB26 延 长 工 期 申 报 表

（承包〔 〕延期 号）

合同名称： 合同编号：

致（监理机构）：   由于本申报表附件所列原因，根据施工合同约定及相关规定，我方要求对合同工程工期延长＿＿＿＿＿＿＿天，完工日期 从＿＿＿＿＿＿年＿＿＿月＿＿＿日延至＿＿＿＿＿＿年＿＿＿月＿＿＿日，请贵方审批。 附件： 1. 延长工期申请报告（说明原因、依据、计算过程及结果等）。 2. 证明材料。   承 包 人：（现场机构名称及盖章） 项目经理：（签名） 日 期： 年 月 日
监理机构将另行签发审批意见：   监理机构：（名称及盖章） 签 收 人：（签名） 日 期： 年 月 日

说明：本表一式＿＿份，由承包人填写，监理机构签收后，随同审批意见，发包人＿＿份、设代机构＿＿份、监理机构＿＿份、
承包人＿＿份。

29. 变更项目价格申报表

CB27　　　　　　　　　　　　　　变更项目价格申报表

（承包 ［　　］变价　　号）

合同名称：　　　　　　　　　　　合同编号：

致（监理机构）：

　　根据_____变更指示（监理 ［　　］变指　　号）的变更内容，对下列项目价格申报如下，请贵方审核。

　　附件：变更价格报告（变更估价原则、编制依据及说明、单价分析表）

承 包 人：（现场机构名称及盖章）

项目经理：（签名）

日　　期：　年 月 日

序号	项目名称	单位	申报价格（单价或合价）	备注
1				
2				
3				
4				
5				
6				

监理机构另行签发审核意见。

监理机构：（名称及盖章）

签 收 人：（签名）

日　　期：　年 月 日

说明：本表一式___份，由承包人填写，监理机构签收后，发包人___份、监理机构___份、承包人___份。

30. 索赔意向通知

CB28　　　　　　　　　　　　　索 赔 意 向 通 知

（承包 ［　　］赔通　　号）

合同名称：　　　　　　　　　　　合同编号：

致（监理机构）：

　　由于_____原因，根据施工合同的约定，我方拟提出索赔申请，请贵方审核。

　　附件：索赔意向书（包括索赔事件及影响，索赔依据、索赔要求等）。

承 包 人：（现场机构名称及盖章）

项目经理：（签名）

日　　期：　年 月 日

监理意见：

监 理 机 构：（名称及盖章）

总监理工程师：（签名）

日　　期：　年 月 日

说明：本表一式___份，由承包人填写，监理机构签署意见后，发包人___份、监理机构___份、承包人___份。

31. 索赔申请报告

CB29

索 赔 申 请 报 告

（承包 〔 　 〕赔报 　 号）

合同名称：　　　　　　　　　　　　　　合同编号：

致（监理机构）： 　　根据有关规定和施工合同的约定，我方对＿＿＿＿＿＿＿＿＿事件，申请□赔偿金额为（大写）＿＿＿＿＿元（小写 ＿＿＿＿＿元）□索赔工期＿＿＿天，请贵方审核。 　　附件：索赔报告，主要内容包括： 　　　　1. 索赔事件简述及索赔要求。 　　　　2. 索赔依据。 　　　　3. 索赔计算。 　　　　4. 索赔证明材料。 　　　　　　　　　　　　　　　　　　　　　　承 包 人：（现场机构名称及盖章） 　　　　　　　　　　　　　　　　　　　　　　项目经理：（签名） 　　　　　　　　　　　　　　　　　　　　　　日　　期：　年　月　日
监理机构将另行签发审核意见。 　　　　　　　　　　　　　　　　　　　　　　监理机构：（名称及盖章） 　　　　　　　　　　　　　　　　　　　　　　签 收 人：（签名） 　　　　　　　　　　　　　　　　　　　　　　日　　期：　年　月　日

说明：本表一式＿＿份，由承包人填写，监理机构签收后，发包人＿＿份、监理机构＿＿份、承包人＿＿份。

32. 工程计量报验单

CB30

工 程 计 量 报 验 单

（承包 〔 　 〕计报 　 号）

合同名称：　　　　　　　　　　　　　　合同编号：

致（监理机构）： 　　我方按施工合同约定已完成了下列项目的的施工，其工程质量经检验合格，并依据合同进行了计量。现提交计量结果，请贵方审核。 　　　　　　　　　　　　　　　　　　　　　　承 包 人：（现场机构名称及盖章） 　　　　　　　　　　　　　　　　　　　　　　项目经理：（签名） 　　　　　　　　　　　　　　　　　　　　　　日　　期：　年　月　日

一	合同分类分项项目（含变更项目）						
序号	项目编码	项目编号	项目名称	单位	申报工程量	监理核实工程量	备注
1							
2							

二	合同措施项目（含变更项目）				
序号	项目编号	项目名称	合价	本次申报	监理核实	备注

附件：计量测量、计算等资料。
审核意见： 　　　　　　　　　　　　　　　　　　　　　　监 理 机 构：（名称及盖章） 　　　　　　　　　　　　　　　　　　　　　　监理工程师：（签名） 　　　　　　　　　　　　　　　　　　　　　　日　　期：　年　月　日

说明：1. 本表一式＿＿份，由承包人填写，监理机构审核后，发包人＿＿份、监理机构＿＿份、承包人＿＿份，作为当月已完工程量汇总表的附件使用。

　　　2. 本表中的项目编码是指《水利工程工程量清单计价规范》（GB 50501—2007）中的项目编码，项目编号是指合同工程量清单的项目编号。

33. 计日工单价报审表

CB31 计日工单价报审表

（承包〔 〕计审 号）

合同名称： 合同编号：

致（监理机构）：

我方按要求完成了下列计日工项目，现按施工合同约定申报计日工单价，请贵方审核。
附件：单价分析表。
 	
           承 包 人：（现场机构名称及盖章）
           项目经理：（签名）
           日   期： 年 月 日

序号	计日工内容	单位	申报单价	监理审核单价	发包人核准单价
1					
2					
3					

审核意见：

监 理 机 构：（名称及盖章）
           总监理工程师：（签名）
           日   期： 年 月 日

核准意见：

发包人：（名称及盖章）
           负责人：（签名）
           日   期： 年 月 日

说明：本表一式___份，由承包人填写，针对施工合同中未明确约定单价的计日工，报监理机构审核、发包人核准后，发包人___份、监理机构___份，承包人___份，结算时用作附件。

34. 计日工工程量签证单

CB32 计日工工程量签证单

（承包〔 〕计签 号）

合同名称： 合同编号：

致（监理机构）：

我方按计日工工作通知（监理〔 〕计通 号）实施了下列所列项目，现按施工合同约定申报_____年___月___日的计日工程量，请贵方审核。
附件：□人员工作明细
      □材料使用明细
      □施工设备使用明细
 	
           承 包 人：（现场机构名称及盖章）
           项目经理：（签名）
           日   期： 年 月 日

序号	工程项目名称	计日工内容	单位	申报工程量	核准工程量	说明
1						
2						
3						

审核意见：

监 理 机 构：（名称及盖章）
           监理工程师：（签名）
           日   期： 年 月 日

说明：本表一式___份，由承包人在每个工作日完成后填写，经监理机构审核后，发包人___份、监理机构___份、承包人___份，作结算时使用。

35. 工程进度付款申请单

CB33

工程进度付款申请单

(承包〔　〕进度付　　号)

合同名称：　　　　　　　　　　　合同编号：

致（监理机构）：

　　我方今申请支付＿＿＿＿＿年＿＿月工程进度付款，总金额为（大写）＿＿＿＿＿＿＿＿＿＿元（小写＿＿＿＿＿＿＿＿＿元），请贵方审核。

　　附件：1. 工程进度付款汇总表。

　　　　　2. 已完工程量汇总表。

　　　　　3. 合同分类分项项目进度付款明细表。

　　　　　4. 合同措施项目进度付款明细表。

　　　　　5. 变更项目进度付款明细表。

　　　　　6. 计日工项目进度付款明细表。

　　　　　7. 索赔确认单清单。

　　　　　8. 其他。

　　　　　　　　　　　　　　　　　　　承 包 人：（现场机构名称及盖章）

　　　　　　　　　　　　　　　　　　　项目经理：（签名）

　　　　　　　　　　　　　　　　　　　日　　期：　年 月 日

　　监理机构审核后，将另行签发工程进度付款证书。

　　　　　　　　　　　　　　　　　　　监理机构：（名称及盖章）

　　　　　　　　　　　　　　　　　　　签 收 人：（签名）

　　　　　　　　　　　　　　　　　　　日　　期：　年 月 日

说明：本申请书及附表一式＿＿份，由承包人填写，经监理机构审核后，作为工程进度付款证书的附件报送发包人批准。

36. 工程进度付款汇总表

CB33 附表 1

工程进度付款汇总表

(承包〔　〕进度总　　号)

合同名称：　　　　　　　　　　　合同编号：

项　　目		截至上期末累计完成额/元	本期申请金额/元	截至本期末累计完成额/元	备注
应付款金额	合同分类分项项目				
	合同措施项目				
	变更项目				
	计日工项目				
	索赔项目				
	小计				
	工程预付款				
	材料预付款				
	小计				
	价格调整				
	延期付款利息				
	小计				
	其他				
应支付金额合计					

续表

项 目		截至上期末 累计完成额/元	本期申请金额 /元	截至本期末 累计完成额/元	备注
扣除 金额	工程预付款				
	材料预付款				
	小计				
	质量保证金				
	违约赔偿				
	其他				
扣除金额合计					
本期工程进度付款总金额					

本期工程进度付款总金额： 仟 佰 拾 万 仟 佰 拾 元（小写： 元）

承 包 人：（现场机构名称及盖章）

项目经理：（签名）

日 期： 年 月 日

说明：本表一式___份，由承包人填写，作为 CB33 的附表。

37. 已完工程量汇总表

CB33 附表 2 　　　　　　　　　　**已 完 工 程 量 汇 总 表**

（承包 [　] 量总 　 号）

合同名称： 　　　　　　　　　　合同编号：

致（监理机构）：

　　我方现报送本期已完工程量汇总表如下表，请贵方审核。

　　附件：工程计量报验单

　　（1）承包 [　] 计报 　 号。

　　（2）承包 [　] 计报 　 号。

承 包 人：（现场机构名称及盖章）

项目经理：（签名）

日 期： 年 月 日

一	合同分类分项目（含变更项目）									
序号	项目 编码	项目 编号	项目 名称	单位	合同 工程量	截至上期末 累计	承包人申报工程量		监理人审核工程量	
							本期 申报	截至本期末 累计	监理 审核	截至本期末 累计
1										

二	合同措施项目（含变更项目）								
序号	项目编号	项目名称	合价	合同 工程量	截至上期末 累计	承包人申报		监理审核	
						本期 申报	截至本期末 累计	监理 审核	截至本期末 累计
1									

审核意见详见上表监理审核意见栏。

监 理 机 构：（名称及盖章）

总监理工程师：（签名）

日 期： 年 月 日

说明：1. 本表一式___份，由承包人依据已签认的工程计量报验单填写，监理机构审核后，作为 CB33 的附表。

　　　2. 本表中的项目编码是指《水利工程工程量清单计价规范》（GB 50501—2007）中的项目编码，项目编号是指合同工程量清单的项目编号。

38. 合同分类分项项目进度付款明细表

CB 33 附表 3　　　　　　　　　　　　合同分类分项项目进度付款明细表

（承包〔　　〕分类付　　号）

合同名称：　　　　　　　　　　　　　　合同编号：

致（监理机构）：

　　本期合同分类分项项目进度付款明细表如下表，我方申请支付的合同分类分项项目进度付款总金额为（大写）
_____元（小写_____元），请审核。

承 包 人：（现场机构名称及盖章）

项目经理：（签字）

日　　期：　年 月 日

序号	项目编号	项目名称	单位	合同工程量	合同价格/元	截至上期末累计完成		本期承包人申报			本期监理审核意见			截至本期末累计完成	
						工程量	金额/元	单价/元	工程量	金额/元	单价/元	工程量	金额/元	工程量	金额/元
合计															

审核意见详见上表监理审核意见栏。

监 理 机 构：（名称及盖章）

总监理工程师：（签名）

日　　期：　年 月 日

说明：1. 本表一式___份，由承包人填写，作为CB33的附表。

　　　2. 本表中的项目编号是指合同工程量清单的项目编号。

39. 合同措施项目进度付款明细表

CB33 附表 4　　　　　　　　　　　　合同措施项目进度付款明细表

（承包〔　　〕措施付　　号）

合同名称：　　　　　　　　　　　　　　合同编号：

致（监理机构）：

　　本期合同措施项目进度付款明细表如下表，我方申请支付的合同措施项目进度付款总金额为（大写）_____
元（小写_____元），请贵方审核。

承 包 人：（现场机构名称及盖章）

项目经理：（签字）

日　　期：　年 月 日

序号	项目名称	合同金额/元	截至上期末累计支付金额/元	本期申报支付金额/元	监理审核本期支付金额/元	截至本期末累计支付金额/元	支付比例	备注
1								
2								
合计								

审核意见详见上表监理审核意见栏。

监 理 机 构：（名称及盖章）

总监理工程师：（签名）

日　　期：　年 月 日

说明：本表一式___份，由承包人填写，作为CB33的附表。

40. 变更项目进度付款明细表

CB 33 附表 5   **变更项目进度付款明细表**

（承包 〔　　〕变更付　　号）

合同名称：   合同编号：

致（监理机构）：

根据下列变更指示，变更项目价格/工期确认单和工程量计量报验单，现申请变更项目付款总金额为（大写）
_____元（小写_____元），请贵方审核。

1. 变更指示
(1) 监理 〔　　〕变指　　号 (2) 监理 〔　　〕变指　　号
2. 变更项目价格/工期确认单
(1) 监理 〔　　〕变确　　号 (2) 监理 〔　　〕变确　　号
3. 工程计量报验单
(1) 承包 〔　　〕计报　　号 (2) 承包 〔　　〕计报　　号

承 包 人：（现场机构名称及盖章）
项目经理：（签名）
日　　期：　年 月 日

序号	变更项目编号	变更项目名称	单位	截至上期末累计完成		本期承包人申报			本期监理审核意见			截至本期末累计完成	
				工程量	金额/元	价格（单价或合价）/元	工程量	金额/元	价格（单价或合价）/元	工程量	金额/元	工程量	金额/元
1													
2													
合计													

审核意见详见上表监理审核意见栏。

监 理 机 构：（名称及盖章）
总监理工程师：（签名）
日　　期：　　年 月 日

说明：本表一式___份，由承包人填写，作为 CB33 表的附表。

41. 计日工项目进度付款明细表

CB33 附表 6　　　　　　　　　　　**计日工项目进度付款明细表**

（承包〔　　〕计付　　号）

合同名称：　　　　　　　　　　　　　合同编号：

致（监理机构）：

　　现申报本期计日工项目进度付款，总金额为（大写）＿＿＿＿＿＿＿＿＿＿＿＿元（小写＿＿＿＿＿＿＿元），请贵方审核。

　　附件：1. 本期计日工工作量汇总表（汇总计日工工程量签证单）

　　　　　2. 计日工单价报审表

　　　　　（1）承包〔　　〕计审　　号

　　　　　（2）承包〔　　〕计审　　号

　　　　　　　　　　　　　　　　　　　承 包 人：（现场机构名称及盖章）

　　　　　　　　　　　　　　　　　　　项目经理：（签名）

　　　　　　　　　　　　　　　　　　　日　　期：　年　月　日

序号	计日工内容	工程量	单位	单价 /元	承包人申报金额 /元	监理人审核金额 /元	备注
1							
2							
3							
4							
5							
合计							

审核意见详见上表监理审核意见栏。

　　　　　　　　　　　　　　　　　　　监 理 机 构：（名称及盖章）

　　　　　　　　　　　　　　　　　　　总监理工程师：（签名）

　　　　　　　　　　　　　　　　　　　日　　期：　年 月 日

说明：1. 本表一式＿＿份，由承包人填写，作为 CB33 的附表。

　　　2. 本表的单价依据合同或计日工单价报审表填写。

42. 施工月报表（　　年　月）

CB34　　　　　　　　　　　　　**施工月报表（　　年　月）**

（承包〔　　〕月报　　号）

合同名称：　　　　　　　　　　　　　合同编号：

致（监理机构）：

　　现呈报我方编写的＿＿＿＿年＿＿月施工月报（＿＿＿＿年＿＿月＿＿日至＿＿＿＿年＿＿月＿＿日），请贵方审阅。

　　附件：施工月报

　　　　　　　　　　　　　　　　　　　承 包 人：（现场机构名称及盖章）

　　　　　　　　　　　　　　　　　　　项目经理：（签名）

　　　　　　　　　　　　　　　　　　　日　　期：　年　月　日

今已收到＿＿＿＿＿＿（承包人全称）所报＿＿＿＿年＿＿月的施工月报及附件共＿＿份。

　　　　　　　　　　　　　　　　　　　监理机构：（名称及盖章）

　　　　　　　　　　　　　　　　　　　签 收 人：（签名）

　　　　　　　　　　　　　　　　　　　日　　期：　年　月　日

说明：本表一式＿＿份，由承包人填写，每月＿＿日前报监理机构，监理机构签收后，发包人＿＿份、监理机构＿＿份、承包人＿＿份。

施 工 月 报

年　　第　　期

_____年____月____日至_____年____月____日

工程名称：_____

合同编号：_____

承 包 人：_____（现场机构名称及盖章）_____

项目经理：_____

日　　期：_____年____月____日

目　录

43. 原材料/中间产品使用情况月报表

CB34 附表 1　　　　　　　　　　原材料/中间产品使用情况月报表

（承包 [　　] 材料月　　号）

合同名称：　　　　　　　　　　　　　合同编号：

材料名称		规格/型号	单位	上月库存	本月进货	本月消耗	本月库存	下月计划用量
水泥								
粉煤灰								
钢材	型材							
	钢筋							
木材								
柴油								
汽油								
炸药								

承　包　人：（现场机构名称及盖章）

部门负责人：（签名）

日　　　期：　年 月 日

说明：本表一式___份，由承包人填写，作为《施工月报》的附件一同上报。

44. 原材料/中间产品检验月报表

CB34 附表 2　　　　　　　　　　原材料/中间产品检验月报表

（承包〔　　〕材检月　　号）

合同名称：　　　　　　　　　　　　合同编号：

材料名称		规格/型号	单位	检验量	检验日期	检验内容及方法	检验结果	检验机构	质量负责人	备注
水泥										
粉煤灰										
钢材	型材										
	钢筋										
木材										
柴油										
汽油										
炸药										

承　包　人：（现场机构名称及盖章）

部门负责人：（签名）

日　　　期：　年 月 日

说明：本表一式＿＿份，由承包人填写，作为《施工月报》的附件一同上报。

45. 主要施工设备情况月报表

CB34 附表 3　　　　　　　　　　主要施工设备情况月报表

（承包〔　　〕设备月　　号）

合同名称：　　　　　　　　　　　　合同编号：

序号	名称	型号/规格	计划数量/台	实际数量/台	完好率/%	是否满足合同要求
1						
2						
3						
4						
5						
6						
7						
8						
9						
10						

承　包　人：（现场机构名称及盖章）

部门负责人：（签名）

日　　　期：　年 月 日

说明：本表一式＿＿份，由承包人填写，作为《施工月报》的附件一同上报。

46. 现场人员情况月报表

CB34 附表 4

现场人员情况月报表

（承包 〔　　〕人员月　　号）

合同名称：　　　　　　　　　　　　　　　合同编号：

序号	部门	人员类别					合计
		管理人员	技术人员	特种作业人员	普通作业人员	其他辅助人员	
1							
2							
3							
4							
5							
6							
7							
8							
9							
10							
	合计						
		承　包　人：（现场机构名称及盖章） 部门负责人：（签名） 日　　　期：　年　月　日					

说明：本表一式___份，由承包人填写，作为《施工月报》的附件一同上报。

47. 施工质量检测月汇总表

CB34 附表 5

施工质量检测月汇总表

（承包 〔　　〕质检月　　号）

合同名称：　　　　　　　　　　　　　　　合同编号：

序号	检测部位	检测项目	检测数量	检测日期	检测结果	质量负责人
1						
2						
3						
4						
5						
6						
7						
8						
9						
10						
		承　包　人：（现场机构名称及盖章） 部门负责人：（签名） 日　　　期：　年　月　日				

说明：本表一式___份，由承包人填写，作为《施工月报》的附件一同上报。

48. 施工质量缺陷月报表

CB34 附表 6　　　　　　　　　　施工质量缺陷月报表

（承包 〔　　〕缺陷月　　号）

合同名称：　　　　　　　　　　　　　合同编号：

序号	质量缺陷部位	质量缺陷类别	缺陷检测情况	处理情况	备注
1					
2					
3					
4					
5					
6					
7					
8					
9					
10					

　　　　　　　　　　　　　　　　　　承　包　人：（现场机构名称及盖章）

　　　　　　　　　　　　　　　　　　部门负责人：（签名）

　　　　　　　　　　　　　　　　　　日　　　期：　年　月　日

说明：本表一式___份，由承包人填写，作为《施工月报》的附件一同上报。

49. 工程事故月报表

CB34 附表 7　　　　　　　　　　工 程 事 故 月 报 表

（承包 〔　　〕事故月　　号）

合同名称：　　　　　　　　　　　　　合同编号：

序号	事故发生时间	事故地点	事故的工程影响	事故等级	直接损失金额或处理成本/元	人员伤亡/人		处理情况
						死亡	重伤	
1								
2								
3								
4								
5								
6								
7								
8								
9								
10								

　　　　　　　　　　　　　　　　　　承　包　人：（现场机构名称及盖章）

　　　　　　　　　　　　　　　　　　部门负责人：（签名）

　　　　　　　　　　　　　　　　　　日　　　期：　年　月　日

说明：本表一式___份，由承包人填写，作为《施工月报》的附件一同上报。

50. 合同完成额月汇总表

CB34 附表 8   合同完成额月汇总表

（承包〔   〕完成额   号）

合同名称：   合同编号：

序号	项目编号	一级项目	合同金额/元	截至上月末累计完成额/元	截至上月末累计完成额比例	本月完成额/元	截至本月末累计完成额/元	截至本月末累计完成额比例
1								
2								
3								
4								
5								
6								
7								
8								

承 包 人：（现场机构名称及盖章）

部门负责人：（签名）

日   期：   年 月 日

说明：1. 本表一式___份，由承包人填写，作为《施工月报》的附件一同上报。

     2. 本表的一级项目指该工程量清单中的分类工程，一级项目合同完成额依据 CB34 附表 8-___汇总表填写。

     3. 本表中的项目编号是指合同工程量清单的项目编号。

51. （   ）合同完成额月汇总表

CB34 附表 8-___   **（一级项目名称）合同完成额月汇总表**

（承包〔   〕完成额月   号）

合同名称：   合同编号：

序号	项目编号	二级项目	合同金额/元	截至上月末累计完成额/元	截至上月末累计完成额比例	本月完成额/元	截至本月末累计完成额/元	截至本月末累计完成额比例
1								
2								
3								
4								
5								
6								
7								
8								
9								
10								
合计								

承 包 人：（现场机构名称及盖章）

部门负责人：（签名）

日   期：   年 月 日

说明：1. 本表一式___份，由承包人填写，作为合同完成额月汇总表的附件一同上报。

     2. 本表的二级项目指合同工程量清单中的分项工程。

     3. 本表作为 CB34 的附表，根据一级项目数量依次编码。

     4. 本表中的项目编号是指合同工程量清单的项目编号。

52. 主要实物工程量月汇总表

CB34 附表 9 主要实物工程量月汇总表

（承包〔 〕实物月 号）

合同名称： 合同编号：

序号	名称	单位	截至上月末累计完成工程量	截至上月末完成工程量比例	本月完成工程量	截至本月末累计完成工程量	截至本月末累计完成工程量比例
1	土方开挖						
2	土方回填						
3	石方开挖						
4	石方回填						
5	混凝土浇筑						
6							
7							
8							

承 包 人：（现场机构名称及盖章）

部门负责人：（签名）

日　期：　年 月 日

说明：本表一式___份，由承包人填写，作为《施工月报》的附件一同上报。

53. 验收申请报告

CB35 验 收 申 请 报 告

（承包〔 〕验报 号）

合同名称： 合同编号：

致（监理机构）：

　　_____工程项目已于_____年___月___日完工，未处理的遗留问题不影响本次验收评定并编制了处理措施计划，验收报告、资料已准备就绪，现申请验收。

□合同项目完工验收	验收工程名称、编码	申请验收时间
□单位工程验收		
□分部工程验收		
□		

附件：1. 前期验收遗留问题处理情况。

　　　2. 未处理遗留问题的处理措施计划。

　　　3. 验收报告、资料。

承 包 人：（现场机构名称及盖章）

项目经理：（签名）

日　期：　年 月 日

监理机构将另行签发审核意见。

监理机构：（名称及盖章）

签 收 人：（签名）

日　期：　年 月 日

说明：本表一式___份，由承包人填写，监理机构签收后，发包人___份、设代机构___份、监理机构___份、承包人___份。

54. 报告单

CB36

报 告 单

（承包〔 〕报告 号）

合同名称： 合同编号：

报告事由：
承包人：（现场机构名称及盖章） 项目经理/技术负责人：（签名） 日 期： 年 月 日
监理机构意见：
监 理 机 构：（名称及盖章） 总监理工程师/监理工程师：（签名） 日 期： 年 月 日
发包人意见：
发包人：（名称及盖章） 负责人：（签名） 日 期： 年 月 日

说明：1. 本表一式___份，由承包人填写，监理机构、发包人签署意见后，发包人___份、监理机构___份、承包人___份。

2. 如报告单涉及设计等其他单位的，可另行增加意见栏。

55. 回复单

CB37

回 复 单

（承包〔 〕回复 号）

合同名称： 合同编号：

致（监理机构）： 　　我方于_____年___月___日收到_____（监理文件文号）关于_____的 □通知 / □指示，回复如下： 　　（应包括对监理 □通知 / □指示确认与否，如确认，应依据监理 □通知 /□指示编制工作计划；如不确认，应说明理由。） 　　附件：1. 　　　　　2. 承 包 人：（现场机构名称及盖章） 项目经理：（签名） 日 期： 年 月 日
审核意见： 监 理 机 构：（名称及盖章） 监理工程师：（签名） 日 期： 年 月 日

说明：1. 本表一式___份，由承包人填写，监理机构审核后，承包人___份、监理机构___份。

2. 本表主要用于承包人对监理机构发出的监理通知、指示的回复。

56. 确认单

CB38

确 认 单

（承包〔 〕确认 号）

合同名称： 合同编号：

致（监理机构）： 　　按照贵方审核通过的关于＿＿＿＿＿＿＿＿的工作计划（回复单编号：承包〔 〕回复 号，或监理文件编号），我方已完成相关工作，执行情况如下，请贵方确认。 　　（完成情况说明） 　　附件：1. 　　　　　2. <div align="right">承 包 人：（现场机构名称及盖章） 项目经理：（签名） 日　期：　年　月　日</div>
确认意见：   <div align="right">监 理 机 构：（名称及盖章） 监理工程师：（签名） 日　期：　年　月　日</div>

说明：1. 本表一式＿＿份，由承包人填写，监理机构确认后，承包人＿＿份、监理机构＿＿份。

　　　2. 本表主要用于承包人对监理机构发出的监理通知、指示的执行情况确认。

57. 完工付款/最终结清申请单

CB39

完工付款/最终结清申请单

（承包〔 〕付结 号）

合同名称： 合同编号：

致（监理机构）： 　　依据施工合同约定，我方已完成合同工程＿＿＿＿＿＿＿＿＿＿工程的施工，收到发包人签发的□合同工程完工证书/□缺陷责任期终止证书。现申请该工程的□完工付款/□最终结清/□临时付款。 　　经核计，我方共应获得工程价款合计为（大写）＿＿＿＿＿＿＿＿＿元（小写＿＿＿＿＿＿＿＿元），截至本次申请已得到各项付款金额总计为（大写）＿＿＿＿＿＿＿＿元（小写＿＿＿＿＿＿＿元），现申请□完工付款/□最终结清/□临时付款金额总计为（大写）＿＿＿＿＿＿＿＿元（小写＿＿＿＿＿＿＿元）。请贵方审核。 　　附件：计算资料、证明文件等。 <div align="right">承 包 人：（现场机构名称及盖章） 项目经理：（签名） 日　期：　年　月　日</div>
监理机构审核后另行签发意见。   <div align="right">监 理 机 构：（名称及盖章） 签 收 人：（签名） 日　期：　年　月　日</div>

说明：本表一式＿＿份，由承包人填写，监理机构签收后，发包人＿＿份、监理机构＿＿份、承包人＿＿份。

58. 工程交接申请表

CB40　　　　　　　　　　**工 程 交 接 申 请 表**

（承包〔　〕交接　　号）

合同名称：　　　　　　　　　　　　合同编号：

致（监理机构）：

　　合同工程已于_____年___月___日通过完工验收，并形成了_____合同工程完工验收鉴定书，现提交交接申请，请贵方审批。

　　附件：1. 交接项目清单。

　　　　　2. 合同工程完工验收前临时交接项目清单（若有）。

	承 包 人：（现场机构名称及盖章） 项目经理：（签名） 日　　期：　年 月 日
监 理 机 构 意 见	监 理 机 构：（名称及盖章） 总监理工程师：（签名） 日　　　期：　年 月 日
发 包 人 意 见	发 包 人：（名称及盖章） 负 责 人：（签名） 日　　期：　年 月 日

说明：1. 本表一式___份，由承包人填写，监理机构、发包人审签后，承包人___份、监理机构___份、发包人___份。

　　　2. 发包人同意工程交接后，另行签发工程交接证书。

　　　3. 合同工程完工验收前临时交接的项目，可参照本表。

59. 质量保证金退还申请表

CB41　　　　　　　　　　**质量保证金退还申请表**

（承包〔　〕保退　　号）

合同名称：　　　　　　　　　　　　合同编号：

致（监理机构）：

　　根据施工合同约定，我方申请退还质量保证金金额为（大写）_____元（小写_____元），请贵方审核。

退还质量 保证金已 具备的条件	□于_____年___月___日签发合同工程完工证书 □于_____年___月___日签发缺陷责任期终止证书 □	
质量保证金 退还金额	质量保证 金总金额	仟　佰　拾　万　仟　佰　拾　元（小写：　　　）
	已退还金额	仟　佰　拾　万　仟　佰　拾　元（小写：　　　）
	尚应扣留 的金额	仟　佰　拾　万　仟　佰　拾　元（小写：　　　） 扣留的原因： □施工合同约定 □未完工程或缺陷 □
	应退还金额	仟　佰　拾　万　仟　佰　拾　元（小写：　　　）
		承 包 人：（现场机构名称及盖章） 项目经理：（签名） 日　　期：　年 月 日
监理机构审核后将另行签发。		监 理 机 构：（名称及盖章） 签 收 人：（签名） 日　　期：　年 月 日

说明：本表一式___份，由承包人填写，监理机构签收后，发包人___份、监理机构___份、承包人___份。

5.1.6 监理机构常用表格推荐格式

1. 合同工程开工通知

JL01　　　　　　　　　　　　**合 同 工 程 开 工 通 知**

（监理〔　〕开工　　号）

合同名称：　　　　　　　　　　　　合同编号：

致（承包人）：

　　根据施工合同约定，现签发_____合同工程开工通知。贵方在接到该通知后，及时调遣人员和施工设备、材料进场，完成各项施工准备工作，尽快提交《合同工程开工申请表》。

　　该合同工程的开工日期为_____年___月___日。

监 理 机 构：（名称及盖章）

总监理工程师：（签名）

日　　　　期：　年 月 日

今已收到合同工程开工通知。

承 包 人：（现场机构名称及盖章）

签收人：（签名）

日　　期：　年 月　　日

说明：本表一式___份，由监理机构填写，承包人签收后，发包人___份、设代机构___份、监理机构___份、承包人___份。

2. 合同工程开工批复

JL02　　　　　　　　　　　　**合 同 工 程 开 工 批 复**

（监理〔　〕合开工　　号）

合同名称：　　　　　　　　　　　　合同编号：

致（承包人）：

　　贵方_____年___月___日报送的_____工程合同工程开工申请（承包〔　〕合开工　　号）已经通过审核，同意贵方按施工进度计划组织施工。

　　批复意见：（可附页）

监 理 机 构：（名称及盖章）

总监理工程师：（签名）

日　　　　期：　年 月 日

今已收到合同工程的开工批复。

承 包 人：（现场机构名称及盖章）

项目经理：（签名）

日　　期：　年 月　　日

说明：本表一式___份，由监理机构填写，承包人签收后，发包人___份、设代机构___份、监理机构___份、承包人___份。

3. 分部工程开工批复

JL03

分 部 工 程 开 工 批 复

（监理 ［ ］分开工 号）

合同名称： 合同编号：

致（承包人现场机构）：

贵方_____年____月____日报送的□分部工程□分部工程部分工作 开工申请表（承包 ［ ］分开工 号）已经通过审核，同意开工。

批复意见：（可附页）

监 理 机 构：（名称及盖章）

监理工程师：（签名）

日 期： 年 月 日

今已收到□分部工程□分部工程部分工作 的开工批复。

承 包 人：（现场机构名称及盖章）

项目经理：（签名）

日 期： 年 月 日

说明：本表一式___份，由监理机构填写，承包人签收后，发包人___份、设代机构___份、监理机构___份、承包人___份。

4. 工程预付款支付证书

JL04

工 程 预 付 款 支 付 证 书

（监理 ［ ］工预付 号）

合同名称： 合同编号：

致（发包人）：

鉴于□工程预付款担保已获得贵方确认□合同约定的第_____次工程预付款条件已具备。根据施工合同约定，贵方应向承包人支付第_____次工程预付款，金额为（大写）_____元（小写_____元）。

监 理 机 构：（名称及盖章）

总监理工程师：（签名）

日 期： 年 月 日

发包人审批意见：

发包人：（名称及盖章）

负责人：（签名）

日 期： 年 月 日

说明：本证书一式___份，由监理机构填写，发包人___份、监理机构___份、承包人___份。

5. 批复表

JL05

批 复 表

（监理〔 〕批复 号）

合同名称： 合同编号：

致（承包人现场机构）：

贵方于＿＿＿＿年＿＿月＿＿日报送的＿＿＿＿＿＿＿＿（文号＿＿＿＿＿＿＿），经监理机构审核，批复意见如下：

监 理 机 构：（名称及盖章）
总监理工程师：
/监理工程师：（签名）
日 期： 年 月 日

今已收到监理〔 〕批复 号。

承包人：（现场机构名称及盖章）
签收人：（签名）
日 期： 年 月 日

说明：1. 本表一式＿＿份，由监理机构填写，承包人签收后，发包人＿＿份、监理机构＿＿份、承包人＿＿份。

2. 一般批复由监理工程师签发，重要批复由总监理工程师签发。

6. 监理通知

JL06

监 理 通 知

（监理〔 〕通知 号）

合同名称： 合同编号：

致（承包人现场机构）：

事由：

通知内容：

附件：1.
2.

监 理 机 构：（名称及盖章）
总监理工程师：
/监理工程师：（签名）
日 期： 年 月 日

承包人：（现场机构名称及盖章）
签收人：（签名）
日 期： 年 月 日

说明：本通知一式＿＿份，由监理机构填写，发包人＿＿份、监理机构＿＿份、承包人＿＿份。

7. 监理报告

JL07

监 理 报 告

（监理 ［   ］ 报告   号）

合同名称：   合同编号：

致（发包人）：
 	
  事由：
 	
  报告内容：
 	
                                                监 理 机 构：（名称及盖章）
                                                总监理工程师：（签名）
                                                日　　　期：　年 月 日

就贵方报告事宜答复如下：
 	
                                                发包人：（名称及盖章）
                                                负责人：（签名）
                                                日　　　期：　年 月 日

说明：1. 本表一式＿＿份，由监理机构填写，发包人批复后留＿＿份，退回监理机构＿＿份。

2. 本表可用于监理机构认为需报请发包人批示的各项事宜。

8. 计日工工作通知

JL08

计 日 工 工 作 通 知

（监理 ［   ］ 计通   号）

合同名称：   合同编号：

致（承包人现场机构）：

　　依据合同约定，经发包人批准，现决定对下列工作按计日工予以安排，请据以执行。

序号	工作项目或内容	计划工作时间	计价及付款方式	备注
1				
2				
3				
4				
5				

监 理 机 构：（名称及盖章）
                                                总监理工程师：（签名）
                                                日　　　期：　年 月 日

我方将按通知执行。
 	
                                                承 包 人：（现场机构名称及盖章）
                                                项目经理：（签名）
                                                日　　　期：　年 月 日

说明：1. 本表一式＿＿份，由监理机构填写，承包人签署后，发包人＿＿份、监理机构＿＿份、承包人＿＿份。

2. 本表计价及付款方式填写"按合同计日工单价支付"或"双方协商"。

9. 工程现场书面通知

JL09　　　　　　　　　　**工 程 现 场 书 面 通 知**

（监理 〔　　〕现通　　号）

合同名称：　　　　　　　　　　　合同编号：

致（承包人现场机构）： 　事由： 　通知内容   　　　　　　　　　　　　　　　　　　　　监 理 机 构：（名称及盖章） 　　　　　　　　　　　　　　　　　　　　监理工程师： 　　　　　　　　　　　　　　　　　　　／ 监 理 员：（签名） 　　　　　　　　　　　　　　　　　　　　日　　　期：　年 月 日
承包人意见：   　　　　　　　　　　　　　　　　　　　　承 包 人：（名称及盖章） 　　　　　　　　　　　　　　　　　　　　现场负责人：（签名） 　　　　　　　　　　　　　　　　　　　　日　　　期：　年 月 日

说明：1. 本表一式＿＿份，由监理机构填写，承包人签署意见后，监理机构＿＿份、承包人＿＿份。

　　　2. 本表一般情况下应由监理工程师签发；对现场发现的施工人员违反操作规程的行为，监理员可以签发。

10. 警告通知

JL10　　　　　　　　　　　　**警 告 通 知**

（监理 〔　　〕警告　　号）

合同名称：　　　　　　　　　　　合同编号：

致（承包人现场机构）： 　　鉴于你方在履行合同时，发生了下列所述的违约行为，依据合同约定，特发此警告通知。你方应立即采取措施，纠正违约行为后报我方确认。 　违约行为情况描述： 　合同的相关规定： 　监理机构要求：   　　　　　　　　　　　　　　　　　　　　监 理 机 构：（名称及盖章） 　　　　　　　　　　　　　　　　　　　　总监理工程师：（签名） 　　　　　　　　　　　　　　　　　　　　日　　　期：　年 月 日
  　　　　　　　　　　　　　　　　　　　　承包人：（现场机构名称及盖章） 　　　　　　　　　　　　　　　　　　　　签收人：（签名） 　　　　　　　　　　　　　　　　　　　　日　　　期：　年 月 日

说明：本表一式＿＿份，由监理机构填写，承包人签收后，发包人＿＿份、监理机构＿＿份、承包人＿＿份。

11. 整改通知

JL11　　　　　　　　　　　　　　**整　改　通　知**

（监理 〔　　　〕 整改　　号）

合同名称：　　　　　　　　　　　　　　　合同编号：

致（承包人现场机构）：

　　由于本通知所述原因，通知你方对＿＿＿＿＿＿＿＿＿＿＿＿＿＿＿工程项目应按下述要求进行整改，并于＿＿＿＿年＿＿月＿＿日前提交整改措施报告，按要求进行整改。

　　整改原因：

　　整改要求：

　　　　　　　　　　　　　　　　　　　　　　　　监 理 机 构：（名称及盖章）

　　　　　　　　　　　　　　　　　　　　　　　　总监理工程师：（签名）

　　　　　　　　　　　　　　　　　　　　　　　　日　　　　期：　年 月 日

　　　　　　　　　　　　　　　　　　　　　　　　承包人：（现场机构名称及盖章）

　　　　　　　　　　　　　　　　　　　　　　　　签收人：（签名）

　　　　　　　　　　　　　　　　　　　　　　　　日　　　期：　年 月 日

说明：本表一式＿＿份，由监理机构填写，承包人签收后，发包人＿＿＿份、监理机构＿＿＿份、承包人＿＿＿份。

12. 变更指示

JL12　　　　　　　　　　　　　　**变　更　指　示**

（监理 〔　　　〕 变指　　号）

合同名称：　　　　　　　　　　　　　　　合同编号：

致（承包人现场机构）：

　　现决定对如下项目进行变更，贵方应根据本指示于＿＿＿＿年＿＿月＿＿日前提交相应的施工措施计划和变更报价。

　　变更项目名称：

　　变更内容简述：

　　变更工程量估计：

　　变更技术要求：

　　变更进度要求：

　　附件：1. 变更项目清单（含估算工程量）及说明。

　　　　　2. 设计文件、施工图纸（若有）。

　　　　　3. 其他变更依据。

　　　　　　　　　　　　　　　　　　　　　　　　监 理 机 构：（名称及盖章）

　　　　　　　　　　　　　　　　　　　　　　　　总监理工程师：（签名）

　　　　　　　　　　　　　　　　　　　　　　　　日　　　　期：　年 月 日

　　　　　　　　　　　　　　　　　　　　　　　　承包人：（现场机构名称及盖章）

　　　　　　　　　　　　　　　　　　　　　　　　签收人：（签名）

　　　　　　　　　　　　　　　　　　　　　　　　日　　　期：　年 月 日

说明：本表一式＿＿份，由监理机构填写，承包人签收后，发包人＿＿＿份、设代机构＿＿＿份、监理机构＿＿＿份、承包人＿＿＿份。

13. 变更项目价格审核表

JL13　　　　　　　　　　　**变更项目价格审核表**

（监理 [　　] 变价审　　号）

合同名称：　　　　　　　　　　　　合同编号：

致（发包人）：

　　根据有关规定和施工合同约定，承包人提出的变更项目价格申报表（承包 [　　] 变价　　号），经我方审核，变更价格如下，请贵方审定。

序号	项目名称	单位	承包人申报价格（单价或合价）	监理审核价格（单价或合价）	备注
1					
2					

附注：1. 变更项目价格申报表。
　　　2. 监理变更单价审核说明。
　　　3. 监理变更单价分析表。
　　　4. 变更项目价格变化汇总表。

监　理　机　构：（名称及盖章）
总监理工程师：（签名）
日　　　　期：　年 月 日

发包人：（名称及盖章）
负责人：（签名）
日　　期：　年 月 日

说明：本表一式___份，由监理机构填写，发包人签署后，发包人___份、监理机构___份、承包人___份。

14. 变更项目价格/工期确认单

JL14　　　　　　　　　　　**变更项目价格/工期确认单**

（监理 [　　] 变确　　号）

合同名称：　　　　　　　　　　　　合同编号：

　　根据有关规定和施工合同约定，发包人和承包人就变更项目价格协商如下，同时变更项目工期协商意见：□不延期/□延期___天/□另行协商。

双方协商一致的	序号	项目名称	单位	确认价格（单价或合价）	备注
	1				
	2				
双方未协商一致的	序号	项目名称	单位	总监理工程师确定的暂定价格（单价或合价）	备注
	1				
	2				

发包人：（名称及盖章）
负责人：（签名）
日　　期：　年 月 日

承　包　人：（现场机构名称及盖章）
项目经理：（签名）
日　　期：　年 月 日

　　合同双方就上述协商一致的变更项目价格、工期，按确认的意见执行；合同双方未协商一致的，按总监理工程师确定的暂定价格随工程进度付款暂定支付。后续事宜按合同约定执行。

监　理　机　构：（名称及盖章）
总监理工程师：（签名）
日　　　　期：　年 月 日

说明：本表一式___份，由监理机构填写，各方签字后，发包人___份、监理机构___份、承包人___份，办理结算时使用。

15. 暂停施工指示

JL15

暂 停 施 工 指 示

（监理 〔　　〕停工　　号）

合同名称：　　　　　　　　　　　　　　合同编号：

致（承包人现场机构）：

　　由于下述原因，现通知你方于_____年___月___日___时对_____工程项目暂停施工。

　　暂停施工范围说明：

　　暂停施工原因：

　　引用合同条款或法规依据：

　　暂停施工期间要求：

监 理 机 构：（名称及盖章）

总监理工程师：（签名）

日　　　　期：　年 月 日

承包人：（现场机构名称及盖章）

签收人：（签名）

日　　期：　年 月 日

说明：本表一式___份，由监理机构填写，承包人签收后，发包人___份、设代机构___份、监理机构___份、承包人___份。

16. 复工通知

JL16

复 工 通 知

（监理 〔　　〕复工　　号）

合同名称：　　　　　　　　　　　　　　合同编号：

致（承包人现场机构）：

　　鉴于暂停施工通知（监理〔　　〕停工　　号）所述原因已经□全部□部分消除，你方可于_____年___月___日___时起对_____工程下列范围恢复施工。

　　复工范围：□监理〔　　〕停工　　号指示的全部暂停施工项目。

　　　　　　　□监理〔　　〕停工　　号指示的下列暂停施工项目。

监 理 机 构：（名称及盖章）

总监理工程师：（签名）

日　　　　期：　年 月 日

承包人：（现场机构名称及盖章）

签收人：（签名）

日　　期：　年 月 日

说明：本表一式___份，由监理机构填写，承包人签收后，发包人___份、设代机构___份、监理机构___份、承包人___份。

17. 索赔审核表

JL17

索 赔 审 核 表

（监理［　　］索培审　　　号）

合同名称：　　　　　　　　　　　　　合同编号：

致（发包人）：

　　根据有关规定和施工合同约定，承包人提出的索赔申请报告（承包［　　］赔报_____号），索赔金额（大写）_____元（小写_____元），索赔工期_____天，经我方审核：

　　□不同意此项索赔

　　□同意此项索赔，核准索赔金额为（大写）_____元（小写_____元）。工期顺延____天。

附件：索赔审核意见。

监 理 机 构：（名称及盖章）

总监理工程师：（签名）

日　　　期：　年 月 日

发包人：（名称及盖章）

负责人：（签名）

日　　期：　年 月 日

说明：本表一式___份，由监理机构填写，发包人签署后，发包人___份、监理机构___份、承包人___份。

18. 索赔确认单

JL18

索 赔 确 认 单

（监理［　　］索赔确　　　号）

合同名称：　　　　　　　　　　　　　合同编号：

　　根据有关规定和施工合同约定，经友好协商，发包人、承包人同意_____（承包［　　］赔报　　　号）的最终核定索赔金额为（大写）_____元（小写_____元），顺延工期_____天。

发 包 人：（名称及盖章）	承 包 人：（现场机构名称及盖章）
负责人：（签名） 日　　期：　年 月 日	项目经理：（签名） 日　　期：　年 月 日

监 理 机 构：（名称及盖章）

总监理工程师：（签名）

日　　　期：　年 月 日

说明：本表一式___份，由监理机构填写，各方签字后，发包人___份、监理机构___份、承包人___份，办理结算时使用。

19. 工程进度付款证书

JL19

工 程 进 度 付 款 证 书

（监理 [   ] 进度付   号）

合同名称：   合同编号：

致（发包人）：
 	
      经审核承包人的工程进度付款申请单（承包 [   ] 进度付   号），本月应支付给承包人的工程价款金额共计为（大写）
 _____（小写_____元）。
 	
      根据施工合同约定，请贵方在收到此证书后的____天之内完成审批，将上述工程价款支付给承包人。
 	
      附件：1. 工程进度付款审核汇总表。
             2. 其他。
 	
                            监 理 机 构：（名称及盖章）
                            总监理工程师：（签名）
                            日   期：   年 月 日

发包人审批意见：
 	
                            发包人：（名称及盖章）
                            负责人：（签名）
                            日   期：   年 月 日

说明：本证书一式___份，由监理机构填写，发包人审批后，发包人___份、监理机构___份、承包人___份，办理结算时使用。

20. 工程进度付款审核汇总表

JL19 附表 1

工 程 进 度 付 款 审 核 汇 总 表

（监理 [   ] 付款审   号）

合同名称：   合同编号：

项　目		截至上期末累计完成额/元	本期承包人申请金额/元	本期监理人审核金额/元	截至本期末累计完成额/元	备注
应付款金额	合同分类分项项目					
	合同措施项目					
	变更项目					
	计日工项目					
	索赔项目					
	小计					
	工程预付款					
	材料预付款					
	小计					
	价格调整					
	延期付款利息					
	小计					
	其他					
应付款金额合计						

项　目		截至上期末累计完成额/元	本期承包人申请金额/元	本期监理人审核金额/元	截至本期末累计完成额/元	备注
扣除金额	工程预付款					
	材料预付款					
	小计					
	质量保证金					
	违约赔偿					
	其他					
扣除金额合计						
本期工程进度付款总金额						

本期工程进度付款总金额：　仟　佰　拾　万　仟　佰　拾　元（小写：＿＿＿＿＿元）

监 理 机 构：（名称及盖章）

总监理工程师：（签名）

日　　　　期：　年 月 日

说明：本表一式＿＿份，由监理机构填写，发包人＿＿份、监理机构＿＿份、承包人＿＿份，作为月报及工程进度付款证书的附件。

21．合同解除付款核查报告

JL20　　　　　　　　　　**合同解除付款核查报告**

（监理 [　] 解付　　号）

合同名称：　　　　　　　　　　合同编号：

致（发包人）：

　　根据施工合同约定，经核查，合同解除后承包人应获得工程付款总金额为（大写）＿＿＿＿＿＿＿＿（小写＿＿＿＿＿元），已得到各项付款总金额为（大写）＿＿＿＿＿＿＿＿＿（小写＿＿＿＿＿＿元），现应□支付□退还的工程款金额为（大写）＿＿＿＿＿＿＿（小写＿＿＿＿＿＿元）。

　　附件：1．合同解除相关文件。

　　　　　2．计算资料。

　　　　　3．证明文件（包含承包人已得到各项付款的证明文件）。

监 理 机 构：（名称及盖章）

总监理工程师：（签名）

日　　　　期：　年 月 日

发包人：（名称及盖章）

负责人：（签名）

日　　　　期：　年 月 日

说明：本证书一式＿＿份，由监理机构填写，发包人＿＿份、监理机构＿＿份、承包人＿＿份。

22. 完工付款/最终结清证书

JL21   **完工付款/最终结清证书**

（监理［   ］付结   号）

合同名称：   合同编号：

致（发包人）：
 经审核承包人的□完工付款申请□最终结清申请□临时付款申请（承包［   ］付结   号），应支付给承包人的金额共计（大写） ＿＿＿＿＿＿＿＿＿＿＿＿＿ （小写＿＿＿＿＿＿＿＿元）。
    请贵方在收到□完工付款证书□最终结清证书□临时付款证书后按合同约定完成审批，并将上述工程价款支付给承包人。
    附件：1. 完工付款/最终结清申请单。
          2. 审核计算资料
 	
                                        监 理 机 构：（名称及盖章）
                                        总监理工程师：（签名）
                                        日   期： 年 月 日

发包人审批意见：
 	
                                        发包人：（名称及盖章）
                                        负责人：（签名）
                                        日   期： 年 月 日

说明：本证书一式＿＿份，由监理机构填写，发包人审批后，发包人＿＿份、监理机构＿＿份、承包人＿＿份。

23. 质量保证金退还证书

JL22   **质量保证金退还证书**

（监理［   ］保退   号）

合同名称：   合同编号：

致（发包人）：
    经审核承包人的质量保证金退还申请表（承包［   ］保退   号），本次应退还给承包人的质量保证金金额为（大写）＿＿＿＿＿＿＿＿＿（小写＿＿＿＿＿元）。
    请贵方在收到该质量保证金退还证书后按合同约定完成审批，并将上述质量保证金退还给承包人。		

退还质量 保证金已 具备的条件	□于＿＿＿年＿月＿日签发合同工程完工证书 □于＿＿＿年＿月＿日签发缺陷责任期终止证书 □	
质量保证金 退还金额	质量保证金总金额	仟 佰 拾 万 仟 佰 拾 元（小写： 元）
	已退还金额	仟 佰 拾 万 仟 佰 拾 元（小写： 元）
	尚应扣留 的金额	仟 佰 拾 万 仟 佰 拾 元（小写： 元） 扣留的原因： □ 施工合同约定 □ 遗留问题 □
	本次应退还金额	仟 佰 拾 万 仟 佰 拾 元（小写： 元）

监 理 机 构：（名称及盖章）
                                        总监理工程师：（签名）
                                      日 期： 年 月 日		

发包人审批意见：
 	
                                        发包人：（名称及盖章）
                                      负责人：（签名）
                                    日 期： 年 月 日		

说明：本证书一式＿＿份，由监理机构填写，监理机构、发包人签发后，发包人＿＿份、监理机构＿＿份、承包人＿＿份。

24. 施工图纸核查意见单

JL23　　　　　　　　　　　　**施工图纸核查意见单**

（监理〔　　〕图核　　　号）

合同名称：　　　　　　　　　　　　合同编号：

经对以下图纸（共＿＿张）核查意见如下：				
序号	施工图纸名称	图号	核查人员	备注
1				
2				
3				
4				
5				
6				
7				
附件：施工图纸核查意见（应由核查监理人员签字）。				

　　　　　　　　　　　　　　　　　　　　　　監　理　机　构：（名称及盖章）

　　　　　　　　　　　　　　　　　　　　　　总监理工程师：（签名）

　　　　　　　　　　　　　　　　　　　　　　日　　　　期：　年 月 日

说明：1. 本表一式＿＿＿份，由监理机构填写并存档。

　　　　2. 各图号可以是单张号、连续号或区间号。

25. 施工图纸签发表

JL24　　　　　　　　　　　　**施 工 图 纸 签 发 表**

（监理〔　　〕图发　　　号）

合同名称：　　　　　　　　　　　　合同编号：

致（承包人现场机构）： 　本批签发下表所列施工图纸＿＿＿＿张，其他设计文件＿＿＿＿份。				
序号	施工图纸/其他设计文件名称	文图号	份数	备注
1				
2				
3				
4				
5				
6				
7				
8				
			監　理　机　构：（名称及盖章） 总监理工程师：（签名） 日　　　　期：　年 月 日	
今已收到经监理机构签发的施工图纸＿＿＿张，其他设计文件＿＿＿份。 　　　　　　　　　　　　　　　承包人：（现场机构名称及盖章） 　　　　　　　　　　　　　　　签收人：（签名） 　　　　　　　　　　　　　　　日　　　　期：　年 月 日				

说明：本表一式＿＿份，由监理机构填写，发包人＿＿＿份、设代机构＿＿＿份、监理机构＿＿＿份、承包人＿＿＿份。

26. 监理月报

JL25

监 理 月 报

（监理〔　　〕月报　　号）

年　　　第　　期

_____年____月____日至_____年____月____日

工　程　名　称：_____

发　包　人：_____

监　理　机　构：_____

总监理工程师：_____

日　　　期：_____年____月____日

目　　录

1. 本月工程施工概况
2. 工程质量控制情况
3. 工程进度控制情况
4. 工程资金控制情况
5. 施工安全监理情况
6. 文明施工监理情况
7. 合同管理的其他工作情况
8. 监理机构运行情况
9. 监理工作小结
10. 存在问题及有关建议
11. 下月工作安排
12. 监理大事记
13. 附表
　（1）合同完成额月统计表
　（2）工程质量评定月统计表
　（3）工程质量平行检测试验月统计表
　（4）变更月统计表
　（5）监理发文月统计表
　（6）监理收文月统计表

27. 合同完成额月统计表

JL25 附表 1　　　　　　　　　　合同完成额月统计表

（监理〔　　〕完成统　　号）

标段	序号	项目编号	一级项目	合同金额/元	截至上月末累计完成额/元	截至上月末累计完成额比例	本月完成额/元	截至本月累计完成额/元	截至本月末累计完成额比例
	1								
	2								
	3								
	4								
	1								
	2								
	3								
	4								
	1								
	2								
	3								
	4								

监　理　机　构：（名称及盖章）
总监理工程师：（签名）
/监理工程师：
日　　　期：　　年 月 日

说明：1. 本表一式＿＿份，由监理机构填写。
　　　2. 本表中的项目编号是指合同工程量清单的项目编号。

28. 工程质量评定月统计表

JL25 附表 2　　　　　　　　　　工程质量评定月统计表

（监理〔　　〕评定统　　号）

序号	标段名称	单位工程				分部工程				单元工程				备注
		合同工程单位工程个数	本月评定个数	截至本月末累计评定个数	截至本月末累计评定比例	合同工程分部工程个数	本月评定个数	截至本月末累计评定个数	截至本月末累计评定比例	合同工程单元工程个数	本月评定个数	截至本月末累计评定个数	截至本月末累计评定比例	
1														
2														
3														
4														
5														
6														
7														
8														

监　理　机　构：（名称及盖章）
总监理工程师：（签名）
/监理工程师：
日　　　期：　　年 月 日

说明：本表一式＿＿份，由监理机构填写。

29. 工程质量平行检测试验月统计表

JL25 附表 3   **工程质量平行检测试验月统计表**

（监理〔　　〕平行统　　号）

标段	序号	单位工程名称及编号	工程部位	平行检测日期	平行检测内容	检测结果	检测机构
	1						
	2						
	3						
	1						
	2						
	3						
	1						
	2						
	3						

监　理　机　构：（名称及盖章）
总监理工程师：（签名）
/监理工程师：
日　　　　期：　年　月　日

说明：本表一式___份，由监理机构填写。

30. 变更月统计表

JL25 附表 4   **变　更　月　统　计　表**

（监理〔　　〕变更统　　号）

标段	序号	变更项目名称/编号	变更文件、图号	变更内容	价格变化	工期影响	实施情况	备注
	1							
	2							
	3							
	1							
	2							
	3							
	1							
	2							
	3							

监　理　机　构：（名称及盖章）
总监理工程师：
/监理工程师：（签名）
日　　　　期：　年　月　日

说明：本表一式___份，由监理机构填写。

31. 监理发文月统计表

JL25 附表 5

监 理 发 文 月 统 计 表

（监理 〔   〕发文统   号）

标段	序号	文号	文件名称	发送单位	抄送单位	签发日期	备注
	1						
	2						
	3						
	1						
	2						
	3						
	1						
	2						
	3						
监 理 机 构：（名称及盖章） 总监理工程师： /监理工程师：（签名） 日　　期：　年 月 日							

说明：本表一式___份，由监理机构填写。

32. 监理收文月统计表

JL25 附表 6

监 理 收 文 月 统 计 表

（监理 〔   〕收文统   号）

标段	序号	文号	文件名称	发文单位	发文日期	收文日期	处理责任人	处理结果	备注
	1								
	2								
	3								
	1								
	2								
	3								
	1								
	2								
	3								
监 理 机 构：（名称及盖章） 总监理工程师： /监理工程师：（签名） 日　　期：　年 月 日									

说明：本表一式___份，由监理机构填写。

33. 旁站监理值班记录

JL26

旁站监理值班记录

（监理〔 〕旁站 号）

合同名称：　　　　　　　　　　　　　合同编号：

工程部位				日期	
时间		天气		温度	
人员情况	施工技术员：_____　施工班组长：_____　质检员：_____				
	现场人员数量及分类人员数量				
	管理人员	___人	技术人员		___人
	特种作业人员	___人	普通作业人员		___人
	其他辅助人员	___人	合计		___人
主要施工设备及运转情况					
主要材料使用情况					
施工过程描述					
监理现场检查、检测情况					
承包人提出的问题					
监理人的答复或指示					

当班监理员：（签名）_____　　施工技术员：（签名）_____

说明：本表单独汇编成册。

34. 监理巡视记录

JL27

监理巡视记录

（监理〔 〕巡视 号）

合同名称：　　　　　　　　　　　　　合同编号：

巡视范围	
巡视情况	
发现问题及处理意见	
	巡视人：（签名） 日　期：　年　月　日

说明：1. 本表可用于监理人员质量、安全、进度等的巡视记录。

2. 本表按月装订成册。

35. 工程质量平行检测记录

JL28

工程质量平行检测记录

（监理 [　　] 平行　　号）

合同名称：　　　　　　　　　　　　　合同编号：

单位工程名称及编号												
承包人												

序号	检测项目	对应单元工程编号	取样部位		代表数量	组数	取样人	送样人	送样时间	检测机构	检测结果	检测报告编号
			桩号	高程								

说明：委托单、平行检测送样台账、平行检测报告台账要相互对应。

36. 工程质量跟踪检测记录

JL29　　　　　　　　　　　　　　**工程质量跟踪检测记录**

（监理〔　　〕跟踪　　号）

合同名称：　　　　　　　　　　　　　合同编号：

| 单位工程名称及编号 | | | | | | | | | | | | | |
| 承包人 | | | | | | | | | | | | | |

序号	检测项目	对应单元工程编号	取样部位		代表数量	组数	取样人	送样人	送样时间	检测机构	检测结果	检测报告编号	跟踪监理人员
			桩号	高程									

说明：本表按月装订成册。

37. 见证取样跟踪记录

JL30

<h2 style="text-align:center">见 证 取 样 跟 踪 记 录</h2>

（监理〔 　 〕见证　 号）

合同名称：　　　　　　　　　　　　　　合同编号：

单位工程名称及编号													
承包人													

序号	检测项目	对应单元工程编号	取样部位		代表数量	组数	取样人	送样人	送样时间	检测机构	检测结果	检测报告编号	跟踪（见证）监理人员
			桩号	高程									

说明：本表按月装订成册。

38. 安全检查记录

JL31   **安 全 检 查 记 录**

(监理〔   〕安检   号)

合同名称：   合同编号：

日期		检查人	
时间		天气		温度	
检查部位					
人员、设备、施工作业及环境和条件等					
危险品及危险源安全情况					
发现的安全隐患及消除隐患的监理指示					
承包人的安全措施及隐患消除情况（安全隐患未消除的，检查人必须上报）					

检查人：(签名)

日期：   年 月 日

说明：1. 本表可用于监理人员安全检查的记录。

2. 本表单独汇编成册。

39. 工程设备进场开箱验收单

JL32   **工程设备进场开箱验收单**

(监理〔   〕设备   号)

合同名称：   合同编号：

_____设备于_____年___月___日到达_____施工现场，设备数量及开箱验收情况如下：

序号	名称	规格/型号	单位/数量	检查							开箱日期
				外包装情况（是否完好）	开箱后设备外观质量（有无磨损、撞击）	备品备件检查情况	设备合格证	产品检验证	产品说明书	备注	

备注：经发包人、监理机构、承包人和供货单位四方现场开箱，进行设备的数量及外观检查，符合设备移交条件，自开箱验收之日起移交承包人保管。

承包人：(现场机构名称及盖章)	供货单位：(名称及盖章)	监理机构：(名称及盖章)	发包人：(名称及盖章)
代　表：	代　表：	代　表：	代　表：
日　期： 年 月 日	日　期： 年 月 日	日　期： 年 月 日	日　期： 年 月 日

说明：本表一式___份，由监理机构填写，发包人___份、监理机构___份、承包人___份、供货单位___份。

40. 监理日记

JL33

监　理　日　记

（监理〔　　〕日记　　号）

合同名称：　　　　　　　　　　　　　　合同编号：

天气			气温		风力		风向	
施工部位、施工内容 （包括隐蔽部位施工时的 地质编录情况）、施工 形象及资源投入情况								
承包人质量检验和 安全作业情况								
监理机构的检查 巡视、检验情况								
施工作业存在的问题， 现场监理人员提出的处理 意见以及承包人对处理 意见的落实情况								
汇报事项和 监理机构指示								
其他事项								
	监理人员：（签名） 日　　期：　年　月　日							

说明：本表由监理机构填写，按月装订成册。

41. 监理日志

JL34

监　理　日　志

_____年___月___日至_____年___月___日

合　同　名　称：_____

合　同　编　号：_____

发　包　人：_____

承　包　人：_____

监　理　机　构：_____

监理工程师：_____

监　理　日　志

（监理 [　　] 日志　　号）

填写人：　　　　　　　　　　　　　　　　　　　　　　　　　日期：　　年　月　日

天气		气温		风力		风向	
施工部位、施工内容、施工形象及资源投入（人员、原材料、中间产品、工程设备和施工设备动态）							
承包人质量检验和安全作业情况							
监理机构的检查、巡视、检验情况							
施工作业存在的问题、现场监理提出的处理意见以及承包人对处理意见的落实情况							
监理机构签发的意见							
其他事项							

说明：1. 本表由监理机构指定专人填写，按月装订成册。

　　　2. 本表栏内的内容可另附页，并标注日期，与日志一并存档。

42. 监理机构内部会签单

JL35　　　　　　　　　　　　监理机构内部会签单

（监理 [　　] 内签　　号）

合同名称：　　　　　　　　　　　　　合同编号：

事由			
会签内容			
依据、参考文件			
会签部门	部门意见	负责人签名	日期

会签意见：

　　　　　　　　　　　　　　　　　　　　　　　　　　总监理工程师：（签名）

　　　　　　　　　　　　　　　　　　　　　　　　　　日　　期：　　年　月　日

说明：在监理机构作出决定之前需内部会签时，可用此表。

43. 监理发文登记表

JL36

监 理 发 文 登 记 表

（监理 [   ] 监发   号）

合同名称：   合同编号：

序号	文号	文件名称	发送单位	抄送单位	发文时间	收文时间	签收人
1							
2							
3							
4							
5							
6							
7							
8							
9							
10							
11							
12							
13							
14							
15							
16							
17							
18							

说明：本表应妥善保存。

44. 监理收文登记表

JL37

监 理 收 文 登 记 表

（监理 [   ] 监收   号）

合同名称：   合同编号：

序号	文号	文件名称	发件单位	发文时间	收文时间	签收人	处理记录			
							文号	回文时间	处理内容	文件处理责任人
1										
2										
3										
4										
5										
6										
7										
8										
9										
10										
11										
12										
13										
14										
15										
16										
17										

说明：本表应妥善保存。

45. 会议纪要

JL38

会 议 纪 要

（监理〔　　〕纪要　　号）

合同名称：　　　　　　　　　　　　　　　合同编号：

会议名称	
会议主要议题	
会议时间	会议地点
会议组织单位	会议主持人
会议主要内容及结论	（可附页） 监 理 机 构：（名称及盖章） 会议主持人：（签名） 日　　　期：　年 月 日
附件：会议签到表。	

说明：1. 本表由监理机构填写，会议主持人签字后送达参会各方。

2. 参会各方收到本会议纪要后，持不同意见者应于 3 日内书面回复监理机构；超 3 日未书面回复的，视为同意本会议纪要。

46. 监理机构联系单

JL39

监 理 机 构 联 系 单

（监理〔　　〕联系　　号）

合同名称：　　　　　　　　　　　　　　　合同编号：

致： 事由： 附件：   监 理 机 构：（名称及盖章） 总监理工程师：（签名） 日　　　期：　年 月 日
被联系单位签收人：（签名） 日　　　期：　年 月 日

说明：本表用于监理机构与监理工作有关单位的联系，监理机构、被联系单位各 1 份。

47. 监理机构备忘录

JL40

监 理 机 构 备 忘 录

（监理 [　　] 备忘　　号）

合同名称：　　　　　　　　　　合同编号：

致： 事由：   附件：   监 理 机 构：（名称及盖章） 总监理工程师：（签名） 日　　　期：　年 月 日

说明：本表用于监理机构认为由于施工合同当事人原因导致监理职责履行受阻，或参建各方经协商未达成一致意见时应作出的书面记录。

5.2 监理常用表格填写的一般要求

5.2.1 监理常用表格填写说明

（1）在监理工作中，依据监理合同授予的权限，对承包人发出指示、提出要求，审核批复等除另有规定外，一般采用《水利工程施工监理规范》（SL 288—2014）中监理常用的有关表格。

（2）填表基本要求。

1）填表应采用碳素墨水、蓝黑墨水书写。

2）填写表格时应使用规范的语言，法定计量单位，公历年、月、日。签署人签名应采用惯用笔迹亲笔手签。

3）各表申报或报审应当遵循合同、规范所规定的程序，且该程序应在监理规划中明确。

4）各表中项目监理机构意见只有总监理工程师和专业监理工程师才能签署。若表中标明总监理工程师签字，则必须由总监理工程师综合专业监理工程师意见后签署；若表中标明总/专业监理工程师签字，则由专业监理工程师或总监理工程师签署；若表中标明专业监理工程师签字，则可由专业监理工程师签署；各类表中总监理工程师均有权签字确认。总监理工程师代表在总监理工程师授权范围内，可行使相应的签字权。

5）表中"□"表示可选择项，被选中的栏目以"√"表示。

6）常用表与备查资料的制备规格采用国际标准 A4（210mm×297mm）。

7）手工填写修改错误时，将错误部分用斜线划掉，再在右上方填写正确的文字或数字。禁止使用改正液、橡皮擦、刀片刮等不标准方法。

8）表头的合同名称、合同编号按正确名称填写。

9）各类表的签发、报送、回复应当依照合同文件、法律法规、规范标准等规定的程序和时限进行。

10) 各类表在实际使用中，应分类建立统一编码体系，各类表示的编号应连续，不得重号、跳号。

11) 各类表中施工项目经理部用章的样章应在项目监理机构和建设单位备案，项目监理机构用章的样章应在建设单位和施工单位备案。

12) 所有签字人员必须是与项目具有合同关系的人员，且由本人按照身份证上的姓名签字（不得由他人代签），同时填写日期，

（3）监理常用表格由总监理工程师或监理工程师向承包人签发，承包人有关人员签收后，监理处报送发包人一份留存。部分常用表格应依据表格说明，送设代机构一份，便于设计机构了解工程施工情况。

（4）部分监理文件时效性很强，在文件传递过程中，监理员应经常督办，避免造成不必要的麻烦。

（5）监理处应做好所有来往文件的收、发登记工作。

5.2.2　监理通知常用表格的填写一般要求

监理通知常用表格主要包括：《合同工程开工通知》《监理通知》《计日工工作通知》《工程现场书面通知》《警告通知》《整改通知》《变更指示》《暂停施工指示》《复工通知》《施工图纸签发表》等 10 种，适用于各种不同的需要。

重要监理通知类文件最好事先与发包人报告或沟通并取得一致意见后再签发，如《计日工工作通知》《变更指示》《暂停施工指示》《复工通知》等。

1. 《合同工程开工通知》

（1）是监理处依据监理合同的授权和施工合同的约定，由总监理工程师向承包人签发的第一个监理文件。其中该合同工程的开工日期依据合同约定，如合同中没有具体明确的，应依据合同内容，与发包人、承包人协商一致。

（2）填表说明。

1) 监理处应在施工合同约定的期限内，经发包人同意后向承包人发出合同工程开工通知，开工通知中应明确工程项目的开工日期。

2) 承包人在接到开工通知后，应按约定及时调遣人员和施工设备、材料进场，按施工总进度要求完成施工准备工作。同时，监理处应协助发包人按施工合同约定向承包单位移交施工设施或施工条件，包括施工用地、道路、测量基准点以及供水、供电、通信设施等。

3) 开工通知承包人应签收和执行，并尽快提交《合同工程开工申请表》及相关资料。

2. 《监理通知》

（1）《监理通知》中的事由指通知事项的主题；内容指通知的具体事项；附件指通知的相关依据或文件、资料等。重要监理通知由总监理工程师签发，一般监理通知可由专业监理工程师签发。

（2）填表说明。

1) 在监理工作中，项目监理处按委托监理合同授予的权限，对承包人发出指令、提出要求，除另有规定外，均应采用此表。

2) 监理通知，承包人应签收、执行，并将执行结果用《回复单》报监理处复核。

3) 项目监理处按委托监理合同授予的权限，对承包人发出指令或提出要求。《监理通知》应针对承包人在工程施工中出现的不符合设计要求，不符合施工技术标准，不符合合同约定的情况及偷工减料，使用不合格的材料、构配件和设备的情况，纠正承包人在工程质量、进度、投资、安全等方面的违规、违章行为。

4) 承包人对监理通知中的要求有异议时，应在收到通知后 24h 内向监理处提出修改申请，要

求总监理工程师或监理工程师予以确认，在未得到总监理工程师或监理工程师修改意见前，承包人应执行监理处下发的《监理通知》。

5)《监理通知》的签发。总监理工程师或监理工程师签发《监理通知》时，应将监理工程师或总监理工程师的签字栏删除或划掉。

a. 监理通知类文件时效性很强，当时发生的事情，当时签发相关的监理通知；监理通知的语言应简洁、精炼，不拖泥带水，直接对事；监理通知的序号、日期很重要，这点尤其要注意的。

b. 上级文件可用监理通知转发，转发文件的同时，监理处应提出具体的要求，便于承包人执行。

3.《计日工工作通知》

(1) 计日工工作通知是依据合同约定，并报经发包人批准后，对有关工作按计日工进行安排的决定。由总监理工程师签发，承包人项目经理签收。

(2) 填表说明。

1) 监理处可指示承包人以计日工方式完成一些未包括在施工合同中的特殊的、零星的、漏项的或紧急的工作内容。在指示下达后，监理处应检查和督促承包人按指示的要求实施，完成后确认其计日工工作量，并签发有关付款证明。

2) 监理处在下达指示前应取得发包人批准。承包人可将计日工支付随工程价款月支付一同申请。

3) 计价及计价方式：对于计日工费用的计价，一般采用下述方法。

a. 合同计日工单价支付：工程量清单中，对采用计日工形式可能涉及不同工种的劳力、材料、设备的价格进行了选定，因此在进行计日工工作时，一些劳力、材料及设备的费用可根据工程量清单中相同项目的单价计取有关费用。

b. 对于清单中没有定价的项目，应按实际发生的费用加上合同中规定的费率另行报价，经监理处审核并报请发包人核准后执行。

c. 按总价或其他方式另行申报，经监理处审核并报请发包人核准后执行。

4.《工程现场书面通知》

(1) 工程现场书面通知中的事由指通知事项的主题；通知内容指的具体事项。由现场监理工程师或监理员签发，承包人现场负责人签收。

(2) 填表说明。

1) 在监理工作中，监理工程师现场发出的口头指令及要求，应采用此表予以确认。

2) 工程现场书面指示，承包人应签收和执行，如承包人有不同意见，可另行报请监理工程师审核。

3) 指示内容与要求：针对承包单位在工程施工中出现的不符合设计要求、不符合施工技术标准、不符合合同约定的情况，纠正承包人在工程质量、进度、投资、安全等方面的违规、违章行为。

5.《警告通知》

(1) 警告通知中的违约行为情况描述指承包人违反合同约定的具体事项；合同的相关约定指承包人违反合同的哪一条款的编号与内容，或规程规范中的条款编号与内容；监理机构要求指通过这次警告要达到什么目的，即承包人应吸取的经验教训，采取切实可行的措施，杜绝此类事再次发生。警告通知由总监理工程签发。

(2) 填表说明。

1) 对承包人的一些违规行为，监理处应依据施工合同约定，在进行查证和认定事实的基础上，及时向承包人发出《警告通知》，限其在收到《警告通知》后立即予以弥补和纠正。

2）在承包人收到《警告通知》后仍不采取有效措施纠正其违规行为或继续违规，严重影响工程质量、进度，甚至危及工程安全时，监理处可限令其停工整改，并在规定时限内提交整改报告。

3）在承包人继续严重违规时，监理处应及时向发包人报告，说明承包人违规情况及其可能造成的影响。

6.《整改通知》

（1）整改通知中的整改原因指施工质量经检验不合格、材料与设备不符合要求、未按设计文件要求施工、未进行工程变更擅自施工等违反施工合同或规程规范、设计文件的事情。整改要求指是否拆除、返工、调整施工人员、更换材料或设备等及其他。同时要说明整改所发生的费用是由承包人承担，还是可另行申报。整改通知由总监理工程师签发。

（2）填表说明。

1）在施工过程中，监理处应对承包人执行法律、法规和工程建设强制性标准以及施工安全措施的情况进行监督、检查。发现有影响工程质量、进度，甚至危及工程安全时，应发出《整改通知》，指示承包人采取有效措施予以整改。

2）在承包人收到《整改通知》后延误或拒不整改时，监理处可暂停签发工程价款付款凭证，限令其停工整改，同时向发包人报告，说明承包人违规情况及其可能造成的影响。

7.《变更指示》

（1）变更指示一般要求。

1）变更通知主要包含变更项目与名称、变更内容简述、变更工程量估计、变更技术要求、变更进度要求等内容，附件材料主要有变更项目清单、设计图纸及变更依据等。变更指示由总监理工程师签发。

2）工程变更经发包人批准，由发包人委托原设计单位负责完成具体的工程变更设计工作。

3）监理处核查工程变更设计文件、图纸后，应向承包人下达《变更指示》，承包人据此组织工程变更的实施。

（2）填表说明。

1）发包人和承包人协商确定工程变更的单价和合价后，监理处发出《变更通知》。

2）由于变更项目导致合同工期延长的，在《变更通知》中应明确延长工期日数。

3）监理处根据工程的具体情况，为避免耽误施工，可将工程变更分两次向承包人下达：先发布变更指示（变更设计文件、图纸），指示其实施变更工作；待合同双方进一步协商确定工程变更的单价或合价后，再发出《变更项目价格/工期确认单》。

8.《暂停施工指示》

（1）暂停施工通知主要包括暂停施工范围说明、暂停施工原因、引用合同条款或法规依据、暂停施工期间要求等。同时要说明暂停施工的合同责任，暂停施工指示由总监理工程师签发。

（2）填表说明。

1）监理处下达《暂停施工通知》，应以书面形式征得发包人同意。发包人应在收到监理处暂停施工通知报告后，在约定时间内予以答复；若发包人逾期未答复，则视为其已同意，监理处可据此下达《暂停施工通知》，并根据停工的影响范围和程度，明确停工范围。

2）若由于发包人的责任需要暂停施工，监理处未及时下达《暂停施工通知》时，在承包人提出暂停施工的申请后，监理处应在施工合同约定的时间内予以答复。

3）下达《暂停施工通知》后，监理处应指示承包人妥善照管工程，并督促有关方及时采取有效措施，排除影响因素，为尽早复工创造条件。

4）发生下列情况之一时，监理处应下达《暂停施工通知》。

a. 工程继续施工将会对第三者或社会公共利益造成损害时。

b. 为了保证工程质量、安全所必要时。

c. 发生了须暂时停止施工的紧急事件时。

d. 承包人拒绝服从监理处的管理，不执行监理处的指示，从而将对工程质量、进度和投资控制产生严重影响时。

e. 其他应下达暂停施工通知的情况时。

5）发生下列情况之一时，监理处可视情况决定是否下达暂停施工通知。

a. 发包人要求暂停施工时。

b. 承包人未经许可即进行主体工程施工时。

c. 承包人未按照批准的施工组织设计或工法施工，并且可能会出现工程质量问题或造成安全事故隐患时。

d. 承包人有违反施工合同的行为时。

9.《复工通知》

（1）《复工通知》主要说明×××号《暂停施工指示》所述原因消除后的复工范围、时间等。如部分原因消除，可恢复施工，并说明监理处的要求。复工通知由总监理工程师签发。

（2）填表说明。

1）由于发包人原因，或其他非承包人原因导致工程暂停时，项目监理处应如实记录所发生的实际情况。总监理工程师应在施工暂停原因消失、具备复工条件时，及时签署《复工通知》，明确复工范围，并督促承包人执行。

2）由于承包人原因导致工程暂停，在具备恢复施工条件时，监理处应审查承包人报送的复工申请及有关材料，同意后由总监理工程师签署《复工通知》，指令承包人继续施工。

3）监理处应及时按施工合同约定处理因工程停工引起的与工期、费用等有关的问题。

10.《施工图纸签发表》

（1）经审查通过并由设代机构进行技术交底后的图纸，按此表要求，逐张填写，由总监理工程师签发。

（2）填表说明。

1）监理机构在收到发包人或承包人提供的施工设计图后，由总监理工程师组织监理人员进行审核。施工图审核的主要内容如下。

a. 施工图纸是否经设计单位正式签署。

b. 图纸与说明书是否齐全，图纸供应是否及时。

c. 是否与招标图纸一致（如不一致是否有设计变更）。

d. 是否符合技术标注及其强制性条文的规定。

e. 各类图纸间、各专业图纸之间、平面图与剖面图之间、各剖面图之间有无矛盾，几何尺寸、平面位置、标高等是否一致，标注是否清楚、齐全，是否有误。

f. 总平面布置图与施工图的位置、几何尺寸、标高等是否一致。

g. 图纸与设计说明、技术要求是否一致。

h. 地下构筑物、障碍物、管线是否探明并标注清楚。

i. 施工图中的各种技术要求是否切实可行，是否存在不便于施工或不能施工的技术要求。

2）如核查过程中发现问题，对于发包人提供的设计文件及图纸，通过发包人返回设计单位处理。对于承包人提交的设计文件及图纸，由承包人修改后重新报批。

3）如核查未发现问题，由总监理工程师签发《施工设计图纸签发表》，将设计文件及图纸转发给承包人。

5.2.3 监理批复常用表格填写的一般要求

监理批复常用表格主要包括:《合同工程开工批复》《分部工程开工批复》《批复表》《变更项目价格/工期确认单》《索赔确认单》等 5 种。监理批复常用表格由总监理工程师或监理工程师向承包人签发,承包人有关人员签收后,监理处报送发包人一份留存。部分批复类文件依据表格说明,送设代机构一份,便于设计机构了解工程施工情况。

1.《合同工程开工批复》

(1) 主要是审查与检查承包人的开工条件准备情况是否满足工程开工需要,如具备开工条件的,由总监理工程师签发合同工程开工批复。

(2) 填表说明。

1) 承包人完成开工准备后,应向监理处提交《合同工程开工申请表》,监理处应严格审查开工具备的各项条件。其中应由发包人提供的施工条件主要包括:

a. 建设工程施工许可证(复印件)。

b. 供应首批开工项目施工图纸和文件。

c. 移交测量基准点。

d. 提供施工用地。

e. 支付首次工程预付款。

f. 提供施工合同中约定的道路、供电、供水、通信等条件。

2) 应由承包人完成的施工准备工作的审核主要包括:

a. 承包人派驻现场的主要管理、技术人员数量及资格是否与施工合同文件一致。如有变化,应重新审查并报发包人认定。

b. 承包人进场施工设备的数量和规格、性能是否符合施工合同约定要求。

c. 承包人进场原材料、构配件的质量、规格、性能是否符合有关技术标准和技术条款的要求,原材料的储存量是否满足工程开工及随后施工的需要。

d. 承包人试验室应具备的条件是否符合有关规定要求。

e. 承包人对发包人提供的测量基准点进行复核,并在此基础上完成施工测量控制网的布设及施工区原始地形图的测绘。

f. 承包人完成砂石料系统、混凝土拌和系统以及场内道路、供水、供电、供风等施工辅助设施的准备。

g. 承包人建立质量保证体系和安全生产管理体系。

h. 承包人制定施工安全、环境保护措施,提供关键岗位人员资格证明文件。

i. 承包人提交中标后的施工组织设计、施工措施计划、施工进度计划和资金流计划等技术资料。

j. 承包人负责提供其他必要的设计文件和施工图纸。

k. 承包人负责按照施工规范要求进行各种施工工艺参数的试验。

2.《分部工程开工批复》

(1) 主要是审查与检查承包人情况,具体如下。

1) 施工技术交底和安全生产交底情况。

2) 主要施工设备到位情况。

3) 施工安全、质量措施的落实情况。

4) 施工设备检查验收情况。

5) 原材料、中间质量及准备情况。

6）现场施工人员安排情况。

7）风、水、电等必须的辅助生产设施准备情况。

8）场地平整、交通、临时设施准备情况。

9）测量放样情况。

10）工艺试验情况等。当上述准备工作做到位后，由监理工程师签发合同工程开工批复。

（2）填表说明。

1）每一分部工程开工前，承包人应向监理机构提交《分部工程开工申请表》，监理处应检查分部工程的开工条件，审核承包人递交的施工措施计划、施工方案等，确认后签发《分部工程开工批复》。

2）分部工程的名称、编码应与项目划分保持一致。

3）分部工程开工通知应明确此分部工程的开工日期。

3.《批复表》

（1）承包人的《施工技术方案申报表》《施工进度计划申报表》《施工用图计划申报表》《资金流计划申报表》《施工分包申报表》《变更申报表》《施工进度计划调整申报表》《延长工期申报表》《验收申请报告》等用此表批复。

1）施工技术方案申报表的审查与批复。以施工组织设计（方案）为例，专业监理工程师对施工组织设计（方案）应审核其完整性、符合性、适用性、合理性、可操作性及实现目标的保证措施等。主要从以下几方面进行审核：

a. 施工组织设计（方案）中承包人的审批手续齐全。

b. 承包人现场项目管理机构的质量管理、技术管理、质量保证体系健全，质量保证措施切实可行且有针对性。

c. 施工现场总体布置是否合理，是否有利于保证工程的正常顺利施工，是否有利于工程保证质量，施工总平面图布置是否与地貌环境、建筑平面协调一致。

d. 施工组织设计（方案）中工期、质量目标应与施工合同相一致。

e. 施工组织设计中的施工布置和程序应符合本工程的特点及施工工艺，满足设计文件要求。

f. 施工组织设计应优先选用成熟的、先进的施工技术，且对本工程的质量、安全和降低造价有利。

g. 进度计划应采用流水施工方法和网络计划技术，以保证施工的连续性和均衡性，且工、料、机进场应与进度计划保持协调性。

h. 施工机械设备的选择是否考虑了对施工质量的影响与保证。

i. 安全、环保、消防和文明施工措施切实可行并符合有关规定。

j. 施工组织设计（方案）的主要内容齐全。

k. 施工组织设计中若有提高工程造价的，项目监理机构应取得发包人的同意。

根据以上审核情况，如符合要求，专业监理工程师审查意见应签署"施工组织设计（方案）合理、可行，且审批手续齐全，拟同意承包单位按该施工组织设计（方案）组织施工，请总监理工程师审核"。如不符合要求，专业监理工程师审查意见应简要指出不符合要求之处，并提出修改补充意见后签署"暂不同意（部分或全部应指明）承包单位按该施工组织设计（方案）组织施工，待修改完善后再报，请总监理工程师审核"。

总监理工程师对专业监理工程师的结果进行审核，如同意专业监理工程师的审查意见，应签署"同意专业监理工程师审查意见，同意（或不同意）承包单位按该施工组织设计（方案）组织施工"；如不同意专业监理工程师的审查意见，应简要指明与专业监理工程师审查意见中的不同之处，签署修改意见；并签认最终结论"同意（不同意）承包单位按该施工组织设计（方案）组织施工

（修改后再报）"。

2）施工进度计划申报表的审查与批复。以总体施工进度计划为例，审核内容主要有：

a. 总目标的设置是否满足合同规定要求。

b. 各项分目标是否与总目标保持协调一致。

c. 开工日期、竣工日期是否符合合同要求。

d. 施工顺序安排是否符合施工程序的要求。

e. 编制施工总进度计划时，有无漏项，分期施工的项目是否与资源供应计划相协调。

f. 劳动力、原材料、配构件、机械设备的供应计划是否与施工进度计划相协调，且建设资源使用是否均衡。

g. 资金计划是否满足施工进度的要求。

h. 施工进度计划与设计图纸的供应计划是否一致。

i. 施工进度计划与业主供应的材料和设备，特别是进口设备到货是否衔接。

j. 分包工程计划与总包工程计划是否衔接。

k. 各专业施工计划相互是否协调。

l. 计划安排是否合理，有无违约或导致索赔的可能等。

m. 总进度计划中的关键工作及非关键工作的总时差（机动时间）是否明确。

根据以上审核情况，如符合要求，监理工程师可签署"同意按此总进度方案执行"；如修改的内容不多，可直接修改后签署"按修改意见执行"；如修改意见较多，提出修改意见后签署"修改后重新递交"；如不符合要求，则直接签署"不予批准"，并说明缘由，要求承包单位重新编制。

3）施工用图计划申报表的审查与批复，审核内容主要有：

a. （总）用图计划是否与总进度计划一致。

b. 时段用图计划是否与年、季或月进度计划一致。

根据以上审核情况，如符合要求。监理处应将用图计划报发包人，由发包人与设计单位联系，要求设计单位在承包人要求的时间内提供相应的施工用图。

一般情况，设计单位应按监理报告的用图计划供图。发包人将设计单位意见转给监理处后，监理工程师可签署"同意此施工用图计划"。

4）资金流计划申报表的审查与批复，资金流计划申报表审查的主要内容：

a. 资金流计划与施工组织设计、施工进度计划是否一致。

b. 月计划完成的资金情况是否符合施工进度计划的要求。

c. 工程预付款和工程材料预付款是否与实际一致。

d. 质量保证金与预付款的扣还是否符合合同约定。

e. 资金流计划计算公式及说明的合理性。

根据以上审核情况，如符合要求，监理处可签署"你方于××××年××月××日报送的资金流计划申报表（文号：承包［××××］资金×××号），经监理处审核，批复意见如下：同意按此计划实施"。

5）施工分包申报表的审查与批复，施工分包申报表审查的主要内容：

a. 分包单位的营业执照、企业资质、安全许可证等资质。

b. 分包单位的业绩证明材料。

c. 分包单位主要管理人员和技术人员资历材料。

d. 分包人主要工程机械设备名称、型号、数量及完好状况

e. 分包人财务状况。

f. 拟分包内容和范围等。

g. 专职管理人员和特殊作业人员的资格证、上岗证等。

h. 分包的项目是否是合同允许的项目。

i. 承包人对分包单位的管理措施等。

根据以上审核情况，如符合要求。监理处应根据合同授权，签发报告单报发包人批准，报告单建议签署"经审查分包单位的资质材料和业绩材料真实、可靠，符合合同要求，拟同意分包，请发包人审查"，并附承包人的申报表及附件。发包人同意后，再用批复表批复承包人。

6）变更申报表的审查与批复，变更申报表审查的主要内容：

a. 变更的项目、变更的理由和变更的依据是否真实。

b. 承包人提出的变更建议，应附有变更建议书，并准确计算出增减工程量，对填写不明的，监理处不予接收。

c. 对监理处发出的变更意向书或变更指示，审查承包人提交的实施方案是否符合施工组织设计、总进度计划及资金控制的要求。

d. 变更工程单价的确定应遵循以下原则，次序在先者优先。

a）合同工程量清单中有相应细目单价的，直接采用合同单价。

b）合同工程量清单中没有相应细目单价，但有工作内容相似、工作性质相同的细目单价的，可直接参照相应细目的合同单价作为变更工程单价；根据招标人的标的和投标人报价的具体情况，经调整、修正后作为变更工程单价。

c）合同工程量清单中原有项目已不适应，且无类似细目单价的，应按规定编制新单价，变更单价的编制应以预算编制办法、标底和承包人投标报价为依据。

e. 对于承包人提出的变更，监理在审核时，必须对承包人所申报的内容提出明确的意见和准确的增减工程量，不允许用"同意"或"请发包人决定"等字句。同时按合同约定或相关规定的程序进行报批。

根据以上审核情况，如符合要求，监理处可签署"同意变更"以及变更后的要求。承包人提出的变更经发包人批准后。监理处可签署"同意变更"，以及对承包人进行的下一步工作提出建议或要求。

7）施工进度计划调整申报表的审查与批复。

a. 施工进度计划的调整应符合下列规定。

a）监理处在检查中发现实际施工进度与施工进度计划发生了实质性偏离时，应指示承包人分析进度偏差原因、修订施工进度计划报监理处审批。

b）当变更影响施工进度时，监理处应指示承包人编制变更后的施工进度计划，并按施工合同约定处理变更引起的工期调整事宜。

c）施工进度计划的调整涉及总工期目标、阶段目标改变，或者资金使用有较大的变化时，监理处应提出审查意见报发包人批准。

b. 施工进度计划调整申报表审查的主要内容：

a）承包人分析的进度偏差原因、影响是否真实。

b）进度偏差的工作是否为关键工作（若出现偏差的工作为关键工作，则无论偏差大小，都对后续工作及总工期产生影响，必须采取相应的调整措施）。

c）进度偏差是否大于工作的总时差（若工作的进度偏差大于该工作的总时差，说明此偏差必将影响后续工作和总工期，必须采取相应的调整措施。若工作的进度偏差小于或等于该工作的总时差，说明此偏差对总工期无影响，但对后续工作的影响程度，需要根据比较偏差与自由时差的情况来确定）。

d）进度偏差是否大于该工作的自由时差（若工作的进度偏差大于该工作的自由时差，说明此偏差对后续工作产生影响，应根据后续工作允许影响的程度调整；若工作的进度偏差小于或等于该工作的自由时差，则说明此偏差对后续工作无影响，原进度计划可以不作调整）。

e）目前，调整进度计划的方法主要有两种：①改变某些工作间的逻辑关系；②缩短某些工作的持续时间等。

f）调整进度计划后的形象进度、工程量、资源投入等是否符合调整计划后的要求。

根据以上审核情况，如符合要求，监理处应签发报告单报发包人批准，报告单建议签署"经审查，承包人进度调整计划符合合同要求，拟同意，请发包人审查"，并附承包人的申报表及附件。发包人同意后，再用批复表批复承包人。

8）延长工期申报表的审查与批复，延长工期申报表审查的主要内容：①延长工期的原因与依据；②延长工期的计算过程与结果；③延长工期的证明材料；④调整进度计划后，承包人编制并报审赶工措施报告是否符合要求，以及监理处应协调的相关事项。

根据以上审核情况，如符合要求。监理处应签发报告单报发包人批准，报告单建议签署"经审查，承包人延长工期的要求符合合同约定，拟同意××工程延长××日，即××工程由原来的××××年××月××日延长至××××年××月××日，请发包人审查"，并附承包人的申报表及附件。发包人同意后，再用《批复表》批复承包人。

9）验收申请报告的审查与批复，验收申请报告审查的主要内容：

a. 承包人提出××工程验收申请后，监理处应组织检查××工程的完成情况、施工质量评定情况和施工质量缺陷处理情况等。

b. 审核承包人提交的××工程验收报告与验收资料。

c. 监理处应指示承包人对申请被验××工程存在的问题进行处理，对资料中存在的问题进行补充、完善。

d. 检查前期验收遗留问题的处理情况。

e. 检查未处理遗留问题的处理措施计划。

根据以上审核情况，如符合要求，监理处应签发报告单报发包人批准，报告单建议签署"经现场检查与资料审查，××工程已完成了施工计划，符合设计文件与施工合同要求，拟同意于××××年××月××日组织正式验收，请发包人审查"，并附承包人的申报表及附件。发包人同意后，再用《批复表》批复承包人。

（2）填表说明。

1）批复表主要用于对承包人提交的申请、报告的批复。一般批复由监理工程师签发，重要批复由总监理工程师签发。

2）批复意见：承包人对批复意见有异议时，应在收到批复表后及时提出修改申请，要求总监理工程师或监理工程师予以确认，但在未得到修改意见前，承包人应执行总监理工程师或监理工程师签发的《批复表》。

3）《批复表》的签发：总监理工程师或监理工程师签发《批复表》时，应将监理工程师或总监理工程师的签字栏删除或划掉。

4）对于监理处不能完全把握或有规定的重要文件的批复，应先请示发包人后再进行批复。

4.《变更项目价格/工期确认单》

（1）承包人依据监理处签发的《变更指示》，报送《变更项目价格申报表》，监理处审查的内容主要是：①变更估价原则应符合合同约定；②编制依据与说明应与投标文件工程报价的编制依据一致；③单价分析表应由有相应资质的人员编制；④变价项目、单位应与《变更指示》一致；⑤工期变化应符合总进度计划；⑥附件、证明材料充分。

根据以上审核情况，如符合要求，监理处应与承包人、发包人就变更项目价格、工期等共同协商，如达成一致意见的，按确认的意见执行；未达成一致意见，按总监理工程师确定的暂定价格随工程进度支付款暂定支付；后续事宜按合同约定执行。总监理工程师签发《变更项目价格/工期确认单》后，发包人与承包人均应签字确认。

（2）填表说明。

1）监理处发出《变更项目价格审核表》后，应组织发包人和承包人就变更项目价格进行协商，协商一致，监理处应填写《变更项目价格/工期确认单》，三方签字。《变更项目价格/工期确认单》作为支付变更项目工程款的依据，在办理结算时使用。

2）如果发包人与承包人协商不能一致，监理处应确定合适的暂定单价或合价，通知承包人执行。暂定单价或合价，作为临时支付工程进度款的依据。该项工程款最终结算时，应以发包人和承包人达成的协议为依据。

5.《索赔确认单》

（1）承包人报送的《索赔申请报告》，监理处审查的内容主要是：①索赔事件简述及索赔要求的真实性；②索赔依据是否与合同约定的一致性；③索赔计算方法的合理性；④索赔证明材料的可靠性；⑤索赔对工程进度、资金的影响分析。

根据以上审核情况，如符合要求，监理处应以《索赔审核表》报发包人批准。附件材料除承包人报送的《索赔申请报告》外，还有监理处的索赔审核意见。发包人批复后，总监理工程师签发《索赔确认单》后，发包人与承包人均应签字确认。

（2）填表说明。

1）监理处发出《索赔审核表》后，应组织发包人和承包人就索赔费用进行协商，协商一致，监理处应填写《索赔确认单》，三方签认。《索赔确认单》在办理结算时使用。如发包人和承包人就索赔费用协商不一致，双方可按施工合同中争议条款的约定解决。

2）监理审查与批复必须在合同约定时间内完成。需要事先请示发包人的，如发包人未按约定时间签署意见，监理处应安排专人与发包人沟通。

3）对于其他不需要采用《批复表》批复的申报表（如《现场组织机构及主要人员报审表》《原材料/中间产品进场报验单》《施工设备进场报验单》《施工放样报验单》《施工测量成果报验单》《工程设备采购计划申报表》《混凝土浇筑开仓报审表》《＿＿＿工序/单元工程质量报验单》《施工质量缺陷处理方案报审表》《施工质量缺陷处理措施计划报审表》《事故报告单》《暂停施工报审表》《复工申请报审表》《索赔意向通知》等），则依据上述审批原则、内容和要求，以及监理处的分工情况，由有关人员直接在申报表中相应栏目中签署批复意见。

（3）其中几个重要申报表的审核要点如下。

1）《现场组织机构及主要人员报审表》。①组织机构及主要人员与投标书承诺人员是否一致；②人员更换是否履行了审批手续；③更换人员的资历、水平是否相当或大于原投标书承诺人员；④更换人员的资格或岗位证书；⑤更换人员的相应业绩说明。

2）《原材料/中间产品进场报验单》。①原材料/中间产品名称、产地、规格、数量等；②原材料/中间产品拟用于工程的具体部位；③承包人对拟报审的原材料/中间产品自检情况；④专业监理工程师按照委托监理合同的约定或有关工程质量管理文件的规定比例，进行见证取样送检的情况；⑤质量证明文件或质量检测报告；⑥对未经专业监理工程师验收或验收不合格的工程原材料/中间产品，专业监理工程师应拒绝签认，并应签发《监理通知》，书面通知承包人限期运出施工现场。

3）《施工放样报验单》。

a. 测量放样依据及放样成果审查：依据是指施工测量方案、发包人提供的红线桩、水准点等（经监理处确认或批复）；放样成果是承包人测量放样所放出的控制线及其施工测量放样记录表等。

b. 测量放样工作内容的名称。如：轴线测量，标高测量等。

c. 备注栏填写施工测量放样使用测量仪器的名称、型号、编号。

d. 承包人对施工放样测量成果（包括测量数据、计算表格、图纸等）的自查情况。

e. 专业监理工程师根据对测量放线资料的审查和现场实际复查情况签署意见。

根据以上审核情况，如符合要求，监理处可签署"同意此测量施工放样成果"。

4）《施工测量成果报验单》。

a. 专职测量人员资格及测量设备是否已经监理处确认。

b. 承包人的《施工测量方案报审表》是否报送项目监理处审查确认。

c. 开工前的交桩复测及承包人建立的控制网、水准系统的测量成果是否经监理处审核与批复。

d. 承包人报送的施工控制测量、工程计量测量、地形测量、施工期变形测量等成果的测量数据、计算表格、测量成果图纸、相关人员签字是否齐全；单位工程、分部工程及单元工程名称、施测部位是否准确；承包人对测量成果的自检情况；施测说明及附件材料是否完整。

e. 监理处监督或抽查成果的情况。

f. 根据以上审核情况，如符合要求。监理处可签署"同意此测量成果"。

5）《混凝土浇筑开仓报审表》。

a. 申请开仓的仓位是否与实际一致。

b. 浇筑时间和计划浇筑时间等是否符合实际。

c. 备料情况、基面清理情况、钢筋绑扎情况、模板支立情况、细部结构情况及混凝土系统准备等情况的检查结果是否满足开仓需要。

d. 承包人对开仓自查的情况。

e. 经检查已具备开仓条件后，监理工程师可签署"同意开仓"的审批意见。

f. 监理抽检资料归档备查。

6）《＿＿＿工序/单元工程质量报验单》。

a. ＿＿＿工序施工质量评定表是否规范、填写是否符合规定要求。

b. ＿＿＿工序施工质量检查、检测记录是否完整。

c. ＿＿＿单元工程质量评定表是否规范、填写是否符合规定要求。

d. ＿＿＿单元工程质量检查、检测记录是否完整。

e. ＿＿＿工序施工质量现场检查情况。

f. ＿＿＿单元工程质量现场检查情况。

g. 根据以上审核情况，如符合要求，监理处可签署"同意进入下一道工序"或"同意进入下一单元工程"。

h. 监理处应附＿＿＿工序/单元工程质量复核的支持材料。

7）《施工质量缺陷处理措施计划报审表》。

a. 施工质量缺陷的单位、分部、单元工程名称及单元工程编码是否与实际一致。

b. 质量缺陷工程部位是否与实际一致。

c. 质量缺陷的简要说明是否与实际一致。

d. 施工质量缺陷处理方案是否由监理处、设计代表、发包人联合审查并批准。

e. 拟采用的施工质量缺陷处理措施计划是否符合经批准的施工质量缺陷处理方案。

f. 缺陷处理时间是否符合有关规定。

g. 根据以上审核情况，如符合要求，监理处可签署"同意施工质量缺陷处理措施计划"。

8)《事故报告单》。

a. 发生事故的时间、地点是否与实际一致。

b. 事故情况的叙述与实际是否一致。

c. 以采取的应急措施是否切实可行。

d. 初步处理意见是否符合实际情况。

e. 总监理工程签署意见时，事先应与发包人沟通（必要时与设计代表沟通），取得一致意见后再签署具体的实施意见，并提出有关要求。

f. 说明：施工事故发生后，应在第一时间通知发包人，并采取相应的预案或应急措施。

9)《暂停施工报审表》。

a. 暂停施工的理由是否符合合同约定。

b. 暂停施工工程项目范围/部位是否符合实际。

c. 暂停施工引用的合同等条款是否符合实际。

d. 暂停施工附件材料是否完整、真实。

e. 监理处应对暂停施工引起的负面影响进行分析。

f. 总监理工程师签署意见时，事先应与发包人沟通，取得一致意见后再签署具体的实施意见，并提出有关要求。

g. 说明：要防止承包人借一点小事提出暂停施工后再进行索赔。

10)《索赔意向通知》。

a. 承包人的索赔理由是否符合合同约定。

b. 承包人的索赔依据、要求是否符合实际。

c. 承包人的索赔事件及其影响的分析是否符合实际。

d. 承包人索赔材料的完整与真实情况。

e. 监理处应对索赔事件的影响进行分析。

f. 总监理工程签署意见时，事先应与发包人沟通，取得一致意见后再签署具体的索赔意见，或提出有关要求。

5.2.4 监理日记、日志常用表格填写的一般要求

监理日记、日志类表格主要包括：《监理日记》《监理日志》《监理发文登记表》《监理收文登记表》等4种。

1.《监理日记》

(1)《监理日记》编写的一般要求。《监理日记》的记录是监理资料中较重要的组成部分，是工程实施过程中最真实的工作证据，是记录人素质、能力和技术水平的体现。监理日记的内容必须保证真实、全面，充分体现参建各方合同的履行程度。监理人员公正地记录好每天发生的工程情况是其重要职责。

1) 准确记录时间、气象。气象记录的准确性和工程质量有直接的关系。如混凝土强度、砂浆强度在不同气温条件下的变化值有着明显的区别，监理人员可以根据混凝土浇捣时的温度及今后几天的气温变化，准确计算出强度的理论计算值，从而判断是否具备拆模条件，是否具备承载能力，承载能力有多少。如在地基与基础工程、主体工程、装饰工程、屋面工程等分部工程施工过程中，气象的变化直接影响工程的施工质量。有些工程在单位工程结束后出现一系列的质量问题，调查人员即可根据问题部位的《监理日记》作出分析，有的质量问题可能就与气象有直接的关系。比如雨季施工时，基槽遭雨水浸泡，引起土壤变化进而影响基础工程的质量等。

2）做好现场巡查，真实、准确、全面地记录与工程相关的问题。

a.监理人员在书写监理日记之前，必须做好现场巡查，增加巡查次数，提高巡查质量，巡查结束后按不同专业、不同施工部位进行分类整理，最后工整地书写《监理日记》，并做记录人的签名工作。

b.监理人员在做监理日记记录时，往往只记录工程进度，而对施工中存在的问题没有做好记录，或者认为问题较小，没有必要写在日记当中；或者认为问题已经解决，没有必要再找麻烦。其实这就忽视了自身价值的体现。现在许多发包人并不理解监理工作在工程项目中的作用，如果在日常的资料中没有记录监理发现的问题，没有记录监理的监督工作，怎么能让发包人更多地了解监理的工作内容和服务宗旨。因此，在记录《监理日记》时，要真实、准确、全面地反映与工程相关的一切问题（包括"四控制、二管理、一协调"）。

c.监理人员在做监理日记记录时，往往只记录工程进度、存在问题，没有记录问题是怎样解决的。应该说，发现问题是监理人员经验和观察力的表现，解决问题是监理人员能力和水平的体现。在监理工作中，并不只是发现问题，更重要的是怎样科学合理地解决问题。因此，《监理日记》要记录好发现的问题、解决的方法以及整改的过程和程度。

3）做好安全文明施工管理、安全检查记录。安全与文明施工环境的好坏直接影响操作工人的情绪，进而影响工程质量、进度、资金等。因此，监理人员必须做好安全检查及安全检查记录，时时提醒承包人应注意的安全事项，从而确保工程建设与监理工作的正常开展。

4）书写工整、规范用语、内容严谨。工程《监理日记》充分展现了记录人对各项活动、问题及其相关影响的表达。文字如处理不当，如错别字多、涂改明显、语句不通、不符逻辑，或用词不当、用语不规范、采用日常俗语等等都会产生不良后果。语言表达能力不足的监理人员在日常工作中要多熟悉图纸、规范，提高技术素质，积累经验，掌握写作要领，严肃认真地记录好《监理日记》。

5）总监理工程师应经常检查监理日记的编写情况，对书写不规范、记录不详实的监理人员进行批评教育或培训学习，提高其敬业精神和编写能力。同时，通过检查，总监理工程师可以及时与监理人员进行沟通和了解，从而促进监理工作正常有序地开展。

6）《监理日记》的记录是监理的重要基础工作，应该得到每个监理人员的重视。每位监理人员都有责任做好《监理日记》，为工程项目提供有价值的证据，为自己和公司树立良好的形象，以便让更多的人了解监理，提高监理活动的社会信誉。

（2）填写内容。

1）天气、气温、风力与风向等气象情况：记录当天气温及天气情况，如变化较大时应在其他事项中说明。

2）施工部位、施工内容（包括隐蔽部位施工时的地质编录情况）、施工形象及资源投入情况。

a.记录当天施工部位、施工内容、施工进度、施工班组及作业人数等。施工部位应明确桩号、或高程，施工进度除应记录本日开始的施工内容、正在施工的内容及结束的施工内容外，还应记录留置试块的编号（与施工部位对应）。

b.记录当天建筑材料（含构配件、设备）的使用情况，填写材料（含构配件、设备）名称、规格型号、数量、所用部位、试验合格与否（补填）、验证情况、不合格材料处理等。

c.记录当天施工机械运转情况，填写机械名称、规格型号、数量，以及机械运转是否正常，若出现异常，应注明原因。

d.记录当天的施工形象、地质编录等。

3）承包人质量检验和安全作业情况。

记录当天的"三检制"、单元工程质量评定、基础验收、开仓报审、拆模后的外观质量、施工部位的质量、进场原材料与中间产品的质量、土方回填压实等检查的情况。记录当天安全生产的检查情况。

4）监理机构的检查、巡视、检验情况。

记录监理员、监理工程师现场巡视检查的时间、次数、巡视人员、工程部位以及巡视检查的情况。记录总监理工程师现场巡视的时间、工程部位以及巡视检查的情况。记录监理公司有关人员来工地检验工作的情况。

5）施工作业存在的问题，现场监理人员提出的处理意见以及承包人对处理意见的落实情况。

按时间顺序记录当日监理在现场发现的或监理预见到的问题，并逐条记录监理所采取的措施及承包人对监理处理意见的落实结果。

对于当日没有结果的问题，应在以后的《监理日志》中得到明确反映。

6）汇报事项和监理机构指示。向发包人口头汇报工作的时间、地点、内容；向发包人报送的有关文件、材料名称及编号；向承包人签发的有关监理文件名称及编号等。

7）其他事项。召开的各种监理会议名称及讨论的主要问题、上级来人检查情况，发包人发来或转发的文件，外界有影响的事件（如非承包人的原因引起的停水、停电、停工、延迟开工时间等），不可抗力的因素发生过程、影响，以及上述项目中的备注等。

（3）《监理日记》编写必须连续、及时填写（一般每天填写1次），不得少记、漏记，不得隔日，不得缺页，不得中断，应注重日记的时效性。

（4）监理人员在记录《监理日记》时，一定要掌握第一手资料，一定要做到亲自巡视、亲自检查、亲自记录、亲自督办，切莫照抄承包人的施工日记记录。同时在检查承包人的施工日记时，对记录漏项部分或事实出入较大的部分，应督促承包人按实事求是的原则改正。

（5）监理工程师应经常检查监理员记录的《监理日记》（一般每周不得少于1次），对错误或记录不当的地方应当及时指出，并要求记录员改正。同时监理工程师对监理员记录的《监理日记》应签字确认。总监理工程师应检查《监理日记》的记录情况（一般每旬不得少于1次），并对检查情况签字确认。

（6）监理日记填写人签字、日期签署齐全，并按月装订成册，妥善保管。

（7）填表说明。

1）项目监理处的每位监理人员都应书写《监理日记》，监理工作日记应以项目监理处的监理工作为记载对象，不得记录与监理工作无关的内容。

2）监理工作日记从监理工作开始至监理工作结束止；监理人员记事条理要清楚、明晰，使用专业语言和规范文字；时间记录要完整，当天发生的时间或问题在以后某天的日记中应予以闭合。

3）监理人员对每一个问题的记录要有现场实际情况、问题的原因分析、提出的整改意见、承包单位的整改结果。对发现的重大问题应进行跟踪监控，在某天整改完成后，应在发现问题的当天日记中的重大问题跟踪栏内加以说明。

对于重大问题除在《监理日记》上记录外，也应在总监理工程师日记中有所反映。

4）监理工程师的工作日记应包括两方面内容。

a. 监理人员的（内业）工作情况，如学习技术文件、政策、法规；起草文件；审核施工方案、进度计划、审批报验；审图等。

b. 记录监理人员在施工现场的监理工作情况。

5）监理人员日记记录现场工作内容，应包括：现场巡视、工程验收、特殊部位的旁站等，还有施工作业面施工情况，人员、机械设备情况等。

6）监理人员应对当天工作中发现的问题和提出的合理化建议分别统计在日记表下方对应的表

格内。

7）监理人员日记应逐日书写，并应在当天下班前（或离开工地前）完成。若遇外出学习、开会及外出考察等，可回来后补写。

8）总监理工程师原则上应对每位监理人员日记于当天下班前或次日早上上班时进行审阅，阅后应签字。

9）禁止作假，决不允许为了应付"检查"等而"编"写日记或修改日记。

10）监理人员日记按月装订，周期为上月 26 日至本月 25 日，日记应有封面，由资料员编写归档。

2.《监理日志》

（1）《监理日志》一般规定。

1）《监理日志》由总监理工程师指派专人填写，在整个监理服务期间不得间断。

2）应当用第一人称。

3）实事求是，语言准确，及时客观地记录工程建设过程、监理工作过程。

4）条理清晰，字迹工整，内容完整。

5）言简意赅，措辞严谨，规范使用专业术语，不使用口语化表达。

6）问题必须既有发现、又有处理方法与措施。

7）不得涂改、不得缺页、不得损坏、不得遗失。

8）总监理工程师及时审查、签认，及时封存。

（2）《监理日志》和《监理日记》是完整的工程跟踪资料，是监理服务过程实行"四控制、两管理、一协调"的凭证。《监理日志》的好坏反映了该项目监理工作的水平。

（3）《监理日志》和《监理日记》是日后分析质量、进度、安全等问题产生原因、处理合同索赔等的重要原始证据。

（4）填写内容。

1）天气、气温、风力与风向等气象情况：记录当天气温及天气情况，如变化较大时应在其他事项中说明。

2）施工部位、施工内容、施工形象及资源投入（人员、原材料、中间产品、工程设备和施工设备动态）：同《监理日记》。

3）承包人质量检验和安全作业情况：同《监理日记》。

4）监理机构的检查、巡视、检验情况：同《监理日记》。

5）施工作业存在的问题，现场监理人员提出的处理意见以及承包人对处理意见的落实情况：同《监理日记》。

6）监理机构签发的意见：同《监理日记》。

7）其他事项：同《监理日记》。

（5）《监理日志》是所有《监理日记》的综合，《监理日记》中记录的事情，《监理日志》必须有相应的记录，且记录的情况应一致。

（6）《监理日志》封面划横线的空白段由填写人员手工填写，监理工程师签名。

（7）监理工程师应经常检查填写人员记录的《监理日志》（一般每周不得少于 1 次），对错误或记录不当的地方应当及时指出，并要求填写人员改正。总监理工程师应检查《监理日志》的记录情况（一般每旬不得少于 1 次），并对检查情况签字确认。

（8）《监理日志》中有的栏目由于内容较多填写不下，可另外附页填写，但要注明日期等内容，与当月日志一并存档。

（9）《监理日志》填写人签字、日期签署齐全，并按月装订成册，按时归档保管。

（10）填表说明。

1）《监理日志》在填写时要注意时效性，当日的日志要在当日填写和次日上午整理填写完成；《监理日志》填写应注重事实，避免随意性，要注意不能空洞、泛泛而谈，如有的只填写开挖和喷射混凝土，而未记录部位、施工质量等。

2）《监理日志》在填写时还要注意闭合问题，日志的内容不仅与监理通知、旁站记录、平行检测记录及相关报验资料等闭合，日志本身还要闭合。以日志为核心可以放射延伸到监理资料的方方面面。

3）把监理工作中所发生的问题、要解决的问题记录下来，这样有利于使用时的查找。

4）《监理日志》由总监理工程师指定一名监理工程师填写，总监理工程师每月至少对《监理日志》检查签认一次。

5）监理组长（部长）每周至少对现场（专业）监理日志检查签认一次，应经常对《监理日志》的编写情况进行检查指导和补充记录。

3.《监理发文登记表》

（1）发文由总监理工程师或其授权的监理工程师签名，并加盖项目监理处图章，对盖章工作应进行专项登记。如为紧急处理的文件，应在文件首页标注"急件"字样。

（2）所有发文按监理信息资料分类和编码要求进行分类编码，并在发文登记表上登记。登记内容包括：文件资料的分类编码、发文文件名称、摘要信息、接收文件的单位（部门）名称、发文日期（强调时效性的文件应注明发文的具体时间）。收件人收到文件后应签名。

（3）发文应留有底稿，并附一份文件传阅纸，信息管理人员根据文件签发人指示，确定文件责任人和相关传阅人员。文件传阅过程中，每位传阅人员阅后应签名并注明日期。发文的传阅期限不应超过其处理期限。重要文件的发文内容应在《监理日记》中予以记录。

（4）项目监理处的信息管理人员应及时将发文原件归入相应的资料柜（夹）中，并在目录清单中予以记录。

（5）当日签发的监理通知、批复类文件、监理报告、监理月报等，应在当天时间内按《监理发文登记表》的格式逐一填写，并对重要文件要追踪落实情况。

（6）填表说明。监理处进场后，应建立"收文登记表"及"发文登记表"。收发文登记表格式，一般采用公司质量体系文件样表，若发包人或质量监督机构另有规定，应从其规定。

4.《监理收文登记表》

（1）监理处收到有关文件后，立即登记，并按文件内容和有关要求，资料人员将文件送达有关人员签署意见。

（2）当日收到的参建各方文件、申报表等来文，资料员应逐一说明监理处落实处理的情况。对收到的重要文件，有关人员要追踪落实情况。

（3）总监理工程师或其授权的监理工程师确定收到的文件是否需要传阅，如需要传阅应确定传阅人员名单和范围，并注明在文件传阅纸上，随同文件进行传阅。也可按文件传阅纸样式刻制方形图章，盖在文件空白处，代替文件传阅纸。每位传阅人员阅后应在文件传阅纸上签名，并注明日期。文件传阅期限不应超过该文件的处理期限。传阅完毕后，文件原件应交还信息管理人员归档。

（4）文件和档案资料应保持清晰，不得随意涂改记录，保存过程中应保持记录介质的清洁和不破损。

（5）按资料的分类方法，对所有发文、来文资料分类存放与保管，在大中型项目中应采用计算机对监理信息进行辅助管理，便于项目竣工后文件和档案的归档和移交。

（6）信息管理人员应根据项目规模准备资料柜和资料夹等档案用具。

（7）填表说明。监理机构进场后，应建立"收文登记表"及"发文登记表"。收发文登记表格式，一般采用公司质量体系文件样表，若发包人或质量监督机构另有规定，应从其规定。

5.2.5 旁站监理值班记录常用表格填写的一般要求

监理旁站值班记录类表格包括：《旁站监理值班记录》《监理巡视记录》《安全检查记录》等3种。

1.《旁站监理值班记录》

（1）《监理旁站值班记录》：以混凝土浇筑为例。

1）气候：晴、雨、气温（平均气温）。

2）部位或工序：平面位置（轴线区间）、楼层（或标高）。

构件名称：基础、柱、剪力墙、梁、板等混凝土浇筑。

3）施工情况。

a. 混凝土强度等级：C____，浇筑混凝土量：____ m³。

b. 混凝土供应方式：商品混凝土（或现场搅拌混凝土）。

c. 使用的机械设备：泵送混凝土（或塔吊料斗）；振动棒台数：____台。

d. 施工人数：浇捣____人、钢筋____人、模板____人。

4）监理情况：全过程旁站监理。

a. 检查混凝土配合比通知单及送料单。

b. 检查记录现场质检员或岗位工长值班人，姓名：_____。

c. 检查浇捣方法：符合施工方案要求，浇捣良好（或有问题）。

d. 观察浇捣过程中钢筋位置，模板变形情况。

e. 随机见证取样做混凝土试块____组。

f. 观察混凝土和易性，抽检混凝土坍落度为____ mm，严禁现场加水。

g. 到商品混凝土搅拌站抽查电脑配比单____份。

h. 现场搅拌时，抽查混凝土配料计量情况，记录实测水泥、砂、石、水及外加剂重量。

5）发现问题。

a. 混凝土配合比与设计配合比不符。

b. 发现钢筋位置偏移过大或楼面钢筋踩塌严重或某处混凝土保护层厚度控制不好。

c. 发现有胀模、漏浆现象。

d. 混凝土浇捣顺序不连续，新旧混凝土连接不好；接槎处杂物未清理干净；混凝土振捣顺序不好，某处振捣力度不够，可能出现漏振。

e. 混凝土太稀或太干，影响浇筑或堵管。

f. 浇捣过程中遇大雨，防雨措施不力，造成混凝土泥浆流淌。

6）处理意见。及时通知现场质检员_____，值班人员_____，或带班人_____，采取措施，整改到位。或书面通知项目部整改。

7）施工单位当日值班签字。

（2）《旁站监理值班记录》：以土方回填质量监理为例。

1）承包单位应根据工程地质、水文等条件，选用先进的施工机具和合理的施工方法编制施工组织设计或施工方案，并报送监理处审批。

2）专业监理工程师根据土建施工图纸和工程地质勘察报告来审核土方回填工程的施工组织设计或施工方案并监督实施。其中关键是控制回填土土质、回填及夯实方法和回填土的干土质量密度等主要环节，使之达到设计要求和施工规范的规定。

3）组织土壤试验及回填碾压参数试验。

4）填方必须按规定分层夯压密实，取样部位、频次符合规范的规定。取样测定压实后的干土质量密度，其合格率不应小于规定的数值。

5）取样、检测、试验资料及时归档。

（3）《旁站监理值班记录》：以钢筋工程质量监理为例。

1）熟悉结构施工图，明确设计钢筋的品种、规格、绑扎要求以及结构某些部位配筋的特殊处理。有关配筋变化的图纸会审记录和设计变更通知单，应及时在相应的结构图上标明，避免遗忘，造成失误。掌握规范中钢筋构造措施的规定。

2）把好原材料进场检验关。

a. 钢筋的品种要符合设计要求，进场的钢筋有出厂质量证明书和试验报告单，钢筋表面或每捆（盘）钢筋均应有标志。

b. 钢筋的性能要符合规范要求；进场的钢筋应按炉（批）号及直径分批检验，按有关标准的规定取样，做物理力学性能试验。

c. 督促承建商及时将验收合格的钢材运进钢筋堆场，堆放整齐，挂上标签，并采取有效措施，避免钢筋锈蚀或油污。

3）钢筋的下料、加工，应要求承包方的技术员对钢筋工进行详细的技术交底。监理工程师应对成型的钢筋进行检查，发现问题，及时通知承包人改正。

4）钢筋的焊接。专业监理工程师首先应检查焊工的焊工考试合格证，在正式焊接前，必须监督焊工根据现场施工条件进行试焊，检验合格后方可批准上岗。钢筋焊接接头应符合规范要求，并根据《钢筋焊接接头试验方法》的有关规定，抽取焊接接头的试样进行检验。

5）钢筋绑扎过程中，专业监理工程师应到现场跟班检查，发现问题，及时指出并纠正。钢筋绑扎完毕经承包人自检合格后填报钢筋工程隐蔽验收单。

a. 专业监理工程师验收时，应对照结构施工图检查所绑扎钢筋的规格、数量、间距、长度、锚固长度、接头设置等，是否符合设计要求及构造措施。

b. 框架节点箍筋加密区的箍筋及梁上有集中荷载作用处的附加吊筋或箍筋，不得漏放，具有双层配筋的厚板和墙板，应要求设置撑筋和拉钩。控制钢筋保护层的垫块强度、厚度、位置应符合规范要求。

6）预埋件、预留孔洞的位置应正确，孔洞周边钢筋加固应符合设计要求。

7）钢筋不得任意代用。若要代用，必须经设计单位同意，办理变更手续。专业监理工程师据此验收钢筋。在浇筑混凝土时专业监理工程师应督促承包人派专人负责整理钢筋。

（4）填表说明。

1）监理处按照监理合同约定，在施工现场对工程项目的关键部位、关键工序的施工，实施连续性的全过程检查、监督与管理。

2）监理处应严格旁站监理工作，特别注重对易引起渗漏、冻融、冲刷、汽蚀等工程部位的质量控制。

3）在工程项目施工中，监理人员到施工现场，对施工过程进行观察、监督和检查，采用视觉性质量控制方法对施工人员情况、材料、工艺与操作、施工环境条件等实施监督与检查，发现问题及时向施工单位提出和纠正，以便使施工过程始终处于受控状态。旁站监理应对监督内容及过程进行记录，填写《旁站监理值班记录》。

2.《监理巡视记录》

（1）巡视检查的范围。

1）已完成的检验批、分项、分部工程的质量。

2）正在施工的作业面操作情况。

3）施工现场的工程材料/构配件的进场、制作、加工、使用等情况，以及进场工程材料的质量检测、报验的动态控制。

4）施工现场的机械设备、安全设施使用、保养情况。

5）施工现场各作业面安全操作、文明施工情况。

6）工程基准点、控制点及环境检测点等的保护、使用情况。

（2）巡视情况。

1）原材料。重点检查施工现场原材料/构配件的采购和堆放是否符合施工组织设计（方案）要求；其规格、型号等是否符合设计要求；是否已见证取样，并检测合格；是否已按程序报监理验收并允许使用；有无使用不合格、质量合格证明资料欠缺的材料等。

2）施工人员。施工现场管理人员，尤其是质检员、安全员等关键岗位人员是否在岗到位、是否合格，其内部配合和工作协调是否正常，能否确保各项管理制度和质保体系的及时落实、稳定有效。

特种作业人员是否持证上岗，人证是否相符，是否进行了相应的专业培训和技术交底。

现场施工人员组织是否充分、合理，能否符合工期计划要求，是否按经过审批的施工组织设计（方案）和设计文件施工等。

3）施工机械。检查重点：机械设备的进场、安装、验收、保管、使用等是否符合要求和规定；数量性能是否满足施工要求；运转是否正常，有无异常现象发生。

4）深基坑土方开挖工程主要检查内容如下。

a. 土方开挖前的准备工作是否到位、充分，开挖条件是否具备，机械设备配置是否合适。

b. 土方开挖顺序、方法是否与设计工况一致，是否符合"开槽支撑，先撑后挖分层开挖，严禁超挖"的要求。

c. 挖土是否分层、分块进行，分层高度和放坡坡度是否符合设计要求，坡面的处理和喷护是否及时。

d. 基坑边和支撑上的堆载是否符合要求，是否存在安全隐患。

e. 施工机械有无碰撞或损伤基坑围护和支撑结构、工程桩、降水井等现象。

f. 挖土机械如果在已浇注的混凝土支撑上行走时，有无采取覆土、铺钢板等措施，严禁在底部掏空的支撑构件上行走与操作。

g. 教育培训和安全情况，技术交底并有记录。

h. 对围护体表面的修补、止水帷幕的渗漏及处理是否有专人负责，是否符合设计和技术处理方案的要求。

i. 每道支撑底面黏附的土块、垫层、竹笆等是否及时清理，以免落下伤人。

j. 每道支撑上的安全通道和临边防护的搭设是否及时、符合要求。

k. 挖土机械工是否有专人指挥，有无违章作业现象。

5）施工现场拌制的砂浆、混凝土等混合料配合比检查。

a. 是否使用有资质的材料检测单位提供的正式配合比，是否根据实际含水量进行了配合比调整。

b. 现场配合比标牌的制作和放置是否规范，内容是否齐全、清楚、具有可操作性。

c. 是否有专人负责计量，能否做到"每盘计量"，尤其是外加剂和水的掺量是否严格控制在允许范围之内，计量记录是否真实、完整。

d. 计量衡器是否有合格证，物证是否相符，是否已经法定计量检定部门鉴定合格并在有效期内使用，其使用和保管是否正常，有无损坏和人为拆卸调整现象。

6）砌体工程。

a. 基层清理是否干净，是否按要求用细石混凝土进行了找平。

b. 是否有"碎砖"集中使用和外观质量不合格的块材使用现象。

c. 是否按要求使用皮数杆，墙体拉结筋型式、规格、尺寸、位置是否正确，砂浆饱满度是否合格，灰缝厚度是否超标，有无透明缝、"瞎缝"和"假缝"。

d. 墙上的架眼，工程需要的预留、预埋等有无遗漏等。

7）钢筋工程。

a. 钢筋有无锈蚀，被隔离剂和淤泥等污染现象，是否已清理干净。

b. 垫块规格、尺寸是否符合要求，强度能否满足施工需要，有无用木块、大理石板等代替水泥砂浆（或混凝土）垫块的现象。

c. 钢筋搭接长度、位置、连接方式是否符合设计要求，搭接区段箍筋是否按要求"加密"；对于梁柱或梁梁交叉部位的"核心区"有无主筋被截断、箍筋漏放等现象。

8）模板工程。

a. 模板安装和拆除是否符合施工组织设计（方案）的要求，支模前隐蔽内容是否已经监理工程师验收合格。

b. 模板表面是否清理干净、有无变形损坏，是否已涂刷隔离剂，模板拼缝是否严密，安装是否牢固。

c. 拆模是否事先按程序和要求向监理工程师报审并经监理工程师签认同意，拆模有无违章冒险行为；模板捆扎、吊运、堆放是否符合要求。

9）混凝土工程主要检查内容如下。

a. 现浇混凝土结构件的保护是否符合要求，是否允许堆载、踩踏。

b. 拆模后混凝土构件的尺寸偏差是否在允许范围内，有无质量缺陷、其修补处理是否符合要求。

c. 现浇构件的养护措施是否有效、可行、及时等。

d. 各类预埋、预留作业是否按图纸要求的尺寸、位置、大小进行。

10）钢结构工程。主要检查内容：钢结构零部件加工条件是否合格（如场地、温度、机械性能等），安装条件是否具备（如基础是否已经验收合格等）；施工工艺是否合理、符合相关规定；钢结构原材料及零部件的加工、焊接、组装、安装及涂装质量是否符合设计文件和相关标准、要求等。

11）屋面工程主要检查内容如下。

a. 基层是否平整坚固、清理干净。

b. 防水卷材搭接部位、宽度、施工顺序、施工工艺是否符合要求，卷材收头、节点细部处理是否合格。

c. 屋面块材搭接、铺贴质量如何、有无损坏现象等。

12）装饰装修工程主要检查内容如下。

a. 基层处理是否合格，是否按要求使用垂直、水平控制线，施工工艺是否符合要求。

b. 需要进行隐蔽的部位和内容是否已经按程序报验并通过验收。

c. 细部制作、安装、涂饰等是否符合设计要求和相关规定。

d. 各专业之间工序穿插是否合理，有无相互污染、相互破坏现象等。

13）安装工程及其他。重点检查是否按规范、规程、设计图纸、图集和经监理工程师审批的施工组织设计（施工）；是否有专人负责，施工是否正常等。

14）安全文明施工主要检查内容如下。

a. 各项应急救援方案是否切实可行、是否已通过监理工程师审批、是否已准备充分。

b. 施工现场是否存在安全隐患，各项施工有无违章作业现象。

c. 安保体系和设施是否齐全、有效、充分，相关安全检查和记录内容是否真实、及时。

15）施工环境主要检查内容如下。

a. 施工环境和外界条件是否对工程质量、安全进度、投资的控制造成不利影响，施工单位是否已采取相应措施，是否安全、有效、符合规定和要求等。

b. 基层清理是否干净，是否按要求用细石混凝土进行了找平。

c. 各种基准控制点、周边环境和基坑自身监测点的设置、保护是否正常，有无被压损现象，被压（损）坏监测点是否有人清理和恢复，能否及时完成，监测工作能否正常进行等。

（3）巡视工作安排。

1）监理部人员分工和配合。项目总监理工程师应该充分了解项目监理处所有成员的专业特长和水平能力，再按照各自的专业水平和能力合理安排巡视的目标和内容。

2）工程质量、工程材料/构配件/设备的巡视检查由监理员/专业监理师负责实施；安全监理的巡视、检查由专职的安全监理人员负责实施；要加强监理部内部之间的信息沟通、互通情况和相互配合，做到既要分工明确，又要团结协作，避免工作中出现"盲区"和"误区"，造成工程出现漏检漏验，同时避免施工中有空子可钻。

3）巡视检查路线的选择。巡视检查不要搞成漫无目的的"闲逛"和"走马观花"，而是要提前计划好巡视路线，确保巡视监控到工程质量、进度、安全文明施工、投资控制等业务范围，做到有目的、有针对性地进行。

4）巡查时间和频率安排。每天上班后即进行现场的巡视检查。如预报和发生大风、暴雨等异常情况要根据实际情况及时巡视现场，以便尽早掌控现场情况，及时发现问题和解决问题；对于已完成的检验批、分项、分部工程必须及时进行巡视检查，保证所有已完的检验批、分项、分部工程至少经过1次巡视检查；对于正在施工的作业面（包括安全方面），应根据部位的重要程度和施工作业的难易程度每天至少巡视检查1次或2次（上下午各1次）；监理人员每天至少巡视1次主要工程材料的进场情况及进场产品的质量检测情况，特别是影响工程结构安全和使用功能的工程材料，如：水泥、砂、石子、钢材、砖、混凝土砌块、防水材料等。

（4）问题处理。

1）监理工程师在巡视检查中，对于发现的问题要根据发生的时间、部位、性质及严重程度等情况采取口头（有些问题可以当场当面指出）或书面形式（必要时附上现场拍摄的照片等原始记录）及时通知施工单位相关人员进行整改处理。

2）对于不按图施工、材料未经检测合格或擅自使用或其他存在严重隐患、可能造成或已经造成安全、质量事故的，在向发包人报告后，及时签发《暂停施工指示》，要求施工单位停工整改，以杜绝安全、质量事故的发生或延续扩大，并对处理情况在《监理日记》及其他文件中做好记录，以备相关问题的处理及验证，既为工程监理例会和下次现场巡视检查提供一定的参考资料，也是以后发生施工索赔解决争议的有力证据。

（5）应注意的几个问题。

1）对巡视检查中发现的问题，要即时采取拍照、摄影、封存原样等方式留存原始记录资料。

2）要讲究工作效率和工作质量。现场能立即解决处理的问题一定要及时解决，避免采取不负责任的拖拉态度，影响工作和协调配合。

3）注意处理问题的工作态度和方法要有利于问题的解决。避免造成双方情绪对立和矛盾激化，不仅使问题解决不了，反而扰乱了全局，使监理工作陷入"被动、窘困"状态。

4）要有科学的态度和精神，坚持用数据说话、对事不对人。对拿不准的问题不要急着表态，而是要抓紧熟悉、研究、有的放矢地做决定、表态或签发通知单等，避免似是而非、"可能""也许"之类的语调发生。

5）无论何时，监理人员都必须时刻牢记"百年大计，质量第一，安全第一"的观念，做到严格执法，恪尽职守，切忌不讲原则和标准。

（6）填表说明。

1）监理人员应经常有目的地对承包人的施工过程进行巡视。主要检查内容包括：

a. 是否按照设计文件、施工规范和批准的施工方案施工。

b. 施工现场管理人员，尤其是质检人员是否到岗到位，特种操作人员是否持证上岗。

c. 施工操作人员的技术水平、操作条件是否满足工艺操作要求。

d. 是否使用合格的材料、构配件和工程设备。

e. 施工环境是否对工程质量、安全产生不利影响。

f. 已完成施工的部位是否存在质量缺陷。

2）监理人员在巡视检查中发现的问题，应及时提出处理意见，要求承包人采取措施加以排除。巡视检查后，应填写《监理巡视记录》。

3.《安全检查记录》

（1）安全检查内容。

1）检查部位：一般有主体工程施工部位、文明施工、施工现场安全警示标牌、脚手架、安全防护设施、施工用电安全、施工机具安全、危险源安全、隧洞通风安全、专项安全技术资料编制齐全、安全员在岗、安全培训、特种工资质等。

2）人员、设备、施工作业及环境和条件等：检查时施工部位施工人员工种与人数、施工设备名称与数量、作业环境及条件的描述。

3）危险品及危险源安全情况：检查危险品及危险源时的情况描述。

4）发现的安全隐患及消除隐患的监理指示：发现安全隐患后，监理工程师或总监理工程师发出的口头指示或签发的书面指示文件等。

5）承包人的安全措施及隐患消除情况（安全隐患未消除的，检查人必须上报）：承包人的安全措施及落实情况；对发现的隐患，当时整改完成，应记录在案；当时不能整改完成，应报发包人，并采取适当的措施。

6）项目监理处原则上每月必须组织不少于1次安全检查，并形成书面记录，各单位参加检查人员要签名。

（2）对检查出的问题落实处理情况记录分为以下步骤。

1）对当天可以落实解决的问题，现场落实责任单位负责当日整改到位，监理复查后，并在《安全检查记录》与《施工日志》中反映。

2）对当天不能落实解决的问题，项目监理处应签发《监理通知》（或工程现场书面通知），要求施工单位限期整改（整改情况应用回复单闭合）。同时《监理日记》应有记录。

3）对检查出施工现场存在重大安全隐患的情况，项目监理处应及时报告发包人，必要时经发包人同意可签发工程暂停令，要求施工单位立即全面停工（或局部停工）整改（整改情况应用回复单闭合）。同时《监理日记》应有记录。

5.2.6 会议纪要编写的一般要求

包括会议纪要、《监理机构内部会签单》等两种。监理会议纪要一般分为三类：第一次工地会议纪要、定期召开的工地例会纪要和专题会议纪要等。另外监理处内部的工作会议也可用《会议纪要》的形式记录与分发，但编号要有区别。

1. 会议纪要

（1）监理会议一般要求。

1）监理例会由项目监理处总监理工程师主持或授权的监理工程师主持。

2）正式开会前由项目监理处总监代表负责参加会议各方人员签到。

3）总监理工程师指定一名监理工程师在专用例会记录本上记录与会人员的发言内容。

4）监理会议纪要的主要内容。

a. 会议时间及地点。

b. 会议主持人。

c. 出席者的单位、姓名、职务、电话号码。

d. 会议讨论的主要问题及决议的事项。

e. 各项工作落实的负责单位、负责人和时限要求。

f. 其他需要记载的事项。

5）监理会议纪要的文字要简洁，内容要清楚，用词要准确。

6）参加工程项目建设各方的名称应统一规定，参加会议的单位、人员应签字。

7）监理例会的会议纪要经会议主持人审核、签字确认后分发与会各单位，会议纪要分发到有关单位时应有签收手续。

8）与会各单位如对会议纪要有异议，应在签收后 3d 内以书面文件反馈到项目监理机构，并由总监理工程师负责处理。

9）专题工地会议由项目监理机构总监理工程师或其指定人员主持，指定一名人员进行记录，同时负责会议人员的签到工作，并根据记录整理后编写会议纪要。

10）监理例会的发言原始记录、会议纪要及反馈的文件均应作为监理资料存档。

（2）填表说明。

1）监理处应建立会议制度，包括第一次工地会议、监理例会和监理专题会议。会议由总监理工程师或由其授权监理工程师主持，工程建设有关各方应派员参加。

2）总监理工程师应组织编写由监理处主持召开的会议的会议纪要，并分发与会各方，但不作为实施的依据，监理处及与会各方应根据会议决定的各项事宜，另行发布监理指示或履行相应文件程序。

3）主要参加人员签名：可单独附页。

4）会议纪要编写的若干要求：阐述要清楚，交代要具体；观点要鲜明，是非要明确，对有争议的问题要表明态度，以免造成工作障碍和经济损失；会议纪要整理要真实，要点要突出；语言要简练，判断要准确；条理要明晰；概括要全面。

5）会议纪要必须经过与会人员或与会单位代表签字，特别重要的会议纪要还要加盖与会单位公章。

6）会议的主持人与日期应由主持人亲自签字。

2. 《监理机构内部会签单》

（1）在监理处作出决定之前，总监理工程师认为需要内部会签时使用此表记录。

（2）事由：指会签事项的主题。

（3）会签内容：指作决定需要明确的相关事项。

（4）依据、参考文件：指作决定依据的法律、法规、技术标准、设计文件、合同文件等。

（5）参加会议的各部门负责人签字并签署部门意见。

（6）《监理机构内部会签单》适用于监理组织模式为职能型或直线-职能型监理组织模式。直线型监理组织模式，受工程项目在地理位置上比较分散的限制，不适宜内部会签。

5.2.7　监理日常记录常用表格填写的一般要求

监理记录常用表格包括：《工程质量平行检测记录》《工程质量跟踪检测记录》《见证取样跟踪记录》《工程设备进场开箱验收单》等 4 种。

1.《工程质量平行检测记录》

（1）一般要求。

1）监理抽检取样是监理处在施工阶段质量控制的一种手段，抽取一定样品，采取相应的检测方法对样品进行检测或试验，然后将检测或试验取得的数据与质量标准相比较，以确定其质量是否符合要求。

2）监理处在抽取样品后，应填写《工程质量平行检测记录》，记录取样、检测及检测结果的详细情况。

3）委托单台账、平行检测报告台账及平行检测送样台账等应前后一致。

4）以单位工程为依据，对相应的分部工程与单元工程，统一编号、记录。

（2）填表说明。

1）取样记录、委托单应一致；取样人、送样人等相关人员应亲笔签字；检测成果出来后，及时填写检测成果。

2）对不符合质量要求的，应采取相应措施。

3）《监理日志》应有相应的记录。

2.《工程质量跟踪检测记录》

（1）一般要求。

1）监理跟踪检测是依据有关规定，在承包人进行试样检测前，监理处对其检测人员、仪器设备以及拟订的检测程序和方法进行审核；在承包人进行对试样进行检测时，实施全过程的监督，确认其程序、方法的有效性以及检测结果的可信性，并对该结果确认，分析判断质量情况。

2）监理处应对跟踪监测进行记录并编号，将试验情况进行登记，填写《工程质量跟踪检测记录》。

3）以单位工程为依据，对相应的分部工程与单元工程，统一编号、记录。

（2）填表说明。

1）取样记录、委托单应一致；取样人、送样人、跟踪监理人员等相关人员应亲笔签字；检测成果出来后，及时填写检测成果。

2）对不符合质量要求的，应采取相应措施。

3）《监理日志》应有相应的记录。

3.《见证取样跟踪记录》

（1）一般要求。

1）见证取样是依据有关规定。材料进入现场，施工单位要在监理工程师的见证下对原材料进行取样，送至实验室进行复检。

2）监理处应对见证取样进行记录并编号，登记见证取样情况，填写《见证取样跟踪记录》。

3）以单位工程为依据，对相应的分部工程与单元工程，统一编号、记录。

（2）填表说明。

1）取样记录、委托单应一致；取样人、送样人、跟踪（见证）监理人员等相关人员应亲笔签字；检测成果出来后，及时填写检测成果。

2）对不符合质量要求的，应采取相应措施。

3）《监理日志》应有相应的记录。

4. 《工程设备进场开箱验收单》

(1) 一般要求。

1) 工程设备进场开箱验收单是核定设备合格的重要资料，验收必须认真，应由施工单位、监理单位、供应单位、发包人现场代表等共同验收。

2) 对需全数检查验收的设备应逐件验收，需抽查的按规范要求进行抽查。

(2) 填表说明。

1) 设备名称、编号、规格型号、制造厂名、装箱单号、收到件数如实填写。

2) 检验记录：填写包装情况是否良好；随机文件（设备合格证、产品检验证、产品说明书等）是否齐全，备件与附件是否齐全，设备外观是否良好。

3) 检验结果：按实填写是否有缺件及损坏情况。

4) 结论：应根据检验实际情况，填写设备的数量及外观检查是否符合设备移交条件，如符合移交条件，自开箱验收之日起移交承包人管理。

5) 本单由监理处填写，各方签字齐全并加盖公章后，相关单位留存一份。

5.2.8　监理月报编写的一般要求

(1) 本月工程施工概况。

1) 项目概述。

2) 本月各标段施工概述。

(2) 工程质量控制情况。

1) 本月工程质量情况综述（分标段统计原材料检测报告、试验检验报告及混凝土试件检查结果统计等）。

2) 监理平行检测情况。

3) 金属结构安装质量检验情况。

4) 机电设备安装质量检验情况。

5) 工程质量评定及验收情况（各标段本月及累计的单元、分部、单位工程验收情况）。

6) 工程质量状况及影响因素分析。

7) 工程质量问题及其处理过程。

(3) 工程进度控制情况。

1) 本月工程形象进度（分标段统计）。

2) 本月工程实际进度（分标段统计）。

3) 施工资源投入（包括各标段设备投入名称、数量、完好率及使用情况；现场施工人员投入情况，分土建、机械、安装、管理、辅助等人员）。

4) 实际进度与计划进度比较（单价项目按主要工程量分标段统计，并与计划情况比较；合价项目按标段统计完成情况）。

5) 进度完成情况分析。

6) 存在的主要问题及采取的措施（分标段）。

(4) 工程资金控制情况。

1) 合同工程计量情况及分析。

2) 工程款支付情况及分析。

3) 合同支付中存在的主要问题及采取的措施。

(5) 施工安全监理情况。

1) 施工安全执行情况（包括安全检查与督办情况等）。

2）工程事故月报表（按发生事故时间、事故地点、工程名称、事故等级、直接损失、人员伤亡等内容填写）。

3）存在的主要问题及采取的主要措施。

（6）文明施工监理情况。

1）环境保护情况（包括水环境、大气环境、声环境、固体废弃物等处理情况）。

2）施工现场布置。

3）存在的主要问题及采取的主要措施。

（7）合同管理的其他工作情况。

1）施工合同双方提出的问题、监理机构答复意见。

2）工程分包、变更、索赔、争议等处理情况。

3）工程延期情况。

4）存在的主要问题及采取的措施。

（8）监理机构运行情况。

1）人员设备投入情况（包括现场人员履行合同规定时间情况）。

2）存在的主要问题及采取的措施。

（9）监理工作小结。

1）质量、进度、安全、资金控制情况。

2）合同、信息、协调管理情况。

3）监理例会、各专题会议情况。

4）上级检查及整改落实情况。

5）合理化建议及创优情况。

6）存在的主要问题及采取的措施。

7）其他。

（10）存在问题及有关建议。

1）影响工程建设的主要问题（主要是外界因素，其次是内在因素）。

2）建议。

（11）下月工作安排。

1）下月施工计划（投资与主体工程量完成计划）。

2）下月监理工作的重点（分标段）。

3）拟采取的预防控制措施（在质量、进度、投资、合同管理等事项和施工安全等方面需采取的预防控制措施等）。

（12）监理大事记。

主要有上级检查、稽查与重要会议；工程验收；监理例会、专题会议、专项检查等；发包人组织的专项检查；其他有关事项。

（13）附表（按表格规定格式填写）。

1）完成工程额月统计表。

2）工程质量月评定统计表。

3）工程质量平行检测试验月统计表。

4）变更月统计表。

5）监理发文月统计表。

6）监理收文月统计表。

5.2.9　工程款支付证书常用表格填写的一般要求

工程款支付证书类表格包括：《工程预付款支付证书》《工程进度付款证书》及《工程进度付款审核汇总表》《合同解除付款核查报告》《完工付款/最终结清证书》《质量保证金退还证书》共5种。

1.《工程预付款支付证书》

工程预付款支付一般要求如下。

（1）监理处收到承包人提交的《工程预付款申请单》后，监理处应按照施工合同约定的条款进行审核。当条件具备、支付额度准确时，由总监理工程师签署此表。

（2）在签发《工程预付款支付证书》前，监理处应依据有关法律、法规及施工合同的约定，审核工程预付款担保的有效性。

（3）监理处应定期向发包人报告工程预付款扣回的情况。当工程预付款已全部扣回时，应督促发包人在约定的时间内退还工程预付款担保证件。

（4）工程预付款支付的额度、分次付款的比例以及分次付款的时间按施工合同相关条款办理。

2.《工程进度付款证书》及《工程进度付款审核汇总表》

（1）工程进度付款一般要求。

1）监理处收到承包人提交的《工程进度付款申请单》后，按照合同约定的付款时间、审核时限及工作内容等，及时对工程进度付款申请单进行审核，同意后由总监理工程师签发此表。

2）监理处审核的主要内容有：

a. 付款申请单填写应符合规定，证明材料齐全。

b. 申请付款项目、范围、内容、方式符合施工合同的约定。

c. 质量检验签证齐备。

d. 工程计量方法有效、准确。

e.《工程进度付款审核汇总表》及附表填写的内容应翔实、前后统一，签字齐全与规范。

f. 付款单价及合价无误，付款金额计算准确。

3）因承包人申请资料不全或不符合要求，监理处应在规定时间内指出并退回，由此造成付款证书签证延误，应由承包人承担责任。

4）未经监理处签字确认，发包人不应支付任何工程款项。

（2）填表说明。

1）在施工过程中，监理处应审核承包人提出的月付款申请，同意后签发《工程进度付款证书》。

2）监理处在接到承包人付款申请后，应在施工合同约定时间内完成审核。审核的主要内容如下：

a. 付款申请表填写符合规定，证明材料齐全。

b. 申请付款项目、范围、内容、方式符合施工合同约定。

c. 质量检验签证齐备。

d. 工程计量有效、准确。

e. 付款单价及合价无误。

3）因承包人申请资料不全或不符合要求，监理处应在规定时间内指出并退回，由此造成付款证书签证延误，由承包人承担责任。未经监理处签字确认，发包人不应支付任何工程款项。

3.《合同解除付款核查报告》

合同解除付款核查的一般要求如下。

（1）因承包人违约造成施工合同解除的支付，合同解除前承包人应得到但未支付的工程价款和费用主要有：①已实施的永久工程合同金额；②工程量清单中列有的、已实施的临时工程合同金额和计日工金额；③为合同项目施工合理采购、制备的材料、构配件、工程设备的费用；④承包人依据有关规定、约定应得到的其他费用。在签发此表时，扣除根据施工合同约定应由承包人承担的违约费用。

（2）因发包人违约造成施工合同解除的支付，合同解除前承包人应得到但未支付的工程价款和费用主要有：①已实施的永久工程合同金额；②工程量清单中列有的、已实施的临时工程合同金额和计日工金额；③为合同项目施工合理采购、制备的材料、构配件、工程设备的费用；④承包人退场费用；⑤由于解除施工合同给承包人造成的直接损失；⑥承包人依据有关规定、约定应得到的其他费用。

（3）因不可抗力致使施工合同解除的支付，合同解除前承包人应得到但未支付的工程价款和费用主要有：①已实施的永久工程合同金额；②工程量清单中列有的、已实施的临时工程合同金额和计日工金额；③为合同项目施工合理采购、制备的材料、构配件、工程设备的费用；④承包人依据有关规定、约定应得到的其他费用。

（4）此表由总监理工程师签发，上述付款证书应报发包人批准。

（5）监理处按施工合同约定，协助发包人及时办理施工合同解除后工程接收工作。

4.《完工付款/最终结清证书》

《完工付款/最终结清证书》的一般要求如下。

（1）监理处收到承包人报送的《完工付款/最终结清申请单》后，应及时审核承包人提交的完工付款申请及支持性资料的可靠性与完整性，如属实应由总监理工程师签发此表，并报发包人批准。审核内容主要包括：①到移交证书上注明的完工日期止，承包人按施工合同约定累计完成的工程金额；②承包人认为还应得到的其他金额；③发包人认为还应支付或扣除的其他金额。

（2）监理机构应及时审核承包人在收到保修责任终止证书后提交的最终付款申请及结清单，签发最终付款证书，报发包人批准。审核内容包括：①承包人按施工合同约定和经监理机构批准已完成的全部工程金额；②承包人认为还应得到的其他金额；③发包人认为还应支付或扣除的其他金额。

5.《质量保证金退还证书》

监理处收到承包人报送的《质量保证金退还申请表》后，应及时审核是否符合质量保证金的退还条件，如属实应由总监理工程师签发此表，并报发包人批准。审核内容主要包括：

（1）合同项目完工并签发工程移交证书后，监理处应按施工合同约定的程序和数额签发质量保证金退还证书。

（2）当工程保修期满后，监理处应签发剩余的保留金付款证书。

（3）如果监理处认为还有部分剩余缺陷工程需要处理，报发包人同意后，可在剩余的保留金付款证书中扣留与处理工作所需费用相应的保留金余款，直到工作全部完成后支付完全部保留金。

5.2.10 监理报告常用表格填写一般要求

监理报告类表格包括：《监理报告》《变更项目价格审核表》《索赔审核表》等3种。

1.《监理报告》

（1）监理报告可用于监理处认为需报请发包人批示的各项事宜，不包括《水利工程建设项目施工监理规范》（SL 288—2014）附录D所指的监理报告，即监理月报、建立专题报告、监理工作报告等。

（2）报告内容：涉及工程质量、进度、投资、安全等方面，需要报请发包人批示的各项事宜。

（3）监理报告由总监理工程师签发。

（4）发包人对监理报告批复后，监理处应立即安排实施；监理处做好监理报告的收、发文登记。

2.《变更项目价格审核表》

（1）工程变更的提出、审查、批准、实施等过程应按施工合同约定的程序进行。

（2）监理处审核承包人提交的《变更项目价格申报表》，应按下述原则处理。

1）如果施工合同工程量清单中有适用于变更工作内容的项目时，应采用该项目的单价或合价。

2）如果施工合同工程量清单中无适用于变更工作内容的项目时，可引用施工合同工程量清单中类似项目的单价或合价作为合同双方变更议价的基础。

3）如果施工合同工程量清单中无此类似项目的单价或合价，或单价或合价明显不合理或不适用的，经协商后由承包人依照招标文件确定的原则和编制依据重新编制单价或合价，经监理处审核后报发包人确认。

（3）审查编制依据及说明是否符合合同约定要求。

（4）审查所有附件材料是否齐全，完整。

（5）监理处针对变更项目的价格审核结束后，如同意，应由总监理工程师签发《变更项目价格审核表》，并报发包人批复。

3.《索赔审核表》

（1）监理处收到承包人报送的《索赔申请报告》后，监理处应按合同约定时间和要求对索赔报告进行审查，判断承包人的索赔要求是否有理、有据。一般情况下承包人应提供的证据包括下列材料：

1）合同文件中的条款约定。

2）经监理工程师认可的施工进度计划。

3）合同履行过程中的来往函件。

4）施工现场记录。

5）施工会议记录。

6）工程照片。

7）监理工程师发布的各种书面指令。

8）中期支付工程进度款的单证。

9）检查和试验记录。

10）汇率变化表。

11）各类财务凭证。

12）其他有关资料。

（2）索赔一般分为工期索赔与费用索赔两类。

1）工期索赔。由于非承包人责任的原因而导致施工进程延误，要求批准顺延合同工期的索赔，称之为工期索赔。工期索赔形式上是对权利的要求，以避免在原定合同竣工日不能完工时，被发包人追究拖期违约责任。一旦获得批准合同工期顺延后，承包人不仅免除了承担拖期违约赔偿费的严重风险，而且可因提前工期而获得奖励，最终仍反映在经济收益上。

2）费用索赔。费用索赔的目的是要求经济补偿。当施工的客观条件改变导致承包人增加开支，要求对超出计划成本的附加开支给予补偿，以挽回不应由承包人承担的经济损失。

（3）对索赔报告中要求顺延的工期，在审核中应注意以下几点：

1）划清施工进度拖延的责任。不是承包人造成的工期延误，是可原谅的延期；因承包人的原因造成施工进度滞后，属于不可原谅的延期；有时工期延期的原因中可能包含有承包人、发包人双方责任，此时监理工程师应进行详细分析，分清责任比例。只有可原谅延期部分才能批准顺延合同工期。

2）被延误的工作应是处于施工进度计划关键线路上的施工内容。但有时也应注意，既要看被延误的工作是否在批准进度计划的关键路线上，又要详细分析这一延误对后续工作的可能影响。因为若对非关键路线工作的影响时间较长，超过了该工作可用于自由支配的时间，也会导致进度计划中非关键路线转化为关键路线，其滞后将影响总工期的拖延。此时，应充分考虑该工作的自由时间，给予相应的工期顺延，并要求承包人修改施工进度计划。

3）无权要求承包人缩短合同工期。监理工程师有审核、批准承包人顺延工期的权力，但不可以扣减合同工期。也就是说，监理工程师有权指示承包人删减掉某些合同内规定的工作内容，但不能要求承包人相应缩短合同工期。如果要求提前竣工的话，这项工作属于合同的变更。

审查工期索赔计算方法：①网络分析法是利用进度计划的网络图，分析其关键线路；②比例计算法；③合同约定的方法。

（4）审查费用索赔，在审核中应注意以下几点。

1）费用索赔的原因，可能与工期索赔内容相同，即属于可原谅并应予以费用补偿的索赔，也可能是与工期索赔无关的理由。监理工程师在审核索赔的过程中，除了划清合同责任以外，还应注意索赔计算的取费合理性和计算的正确性。

2）承包人可索赔的费用内容一般包括以下几个方面。

a. 人工费。包括增加工作内容的人工费、停工损失费和工作效率降低的损失费等累计，但不能简单地用计日工费计算。

b. 设备费。可采用机械台班费、机械折旧费、设备租赁费等几种形式。

c. 材料费。

d. 保函手续费。工程延期时，保函手续费相应增加，反之，取消部分工程且发包人与承包人达成提前竣工协议时，承包人的保函金额相应折减，则计入合同价内的保函手续费也应扣减。

e. 贷款利息。

f. 保险费。

g. 利润。

h. 管理费。此项又可分为现场管理费和公司管理费两部分，由于二者的计算方法不一样，在审核过程中应区别对待。

3）审核索赔取费的合理性。费用索赔涉及的款项较多、内容庞杂。承包人都是从维护自身利益的角度解释合同条款，进而申请索赔额。工程师应做到公平地审核索赔报告申请，挑出不合理的取费项目或费率。《施工合同条件》中，按照引起承包商损失事件原因不同，对承包商索赔可能给予合理补偿工期、费用和利润的情况，分别做出了相应的规定（表5.3）。

表5.3　　　　　　　　　　　　可以合理补偿承包商索赔的条款

序号	主 要 内 容	可补偿内容		
		工期	费用	利润
1	延误发放图纸	√	√	√
2	延误移交施工场地	√	√	√
3	承包人依据工程师提供的错误数据导致放线错误	√	√	√

续表

序号	主 要 内 容	可补偿内容		
		工期	费用	利润
4	不可预见的外界条件	√	√	
5	施工中遇到文物和古迹	√	√	
6	非承包人原因导致施工的延误	√	√	√
7	变更导致竣工时间的延长	√		
8	异常不利的气候条件	√		
9	由于传染病或其他政府行为导致工期的延误	√		
10	业主或其他承包人的干扰	√		
11	公共当局引起的延误	√		
12	业主提前占用工程		√	√
13	对竣工检验的干扰	√	√	√
14	后续法规引起的调整	√	√	√
15	已办理保险，未能从保险公司获得补偿部分		√	√
16	不可抗力事件造成的损害	√	√	

4) 审核索赔计算的正确性。

a. 所采用的费率是否合理、适度。主要注意的问题包括：①工程量表中的单价是综合单价，不仅含有直接费，还包括间接费、风险费、辅助施工机械费、公司管理费和利润等项目的摊销成本，在索赔计算中不应有重复取费；②停工损失中，不应以计日工费计算主要表现为闲置人员不应计算在此期间的奖金、福利等报酬，通常采取人工单价乘以折算系数计算；停驶的机械费补偿，应按机械折旧费或设备租赁费计算，不应包括运转操作费用。

b. 区分停工损失与因工程师临时改变工作内容或作业方法的功效降低损失的区别。凡可改作其他工作的，不应按停工损失计算，但可以适当补偿降效损失。

5.2.11　其他监理表格填写的一般要求

其他监理表格主要有：《施工图纸核查意见单》《监理机构联系单》《监理机构备忘录》等 3 种。

1.《施工图纸核查意见单》

(1) 施工图纸核查一般要求。

1) 监理处收到施工图纸后，应在施工合同约定的时间内完成核查工作，形成《施工图纸核查意见单》，确认后签字、盖章。

2) 对施工图纸的核查主要抓住以下几个关键环节。

a. 施工图纸是否经设计单位正式签署，施工图纸是否符合国家有关政策、技术标准、规范和批准的设计文件；是否与招标图纸一致（如不一致是否有设计变更）；是否符合技术标注及其强制性条文的规定。

b. 图纸及设计说明是否完整、清楚、明确、齐全，图中尺寸、坐标、标高是否正确，相互间有无矛盾。

c. 总平面与施工图的几何尺寸、平面位置、标高是否一致。

d. 地基处理方法是否合理，主体与细部是否存在不能施工、不便于施工的技术问题，或容易导致质量、安全、工程费用增加等方面的问题。

e. 各类图纸间、各专业图纸之间、平面图与剖面图之间、各剖面图之间有无矛盾，几何尺寸、平面位置、标高等是否一致，标注是否清楚、齐全，是否有误。

f. 建筑物内部工艺管道、电气线路、设备装置、运输道路与建筑物之间或相互间有无矛盾，布置是否合理。地下构筑物、障碍物、管线是否探明并标注清楚。

g. 图纸与设计说明、技术要求是否一致。

h. 施工图中的各种技术要求是否切实可行，是否存在不便于施工或不能施工的技术要求。

3) 如核查过程中发现问题，对于发包人提供的设计文件及图纸，通过发包人返回设计单位处理。对于承包人提交的设计文件及图纸，由承包人修改后重新报批。

(2) 填表说明。

1) 监理处收到施工图纸后，应在施工合同约定的时间内完成核查工作，形成《施工设计图纸核查意见单》，确认后签字、盖章。

2)《施工图纸核查意见单》由总监理工程师签发。

2.《监理机构联系单》

(1) 监理机构联系单：在施工过程中，监理机构与发包人、承包人及其他参建单位之间联系时用表。

(2) 事由：指需联系事项的主题。

(3) 内容：指需联系事项的详细说明。要求内容完整、齐全。

(4) 附件：指需联系事项的其他材料。

3.《监理机构备忘录》

(1) 监理机构备忘录：用于监理机构就有关建议未被发包人采纳或有关指令未被承包人执行的书面说明。

(2) 事由：指未被发包人采纳或未被承包人执行事项的主题。

(3) 内容：指需联系相关事项的详细说明。要求内容完整、齐全。

(4) 附件：指需联系事项的其他材料。

5.2.12　监理工作汇报与监理工作总结编写的一般要求

1. 监理工作汇报

在施工过程中，有关领导赴工地视察，监理处应主动汇报监理工作开展的情况。一般汇报内容应有：

(1) 工程的形象进度：完成了哪些工程，总体完成的百分比，施工实际进度和计划进度的对比、进度滞后的原因、追赶进度的措施等。

(2) 完成工程的质量情况：完成单元工程个数、已评定单元工程个数、合格单元工程个数、优良单元工程个数；原材料、中间产品质量检测情况等。

(3) 资金支付情况：预付款支付数量、进度款支付次数及金额、预付款占总金额的百分比。

(4) 合同变更情况。

(5) 安全生产情况。

(6) 监理采取的相关措施。

(7) 其他有关情况。

2. 监理工作总结

(1) 工程概况。包括地理位置、工程特性、地质、气候特点、工程项目组成、工期、参建单位等。

（2）监理工作综述。监理组织机构设置、人员组成、监理制度、监理依据、监理工作内容、投入的监理设施（检测、办公、交通工具等）、监理规划执行与修订情况、监理实施细则实施与修订情况等。

（3）监理合同的履行情况和监理过程简述。监理范围、合同目标、合同履行情况（质量控制、进度控制、投资控制、安全控制、合同管理、信息管理、组织协调的情况）。

（4）监理工作成效。文件管理（监理实施细则、会议纪要、监理通知、监理月报、监理报告等份数、内容等）、质量管理（原材料及中间产品检测结果统计、混凝土及砂浆试块成果统计、监理抽检及平行检测情况等）、进度管理（具体的开工、完工日期等）、投资管理（最终结算数字、合同承包价、工程概算的对比）、合同管理、安全管理、项目验收（合格率、优良率等）等方面的效果、审计情况等。如果项目有水土保持、环境保护内容的，必须增加此部分效果。

（5）施工中出现的问题、处理情况与建议。

（6）附件，包括工程照片、工程建设、监理大事记等。

（7）其他需要说明的事项。

（8）其他应提交的资料。

3. 监理报告的编制要求及主要内容

（1）监理报告的编制要求。

1）在施工监理实施过程中，由监理处提交的监理报告包括《监理月报》《监理专题报告》《监理工作报告》等。

2）《监理月报》应全面反映当月的监理工作情况，编制周期与支付周期宜同步，在约定时间前报送发包人和监理公司。

3）《监理专题报告》应针对施工监理中某项特定的专题编制。专题事件持续时间较长时，监理处可提交关于该专题事件的中期报告。

4）在各类工程验收时，监理处应按规定提交相应的监理工作报告。监理工作报告应在验收工作开始前完成。

5）总监理工程师应负责组织编制监理报告，审核后签字盖章。

6）监理报告应真实反映工程或事件状况、监理工作情况，做到内容全面、重点突出、语言简练、数据准确，并附必要的图表和照片。

（2）《监理月报》的主要内容见 5.2.8 章节相关内容。

（3）《监理专题报告》的主要内容。

用于汇报专题事件实施情况的《监理专题报告》主要包括下列内容：

1）事件描述。

2）事件分析。包括：①事件发生的原因及责任分析；②事件对工程质量影响分析；③事件对施工进度影响分析；④事件对工程资金影响分析；⑤事件对工程安全影响分析。

3）事件处理：①承包人对事件处理的意见；②发包人对事件处理的意见；③设代机构对事件处理的意见；④其他单位或部门对事件处理的意见；⑤监理机构对事件处理的意见；⑥事件最后处理方案和结果（如果为中期报告，应描述截至目前事件处理的现状）。

4）对策与措施。为避免此类事件再次发生或其他影响合同目标实现事件的发生，监理处提出的意见和建议。

5）其他。其他应提交的资料和说明事项等。

（4）《监理工作报告》的主要内容。

1）工程概况。

2）监理规划。

3）监理过程。

4）监理效果。包括：①质量控制监理工作成效；②进度控制监理工作成效；③资金控制监理工作成效；④施工安全监理工作成效；⑤文明施工监理工作成效。

5）工程评价。

6）经验与建议。

7）附件：①监理机构的设置与主要工作人员情况表；②工程建设监理大事记。

5.2.13 气象与标准用词说明

1. 降雨分级

（1）在有测量设备情况下，可根据降雨量判断。

1）小雨：12h内降水量小于5mm或24h内降水量小于10mm。

2）中雨：12h内降水量5～15mm或24h内降水量10～25mm。

3）大雨：12h内降水量15～30mm或24h内降水量25～50mm。

4）暴雨：凡24h内降水量超过50mm的降雨。

（2）在没有测量设备情况下，可从降雨状况来判断。

1）小雨：雨滴下降清晰可辨，地面全湿，但无积水或积水形成很慢。

2）中雨：雨滴下降连续成线，雨滴四溅，可闻雨声，地面积水形成较快。

3）大雨：雨滴下降模糊成片，雨溅很高，雨声激烈，地面积水形成很快。

4）暴雨：雨如倾盆，雨声猛烈，开窗说话时，声音受雨声干扰而听不清楚，积水形成特快，下水道往往来不及排泄，常有外溢现象。

2. 风力、风速分级

风力是指风吹到物体上所表现出的力量的大小。一般根据风吹到地面或水面的物体上所产生的各种现象，把风力的大小分为18个等级，最小是0级，最大为17级，本书列举13个等级，见表5.4。

风速是风的前进速度。相邻两地间的气压差愈大，空气流动越快，风速越大，风的力量自然也就大。因此，通常都是以风力来表示风的大小。风速的单位用m/s或km/h来表示，而发布天气预报时，大都用的是风力等级。

表 5.4　　　　　　　　　　　风 力 等 级 表

风级	名称	风　速		陆地地面物象
		m/s	km/h	
0	无风	0.0～0.2	<1	静，烟直上
1	软风	0.3～1.6	1～5	烟示风向
2	轻风	1.6～3.4	6～11	感觉有风
3	微风	3.4～5.5	12～19	旌旗展开
4	和风	5.5～8.0	20～28	吹起尘土
5	清风	8.0～10.8	29～38	小树摇摆
6	强风	10.8～13.9	39～49	电线有声
7	劲风（疾风）	13.9～17.2	50～61	步行困难

续表

风级	名称	风 速		陆地地面物象
		m/s	km/h	
8	大风	17.2～20.8	62～74	折毁树枝
9	烈风	20.8～24.5	75～88	小损房屋
10	狂风	24.5～28.5	89～102	拔起树木
11	暴风	28.5～32.6	103～117	损毁重大
12	台风（飓风）	>32.6	>117	摧毁极大

3. 气温

气温，空气的温度，我国以摄氏温标℃表示。

天气预报中所说的气温，指在野外空气流通、不受太阳直射下测得的空气温度（一般在百叶箱内测定）。最高气温是一日内气温的最高值，一般出现在 14—15 时；最低气温是一日内气温的最低值，一般出现在日出前。一般一天观测 4 次，分别为 02 时、08 时、14 时、20 时 4 个时次；部分测站根据实际情况，一天观测 3 次，分别为 08 时、14 时、20 时 3 个时次。

4. 标准用词

标准用词见说明表 5.5。

表 5.5　　　　　　　　　　　　　标 准 用 词 说 明

标准用词	在特殊情况下的等效表述	要求严格程度
应	有必要、要求、要、只有……才允许	要求
不应	不允许、不许可、不要	
宜	推荐、建议	推荐
不宜	不推荐、不建议	
可	允许、许可、准许	允许
不必	不需要、不要求	

5.3　监理人员签字及填写内容说明

5.3.1　监理人员签字的意义

（1）监理人员的签字，是其工作的职责，也是监理工作的主要内容。监理人员签字和记录的具体事情和工作分工要求有关。

（2）监理人员必须充分掌握工作的要点和关键，适宜地提出意见、建议或决定，并对工程施工过程中产生的记录进行全面、客观、准确、适宜的评价，以使建设各方及上级部门通过监理人员签字认可的记录全面了解建设项目的情况，对建设项目做出符合实际的评价。

（3）监理人员的签字应在分工范围内的文件上签字，不可包办代替，不可随意签署意见，不可同一事情前后签署的意见不一致。

（4）监理人员在签署意见前，对于不能准确判断的签字，应事先与总监理工程师或专业监理工程师讨论，取得一致意见后再签署意见。

（5）监理人员的签字过程，实际上就是审核承包人各项记录和报告的过程。通过监理人员签字确认，确保所有记录和报告真实记录施工过程（或试验检测过程）、获得的数据真实有效可靠，可以作为评价施工质量的依据。为了达到这一效果，要求承包人按规定时间上报各项记录和报告，监理人员在规定的时间内及时予以签字认可，坚决杜绝将记录和报告集中报监理签字的现象。现场试验或检测记录应尽可能在现场核对签认。

5.3.2 监理人员签字的基本要求

（1）凡水利工程项目用表应统一使用《水利工程施工监理规范》（SL 288—2014）中的相关表格，不得混用；当表格不符合要求时，可依据工程的实际情况，由发包人组织设计人、监理处、承包人编制，发包人批准后报质量监督部门备案。

（2）工程名称应填写工程名称的全称，与合同或招投标文件中工程名称一致。

（3）合同名称、合同编号与合同书中的合同名称、合同编号一致；项目经理应与投标文件中承诺的人员一致，如有变更，应履行相应的审批手续。

（4）核对各种材料的内容、数据及验收的签字是否真实、完整、规范。

（5）表格中无项目内容时要打斜线；对定性项目当符合规范要求时应打对号标注，当不符合规定时应采用打叉的方法标注。

（6）工程资料采用 A4 幅面纸打印，签字栏不得打印，由各签字人分别签字，不得由资料员代替。签字必须清晰可以辨认。

（7）工程资料书写签字应使用耐久性强的碳素墨水、蓝黑墨水书写，不得使用易褪色的红色、纯蓝墨水、圆珠笔、铅笔等书写。

（8）凡审核不合格资料，监理人员应及时退回，要求报验单位限期整改。

（9）坚持工程资料填制、整理与工程进展同步原则。

（10）未尽事宜以建设行政主管部门或授权单位发布的现行相关规定为准执行。

5.3.3 监理人员签字指南

1. 核实情况类

（1）分部工程开工申请表（监理员核实情况）。要求监理员核实已经进场的劳动力、机械设备、材料、水电供应情况、场地准备情况等，以证明承包人现场已具备分部工程开工的实际条件。对这类情况的核实，监理员应按照承包人分部工程开工申请表提供的数据到现场逐项核实，在核实的基础上签署意见。

建议使用这样的签字：对承包人分部工程开工申请表附件所列的劳动力、机械设备、材料、水电供应情况、场地准备情况等进行了现场核实，核实结果证实开工报告中提交的××情况与实际情况完全相符（或完全不相符合，或者说明哪些情况相符、哪些情况不相符）。

（2）核实承包人索赔基础资料。建议使用这样的签字：对××记录表提供的记录进行了现场核实，结果与××记录表相符（或不相符）。

2. 证明情况类

（1）证明施工放样情况。监理员应对施工放样报验单提供的记录进行证实，主要是证明承包人是不是完成了相关的施工放样工作，采用的方法和取得的数据是否属实，有没有编造的情况等，以供测量专业监理工程师判断。

建议使用这样的签字：承包人确已完成了××工程的施工放样工作，采用的施工放样方法及取得的放样数据真实有效。

（2）证明分项工程的检验情况。承包人按照规范要求对分项工程进行系统的自检，在自检合格的基础上向监理工程师提出检验申请。因此，监理员应该首先证明承包人是否确实已经完成了分项工程的自检工作并取得了相关的检测结果，以供专业监理工程师决定。

建议使用这样的签字：承包人确已完成了××分项工程的自检工作，所有取得的自检记录结果真实有效。

（3）中间工序检测记录的证明。监理员应证明承包人是否按规范确定的检测方法和要求完成了中间工序的检测并真实地记录了检测结果。

建议使用这样的签字：承包人确已完成了××工序的各项检测工作，采用的检查检测方法与规范规定的方法相符，检查检测结果真实有效。

（4）落实工作指示要求的证明。当监理工程师向承包人发出工作指示，要求对现场发现的不合格材料、工序、工艺、设备等进行完善时，承包人应按工作指示要求逐项进行落实。监理员有义务证明承包人是否按工作指示的要求完成相关的工作并保持了相应的记录。

建议使用这样的签字：承包人于××时间内完成了××工作指示中要求的××工作的现场处理或补充完善工作，提交的记录真实有效。

（5）证明试验记录的真实性。监理员参与承包人的试验过程，应证明承包人的整个试验过程是否真实，取得的试验记录是否真实可靠。

建议使用这样的签字：承包人确已完成了××试验工作，取得的数据真实有效。

如果没有太多的签字空间，则监理员的个人签名同样证明承包人确已完成了××试验工作，取得的数据真实有效。监理员对签名确认的结果负责。

3. 审查类签字

（1）审查施工组织设计或方案。建议使用这样的签字：审查了承包人关于××的施工组织设计（或施工方案），审查结果认为本施工组织设计（或施工方案）可行（或不可行），可以（或不可以）作为指导施工的依据，同意（或不同意）按本施工组织设计（施工方案）组织施工。如果不同意，还应提出具体的要求，说明为什么不同意。

（2）审查施工放样结果。建议使用这样的签字：审查了承包人关于××工程的施工放样记录，所有放样记录计算正确（或不正确），精度满足（或不满足）××规范中××条款的规定，施工放样结果能够满足规范的要求，同意（或不同意）按此放样。

（3）审查开工报告。建议使用这样的签字：全面审核了该分项工程开工报告的所有附件资料和记录，根据监理员现场核实的情况，结合材料试验工程师和测量工程师签署的相关记录，建议同意（或不同意）该分项工程开工。

（4）审查试验检测报告。

1）如果是标准试验报告，例如，混凝土配合比报告，建议使用这样的签字：同意（或不同意）在××工程部位使用本混凝土配合比报告提供的配合比，实际施工中应根据实际情况调整施工配合比。

2）如果是普通混凝土（或砂浆）强度试验报告，建议使用这样的签字：试验结果满足（或不满足）设计（或规范）要求。

3）如果是后张法预应力张拉留置的混凝土试验结果，建议使用这样的签字：混凝土×天抗压强度满足规范（或设计）提出的强度要求，具备了后张法施工的条件。

4）如果是原材料进场抽检的报告，建议使用这样的签字：试验结果满足（或不满足）设计（或施工规范）的要求，同意（或不同意）将这批材料用于××工程中。

（5）审查工序检测记录。建议专业监理工程师使用这样的签字：本工序现场检测取得的数据结果满足（或不满足）设计（或××规范）的要求，可以进行下道工序的施工。

（6）审查检验申请批复单。建议专业监理工程师使用这样的签字：经审查，该分项工程所有工序已实施完毕，承包人已完成自检且自检合格，同意对该分项工程进行检验评定。

（7）审查分项工程评定表。建议专业监理工程师使用这样的签字：扣减××项××分，最后评分为××分，为合格（或不合格）工程。

（8）审查中间交工证书。建议专业监理工程师使用这样的签字：该分项工程的实施认真执行了（或未执行）监理程序的要求，各项申报资料齐全（或不齐全），工序检测记录完整（或不完整），工序检测结果均满足（不满足）设计（或规范/标准）的要求，分项工程质量检验评定结果合格（或不合格），建议签发（或不签发）中间交工证书。

4. 批准类签字

（1）施工组织设计（或施工方案）的批准。建议专业监理工程师使用这样的签字：方案可行，建议按此施工组织设计组织施工；建议总监理工程师使用这样的签字：同意按本施工组织设计（或施工方案）组织施工。

（2）复工申请报审。建议总监理工程师签字：由于××号暂停施工的原因已经消除，同意××工程于×月×日×时复工。

（3）暂停施工报审。建议总监理工程师签字：由于受××的影响，为保证工程质量（安全），同意暂停××工程的现场施工作业。

（4）工程变更。建议总监理工程师使用这样的签字：××情况属实，同意变更。

5. 主要工程表格监理签字规范用语（供参考）

主要工程表格监理签字规范用语见表5.6。

表5.6　　　　主要工程表格监理签字规范用语

承包人表格名称	签字人员	监理意见或评语
施工技术方案申报表（施工组织设计）	专业监理工程师	方案可行，建议按此施工组织设计组织施工
	总监理工程师	同意按此施工组织设计组织施工
施工放样报验单	监理员	施工放样工作完成，数据真实
	测量专业监理工程师	经抽检复测，施工放样符合规范和设计要求
合同工程开工申请表	测量专业监理工程师	测量准备工作满足项目开工条件
	试验专业监理工程师	试验准备工作满足项目开工条件
	水工专业监理工程师	各项开工准备工作满足项目开工条件
	副总监理工程师	具备项目开工条件，建议签发开工通知
	总监理工程师	同意开工
混凝土浇筑开仓报审表	监理员	各项准备工作完成并满足规范和设计要求
	专业监理工程师	同意浇筑
___工序/单元工程施工质量报验单	监理员	监理员复核的支撑材料
	专业监理工程师	同意（不同意）进入下一工序或下一单元工程

续表

承包人表格名称	签字人员	监理意见或评语
验收报告	专业监理工程师	具备验收条件，同意报请建设单位组织验收
	总监理工程师	同意申请组织验收
	业主	同意组织验收。定于＿＿年＿月＿日进行
执行监理通知后的合格确认签字	专业监理工程师	承包人已对＿＿号监理通知提出的问题于＿＿年＿月＿日处理完成：（描述具体事项的处理经过与结果）
	监理工程师	经检查验证，＿＿号监理通知提出的问题已经处理结束，符合通知要求
执行监理通知，方案报审	专业监理工程师	承包人对＿＿号监理通知的处理措施（方案）可行，同意按此方案实施，由＿＿监理工程师督促处理
中间检验申请批复意见	监理员	自检工作已按规范要求完成
	专业监理工程师	各项检测指标符合规范要求，同意进行下一步工序
分项工程检验申请批复单	监理员	自检工作已按规范要求完成
	测量监理工程师	经抽检，各项测量指标符合规范要求
	试验工程师	经抽检，各项试验指标符合规范要求
	专业监理工程师	各项检测指标符合规范要求
现场质量检验表（自检）	质检负责人	数据真实，各项检验指标符合规范和设计要求
	监理员	各项自检数据真实
	专业监理工程师	各项自检指标符合规范要求
现场质量检验表（抽检）	监理员	抽检频率满足规范要求，数据真实
	专业监理工程师	经抽检，各项检验指标符合规范要求
记录表（承包人）	监理意见	各项自检记录数据（描述）真实
记录表（监理）	监理	参与检测的监理人员签名
工程质量检验评定表	路基（或桥梁、隧道）监理工程师	工程质量评定符合标准要求，质量评分＿＿分，质量等级：　（合格，不合格）
试验检测报告	试验工程师	符合规范和设计要求，试验（检测）（合格，不合格）。〔原材料和标准试验应加上"可用于×××工程项目"〕
工程计量支付审核表	计量工程师	经审查，本期支付月报附件完整真实，各项支付金额计算正确，同意申请支付
	专业监理工程师	经审查，本期支付月报完整正确，同意申请支付
	总监理工程师	经审核，本期支付月报合法有效，同意申请支付
工程设计变更	总监理工程师	同意变更
工程设计变更申请审核表	专业监理工程师	经审查，附件资料和工程数量真实准确，同意变更人申请
	计量监理工程师	经审查，工程量清单增减数量真实准确
	总监理工程师	同意变更
工程设计变更立项会审记录表	施工单位参会代表	＿＿＿＿＿＿的变更事由真实，同意立项
	监理单位参会代表	同意＿＿＿＿＿＿的变更立项

注　签字的基本要求：所有表格中凡是签字必须完整注明签字日期（写明"＿＿年＿月＿日"）。

5.3.4　监理处人员监理文件签字范围

（1）总监理工程师签字范围。

1）《合同工程开工通知》。

2）《合同工程开工批复》。

3）《工程预付款支付证书》。

4）施工组织设计（方案）报审表审核签字。

5）分包单位资格报审表审核签字。

6）《监理通知》。

7）《监理报告》。

8）《计日工工作通知》。

9）《警告通知》。

10）《整改通知》。

11）《变更指示》。

12）《变更项目价格审核表》。

13）《变更项目价格/工期确认单》。

14）《暂停施工指示》。

15）《复工通知》。

16）《索赔审核表》。

17）《索赔确认单》。

18）《工程进度付款证书》。

19）《合同解除付款核查报告》。

20）《完工付款/最终结清证书》。

21）《质量保证金退还证书》。

22）《施工图纸审核意见单》。

23）《施工图纸签发表》。

24）《监理月报》。

25）《监理机构内部会签单》。

26）会议纪要。

27）《监理机构联系单》。

28）《监理机构备忘录》。

29）其他监理文件。

（2）总监理工程师代表签字权范围。同总监理工程师，但不得在下列文件签字：

1）监理规划。

2）监理细则。

3）主持承包人提交的施工组织设计、施工措施计划、施工进度计划与资金流计划。

4）主持第一次工地会议，签发合同工程开工通知，合同工程开工批复，暂停施工指示，复工通知。

5）签发各类工程款支付证书。

6）签发变更和索赔相关文件。

7）签发要求承包人更换不称职或不宜在本工程工作的现场施工人员或技术人员、管理人员。

8）签发《监理月报》《监理专题报告》和《监理工作报告》。

9）工程竣工报验单。

（3）专业监理工程师签字范围。

1）施工组织设计（方案）报审表审核签字。

2）分包单位资格报审表审核签字。

3）《分部工程开工批复》。

4）《一般文件批复》。

5）《监理通知》。

6）《工程现场书面通知》。

7）《旁站值班记录》。

8）《监理巡视记录》。

9）《安全检查》。

10）（隐蔽工程、施工放样测量、检验批和分项工程）报验申请表审查签字（含附件）。

11）监理通知回复单复查意见签字。

12）工程材料/构配件/设备报审表审查签字。

13）《工程设备进场开箱验收单》。

14）监理日记、日志。

15）其他有关监理文件。

（4）监理员签字范围。

1）《工程现场书面通知》。

2）《旁站监理记录》。

3）《巡视检查记录》。

4）《工程质量平行检测记录》。

5）《工程质量跟踪检测记录》。

6）《见证取样跟踪记录》。

7）《安全检查记录》。

8）监理日记、日志。

9）《监理发文登记》。

10）《监理收文登记》。

11）其他监理检查记录。

12）发包人、承包人来文签收。

13）其他有关监理文件。

5.4　《水利水电工程单元工程施工质量验收评定表及填表说明》

5.4.1　基本规定

《水利水电工程单元工程施工质量验收评定表及填表说明》（以下简称《质量评定表》）是检验与评定施工质量及工程验收的基础资料，是施工质量控制过程的真实反映，也是进行工程维修和事故处理的重要凭证，工程竣工验收后，相应的《质量评定表》作为档案资料长期保存。

（1）单元（工序）工程施工质量验收评定应在熟练掌握《水利水电工程单元工程施工质量验收评定标准》（SL 631～637—2012，SL 638～639—2013）（以下简称《质量评定标准》）和有关工程施工规范及相关规定的基础上进行。

（2）单元（工序）工程完工后，在规定时间内按现场检验结果及时、客观、真实地填写《质量评定表》。

（3）现场检验应遵守随机布点与监理工程师现场指定区位相结合的原则，检验方法及数量应符合《质量评定标准》和相关规定。

（4）《质量评定表》与备查资料的制备规格采用国际标准 A4（210mm×297mm）。《质量评定表》一式四份，签字、复印后盖章；备查资料一式两份，手签一份（原件）单独装订。单元和工序质量评定表可以加盖工程项目经理部章和工程监理部章。

（5）《质量评定表》中的检查（检测）记录可以使用黑色水笔手写，字迹应清晰工整；也可以使用激光打印机打印，输入内容的字体应与表格固有字体不同，以示区别，字号相同或相近，匀称为宜。质量意见和质量结论及签字部分（包括日期）不可打印。施工单位的三检资料和监理单位的现场检测资料应使用黑色水笔手写，字迹清晰工整。

（6）应使用国家正式公布的简化汉字，不得使用繁体字。应横排填写具体内容，可以根据版面的实际需要进行恰当的处理。

（7）计算数值要符合《数值修约规则与极限数值的表示和判定》（GB/T 8170）要求。数字使用阿拉伯数字，使用法定计量单位及其符号。数据与数据之间用逗号（,）隔开，小数点要用圆点（.）。经计算得出的合格率用百分数表示，小数点后保留 1 位；如果为整数，则小数点后以 0 表示。日期用数字表达，年份不得简写。

（8）修改错误时使用杠改，再在右上方填写正确的文字或数字。不应涂抹或使用改正液、橡皮擦、刀片刮等不标准方法。

（9）表头空格线上填写工程项目名称，如"×××工程"。表格内的单位工程、分部工程、单元工程名称，按项目划分确定的名称填写。单元工程部位可用桩号（长度）、高程（高度）、到轴线或中心线的距离（宽度）表示，使该单元从三维空间上受控，必要时附图示意。"施工单位"栏要填写与项目法人签订承包合同的施工单位全称。

（10）有电子档案管理要求的，可根据工程需要对单位工程、分部工程、单元工程及工序进行统一编号。否则，"工序编号"栏不填写。

（11）当遇有选择项目（项次）时，如钢筋的连接方式、预埋件的结构型式等不发生的项目（项次），在检查记录栏中划"/"。

（12）凡检验项目的"质量要求"栏中为"符合设计要求"者，应填写设计要求的具体设计指标，检查项目应注明设计要求的具体内容，如内容较多可简要说明；凡检验项目的"质量要求"栏中为"符合规范要求"者，应填写出所执行的规范名称和编号、条款。"质量要求"栏中的"设计要求"，包括设计单位的设计文件，也包括经监理批准的施工方案、设备技术文件等有关要求。

（13）检验（检查、检测）记录应真实、准确，检测结果中的数据为终检数据，并在施工单位自评意见栏中由终检负责人签字。检测结果可以是实测值，也可以是偏差值，填写偏差值时必须附实测记录。

（14）对于主控项目中的检查项目，检查结果应完全符合质量要求，其检验点的合格率按100%计。

对于一般项目中的检查项目，检查结果若基本符合质量要求，其检验点的合格率按70%计；检查结果若符合质量要求，其检验点的合格率按90%计。

（15）监理工程师复核质量等级时，对施工单位填写的质量检验资料或质量等级如有不同意见，在"质量等级"栏填写核定的质量等级并签字。

（16）所有签字人员必须且由本人签字，不得由他人代签，同时填写签字的实际日期。

（17）单元、工序中涉及的备查资料表格，如《质量评定标准》或施工规范有具体格式要求的，则按有关要求执行。否则，由项目法人组织监理、设计及施工单位根据设计要求，制定相应的备查资料表格。

（18）对重要隐蔽单元工程和关键部位单元工程的施工质量验收评定应由设计、建设等单位的代表签字，具体要求应满足《水利水电工程施工质量检验与评定规程》（SL 176—2007）的规定。

5.4.2 《质量评定表》概述

新标准颁布实施后，对质量评定工作提出了更高要求，质量评定工作相对比较复杂，各种表格较多，工作量较大，要想做通、做精、做好，有一定难度，但只要掌握好填表规律（原理）、填表要求和技巧，则完全可以做好这项工作，可随时迎接各种检查、稽查，最终达到验收归档的目的。

1. 《质量评定表》的出处

（1）《质量评定表》是根据《质量评定标准》的附录 A，即根据"工序施工质量及单元工程施工质量验收评定表（样式）"〔金属结构、机电电气工程"单元工程安装质量验收评定表及质量检查表（样式）"〕编制出来的，是质量评定标准内容的具体反映；是《质量评定标准》配套使用的工作指南，适当弥补了《质量评定标准》（包括"样表"格式）中的缺陷和不足。

（2）《质量评定表》中所有的检验项目内容都是依据现行的施工规范编制的，并将规范中的主要条款经过提炼、浓缩编制而成的，是对规范的细化和量化。如：按重要性将检验项目分为主控项目和一般项目，对检验方法和检验数量做了具体规定。

（3）《质量评定表》具有如下特征。

1）侧重于在质量验收评定时，需要提交备查资料，而且内容要齐全，符合标准要求。

2）更加强调了对填筑料、钢筋水泥等原材料的检测和跟踪使用。

3）要求每一项结论，都要有充足的证据材料作支撑。也就是说，检验结论要附有检查记录、检测记录及施工记录等作为备查资料。所有这些检验资料、文字记录及现场检测数据，都是质量结论的支撑材料。

2. 《质量评定表》的定位及作用

（1）《质量评定表》是施工质量评定工作成果的具体体现；系统、全面地记载了工程建设过程中的质量控制过程要素及质量信息。

（2）《质量评定表》是检验与评定项目施工质量及工程验收的基础资料。

（3）《质量评定表》是工程进行维修和质量事故处理的重要参考和追溯凭证，具有可追溯性。

（4）《质量评定表》作为工程档案资料长期保存。

3. 对填表内容的基本要求

（1）真实性：表中所记载的质量信息真实有效，能够客观反映工程建设实际情况。

（2）符合性：质量检验结果符合设计要求或规范要求。

（3）准确性：质量评定合理、有据，准确无误。

4. 《质量评定表》的结构特征

（1）《质量评定表》的结构。

1）表头：《质量评定表》名称部分。

2）表身：包括检验内容（主控项目和一般项目）及检验结果，是《质量评定表》的核心内容。

3）表尾：质量结论部分，包括施工单位自评结论和监理单位复核结论、签署日期。

4）不同专业的评定表格格式和内容略有不同。土石方、混凝土工程基本是一致的，但和基础处理工程不同；机电设备安装工程和电气设备工程安装是一致的。

5）每一种表之前都附一填表说明（填表要求），目的是方便大家填表使用，内容包括填写本表的特别注意事项（技术要求等）、项目划分方法、检验项目的检验方法和检验数量、需提交的资料、质量合格或优良标准等。部分表见表5.7、表5.8、表5.9。

（2）涉及的几个重要名词。

1）评定：经过评判检测来决定，如：评定优劣、评定级别。

2）标准：衡量事物的准则。标：规定的额度、要求或准则；准：能作为依据的，如强制性标准等。

3）要求：提出希望得到满足的愿望或条件。

4）规范：约定俗成或明文规定的标准。

5）规程：对事物发展过程、程序的规划。

6）检验（项目）：检查、验证是否符合（或满足）设计（或规范）要求。

7）检测（项目）：测定、检验是否符合（或满足）设计（或规范）要求。

8）检查（项目）：查看是否符合（或满足）设计（或规范）要求。

5．一些重要概念

（1）质量标准（质量要求）、设计要求与检查记录。

1）"标准"是衡量事物的准则，"要求"是提出希望得到满足的愿望或条件。在《质量评定表》中，标准＝要求。"质量标准"，通俗地讲，就是要求你应该怎样做，做到什么程度。

表 5.7 ＿＿＿×××＿＿工程

岩石岸坡开挖单元工程施工质量验收评定表

单位工程名称		单元工程量	
分部工程名称		施工单位	
单元工程名称、部位		施工日期	
项次	工序名称（或编号）	工序质量验收评定等级	
1			
2			
施工单位自评意见	各工序施工质量全部合格，其中优良工序占＿＿＿%，且主要工序达到＿＿＿＿＿等级，各项报验资料＿＿＿＿《水利水电工程单元工程施工质量验收评定标准——土石方工程》（SL 631—2012）标准要求。 单元质量等级评定为：＿＿＿＿ 施工人员：（签字，加盖公章） 日　期：　年　月　日		
监理单位复核意见	经抽查并查验相关检验报告和检验资料，各工序施工质量全部合格，其中优良工序占＿＿%，且主要工序达到＿＿＿等级，各项报验资料＿＿＿《水利水电工程单元工程施工质量验收评定标准——土石方工程》（SL 631—2012）标准要求。 单元工程质量等级评定为：＿＿＿ 监理人员：（签字，加盖公章） 日　期：　年　月　日		
注：本表所填"单元工程量"不作为施工单位工程量结算计量的依据。			

表 5.8

_＿＿＿＿_×××_＿＿＿_工程

岩石岸坡开挖工序施工质量验收评定表

单位工程名称				工序编号			
分部工程名称				施工单位			
单元工程名称、部位				施工日期	年 月 日至 年 月 日		
项次		检验项目	质量要求	检查（测）记录		合格数	合格率/%
主控项目	1	保护层开挖	浅孔、密孔、少药量、控制爆破				
	2	开挖坡面	稳定且无松动岩块、悬挂体和尖角				
	3	岩体的完整性	爆破未损害岩体的完整性，开挖面无明显爆破裂隙，声波降低率小于 10%或满足设计要求				
一般项目	1	平均坡度	开挖坡面不陡于设计坡度，台阶（平台、马道）符合设计要求。设计坡度不陡于 1∶3				
	2	坡脚标高	±20cm				
	3	坡面局部超欠挖	允许偏差：欠挖不大于 20cm，超挖不大于 30cm				
施工单位自评意见	主控项目检验点全部合格，一般项目逐项检验点的合格率均大于或等于＿＿＿＿＿%，且不合格点不集中分布，各项报验资料＿＿＿＿＿＿＿《水利水电工程单元工程施工质量验收评定标准——土石方工程》（SL 631—2012）标准要求。 工序质量等级评定为：＿＿＿＿＿ 施工人员：（签字，加盖公章） 日　　　期：　年 月 日						
监理单位复核意见	经复核，主控项目检验点全部合格，一般项目逐项检验点的合格率均大于或等于＿＿＿＿＿%，且不合格点不集中分布，各项报验资料＿＿＿＿＿＿＿《水利水电工程单元工程施工质量验收评定标准——土石方工程》（SL 631—2012）标准要求。 工序质量等级评定为：＿＿＿＿＿ 监理人员：（签字，加盖公章） 日　　　期：　年 月 日						
注："＋"表示超挖，"－"表示欠挖。							

表 5.9

<u>　×××　</u>工程

岩石地基帷幕灌浆单孔及单元工程施工质量验收评定表

<table>
<tr><td colspan="3">单位工程名称</td><td></td><td colspan="2">单元工程量</td><td colspan="5"></td></tr>
<tr><td colspan="3">分部工程名称</td><td></td><td colspan="2">施工单位</td><td colspan="5"></td></tr>
<tr><td colspan="3">单元工程名称、部位</td><td></td><td colspan="2">施工日期</td><td colspan="2">年　月　日至</td><td colspan="3">年　月　日</td></tr>
<tr><td rowspan="2">孔号</td><td colspan="2">孔数序号</td><td></td><td></td><td></td><td></td><td></td><td></td><td></td><td></td></tr>
<tr><td colspan="2">钻孔编号</td><td></td><td></td><td></td><td></td><td></td><td></td><td></td><td></td></tr>
<tr><td rowspan="2">工序质量评定</td><td>1</td><td>钻孔</td><td></td><td></td><td></td><td></td><td></td><td></td><td></td><td></td></tr>
<tr><td>2</td><td>△灌浆</td><td></td><td></td><td></td><td></td><td></td><td></td><td></td><td></td></tr>
<tr><td rowspan="2">单孔质量验收评定</td><td colspan="2">施工单位自评意见</td><td></td><td></td><td></td><td></td><td></td><td></td><td></td><td></td></tr>
<tr><td colspan="2">监理单位评定意见</td><td></td><td></td><td></td><td></td><td></td><td></td><td></td><td></td></tr>
<tr><td colspan="11">本单元工程内共有____孔，其中优良____孔，优良率____％</td></tr>
<tr><td colspan="3" rowspan="3">单元工程效果
（或实体质量）检查</td><td>1</td><td colspan="7"></td></tr>
<tr><td>2</td><td colspan="7"></td></tr>
<tr><td>⋮</td><td colspan="7"></td></tr>
<tr><td colspan="3">施工单位自评意见</td><td colspan="8">　　单元工程效果（或实体质量）检查符合_____要求，____孔100％合格，其优良孔占____％，各项报验资料_____《水利水电工程单元工程施工质量验收评定标准——地基处理与基础工程》（SL 633—2012）标准的要求。

　　单元工程质量等级评定为：_____

　　　　　　　　　　施工人员：（签字，加盖公章）
　　　　　　　　　　日　期：　年 月 日</td></tr>
<tr><td colspan="3">监理单位复核意见</td><td colspan="8">　　经进行单元工程效果（或实体质量）检查，符合_____要求，____孔100％合格，其中优良孔占____％，各项报验资料_____《水利水电工程单元工程施工质量验收评定标准——地基处理与基础工程》（SL 633—2012）标准的要求。

　　单元工程质量等级评定为：_____

　　　　　　　　　　监理人员：（签字，加盖公章）
　　　　　　　　　　日　期：　年 月 日</td></tr>
</table>

　　2）设计要求：当施工规范中没有明确要求或设计指标高于施工规范要求时，由设计单位出具的、通常以《施工技术要求》形式出现的设计文件。

　　3）"检查记录"内容：是怎样做的，做到了什么程度，以此来与"质量标准或设计要求"相呼应。填写"检查记录"时，尽量用"施工规范或设计要求"中的语言进行描述，但语气要转换，改为"过去时"，如：已经……、……了……。

　　4）质量验收评定过程，实际上是施工与设计和规范进行比较的过程。

　　5）检验项目：检验项目按照重要性划分为主控项目（对工序或单元工程的基本质量起决定性影响的检验项目）和一般项目（对施工质量不起决定性作用的检验项目），按照检验方法的类别不同划分为检查项目（通过目测、感观进行评价的检验项目）和检测项目（通过量具、仪器量测或测量进行评价的检验项目）。主控项目和一般项目中分别包括检查项目和检测项目。

　　（2）一般项目逐项检验点的合格率。

　　1）逐项：所有的检验项目，或者说每一个检验项目。

2）检查项目：检查结果完全符合设计或施工规范要求的，合格率认定为 100％（主要指主控项目）；检查结果符合设计或施工规范要求的，合格率认定为 90％；检查结果基本符合设计或施工规范要求的，合格率认定为 70％。

3）检验项目合格率按实际检测点的合格数计算。

4）质量结果的"合格"或者"优良"，由一般项目的合格率来决定。

（3）检验方法（不局限于）。

1）观察、查阅施工记录："观察"是认真仔细地查看。能看到施工过程或施工结果时，采用的是"目测观察"方法。当我们不能够看到施工过程或工程实体结果（效果）时，就要采取"查阅施工记录或其他施工资料"的方法，如帷幕灌浆工程，工程完工后是摸不着、看不到的，有些质量数据就需要查阅施工记录或资料。

2）量测与测量："量测"是指用量具（器具，如钢尺、天平、卡钳等）来度量；"测量"是指用全站仪、经纬仪等仪器、仪表等来度量。

3）试验、调试、试运行："试验"包括现场试验和室内试验。质量数据结果或结论需经室内或现场试验得出，机电设备和电气设备的质量数据需经现场调试、试运行得出。

（4）全数检查、全部检查、全面检查。

1）全数检查：被检对象是可以计数的，每个都检查。

2）全部检查：被检对象是由各个组成部分构成的，各组成部分都检查。

3）全面检查：被检对象是由各个方面构成的，各方面都检查。

4）不合格点集中：3 个及以上不合格点相邻，即为集中。

（5）网格法：在被验收的作业面上要取 n 个检测点，用网格将该作业面平均（大致）分成 n 份，目的是使每个点都具有代表性。

（6）报验资料符合以下要求。

1）内容要求依专业不同而不同。分为工序报验资料和单元报验资料，报验资料是填写《质量评定表》的支撑材料，是填写《质量评定表》的基础工作，应排列有序、内容齐全、清晰明了、真实有效。

混凝土工程中工序验收评定时施工单位需提交报验资料：三检记录，工序中各施工质量检验项目的检验资料；单元验收评定时需提交：单元工程中所含工序（或检验项目）验收评定的检验资料，原材料、拌和物与各项实体检验项目的检验记录资料。在工序和单元验收评定时都需提交平行检测资料。

2）电气设备安装工程中施工单位需提交报验资料：单元工程的安装记录和设备到货验收资料，制造厂提供的产品说明书、试验记录、合格证件及安装图纸等文件，备品、备件、专用工具及测量仪器清单，设计变更及修改等资料，安装调整试验和动作试验记录，单元工程试运行的检验记录资料，重要隐蔽单元工程隐蔽前的影像资料，监理单位对单元工程安装质量的平行检验资料。

（7）施工日期与评定日期、复核日期。

1）施工日期即施工时段，工序或单元工程从施工开始至施工结束的时段。施工过程实际上是投入人工或投入机械、投入材料的加工过程，在这个过程中，建筑物的性质或体积形状在不断的发生变化。

2）评定日期，即施工单位对工序或单元、分部、单位工程进行质量评定的时间，是一个时间节点。评定日期在施工日期之后。

3）复核日期，即监理单位对工序或单元、分部、单位工程的质量结论进行复核的时间，是一个时间节点。复核日期在施工单位评定日期之后。

（8）单元工程效果（或实体质量）检查。

1）主要是针对"地基处理与基础工程"中的单元工程提出的要求，因为"地基处理与基础工程"属于隐蔽工程，工程实施后是摸不着、看不见的，只能通过工程记录等施工资料来反映工程质量情况，如"岩石地基帷幕灌浆"单元工程完工后，需要检查灌浆效果，主要采用检查孔压水试验和钻孔取芯的方法进行，把这两种方法获得的质量数据与设计指标相比较，即可知道是否满足设计要求。

2）试运行效果或主要部件调试及操作试验符合有关规定：主要是针对金属结构设备安装、机电设备安装工程。

6. 其他

尽管对一些概念可能会有不同的理解，但一般来说，偏差不会太大，只要能解释得通，不超出常人的理解范畴就可以。只要有利于保证工程质量发展的利好趋势，对提高质量有帮助，而不是投机取巧；只要保证规程规范及设计要求的贯彻执行，只要遵循合理性（符合常理，让人信服，具有说服力）原则，就不会出现原则性的错误。

5.4.3 质量评定原理及填表方法

（1）填写《质量评定表》的基本原则。①实事求是原则；②有据可循原则；③清晰易懂原则；④质疑答疑原则；⑤合理性原则（填表内容没有标准答案）。

（2）填写《质量评定表》的基础工作。

1）熟练理解、掌握施工质量评定标准。

2）紧密结合与工程有关的施工规范。注意对标准、规范的学习方法，而且要延伸学习，如填钢筋工序表时，要学习《钢筋焊接及验收规程》（JGJ 18）。

3）读懂设计文件。

4）了解工程施工过程及实际情况。

5）掌握填表的基本要求、技巧和要领。

（3）填表基本规定。参见 5.4.1 节内容。

（4）填写《质量评定表》应注意的几个问题。

1）注意时间节点，时间节点包括施工时间（即施工日期，从什么时间开始，到什么时间结束）、施工单位的评定时间、监理单位的复核时间，这三个时间要符合逻辑关系。

2）注意语言语气的转换，不可以直接粘贴标准中的内容。质量要求或标准里的内容是"应怎样做，做到什么标准"，检查记录中的内容应是"我是如何做的，做到了什么程度，是否达到了设计或规范的要求"，尽量使用规范中的语言。

3）《质量评定表》中检查记录里描述的内容尽可能全面细致，让读者（检查组）一目了然。能在《质量评定表》中表达的内容就不要放在备查表中。

4）准确把握各类工程的合格标准和优良标准的条件，不可混淆，避免造成评定结论的不准确。

5）《质量评定表》表格和有关标准不是一成不变的，标准和规范有可能存在着不足和缺陷，使用中可以根据工程实际情况进行调整（提高标准或增加内容）和补充，特别是对于新颁布的施工规范中新增的质量控制标准，可根据主控项目和一般项目的定义，将其加入到《质量评定表》中，但需要到质量监督部门核准备案。

6）工程开工前，项目法人应将《质量评定表》和备查资料表格样式一同报质量监督机构备案。

7）在缺乏填表依据时，首先要研读"标准条款内容及条文说明"，再研究相关"施工规范条款内容及条文说明"，最后再请教设计。

8）工程开工前，首先要明确该工程所使用的施工规范，做到规范使用准确、有效，特别是最近水利部新颁布的施工规范，如《水工混凝土施工规范》（SL 677）、《堤防工程施工规范》（SL

260）等。

9）不要迷信于填表示例。每个人（包括专家们）对标准和规范可能有不同的了解，填写的内容及方式方法有可能不一样；况且每个工程都要其特殊性，不可能完全一致，检测数据及有关资料不可以复制；示例的内容不一定保证百分之百的正确，编写者的水平也不一定有多高，这也就是水利部的有关领导不同意编写填表示例的原因；表中有多个检验项目的具有选择性，不可能同时发生，照搬照抄可能会发生笑话。

10）检验方法和检验数量要符合有关标准规定。

5.4.4 《质量评定表》填表实例（以土石方工程为例）

本章表格适用于大中型水利水电工程的土石方工程的单元工程施工质量验收评定，小型水利水电工程可参照执行。

划分工序的单元工程，其施工质量验收评定在工序验收评定合格和施工项目实体质量检验合格的基础上进行。不划分工序的单元工程，其施工质量验收评定在单元工程中所包含的检验项目检验合格和施工项目实体质量检验合格的基础上进行。

检验项目，按照重要性，分为主控项目（对单元工程的基本质量起决定性影响的检验项目）和一般项目（对施工质量不起决定性作用的检验项目）；按照检验方法分为检测项目和检查项目。

（1）工序施工质量验收评定条件。

1）工序中所有施工项目（或施工内容）已完成；

2）所有检验项目自检合格。

（2）工序施工质量验收评定程序见图 5.1。

图 5.1 工序施工质量验收评定程序图

（3）监理复核内容如下。

1）施工单位报验资料是否真实、齐全。

2）结合平行检测和跟踪检测结果等，复核工序施工质量检验项目是否符合《水利水电工程单元工程施工质量验收评定标准——土石方工程》（SL 631—2012）标准的要求。

3）在工序施工质量验收评定表中填写复核记录，并签署工序施工质量评定意见，核定工序施工质量等级，相关责任人履行相应签认手续。

（4）工序施工质量验收评定应提交的资料如下。

1）施工单位各班（组）的初检记录、施工队复检记录、施工单位专职质量检测员终检记录；工序中各施工质量检验项目的检验资料。

2）监理单位对工序中施工质量检验项目的平行检测资料。

（5）对"三检制"的理解。

1）目前，中小型施工企业质量管理模式是，测量员按照设计图纸及施工测量控制网进行施工放样，施工员按照批准的施工技术方案组织施工；施工完成后，由测量员（或班组负责人）再进行复测验收；达到设计要求后，由质检科质检员按照有关要求进行抽检，并进行质量评定（图 5.2）。

图 5.2 中小型施工企业质量管理模式图

2）施工班组为初检，施工班组技术负责人为复检，项目部质检员为终检。

3）关于"三检制"记录的要求如下。

a. 对于"检查项目"，初检、复检、终检人员对检查结果进行确认，无异议后，在同一个检查记录上签字。

b. 对于"检测项目"：①使用精密测量仪器获得的检测记录（如高程、纵横断面图等），由初检、复检、终检人员对检查结果进行确认，无异议后，在同一个检查记录上签字；②初检、复检、终检人员可使用简单量测工具（如钢卷尺等）分别获得不同的检测结果，并分别在检测记录上签字。

c. 关于监理单位提交的平行检测资料，只针对"检测项目"，要求提交平行检测资料，不包括"检查项目"。

（6）工序质量验收评定标准。

1）合格等级标准：①主控项目检验结果应全部符合《水利水电工程单元工程施工质量验收评定标准——土石方工程》（SL 631—2012）标准的要求；②一般项目，逐项应有70%及以上的检验点合格，且不合格点不应集中；③各项报验资料应符合《水利水电工程单元工程施工质量验收评定标准——土石方工程》（SL 631—2012）标准的要求。

2）优良等级标准：①主控项目检验结果应全部符合《水利水电工程单元工程施工质量验收评定标准——土石方工程》（SL 631—2012）标准的要求；②一般项目，逐项应有90%及以上的检验点合格，且不合格点不应集中；③各项报验资料应符合《水利水电工程单元工程施工质量验收评定标准——土石方工程》（SL 631—2012）标准的要求。

（7）单元工程施工质量验收评定条件如下。

1）单元工程所含工序（或所有施工项目）已完成。

2）已完工序施工质量经验收评定全部合格，有关质量缺陷已处理完毕或有监理单位批准的处理意见。

（8）单元工程施工质量验收评定程序见图5.3。

（9）监理单位复核内容。

1）核查施工单位报验资料是否真实、齐全。

2）对照施工图纸及施工技术要求，结合平行检测和跟踪检测结果等，复核单元工程质量是否达到《水利水电工程单元工程施工质量验收评定标准——土石方工程》（SL 631—2012）标准要求。

3）检查已完单元工程遗留问题的处理情况，在施工单位提交的单元工程施工质量验收评定表中填写复核记录，并签署单元工程施工质量评定意见，评定单元工程施工质量等级，相关责任人履行相应签认手续。

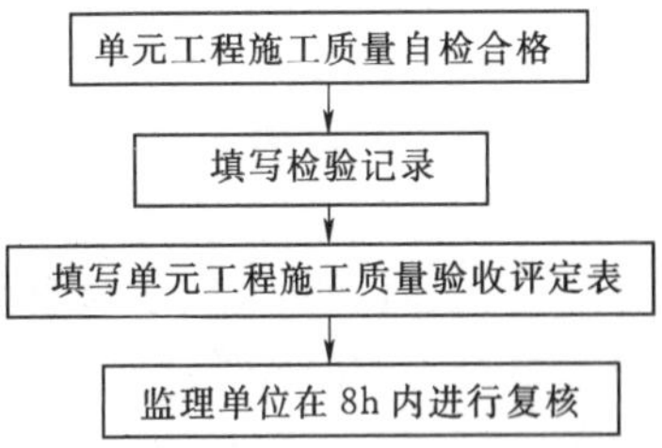

4）对验收中发现的问题提出处理意见。

（10）重要隐蔽和关键部位单元工程施工质量验收评定。

1）重要隐蔽单元工程和关键部位单元工程施工质量的验收评定应由建设单位（或委托监理单位）主持，由建设、设计、监理、施工等单位的代表组成联合小组，共同验收评定，并应在验收前通知工程质量监督机构。

2）关于重要隐蔽单元工程和关键部位单元工程，在项目划分时首先要明确，哪个隐蔽工程属于重要隐蔽工程，哪个单元工程属于关键部位。

（11）单元工程施工质量验收评定提交资料如下。

图5.3 单元工程施工质量验收评定程序图

1) 施工单位提交下列资料：①单元工程中所含工序（或检验项目）验收评定的检验资料；②各项实体检验项目的检验记录资料。

2) 监理单位提交下列资料：监理单位对单元工程施工质量的平行检测资料。

（12）划分工序单元工程施工质量评定标准。

1) 合格等级标准：①各工序施工质量验收评定应全部合格；②各项报验资料应符合《水利水电工程单元工程施工质量验收评定标准——土石方工程》（SL 631—2012）标准要求。

2) 优良等级标准：①各工序施工质量验收评定应全部合格，其中优良工序应达到50%及以上，且主要工序应达到优良等级；②各项报验资料应符合《水利水电工程单元工程施工质量验收评定标准——土石方工程》（SL 631—2012）标准要求。

（13）不划分工序单元工程施工质量评定。

1) 合格等级标准：①主控项目，检验结果应全部符合《水利水电工程单元工程施工质量验收评定标准——土石方工程》（SL 631—2012）的要求；②一般项目，逐项应有70%及以上的检验点合格，且不合格点不应集中；③各项报验资料应符合《水利水电工程单元工程施工质量验收评定标准——土石方工程》（SL 631—2012）标准要求。

2) 优良等级标准：①主控项目，检验结果应全部符合《水利水电工程单元工程施工质量验收评定标准——土石方工程》（SL 631—2012）的要求；②一般项目，逐项应有90%及以上的检验点合格，且不合格点不应集中；③各项报验资料应符合《水利水电工程单元工程施工质量验收评定标准——土石方工程》（SL 631—2012）标准要求。

（14）单元工程施工质量验收评定未达到合格标准时，应及时进行处理，处理后应按下列规定进行验收评定。

1) 全部返工重做的，重新进行验收评定。

2) 经加固处理并经设计和监理单位鉴定能达到设计要求时，其质量评定为合格。

3) 处理后的单元工程部分质量指标仍未达到设计要求时，经原设计单位复核，建设单位及监理单位确认能满足安全和使用功能要求，可不再进行处理；或经加固处理后，改变了建筑物外形尺寸或造成工程永久缺陷的，经建设单位、设计单位及监理单位确认能基本满足设计要求，其质量可认定为合格，并按规定进行质量缺陷备案。

（15）土方开挖工程单元工程施工质量验收评定表（表5.10）填表说明的要求如下。

1) 填表时必须遵守"填表基本规定"，并应符合下列要求：①单元工程划分，以工程设计结构或施工检查验收的区、段划分，每一区、段划分为一个单元工程；②单元工程量，填写本单元土方开挖工程量；③土方开挖施工单元工程宜分为表土及土质岸坡清理、软基和土质岸坡开挖2个工序，其中软基和土质岸坡开挖为主要工序，用"△"标注。

2) 单元工程施工质量验收评定应包括下列资料：①施工单位应提交单元工程中所含工序（或检验项目）验收评定的检验资料；②监理单位应提交对单元工程施工质量的平行检测资料。

3) 单元工程质量评定标准。①合格等级标准：各工序施工质量验收评定应全部合格；各项报验资料应符合《水利水电工程单元工程施工质量验收评定标准——土石方工程》（SL 631—2012）标准的要求。②优良等级标准：各工序施工质量验收评定应全部合格，其中优良工序应达到50%及以上，且主要工序应达到优良等级；各项报验资料应符合《水利水电工程单元工程施工质量验收评定标准——土石方工程》（SL 631—2012）标准的要求。

（16）表土及土质岸坡清理工序施工质量验收评定表填表说明以表5.11为例，填表时必须遵守"填表基本规定"，并应符合下列要求。

1) 单位工程、分部工程、单元工程名称及部位填写要与表5.10相同。

表 5.10 　　　　 ×××　　 土方开挖单元工程施工质量验收评定表

单位工程名称			单元工程量							
分部工程名称			施工单位							
单元工程名称、部位			施工日期	年　月　日至　　年　月　日						
项次	工序名称（或编号）		工序质量验收评定等级							
1	表土及土质岸坡清理									
2	△软基或土质岸坡开挖									
施工单位自评意见	各工序施工质量全部合格，其中优良工序占＿＿＿＿＿＿＿％，且主要工序达到＿＿＿＿＿＿＿等级，各项报验资料＿＿＿＿＿《水利水电工程单元工程施工质量验收评定标准——土石方工程》（SL 631—2012）标准要求。 　　单元质量等级评定为：＿＿＿＿＿＿＿。 　　　　　　　　　　　　　　　　　　施工人员：（签字，加盖公章） 　　　　　　　　　　　　　　　　　　日　　期：2012 年 8 月 4 日									
监理单位复核意见	经抽查并查验相关检验报告和检验资料，各工序施工质量全部合格，其中优良工序占＿＿＿＿＿＿＿％，且主要工序达到＿＿＿＿＿＿＿等级，各项报验资料＿＿＿＿＿＿＿《水利水电工程单元工程施工质量验收评定标准——土石方工程》（SL 631—2012）标准要求。 　　单元工程质量等级评定为：＿＿＿＿＿＿＿。 　　　　　　　　　　　　　　　　　　监理人员：（签字，加盖公章） 　　　　　　　　　　　　　　　　　　日　　期：　　年　月　日									

2）检验（测）项目的检验（测）方法及数量按表 5.12 执行。

表 5.11 　　　　 ×××　　 表土及土质岸坡清理工序施工质量验收评定表

单位工程名称			工序编号			
分部工程名称			施工单位			
单元工程名称、部位			施工日期	年　月　日至　　年　月　日		
项次	检验项目	质量要求	检查（测）记录	合格数	合格率/%	
主控项目	1 表土清理	树木、草皮、树根、乱石、坟墓以及各种建筑物全部清除；水井、泉眼、地道、坑窖等洞穴的处理符合设计要求				
	2 不良土质的处理	淤泥、腐殖质土、泥炭土全部清除；对风化岩石、坡积物、残积物、滑坡体、粉土、细砂等处理符合设计要求				
	3 地质坑、孔处理	构筑物基础区范围内的地质探孔、竖井、试坑的处理符合设计要求；回填材料质量满足设计要求。竖井处理要求：井底及井壁清理干净后，采用 C10 混凝土回填				

一般项目	1	清理范围	人工施工	满足设计要求，长、宽边线允许偏差 0～50cm			
			机械施工	满足设计要求，长、宽边线允许偏差 0～100cm			
	2	土质岸边坡度		不陡于设计边坡			

| 施工单位自评意见 | 主控项目检验点全部合格，一般项目逐项检验点的合格率均大于或等于＿＿＿%，且不合格点不集中分布，各项报验资料＿＿＿＿＿＿＿＿《水利水电工程单元工程施工质量验收评定标准——土石方工程》（SL 631—2012）标准要求。

　　工序质量等级评定为：＿＿＿。

施工人员：（签字，加盖公章）
日　　期：　年 月 日 |
| 监理单位复核意见 | 　　经复核，主控项目检验点全部合格，一般项目逐项检验点的合格率均大于或等于＿＿＿%，且不合格点不集中分布，各项报验资料＿＿＿＿＿＿＿＿《水利水电工程单元工程施工质量验收评定标准——土石方工程》（SL 631—2012）标准要求。

　　工序质量等级评定为：＿＿＿。

监理人员：（签字，加盖公章）
日　　期：　年 月 日 |

表 5.12　　　　　　　　　　　检验（测）项目的检验（测）方法及数量

检验项目	检验方法	检验数量
表土清理	观察、查阅施工记录	全数检查
不良土质的处理	观察、查阅施工记录	全数检查
地质坑、孔处理	观察、查阅施工记录、取样试验等	全数检查
清理范围	量测	每边线测点不少于 5 个点，且点间距不大于 20m
土质岸边坡度	量测	每 10 延米量测 1 处；高边坡需测定断面，每 20 延米测 1 个断面

　　3）工序施工质量验收评定应提交下列资料：①施工单位各班（组）的初检记录、施工队复检记录、施工单位专职质检员终检记录，工序中各施工质量检验项目的检验资料；②监理单位对工序中施工质量检验项目的平行检测资料。

　　4）工序质量标准。

　　a. 合格等级标准：①主控项目，检验结果应全部符合《水利水电工程单元工程施工质量验收评定标准——土石方工程》（SL 631—2012）的要求；②一般项目，逐项应有 70% 及以上的检验点合格，且不合格点不应集中；③各项报验资料应符合《水利水电工程单元工程施工质量验收评定标准——土石方工程》（SL 631—2012）标准的要求。

　　b. 优良等级标准：①主控项目，检验结果应全部符合《水利水电工程单元工程施工质量验收评定标准——土石方工程》（SL 631—2012）的要求；②一般项目，逐项应有 90% 及以上的检验点合格，且不合格点不应集中；③各项报验资料应符合《水利水电工程单元工程施工质量验收评定标准——土石方工程》（SL 631—2012）标准的要求。

5.5　监理处各类检查专用表

5.5.1　监理处各类专用检查表填写内容的说明

（1）监理检查的内容较多，次数频繁，情况各异。一般情况下的检查内容、方法、处理情况等在《安全检查记录》《监理巡视记录》《旁站监理值班记录》《监理日志》《监理通知》等文件中反映出来，但有部分检查应有专用检查表。

（2）常规检查依据工程规模一般为月、季、半年或年终检查，但无论如何，要求一年不少于2次常规检查。常规检查应成立检查组，总监或法人代表负责，参加人员要求：①监理处的总监理工程师、监理工程师、监理员；②发包人的项目法人、业主现场代表；③施工单位的项目经理、技术负责人、有关部门负责人；④设计单位的驻现场设计人员等，必要时请业主邀请质监站人员参加。一般情况下，检查组由5～7人组成，工程规模较小时可由业主、监理、施工单位等各1人组成。检查前应与业主协商一致，并签发监理通知，将检查的时间、内容、线路、要求等通知相关被检查单位，并做好准备。

（3）各专项检查、重点工程检查、危险源检查或受较大事件影响举一反三的检查等，依据检查时工程建设情况、上级文件要求以及外部影响因素等，参照表格的内容适当确定。

（4）参加检查的人员必须签字确认，发现较大的问题应及时签发监理通知督促整改或签发监理报告报业主处理。

（5）由于检查的时间、当时的工作内容、检查的要求等不同，相同的检查表有些重复，可将类似表格合并后选择性使用。

（6）表中所涉及的数据仅供参考，建议以规程、规范和合同为依据填写。

（7）检查表格样本只是提示性内容，仅供参考，具体引用时，请根据项目的情况适当增减。

（8）对于没有涉及的检查内容，或专一建筑物的质量、进度、安全等检查，可参照相关表格的形式及检查时的要求、任务目的等，自行设计确定。

5.5.2　监理处检查的主要表格目录

5.5.3　主要表格

1. ×××工程×××标混凝土拌和楼（站）检查与验收

施工单位混凝土拌和楼建设并试运行完成后，用报告单向监理处提交验收报告。验收报告主要内容（不限于）如下。

（1）工程概况。

（2）拌和系统设备情况。①拌和系统设备；②拌和站控制设备；③堆料场；④系统供风；⑤电气设备；⑥其他辅助设备。

（3）拌和系统安全文明建设。

（4）环境保护。

（5）拌和站人员情况。

（6）设备检定。

（7）附件。①拌和站设备检定证书；②混凝土搅拌站合格证；③电子汽车衡或电子地磅产品合格证书；④拌和站影像资料。

监理处收到拌和楼（站）验收报告后，及时与业主协商并确定验收时间，由业主通知质监站等有关单位参加验收。监理处拟定验收检查表如下（不限于）。

×××工程×××标混凝土拌和系统验收情况检查表

序号	检 查 内 容	检查情况的记录	评定结果
一	原材料堆放		
1	碎石堆放是否分仓，是否标明检测时间，是否有隔离墙，是否有避阳顶棚，场地是否硬化，排水系统是否畅通		
2	黄砂堆放是否分仓，是否标明检测时间，是否有隔离墙，是否有避阳顶棚，场地是否硬化，排水系统是否畅通		
3	水池是否设置遮阳设施		
4	水泥、粉煤灰是否有罐，是否有检测标识。水泥标号、粉煤灰级别是否有标识，是否有避阳设施		
5	各种添加剂是否有标识（包括产地、名称），是否有仓库储藏室		
二	场地硬化		
1	拌和楼场地是否硬化，硬化场地是否满足工程需要		
2	场地是否整洁，有无扬尘		
3	场区道路标识牌是否清晰、准确		
4	进出场公路是否硬化，公路宽度是否满足工程要求		
三	拌和系统		
1	拌和楼临建是否安全		
2	上料斗的隔仓、斗门运行是否良好		
3	送料皮带运行制动是否正常		
4	受料、下料斗门启闭是否灵活，密闭情况是否良好		
5	贮料罐是否密闭，下料螺旋机运行是否正常		
6	称量系统是否率定，称量是否准确		
7	电气设备运行是否正常		
8	主机运行是否正常		
9	混凝土试拌运行情况是否良好		
10	拌和机生产能力是否满足工程进度需要		

续表

序号	检 查 内 容	检查情况的记录	评定结果
11	混凝土浇筑前是否有专职质检人员在拌和系统对黄砂、碎石进行含水率测试和坍落度测试，是否根据现场情况对水量调整		
12	黄砂、碎石的温控和混凝土拌和及入仓的温控措施是否解决，具体措施如何		
13	混凝土水平运输是否规范，是否满足工程要求		
14	操作人员是否经过上岗前技术培训		
15	消防器材是否落实		
四	安全生产与文明建设		
五	环境保护		
	参加检查人员签字：		

验收书（不限于）样式如下。

×××工程×××标混凝土拌和系统验收

×××工程管理有限公司
×××工程监理处
××××年××月××日

验收主持单位：×××工程管理有限公司

现场管理机构：×××工程建设管理处

质量监督站：×××质量监督项目站

监理单位：×××工程管理有限公司×××工程监理处

施工单位：×××股份有限公司×××工程项目部

验收时间：××××年××月××日

验收地点：××××项目部会议室

一、概况

二、验收内容

1. 碎石、黄砂的堆放分仓与避雨、遮阳、检测时间、场地硬化、排水系统

2. 水池是否有遮阳设施，排水系统畅通情况

3. 水泥罐的分设与安全

4. 拌和场地排水系统是否畅通

5. 各种添加剂标示及仓库储藏室

6. 场地电线的安全架设、拌和楼操作台的安全设施

7. 消防器材的准备情况

8. 温控措施的具体内容

9. 拌和场地是否硬化

10. 拌和场区是否整洁，有无扬尘情况

11. 场区道路标识牌设置是否清晰

12. 进出场道路是否硬化，是否满足工程需要

13. 拌和系统临建是否安全

14. 上料斗的隔仓、斗门运行是否良好

15. 送料皮带运行制动是否正常

16. 受料、下料启闭是否灵活，密闭情况是否良好

17. 储料罐是否密闭，下料螺旋机运行是否正常

18. 称量系统是否率定，称量是否准确

19. 电气设备运行是否正常

20. 主机运行是否正常

21. 混凝土试拌运行情况

22. 拌和机生产能力能否满足工程进度需要

23. 混凝土水平运输是否规范，能否满足工程需要

24. 操作人员是否经过上岗前技术培训

25. 专业施工人员的登记与现场标示牌

26. 混凝土水平运输机械设备与混凝土入仓及混凝土浇筑机械的登记表

27. 安全生产及文明建设

28. 环境保护

三、拌和系统检查情况评定

四、存在的主要问题及处理意见

五、验收结论

六、验收小组成员签字表

现场管理机构：

质量监督站：   监理单位：

设计单位：   施工单位：

2. ×××工程×××标段施工准备工作完成情况检查表

×××工程×××标段施工准备工作完成情况检查表

序号	检 查 内 容	检 查 结 果
1	项目开工所需临时设施建设情况	
2	项目部项目经理到岗	
3	项目部项目其他主要人员到岗	
4	第一次工地会议	
5	测量成果复核与审批	
6	施工组织设计审查	
7	项目总进度计划编制与审批	
8	专项施工方案的编制与审批	
9	施工用图与资金流计划审批	
10	施工分包审批	

续表

序号	检查内容	检查结果
11	现场组织机构及主要人员报批	
12	施工设备进场报验	
13	原材料、中间产品进场报验	
14	工程项目划分与审批	
15	施工技术培训与交底	
16	安全培训与交底	
17	三通一平完成情况	
18	详勘报告审批	
19	场地周边管网查询情况	
20	施工图纸会审情况	
21	建设工程施工许可证	
22	工程永久用地手续办理	
23	施工临时排放手续	
24	施工用水、用电办理	
25	临时用地手续	
26	开工验线与施工放样	
27	施工单位人员到位情况	
28	施工单位机械设备到位	
29	施工单位场地交接情况	
30	各种管理制度的交底与确认	
31	施工单位开工报告	
32	试验室建设情况	
33	项目部、施工营地建设情况	
34	拌和站（楼）验收情况	
施工单位意见：		
参加检查人员签字：		

3. ×××工程×××标施工单位质量管理检查记录表

×××工程×××标施工单位质量管理检查记录表

序号	质量管理检查内容	检查结果
一	质量保证体系的建立与运行	
1	是否制定明确的质量目标和控制措施	
2	质量目标是否宣贯与行文	
3	是否行文建立质量管理机构	
4	是否配备专职的质量管理人员、质检人员	
5	主要管理人员驻工地时间是否满足合同要求	
6	主要管理人员变更是否履行变更审批手续	
7	特殊工种作业人员及试验人员是否做到了持证上岗	
8	专职质检人员和测量人员配备数量是否符合合同约定，是否持证上岗	

续表

序号	质量管理检查内容	检查结果
9	质量检查验收"三检制"人员是否落实	
10	质量管理制度是否完善	
11	质量管理责任是否落实，与下属作业队和职能部门是否签订工程质量责任书	
12	质量责任书所列质量责任是否明确	
13	是否建立具体的奖惩制度和执行情况	
14	是否行文建立工程质量岗位责任制，责任制是否落实	
15	是否按质量管理制度规定定期召开工程质量例会	
16	质量会议是否形成记录，或记录是否详细、完整	
17	对项目法人（建设管理单位）、监理单位提出的质量改进意见是否能及时落实	
18	现场试验室是否经有资质的试验室授权，或该授权的试验室资质是否满足要求	
19	试验设备、仪表是否经县级以上计量部门检定	
20	试验报告盖章、签字是否齐全	
二	施工技术准备工作	
1	施工组织设计、施工方案及措施计划等是否按程序报批	
2	作业指导书的编制是否满足施工技术要求	
3	施工方案及作业指导书针对性和实用性情况	
4	是否组织施工图纸审查，并形成审查记录	
5	是否按工程设计图纸施工	
6	是否按施工技术标准施工	
7	是否按规定对技术负责人、作业队、施工班组作业人员逐级进行技术交底	
8	岗位技能培训是否符合有关行业规定	
9	培训是否有记录，培训后是否有考核、是否总结或建立培训考核档案	
10	施工工艺试验是否满足要求	
11	机械设备配备是否满足施工要求	
三	原材料、中间产品检验试验	
1	原材料、中间产品是否进行进场检验（测）或验收	
2	预应力锚具、夹具、波纹管是否进行检验或检验资料不全	
3	进场验收记录是否齐全，相关资料是否完整	
4	原材料、中间产品检测频次是否符合规范	
5	检验、检测结果是否报监理审核	
6	对检测资料是否建立台账登记，台账记录是否翔实，是否对台账进行统计分析	
7	混凝土和砂浆抗压强度、抗冻、抗渗检验、检测频次是否符合规范要求	
8	回填土压实度检测频次是否符合规范、设计要求或合同约定	
9	受委托的试验单位资质是否符合要求	
10	与受委托试验单位是否有委托协议	
11	是否建立试验台账	
12	委托试验单位是否按规定对检测仪器设备进行检定	

施工单位意见：

参加检查人员签字：

4. ×××工程×××标××××年质量检查表

×××工程×××标××××年质量检查表

序号	项 目	检 查 内 容	检查情况
1	项目质量管理目标	是否有明确的质量目标，质量目标的贯彻、上墙和发文情况	
2	工程质量责任书	与下属作业队和职能部门是否签订工程质量责任书，质量责任是否明确，有无具体奖罚措施	
3	质量管理目标达标情况	已完单元工程合格率100%；土建单元工程优良率不小于70%；外观质量得分率不小于85%	
		钢筋（少筋）混凝土（砂浆）抗压强度保证率不小于95%（85%）；抗冻、抗渗指标合格，土石方压实合格率符合有关规定	
4	现场质量管理机构	是否行文建立质量管理机构	
5	现场主要管理人员	现场主要管理人员及常驻工地天数是否符合合同约定	
6	专职质检人员	配备的专业质检人员和测量人员是否符合合同约定	
7	工程质量岗位责任制	是否行文制定工程质量岗位责任制，岗位责任是否明确、健全，奖罚措施是否具体、落实	
8	工程分包管理	分包合同是否规范，报审是否符合合同约定	
		是否存在转包、违法分包现象	
		是否存在以包代管现象	
9	特殊工种作业人员资格	是否持证上岗，资格证书是否有效	
10	机械设备进场	机械设备进场是否履行报验手续	
11	工程质量管理制度	是否行文制定工程质量管理制度	
12	工程质量三级检验制度	单元工程（工序）质量三级检查情况是否符合有关规定	
13	单元工程检验和质量等级自评	验收评定资料真实性、填写规范性和评定结果正确性等情况	
14	联合检查制度	重要隐蔽单元工程和关键部位单元工程联合检查评定、质量等级签证填表及报备情况是否符合有关规定	
15	原材料、中间产品和工程实体质量检验（测）	进场检查验收是否符合有关规定	
		原材料、中间产品和工程实体质量检验项目和检查频次是否符合规范和合同约定，检测资料是否建立登记台账；是否按规定提出质量分析报告	
		混凝土、砂浆和回填土压实指标检测结果是否符合设计要求和规范规定	
16	现场试验或委托试验	现场试验室资质及计量认证、试验报告、委托试验是否符合有关规定和合同约定	
17	工程质量例会制度	工程质量例会是否按期召开，会议纪要是否完整	
18	工程质量缺陷管理制度	质量缺陷检查记录、缺陷位置图绘制和缺陷影像资料情况	
		对质量缺陷的原因分析和处理情况	
		质量缺陷是否有私自处理、掩盖或瞒报行为	
		质量缺陷处理验收和备案是否符合标准	
		同类质量缺陷是否多次重复发生	
		质量缺陷档案资料情况	
19	质量问题整改	对历次质量巡查、质量巡视和稽查发现的质量问题是否及时处理，整改情况是否报告	
		监理单位、项目法人（建设管理单位）和质量监督机构的质量改进意见落实情况	
20	工程质量事故管理制度	是否行文或明确工程质量事故管理制度，事故处理是否符合有关规定	

序号	项　目	检　查　内　容	检查情况
21	质量违规行为	原材料、中间产品和工程实体质量检查	
		实验报告检查	
		施工工艺试验检查	
		施工资料有无项目经理签字	
		土方填筑	
		混凝土拌和楼系统	
		骨料仓库	
		安全操作	
22	施工组织设计	针对性和实用性、内部审查手续完备性、建立机构审批手续完备性等情况考核	
23	施工技术交底	项目技术负责人、作业队、施工班组作业人员是否进行逐级交底，有无交底记录，签字是否完整	
24	施工图纸审查	施工图审核是否由技术负责人主持，并形成审核记录	
25	技术岗位培训	岗位培训记录、考核与总结是否符合有关规定	
26	档案资料管理	是否制定档案资料管理制度	
		资料管理人员是否为专职人员，能否胜任工作	
		收集整理归档是否符合有关规定	
27	工程验收管理	是否制定工程验收制度和验收计划	
		是否及时申请分部工程验收，验收资料是否齐全真实	
		是否及时申请单位工程验收和合同项目完成验收，验收资料是否齐全真实，施工管理工作报告是否规范	
		所提交的阶段试验资料是否齐全、真实，施工管理工作报告是否规范	
施工单位意见：			
参加检查人员签字：			

5．×××工程×××标土方施工现场质量检查表

×××工程×××标土方施工现场质量检查表

检查项目	序号	检　查　内　容	检查结果
施工管理	1	有无经过监理批准的施工组织方案	
	2	现场有无质量管理人员	
	3	相关资料记录是否完整	
土方开挖	1	开挖断面分部工程是否经过批准	
	2	开挖断面单元工程是否经过批准	
	3	开挖深度是否符合设计要求	
	4	开挖断面排水设施是否完善	
	5	开挖断面地上、地下障碍物是否清除或处理完毕	
	6	危险地段是否设立有标示牌	
	7	开挖断面表层是否完成清理	
	8	开挖断面是否放样	
	9	设备操作人员是否持证上岗	
	10	开挖断面保护层是否符合设计要求	
	11	测量标志是否完整	
	12	"三检制"是否落实	

续表

检查项目	序号	检 查 内 容	检查结果
土方回填	13	回填断面分部工程是否经过批准	
	14	回填断面单元工程是否经过批准	
	15	回填料质量是否符合设计要求	
	16	清基工程完成后是否组织了验收，资料是否完整	
	17	现场碾压试验是否按规范要求进行，资料是否齐全	
	18	回填段是否进行地形、剖面的测量复核	
	19	危险地段是否设有明显的警告标示牌和防护设施	
	20	回填土层深是否符合规定要求	
	21	干容重、含水量是否符合设计要求	
	22	是否进行了见证取样，资料是否完整	
	23	土工试验人员是否在岗	
	24	含水量偏高地段是否进行了翻晒	
	25	回填地段横跨路面的电线、电杆等设施是否影响施工	
施工单位意见：			
参加检查人员签字：			

6. ××××年第×季度质量考核评分表

××××年第×季度质量考核评分表　　**得分：**

工程名称			施工单位		
考核时段		××××年××月××日至××××年××月××日	考核日期	年　月　日	
考核项目	考核内容	目 标 要 求	评分标准		考核得分
质量管理（100分）	质量保证体系（20分）	质量保证体系健全，遵守有关施工规程、规范，服从建管办和监理的管理（标准3分）	优 17~20分；良 14~16分；合格 11~13分；不合格 0~10分，并责令整改		
		严格按批准的施工组织设计或施工方案组织施工；有质量保证措施（标准3分）			
		各类专业人员持证上岗，技术交底、"三检"制度落实良好，工序、工艺把关严格（标准4分）			
		专职质检人员数量和能力满足工程建设需要，工作称职；落实质量责任制和终身追究制（标准3分）			
		施工原始记录完整，工程质量有可追溯性，有施工大事记（标准4分）			
		有独立的质检机构，现场配备合同承诺、满足要求的工地试验室或具有固定的委托试验室，测试仪器、设备通过计量认证（标准3分）			
	内在质量（40分）	原材料出厂合格证齐全，原材料、中间产品等检测检验频次、数量和指标满足规范和设计要求，对外购配件按规定检查验收，妥善保管（标准5分）	优 36~40分；良 30~35分；合格 25~34分；不合格 0~24分，并责令整改		
		土方填筑压实度达到优良（标准8分，达到优良即为8分，下同）			
		混凝土强度达到优良（标准7分）			
		砂浆强度达到优良（标准3分）			
		单元工程评定达到优良（标准7分）			
		分部工程评定达到优良（标准10分）			
	外观质量（20分）	按工程外观质量评定标准的有关规定对考核时段内完成的施工部位进行考核，要求外观质量达到设计标准	优 17~20分；良 14~16分；合格 11~13分；不合格 0~10分，并责令整改		

考核项目	考核内容	目　标　要　求	评分标准	考核得分
质量管理 （100分）	缺陷处理 （10分）	杜绝质量事故，减少质量缺陷；及时、彻底处理好质量缺陷，不留质量隐患	无缺陷或彻底返工达到优良10分；按批准的技术方案及时处理达到合格7～9分；处理不及时1～6分	
	档案资料 （10分）	按建设单位有关文件规定及要求，对照检查，资料完整，真实可靠，归档及时，管理规范；按基建程序及时准备资料，申请验收，严格按照规程规范填写验收及评定资料	优8～10分；良6～8分；合格6分；不合格0～5分，并责令整改	
质量考核组成员会签：				

7. ×××工程×××标××××年××月进度督办检查记录表

×××工程×××标××××年××月进度督办检查记录表

序号	检　查　内　容	检　查　情　况
1	××月项目经理到位情况	
2	××月项目副经理到位情况	
3	××月项目总工程师到位情况	
4	××月项目总质检师到位情况	
5	××月挖掘机数量与投标书承诺比较	
6	××月推土机数量与投标书承诺比较	
7	××月自卸车数量与投标书承诺比较	
8	××月碾压机数量与投标书承诺比较	
9	××月装载机数量与投标书承诺比较	
10	××月进场人员数量与投标书承诺比较	
11	××月施工进度计划编制情况	
12	至目前为止土方开挖完成情况	
13	至目前为止土方回填量完成情况	
14	至目前为止混凝土完成情况	
15	至目前为止投资完成情况	
16	工程进度形象情况	
17	拟采取的加快进度措施制定情况	
18	进度滞后主要原因分析报告编写情况	
19		
没完成进度计划的主要原因分析：		
施工单位意见：		
参加检查人员签字：		

8. ××××年第×季度进度考核评分表

××××年第×季度进度考核评分表 得分：

工程名称				施工单位		
考核时段		年 月 日至 年 月 日		考核日期		年 月 日
考核项目	考核内容	目 标 要 求		评分标准/分		考核得分
进度管理（100分）	进度管理体系（30分）	生产管理组织机构健全，领导班子团结务实，服从建管办和监理的管理		5		
		项目经理和技术负责人工作得力，出勤天数不少于合同约定的天数		5		
		人员配备符合合同约定（部分工程完工后监理同意退场的除外）		5		
		施工机械设备配置和数量及其他资源投入不少于合同约定量（部分工程完工后监理同意退场的除外）		5		
		各种成品、半成品、建筑材料供应及时		5		
		有足够的流动资金		5		
	进度管理措施（30分）	有当期详细的施工组织设计和施工技术方案，并报监理批准		3		
		有当期每月详细的施工进度计划、投资计划并按时报监理批准		4		
		当期每月施工网络计划图、形象进度图、工程布置图等施工图表齐全、上墙		3		
		组织措施到位：有足够的工作面、有足够的施工时间（如采用三班制）、有足够的劳动力、足够的施工机械、生产效率正常		5		
		技术措施到位：施工工艺、施工方法、施工机械满足进度要求		3		
		经济措施到位：奖勤罚懒，目标明确，责任到人，兑现到位；给赶工措施给予经济补偿		4		
		其他配套措施到位：有配套的外部条件、劳动条件，调度科学合理		3		
		中期对进度进行检查，及时采取赶工措施		5		
	完成计划情况（40分）	完成当期的计划工程量（按主要工程量完成比例计分）		12		
		完成当期的计划投资（按完成投资的比例计分）		15		
		完成当期控制目标，形象进度满足计划要求		10		
		统计报表格式统一、内容完整、数据准确、上报及时（对虚报、错报、迟报扣分）		3		
进度考核组成员会签：						
备注：						

9. ×××工程×××标××××年安全生产检查记录表

×××工程×××标××××年安全生产检查记录表

序号	检查项目	检 查 内 容	检查结果
1	制度、机构及人员	安全生产管理组织机构是否健全	
		是否制定了安全生产责任制	
		安全生产管理目标是否明确	
		项目经理是否具备安全生产执业资格	
		是否足额配备专职安全技术人员、岗位职责是否明确	
		是否制定安全管理制度、安全生产操作规程，相关制度是否进行了宣贯、是否已上墙	
		是否制定、执行安全生产例会制度，并且记录完整	
		是否建立安全工作考核体系	
		是否制定针对性和操作性强的事故紧急情况应急预案	
		施工管理及作业人员是否办理意外伤害保险	

续表

序号	检查项目	检 查 内 容	检查结果
2	安全技术措施	是否严格执行安全生产管理规定和施工前安全技术交底制度，签字手续是否完整	
		专职安全生产管理人员是否具有安全生产合格证	
		施工现场各种标识牌、警示牌是否齐全、醒目	
		是否建立消防安全责任制	
		消防标志是否完整，灭火器材是否配备齐全	
		施工人员安全防护用品是否配备齐全，佩戴规范	
		施工设备是否定期进行维护、保养、检测，有无相关检测记录	
		是否建立特种设备管理制度	
		特种设备是否按规定进行注册登记，是否经检验合格，取得安全使用证	
		重大危险源和重大安全隐患是否登记建档，定期进行检测、评估、监控	
		是否建立易燃、易爆材料的采购、运输、保管制度，记录是否齐全	
		是否按规定设置道路交通与安全标志，干扰较大和交叉路口是否有设岗指挥措施	
		施工供配电网络布置是否合理、安全	
		施工现场危险区域是否设立防护栏、安全网等安全设施	
		安全作业环境及安全施工措施费是否达到投标承诺	
3	安全教育培训	是否制定安全生产培训制度	
		是否严格按计划进行安全生产教育培训和考核，并有详细记录	
		培训经费是否落实	
		特殊工种人员是否持证上岗	
4	安全检查	是否定期进行安全生产检查，记录是否完整	
		是否建立安全生产检查档案	
		是否对检查中存在的问题进行了跟踪，及时进行整改	
		安全记录、台账、资料报表是否齐全、完整、可靠	
		是否及时提供监督所需资料，监督意见是否及时落实	
5	防汛工作	工程度汛方案编制情况	
		工程形象进度面貌是否满足度汛要求	
		度汛责任制落实情况	
		防汛抢险应急预案编制及演练情况	
		抢险队伍及防汛物资准备情况	
		汛期值班、信息处理及汛情、险情上报制度建立情况	
6	预防坍塌事故	预防坍塌事故实施方案是否编制	
		防范重点内容及部位是否明确	
		责任制是否落实	
		针对关键工作环节或事故隐患，安全技术规范编制是否落实	
		预防坍塌事故监督、管理过程是否有检查记录	
7	"打非治违"	实施方案是否制定	
		自查自纠工作开展情况	

施工单位意见：

参加检查人员签字：

10. ×××工程×××标××××年×××节前安全生产检查表

×××工程×××标××××年×××节前安全生产检查表

序号	检查项目	检查内容	检查情况
1	以安全生产责任制为核心的各项安全管理制度	是否建立安全生产责任	
		是否安全生产责任制责任人签字确认	
		各级各部门执行责任制情况	
		是否建立健全各项安全管理制度	
		执行安全管理制度情况	
		经济承包中有无安全生产指标	
		是否制定各工种和机械设备安全技术操作规程	
		是否按规定配备专职安全员	
2	目标管理	是否制定工程伤亡事故控制指标和安全达标、文明施工目标	
		是否进行安全责任目标分解	
		是否建立安全责任目标考核办法	
		考核办法落实情况	
3	安全生产费用管理	财务上单独列账，专款是否专用	
		费用计划与使用是否合理	
		安全费用使用有无详细记录	
4	施工组织设计及危险性较大分部分项工程管理	施工组织设计中是否制定安全生产措施	
		开工前，安全专项方案确认表是否报公司审批	
		危险性较大的分部分项工程是否编制安全专项方案	
		施工组织设计、安全专项方案是否按规定程序审批	
		是否按规定对专项方案进行专家论证	
		安全措施、专项方案的针对性、实时性、实施情况	
		实施过程中是否指定专人现场监护施工	
		实施后组织验收与验收合格投入使用情况	
		在施工现场醒目位置是否进行公示	
5	安全技术交底	施工方案中安全技术措施是否向施工管理人员及施工作业人员进行书面安全技术交底	
		交底是否做到分部分项	
		交底内容针对性强不强	
		交底内容是否全面	
		交底是否履行签字手续	
6	安全检查	项目经理是否组织定期安全检查	
		安全员是否进行日巡视安全检查	
		检查出的事故隐患是否切实做到整改措施、责任、资金、时限和预案"五到位"	
		按期整改复查情况	
		安全检查人员签字是否齐全	
7	安全教育	新进场人员是否进行三级安全教育和考核	
		是否明确具体安全教育内容	
		变换工种时是否进行安全教育	

续表

序号	检查项目	检查内容	检查情况
7	安全教育	是否有人不懂本工种安全技术操作规程	
		施工管理人员、专职安全员是否按规定进行年度培训考核	
8	应急预案	是否制定安全生产应急预案	
		是否建立应急救援组织、配备救援人员	
		是否配置应急救援器材	
		是否进行应急救援演练	
9	特种作业持证上岗	未经培训从事特种作业的情况	
		特种作业人员资格证书未延期复核的情况	
		未持操作证上岗作业的情况	
10	联营分包队伍管理	分包队伍有无安全生产许可证及相应的施工资质	
		分包合同、安全协议书，签字盖章手续是否齐全	
		承包单位按规定建立安全组织、配备安全员情况	
		与分包队伍签订安全生产责任书、定期考核情况	
11	生产安全事故处理	生产安全事故是否按规定报告	
		生产安全事故是否按规定进行调查分析处理，是否制定防范措施	
		是否办理工伤保险	
12	安全标志	主要施工区域、危险部位、设施是否按规定悬挂安全标志	
		是否绘制现场安全标志布置总平面图	
		是否按部位和现场设施的改变调整安全标志设置	
13	安全管理台账	是否建立安全管理台账	
		安全管理台账建立是否齐全	
		安全管理台账内容是否齐全	
14	封闭管理	施工现场出入口是否设置大门	
		是否有门卫和门卫制度	
		进入施工现场是否佩戴工作卡与安全帽	
		门头是否设置企业标志	
15	施工现场	现场主要道路是否进行硬化处理	
		现场道路畅通、路面平整、坚实情况	
		现场作业、运输、存放材料等采取的防尘措施是否齐全、合理	
		现场有无积水、排水不畅等	
		灭火器材布局、配置是否合理	
		是否设置吸烟处，随意吸烟情况	
		现场临时设施的材质和选址是否符合环保、消防要求	
16	现场材料	建筑材料、构件、器具是否按总平面布局码放	
		材料布局是否合理、堆放是否整齐，是否标明名称、规格等	
		易燃易爆物品是否采取防护措施或进行分类存放	
	施工单位意见：		
	参加检查人员签字：		

11. ×××工程×××标××××年××月安全施工与防汛准备检查表

×××工程×××标××××年××月安全施工与防汛准备检查表

检查项目	序号	检　查　内　容	检查结果
防汛	1	××月××日安全生产动员会传达落实情况，是否有记录	
	2	是否建立防汛工作领导小组落实工作职责	
	3	是否制定防汛应急救援预案，并进行演练	
	4	是否制定值班制度，明确值班人员及其职责	
	5	是否定期对房屋建筑、仓库、设备设施等进行检查	
	6	汛期前，是否对排水渠进行疏浚和维护	
	7	防汛物资数量是否满足防汛要求	
	8	现场是否确定了防汛重点监控部位	
	9	防汛信息采集网络是否畅通	
	10	防汛预案宣贯情况，是否有记录	
防雷	1	生产设备设施、拌和站建筑等防雷设施是否完好	
	2	脚手架防雷接地检测情况	
	3	地处空旷部位的临时彩板房的防雷检测情况	
	4	防雷检测是否符合防雷装置安全检测技术规范	
	5	网络及办公器材是否有防雷击的预防与应对措施	
	6	警示牌设置是否规范	
基坑安全	1	是否制定了基坑施工排水应急预案	
	2	应急预案是否进行了宣贯、培训，是否有记录	
	3	基坑周围的外部排水是否进入渠道	
	4	大雨期间基坑的监控、排水措施执行情况	
	5	基坑边坡防护措施	
	6	排水设备是否满足需要，设备是否完好	
	7	××月××—××日暴雨排水情况	
	8	已建成渠道安全防护情况	
	9	警示牌是否符合要求	
临建设施	1	临建设施（办公室、食堂、宿舍等）结构是否坚固、可靠	
	2	可能发生滑坡等地质灾害的现场及临建设施，是否制定了人员疏散等应急措施	
临时用电	1	各类露天使用的用电设备的防雨措施	
	2	照明和电力线路有无混线、漏电现象，电杆有无腐蚀、埋设松动等问题	
	3	暴雨预报发布后，是否对用电采取了防范措施	
	4	电网停电后，自备发电设备能否正常运用	
施工单位意见：			
参加检查人员签字：			

12. ×××工程×××标××××年春节前安全、施工检查表

×××工程×××标××××年春节前安全、施工检查表

序号	检　查　内　容	检　查　情　况
1	是否进行春节前安全检查，是否有检查记录	
2	是否召开春节前工作会议，对春节期间工作进行了安排，是否有会议记录	

序号	检 查 内 容	检 查 情 况
3	××月××日×××工作会议精神是否传达并落实到位	
4	是否布置和上报了春节值班安排	
5	春节值班安排是否有领导带队	
6	是否将春节期间不准备动用的设备集中在一起，是否有专人照管	
7	春节期间项目部工作人员及施工人员的生活是否妥善安排	
8	各主要工地、拌和站是否安排专人值班	
9	是否将春节期间不准备动用的照明、施工用电线路断电	
10	主要工地是否设置安全警示	
11	拟定施工的工地是否安排有领导带班	
12	部分放假人员归队时间	
13	农民工工资是否有拖欠现象	
14	是否有人在项目部因各种理由找领导评理	
15	是否组织了巡逻队按时对工地各地进行巡视检查	
16	春节期间施工主要材料准备情况	
17	春节后工作安排布置情况	
18		
施工单位意见：		
参加检查人员签字：		

13. ××××年第×季度安全考核评分表

××××年第×季度安全考核评分表　　**得分：**

工程名称			施工单位		
考核时段	××××年××月××日至××××年××月××日		考核日期	年　月　日	
考核项目	考核内容	目 标 要 求		评分标准/分	考核得分/分
安全管理 （100分）	制度、机构及人员 （20分）	安全生产管理组织机构健全，遵守安全生产规程规范，服从建管办和监理的管理		4	
		建立健全安全生产责任制，安全生产管理有明确的目标；配备齐全的专职安全技术人员，岗位职责明确		5	
		严格执行安全生产"五同时"（同计划、同布置、同检查、同总结、同评比）		4	
		制定针对性和操作性强的事故或紧急情况应急预案		4	
		为施工管理及作业人员办理意外伤害保险		3	
	安全技术措施 （30分）	防汛设备、物资、人员满足防汛抢险要求		5	
		严格执行安全生产管理规定和安全技术交底制度；施工作业符合安全操作规程，无违章现象		7	
		火工材料的采购、运输、保管、领用制度严格；道路、电气、安全卫生、防火要求、爆破安全等安全保障措施落实到位		8	
		施工现场有安全设施如防护栏、防护罩、安全网；各种机具、机电设备安全防护装置齐全；安全防护用品配备齐全、性能可靠；消防器材配备齐全		7	
		施工现场各种标示牌、警示牌齐全醒目		3	

续表

考核项目	考核内容	目　标　要　求	评分标准/分	考核得分/分
安全管理 （100 分）	安全教育 培训 （10 分）	对各级管理、特殊工种和其他人员有计划进行安全生产教育培训和考核，并作记录	5	
		特殊工种人员须持证上岗	5	
	安全检查 （10 分）	实行安全生产定期检查制度；对检查中存在的问题进行跟踪，认真整改；建立安全生产检查档案	7	
		安全记录、台账、资料报表收集归档齐全、完整、可靠	3	
	安全事故 上报及 处理 （30 分）	安全事故按规定及时逐级上报，无隐瞒不报、漏报、瞒报现象；事故按"四不放过"原则处理	5	
		无人身安全事故、交通事故、爆破事故、火灾、塌垮等安全事故发生	25	
安全考核组 成员会签：				

14. ×××工程×××标施工现场安全检查表

×××工程×××标施工现场安全检查表

检查项目	序号	检　查　内　容	检查结果
施工管理	1	施工现场布置是否合理，有无专职安全负责人和安全措施	
	2	有无安全值班人员	
施工人员	1	施工人员是否穿戴好安全保护用品和正确使用防护用品	
	2	特殊工种持证上岗	
	3	不准酒后上班	
	4	不准任意拆除和挪动各种防护装置、设施、标志	
	5	在禁止烟火的区域不准吸烟、有明火	
	6	非施工人员和无关人员不得进入施工现场	
场地	1	材料和设施堆放整齐、稳固、不乱堆乱放	
	2	废物、废渣及时清理，不乱丢乱扔	
	3	施工现场有安全警示标记	
	4	机械设备人员有无统一登记管理	
危险区域	1	深沟、边坡、临空面、临水面边缘有栏杆或明显警告标示	
	2	孔、井口等加盖或围栏，或有明显标志	
	3	洞口、高边坡等处有专人检查，及时处理危坡或设置安全挡墙、防护棚等	
道路	1	路基可靠，路面平整，不积水，不乱堆建材、废料，保持畅通	
	2	横跨路面的电线、设施不影响施工、器材和人员通过	
	3	倒料、出渣地段平坦，临空边缘有围挡	
	4	冬季、霜雪冰冻期间有防滑措施	
	5	危险地段有明显的警示标志和防护设施	
机电设备	1	机电设备安全防护制度是否制定	
	2	裸露的传动部位是否有防护装置	
	3	机电设备基础可靠，大型机械四周和行走、升降、转动的构件是否有明显颜色标志	
	4	施工机械设备运行状态是否良好，技术指标是否清楚，制动装置是否可靠	
	5	高压电缆是否绝缘可靠，临时用电线路布置是否合理，是否乱拉乱接	
	6	变压器是否有围栏，是否挂明显警告标志	

检查项目	序号	检查内容	检查结果
易燃易爆	1	危险源防护制度是否制定	
	2	施工区域不准设炸药库油库	
	3	易燃易爆物品使用的影响区内，禁止烟火	
	4	是否有足够完好的消防器材	
临时房屋	1	基础是否稳定，主体结构是否牢固	
	2	是否有可靠的防火措施	
施工单位意见：			
参加检查人员：			

15. ×××工程×××标××××年防汛工作检查表

×××工程×××标××××年防汛工作检查表

序号	检查内容	检查情况
1	防汛预案的编制情况	
2	防汛预案的审批情况	
3	防汛责任制落实情况	
4	防汛预案学习宣贯动员部署情况	
5	关于做好×××文件学习宣贯情况	
6	施工单位防汛检查自查情况	
7	防汛值班情况	
8	防汛抢险演练情况	
9	抢险突击队组织情况	
10	××月××日暴雨出现后防汛情况	
11	防汛检查自查整改情况	
12	防汛重点部位的观测情况	
13	防汛主要物资器材落实情况	
14		
被检查单位意见：		
检查人员签字：		

16. ×××工程×××标汛期安全管理情况检查表

×××工程×××标汛期安全管理情况检查表

检查项目	序号	检查内容	检查结果
防汛管理	1	对××月××日安全生产动员会传达落实情况	
	2	是否建立防汛工作领导小组，落实工作职责	
	3	是否制定防汛应急救援预案，并进行演练	
	4	是否制定值班制度，明确值班人员及其职责	
	5	是否定期对房屋建筑、仓库、设备设施等进行检查	
	6	汛期前，是否对雨水、污水管道及其他排污管道进行疏掏、清障和维护	
	7	防汛物资数量是否满足防汛要求	
	8	现场是否确定了防汛重点监控部位	
	9	穿湖地区是否制定了人员、设备的防汛、防暴雨、防风安全措施	
	10	是否建立了防汛、防暴雨、防风信息采集网络	

续表

检查项目	序号	检 查 内 容	检查结果
防雷管理	1	生产设备设施、厂区建筑等防雷接地或防静电设施是否完好	
	2	高大脚手架防雷接地检测情况	
	3	地处空旷部位的临时彩板房的防雷检测情况	
	4	防雷检测是否符合防雷装置安全检测技术规范	
	5	网络及办公器材是否有防雷击的预防、应对措施	
防暑管理	1	是否对员工进行防暑降温知识宣传、教育	
	2	高温作业场所的通风、降温是否处于良好状态	
	3	对高温作业人员，是否提供合乎卫生要求的饮料及防治中暑药品	
	4	是否制定了防暑应急预案	
	5	露天作业是否制定了有效控制措施确保施工安全，如错开作业时间合理避开高温时段等	
	6	项目部对施工队防暑措施是否进行了监督检查	
基坑安全作业管理	1	是否制定了基坑施工应急预案	
	2	应急预案是否进行了培训	
	3	基坑周围的防水排水措施制定情况	
	4	大雨期间基坑的监控、排水措施制定情况	
	5	基坑、基槽的放坡、支护措施	
	6	开挖深度不小于5m或开挖深度小于5m，但现场地质情况和周边环境较复杂的基坑以及其他需要监测的基坑应实施基坑监测的情况	
	7	排水设备是否灵敏、可靠	
临建及居住设施管理	1	临建设施（办公室、食堂、宿舍等）结构是否坚固、可靠，特别是地处山坡、邻近挡土墙的施工工棚、宿舍和位于学校、集贸市场、城区人行路边等人口密集地段的临时围墙的安全管理情况	
	2	可能发生滑坡等地质灾害的现场及临建设施，是否制定了人员疏散等应急措施	
汛期临时用电管理	1	各类露天使用的用电设备的防雨措施	
	2	各类电源箱、开关箱的防雨措施	
	3	对现场照明和动力线有无混线、漏电现象，电杆有无腐蚀、埋设松动等问题的检查整改情况	
	4	现场电气设备的接零、接地保护措施是否牢靠，漏电保护装置是否灵敏，电线绝缘接头是否良好	
	5	是否对暴雨等险情来临之前的用电管理措施进行了明确传达，如施工现场临时用电除照明、排水和抢险用电外，其他电源应全部切断等要求	
脚手架管理	1	悬挑架和附着式升降脚手架在汛期来临前要有加固措施，将架体与建筑物按照架体的高度设置连接件或拉结措施	
	2	落地式钢管脚手架立杆底端应当高于自然地坪50mm，并夯实整平硬化，留出一定散水坡度，在周围设置排水措施，防止雨水浸泡脚手架	

施工单位意见：

参加检查人员签字：

17. ×××工程×××标××××年合同检查记录表

×××工程×××标××××年合同检查记录表

序号	检 查 内 容	检查情况
1	承包人是否按合同约定或程序更换项目经理或技术负责人	
2	承包人实际投入的主要管理人员是否与投标承诺一致	
3	承包人实际投入的主要施工设备是否与投标承诺一致	
4	工程分包是否履行报批手续	
5	分包单位资质、资格是否符合要求	
6	将主体工程、关键性工程是否分包	
7	承包人是否按合同约定的工作内容和施工进度要求，编制施工组织设计和施工进度计划等	
8	承包人是否擅自变更施工方案	
9	是否按照施工图纸和有关技术标准、规程规范和技术要求组织施工	
10	承包人对工程进度滞后是否提出滞后原因分析，是否及时提出调整进度计划	
11	承包人是否及时按合同约定负责临时设施的设计、建造、运行、维护、管理和拆除	
12	承包人是否按合同约定履行安全职责，采取的施工安全措施是否到位，是否确保工程及其人员、材料、设备和设施的安全	
13	承包人为履行合同发出的函件是否盖有承包人授权的施工现场管理机构章，是否有项目经理或其授权代表签字	
14	特殊岗位的工作人员是否持有相应的资格证明	
15	承包人是否与其雇佣的人员签订劳动合同	
16	承包人与其雇佣的人员签订劳动合同是否规范或合法	
17	承包人是否按时发放雇佣人员的工资	
18	承包人是否为雇佣人员提供必要的符合环境保护和卫生要求的生活环境	
19	承包人是否按国家有关劳动保护的规定，采取有效的防止粉尘、降低噪声、控制有害气体和保障高温、高寒、高空作业安全等劳动保护措施	
20	发包人按合同约定支付给承包人的各项价款是否专用于合同工程，造成工程出现质量、安全、工期及资金使用等问题	
21	承包人是否向监理单位提交其负责提供的材料和工程设备的质量证明文件	
22	承包人是否会同监理单位对其所提供的材料和工程设备进行检验和交货验收	
23	发包人提供的材料和工程设备的规格、数量或质量是否符合合同要求	
24	进入施工场地并使用的承包人设备是否经监理单位核查	
25	承包人是否按监理单位指示，进行工程复核测量	
26	施工控制网点丢失或损坏的，承包人是否及时修复	
27	承包人是否执行监理单位有关安全工作的指示	
28	承包人是否在专用合同条款约定的期限内，按合同约定的安全工作内容，编制施工安全措施计划	
29	承包人是否严格按照国家安全标准制定施工安全操作规程，配备必要的安全生产和劳动保护设施	
30	承包人对其人员进行安全教育程度，是否发放安全工作手册	
31	承包人是否制定各类灾害的应急预案	
32	承包人是否对其履行合同所雇佣的全部人员，包括分包人人员的工伤事故承担责任	
33	承包人是否按合同约定的环保工作内容，编制施工环保措施计划	
34	承包人是否按合同约定进行水土保持施工	

续表

序号	检　查　内　容	检查情况
35	承包人是否有未经监理单位批准擅自开工的情况	
36	是否有由于承包人的原因未在合同约定期限内完成合同工程的情况	
37	承包人是否设置专门的质量检查机构、配备专职质量检查人员、建立完善的质量检查制度	
38	承包人是否在合同约定的期限内，提交工程质量保证措施文件	
39	承包人是否对施工人员进行质量教育和技术培训	
40	承包人是否按合同约定对材料、工程设备、工程的所有部位及其施工工艺进行全过程的质量检查和检验	
41	承包人是否按合同约定对全过程的质量检查和检验做详细记录或编制工程质量报表	
42	工程隐蔽部位是否未经验收即进行覆盖	
43	工程隐蔽部位经监理单位检查不合格，承包人是否有未在监理单位指示的时间内整改到位即进入下道工序的情况	
44	承包人是否有使用不合格材料或工程设备影响工程质量	
45	承包人是否按合同约定进行材料试验和检验	
46	承包人是否按合同约定进行工程的工艺试验和检验	
47	承包人是否为监理单位质量检查提供必要的试验资料和原始记录	
48	承包人是否按合同约定建立现场试验场所，是否配备试验人员、试验设备器材以及其他必要的试验条件	
49	承包人是否按合同约定或监理单位指示进行现场工艺试验	
50	承包人是否按监理单位批准的方案处理工程缺陷	
51	承包人是否按发包人要求对最终结清申请提供修正和提供补充资料	
52	发包人和承包人为竣工验收提供的竣工验收资料是否符合国家验收的要求	
53	承包人是否按专用合同条款约定进行工程及工程设备试运行	
54	工程接收证书颁发前，承包人是否按要求对施工场地进行清理	
55	承包人是否按合同要求恢复临时占地	
56	参建单位是否依照有关法律规定参加保险	
57	发包人是否能按合同约定支付预付款或合同价款	
58	承包人提供的文件是否按合同要求的期限和数量提供给监理单位	
59	发包人是否按技术标准和要求（合同技术条款）的约定，向承包人提供施工场地内的工程地质图纸和报告，以及地下障碍物图纸等施工场地有关资料	
60	发包人是否向承包人提供施工现场及施工可能影响的毗邻区域内供水、排水、供电、供气、供热、通信、广播电视等地下管线资料、气象和水文观测资料、拟建工程可能影响的相邻建筑物地下工程的有关资料	
61	承包人是否设立安全生产管理机构，施工现场是否有专职安全生产管理人员	
62	承包人是否在施工组织设计中编制安全技术措施和施工现场临时用电方案	
63	承包人是否制定质量预防措施与安全事故应急预案	
64	承包人是否按合同约定，建立创建文明建设工地的组织机构，制定创建文明建设工地的措施	
施工单位意见：		
参加检查人员签字：		

18. ×××工程×××标工程转包和违法分包专项活动清查表

×××工程×××标工程转包和违法分包专项活动清查表

序号	检 查 内 容	检 查 情 况
1	清查工程转包和违法分包专项活动的学习、宣贯情况	
2	清查工程转包和违法分包专项活动是否成立工作专班、安排专人负责	
3	清查工程转包和违法分包专项活动的自查情况	
4	清查工程转包和违法分包专项活动的自查报告是否报监理处	
5	清查出的问题	
6	对清查出问题的认识	
7	分包单位资质	
8	分包项目经理资质	
9	分包合同报审是否符合合同约定	
10	是否存在转包、违法分包现象	
11	是否存在以包代管现象	
12		
被检查单位意见：		
检查人员签字：		

19. ×××工程×××标××××年××月档案检查表

×××工程×××标××××年××月档案检查表

序号	检 查 内 容	检查情况
1	是否制定本单位档案保管、保密、利用、统计和档案人员岗位责任制等制度	
2	档案人员是否保持相对稳定，文化水平是否达到大专以上	
3	是否及时开展档案管理工作自查	
4	是否做好档案的宣传、教育工作，是否组织或积极参加档案业务知识培训	
5	归档材料是否收集齐全、完整，无漏件、缺页、破损现象	
6	纸质档案组卷是否合理，保管期限是否划分准确，排列是否有序，编号是否规范，目录是否齐全，备考表是否填写完整，装订、装盒是否符合规定、整齐美观	
7	声像材料、电子文档、光盘整理质量是否符合规范要求，目录是否规范统一	
8	完成节点目标任务情况	
9	编制档案卷内目录、案卷目录，档案检索效果	
10	库房内清洁卫生，无虫、霉、潮湿及杂物堆放现象	
11	档案材料收进、移出、借阅利用有登记簿及相关审批手续	
12	有专用档案室，库房符合档案保管要求，档案柜规范统一	
13	根据规定配备空调、复印机、扫描仪、去湿机、计算机等设备	
14	档案保管"八防"措施落实情况，消防安全器材是否在有效使用期内	
15		
被检查单位意见：		
检查人员签字：		

20. ×××工程×××标档案整编进度检查表

×××工程×××标档案整编进度检查表

序号	检 查 内 容	检 查 结 果
1	单位工程验收资料整编情况	
2	分部工程验收资料整编情况	
3	单元工程验收资料整编情况	
4	验收台账（单位、分部、单元）	
5	支付台账整编情况	
6	巡视记录分月装订成册情况	
7	监理月报分月装订成册情况	
8	安全检查记录分月装订成册情况	
9	旁站监理资料分月装订成册情况	
10	工程质量平行检测记录分月统计情况	
11	工程质量跟踪检测记录分月统计情况	
12	见证取样跟踪记录分月统计情况	
13	会议纪要分月统计记录情况	
14	各类监理通知整理与闭合情况	
15	监理报告整理与落实情况	
16	监理日志分月装订成册情况	
17	上级检查整改整编资料情况	
18	大事记（××××年××月）整理情况	
19	声像资料整编情况	
20	竣工图制作情况	
21	已验收分部工程核备情况	
22	监理发文登记情况	
23	监理收文登记情况	
24	其他监理资料整理情况	
25	资料整理、书写、批语规范情况	
施工单位意见：		
参加检查人员签字：		

21. ×××工程×××标档案管理检查记录表

×××工程×××标档案管理检查记录表

检查项目	检 查 内 容	检查结果
档案工作机构的建立	工程档案室的建立	
	必要档案设施、设备的配备	
	是否设有工程档案专项管理资金	

续表

检查项目	检 查 内 容	检查结果
档案人员配备	专职档案人员的设立	
	档案管理业务水平，是否有一定的档案工作经验	
	熟悉并了解工程的概况及工程建设的各个环节与过程，具备一定的水利工程建设知识	
	有良好的职业道德、踏实认真的工作作风	
	保证档案人员相对稳定	
档案管理制度的建立	工程档案管理工作责任制	
	相关人员岗位责任制（领导责任制是否到位）	
	工程档案管理办法	
	档案库房管理制度	
	档案借阅制度	
档案搜集整理情况	档案分类是否清晰、方便查询	
	资料的搜集更新是否及时、完备（成套性与文件材料的完整性）	
	归档范围内的资料是否为原件，文件材料字迹是否清楚、图画是否整洁、文件材质是否优良、书写是否规范	
	电子档案的录入情况	
	声像资料的搜集情况	
施工单位意见：		
参加检查人员签字：		

22. ×××工程×××标春节后施工单位人员、设备到岗、开工检查情况表

×××工程×××标春节后施工单位人员、设备到岗、开工检查情况表

序号	检 查 内 容	检 查 情 况
一	人员到岗情况	
1	经理	
2	副经理	
3	总工程师	
4	总质检师	
5	五大员	
6	其他管理人员	
7	施工人员	
二	主要设备	
1	挖掘机	
2	推土机	
3	自卸车	
4	碾压机	
5	衬砌设备	
6	装载机	

续表

序号	检 查 内 容	检 查 情 况
三	开工情况	
1	土方开挖	
2	土方回填	
3	混凝土工程	
4	清淤	
四	工作会议是否召开	
被检查单位意见：		
参加检查人员：		

23. ××××年第×季度文明施工考核评分表

××××年第×季度文明施工考核评分表　　得分：

工程名称			施工单位		
考核时段		年　月　日至　年　月　日	考核日期		年　月　日

考核项目	考核内容	目 标 要 求	评分标准/分	考核得分/分
现场文明施工管理（100分）	综合管理（30分）	班子团结务实，职工队伍工作作风好，责任心强，有良好的精神风貌	5	
		文明工地创建工作组织机构健全，有创建工作计划；规章制度完善，主要规章制度上墙	5	
		定期开展职业道德和职业纪律教育，对人员进行各项业务培训	3	
		安全保卫措施完善；职工遵纪守法，无违规违纪现象发生	4	
		与其他参建各方关系融洽；正确协调处理与当地政府和周围群众的关系	5	
		无违规分包；劳务分包管理规范，无拖欠民工工资现象	5	
		做好宣传工作，每月向建设单位网站或内部网站、刊物提供稿件不少于1篇	3	
	施工场地布置及管理（25分）	施工场区按施工组织设计总平面布置搭设，实行封闭式管理	5	
		施工现场做到工完、料净、场地清；施工材料堆放整齐，标识分明	5	
		加工厂、仓库、车间、试验室、预制场等应整洁卫生	5	
		施工区道路平整畅通，布置合理；及时养护，及时洒水	7	
		现场主门悬挂施工标牌，进出口设企业标志；有门卫制度，施工现场管理人员佩带工作卡	3	
	生活区布置及管理（20分）	生活区应设统一的围墙，布局应合理、环境卫生良好；有医疗保健措施，并设专职或兼职卫生员	7	
		有职工文化活动和学习场所；职工食堂干净卫生，符合卫生检验要求；办公室、职工宿舍整洁、卫生	8	
		宣传教育氛围浓厚，设立宣传栏、读报栏、黑板报，各种宣传标语醒目	5	
	环境保护（25分）	施工区排水畅通，无严重积水现象；弃土、弃渣堆放整齐，垃圾集中堆放并集中清运、处理	7	
		采取有效的措施，防止或减少粉尘、废水、废气、固体废弃物、噪声、振动和施工照明对人和环境的危害和污染	8	
		建立完善的环境保护体系和职业健康保护措施；无随意践踏、砍伐、挖掘、焚烧植被和捕猎野生保护动物现象	6	
		遵守相关法律法规，在施工过程中无破坏国家文物等有价值物品的现象	4	
说明：				
现场文明施工考核组成员会签：				

24. ××××年××月质量检查表

××××年××月质量检查表

序号	检 查 内 容	检 查 情 况
1	质量目标的宣贯、上墙与发文情况	
2	与下属作业队是否签订质量责任书	
3	已报验单元工程优良率	
4	土方回填实际压实度	
5	现场质量管理人数及常驻工地天数	
6	岗位责任制奖惩情况	
7	特殊人员持证上岗情况	
8	"三检制"落实情况	
9	原材料、中间产品进场检测情况	
10	混凝土、砂浆指标检测是否符合设计要求	
11	工程质量例会召开及纪要情况	
12	质量缺陷检查记录、原因分析及处理	
13	同类型质量缺陷是否反复出现	
14	对监理通知所发现问题的处理情况	
15	对现场监理巡视发现问题的处理情况	
16	验收资料整理与归档情况	
17		
施工单位意见：		
参加检查人员签字：		

25. ××××年××月进度检查表

××××年××月进度检查表

序号	检 查 内 容	检 查 情 况
1	××月进度目标的宣贯、发文情况	
2	与下属作业队是否签订进度计划	
3	××月项目经理到位情况	
4	××月项目副经理到位情况	
5	××月项目总工程师到位情况	
6	××月项目总质检师到位情况	
7	××月挖掘机数量	
8	××月推土机数量	
9	××月自卸车数量	
10	××月碾压机数量	
11	××月装载机数量	
12	××月施工进度计划编制情况	
13	××月业主下达的开挖量完成情况	
14	××月业主下达的回填完成情况	
15	××月业主下达的混凝土量完成情况	
16	××月业主下达的投资完成情况	
没完成××月进度计划的主要原因分析：		
施工单位意见：		
参加检查人员签字：		

26．××××年××月安全检查表

××××年××月安全检查表

序号	检 查 内 容	检 查 情 况
1	安全生产许可证有效期	
2	安全生产责任制编制情况	
3	安全管理目标的宣贯、上墙与发文情况	
4	与下属作业队是否签订安全责任书	
5	安全生产例会召开情况	
6	定期检查安全生产记录情况	
7	现场安全管理人数及常驻工地天数	
8	安全岗位责任制奖惩情况	
9	特种作业人员资格证书情况	
10	安全生产应急预案编制与落实情况	
11	安全警示标志是否规范、更新是否及时	
12	施工前安全技术交底情况	
13	消防安全责任制落实情况	
14	个体安全防护执行情况	
15	危险作业人员保险情况	
16	特种设备验收情况	
17	工程度汛方案的编制与落实情况	
18	安全管理资料整理与归档情况	
施工单位意见：		
参加检查人员签字：		

27．安全生产、安全度汛及"打非治违"检查记录表

安全生产、安全度汛及"打非治违"检查记录表

序号	检查项目	检 查 内 容	检查结果
一	制度、机构及人员	安全生产管理组织机构是否健全	
		是否制定了安全生产责任制	
		安全生产管理目标是否明确	
		项目经理是否具备安全生产执业资格	
		是否足额配备专职安全技术人员，岗位职责是否明确	
		是否制定安全管理制度、安全生产操作规程，相关制度是否进行了宣贯、上墙	
		是否制定、执行安全生产例会制度，并且记录完整	
		是否建立安全工作考核体系	
		是否制定针对性和操作性强的事故紧急情况应急预案	
		施工管理及作业人员是否办理意外伤害保险	
二	安全技术措施	是否严格执行安全生产管理规定和施工前安全技术交底制度，签字手续是否完整	
		专职安全生产管理人员是否具有安全生产合格证	
		施工现场各种标识牌、警示牌是否齐全、醒目	
		是否建立消防安全责任制	

续表

序号	检查项目	检 查 内 容	检查结果
二	安全技术措施	消防标志是否完整，灭火器材是否配备齐全	
		施工人员安全防护用品是否配备齐全、佩戴规范	
		施工设备是否定期进行维护、保养、检测，有无相关检测记录	
		是否建立特种设备管理制度	
		特种设备是否按规定进行注册登记，是否经检验合格，取得安全使用证	
		重大危险源和重大安全隐患是否登记建档，定期进行检测、评估、监控	
		是否建立易燃、易爆材料的采购、运输、保管制度，记录是否齐全	
		是否按规定设置道路交通与安全标志，干扰较大和交叉路口是否有设岗指挥措施	
		施工供配电网络布置是否合理、安全	
		施工现场危险区域是否设立防护栏、安全网等安全设施	
		安全作业环境及安全施工措施费是否达到投标承诺	
三	安全教育培训	是否制定安全生产培训制度	
		是否严格按计划进行安全生产教育培训和考核，并有详细记录	
		培训经费是否落实	
		特殊工种人员是否持证上岗	
四	安全检查	是否定期进行安全生产检查，记录是否完整	
		是否建立安全生产检查档案	
		是否对检查中存在的问题进行了跟踪与整改	
		安全记录、台账、资料报表是否齐全、完整、可靠	
		是否及时提供监督所需资料，监督意见是否及时落实	
五	防汛工作	工程度汛方案编制情况	
		工程形象进度面貌是否满足度汛要求	
		度汛责任制落实情况	
		防汛抢险应急预案编制及演练情况	
		抢险队伍及防汛物资准备情况	
		汛期值班、信息处理及汛情、险情上报制度建立情况	
六	预防坍塌事故	预防坍塌事故实施方案是否编制	
		防范重点内容及部位是否明确	
		责任制是否落实	
		针对关键工作环节或事故隐患，安全技术规范编制是否落实	
		预防坍塌事故监管、管理过程是否有检查记录	
七	"打非治违"	实施方案是否制定	
		自查自纠工作开展情况	
施工单位意见：			
参加检查人员：			

28. 建筑物混凝土工程钢筋安装工序施工质量检查记录表

建筑物混凝土工程钢筋安装工序施工质量检查记录表

	标段名称					
	单位工程名称			钢筋安装工程量/t		
	分部工程名称			安装（含制作）工人数		
	单元工程名称、部位			检查日期		年　月　日
指标类型	检查内容	质量标准	检验要求	检查（测）记录	合格点数	合格率
检查指标	钢筋数量、规格尺寸、安装位置 *	符合设计要求	全数检查，100%合格			
	脱焊点和漏焊点	无脱（漏）焊点	全数检查，100%合格			
	接头分布 *	同一截面受力筋，构件受拉区接头截面面积占受力钢筋总截面面积百分率不超过 25%（绑扎接头）或 50%（焊接或套筒连接）	施工单位和监理单位全数检查，100%合格；项目法人和建管单位抽查			
	直螺纹丝头保护	丝头无破损现象	全数检查，100%合格			
	直螺纹丝头加工 *	钢筋端部断面平整，且与轴线垂直	施工单位和监理单位全数检查，100%合格；项目法人和建管单位抽查			
检测指标	受力钢筋间距偏差 *	±1/10 设计间距	每仓连续检查不少于 10 点			
	钢筋保护层偏差	±1/4 钢筋净保护层厚度	每仓连续检查不少于 10 点			
	钢筋长度方向偏差	±1/2 钢筋净保护层厚度	每仓连续检查不少于 10 点			
	绑扎	缺扣、松扣数量不大于 20%，且不集中；搭接长度满足规范要求	每仓连续检查不小于 10 点			
	电弧焊	帮条对焊接头中心的纵向偏移差不大于 0.5d（d 为钢筋直径，下同）	每仓连续检查不小于 10 点			
		焊缝饱满长度允许偏差 $-0.5d$	每仓连续检查不小于 10 点			
		咬边深度 0.05d 且大于 1mm				
		表面气孔夹渣在长度 2d 上不多于 2 个；直径不大于 3mm				
	对焊	接头处钢筋中心线的位移：允许偏差 0.1d，且不大于 2mm	每仓连续检查不小于 10 点			
	直螺纹套筒连接	丝头加工有效螺纹长度满足规范要求	随机抽查不小于 10%，且不小于 10 点			
		接头应有外露有效螺纹且单边外露有效螺纹不超 2 扣；接头拧紧力矩值满足规范要求				
检查结果	1. 检查指标有____个全部符合质量标准，有____个基本符合质量标准，有____个不符合质量标准。 2. 检测指标有____个合格率在 90% 及以上，有____个合格率在 70% 以上，有____个合格率在 70% 以下。 3. 工序检查结果为（好、中、差）。					
	监理单位现场人员（签字）		检查人员（签字）			
	检查组织单位：					

注 ＊表示重点检查内容，下同。

29. 建筑物混凝土工程模板（含止水）安装工序施工质量检查记录表

建筑物混凝土工程模板（含止水）安装工序施工质量检查记录表

标段名称						
单位工程名称			模板工程量/m²			
分部工程名称			模板（含止水）安装工人数			
单元工程名称、部位			检查日期		年　月　日	
指标类型	检查指标	质量标准	检验要求	检查（测）记录	合格点数	合格率
检查指标	止水连接	橡胶止水带接头连接牢固	全数检查			
		金属止水片搭接长度不小于20mm且需双面氧焊	全数检查			
		连接方式符合设计要求	全数检查			
	止水防护	有效防护，无污染，无受损，未失效	全数检查			
	模板稳定性、刚度和强度	支撑牢固、稳定	全数检查			
检测指标	相邻模板高差	外露表面不大于2mm	每仓不少于24点			
		隐蔽内面不大于5mm				
	止水中心线偏移	<5mm	全数检查且每边不小于3点			
检查结果	1. 检查指标有＿＿个全部符合质量标准，有＿＿个基本符合质量标准，有＿＿个不符合质量标准。 2. 检测指标有＿＿个合格率在90%及以上，有＿＿个合格率在70%以上，有＿＿个合格率在70%以下。 3. 工序检查结果为（好、中、差）。					
监理单位现场人员（签字）			检查人员（签字）			
检查组织单位：						

30. 建筑物混凝土工程混凝土浇筑工序质量检查记录表

建筑物混凝土工程混凝土浇筑工序质量检查记录表

标段名称						
单位工程名称			浇筑工程量/m³			
分部工程名称			浇筑振捣人工数			
单元工程名称、部位			检查日期		年　月　日	
指标类型	检查内容	质量标准	检验要求	检查（测）记录	合格点数	合格率
检查指标	砂浆铺筑	厚度均匀且不大于3cm	全数检查			
	入仓混凝土料	无不合格料入仓	全数检查			
	平仓分层	厚度不大于50cm，铺设均匀、分层清楚、无骨料集中	全数检查			
	混凝土振捣	振捣有序，无架空和漏振	全数检查			
	露筋	无	全数检查			
	蜂窝、空洞	轻微、少量、不连接，单个面积不超过0.1m²，深度不超过骨料最大粒径，累计面积小于5%	全数检查			
	麻面、气泡	少量，累计面积小于5%	全数检查			
	深层及贯穿裂缝	无	全数检查			
	冷缝	无	全数检查			

续表

检测 指标	过流面混凝土 表面整平度	整平度不大于 8mm/2m	每仓不少于 24 点			
检查 结果		1. 检查指标有____个全部符合质量标准，有____个基本符合质量标准，有____个不符合质量标准。 2. 检测指标有____个合格率在 90％及以上，有____个合格率在 70％以上，有____个合格率在 70％以下。 3. 工序检查结果为（好、中、差）。
	监理单位现场人员（签字）		检查人员（签字）		
	检查组织单位：					

31. 建筑物混凝土工程施工缝凿毛工序质量检查记录表

建筑物混凝土工程施工缝凿毛工序质量检查记录表

	标段名称				
	单位工程名称		凿毛工程量/m²	
	分部工程名称		凿毛工人数	
	单元工程名称、部位		检查日期	年　月　日
指标类型	检查指标	质量标准	检验要求	检验记录
检查指标	施工缝凿毛	无乳皮、无松动混凝土块， 微露粗砂，清理干净	全数检查	
检查结果		1. 检查指标（全部、基本、不）符合质量标准。 2. 工序检查结果为（好、中、差）。
	监理单位现场人员（签字）		检查人员（签字）	
	检查组织单位：				

32. 建筑物混凝土工程混凝土养护工序施工质量检查记录表

建筑物混凝土工程混凝土养护工序施工质量检查记录表

	标段名称				
	单位工程名称		养护面积/m²	
	分部工程名称		保温及养护工人数	
	单元工程名称、部位		检查日期	年　月　日
指标类型	检查内容	质量标准	检验要求	检验记录
检查指标	养护时间、 措施 *	养护时间不少于 28d； 采用养护剂养护时，养护 剂涂刷及时、均匀覆盖混 凝土表面；采用水养护 时，混凝土表面保持湿润	施工单位和监理单位全 数检查，项目法人和建管 单位抽查	
	冬季施工保温 措施 *	在 28d 养护期内，保温 措施有效，覆盖或遮蔽 良好	施工单位和监理单位全 数检查，项目法人和建管 单位抽查	
检查结果		1. 养护措施（符合、基本符合、不符合）要求，保温措施（符合、基本符合、不符合）要求。 2. 有____条裂缝，其中____为贯穿性裂缝。 3. 工序检查结果为（好、中、差）。
	监理单位现场人员（签字）		检查人员（签字）	
	检查组织单位：				

33. 建筑物周边土方回填工序施工质量检查记录表

建筑物周边土方回填工序施工质量检查记录表

标段名称					
单位工程名称		单元碾压层工程量/m³			
分部工程名称		班组人数 （不含回填料开挖及运输）			
单元工程名称、部位		检查日期	年　月　日		
指标 类型	检查内容	质量标准	检验要求	检查（测） 记录	合格 点数	合格 率
检查 指标	土料土质、土块粒径	无不合格土（杂物及超径石块）；符合规范要求	全数检查			
	建筑物表面清理	外露铁件切除及防锈符合设计要求，无乳皮、粉尘、油污等	施工和监理单位全数 检查，项目法人和 建管单位抽查			
	泥浆涂刷	涂刷前湿润建筑物表面；涂刷高度与铺土厚度一致，无超前涂刷现象；涂层厚度3～5mm，并与下部涂层衔接。泥浆比重符合规范要求				
	层间结合面处理	层面湿润均匀，无积水；采用光面碾压时，表面20～30mm，无空白、风干现象	全数检查			
检测 指标	分层铺料厚度偏差	厚度偏差范围为［−50mm，0］	每层不少于3点			
	一般部位压实度	符合设计要求	每100～200m³ 检测1次，且每层 不少于3点			
	建筑物周边压实度	符合设计要求	每层不少于3点			
检查 结果	1. 检查指标有____个全部符合质量标准，有____个基本符合质量标准，有____个不符合质量标准。 2. 压实度合格率____%（大于、等于、小于）设计要求；压实度最小值为____，（大于、等于、小于）设计压实度。 3. 其他检测指标有____个合格率在90%及以上，有____个合格率在70%以上，有____个合格率在70%以下。 4. 工序检查结果为（好、中、差）。					
监理单位现场人员（签字）		检查人员（签字）			
检查组织单位：					

34. 建筑物混凝土工程预应力张拉工序施工质量考核记录表

建筑物混凝土工程预应力张拉工序施工质量考核记录表

标段名称					
单位工程名称		张拉工程量/t			
分部工程名称		张拉工人数			
单元工程名称、部位		考核日期	年　月　日		
指标 类型	考核内容	质量标准	检验要求	检查（测） 记录	合格 点数	合格 率
检查 指标	操作人员	操作人员经过上岗专业技术培训，并有培训合格证明	全数检查			
	张拉机具安装	安装前，外露预应力筋（钢绞线）必须除锈；承压面洁净	施工和监理单位全 数检查，项目法人和 建管单位抽查			
		安装后夹片间隙应相等，夹片后座应在同一平面				

指标类型	考核内容	质量标准	检验要求	检查（测）记录	合格点数	合格率
检查指标	张拉机具安装	张拉应对称循环、不少于2个循环，直至各根预应力筋相邻两次预紧伸长值不超过3mm				
		锚具安装后不能及时张拉时，应对外露钢绞线和锚具进行保护				
	张拉	张拉程序和张拉控制力符合设计、规范要求				
		每级张拉吨位与理论伸长值符合设计要求；张拉加载速率每分钟不超过 $0.1\sigma_{con}$				
		超张拉和锁定吨位符合设计、规范要求				
	张拉记录	及时、详细、准确、如实地记录，记录表填写规范、签字完整				
检测指标	伸长值允许偏差	实测伸长值应小于理论计算伸长值的 $\pm6\%$	施工和监理单位每构件不少于10束，项目法人和建管单位抽查			
考核结果	1. 检查指标有____个全部符合质量标准，有____个基本符合质量标准，有____个不符合质量标准。 2. 检测指标有____个合格率在90%及以上，有____个合格率在70%及以上，有____个合格率在70%以下。 3. 工序考核结果为（好、中、差）。					
监理单位现场人员（签字）			检查人员（签字）			
考核单位：						

35. 建筑物混凝土工程预应力孔道灌浆工序施工质量考核记录表

建筑物混凝土工程预应力孔道灌浆工序施工质量考核记录表

标段名称			
单位工程名称		张拉工程量/t	
分部工程名称		张拉工人数	
单元工程名称、部位		考核日期	年 月 日

指标类型	考核内容	质量标准	检验要求	检查（测）记录	合格点数	合格率
检查指标	孔道清洗	管道内无积水和杂物	施工和监理单位全数检查，项目法人和建管单位抽查			
	灌浆	浆材、浆比、强度符合设计要求	施工和监理单位全数检查，项目法人和建管单位抽查			
		灌浆压力0.5～0.6MPa、回浆比重不小于进浆比重；管道内灌浆压力保持0.08～0.1MPa	施工和监理单位全数检查，项目法人和建管单位抽查			
检测指标	灌浆量	大于理论值	施工和监理单位全数检查，项目法人和建管单位抽查			

考核结果	1. 检查指标有____个全部符合质量标准，有____个基本符合质量标准，有____个不符合质量标准。 2. 检测指标有____个合格率在90％及以上，有____个合格率在70％及以上，有____个合格率在70％以下。 3. 工序考核结果为（好、中、差）。		
施工单位现场质检人员（签字）		考核人员（签字）	
考核单位：			

36. 渠道衬砌工程透水管安装工序施工质量考核记录表

渠道衬砌工程透水管安装工序施工质量考核记录表

标段名称						
单位工程名称			透水管安装长度/m			
分部工程名称			安装工人数			
单元工程名称、部位			考核日期		年　月　日	
指标类型	考核内容	质量标准	检验要求	检查（测）记录	合格点数	合格率
检查指标	透水管铺设 *	管线顺直、无明显起伏；铺设于砂砾层中央；接头对接整齐、牢固、不错缝；外包土工布平整均匀、松紧适度	施工和监理单位全数检查，项目法人和建管单位抽查			
检测指标	透水管周围砂垫层厚度偏差 *	厚度偏差为［－20mm，20mm］	每单元不少于10点			
考核结果	1. 检查指标有____个全部符合质量标准，有____个基本符合质量标准，有____个不符合质量标准。 2. 检测指标有____个合格率在90％及以上，有____个合格率在70％及以上，有____个合格率在70％以下。 3. 工序考核结果为（好、中、差）。					
施工单位现场质检人员（签字）			考核人员（签字）			
考核单位：						

37. 渠道衬砌工程逆止阀安装工序施工质量考核记录表

渠道衬砌工程逆止阀安装工序施工质量考核记录表

标段名称					
单位工程名称			逆止阀安装数量/个 （每次检查不少于20个）		
分部工程名称			安装工人数		
单元工程名称、部位			考核日期	年　月　日	
指标类型	考核内容	质量标准	检验要求	检验记录	
检查指标	间距、位置 *	符合设计要求	全数检查		
	与透水管连接 *	连接牢固，无松动歪斜	全数检查		
	拍门方向 *	拍门安装方向符合设计要求	全数检查		
	与衬砌面板相对位置 *	符合设计要求，无明显凹陷或突出	全数检查		
考核结果	1. 检查指标有____个全部符合质量标准，有____个基本符合质量标准，有____个不符合质量标准。 2. 工序考核结果为（好、中、差）。				
施工单位现场质检人员（签字）			考核人员（签字）		
考核单位：					

38. 渠道衬砌工程土工膜连接工序施工质量考核记录表

渠道衬砌工程土工膜连接工序施工质量考核记录表

标段名称						
单位工程名称			单元工程的衬砌面积/m²			
分部工程名称			焊接工人数			
单元工程名称、部位			考核日期		年 月 日	
指标类型	考核内容	质量标准	检验要求	检查（测）记录	合格点数	合格率
检查指标	铺设、搭接方向*	渠坡顺垂直水流方向铺设，渠底顺水流方向铺设；渠坡、渠底横缝、上下游搭接幅度	全数检查			
	焊缝检测*	充气试验气压 0.15～0.2MPa，稳压时间 1～5min，压力无明显下降	施工和监理单位全数检查，项目法人和建管单位抽查			
	黏结质量*	黏结均匀，无漏接点；黏结膜的拉伸强度要求不低于母材的 80%，且断裂不得在接缝处				
检测指标	搭接宽度*	搭接宽度不小于 100mm	全数检查			
考核结果	1. 检查指标有____个全部符合质量标准，有____个基本符合质量标准，有____个不符合质量标准。 2. 检测指标有____个合格率在 90% 及以上，有____个合格率在 70% 及以上，有____个合格率在 70% 以下。 3. 工序考核结果为（好、中、差）。					
施工单位现场质检人员（签字）			考核人员（签字）			
考核单位：						

39. 渠道衬砌工程混凝土浇筑工序质量检查记录表

渠道衬砌工程混凝土浇筑工序质量检查记录表

标段名称						
单位工程名称			单元工程的衬砌面积/m²			
分部工程名称			浇筑振捣工人数			
单元工程名称、部位			检查日期		年 月 日	
指标类型	考核内容	质量标准	检验要求	检查（测）记录	合格点数	合格率
检查指标	入仓混凝土	无不合格料入仓	全数检查			
	混凝土振捣	留振时间合理，无漏振、过振、表面出浆	全数检查			
	收面压光质量*	表面无气泡、平整、光滑、无抹痕	施工和监理单位全数检查，项目法人和建管单位抽查			
检测指标	平整度*	平整度不大于 8mm/2m	每个单元不少于 5 个断面，每个断面不少于 5 点			
检查结果	1. 检查指标有____个全部符合质量标准，有____个基本符合质量标准，有____个不符合质量标准。 2. 检测指标有____个合格率在 90% 及以上，有____个合格率在 70% 及以上，有____个合格率在 70% 以下。 3. 工序检查结果为（好、中、差）。					
监理单位现场人员（签字）			检查人员（签字）			
检查组织单位：						

40. 渠道衬砌工程混凝土养护工序施工质量检查记录表

渠道衬砌工程混凝土养护工序施工质量检查记录表

标段名称					
单位工程名称			养护面积/m²		
分部工程名称			保温及养护工人数		
单元工程名称、部位			检查日期		年　月　日
指标类型	检查内容	质量标准	检验要求		检验记录
检查指标	养护措施 *	采用洒水养护，混凝土表面保持湿润，养护时间不少于28d	施工和监理单位全数检查，项目法人和建管单位抽查		
	冬季施工保温措施 *	在28d养护期内，保温措施有效，覆盖或遮蔽良好			
	贯穿性裂缝 *	经处理后符合设计要求	全数检查		
检查结果	1. 本单元工程有____条裂缝（条/1000m²），其中____条长度超过4m。 2. 养护措施（符合、基本符合、不符合）要求，保温措施（符合、基本符合、不符合）要求。 3. 工序检查结果为（好、中、差）。				
监理单位现场人员（签字）			检查人员（签字）		
检查组织单位：					

41. 渠道衬砌工程切缝工序施工质量检查记录表

渠道衬砌工程切缝工序施工质量检查记录表

标段名称						
单位工程名称			100延米范围内切缝长度/m			
分部工程名称			切缝工人数			
单元工程名称、部位			检查日期		年　月　日	
指标类型	检查内容	质量标准	检验要求	检查（测）记录	合格点数	合格率
检查指标	切缝时间	切缝时衬砌混凝土抗压强度为1~5MPa	施工和监理单位全数检查，项目法人和建管单位抽查			
检测指标	切缝深度 *	判定"好"时，按［-0.5mm，0］控制；判定"中""差"时，按［-10mm，0］控制	每单元不少于30点			
检查结果	1. 检查指标有____个全部符合质量标准，有____个基本符合质量标准，有____个不符合质量标准。 2. 检测指标有____个合格率在90%及以上，有____个合格率在70%及以上，有____个合格率在70%以下。 3. 工序检查结果为（好、中、差）。					
监理单位现场人员（签字）			检查人员（签字）			
检查组织单位：						

42. 渠道衬砌工程嵌缝工序施工质量检查记录表

渠道衬砌工程嵌缝工序施工质量检查记录表

标段名称		
单位工程名称		100延米范围内嵌缝长度/m
分部工程名称		嵌缝工人数
单元工程名称、部位		检查日期　　年　月　日

续表

指标类型	检查内容	质量标准	检验要求	检查（测）记录	合格点数	合格率
检查指标	伸缩缝清理	缝内灰尘、混凝土余渣、杂物等及时清理干净，嵌缝前保持清洁、干燥	全数检查			
	嵌缝填充*	填充饱满，表面齐平，黏接牢固，压实抹光，边缘顺直	全数检查			
检测指标	嵌缝厚度*	不小于设计值	每单元不少于 30 点			
检查结果	1. 检查指标有＿＿＿个全部符合质量标准，有＿＿＿个基本符合质量标准，有＿＿＿个不符合质量标准。 2. 检测指标有＿＿＿个合格率在 90% 及以上，有＿＿＿个合格率在 70% 及以上，有＿＿＿个合格率在 70% 以下。 3. 工序检查结果为（好、中、差）。					
监理单位现场人员（签字）			检查人员（签字）			
检查组织单位：						

43. 填方渠道渠堤填筑工序施工质量检查记录表

填方渠道渠堤填筑工序施工质量检查记录表

标段名称						
单位工程名称			单元碾压层工程量/m³			
分部工程名称			班组人数（不含回填料开挖及运输）			
单元工程名称、部位			检查日期		年 月 日	

指标类型	检查内容	质量标准	检验要求	检查（测）记录	合格点数	合格率
检查指标	土质、粒径*	无不合格土（杂物及超径石块）；粒径不大于 15cm（水泥改性土、弱膨胀土填筑土料粒径应不大于 10cm）	全数检查			
	碾压作业程序*	碾压机械行走平行于堤轴线，碾迹及搭接碾压符合要求	施工和监理单位全数检查，项目法人和建管单位抽查			
	层间结合面处理*	层面湿润均匀、无积水；采用光面碾碾压时，表面刨毛 20～30mm，无空白、风干现象				
	接坡处理	符合设计要求				
检测指标	铺料厚度*	允许偏差：0～5cm（弱膨胀土和水泥改性土为±2cm）	每 100～200m² 检测 1 次			
	铺料边线*	允许偏差大于 10cm	沿轴线长度每 20～50m 测 1 次			
	压实指标*	符合设计要求	每 100～200m³ 检测 1 次，且每层不少于 3 点			
检查结果	1. 检查指标有＿＿＿个全部符合质量标准，有＿＿＿个基本符合质量标准，有＿＿＿个不符合质量标准。 2. 压实度合格率＿＿＿%，（大于、等于、小于）设计要求；压实度最小值为（大于、等于、小于）设计压实度。 3. 其他检测指标有＿＿＿个合格率在 90% 以上，有＿＿＿个合格率在 70% 及以上，有＿＿＿个合格率在 70% 以下。 4. 工序检查结果为（好、中、差）。					
监理单位现场人员（签字）			检查人员（签字）			
检查组织单位：						

44. 改性土换填工序施工质量检查记录表

改性土换填工序施工质量检查记录表

标段名称						
单位工程名称			单元碾压层工程量/m³			
分部工程名称			班组人数 （不含回填料开挖及运输）			
单元工程名称、部位			检查日期		年 月 日	
指标 类型	检查内容	质量标准	检验要求	检查（测） 记录	合格 点数	合格 率
检查 指标	渗水处理 *	渠底及边坡渗水（含泉眼）妥善引排或封堵，建基面清洁无积水	全数检查			
	层间结合面处理 *	层面湿润均匀、无积水；采用光面碾碾压时，表面刨光 20～30mm，无空白、无风干现象	施工和监理单位全数检查，项目法人和建管单位抽查			
检测 指标	土料 *	土粒径不大于 10cm，10～5cm 粒径含量不大于 5%，5cm～5mm 粒径含量不大于 50%（不计姜石含量）	每拌和批次不大于 600m³，取样不少于 6 个			
	水泥改性土均匀度	平均水泥含量不小于试验确定值；水泥含量标准差不大于 0.7	每拌和批次不大于 600m³，取样不少于 6 个			
	压实度 *	合格率不小于 95%，不合格样不得集中在局部范围内	每 100～200m³ 检测 1 次，且每层不少于 3 点			
	渠底高程	允许偏差：0～−5cm	每个单元测 3 个断面，每个断面不少于 3 点			
检查 结果	1. 检查指标有____个全部符合质量标准，有____个基本符合质量标准，有____个不符合质量标准。 2. 压实度合格率____%，（大于、等于、小于）设计要求；压实度最小值为____，（大于、等于、小于）设计压实度。 3. 其他检测指标有____个合格率在 90% 以上，有____个合格率在 70% 以上，有____个合格率在 70% 以下。 4. 工序检查结果为（好、中、差）。					
监理单位现场人员（签字）			检查人员（签字）			
检查组织单位：						

45. 混凝土施工原材料质量检查要点表

混凝土施工原材料质量检查要点表

序号	检查项目	检查内容	检查结果
1	水泥	检查产品合格证、出厂检验报告	
		检查进场复验检测报告（每 200～400t 同品种、同标号的水泥为一批次取样单位，如不足 200t，也作为一批次取样单位）	
		取样见证单	
2	粉煤灰	检查出厂合格证	
		检查进场复验检测报告（每 100～200t 为一取样单位，不足 100t 时也作为一个取样单位）	
		取样见证单	

续表

序号	检查项目	检 查 内 容	检查结果
3	粗细骨料	检查进场复验检测报告（按进场的批次和产品的抽样检验方案确定），一般用大型工具运输的400m³或600～1200t为一验收批，用小型工具运输的以200m³或300t为一验收批	
		取样见证单	
4	外加剂	检查产品合格证、出厂检验报告	
		检查进度复验检测报告（减水剂溶液浓缩物，以5t为取样单位，加气剂以200kg为取单位）	
		取样见证单	
5	混凝土中氯化物和碱的总含量	检查原材料试验报告和氯化物、碱的总含量计算书	
6	拌制混凝土用水	检查水质试验报告	
		取样见证单	
施工单位意见：			
参加检查人员签字：			

46. 混凝土施工过程中拌和站跟踪检查表

混凝土施工过程中拌和站跟踪检查表

序号	检查项目	检 查 内 容	检查结果
1	检查细骨料（砂）	含水量（每4h检测1次）	
		细度模数（每天检测1次）	
		含泥量（每天检测1次）	
2	检查粗骨料（石）	小石含水量（每4h检测1次）	
		含泥量（每8h检测1次）	
		超逊径（每8h检测1次）	
3	检查混凝土配合比	检查混凝土配合比试验报告	
		检查现场混凝土配料单（要求配料单有时间、监理签字，拌和站和项目部各1份）	
4	混凝土拌和	每班称量前，应对称量设备进行零点校验	
		在混凝土拌和生产中，对各种原材料的配料称量进行检查并记录（每8h应不少于2次）	
		混凝土拌和时间（每4h应检测1次）	
		混凝土坍落度（每4h应检测1～2次）	
		引气混凝土的含气量（每4h应检测1次）	
		混凝土拌和物温度、气温和原材料的温度（每4h应检测1次）	
施工单位意见：			
参加检查人员签字：			

47. ×××工程×××标特种设备检查表

×××工程××标特种设备检查表

序号	检查内容	检查结果
1	设备名称	
2	设备制造形式	
3	型号	
4	投入本项目的时间	
5	拟使用部位	
6	使用情况	
7	检验申请情况	
8	检验机构	
9	检验日期	
10	检验结果	
11	检验合格报告编号	
12	检定有效期	
13	施工单位定期检验、检修负责人	
14		
施工单位人员签字：		
监理处人员签字：		
业主驻现场代表签字：		

注　1. 本表由各施工单位、监理、业主代表检查填写。

　　2. "设备制造形式"分"自行设计、自行组装"和"采购、租赁的成套设备"两种情况。

　　3. "使用情况"栏应按实际情况填写"已使用"或"未使用"。

　　4. "检验申请情况"应按实际情况填写"未申请检验""已申请检验""已申请检验并交检测费""已完成检验工作，并已收到检验合格的报告"。

　　5. 检查项目均应有完整齐全记录表。

48. ×××工程×××标混凝土拌和站（楼）检查表

×××工程×××标混凝土拌和站（楼）检查表

序号	检查项目	检查内容	检查结果
1	拌和站场地设施建设	拌和站封闭式管理情况	
		站内分区设置情况	
		排水系统情况	
		施工安全用电情况	
		安全文明标志设置情况	
2	人员设备配置情况	负责人、操作人员资质	
		拌和站计量标定情况	
		拌和站控制室	
		料仓材料存放情况	
		各种管理制度和设备操作规程是否齐全	
3	原材料质量控制	散装水泥、煤粉灰的储存使用情况	
		外加剂的储存使用情况	
		砂石料分区存放情况	
		各种材料标识牌设置情况	
		消防器材设备	
		原材料管理台账建立情况	

续表

序号	检查项目	检 查 内 容	检 查 结 果
4	生产过程控制	混凝土生产计量标定	
		拌和机检查记录	
		试验人员混凝土配料单及旁站	
		拌和站生产记录和混凝土与配合比比较	
		配合比标识牌设置管理	
		作业人员安全劳动保护	
		混凝土生产记录和运输单管理等情况	
5	环境保护情况	拌和楼的全封闭设置	
		拌和站砂石料	
		车辆清洗情况	
		施工噪声情况	
		废水废油、生活污水排放情况	
		拌和站专人管理等情况	
6	拌和站质量管理情况	集中拌和情况	
		试验人员配备、仪器标定检测	
		拌和站质量管理制度及落实情况	
		混凝土质量试验检测制度及落实情况	
		水泥、煤粉灰、外加剂是否有防潮、防变质措施	
		混凝土运输途中是否有加水等情况	

施工单位意见：

参加检查人员签字：

49. ×××工程×××标混凝土施工检查记录表

×××工程×××标混凝土施工检查记录表

施 工 部 位				
天气情况	天气	上午：		下午：
	气温	最高气温：___℃		最低气温：___℃

序号	检 查 内 容	检 查 结 果
1	混凝土设计标号	
2	混凝土配合比	
3	混凝土数量/m³	
4	浇筑时间	
5	混凝土拌和方法	
6	混凝土振捣方法	
7	坍落度要求	
8	混凝土级配单编号	
9	水泥品种及出厂时间	
10	粗骨料石品种规格	
11	砂品种规格	
12	外加剂品种	

续表

序号	检查内容		检查结果
13	坍落度测试情况	时间	
		坍落度/mm	
14	混凝土试块留置情况	抗压标养/组	
15		抗压同条件/组	
16		抗渗/组	
17		拆模试块/组	
18	养护情况		
19	施工活动情况		
20	质量、安全、设备及技术措施情况		
21	混凝土开仓证		
22	施工单位质检员、施工员		
施工单位意见：			
参加检查人员签字：			

5.6　水利水电工程外观质量评定办法

1. 基本规定

（1）水利水电工程外观质量评定办法，按工程类型分为：枢纽工程、堤防工程、引水（渠道）工程、其他工程等四类。

（2）附录中的外观质量评定表列出的某些项目，如实际工程中无该项内容，应在相应检查、检测栏内用斜线"/"表示；工程中有附录中未列出的外观质量项目时，应根据工程情况和有关技术标准进行补充。其质量标准及标准分由项目法人组织监理、设计、施工等单位研究确定后报工程质量监督机构核备。

2. 枢纽工程外观质量评定方法

（1）枢纽工程中的水工建筑物外观质量评定表见表5.13。

表 5.13　　　　　　　　　枢纽工程中的水工建筑物外观质量评定表

单位工程名称				施工单位			
主要工程量				评定日期		年　月　日	

项次	项目	标准分/分	评定得分/分				备注
			一级 100%	二级 90%	三级 70%	四级 0	
1	建筑物外部尺寸	12					
2	轮廓线	10					
3	表面平整度	10					
4	立面垂直度	10					
5	大角方正	5					
6	曲面与平面连接	9					
7	扭面与平面连接	9					
8	马道及排水沟	3（4）					
9	梯步	2（3）					
10	栏杆	2（3）					

续表

项次	项 目		标准分/分	评定得分/分				备注
				一级 100％	二级 90％	三级 70％	四级 0	
11	扶梯		2					
12	闸坝灯饰		2					
13	混凝土表面缺陷情况		10					
14	表面钢筋割除		2（4）					
15	砌体勾缝	宽度均匀、平整	4					
16		竖、横缝平直	4					
17	浆砌卵石露头情况		8					
18	变形缝		3（4）					
19	启闭平台梁、柱、排架		5					
20	建筑物表面		10					
21	升压变电工程围墙（栏栅）、杆、架、塔、柱		5					
22	水工金属结构外表面		6（7）					
23	电站盘柜		7					
24	电缆线路敷设		4（5）					
25	电站油气、水、管路		3（4）					
26	厂区道路及排水沟		4					
27	厂区绿化		8					
合 计			应得＿＿＿分，实得＿＿＿分，得分率＿＿＿％					

外观质量评定组成员	单位	单位名称	职 称	签 名
	项目法人			
	监 理			
	设 计			
	施 工			
	运行管理			

工程质量监督机构	核定意见： 核定人：（签名，加盖公章） 日 期： 年 月 日

注：工作量大时，标准分采用括号内数值。

（2）项目法人应在主体工程开工初期，组织监理、设计、施工等单位，根据工程特点（工程等级及使用情况）和相关技术标准，提出表 5.14 所列各项目的质量标准，并报工程质量监督机构确认。

（3）单位工程完工后，按《水利水电工程施工质量检验与评定规程》（SL 176—2007）第 4.3.7 条规定："单位工程完工后，项目法人应组织监理、设计、施工及工程运行管理等单位组成工程外观质量评定组，现场进行工程外观质量检验评定，并将评定结论报工程质量监督机构核定。参加工程外观质量评定的人员应具有工程师以上技术职称或相应执业资格。评定组人数应不少于 5 人，大型工程不宜少于 7 人。"由工程外观质量评定组负责工程外观质量评定。

1）检测数量：检查、检测项目经工程外观质量评定组全面检查后，抽测 25％，且各项不少于

10 点。

2）各项目工程外观质量评定等级分为四级，各级标准得分见表 5.14。

表 5.14 外观质量等级与标准得分

评定等级	检测项目测点合格率/%	各级标准得分
一级	100	该项标准分
二级	90.0～99.9	该项标准分×90%
三级	70.0～89.9	该项标准分×70%
四级	<70.0	0

3）检查项目（如表 5.13 中项次 6、7、12、17、18、20～27）由工程外观质量评定组根据现场检查结果共同讨论，并决定其质量等级。

4）外观质量评定表由工程外观质量评定组根据现场检查、检测结果填写。

5）表尾由各单位参加工程外观质量评定的人员签名（施工单位 1 人。如本工程由分包单位施工，则总包单位、分包单位各派 1 人参加。项目法人、监理、设计各派 1～2 人。工程运行管理单位 1 人）。

（4）工程外观质量评定结论由项目法人报工程质量监督机构核定。

3．堤防工程外观质量评定方法

（1）堤防工程外观质量评定表见表 5.15。堤防工程外观质量评定标准见本书 2.4.18 节部分内容。

（2）堤防工程较大交叉连接建筑物外观质量评定标准参见引水（渠道）建筑物工程外观质量评定标准中类似建筑物。

（3）单位工程完工后，按《水利水电工程施工质量检验与评定规程》（SL 176—2007）第 4.3.7 条规定："单位工程完工后，项目法人应组织监理、设计、施工及工程运行管理等单位组成工程外观质量评定组，现场进行工程外观质量检验评定，并将评定结论报工程质量监督机构核定。参加工程外观质量评定的人员应具有工程师以上技术职称或相应执业资格。评定组人数应不少于 5 人，大型工程不宜少于 7 人。"由工程外观质量评定组负责工程外观质量评定。

（4）工程外观质量评定结论由项目法人报工程质量监督机构核定。

表 5.15 堤防工程外观质量评定表

单位工程名称					施工单位			
主要工程量					评定日期	年 月 日		
项次	项目	标准分/分	评定得分/分				备注	
			一级 100%	二级 90%	三级 70%	四级 0		
1	外部尺寸	30						
2	轮廓线	10						
3	表面平整度	10						
4	曲面平面连接	5						
5	排水	5						
6	上堤马道	3						
7	堤顶附属设施	5						
8	防汛备料堆放	5						

续表

项次	项 目	标准分/分	评定得分/分				备注
			一级 100%	二级 90%	三级 70%	四级 0	
9	草皮	8					
10	植树	8					
11	砌体排列	5					
12	砌缝	10					
合 计			应得____分，实得____分，得分率____%				

外观质量评定组成员	单 位	单位名称	职 称	签 名
	项目法人			
	监 理			
	设 计			
	施 工			
	运行管理			
工程质量监督机构	核定意见： 核定人：（签名，加盖公章） 日 期： 年 月 日			

4. 引水（渠道）工程外观质量评定方法

（1）明（暗）渠工程外观质量评定表见表 5.16。明（暗）渠工程外观质量评定标准见本书 2.4.19 节部分。

（2）引水（渠道）建筑物工程外观质量评定表见表 5.17。引水（渠道）建筑物工程外观质量评定标准见本书 2.4.20 节部分。

（3）单位工程完工后，按《水利水电工程施工质量检验与评定规程》（SL 176—2007）第 4.3.7 条规定："单位工程完工后，项目法人应组织监理、设计、施工及工程运行管理等单位组成工程外观质量评定组，现场进行工程外观质量检验评定，并将评定结论报工程质量监督机构核定。参加工程外观质量评定的人员应具有工程师以上技术职称或相应执业资格。评定组人数应不少于 5 人，大型工程不宜少于 7 人。"由工程外观质量评定组负责工程外观质量评定。

（4）工程外观质量评定结论由项目法人报工程质量监督机构核定。

表 5.16　　　　　　　　　　明（暗）渠工程外观质量评定表

单位工程名称			施工单位			
主要工程量			评定日期	年 月 日		

项次	项 目	标准分/分	评定得分/分				备注
			一级 100%	二级 90%	三级 70%	四级 0	
1	外部尺寸	10					
2	轮廓线	10					
3	表面平整度	10					
4	曲面与平面连接	3					
5	扭面与平面连接	3					
6	渠坡渠底衬砌	10					

续表

项次	项　　目	标准分/分	评定得分/分				备注
			一级 100％	二级 90％	三级 70％	四级 0	
7	变形缝、结构缝	6					
8	渠顶路面及排水沟	8					
9	渠顶以上边坡	6					
10	戗台及排水沟	5					
11	沿渠小建筑物	5					
12	梯步	3					
13	弃渣堆放	5					
14	绿化	10					
15	原状岩土面完整性	3					
合　　计		应得＿＿＿分，实得＿＿＿分，得分率＿＿＿％					

外观质量评定组成员	单　位	单位名称	职　称	签　名
	项目法人			
	监　理			
	设　计			
	施　工			
	运行管理			
工程质量监督机构	核定意见：		核定人：（签名，加盖公章） 日　期：　年　月　日	

表 5.17　　　　　　　引水（渠道）建筑物工程外观质量评定表

单位工程名称				施工单位		
主要工程量				评定日期	年　月　日	

项次	项　　目	标准分/分	评定得分/分				备注
			一级 100％	二级 90％	三级 70％	四级 0	
1	外部尺寸	12					
2	轮廓线	10					
3	表面平整度	10					
4	立面垂直度	10					
5	大角方正	5					
6	曲面与平面连接	8					
7	扭面与平面连接	8					
8	梯步	4					
9	栏杆	4（6）					
10	灯饰	2（4）					
11	变形缝、结构缝	3					
12	砌体	6（8）					

续表

项次	项 目	标准分/分	评定得分/分				备注
			一级 100%	二级 90%	三级 70%	四级 0	
13	排水工程	3					
14	建筑物表面	5					
15	混凝土表面	5					
16	表面钢筋割除	4					
17	水工金属结构表面	6					
18	管线（路）及电气设备	4					
19	房屋建筑安装工程	6（8）					
20	绿化	8					
	合 计	应得___分，实得___分，得分率___%					

外观质量评定组成员	单 位	单位名称	职 称	签 名
	项目法人			
	监 理			
	设 计			
	施 工			
	运行管理			
工程质量监督机构	核定意见： 核定人：（签名，加盖公章） 日 期： 年 月 日			

注：质量大时，标准分采用括号内数值。

5. 其他工程外观质量评定

（1）水利水电工程中的永久性房屋（管理设施用房）、专用公路及专用铁路等工程外观质量评定，执行相关行业规定。

（2）水利水电工程中的房屋建筑工程外观质量评定表见表5.18。

表 5.18 　　　　　　　水利水电工程中的房屋建筑工程外观质量评定表

单位工程名称			分部工程名称		施工单位		
结构类型			建筑面积		评定日期	年 月 日	
序号	项 目		抽查质量状况		质量评价		
					好	一般	差
1	建筑与结构	室外墙面					
2		变形缝					
3		水落管、屋面					
4		室内墙面					
5		室内顶棚					
6		室内地面					
7		楼梯、踏步、护栏					
8		门窗					

续表

序号	项 目		抽查质量状况	质量评价		
				好	一般	差
9	给排水与采暖	管道接口、坡度、支架				
10		卫生器具、支架、阀门				
11		检查口、扫除口、地漏				
12		散热器、支架				
13	建筑电气	配电箱、盘、板、接线盒				
14		设备器具、开关、插座				
15		防雷、接地				
16	通风与空调	风管、支架				
17		风口、风阀				
18		风机、空调设备				
19		阀门、支架				
20		水泵、冷却塔				
21		绝热				
22	电梯	运行、平层、开关门				
23		层门、信号系统				
24		机房				
25	智能建筑	机房设备安装及布局				
26		现场设备安装				

外观质量综合评价：

外观质量评定组成员	单 位	单位名称	职 称	签 名
	项目法人			
	监 理			
	设 计			
	施 工			
	运行管理			

工程质量监督机构	核定意见： 核定人：（签名，加盖公章） 日 期： 年 月 日

注：质量综合评价为"差"的项目，应进行返修。

1）房屋建筑工程在单位工程完工后，按《水利水电工程施工质量检验与评定规程》（SL 176—2007）第4.3.7条规定："单位工程完工后，项目法人应组织监理、设计、施工及工程运行管理等单位组成工程外观质量评定组，现场进行工程外观质量检验评定，并将评定结论报工程质量监督机构核定。参加工程外观质量评定的人员应具有工程师以上技术职称或相应执业资格。评定组人数应不少于5人，大型工程不宜少于7人。"由工程外观质量评定组负责工程外观质量评定。

2）表5.18表头的"分部工程名称"栏，指发电厂房、变电站、水闸等单位工程中包含的房屋建筑分部工程。需按表5.18评定外观质量。

3）外观质量检查的内容多为定性判断项目，应由工程外观质量评定组人员共同通过观察触摸（有时可辅以简单量测），经商讨后给予评价。

4）房屋建筑工程的各专业施工质量验收规范中，对外观质量有具体检验要求。表5.18中质量评价标准：①好，指外观质量较优良；②一般，指基本符合要求；③差，指外观质量达不到要求，且存在明显缺陷者。被评为"差"的项目应进行返修处理，在达到质量要求后再检查评定。

5）外观质量评定后，各单位参加工程外观质量评定组人员应在表 5.18 表尾签字。

5.7　水利水电工程施工质量缺陷备案表格

（1）根据《水利工程质量事故处理暂行规定》（水利部令第 9 号），水利水电工程质量事故分为一般质量事故、较大质量事故、重大质量事故和特大质量事故 4 类。

（2）质量事故发生后，有关单位应按"三不放过"原则，调查事故原因，研究处理措施，查明事故责任者，并根据《水利工程质量事故处理暂行规定》做好事故处理工作。

（3）在施工过程中，因特殊原因使得工程个别部位或局部发生达不到技术标准和设计要求（但不影响使用），且未能及时进行处理的工程质量缺陷问题（质量评定仍定为合格），应以工程质量缺陷备案形式进行记录备案。

（4）质量缺陷备案表由监理单位组织填写，内容应真实、准确、完整。各工程参建单位代表应在质量缺陷备案表上签字，若有不同意见应明确记载。质量缺陷备案表应及时报工程质量监督机构备案，格式见表 5.19。质量缺陷备案资料按竣工验收的标准制备。工程竣工验收时，项目法人应向竣工验收委员会汇报并提交历次质量缺陷备案资料。

（5）工程质量事故处理后，应由项目法人委托具有相应资质等级的工程质量检测单位检测后，按照处理方案确定的质量标准，重新进行工程质量评定。

表 5.19　　　　　　　　**水利水电工程施工质量缺陷备案表格式**

1. 质量缺陷产生的部位（主要说明具体部位、缺陷描述并附示意图）： 2. 质量缺陷产生的主要原因： 3. 对工程的安全、功能和运用影响分析： 4. 处理方案，或不处理原因分析： 5. 保留意见（保留意见应说明主要理由，或采用其他方案及主要理由）： 　　　　　　　　　　　　　　　保留意见人：　　　　　（签名） 　　　　　　　　　（或保留意见单位及责任人，盖公章，签名）
6. 参建单位和主要人员 （1）施工单位：　　　　　　　　（盖公章） 　　　质检部门负责人：　　　　（签名） 　　　技术负责人：　　　　　　（签名） （2）设计单位：　　　　　　　　（盖公章） 　　　设计代表：　　　　　　　（签名） （3）监理单位：　　　　　　　　（盖公章） 　　　监理工程师：　　　　　　（签名） 　　　总监理工程师：　　　　　（签名） （4）项目法人：　　　　　　　　（盖公章） 　　　现场代表：　　　　　　　（签名） 　　　技术负责人：　　　　　　（签名）
说明：1. 本表由监理单位组织填写。 　　　2. 本表应采用钢笔或中性笔，用深蓝色或黑色墨水填写。字迹应规范、工整、清晰。

5.8 重要隐蔽单元工程（关键部位单元工程）质量等级签证表

重要隐蔽单元工程（关键部位单元工程）质量等级签证表见表5.20。

表 5.20　　　　　　　重要隐蔽单元工程（关键部位单元工程）质量等级签证表

单位工程名称			单元工程量		
分部工程名称			施工单位		
单元工程名称、部位			自评日期	年　　月　　日	
施工单位 自评意见	1. 自评意见： 2. 自评质量等级： 终检人员：　　　　（签名）				
监理单位 抽查意见	抽查意见： 监理工程师：　　　　（签名）				
联合小组 核定意见	1. 核定意见： 2. 质量等级： 年　　月　　日				
保留意见	 保留意见人：　　　　签名				
备查资料 清单	（1）地质编录　　　　　　　　　　　　　　　　　　　□ （2）测量成果　　　　　　　　　　　　　　　　　　　□ （3）检测试验报告（岩心试验、软基承载力试验、结构强度等）□ （4）影像资料　　　　　　　　　　　　　　　　　　　□ （5）其他（　　　　　　　　　　　　　）　　　　　　□				
联合小组成员	单位	单位名称	职务、职称	签名	
	项目法人				
	监理单位				
	设计单位				
	施工单位				
	运行管理				
注：重要隐蔽单元工程验收时，设计单位应同时派地质工程师参加。备查资料清单中凡涉及的项目应在"□"内打"√"，如有其他资料应在括号内注明资料的名称。					

5.9 水利水电工程项目施工质量评定表

（1）分部工程施工质量评定表见表 5.21。

表 5.21 分部工程施工质量评定表

单位工程名称				施工单位		
分部工程名称				施工日期	年　月　日至　年　月　日	
分部工程量				评定日期	年　月　日	
项次	单元工程种类	工程量	单元工程个数	合格个数	其中优良个数	备注
1						
2						
3						
4						
5						
6						
合计						
重要隐蔽单元工程、关键部位单元工程						

施工单位自评意见	监理单位复核意见	项目法人认定意见
本分部工程的单元工程质量全部合格。优良率为＿＿%，重要隐蔽单元工程及关键部位单元工程＿＿个，优良率为＿＿%。原材料质量＿＿，中间产品质量＿＿，金属结构及启闭机制造质量＿＿，机电产品质量＿＿＿。质量事故及质量缺陷处理情况：＿＿＿＿＿。 分部工程质量等级： 评定人： 项目技术负责人：　（盖公章） 日期：　年　月　日	复核意见： 分部工程质量等级： 监理工程师： 日期：　年　月　日 总监理工程师或副总监理工程师：（盖公章） 日期：　年　月　日	审查意见： 分部工程质量等级： 现场代表： 日期：　年　月　日 技术负责人：（盖公章） 日期：　年　月　日

工程质量监督机构	核定（备）意见： 核定等级：　　核定（备）人：　（签名）　　负责人：　（签名） 日期：　年　月　日　　　　　　日期：　年　月　日

注：分部工程验收的质量结论，由项目法人报工程质量监督机构核备。大型枢纽工程主要建筑物的分部工程验收的质量结论，由项目法人报工程质量监督机构核定。

（2）单位工程施工质量评定表见表5.22。

表5.22 单位工程施工质量评定表

工程项目名称		施工单位	
单位工程名称		施工日期	自 年 月 日至 年 月 日
单位工程量		评定日期	年 月 日

序号	分部工程名称	质量等级		序号	分部工程名称	质量等级	
		合格	优良			合格	优良
1				8			
2				9			
3				10			
4				11			
5				12			
6				13			
7				14			

分部工程共____个，全部合格，其中优良____个，优良率____%，主要分部工程优良率____%。

外观质量	应得____分，实得____分，得分率____%
施工质量检验资料	
质量事故处理情况	

| 施工单位自评等级：

评定人：

项目经理：

（公章）

日期：　年　月　日 | 监理单位复核等级：

复核人：

总监或副总监：

（公章）

日期：　年　月　日 | 项目法人认定等级：

复核人：

单位负责人：

（公章）

日期：　年　月　日 | 工程质量监督机构核定等级：

核定人：

机构负责人：

（公章）

日期：　年　月　日 |

（3）单位工程施工质量检验与评定资料核查表见表5.23。

表 5.23　　　　　　　　　单位工程施工质量检验与评定资料核查表

单位工程名称			施工单位		
			核查日期		年　月　日
项次	项　　目			份数	核查情况
1	原材料	水泥出厂合格证、厂家试验报告			
2		钢材出厂合格证、厂家试验报告			
3		外加剂出厂合格证及有关技术性能指标			
4		粉煤灰出厂合格证及技术性能指标			
5		防水材料出厂合格证、厂家试验报告			
6		止水带出厂合格证及技术性能试验报告			
7		土工布出厂合格证及技术性能试验报告			
8		装饰材料出厂合格证及技术性能试验报告			
9		水泥复验报告及统计资料			
10		钢材复验报告及统计资料			
11		其他原材料出厂合格证及技术性能试验资料			
12	中间产品	砂、石骨料试验资料			
13		石料试验资料			
14		混凝土拌和物检查资料			
15		混凝土试件统计资料			
16		砂浆拌和物及试件统计资料			
17		混凝土预制件（块）检验资料			
18	金属结构及启闭机	拦污栅出厂合格证及有关技术文件			
19		闸门出厂合格证及有关技术文件			
20		启闭机出厂合格证及有关技术文件			
21		压力钢管生产许可证及有关技术文件			
22		闸门、拦污栅安装测量记录			
23		压力钢管安装测量记录			
24		启闭机安装测量记录			
25		焊接记录及探伤报告			
26		焊工资质证明材料（复印件）			
27		运行试验记录			
28	机电设备	产品出厂合格证、厂家提交的安装说明书及有关资料			
29		重大设备质量缺陷处理资料			
30		水轮发电机组安装测量记录			
31		升压变电设备安装测试记录			
32		电气设备安装测试记录			
33		焊缝探伤报告及焊工资质证明			
34		机组调试及试验记录			
35		水力机械辅助设备试验记录			
36		发电电气设备试验记录			
37		升压变电电气设备检测试验报告			

续表

项次		项 目	份数	核查情况
38	机电设备	管道试验记录		
39		72h 试运行记录		
40	重要隐蔽工程施工记录	灌浆记录、图表		
41		造孔灌注桩施工记录、图表		
42		振冲桩振冲记录		
43		基础排水工程施工记录		
44		地下防渗墙施工记录		
45		主要建筑物地基开挖处理记录		
46		其他重要施工记录		
47	综合资料	质量事故调查及处理报告、质量缺陷处理检查记录		
48		工程施工期及试运行期观测资料		
49		工序、单元工程质量评定表		
50		分部工程、单位工程质量评定表		

施工单位自查意见	监理单位复查意见
自查：	复查：
填表人：	监理工程师：
质检部门负责人： (公章)	监理单位： (公章)
日期： 年 月 日	日期： 年 月 日

（4）工程项目施工质量评定表见表 5.24。

表 5.24　　　　　　　　　　　　工程项目施工质量评定表

工程项目名称			项目法人	
工程等级			设计单位	
建设地点			监理单位	
主要工程量			施工单位	
开工、竣工日期	自　年　月　日 至　年　月　日		评定日期	年　月　日

序号	单位工程名称	单元工程质量统计			分部工程质量统计			单位工程等级	备注
		个数/个	其中优良/个	优良率/%	个数/个	其中优良/个	优良率/%		
1									
2									
3									
4									
5									
6									
7									
8									
9									
10									加"△"者为主要单位工程
11									
12									
13									
14									
15									
16									
17									
18									
19									
20									
单元工程、分部工程合计									

评定结果	本项目单位工程＿＿＿个，质量全部合格，其中优良工程＿＿＿个，优良率＿＿＿%，主要单位工程优良率＿＿＿%。

监理单位意见	项目法人意见	工程质量监督机构核定意见
工程项目质量等级： 总监理工程师： 监理单位：（公章） 日期：　年　月　日	工程项目质量等级： 法定代表人： 项目法人：（公章） 日期：　年　月　日	工程项目质量等级： 负责人： 质量监督机构：（公章） 日期：　年　月　日

第 6 章 　水利工程项目划分及质量、安全监控要点

6.1 　水利水电工程项目划分

6.1.1 　水利水电枢纽工程项目划分

水利水电枢纽工程项目划分见表 6.1。

表 6.1　　　　　　　　　　　水利水电枢纽工程项目划分表

工程类别	单位工程	分部工程	说　　明
一、拦河坝工程	（一）土质心（斜）墙土石坝	1. 坝基开挖与处理	
		△2. 坝基及坝肩防渗	视工程量可划分为数个分部工程
		△3. 防渗心（斜）墙	视工程量可划分为数个分部工程
		＊4. 坝体填筑	视工程量可划分为数个分部工程
		5. 坝体排水	视工程量可划分为数个分部工程
		6. 坝脚排水棱体（或贴坡排水）	视工程量可划分为数个分部工程
		7. 上游坝面护坡	
		8. 下游坝面护坡	（1）含马道、梯步、排水沟； （2）如为混凝土面板（或预制块）和浆砌石护坡时，应含排水孔及反滤层
		9. 坝顶	含防浪墙、栏杆、路面、灯饰等
		10. 护岸及其他	
		11. 高边坡处理	视工程量可划分为数个分部工程，当工程量很大时，可单列为单位工程
		12. 观测设施	含监测仪器埋设、管理房等。单独招标时，可单列为单位工程
	（二）均质土坝	1. 坝基开挖与处理	
		△2. 坝基及坝肩防渗	视工程量可划分为数个分部工程
		＊3. 坝体填筑	视工程量可划分为数个分部工程
		4. 坝体排水	视工程量可划分为数个分部工程
		5. 坝脚排水棱体（或贴坡排水）	视工程量可划分为数个分部工程
		6. 上游坝面护坡	
		7. 下游坝面护坡	（1）含马道、梯步、排水沟； （2）如为混凝土面板（或预制块）和浆砌石护坡时，应含排水孔及反滤层
		8. 坝顶	含防浪墙、栏杆、路面、灯饰等
		9. 护岸及其他	
		10. 高边坡处理	视工程量可划分为数个分部工程
		11. 观测设施	含监测仪器埋设、管理房等。单独招标时，可单列为单位工程

续表

工程类别	单位工程	分部工程	说　　明
一、拦河坝工程	（三）混凝土面板堆石坝	1. 坝基开挖与处理	
		△2. 趾板及周边缝止水	视工程量可划分为数个分部工程
		△3. 坝基及坝肩防渗	视工程量可划分为数个分部工程
		△4. 混凝土面板及接缝止水	视工程量可划分为数个分部工程
		5. 垫层与过渡层	
		6. 堆石体	视工程量可划分为数个分部工程
		7. 上游铺盖和盖重	
		8. 下游坝面护坡	含马道、梯步、排水沟
		9. 坝顶	含防浪墙、栏杆、路面、灯饰等
		10. 护岸及其他	
		11. 高边坡处理	视工程量可划分为数个分部工程，当工程量很大时，可单列为单位工程
		12. 观测设施	含监测仪器埋设、管理房等。单独招标时，可单列为单位工程
	（四）沥青混凝土面板（心墙）堆石坝	1. 坝基开挖与处理	视工程量可划分为数个分部工程
		△2. 坝基及坝肩防渗	视工程量可划分为数个分部工程
		△3. 沥青混凝土面板（心墙）	视工程量可划分为数个分部工程
		＊4. 坝体填筑	视工程量可划分为数个分部工程
		5. 坝体排水	
		6. 上游坝面护坡	沥青混凝土心墙土石坝有此分部
		7. 下游坝面护坡	含马道、梯步、排水沟
		8. 坝顶	含防浪墙、栏杆、路面、灯饰等
		9. 护岸及其他	
		10. 高边坡处理	视工程量可划分为数个分部工程，当工程量很大时，可单列为单位工程
		11. 观测设施	含监测仪器埋设、管理房等。单独招标时，可单列为单位工程
	（五）复合土工膜斜（心）墙土石坝	1. 坝基开挖与处理	
		△2. 坝基及坝肩防渗	
		△3. 土工膜斜（心）墙	
		＊4. 坝体填筑	视工程量可划分为数个分部工程
		5. 坝体排水	
		6. 上游坝面护坡	
		7. 下游坝面护坡	含马道、梯步、排水沟
		8. 坝顶	含防浪墙、栏杆、路面、灯饰
		9. 护岸及其他	
		10. 高边坡处理	视工程量可划分为数个分部工程
		11. 观测设施	含监测仪器埋设、管理房等。单独招标时，可单列为单位工程

续表

工程类别	单位工程	分部工程	说　　明
一、拦河坝工程	（六）混凝土（碾压混凝土）重力坝	1. 坝基开挖与处理	
		△2. 坝基及坝肩防渗与排水	
		3. 非溢流坝段	视工程量可划分为数个分部工程
		△4. 溢流坝段	视工程量可划分为数个分部工程
		＊5. 引水坝段	
		6. 厂坝连接段	
		△7. 底孔（中孔）坝段	视工程量可划分为数个分部工程
		8. 坝体接缝灌浆	
		9. 廊道及坝内交通	含灯饰、路面、梯步、排水沟等。如为无灌浆（排水）廊道，本分部应为主要分部工程
		10. 坝顶	含路面、灯饰、栏杆等
		11. 消能防冲工程	视工程量可划分为数个分部工程
		12. 高边坡处理	视工程量可划分为数个分部工程，当工程量很大时，可单列为单位工程
		13. 金属结构及启闭机安装	视工程量可划分为数个分部工程
		14. 观测设施	含监测仪器埋设、管理房等。单独招标时，可单列为单位工程
	（七）混凝土（碾压混凝土）拱坝	1. 坝基开挖与处理	
		△2. 坝基及坝肩防渗排水	视工程量可划分为数个分部工程
		3. 非溢流坝段	视工程量可划分为数个分部工程
		△4. 溢流坝段	
		△5. 底孔（中孔）坝段	
		6. 坝体接缝灌浆	视工程量可划分为数个分部工程
		7. 廊道	含梯步、排水沟、灯饰等
		8. 消能防冲	视工程量可划分为数个分部工程
		9. 坝顶	含路面、栏杆、灯饰等
		△10. 推力墩（重力墩、翼坝）	
		11. 周边缝	仅限于有周边缝拱坝
		12. 铰座	仅限于铰拱坝
		13. 高边坡处理	视工程量可划分为数个分部工程
		14. 金属结构及启闭机安装	视工程量可划分为数个分部工程
		15. 观测设施	含监测仪器埋设、管理房等。单独招标时，可单列为单位工程

续表

工程类别	单位工程	分部工程	说　　明
一、拦河坝工程	(八) 浆砌石重力坝	1. 坝基开挖与处理	
		△2. 坝基及坝肩防渗排水	视工程量可划分为数个分部工程
		3. 非溢流坝段	视工程量可划分为数个分部工程
		△4. 溢流坝段	
		*5. 引水坝段	
		6. 厂坝连接段	
		△7. 底孔 (中孔) 坝段	
		△8. 坝面 (心墙) 防渗	
		9. 廊道及坝内交通	含灯饰、路面、梯步、排水沟等。如为无灌浆 (排水) 廊道, 本分部应为主要分部工程
		10. 坝顶	含路面、栏杆、灯饰等
		11. 消能防冲工程	视工程量可划分为数个分部工程
		12. 高边坡处理	视工程量可划分为数个分部工程
		13. 金属结构及启闭机安装	
		14. 观测设施	含监测仪器埋设、管理房等。单独招标时, 可单列为单位工程
	(九) 浆砌石拱坝	1. 坝基开挖与处理	
		△2. 坝基及坝肩防渗排水	
		3. 非溢流坝段	视工程量可划分为数个分部工程
		△4. 溢流坝段	
		△5. 底孔 (中孔) 坝段	
		△6. 坝面防渗	
		7. 廊道	含灯饰、路面、梯步、排水沟等
		8. 消能防冲	
		9. 坝顶	含路面、栏杆、灯饰等
		△10. 推力墩 (重力墩、翼坝)	视工程量可划分为数个分部工程
		11. 高边坡处理	视工程量可划分为数个分部工程
		12. 金属结构及启闭机安装	
		13. 观测设施	含监测仪器埋设、管理房等。单独招标时, 可单列为单位工程
	(十) 橡胶坝	1. 坝基开挖与处理	
		2. 基础底板	
		3. 边墩 (岸墙)、中墩	
		4. 铺盖或截渗墙、上游翼墙及护坡	
		5. 消能防冲	
		△6. 坝袋安装	
		△7. 控制系统	含管路安装、水泵安装、空压机安装
		8. 安全与观测系统	含充水坝安全溢流设备安装、排气阀安装；充气坝安全阀安装、水封管 (或 U 形管) 安装；自动塌坝装置安装；坝袋内压力观测设施安装, 上下游水位观测设施安装
		9. 管理房	按《建筑工程施工质量验收统一标准》(GB 50300—2001) 附录 B 划分分项工程

续表

工程类别	单位工程	分部工程	说　明
二、泄洪工程	（一）溢洪道工程（含陡槽溢洪道、侧堰溢洪道、竖井溢洪道）	△1. 地基防渗及排水	
		2. 进水渠段	
		△3. 控制段	
		4. 泄槽段	
		5. 消能防冲段	视工程量可划分为数个分部工程
		6. 尾水段	
		7. 护坡及其他	
		8. 高边坡处理	视工程量可划分为数个分部工程
		9. 金属结构及启闭机安装	视工程量可划分为数个分部工程
	（二）泄洪隧洞（放空洞、排砂洞）	△1. 进水口或竖井（土建）	
		2. 有压洞身段	视工程量可划分为数个分部工程
		3. 无压洞身段	
		△4. 工作闸门段（土建）	
		5. 出口消能段	
		6. 尾水段	
		△7. 导流洞堵体段	
		8. 金属结构及启闭机安装	
三、枢纽工程中的引水工程	（一）坝体引水工程（含发电、灌溉、工业及生活取水口工程）	△1. 进水闸室段（土建）	
		2. 引水渠段	
		3. 厂坝连接段	
		4. 金属结构及启闭机安装	
	（二）引水隧洞及压力管道工程	△1. 进水闸室段（土建）	
		2. 洞身段	视工程量可划分为数个分部工程
		3. 调压井	
		△4. 压力管道段	
		5. 灌浆工程	
		6. 封堵体	长隧洞临时支洞
		7. 封堵闸	长隧洞永久支洞
		8. 金属结构及启闭机安装	
四、发电工程	（一）地面发电厂房工程	1. 进口段（指闸坝式）	
		2. 安装间	
		3. 主机段	土建，每台机组段为一分部工程
		4. 尾水段	
		5. 尾水渠	
		6. 副厂房、中控室	安装工作量大时，可单列控制盘柜安装分部工程。房建工程按《建筑工程施工质量验收统一标准》（GB 50300—2001）附录B划分分项工程
		△7. 水轮发电机组安装	以每台机组安装工程为一个分部工程
		8. 辅助设备安装	

续表

工程类别	单位工程	分部工程	说　明
四、发电工程	（一）地面发电厂房工程	9. 电气设备安装	电气一次、电气二次可分列分部工程
		10. 通信系统	通信设备安装，单独招标时，可单列为单位工程
		11. 金属结构及启闭（起重）设备安装	拦污栅、进口及尾水闸门启闭机、桥式起重机可单列分部工程
		△12. 主厂房房建工程	按《建筑工程施工质量验收统一标准》（GB 50300—2001）附录B序号2、3、4、5、6、8划分分项工程
		13. 厂区交通、排水及绿化	含道路、小型建筑、亭台、花坛、场坪绿化、排水沟渠等
	（二）地下发电厂房工程	1. 安装间	
		2. 主机段	土建，每台机组段为一分部工程
		3. 尾水段	
		4. 尾水洞	
		5. 副厂房、中控室	在安装工作量大时，可单列控制盘柜安装分部工程。房建工程按《建筑工程施工质量验收统一标准》（GB 50300—2001）附录B划分分项工程
		6. 交通隧洞	视工程量可划分为数个分部工程
		7. 出线洞	
		8. 通风洞	
		△9. 水轮发电机组安装	每台机组为一个分部工程
		10. 辅助设备安装	
		11. 电气设备安装	电气一次、电气二次可分列分部工程
		12. 金属结构及启闭（起重）设备安装	尾水闸门启闭机、桥式起重机可单列分部工程
		13. 通信系统	通信设备安装，单独招标时，可单列为单位工程
		14. 砌体及装修工程	按《建筑工程施工质量验收统一标准》（GB 50300—2001）附录B序号2、3、4、5、6、8划分分项工程
	（三）坝内式发电厂房工程	△1. 进水口闸室段（土建）	
		2. 压力管道	
		3. 安装间	
		4. 主机段	土建，每台机组段为一分部工程
		5. 尾水段	
		6. 副厂房及中控室	在安装工作量大时，可单列控制盘柜安装分部工程。房建工程按《建筑工程施工质量验收统一标准》（GB 50300—2001）附录B划分分项工程
		△7. 水轮发电机组安装	每台机组为一个分部工程
		8. 辅助设备安装	
		9. 电气设备安装	电气一次、电气二次可分列分部工程
		10. 通信系统	通信设备安装，单独招标时，可单列为单位工程
		11. 交通廊道	含梯步、路面、灯饰工程。电梯按《建筑工程施工质量验收统一标准》（GB 50300—2001）附录B序号9划分分项工程
		12. 金属结构及启闭（起重）设备安装	视工程量可划分为数个分部工程
		13. 砌体及装修工程	按《建筑工程施工质量验收统一标准》（GB 50300—2001）附录B序号2、3、4、5、6、8划分分项工程

续表

工程类别	单位工程	分部工程	说　明
五、升压变电工程	地面升压变电站、地下升压变电站	1. 变电站（土建）	
		2. 开关站（土建）	
		3. 操作控制室	房建工程按《建筑工程施工质量验收统一标准》（GB 50300—2001）附录B划分分项工程
		△4. 主变压器安装	
		5. 其他电气设备安装	按设备类型划分
		6. 交通洞	仅限于地下升压站
六、水闸工程	泄洪闸、冲砂闸、进水闸	1. 上游连接段	
		2. 地基防渗及排水	
		△3. 闸室段（土建）	
		4. 消能防冲段	
		5. 下游连接段	
		6. 交通桥（工作桥）	含栏杆、灯饰等
		7. 金属结构及启闭机安装	视工程量可划分为数个分部工程
		8. 闸房	按《建筑工程施工质量验收统一标准》（GB 50300—2001）附录B划分分项工程
七、过鱼工程	（一）鱼闸工程	1. 上鱼室	
		2. 井或闸室	
		3. 下鱼室	
		4. 金属结构及启闭机安装	
	（二）鱼道工程	1. 进口段	
		2. 槽身段	
		3. 出口段	
		4. 金属结构及启闭机安装	
八、航运工程	（一）船闸工程	按交通部《船闸工程质量检验评定标准》（JTJ 288—1993）表2.0.2-1、表2.0.2-2和表2.0.2-3划分分部工程和分项工程	
	（二）升船机工程	1. 上引航道及导航建筑物	按交通部《船闸工程质量检验评定标准》（JTJ 288—1993）表2.0.2-1、表2.0.2-2和表2.0.2-3划分分项工程
		2. 上闸首	按交通部《船闸工程质量检验评定标准》（JTJ 288—1993）表2.0.2-1、表2.0.2-2和表2.0.2-3划分分项工程
		3. 升船机主体	含普通混凝土、混凝土预制构件制作、混凝土预制构件安装、钢构件安装、承船厢制作、承船厢安装、升船机制作、升船机安装、机电设备安装等
		4. 下闸首	按交通部《船闸工程质量检验评定标准》（JTJ 288—1993）表2.0.2-1、表2.0.2-2和表2.0.2-3划分分项工程
		5. 下引航道	按交通部《船闸工程质量检验评定标准》（JTJ 288—1993）表2.0.2-1、表2.0.2-2和表2.0.2-3划分分项工程

续表

工程类别	单位工程	分部工程	说　明
八、航运工程	(二)升船机工程	6. 金属结构及启闭机安装	按交通部《船闸工程质量检验评定标准》(JTJ 288—1993) 表 2.0.2-1、表 2.0.2-2 和表 2.0.2-3 划分分项工程
		7. 附属设施	按交通部《船闸工程质量检验评定标准》(JTJ 288—1993) 表 2.0.2-1、表 2.0.2-2 和表 2.0.2-3 划分分项工程
九、交通工程	(一)永久性专用公路工程	按交通部《公路工程质量检验评定标准》(JTG F80/1~2—2004) 进行项目划分	
	(二)永久性专用铁路工程	按铁道部发布的铁路工程有关规定进行项目划分	
十、管理设施	永久性辅助性生产房屋及生活用房按《建筑工程施工质量验收统一标准》(GB 50300—2001) 附录 B 及附录 C 进行项目划分		

注　分部工程名称前加"△"者为主要分部工程。加"﹡"者可定为主要分部工程，也可定为一般分部工程，视实际情况决定。

6.1.2　堤防工程项目划分

堤防工程项目划分见表 6.2。

表 6.2　　　　　　　　　　　　　　堤防工程项目划分表

工程类别	单位工程	分部工程	说　明
一、防洪堤(1、2、3 级堤防及堤身高于 6m 的 4 级堤防)	(一)△堤身工程	△1. 堤基处理	
		2. 堤基防渗	
		3. 堤身防渗	
		△4. 堤身填(浇、砌)筑工程	包括碾压式土堤填筑、土料吹填筑堤、混凝土防洪墙、砌石堤等
		5. 填塘固基	
		6. 压浸平台	
		7. 堤身防护	
		8. 堤脚防护	
		9. 小型穿堤建筑物	视工程量，以一个或同类数个小型穿堤建筑物为 1 个分部工程
	(二)堤岸防护	1. 护脚工程	
		△2. 护坡工程	
二、交叉连接建筑物(仅限于较大建筑物)	(一)涵洞	1. 地基与基础工程	
		2. 进口段	
		△3. 洞身	视工程量可划分为 1 个或数个分部工程
		4. 出口段	
	(二)水闸	1. 上游连接段	
		2. 地基与基础	
		△3. 闸室(土建)	
		4. 交通桥	

工程类别	单位工程	分部工程	说　明
二、交叉连接建筑物（仅限于较大建筑物）	（二）水闸	5. 消能防冲段	
		6. 下游连接段	
		7. 金属结构及启闭机安装	
	（三）公路桥	按照《公路工程质量检验评定标准》（JTG F80/1—2017）附录 A 进行项目划分	
	（四）公路		
三、管理设施		△1. 观测设施	单独招标时，可单列为单位工程
		2. 生产生活设施	房建工程按《建筑工程施工质量验收统一标准》（GB 50300—2013）附录 B 划分分项工程
		3. 交通工程	公路按《公路工程质量检验评定标准》（JTG F80/1—2017、JTG F80/2—2014）划分分项工程
		4. 通信工程	通信设备安装，单独招标时，可单列为单位工程

注　1. 单位工程名称前加"△"者为主要单位工程，分部工程名称前加"△"者为主要分部工程。

　2. 交叉连接建筑物中的"较大建筑物"指该建筑物的工程量（投资）与防洪堤中所划分的其他单位工程的工程量（投资）接近的建筑物。

6.1.3　引水（渠道）工程项目划分

引水（渠道）工程项目划分见表 6.3。

表 6.3　　　　　　　　　　　引水（渠道）工程项目划分表

工程类别	单位工程	分部工程	说　明
一、引（输）水河（渠）道	明渠、暗渠	1. 渠基开挖工程	以开挖为主。视工程量划分为数个分部工程
		2. 渠基填筑工程	以填筑为主。视工程量划分为数个分部工程
		△3. 渠道衬砌工程	视工程量划分为数个分部工程
		4. 渠顶工程	含路面、排水沟、绿化工程、桩号及界桩埋设等
		5. 高边坡处理	指渠顶以上边坡处理，视工程量划分为数个分部工程
		6. 小型渠系建筑物	以同类数座建筑物为一个分部工程
二、建筑物（指1、2、3级建筑物）	（一）水闸	1. 上游引河段	视工程量划分为数个分部工程
		2. 上游连接段	
		3. 闸基开挖与处理	
		4. 地基防渗及排水	
		△5. 闸室段（土建）	
		6. 消能防冲段	
		7. 下游连接段	
		8. 下游引河段	视工程量划分为数个分部工程
		9. 桥梁工程	
		10. 金属结构及启闭机安装	
		11. 闸房	按《建筑工程施工质量验收统一标准》（GB 50300—2013）附录 B 中划分分项工程
	（二）渡槽	1. 基础工程	
		2. 进出口段	
		△3. 支承结构	视工程量划分为数个分部工程
		△4. 槽身	视工程量划分为数个分部工程

续表

工程类别	单位工程	分部工程		说　明
二、建筑物（指1、2、3级建筑物）	（三）隧洞	1. 进口段		
		2. 洞身	△（1）洞身段	围岩软弱或裂隙发育时，按长度将洞身划分为数个分部工程，每个分部工程中有开挖单元及衬砌单元。洞身分部工程中对安全、功能或效益起控制作用的分部工程为主要分部工程
			（2）洞身开挖	围岩质地条件较好时，按施工顺序将洞身划分为数个洞身开挖分部工程和数个洞身衬砌分部工程。洞身衬砌分部工程中对安全、功能或效益起控制作用的分部工程为主要分部工程
			△（3）洞身衬砌	
		3. 隧洞固结灌浆		
		△4. 隧洞回填灌浆		
		5. 堵头段（或封堵闸）		临时支洞为堵头段，永久支洞为封堵闸
		6. 出口段		
	（四）倒虹吸工程	1. 进口段		含开挖、砌（浇）筑及回填工程
		△2. 管道段		含管床、管道安装、镇墩、支墩、阀井及设备安装等。视工程量可按管道长度划分为数个分部工程
		3. 出口段		含开挖、砌（浇）筑及回填工程
		4. 金属结构及启闭机安装		
	（五）涵洞	1. 基础与地基工程		
		2. 进口段		
		△3. 洞身		视工程量可划分为数个分部工程
		4. 出口段		
	（六）泵站	1. 引渠		视工程量划分为数个分部工程
		2. 前池及进水池		
		3. 地基与基础处理		
		4. 主机段（土建，电机层地面以下）		以每台机组为一个分部工程
		5. 检修间		按《建筑工程施工质量验收统一标准》（GB 50300—2013）附录 B 中划分分项工程
		6. 配电间		
		△7. 泵房房建工程（电机层地面至屋顶）		
		△8. 主机泵设备安装		以每台机组安装为一个分部工程
		9. 辅助设备安装		
		10. 金属结构及启闭机安装		视工程量可划分为数个分部工程
		11. 输水管道工程		视工程量可划分为数个分部工程
		12. 变电站		
		13. 出水池		
		14. 观测设施		
		15. 桥梁（检修桥、清污机桥等）		
	（七）公路桥涵（含引道）	按照《公路工程质量检验评定标准》（JTG F80/1—2017）附录 A 进行项目划分		
	（八）铁路桥涵	按照铁道部发布的规定进行项目划分		

续表

工程类别	单位工程	分部工程	说　明
二、建筑物（指1、2、3级建筑物）	（九）防冰设施（拦冰索、排冰闸等）	按设计及施工部署进行项目划分	
三、船闸工程		按交通运输部《水运工程质量检验标准》（JTS 257—2015）划分分部工程和分项工程	
四、管理设施	管理处（站、点）的生产及生活用房	按《建筑工程施工质量验收统一标准》（GB 50300—2013）附录B及附录C进行项目划分。观测设施及通信设施单独招标时，单列为单位工程	

注　1. 分部工程名称前加"△"者为主要分部工程。
　　2. 建筑物级别按《灌溉与排水工程设计规范》（GB 50288—2018）第2章规定执行。
　　3. 工程量较大的4级建筑物，也可划分为单位工程。

6.2　常见工程施工监理监控要点

6.2.1　地基开挖工程

1. 岩石边坡开挖工程

（1）各类岩石开挖，应自上而下进行，分层检查、检测及处理，并认真做好原始记录。

（2）为保证设计边坡线以下岩体不受破坏，在施工中应尽量采用预裂防震措施，或按设计要求留足保护层，然后再进行开挖区的松动爆破。必要时应事先进行爆破试验，控制装药量，保护层开挖应采用浅孔、密孔、少药量的火炮爆破或数码微差爆破等技术开挖。

（3）爆破开挖应按《水工建筑物岩石基础开挖工程施工技术规范》（SL 47—1994）或设计要求进行。

（4）应按施工组织设计要求在指定地点出渣，不得任意向下游河床内弃渣。

（5）开挖坡面必须稳定，无松动岩块，且不陡于设计坡度。对地质弱面应按设计要求分层进行处理。

2. 岩石地基开挖工程

（1）岩石基础开挖工程包括保护层的清除和地质弱面的处理。但不包括混凝土浇筑前的冲洗、排水和少量碎渣、杂物的清理。

（2）保护层的厚度一般不小于1.5m，必须采用浅孔火炮爆破开挖，严格控制炮孔深度和装药量，应自上而下进行，分层分块检查处理，并认真做好原始记录。

（3）爆破开挖应按《水工建筑物岩石基础开挖工程施工技术规范》（SL 47—1994）或设计要求进行。

（4）坑槽孔洞开挖壁面，应按设计或开挖措施的要求进行处理。

（5）所有主体建筑物的建基面，均应进行检查验收，当确认符合要求、质检部门签发合格证后，方可浇筑混凝土。

3. 软基和岸坡开挖工程

（1）地基开挖和岸坡处理应按闸坝施工技术规范和设计要求认真处理。

（2）地基和岸坡清理后如不能立即回填时，应预留保护层，其厚度可根据土质及施工条件确定。

（3）土堤堤体或土坝坝体与岸坡必须采取斜面连接，严禁将岸坡清理成台阶式，更不能允许有反坡。

（4）清基完成后，必须按规范要求全面取样检验，选择有代表性的样品妥加保存，并详做记录。当确认符合设计要求，并经检查验收后，方可进行土石填筑或混凝土浇筑。

6.2.2　土石坝工程

6.2.2.1　碾压式土石坝

1. 料场质量控制

（1）检查开采、坝料加工方法是否符合有关规定。

（2）检查排水系统、防雨措施、负温下施工措施是否完善。

（3）检查坝料性质、含水率是否符合规定。

2. 坝基处理

（1）检查坝基清理情况，树木、草皮、树根、坟墓等杂物以及粉土、细砂、淤泥等是否已被清除，对水井、泉眼、地道、洞穴或风化石、残积物、滑坡等是否按照设计要求做了认真处理，检查坝基清理记录。

（2）检查坝基是否按要求进行开挖，开挖时是否预留有足够的保护层，断面形状、尺寸是否符合设计要求。

（3）检查坝基岩石节理、裂隙、断层或构造破碎带是否按设计要求进行处理。

（4）检查坝基渗水是否进行有效处理，以确保坝基回填土或基础混凝土不在水中施工。

3. 坝体（料）填筑

（1）均质土坝。

1）检查地基开挖及处理施工记录和隐蔽工程验收记录。

2）检查防渗铺盖和均质坝地基是否按规定和设计要求进行处理。

3）检查与均质土坝接合的岩面和混凝土面的处理情况。

4）检查上下层铺土之间的结合面处理，以及接缝与边坡岸坡结合面的处理是否符合设计要求和有关规定。

5）检查上坝土料的黏粒含量、含水率、土块直径等是否符合设计要求和有关规定。

6）检查卸料、铺料以及铺土厚度等是否满足设计要求和有关规定。

7）检查是否按要求做碾压试验，查阅碾压试验记录及试验报告。

8）检查碾压机具的数量、型号、性能是否满足施工要求。

9）查阅干密度记录，检查试验结果和检测数量是否满足规定要求。

10）检查分层上料、分层碾压的工序签证情况。

（2）砂砾坝。

1）检查填坝砂砾料的颗粒级配、砾石含量、含泥量等是否满足规范规定和设计要求。

2）检查卸料及铺料情况，铺料厚度和断面尺寸是否符合要求。

3）检查是否按碾压试验确定的压实参数进行施工。

4）检查分层验收签证情况。

5）检查填筑体纵横向结合部位及其与岸坡接合部位的处理情况。

6）查阅干密度试验记录，检查试验结果和检测数量是否满足规定要求。

（3）堆石坝。

1）检查填坝材料的级配、软颗粒含量、含泥量等指标是否符合设计要求和有关规定。

2）检查是否按碾压试验确定的压实参数进行施工。

3）检查过渡区、主堆石区的铺筑厚度、超径、含泥量和洒水量等是否符合设计要求和规范规定。

4）检查堆填区与岸坡接合部的处理情况。

5）检查压实厚度检测情况和干密度检测数量及结果是否符合设计要求和规范规定。

4. 土石坝防渗体

（1）检查防渗体。

1）检查地基开挖和处理以及上下层结合面的处理是否满足有关规定和设计要求。

2）检查防渗体填筑的卸料及铺填是否满足设计要求和有关规定。

3）检查防渗体的压实质量是否满足有关规定和设计要求。

4）检查接缝处理情况是否符合有关规定。

（2）混凝土面板。

1）基面清理。①检查趾板基础清理和垫层清理是否符合规定的要求；②检查趾板基础、垫层防护层是否按要求进行验收。

2）模板。①检查面板侧模、趾板模板的平整度、刚度及安装质量是否符合要求；②检查滑模结构及其牵引系统是否牢固可靠、施工方便，模板及其支架是否具有足够的稳定性、刚度和强度。

3）钢筋。检查钢筋的制作及安装质量是否符合有关规定。

4）止水及伸缩缝。①检查用作止水及伸缩缝的材料品质和型号是否符合设计要求和有关规定，查阅材质试验报告及出厂证明资料；②检查止水材料的安装位置是否准确、可靠，连接的施工工艺和施工方法是否满足要求，必要时应经试验论证；③检查分缝表面处理及表面嵌缝材料施工工艺是否符合设计要求和有关规定。

5）混凝土浇筑。①检查原材料质量是否符合设计要求和有关规定，查阅试验报告及原材料出厂证明；②检查混凝土配合比试验报告以及混凝土的抗压、抗渗、抗冻、抗腐蚀等指标是否符合设计要求和有关规定；③检查入仓混凝土坍落度的控制是否符合有关规定；④检查是否按要求留足混凝土试块；⑤检查混凝土平仓、振捣及滑模提升情况是否符合设计要求和有关规定；⑥检查混凝土表面的防护及养护情况是否符合有关要求。

（3）沥青混凝土心墙。

1）基础面处理与沥青混凝土结合层面处理。①检查用于沥青混凝土的沥青、骨料、填料、掺料等是否符合设计要求和有关规定，查阅试验资料和出厂证明；②检查沥青混凝土心墙与基础接合面处理是否符合设计要求和有关规定；③检查沥青混凝土层面处理是否满足规范要求。

2）模板。①检查沥青混凝土心墙模板是否牢固、不变形且拼接严密；②检查模架立的缝隙、平直度、表面处理等是否符合有关规定；③检查模板表面是否清理干净且脱模剂涂抹均匀。

3）沥青混凝土制备。①检查沥青混凝土的生产能力、施工配合比、投料顺序、拌和时间等是否符合有关规定；②检查沥青混凝土机口出料的色泽是否均匀，稀薄是否一致，有无其他异常现象等；③检查制备沥青混凝土原材料加热的温度偏差是否在允许范围内；④检查配制沥青混凝土的各种材料加热的称量偏差是否在允许范围内。

4）心墙沥青混凝土的摊铺和碾压。①检查沥青混凝土的摊铺厚度及碾压遍数是否符合设计要求和有关规定；②检查碾压后沥青混凝土表面质量是否符合有关规定；③检查碾压后沥青混凝土的密度、渗透和力学性能是否符合设计要求和有关规定，查阅钻孔取样试验资料。

（4）沥青混凝土面板。

1）整平层。①检查所有沥青、矿料及乳化沥青的质量是否符合有关规定和设计要求；②检查沥青混合料的原材料配合比以及铺筑工艺是否符合有关规定和设计要求；③检查垫层铺筑的质量是否符合要求；④检查整平层沥青混凝土的渗透系数及孔隙率指标是否符合设计要求和有关规定，查阅相关试验资料。

2）防渗层。①检查所有沥青、矿料、掺料及乳化沥青的质量是否符合有关规定和设计要求；②检查沥青混合料的原材料配合比以及出机口的沥青混合料质量是否符合有关规定和设计要求；③检查沥青混凝土各铺筑层间的坡向或水平接缝处理是否符合要求；④检查沥青混凝土防渗层表面是否存在裂缝、流淌与鼓包现象；⑤检查整平层沥青混凝土的渗透系数及孔隙率指标是否符合设计要求和有关规定，查阅相关试验资料。

3）封闭层。①检查所用的原材料与配合比，以及施工工艺是否符合有关规定与设计要求，查阅有关试验报告和施工记录；②检查沥青胶施工搅拌出料时的温度以及铺抹时的温度是否满足有关规定；③检查封闭层铺抹是否均匀一致，是否存在鼓包、脱层及流淌现象；④检查沥青胶软化点、铺抹量的合格指标是否符合有关规定，查阅有关试验资料。

4）面板与刚性建筑物的连接。①检查所有的沥青砂浆（或细料沥青混凝土）、橡胶沥青胶（或沥青胶）及玻璃丝布等原材料的质量是否符合设计要求和有关规定，查阅试验报告和出厂证明；②检查沥青砂浆（或细料沥青混凝土）的配合比及配制工艺是否经试验论证，并查阅试验报告和施工记录；③检查刚性建筑物连接面楔形体的浇筑、滑动层与加强层的敷设等处理是否符合设计要求和有关规定；④检查沥青砂浆（或细料沥青混凝土）的拌制或浇筑温度是否符合有关规定，浇筑质量是否符合设计要求。

5. 细部工程

（1）反滤工程。

1）检查反滤工程的基面处理是否符合设计要求和有关规定。

2）检查反滤料的粒径、级配、含泥量、硬度、抗冻性和渗透系数是否符合设计要求，检查施工记录和料场验收资料与试验报告。

3）检查反滤层的碾压情况及其压实参数是否符合设计要求。

4）检查反滤层的结构层次、层间系数、铺筑位置和厚度是否符合设计要求。

5）检查反滤层的铺筑方式、施工顺序等是否符合设计要求和有关规定。

6）检查反滤层干密度检测结果和检测数量是否符合设计要求和有关规定。

（2）垫层工程。

1）检查垫层的级配、粒径、含泥量及垫层的铺设厚度、铺设方法是否符合设计要求和有关规定。

2）检查垫层的压实情况是否符合设计要求和规范规定。

3）检查垫层接缝处的处理情况是否符合有关规定。

4）检查垫层干密度检测结果和检测数量是否符合设计要求的有关规定。

（3）排水工程。

1）检查排水设施的布置位置、断面尺寸以及排水设施所用石料的软化系数、抗冻性、抗压强度和几何尺寸是否符合设计要求。

2）检查排水设施的渗透系数或排水能力是否符合设计要求，并查阅试验记录。

3）检查排水设施的基底处理情况，滤孔和接头部位的反滤层、减压井的回填以及其他排水设施的施工作业情况。

4）检查减压井是否按设计和规范要求施工。

5）检查排水设施的堆石或砌石体的质量是否符合设计要求和有关规定。

6）检查排水设施的铺筑厚度和断面尺寸是否符合设计要求和有关规定。

7）检查排水设施的干密度试验资料，其检测结果和检测数量是否满足有关规定。

6.2.2.2 浆砌石坝

1．砂、砾（碎石）、石料的规格与要求

（1）检查砂、砾（碎石）、石料料场的分布是否便于施工运输，储量是否满足施工要求。

（2）检查砂浆和混凝土用砂的质量是否符合设计要求和规范规定，查阅砂的试验报告。

（3）检查混凝土所用的砾石（碎石）的质量是否符合设计要求和规范规定，查阅砾石（碎石）的试验报告。

（4）检查砌坝所用的粗料石、块石或毛石（包括大的河卵石）的质量是否符合设计要求和有关规定。

2．胶结材料及其配合比、拌和与运输

（1）检查坝体不同部位使用水泥的品种及其质量是否符合设计要求和有关规定，查阅水泥复检报告。

（2）检查浆砌石坝的水泥砂浆、混凝土和混合水泥砂浆等胶结材料的配合比试验资料，查阅水泥复检报告。

（3）检查现场计量控制情况，抽查胶结材料所用的水泥、砂、骨料、水及外加剂称量偏差是否符合有关规定。

（4）检查胶结材料的强度、和易性是否满足设计和规定要求，查阅胶结材料强度试验报告和施工记录。

（5）检查胶结材料的运输工具及运输条件是否影响胶结材料的质量。

3．砌筑施工

（1）检查砌体与基岩连接部位的处理是否符合有关规定。

（2）检查砌体的砌缝宽是否符合要求。

（3）检查浆砌石坝结构尺寸和位置的砌筑允许偏差是否符合要求。

（4）检查石料规格及砌筑工序是否符合设计要求和规范规定。

（5）检查砌体的内外搭接及错缝砌筑是否符合规定要求。

（6）检查砌体施工缝的处理是否符合规定要求。

（7）检查砌体的密度、空隙率的质量指标是否符合设计和规范规定，并查阅检测试验结果。

（8）检查砌体的密实性是否符合规定要求，检查压水试验指标是否满足有关规定。

4．防渗体施工

（1）检查基坑的开挖与处理是否满足设计要求和有关规定。

（2）检查混凝土防渗体与砌石的连接方式、施工作业方法是否满足设计要求和有关规定。

（3）检查混凝土防渗体浇筑质量是否满足有关规定。

（4）检查混凝土防渗体施工缝的处理是否符合设计要求和有关规定。

（5）检查止水材料的规格、型号、品种及材质是否满足设计要求和有关规定。

（6）检查止水设备的搭接、安装工艺是否满足设计要求和有关规定。

（7）检查沥青的留置、安装设施等施工是否符合要求。

5．冬、夏季和雨天施工

（1）冬季施工时，检查是否采取了必要的保温措施。当最低气温在 0～5℃时，砌筑作业是否采取表面保护措施；最低气温在 0℃以下时，是否停止砌筑。

（2）夏季施工时，检查是否采取防止表面曝晒、延长养护期等措施，当最高气温超过 28℃时，是否停止砌筑作业。

（3）雨天施工时，检查对适宜雨天施工的部位是否采取可靠的防护措施。

6.2.3　堤防工程

1. 土料碾压筑堤

（1）检查用于筑堤的土质是否满足设计要求。

（2）检查防渗铺盖和均匀土堤地基是否按规定和设计要求进行处理。

（3）检查是否按要求做了碾压试验，查阅碾压试验记录及其试验报告。

（4）检查碾压机具的数量、型号、性能是否满足施工要求。

（5）检查上堤土料的黏粒含量、含水率、土块直径等是否符合设计要求和有关规定。

（6）检查卸料、铺料以及铺土厚度等是否满足设计要求和有关规定。

（7）检查上下层铺土之间的结合面处理情况，以及接缝和与边坡及岸坡结合面的处理情况是否符合设计要求和有关规定。

（8）检查分层上料、分层碾压的工序签证情况。

（9）查阅干密度试验记录，检查试验结果和检测数量是否满足规定要求。

2. 黏土防渗体填筑或砂质土堤顶填筑

（1）检查用于筑堤的土质是否满足设计要求。

（2）检查是否按要求做碾压试验，并查阅碾压试验记录及其试验报告。

（3）检查上堤土料的黏粒含量、含水率、土块直径等是否符合设计要求和有关规定。

（4）检查上下层铺土之间的结合面处理情况，以及接缝和与边坡及岸坡结合面的处理情况是否符合设计要求和有关规定。

（5）检查卸料、铺料以及铺土厚度等是否满足设计要求和有关规定。

（6）检查碾压机具的数量、型号、性能是否满足施工要求。

（7）查阅干密度试验记录，检查试验结果和检测数量是否满足规定要求。

（8）检查分层上料、分层碾压的工序签证情况。

3. 护坡垫层

（1）检查垫层材料的品种、规格、型号等是否满足设计要求。

（2）检查石料的粒径、级配、硬度、渗透性，土工合成材料的保土、透水、防堵性能及抗拉强度等是否符合设计要求，检查材质试验报告。

（3）检查护坡垫层的施工方法和工艺是否符合设计要求和规范规定。

（4）检查垫层厚度是否符合设计要求，并查阅有关检测记录。

4. 毛石粗排护坡或干砌石护坡

（1）检查石料的质地、块重、形状等是否符合设计要求和有关规定。

（2）检查毛石粗排的施工方式和护砌质量是否符合有关规定，有无通缝、叠砌、浮石、空洞等现象。

（3）检查平整度、缝宽、厚度等指标是否符合有关要求，并查阅有关检测资料。

5. 浆砌石护坡

（1）检查制拌砂浆的水泥、砂质量是否符合设计要求的有关规定，并查阅水泥和砂的试验报告。

（2）检查砂浆配合比试验资料，抽查现场计量管理情况。

（3）检查砂浆强度，抽查砂浆抗压强度试验记录。

（4）检查浆砌石的砌筑质量和勾缝质量是否符合有关规定。

6. 混凝土预制块护坡

（1）检查混凝土预制块本身的强度、外形尺寸和表面平整度等质量指标是否符合要求。

（2）检查预制块的砌筑方式、砌筑质量以及坡面的平整度是否满足设计要求。

7. 堤脚防护

（1）检查用于堤脚防护材料的质量、品种、规格、型号等是否满足设计要求。

（2）检查堤脚防护的施工作业方式、施工质量和断面尺寸等是否满足设计要求。

（3）在水下作业时，应着重检查抛护材料的计量控制和抛护定位措施，抽查有关施工记录。

6.2.4 混凝土工程

1. 基础面或混凝土施工缝处理

（1）检查基础面的处理情况，有无积水、积渣、杂物等。

（2）检查施工缝处理情况，表面乳皮凿除是否彻底，冲洗是否干净，有无积渣、杂物等。

2. 模板

（1）检查模板的稳定性、刚度和强度。

（2）检查模板表面平整度、光洁程度和有无杂物等。

（3）检查模板接缝严密程度，防止漏浆。

3. 钢筋

（1）钢筋焊接后的机械性能，应符合国家规定。焊接中不允许有脱焊、漏焊点，焊缝表面或焊缝中不允许有裂缝。

（2）钢筋的规格尺寸、安装位置必须符合设计图纸的要求。

（3）在浇筑混凝土前，必须对钢筋的加工、安装质量进行检查，经确认符合设计要求后，才能浇筑混凝土。

4. 止水、伸缩缝和坝体排水管

（1）水工建筑物中的止水、伸缩缝和坝体排水系统属于隐蔽工程，在整个施工过程中，必须加强监督检查和认真保护，防止损坏和堵塞，确保施工质量。

（2）止水、伸缩缝和排水系统的形式、结构尺寸及材料、规格等，均必须符合设计要求。

（3）沥青及混凝土的原材料和配合比，在使用前需通过试验确定。

（4）金属片止水的几何尺寸必须符合设计图纸，无水泥砂浆浮皮、浮锈、油漆、油渍等杂物，搭接焊必须采用双面、焊接牢固，焊缝无砂眼裂纹，严禁在金属片上穿孔。

（5）塑料和橡胶止水片的安装，应采取措施防止变形和撕裂。

（6）预制的多孔混凝土排水管，必须达到设计强度后才能安装。

5. 混凝土浇筑

（1）混凝土的生产和原材料的质量均应符合规范和设计要求。

（2）所选用的混凝土浇筑设备能力，必须与浇筑强度相适应，以确保混凝土施工的连续，如因故中止，且超过允许间歇时间，则必须按工作缝处理。

（3）浇筑混凝土时，严禁在途中和仓内加水，以保证混凝土质量。

（4）浇入仓内的混凝土，应注意平仓振捣，不得堆积，严禁滚浇。

（5）为了防止混凝土裂缝，夏季和冬季混凝土施工，其温度控制标准，应符合有关设计文件规定，并应加强混凝土养护和表面保护。

6.2.5 泥结石路面工程

1. 施工准备

（1）材料。泥结石主要由碎石、泥土组成。采用质地坚韧、耐磨、轧碎花岗岩或石灰石，碎石应呈多棱角块体。

泥结碎石所用的石料应符合设计要求；长条、扁平状颗粒不宜超过20%。泥结碎石层所用黏土，应具有较高的黏性，塑性指数以12~15为宜。黏土内不得含腐殖质或其他杂物。

（2）机具。翻斗车、汽车或其他运输车辆按计划直接卸入路床。此外，还包括推土机或人工摊铺、洒水车、压路机、其他夯实机具。

（3）作业条件。路床已全部完成并经验收合格，保持现场运输、机械调转作业方便，各种测桩齐备、牢固、不影响各工序施工。

（4）泥结石配合比。黏土用量一般不超过混合料总重的15%~18%。泥浆一般按水与土为0.8:1~1:1的体积比进行拌和配置。如过稠，则灌不下去，泥浆要积在石层表面；如过稀，则会流淌于石层底部，干后体积缩小，黏结力降低，均将影响路面的强度和稳定性。

2. 泥结石路面施工

（1）施工流程。泥结石路面施工程序为测量放样→布置料堆→摊铺碎石→预压→浇灌泥浆→碾压→铺封层。

（2）施工方法。

1）堆料及摊铺。

a. 作业段划分：摊铺作业时间，每个流水段可按40~50m为一段，根据摊铺用料石量计算卸料车数，卸料后用推土机整平。碎石层摊铺厚度应为设计厚度乘以压实系数的松铺厚度，压实系数人工摊铺为1.25~1.30，机械摊铺为1.20~1.25。应按机械配备情况确定每天的施工长度，可根据施工进度要求以8~10h为一班连续摊铺。

b. 摊铺：碎石料卸料后，应及时推平。应最大限度使用推土机初平，路宽不能满足推土机操作宽度情况下，使用人工摊平。现场施工人员应根据放线标高及摊铺厚度，用白灰标出明显标志，为推土机指示推平高度，以便推土机按准确高度和横坡推平，为下一步稳压创造良好条件。

c. 人工配合机械施工：施工时，设专人指挥卸料，要求布料均匀，布料量适当。布料过多或过少时，会造成推土机或人工工作量过大，延长工作时间。在路床表面洒水，洒水车应由专人指挥，应参照作业时的气候条件控制洒水量，以最佳含水量为标准调整现场洒水量。各类机械施工必须自始至终由专人指挥，不要多头指挥，各行其是。应配备足够的平整、修边人员，对机械不能修整到的边角部位进行修补，同时测量摊铺层的宽度、标高、坡度、平整度，保证摊铺面合格。

2）稳压。稳压宜用压路机自两侧向路中慢速稳压两遍，使碎石各就各位，穿插紧密，初步形成平面。稳压两遍后即洒水，用水量约2~2.5kg/m²，以后随压随洒水花，用量约1kg/m²，保持石料湿润，减少摩阻力。

3）灌泥浆。碎石层经稳压后，随即进行灌泥浆，灌浆时要浇灌均匀，并且灌满碎石间的空隙。泥浆的表面应与碎石齐平，碎石的棱角应露出泥浆之上。灌浆时必须使泥浆灌到碎石层的底部，灌浆后1~2h，当泥浆下沉，空隙中空气溢出后，在未干的碎石层表面上撒石屑嵌缝料，用以填塞碎石层表面的空隙。

4）碾压。灌浆完成后，待路面表面已干但内部泥浆尚处于半湿状态时，应立即用压路机在路基全宽内进行压实，由两侧向中心碾压，先压路边二三遍后逐渐移向中心。从稳定到碾压全过程都应随压随洒水。碾压至表面平整、无明显轮迹、压实密度大于或等于设计要求。碾压中局部有"弹软"现象，应立即停止碾压，待翻松晾干或处理后再压，若出现推移应适量洒水，整平压实。

5）铺封层。碾压结束后，路表常会呈现骨料外露而周围缺少细料的麻面现象，在干燥地区路表容易出现松散。为了防止产生这种缺陷应加铺封面，其方法是在面层上浇洒黏土浆一层，用扫把扫匀后，随即铺盖石屑，扫匀后并用轻型压路机碾压3~4遍，即可开放交通。

6）养护。经常对路面进行保养和维护，保持路面平整完好，路面整洁，横坡适度，对出现的问题及时分析和修补。

由于路面渗透力低，降雨极易形成路面径流，冲刷的泥砂淤积路边的排水边沟，而引起路面积水横溢，冲毁路基，影响道路使用寿命，因此应对路面适时进行养护，保持路面横向排水通畅。

3. 工程质量控制

(1) 路基土方施工质量控制。

1) 路基填筑严格按照试验段试验结果并经监理工程师批准的数据和填筑工艺组织施工。路基施工中除保证达到规范要求压实度外，还要达到层层找平，即每层均有一定的平整度，每层都要有路拱，随时阻止雨水聚积影响填方质量。对路基填料随时检测含水量，偏低时洒水，偏高时晾晒，保证碾压时达到最佳含水量。路堤基底未经监理工程师验收，不得开始填筑；下一层填土未经工程师检验合格，上一层填土不得进行。

2) 斜坡上填筑路基时，原地挖成台阶，台阶宽度不小于 1m，用小型压路机加以压实。

3) 每层填料铺设的宽度，每侧应超出路堤的设计宽度 30cm，以保证修整路基边坡后的路缘有足够的压实度。

4) 路堑开挖，无论是人工或机械作业，必须严格控制路基设计宽度，若有超挖，应用与挖方相同的土壤填补，并压实至规定要求的密实度，如不能达到规定要求，应用合适的筑路材料补填压实。

(2) 路基排水工程质量控制。

1) 边沟、截水沟、急流槽等排水设施的位置、断面、尺寸、坡度、标高及使用材料严格遵照设计图纸要求。

2) 边沟线形美观，直线线形顺直，曲线圆滑。

3) 砌体砂浆配比正确，砌筑紧密，嵌缝饱满、密实，勾缝平顺无剥落，缝宽一致。

4) 沟槽开挖后即时平整夯拍密实，如土质干燥须洒水湿润，遇有空洞陷穴应堵塞夯实。水泥砂浆随拌随用，砌筑完后注意养生，砌筑过程中随时注意沟底沟壁的平整坚实，砂浆要饱满，无空隙松动。

(3) 护面墙和挡土墙质量控制措施。

1) 严格挂线施工，保证护面墙坡面平整、密实、线形顺直。

2) 浆砌砌体紧密、错缝，严禁通缝、叠砌、贴砌和浮塞。

3) 为排水所设置的汇水孔位置应有利于泄水流向路侧边沟或排水沟，并保持其畅通。

4. 安全文明组织机构及保证措施

(1) 工程项目的安全管理。

1) 加强现场管理，搞好工程的保卫、防盗，搞好永久工程和临时工程安全，防止发生安全事故，在每一个工程项目中，制订安全生产的组织措施和严密的安全生产规程，留有足够的安全生产费用，购置安全生产的设备和器件，保证施工生产现场紧急事故处理的开支。

2) 加强安全生产教育和预防措施，为施工人员办理保险，并制订切实可行的预防措施，以保证员工的安全健康。

3) 对于施工现场高边坡及危险地段设醒目的安全标志，对开挖地段又处于交通要道处，派专人看守，或有明显的标志，防止过往行人或车辆不注意发生事故。

4) 对于基础工程或土方开挖施工，要注意预防塌方发生，及时采取防护措施。

5) 结构工程施工中，高空作业应绑好安全网，戴好安全帽，系好安全带，防止落人落物；对架板等设计，注意起吊的安全与平稳。

6) 对材料和设备储存的库房或堆放点，施工人员生活区，特别注意防火安全，准备足够数量的消灭器具、消防水管和消防栓等，以备急需。

7) 主要负责人亲自抓安全生产和安全教育，定期开安全生产会议，检查安全生产规章执行落实情况，建立安全生产奖罚制度促使人人重视安全；安全生产有奖，使安全生产教育落到实处、取得好的成绩。

（2）主要施工项目安全技术措施。

1）现场布置。设置安全标志，在本工程现场周围配备、架立安全标志牌。

2）施工现场的布置应符合防火、防爆、防雷电等安全规定和文明施工的要求，施工现场的生产、生活办公用房、仓库、材料堆放场、停车场、生产车间等应按批准的总平面布置图进行布置。

3）现场道路应平整、坚实、保持畅通；现场道路一侧或两侧遇有河沟、排水沟、深坑等情况时，应有防止行人、车辆等坠落的安全设施；危险地点应悬挂按照《安全色》（GB 2893—2008）和《安全标志》（GB 2894—2008）规定的标牌。夜间有人经过的坑洞应设红示警，现场道路应符合《工厂企业厂内铁路、道路运输安全规程》（GB 4378—2008）的规定，施工现场设置大幅安全宣传标语。

4）现场的生产、生活区均要设足够的消防水源和消防设施网点，消防器材应有专人管理，不得乱拿乱动，要组成一个由3～5人的义务消防队，所有施工人员要熟悉并掌握消防设备的性能和使用方法。

（3）施工机械的安全控制措施。

1）各种机械操作人员和车辆驾驶员，必须持有效操作证，严禁将机械设备交给无操作证的人员操作，对机械操作人员建立档案，专人管理。

2）操作人员必须按照本机说明书规定，严格按照工作前的检查制度和工作中注意观察及工作后的检查保养制度进行操作。

a. 工作前检查：①工作场地周围有无妨碍工作的障碍物；②油、水、电及其他保证机械设备正常运行的条件是否完备；③安全操作机构是否灵活可靠；④指示仪表、指示灯显示是否正常可靠；⑤油温、水温是否达到正常使用温度。

b. 工作中观察：①工作机构有无过热、松动或其他故障；②按例保规定进行例保作业；③认真填写机械运转记录。

3）驾驶室或操作室应保持整洁，严禁存放易燃、易爆物品，严禁酒后操作机械，严禁机械带病运转或超负荷运转。

4）机械设备在施工现场停放时，应选择安全的停放地点，夜间应有专人看管。

5）用手柄起动的机械应注意手柄倒转伤人，向机械加油时要严禁烟火。

6）严禁对运转中的机械设备进行维修、保养调整等作业。

7）指挥施工机械作业人员，必须站在明显、可四周观察到的安全地点，并明确规定指挥联络信号。

5. 冬、雨季施工措施

（1）冬季施工安排。根据气候、地理情况，为保证工期，合理安排工程进度，使合同工程能按规定工期完工，冬季安排适宜冬季施工的项目施工作业。主要有以下几方面。

1）利用冬季水位较低的条件，安排部分构造物基础开挖和防护工程基础开挖。

2）利用冬季河流水位较低的条件在河滩地段备砂砾料等。

3）做好已完工程如新浇混凝土的防冻工作。

（2）雨季施工安排。雨季施工时，路基施工要做好排水工作；桥涵施工中注意钢筋的锈蚀及模板和支架的变形、下沉，做好水泥等材料的保管工作。

1）施工前的准备。①对选择的雨季施工地段进行详细的现场调查研究，编制具有实施性的雨季施工组织计划；②修好施工便道并保证晴雨畅通；③驻地、仓库、车辆机具停放场地、生产设施都应设在最高洪水位以上地点，并应与泥石流沟槽冲积堆保持一定的安全距离；④修建临时排水设施，保证雨季作业的场地不被洪水淹没并能及时排除地面水；⑤贮备足够的工程材料和生活物资。

2）施工。

a. 路堤填筑。①场地处理：填筑路堤前，在填方坡脚以外挖掘排水沟，保持场地不积水。如果原地面松软，则采取换填等措施进行处理。②填料选择：路堤填筑时，选用透水性好的碎石土、卵石土、砂砾、石方碎渣和砂类土作为填料。利用挖方土作填方时，做到随挖随填并及时压实。含水量过大无法晾干的土不作雨季施工填料。③填筑方法：路堤分层填筑，每一层的表面做成2%～4%的排水横坡。当天填筑的土层当天完成压实。防止表面积水和渗水将路基浸软。如需借土填筑时，取土坑距离填方坡脚不小于3m，平原区顺路基纵向取土时，取土坑深度不大于1m。④路床排水：路堤填筑完成后，为防止路床积水，在路肩处每隔5～10m挖一道横向排水沟，将雨水排出路床。

b. 路堑开挖。①场地处理：路堑开挖前在路堑过坡顶2m以外修筑截水沟，并做好防漏处理；截水沟接通出水口。②土方开挖方法：雨季开挖路堑分层开挖，每挖一层均设置排水纵横坡。挖方边坡不一次挖到设计位置，沿坡面留30cm厚。待雨季过后再整修到设计坡度。以挖作填的挖方做到随挖、随运、随填。开挖路堑至路床设计标高以上30～50cm时停止开挖，并在两侧挖排水沟。待雨季过后再挖到路床设计标高后压实。如果土的强度低于规定要求时超挖50cm，并用粒料分层回填并按路床要求压实。

3）注意事项。雨季期间安排计划，根据施工现场情况，对因雨易翻浆地段优先安排施工。对地下水丰富及地形低洼处等不良地段，优先施工的同时，还集中人力、机具，采取分段突击的方法，完成一段再开一段，切忌在全线大挖大填。

施工坚持"两及时"，即遇雨及时检查，发现路基积水尽快排除；雨后及时检查，发现翻浆彻底处理，挖出全部软泥，大片翻浆地段尽量利用推土机等机械铲除，小片翻浆相距较近时作一次挖能处理，填筑透水性好的砂石材料并压实。

6.2.6　混凝土公路工程

1. 材料的准备及其性能检验

（1）水泥：水泥的物理性质和化学性质要符合国家标准，每一批水泥都应有质量保证书。并且按照公路工程质量检验评定标准要求的频率进行自检。

（2）砂：质地坚硬、耐光、洁净、符合规定级配，细度模量在2.5以上。含泥量（冲洗法）不大于3%，有机含量（比色法）不深于标准溶液的颜色。

（3）碎石：质地坚硬、耐光、洁净、符合规定级配，最大粒径不应超过31.5mm。石料的等级强度大于Ⅱ级，压碎值符合规范规定，针、片状颗粒含量大于15%，含泥量（冲洗法）不大于1%。

（4）根据施工进度计划，组织好各种材料的进场，并对已进场的砂、碎石、水泥、钢筋要进行各种性能检验，若有不符合要求的，应另选或采取补救措施。

（5）混合料配合比检验和调整。

1）工作性的检验和调整，按设计配合比取样试拌，测定其工作性，必须时还应通过试铺检验，如测得其工作性低于要求，则保持水灰比不变，适当增加水泥用量。每次调整加入少量材料，重复试验。直至符合要求为止。

2）强度的检验，按工作性符合要求的配合比，适当增减水泥用量，配置3组不同配合比的新拌混凝土试件，并测定其实际密度。到规定龄期后测定其强度，如实测强度未能达到要求的配合强度时，可采用提高水泥标号、减小水灰比或改善粒料级配等措施。

3）选择不同水量、不同水灰比、不同砂率或不同粒料级配等配制混合料，通过比较，从中选择经济合理的方案。

4）施工现场砂和石子的含水量经常变化，必须逐班测定，并调整其实际用量。

2. 混凝土路面施工方案

（1）施工放样。

1）在路面基层验收合格后进行施工放样工作，直线每段 20m 一桩，曲线段每 4m 一桩（与模板长度同）。同时要设胀缝、缩缝、锥坡转折点等中心桩，并相应在路边各设一边桩。

2）根据放好的中心线及边桩，在现场核对施工图的混凝土分块线。对于曲线段，必须保持横向分块线与路中心线垂直。

3）测量放样必须经常复核，做到勤测、勤核、勤纠偏。

（2）路面基层处理。

1）所有挤碎、隆起、空鼓的基层应清除，并使用素混凝土重铺，同时设胀缝板横向隔开，胀缝板应与路面胀缝和缩缝上下对齐。

2）当基层产生非扩展性温缩、干缩裂缝时，应进行密封防水。

3）基层产生较大纵向扩展裂缝时，应分析原因，采用有效的路基稳固措施进行处理。

4）对部分地段的基层需要进行大面积填补时，应以水泥稳定碎石作为基层。

（3）安装模板。

1）模板必须具有足够的强度和刚度，模板的高度与混凝土路面等厚，对于变形的模板须纠正后再进行使用。

2）模板应安装稳固、顺直、平整、无扭曲，相邻模板连接应紧密平顺，不得有漏浆、前后错茬、高低错台等现象。模板应能保证摊铺、振实、整平设备的负载行进、冲击和振动时不发生移位。

3）平曲线路段采用短模板。

4）内侧固定钢钎和外侧受力钢钎均不得高于模板，以利振动梁能通过。

5）模板安装完毕后，应经过现场监理人员的检查，合格后才能浇筑混凝土。

（4）混凝土的拌和与运输。

1）拌和。

a. 混凝土拌和采用搅拌站集中拌和，搅拌站采用 2 台强制式搅拌机拌和。

b. 对砂、石子、水泥的用量经准确调试后方可拌和，在拌和的过程中，要随时抽检。

c. 严格控制含水量。每班开工前，实测砂、石子的含水量，并根据天气变化，由工地试验确定施工配合比。

d. 每一盘拌和物前，先用适量的混凝土拌和物或砂浆拌和，拌后排弃，然后再按照规定的配合比进行拌和。

e. 搅拌机装料顺序宜为砂、水泥、碎石或碎石、水泥、砂，进料后，边搅拌边加水。

f. 搅拌时间视工作性能而定，最低时间为 90s。

g. 水泥混凝土拌和物应严格控制坍落度。拌和坍落度为最适宜摊铺的坍落度值与当时气温下运输坍落度损失值两者之和。

2）运输。

a. 运输采用自卸汽车，运送混凝土的车辆在装料前，应清洁车厢，洒水润壁，排干积水，并在运输过程中采取措施防止水分损失和离析。

b. 装运混凝土拌和物，不得漏浆，出量及铺筑时的卸料高度，不应超过 1.5m，如发生离析，铺筑前应重新拌和。

c. 混凝土从搅拌机出料至浇筑完毕的时间不得超过允许最长时间。

d. 大风、雨雪低温天气较远距离运输时，自卸车要用防雨布遮盖，并增加保温措施。

e. 运输车辆在模板或导线区调头或者错车时，严禁碰撞模板或基线，一旦碰撞，应及时告知重新测量纠偏。

3. 混凝土浇筑

(1) 模板的要求和安装。模板的高度应与混凝土板厚度一致。

1) 立模的平面位置和高程，应符合设计要求，并应支立准确稳固，接头紧密平顺，不得有离缝、前后错茬和高低不平等现象。模板接头和模板与基层接触均不得漏浆，模板与混凝土接触的表面应涂隔离剂。

2) 混凝土拌和物摊铺前，应对模板的间隔、高度、润滑、支撑稳定和基层的凭证、湿润情况，以及钢筋的位置和传力杆装置进行全面检查。

3) 拆模：在 20h 后拆除，拆除不应损坏混凝土面板。

(2) 混凝土拌和物的摊铺。

1) 摊铺厚度要考虑预留高度。拌和物的松铺系数控制在 $K=1.1\sim1.25$，料偏干取较高值；反之，取较低值。

2) 采用人工摊铺，严禁抛掷和搂耙。

(3) 振捣。

1) 对于边角的部分，应先用插入式振捣器按顺序振捣，再用平板振捣器纵横交错托振。

2) 振捣器在每一位置振捣的持续时间，以拌和物停止下沉、不再冒气泡并泛出水泥砂浆为准，并不宜过振。

3) 振捣时，应辅以人工补料，应随时检查振实效果、模板、拉杆、传力杆和钢筋的位移、变形、松动、漏浆等情况，并及时纠正。

4) 整平时，填补料应选用较细的拌和物，严禁使用纯砂浆填补找平。整平时必须保持模板顶面的整洁，接插处板面平整。

(4) 振动梁振实。

1) 每车道路面使用 1 根振动梁，振动梁应具有足够的强度和质量，底部焊接 4mm 左右的粗集料压实齿，保证 (4±1)mm 表面砂浆厚度。

2) 振动梁应垂直路面中心线沿纵向拖行，往返 2～3 遍，使表面翻浆均匀平整。

(5) 整平饰面。

1) 每车道路面应配备 1 根滚杠。振动梁振实后，应拖动滚杠往返 2～3 遍提浆整平。第一遍采用短距离缓慢推滚或托滚，以后应较长距离均匀托滚，并将水泥浆始终赶在滚杠前方。

2) 托滚后的表面宜采用 3m 刮尺，纵横各 1 遍整平饰面，或采用叶片式或圆盘式抹面机往返 2～3 遍压实整平饰面。

3) 在抹面机完成作业后，应进行清边整缝，清除黏浆，修补缺边、掉角。

(6) 抗滑构造施工。待混凝土抗压强度达到的 40% 后方可进行硬刻槽，并宜在两周内完成。纹理应与横缝方向一致，纹理宽 3mm、深 4mm，间距为 15～25mm，随机排列。

4. 接缝施工

(1) 纵缝。纵缝一般采用平缝加拉杆型。

平缝施工应根据设计要求的间距，预先在模板上制作拉杆位置放孔，并在缝壁一侧涂刷沥青。拉杆的长度为 70cm，间距为 60cm，中间涂 10cm 沥青。

(2) 横缝缩缝。混凝土结硬后，应适时切缝。为减少早期裂缝，切缝可采用"跳仓法"，即每隔几块板切一缝，然后再逐块锯。切缝深度为混凝土面板厚的 1/4～1/5。

(3) 胀缝设置。普通混凝土路面每 400m 设置胀缝一道，胀缝应设置补强钢筋支架、胀缝板和传力杆，胀缝缝宽 20mm，传力杆一半以上长度表面应涂沥青并包裹聚氯乙烯膜，端部应戴长

10cm 活动套筒并留 3cm 空隙填塑料泡沫。胀缝传力杆间距为 30cm，胀缝板应连续贯通整个路面板宽度。

5. 养护

施工结束后应立即进行养护。

（1）用土工布覆盖，洒水养生并加盖草帘保温保湿，应特别注重 7d 的保湿养生，养护总日期为 28d。

（2）混凝土面板在养护期间和填缝前，禁止车辆通行。

6. 填缝

混凝土板养生期满后，应及时灌缝。

（1）在灌缝前应保持缝内清洁，防止杂物掉入缝内。

（2）灌注填缝料必须在缝槽干燥情况下进行，填缝料应与混凝土缝隙壁黏附紧密不渗水。

（3）填缝料的灌注高度，宜与板面平或略低于板面。

6.2.7　防渗、灌浆与基础处理工程

6.2.7.1　防渗墙工程

1. 施工工艺

防渗墙施工一般采用液压冲击抓斗冲抓成槽的施工方法，其施工工艺流程见图 6.1。

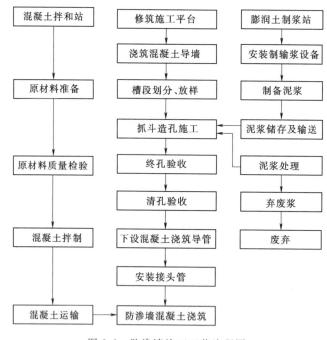

图 6.1　防渗墙施工工艺流程图

2. 施工方法

（1）施工平台填筑。施工平台布置在相应的高程，施工平台的宽度达到 10～12m，以满足施工要求。

（2）导向槽布置及导板结构。导向槽沿防渗墙轴线布置，槽口宽 0.5m，导墙深 1.0m，内外两侧的导墙为现浇 C20 矩形钢筋混凝土结构。

（3）导墙建立。由于抓斗成槽宽度较大，且主要靠槽口板导向，所以对槽口板的质量要求较高，因此所采用的钢筋混凝土导墙必须满足施工要求，同时采用上下两层木支撑进行固定导墙

面板。

（4）泥浆系统布置。根据工程的具体特点，需布置一个泥浆系统，布置在大坝右两坝肩间，泥浆系统占地面积约 200m²，由泥浆池、制浆平台、黏土粉仓库等构成。泥浆池采用坑池，容积约 200m³，3PNL 泥浆泵集中供浆，满足成槽的需要。黏土粉仓库可采用临时建筑，建筑面积约 50m²。

（5）水电系统。所有供浆管、供水管线布置在抓斗行走平台另一侧。从水库上游侧铺设 100mm 供水管至泥浆站，供制浆用水。从施工现场电源处敷设 100mm 铝芯线至泥浆站及施工作业平台，供施工平台照明及泥浆系统电源用。在施工平台电源侧要保留下装头接口，确保抓斗施工中斗体施焊以及防渗墙接头孔拔管机施工。

（6）混凝土拌制系统。由于施工轴线长，混凝土拌制系统拟分期布置在主坝右岸坝肩合适地段，采用挖机平整场地，面积约 1000m²，拌制系统由堆料场、水泥仓库、拌和场组成，混凝土拌制拟采用 25m³/h 强制式拌和机配一台电子自动配料机，装载机给配料机喂料，混凝土拖泵将成品混凝土送至防渗墙槽口浇筑。

3. 造孔方法

"三抓法"成槽，即先抓两端主孔，后抓中间副孔至终孔成槽。抓斗抓挖作业时，采用黏土（膨润土）泥浆护壁。抓斗抓挖的弃料直接卸至大坝下游侧出渣平台，然后再利用自卸汽车或装载机装运至监理工程师指定的弃渣场。

4. 固壁泥浆

固壁采用黏土或优质膨润土制作泥浆，其各项性能指标应符合下列要求：①较小的失水率；②适当的静切力；③良好的稳定性；④较低的含砂量。

5. 终孔验收

根据先导孔资料和设计文件要求，抓挖深度达到要求后，先自检，再由监理工程师复验确认。每一槽孔成槽后，均由监理工程师同施工单位质量检测人员进行孔形检验验收，确保孔形、孔斜符合设计要求。否则，需采取措施进行处理直至达到设计要求为止。

6. 清孔换浆

用抓斗直接清孔，将槽内的石渣和泥块等沉渣抓出，并用斗体提取黏稠物，直至满足设计要求。一般要求清孔换浆结束 1h 后，槽内泥浆比重不大于 $1.30g/cm^3$，黏度不大于 30s，含砂量不大于 10%，孔底沉渣厚度不大于 10cm。

7. 墙体混凝土浇筑

（1）浇筑前的准备工作。

1）测量孔底沉渣厚度，沉渣厚度不大于 10cm，方可准备浇筑混凝土。

2）安装浇筑导管：导管接头外径 241mm，管外径 221mm，内径 215mm，要求导管必须密封可靠，管脚距槽孔底部控制在 0.15～0.25m。

3）混凝土浇筑导管间距不大于 4.0m，两端的导管中心至槽孔端或接头管壁宜 1.0～1.5m。

（2）混凝土拌和与运输。严格按施工配合比计量上料，混凝土施工配合比、拌和时间等经现场施工试验验证并报监理工程师批准后确定。拌制的混凝土要满足如下条件：①入孔时的坍落度为 18～22cm；②扩散度为 34～40cm；③初凝时间不小于 6h，终凝时间不大于 24h；④混凝土密度不小于 $21kN/m^3$。采用运输泵运送混凝土。

（3）混凝土浇筑。

1）首次浇筑时，采用"压球满管法"按先深后浅的顺序开浇，即从最深的导管开始，由深到浅逐导管依次开浇，直到槽底混凝土面浇平后再全槽均衡上升。开始喂料要连续、均匀、迅速，使混凝土能立即充满漏斗，并用导注塞堵住管口；之后混凝土满管下落，推出管内的泥浆柱，落到孔底，迅速充满孔底并埋住导管管脚；一般初灌时，保证导管进入混凝土的深度为 0.4m 左右，这样，管外的泥水不会进入管内，就不会产生断桩。

2）正常浇筑时，严格控制喂料速度，保持混凝土面均匀连续上升，上升速度不小于 2m/h，并控制相邻导管间混凝土面高差不大于 0.5m。导管埋入混凝土的深度最大不宜超过 6m，最小不小于 1m。

3）当浇筑的混凝土溢出孔口，即可终灌，立即起拔浇筑导管，清洗浇筑机具，转入下一槽孔浇筑。

（4）相邻槽孔的连接。工程拟采用"三抓法"成槽，槽段拟采用预埋套接管法连接。

8. 特殊情况处理

（1）在抓斗施工过程中，如果发生漏浆，要及时停抓并采取可行的堵漏措施（孔底漏浆，填黏土；孔口漏浆，填黏土粉和锯末），待浆面稳定后再抓挖；如果严重漏浆，要将抓斗迅速撤离该部位；如出现大面积漏浆则采取预灌浓浆堵漏。

（2）卡斗事故：在施工过程中发生卡斗事故时，首先分清卡斗原因，如属机械故障，先将故障排除；如属地层原因，则采取加大提升力处理。

（3）混凝土浇筑过程中，如发生槽壁坍塌，可采取以下措施进行处理。

1）如槽壁坍塌发生在开浇后不久，浇筑的混凝土方量很小，则可终止浇筑，待槽壁稳定后，用抓斗重新成槽、清孔，然后重新浇筑混凝土。

2）如槽壁坍塌发生在浇筑临近终了时，立即停止浇筑并详细记录坍塌部位，用抓斗对坍塌面进行抽渣清孔，直至孔内泥浆指标达到清孔要求，然后继续浇筑至设计墙顶高程；等墙体混凝土达到一定强度后，在墙顶采取岩芯钻机进行钻孔，采用灌浆方法对坍塌部位进行接触、补强灌浆。

9. 质量检验

（1）成槽质量检测：以单槽为一个单元，每单元造孔结束时，通知监理工程师到场，对槽孔的深度、直径等质量指标进行检查验收，验收合格后方可进行水下混凝土浇筑。

（2）混凝土的施工性能，每班应取样 2 次，开浇前必须检查；抗压强度试件每 100m 成型一组，每个墙段至少成型一组；抗渗性能试件每 3 个墙段成型一组，养护 28d 后，送有相应资质的试验室作物理力学性能试验。

（3）普通防渗墙墙体质量检测采用钻孔取芯法进行检测。检查孔沿防渗墙轴线每 10 个槽孔布设一个孔，共计 2 孔，孔深应不小于防渗墙深度的二分之一，且不小于 10m，位置应具代表性，每孔均做钻孔取样和压（注）水试验，钻孔取样为每孔取试样 2 组，进行室内检测取样部位为钻孔的中部和底部。

（4）检查孔必须按机械压浆孔法进行封孔，封孔材料为水泥浆，水泥：水为 1：2。开挖检查部位在各项检测结束后，应按筑坝的要求回填压实。

（5）普通混凝土防渗墙强度检验评定应按照《水工混凝土施工规范》（DL/T 5144—2001）的规定执行。

10. 质量、安全保证（预防）措施

（1）造孔质量保证措施。

1）抓斗停放平稳，根据槽口板上测量放样准确定位后，开始抓挖。

2）对可能影响成槽质量的地层要严加控制。采取慢抓、勤检测等方法，及时纠偏，保证成槽质量。

3）保证泥浆的质量，造孔泥浆比重应达到 1.05～1.30，黏度 18～25s。

4）终孔孔深不得小于设计孔深。

（2）混凝土浇筑保证措施。

1）造孔完毕后，必须提出浇筑申请并校核和批准后方可浇筑槽孔混凝土。

2）水泥、砂、骨料和水的计量必须检验合格方可进行搅拌。

3）为防止孔内泥浆与混凝土混合而影响浇筑质量，浇筑过程中每2盘料测记一次浇筑导管埋设深度，避免导管埋设太深。

4）浇筑过程中随时抽查混凝土拌和料的坍落度（18～22cm）和扩散度（34～40cm）。

5）孔内混凝土浇筑至孔口后，必须比设计墙顶高程多浇，以确保设计标高处的墙体质量。

（3）根据抓槽法混凝土防渗墙施工工艺特点，编制和完善造孔、浇筑记录表、单元槽孔质量评定表、混凝土拌和物质量评定表、混凝土拌和质量评定表、混凝土试块质量评定表、砂石料质量评定表等表格，实现施工记录规范化。

（4）安全保证措施。

1）贯彻安全第一、预防为主的方针，加强职工的安全教育，提高安全认识。

2）要求每个作业人员熟悉施工工艺，严格操作规程，严守劳务纪律，严格按劳保着装。

3）加强设备的检查、维修和保养，确保设备的正常运转。

4）针对不同地层采取不同施工方法：如砂砾透水性较强，可能导致槽孔稳定性降低，对此，可调整泥浆配方，采用适宜的泥浆；斗体在槽孔内提升速度不可过快，以防止埋斗事故发生。

5）开工前，对全体施工人员进行安全教育，树立安全生产观念。

6）建立施工安全责任制，落实岗位安全职责。

7）专职安全员定期检查施工安全情况，及时处理安全隐患。

8）兼职安全员应检查和处理当班的安全施工情况，教育本班工作人员遵守安全操作规程，杜绝违规操作，避免安全事故的发生。

9）施工人员进入工地必须戴安全帽并着装整齐。

10）注意用电安全，电工应经常检查电线和配电装置的安全状况，及时处理安全隐患。

11）保证机电设备的运行安全。

（5）文明施工与环境保护措施。

1）文明施工保证措施。①加强文明施工的宣传教育，严禁施工人员违规操作；②建立文明施工责任制，加强现场文明施工管理；③保持工作场地整洁，设备和材料摆放整齐有序；④施工人员进入工地应着装整齐、戴好安全帽；⑤严禁发生打赤膊、穿拖鞋等不文明行为出现在工作场内；⑥服从业主、监理人员的现场指挥，并积极配合其做好工作；⑦保证施工场区道路畅通。

2）环境保护措施。①不破坏施工场区内的自然环境和草木；②废水、废浆集中排放，不污染现场环境；③不乱丢弃废弃物，保证施工环境整洁；④施工弃渣指定地点堆放。

6.2.7.2 锥探灌浆工程

1. 锥探灌浆工程工序

锥探灌浆施工程序为施工准备、钻孔、制浆、灌浆、封孔等（图6.2）。

2. 灌浆试验

（1）试验说明。

1）灌浆作业开工前28d，施工单位应编制详细的试验大纲，报送监理人审批。

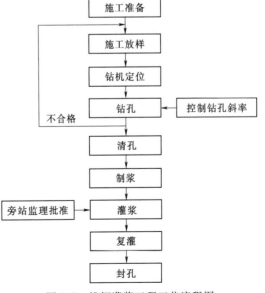

图6.2　锥探灌浆工程工艺流程图

2）施工单位通过灌浆试验修改或最终确定以下灌浆控制参数：①选定制浆土料、确定浆液容重；②确定灌浆控制压力；③确定复灌次数和复灌间隔时间；④确定堤身位移和裂缝控制指标等。

3）灌浆试验结束后，承包人应对试验成果进行分析，并将试验的详细记录和试验分析成果报送监理人。

（2）浆液试验。

1）施工单位应按监理人指示对灌浆所用土料和浆液进行试验。土料试验包括：颗粒分析、有机质含量及可溶盐含量等；浆液试验包括：容重、黏度、稳定性、胶体率及失水量等。

2）用于现场灌浆试验的浆液水土比以及掺和料、外加剂等的品种及其掺量应通过浆液试验选择，并将试验成果报送监理人。

（3）现场灌浆试验。

1）根据标段设计要求，为确保工程灌浆质量，选定试验段长度不少于 20m，试验孔一般不少于 3 个。

2）施工时应根据施工图纸的要求或监理人指示选定试验孔布置方式、孔深、灌浆压力等试验参数；按批准的灌浆试验大纲拟定的施工方法进行灌浆试验，检查灌浆的效果。

3）灌浆试验结束后，承包人应对试验成果进行分析，总结经验，修改浆液物理力学指标及灌浆控制参数，完善灌浆工艺，并将试验的详细记录和试验分析成果报送监理人。

3. 施工方法

（1）施工准备。

1）制浆和灌浆机械的布置，应考虑灌浆泵容量的大小、输浆距离的远近、扬程的高低、料场位置等因素。

2）灌浆前应确定观测点位置，埋设好必要的观测设备，并准备好观测和试验仪器以及观测记录表和成果表。

3）灌浆施工前应做灌浆试验，选择有代表性堤段，按灌浆设计进行部孔、造孔、制浆、灌浆。观测灌浆压力、吃浆量、泥浆容量、大堤位移和裂缝等。试验孔不少于 5 个，试验结束后，应分析资料，总结经验，修改参数，完善灌浆工艺，然后方可全面施工。灌浆所用土料和浆液都应进行试验，土料试验应包括：容重、黏度、稳定性、胶体率及失水量等。

（2）测量定位放样。开工前根据业主和监理交给的原始水准点、桩号，按设计图纸要求进行孔位定位，并在施工前用滑石粉定出孔位标识。灌浆孔布置为 5 排，分二序钻孔灌浆，排距 1.0m、孔距 2.0m，按梅花形布孔。老堤孔深伸入坝基 1m。测量放样成果报监理工程师检查批准后进行施工。

（3）造孔。

1）采用机械造孔，所有钻孔编号、孔深、孔斜度、孔序按照设计图纸、文件或监理细则执行，造孔的孔位、深度、孔径、钻孔顺序和孔斜等应按施工图纸要求和监理人指示执行。

2）施工时应按设计要求布孔，然后按要求造孔。造孔必须按序进行，要求为二序。灌浆孔的开孔孔位与设计位置的偏差不得大于 100mm。因故变更孔位应征得监理人同意，并记录实际孔位。

3）按设计要求布孔，孔倾斜度不大于 2%，孔深按设计要求钻孔，具体以施工图纸高程算出的孔深为准。

4）应用干法造孔，不得用清水循环钻进。造孔过程中允许倒入少量水或泥浆以湿润土体。

5）应做好造孔的记录和描述，如发现特殊情况时，施工单位应详细记录，及时通知监理人并进行分析处理。

6）造孔结束后，施工单位应会同监理人进行检查验收，检查合格并经监理人签字确认后，方可进行下一步操作。

（4）制浆。采用高速搅拌机制浆，采用经试验合格的黏土（中～重粉质壤土）制成浆液。为保证其有足够的抗渗性能，黏土泥浆应具有较好的稳定性与流动性，收缩率小，排水要快。

土料颗粒组成和物理力学性能应符合《土坝灌浆技术规范》（SL 564—2014）的要求，见表 6.4与表 6.5。

表 6.4 灌浆土料性能指标要求 ％

项 目	数值	项 目	数值
塑性指数	10～25	砂粒含量	<10
黏粒含量	20～45	有机质含量	<2
粉粒含量	40～70	无机质含量	<8

表 6.5 浆液物理力学性能要求

项 目	数值	项 目	数值
容重/(kN/m³)	13～16	胶体率/%	>80
黏度/s	30～100	失水量/(cm³/30min)	10～30
稳定性/(g/cm³)	<0.1		

（5）灌浆。

1）灌浆顺序：应先灌靠迎水侧排孔，再灌下游侧排孔。

2）应采用分段灌注方法，由下至上，下套管分别灌注，每段长可为 5～10m。

3）灌浆开始先用稀浆，经过 3～5min 后再加大泥浆稠度。若孔口压力下降和注浆管出现负压，应再加大浆液稠度，浆液的容重按承包人灌浆试验和监理人批准的技术要求控制。

4）在灌浆中，应先对第一序孔轮灌，采用"少灌多复"的方法。待第一序孔灌浆结束后，再进行第二序孔。

5）每次最大灌浆量及每孔灌浆次数按承包人现场灌浆试验确定的技术指标控制，一般每孔灌浆次数为 5～10 次。

6）在灌浆过程中，如遇单孔吃浆量过大，承包人须采取"少灌多复"的处理办法直至灌浆饱满，不得留下隐患，具体处理方案报监理人审批。

7）灌浆过程中做好灌浆记录，并绘制图表。

（6）灌浆结束标准及封孔。

1）当浆液升至孔口，经连续复灌 3 次不再吃浆时，即可终止灌浆。

2）当长期达不到结束标准时，应报请监理人共同研究处理措施。

3）当每孔灌完后，待孔周围泥浆不再流动时，将孔内浆液取出，扫孔到底，用直径 20～30mm、含水量适中的黏土球分层回填捣实。

4. 灌浆出现问题的处理

灌浆过程中应随时检查进浆情况，有无冒浆、串浆和坝面抬高等现象。如有下述情况，应妥善处理后再继续进行。

（1）冒浆。在灌浆过程中若出现冒浆、漏浆现象，应立即暂停灌浆，进行处理。为不使浆液流失，采取增大浆液比重、减小灌浆压力、时灌时停和夯实冒浆孔口或挖槽回填漏浆处，堵住冒、漏浆继续发生。

（2）串浆。在灌浆过程中相邻两孔若出现串浆现象，采取两孔并灌方法堵浆。若不能施灌，可用木塞堵住串浆孔口，然后进行单孔灌注。

（3）裂缝。由于泥浆压力作用，坝身可能会出现裂缝，这时应尽量加大浆液浓度，采用慢灌、停停灌灌的方法。若遇裂缝中积水排不出去时，要设法挖沟把水引出去，灌浆结束后，裂缝表面要加土回填夯实或等裂缝自然固结后视具体情况再处理。

（4）吃浆量很大。出现该现象时应查找原因，检查是否在某隐蔽处冒浆，若没有，则说明堤坝有较大的洞穴或裂缝，应采取加大泥浆浓度，并在灌浆孔周围补孔，增加复灌次数，延长终孔时间，等泥浆初步析水收缩后再灌浆办法来消除空隙等隐患。

（5）堤表土塌陷或隆起。塌陷多系土体内的较大孔穴因灌入的泥浆析水引起土体湿陷变形所致，可改用浓浆继续灌注，已形成塌坑的，可用黏土料分层夯实回填。堤表土隆起应仔细分析隆起的原因，检查泥浆浓度、压力控制是否正常，如未发生堤身有大的裂缝或土体滑动，可采用减速小灌浆压力、时灌时停的方法处理；隆起面积较大，问题严重的堤段应慎重对待，必要时进行彻底翻筑。

灌浆过程中，应有专门人员检查布孔、造孔、工艺操作、浆液性能、综合控制情况、各孔终止灌浆达到的标准以及灌浆中出现的问题和处理情况等，并应有现场记录。

5. 质量控制

为保证灌浆质量达到施工图纸和监理人规定的要求，施工时应对灌浆施工全过程进行质量控制和检查。每一道工序结束经自检合格报请监理人验收后，方可进行下一道工序施工。质量检查分为灌浆过程的中间检查和灌浆结束后的最终检查。前者是为灌浆质量控制而进行的阶段性检查，后者是为验收和鉴定提供依据。

（1）施工单位应会同监理人进行中间质量检查及最终质量检查，其质量检查记录应报送监理人。

（2）中间质量检查的主要内容包括：按设计要求检查布孔、造孔、工艺操作、浆液性能、综合控制情况、各孔终止灌浆达到的标准、灌浆中出现的问题和处理情况等。

（3）最终质量检查的主要内容包括：堤身内部的质量（密度、连续性、均匀性）、堤面裂缝等。检查的手段包括钻孔取样、开挖探坑和探槽等，最终检查应在堤顶道路施工之前进行。

（4）最终质量检查方法，主要是分析资料和进行观测，并配合钻孔、探井取样测定等。通过上述检查方法和试验结果，定性分析评定灌浆前后堤身质量变化。

（5）施工单位应全面完整地搜集资料，及时准确地进行记录，作为工程验收的依据，并应归入技术档案。一旦发现灌浆质量不符合要求，应查明原因，及时报送监理人，并提出相应措施，征得监理人同意后执行。对所有缺陷处理的一切费用均由承包人承担。

6. 灌浆过程监测

为保证堤防灌浆质量和堤防安全，检验灌浆效果，灌浆过程中应有观测人员负责观测工作，全面控制灌浆质量，及时发现和解决问题。

（1）堤身变形观测。

1）堤身变形观测分水平位移（横向、纵向）、竖向位移（沉陷）和堤身表面变形观测等。

2）横向水平位移观测。可沿堤线方向每隔 $10\sim20m$ 设一组观测标点，每组至少分别在堤顶上、下游堤肩处各设 1 个观测标点。在灌浆期间，每天观测 $1\sim2$ 次，非灌浆期间，每 5d 观测 1 次。

3）竖向位移观测。竖向位移桩应与水平位移桩结合，并同时进行观测，以便进行资料分析。在灌浆前，至少应观测 2 次。在灌浆期间，每天观测 $1\sim2$ 次；非灌浆期间，每 5d 观测 1 次。

4）堤身表面变形观测。为掌握灌浆对堤身断面的影响，可在河槽段和有严重隐患的堤段，参照"横向水平位移"的规定进行堤身表面变形观测。

（2）灌浆压力和灌浆量观测。

1）灌浆压力观测。在注浆管上端安装压力表，压力表精度为 $0.1kg/cm^2$，在灌浆过程中，应及时观测压力变化，并及时注意记录瞬时最大压力，对照大堤位移，合理控制灌浆压力。

2）灌浆量一般采用泥浆流量控制，每孔每次灌浆量及总灌量均应在 $0.3\sim0.5\mathrm{m}^3/\mathrm{m}$ 范围内，每次灌浆不得超过设计允许值，以便控制灌浆压力。

3）冒浆观测。灌浆期间要有专人经常巡视堤顶、堤坡。如发现冒浆，应及时处理，同时应记录和描述，并绘制在剖面图上。

6.2.7.3　粉喷桩工程

1. 设计要求

粉喷桩的设计桩径一般为 50cm，桩边距 1.0m，在平面上呈梅花形布置，不采用正方形布置。粉喷桩桩顶铺设 50cm 厚砂砾石垫层，桩顶不需伸入垫层内。持力层深度除根据地质资料外，还应根据钻进时电流表的读数值来确定，当钻杆钻进时电流表读数明显上升，说明已进入持力层，桩长须穿透软土层并深入持力层内 50cm。粉喷桩处理后的单桩承载力须大于 250kN，地基承载力不小于 250kN。

2. 施工现场准备工作

（1）施工设备。严禁使用非定型产品或自行改装设备；进场设备必须配备性能良好的能显示钻杆钻进时电流变化的电流表、能显示管道压力的压力表，以及计量水泥喷入量的电子秤或流量计。

（2）施工现场的准备工作。

1）施工现场配备各种计量仪器设备，做好计量装置的标定工作。

2）对现场的水泥等原材料进行试验工作，然后进行粉喷桩水泥用量的室内试配设计，并确定每延米桩体的水泥用量。

3）根据施工图纸画出桩位平面布置图，并报请测量工程师批准。

4）根据桩位平面布置图，在施工现场用经纬仪定出每根粉喷桩的桩位，并做好标记，每根桩的桩位误差不得大于 5cm。同时做好复测工作，在以后的施工中应经常检查桩位标记是否被移动，确保粉喷桩桩位的准确性。

5）在施工现场搭设水泥棚，水泥棚的底部用土填高，使之比周围地面高出 30～50cm，并铺设一层木板，然后铺设一层彩条布，最后再铺设一层塑料薄膜，以确保水泥不受潮变硬。水泥棚内的水泥储存量应不少于 60t。

6）对进场的机具设备进行组装和调试，确保机具的完好率，保证满足施工要求。

7）准备工作结束后，提出书面开工申请，并请监理人员到场进行粉喷桩工艺性成桩试验，以确定成桩的各项技术参数。一般试桩应达到以下要求：①确定钻进速度、提升速度、提升时的管道压力及喷灰时管道压力等技术参数；②水泥搅拌的均匀程度应符合设计要求；③掌握下钻及提升的技术参数，并确定合适的技术处理措施；④对饱和黏质黄土和现有路堤填土根据设计分别进行粉喷桩工艺性成桩试验，桩数各不少于 10 根。通过试桩，取得各项操作技术参数（掺灰量、搅拌头的回转数、提升速度等），掌握该场地的成桩经验。

8）试桩结束后及时整理各种技术参数，并形成正式的试桩报告报请监理处审批。接到监理处签发的开工通知后即可挂牌进行施工。

（3）室内配比实验。粉喷桩处理软基效果很大程度上取决于配比的选择是否适合当地工程地质条件。各标段承包人和监理单位在施工前必须根据设计地质资料和动力搅拌资料，按有关规范要求做室内配比试验。

1）粉喷桩加固料宜采用 425 号普通硅酸盐水泥，水泥用量因天然含水量 W_1 而异，按以下方法配比：$W_1\leqslant50\%$，水泥用量 50kg/m；$50\%<W_1\leqslant70\%$，水泥用量为 55kg/m；$W_1>70\%$，水泥用量为 60～65kg/m。

2）加固处理的强度，应以无侧限抗压强度衡量，试件养护龄期为 7d、28d、90d，要求 $R_{28}\geqslant0.8\mathrm{MPa}$，$R_{90}\geqslant1.2\mathrm{MPa}$。

（4）现场工艺性试桩。根据室内配比进行工艺性试桩，试桩应达到下列要求。

1）钻进速度 $V \leq 1.5\text{m/min}$；平均提升速度 $Vp \leq 0.8\text{m/min}$；搅拌速度 $R \approx 30\text{r/min}$；钻进、复搅与提升时管道压力：$0.1\text{MPa} \leq P \leq 0.2\text{MPa}$；喷灰时管道压力：$0.25\text{MPa} \leq P \leq 0.40\text{MPa}$。

2）确定合适的技术处理措施，掌握水泥搅拌的均匀程度，掌握下钻及提升的困难程度，成桩试验的桩数不少于 5 根。

3．施工操作步骤和工艺流程

（1）操作步骤。①粉喷桩机就位；②预搅下沉；③喷水泥粉，搅拌并提升至地面 0.5m 处；④重复搅拌下沉；⑤重复搅拌提升至地面 0.5m，回填水泥土并压实；⑥关闭搅拌机械。

（2）工艺流程。粉喷桩工程工艺流程见图 6.3。

4．施工方法

（1）钻机就位。移动钻机对准设计桩位，严格控制钻机竖直度不得大于 1.5%。

（2）上灰。将水泥送入灰罐中，记录上灰总量。储灰罐容量应不小于一根桩的用灰量加 50kg。

（3）钻进。启动钻机和空压机，钻头以 30r/min 的旋转速度钻至设计桩长，并满足进入相对硬土层 50cm。钻进同时喷射压缩空气，使加固土体在原位受到搅动。

根据试桩结果，钻机下钻时在软弱土层宜采用Ⅳ～Ⅴ档（武汉产 PH - 5A 型粉喷桩机），钻进速度 1.2～1.5m/min，电流值 40～50A 为正常；当电流值上升至 60A 时，说明钻头将要进入硬土层，改换Ⅲ～Ⅳ档速度 1.0～1.2m/min；电流值继续上升至 70A，说明钻头已进入硬土层。按设计要求，桩尖进入硬土层 0.5m，电流值此时高达 80A，即可结束下钻。

（4）喷灰搅拌提升。

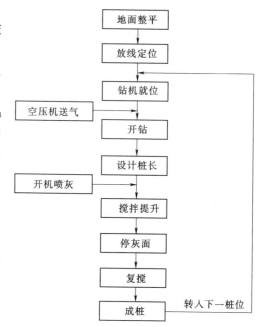

图 6.3　粉喷桩工程工艺流程图

1）启动粉体发射器，将水泥喷入被搅动的土体中，钻机停留 1～2min，以便等待水泥粉输送到孔底，采用Ⅰ～Ⅱ档（0.5～0.8m/min）的速度提升钻头，以保证喷灰量，对土体和水泥进行充分拌和，并强制压密。当钻头提升至距地面 0.5m 停灰面时，关闭粉体收送器。

2）钻进时空气压力控制在 0.2～0.35MPa，提升时控制在 0.25～0.4MPa，该气压值既不堵出气口保证喷粉均匀，又能防止钻孔淤泥向孔壁四周挤压中心形成空洞引发沉桩。输灰管长度控制在 60～80m，并应经常检查不得泄漏和堵塞。

（5）复搅。考虑到粉喷桩复合地基受力、变形和破坏的特点，确保成桩质量，提高桩体的承载强度，需在粉喷桩的全长范围内重新下钻进行复搅。如喷灰量不足时进行整桩复打，复打喷灰量不小于设计用量。控制标准以复搅时电流表读数达到钻杆下钻进入持力层电流表读数为准。

5．质量控制

（1）粉喷桩采用干喷法施工，使用的 425 号普通硅酸盐水泥应确保质量，须进行安定性和强度试验，合格后方可用于施工，严禁使用过期、受潮结块、变性的劣质水泥。

（2）粉喷桩施工设备严禁使用非定型产品或自行改装设备，所使用的设备必须配置性能良好的能显示钻杆钻进时电流变化的电流表，能显示管道压力的压力表和计量水泥喷入量的电子秤或流量计。施工时，泵送喷灰必须连续，不允许有间断。水泥喷量以延米控制数量，水泥的瞬时喷入量和累计喷入量及泵送时间应有专人记录，水泥材料用量的误差不得大于 1%。

（3）粉喷桩机提升的速度和次数必须符合预定的施工工艺，每次下沉或提升的时间应有专人记录，严格控制下钻深度、喷粉高程和停灰面，确保粉喷桩长度。要求深度误差不超过5cm，时间误差不大于5s，并定期检查钻头，误差不大于20mm。

（4）桩身必须全长复搅，其桩身应力强度比不复搅的桩身强度提高60%左右。

（5）粉喷桩应穿透软弱土层，打入强度较高的持力层，并深入持力层50cm，能有效地控制沉降量，对建筑物沉降可基本消除或沉降量在允许值范围内。

（6）如软土层厚度与设计桩长不符时，应遵循以下原则。

1）如达到设计桩长软土层未穿透时，应继续钻进直至深入持力层0.5m；

2）如未达到设计桩长在探明确已钻至硬土层的情况下，至少应深入硬土层1.0m。

（7）因机械故障或停电等原因导致喷灰中断时，必须在12h内恢复喷灰，两次喷灰处的接头搭接长度超过1.0m，特别困难时以电流表读数明显变化为准，但在提升喷灰前要有等待送粉到达的时间，防止断桩；若停喷超过12h应补打，新桩距报废桩的距离不能大于桩距的15%，并填报在事故记录中备查。

6. 质量事故及预防措施

粉喷桩在施工过程中，由于操作人员对地基状况不甚了解，对施工工艺熟练程度不够，常因操作不当而出现一些质量事故，主要有卡钻、喷粉不畅或堵塞、桩体疏松、桩体强度不够、断桩和沉桩等，现分述如下，并提出相应的预防解决措施。

（1）卡钻。主要是钻头通过含水量低的黏土层或板结的硬土层或局部遇有障碍物，此时应慢速钻进或停钻提升钻具重新钻进。

（2）喷粉不畅或堵塞。主要原因是气压不够漏气或水泥粉结块、粉料中混有大颗粒杂物堵塞喷口或地层透气性不良或输灰管偏长。此时应控制输灰管长度，保持气压，不使用受潮结块水泥并应过筛，通过反复开关喷粉器来解决。

（3）桩体疏松。主要原因是水泥安定性不合格，土层含水量低或遇松散杂土造成粉体流失使桩体含粉量不够，防治措施是禁用不合格水泥，土层含水量较低时适当注水或注浆成桩，桩体疏松时可钻进复喷加强。

（4）桩体强度不够。主要原因是水泥不合格，喷灰量不足。防治措施是采用合格水泥，通过控制提升搅拌速度来调整喷灰量符合要求。

（5）断桩。主要原因是水泥结块或异物黏土堵塞管口、气压不足、提钻速度过快、水泥用完未察觉且继续搅拌提升。防治措施是不使用变质水泥，保持气压稳定和喷粉提钻速度，在原位复喷或邻位补桩。

（6）沉桩。主要原因是桩底未至持力层，土体波动和停灰面偏低。防治措施是严格控制停灰面和喷灰量，桩底须达到持力层。

7. 质量检测方法

（1）粉喷桩是地下隐蔽工程，施工质量受机具、施工工艺和施工人员的责任心等多种因素的影响，其质量控制应贯穿于施工的全过程。

（2）首先施工原始记录必须齐全准确，通过原始记录检查桩距、桩径、桩长、竖直度、单桩喷灰量等指标是否达到设计要求，桩体是否穿透软弱层。施工过程中，须检查喷灰量、桩长、复搅长度以及桩体是否进入硬土层，施工中有无异情况。

（3）在成桩7d内采用轻便触探仪检查桩的质量，触探点应在桩径方向的1/4处，抽检频率2%。7d后进行开挖检查，观测桩体成形情况、搅拌喷粉均匀程度。

（4）成桩28d在桩体上部（桩顶以下0.5m、1.0m、1.5m）截取3段桩体进行现场桩身无侧限抗压强度试验，检查频率为2%，每一工点不少于2根，推算90d龄期水泥土强度，要求粉喷桩

90d 强度不小于 1.2MPa。

$$R_{90} = K_1 \times K_2 \times K_3 \times R_T$$

式中 R_T——试验龄期的强度；

K_1——推算系数，$K_1 = 90/T$，T 为试验龄期；

K_2——试件边界条件修正系数，一般为 1.15；

K_3——制样强度损伤系数，一般为 1.3。

粉喷桩基础既加强了地基土的受力强度，又充分发挥原有地基土的强度潜力，如施工工艺成熟，实为一种经济、快捷的软基处理方法。

8. 注意事项

(1) 场地必须平整，清除地表地下的一切障碍。当表土过软时应采取施工机械失稳措施。

(2) 每根桩开钻后必须连续施工，严格控制喷灰及停灰时间，不得间断，严禁在尚未喷灰的情况下进行提升作业，以确保粉体桩的长度。

(3) 如有故障等原因而中断喷粉应记录中断深度，必须进行复打，重打重叠段不小于 1.0m。

(4) 不宜采用直径过大的钻头（以小于 53cm 为宜）。对使用过的钻头直径，须随时检查，其磨损量不得大于 1cm。

(5) 施工前应对桩机进行全面的检查，用水平尺及垂球校正机架前后、左右的水平度，控制机架的钻杆倾斜度不得大于 0.5%，成型后每根桩的竖直度误差都小于 1%。

(6) 施工中及时、认真填写原始记录，不允许事后编写。每天资料都应做好签认、汇总工作，发现问题及时改正。

(7) 每天认真校核桩机的领料数量及施工桩位，检查桩机的每批领料数量与该机完成的粉喷桩延米数量是否相符，并复核打印资料的准确性。加强资料管理，施工中认真填写有关技术资料，每个根桩均要按实际产生的数据认真负责地填写资料，所有的资料数据必须真实可靠并得到监理工程师的签字认可，施工中的所有资料必须完整无缺并整理归档。

(8) 粉喷桩在施工过程中，必须随时进行质量检查。抽检按成桩时间分：①成桩 3d，用轻型动力触探检查桩身均匀性，抽检桩数不应小于总桩数的 1%；②成桩 7d，浅部开挖桩头，目测搅拌的均匀性，量测成桩直径，抽检桩数不应小于总桩数的 5%；③成桩 28d 后，做载荷试验，检查桩身强度，抽检桩数为总桩数的 0.5%～1%。

(9) 粉喷桩施工质量允许偏差及检验方法见表 6.6。

表 6.6　　　　粉喷桩施工质量允许偏差及检验方法

序号	项 目	允许偏差	施工单位检验数量	检验方法
1	桩体直径	不小于设计值	抽查 1%，且不少于 2 处	挖探 50～100cm，钢尺丈量
2	桩体间距	±100mm	抽查 1%，且不少于 5 处	钢尺丈量
3	垂直度	1.5%	抽查 2%，且不少于 2 根	经纬仪测量钻杆垂直度
4	桩轴偏移（纵横）	100mm	每根桩	用经纬仪或钢尺丈量
5	钻杆倾斜度	1%	每根桩	用经纬仪或垂线量测
6	桩底高程	不高于设计标高	每根桩	喷粉前检查钻杆沉入长度
7	桩顶高程	不低于设计标高	每根桩	检查停止喷粉时钻杆高程
8	单位喷粉量	符合设计要求	每根桩	计量仪或现场计量检查
9	粉体 90d 无侧限抗压强度/MPa	不小于设计标高	桩数的 2%	桩头或抽芯取样

6.2.8　水工建筑物金属结构制造与安装工程

1. 普查

(1) 认真查阅水工建筑物金属结构制造图纸及相应的装配图，熟悉有关情况。

(2) 检查经有关部门认可的水工建筑物金属结构制造、安装工程施工组织设计的执行落实情况。

(3) 检查钢材质量是否符合设计要求和有关规定，查阅材质试验报告和出厂证明。

(4) 检查水工建筑物金属结构制造、安装工程的几何尺寸和外观质量。

(5) 参与水工建筑物金属结构制造、安装工程质量事故的调查与处理。

(6) 参加关键部位单元工程的验收签证。

(7) 组织外观质量评定。

(8) 对单位工程和重要分部工程的质量等级进行评定。

2. 闸门和埋件安装

(1) 埋件安装。埋件安装需要检查以下项目。

1) 检查埋件安装前门槽的清理是否符合要求。

2) 检查埋件安装的方式及其安装位置偏差是否符合有关规定。

3) 检查二期混凝土浇筑的质量是否符合要求。

4) 检查二期混凝土拆模后，埋件的位置偏差是否在允许范围内。

(2) 平面闸门安装。

1) 检查闸门的组装是否符合要求。如采用螺栓连接，其连接质量要符合规定；如采用焊接，则应按已评定合格的焊接工艺编制焊接工艺规程进行焊接，并注意观察变形情况。

2) 检查安装前是否对有关尺寸进行复测，查阅检测记录。

3) 检查止水等配件的安装质量是否符合要求。

4) 检查是否对单吊点的平面闸门做了静平衡试验以及相应结果。

(3) 弧形闸门安装。

1) 检查圆柱形、环形和锥形铰座安装的允许偏差是否在规定范围内。

2) 检查弧形闸门的组装质量是否符合有关规定，变形情况如何。

3) 检查弧形闸门安装的偏差是否在规定范围内。

4) 检查止水等配件的安装质量是否符合要求。

(4) 人字闸门安装。

1) 检查人字闸门的底枢、顶枢装置的偏差是否在规定范围内。

2) 检查支、枕垫块与支、枕座的浇筑填料及其安设偏差是否符合设计要求和有关规定。

3) 检查安装后运转的最大跳动量及下垂值等指标是否符合有关规定。

4) 检查止水等配件的安装质量是否符合要求。

(5) 闸门试验。

1) 检查闸门安装完成的试验情况，注意试验过程中发生的一些异常情况，查阅运行试验记录。

2) 检查闸门漏水量是否符合有关规定。

3. 拦污栅制造和安装

(1) 检查拦污栅埋件、单个构件及栅体制造的偏差是否在允许范围内。

(2) 检查拦污栅安装质量是否在允许范围内。

(3) 检查拦污栅运行试验是否符合设计要求，查阅有关施工及调试记录。

4. 起重设备安装

(1) 轨道安装。①检查钢轨的外形质量，如有变形应按规定进行矫正处理；②检查轨道安装及接头的偏差是否在允许范围内。

(2) 起重设备零部件组装与调整。①检查起重机设备零部件组装的质量是否符合有关规定；②检查起重设备零部件调整的质量是否符合规定要求；③检查钢丝绳等设备的型号、品种、规格、质量是否符合设计要求和有关规定；④检查起重设备上的电气设备安装是否符合有关规定；⑤检查起重设备的安装调试情况。

(3) 固定式启闭机安装。①检查固定式启闭机的纵、横向中心线及高程的偏差是否在规定范围内；②检查螺杆式启闭机安装的偏差是否在允许值之内；③检查运行调试情况，查阅施工调试记录。

(4) 门式和桥式起重机安装。①检查门机机构组装的质量是否符合设计要求和有关规定；②检查桥机的桥架与大、小车行走机构组装的偏差是否在允许范围内；③检查门式和桥式起重机的运行调试情况，查阅有关施工及调试记录。

(5) 油压启闭机安装。①检查油压启闭机机架的安装质量是否符合有关规定要求；②检查油压启闭机各部件的装配质量是否符合有关规定要求；③油缸组装后是否按设计要求和有关规定进行了必要的试验，渗油情况如何；④检查油压启闭机运行调试情况，查阅有关施工及调试记录。

6.2.9　机电设备安装工程

(1) 认真查阅装配施工图和产品安装说明书，熟悉和了解有关技术要求。

(2) 检查经有关部门认可的机电设备安装工程施工组织设计的执行落实情况。

(3) 重点应加强对强制性条文执行情况的检查。

(4) 检查机电设备安装工程的几何尺寸和外观质量。

(5) 参与机电设备安装工程质量事故的调查与处理。

(6) 参加关键部位单元工程的验收签证。

(7) 组织外观质量评定。

(8) 对单位工程和重要分部工程的质量等级进行评定。

(9) 检查机组运行试验情况。

(10) 质量管理。

1) 严格监督、管理承包商的施工工艺和操作规范，必须保证机电设备安装项目的施工质量能够达到工程评优、合格的标准。

2) 在进行机电设备安装项目施工之前，必须与承包商做好交底工作，有关于技术标准、设计方案、机电设备的安装操作说明等方面一定要仔细地交代清楚。

3) 建立完善的机电设备安装管理机制。

4) 严格把关新技术、新工艺、新材料的应用，进行现场跟踪调查，并对技术鉴定报告进行反复审核。

(11) 组织管理。

1) 划分安装任务。在进行机电设备安装项目工程时，一定要做好前期准备工作。

2) 明确安装程序。应当按照工程项目建设总目标要求，明晰机电设备安装程序，确定每一个施工单位的施工程序。依据工程项目建设总目标要求，机电设备安装项目工程必须分期分批、遵从程序、合理施工。

3) 施工人员必须按国家和行业技术标准，认真审核图纸，制订合理的施工方案，并规范操作。

(12) 安全管理。

1) 在施工前对所有施工人员进行安全教育培训工作, 树立正确的安全意识, 提升安全防范意识。

2) 要将安全管理工作作为机电设备安装项目施工工作的核心。

3) 以安全管理为重点, 制订科学、合理的安全管理措施, 全面进行安全管理工作。

(13) 进度管理。

1) 在前期准备时期, 依据合同中的工期约定和技术规范, 对项目需求进行预测。除了要预测分析材料、设备的数量和要求之外, 还要送往管理部门进行审批, 编制总进度控制规划书。在财务和管理两方面分别制订出相应的处理措施, 维持材料设备供应平衡, 保证各分项目之间衔接紧密。

2) 分解机电设备安装项目施工进度。将机电设备安装项目施工量依照时间期限为单位进行分化, 可以以一个星期为单位, 也可以以半个月或者一个月为单位。如此一来, 可以让项目管理明确机电设备安装项目施工的进度情况, 有效监督, 方便检查。

3) 按照机电设备安装项目工期和资源的供应情况, 合理安排机电设备安装时间、分项安装计划、分项安装施工的衔接工作, 严格监督进度计划的执行情况, 保障机电设备安装工作的顺利实施。

6.2.10　原材料、成品、半成品进场后的检查

1. 检查内容

检查内容主要如下。

(1) 原材料、设备的技术文件。

(2) 原材料、半成品、构配件、设备的检(试)验报告及保管储备条件。

(3) 现场计量器具的运行状况。

(4) 抽样检验试件制作, 验证情况。

2. 检查要求

检查要求主要如下。

(1) 建筑材料、建筑构配件和设备的采购必须保证质量, 满足工程的需要, 并符合相应规范、标准的要求。

(2) 进入现场的建筑材料、建筑构配件和设备检测实行见证取样及送检制度, 各方人员在取样单上均应签字盖章。

(3) 建筑材料、建筑构配件和设备在工程上使用或安装必须有监理工程师签字认可。

(4) 建筑材料、建筑构配件和设备应具有技术文件, 包括: 合格证(必须有该产品所规定的各项指标和实际指标)、产品说明书、技术参数、有关试验报告、产品认证证明等。

(5) 进场建筑材料、建筑构配件和设备质量谁采购、谁负责。在具有合格证同时应附有采购单位公章、采购人签章。

(6) 建筑材料的复试报告单(二次试验)应注明代表批量、使用部位、技术负责人、监理员签署使用意见。

(7) 现场施工所用计量器具必须定期检定, 并应有计量器具使用记录。

(8) 进场材料按规范、标准要求合理堆放、保管, 并做好保管(使用、进场情况)记录。

(9) 检查中涉及的主要材料、构配件具体要求如下。

1) 钢材出厂合格证、试验报告。

a. 基本要求。①用于工程的钢材必须具有出厂合格证。进场后, 必须进行机械性能复试, 合格后方可使用, 凡无许可证(螺纹钢是实施产品许可证的产品)不得使用。②无出厂合格证原件时, 抄件或复印件必须有抄件(复印)单位公章和经办人签章、日期, 同时应有供货单位公章, 并注明

原件存放单位。对无出厂合格证或抄件的Ⅰ级钢筋，在使用前需对钢筋进行机械性能和化学分析试验。③对于进口钢筋必须有质量证明书和相应的技术资料，进场后进行机械性能和化学分析复试，符合国产相应级别的技术标准和有关规定后方可用于工程。④钢筋在加工过程中，如发现脆断、焊接性能不良或力学性能显著不正常时，应对该批钢筋进行化学成分分析检验或其他专项检验，并作出明确结论。⑤钢筋的试验报告如有一项不符合要求时，应取双倍试样做全项试验，试验结果仍有一项不符合要求时，则该批钢筋为不合格，不得使用不合格的钢筋。⑥钢筋试验报告，施工前应经工程技术负责人审定后，签署使用意见。试验报告应填写使用部位和数量。⑦预应力筋应有张拉记录。

b. 钢材出厂合格证、试验报告要求。①钢材出厂合格证、试验报告内容包括：生产厂家、生产许可证印章（或印有"生产许可证"字样）、合格证编号、出厂日期、钢种、级别、规格、炉号、重量、机械性能、化学成分。②试验报告内容包括：工程名称、使用部位、代表批量、品种、规格、直径、实测尺寸、生产厂家、委托单位、委托日期、试验日期、试验编号、力学性能试验结果、检测单位印章等。

2）焊接试验报告及焊条（剂）合格证。

a. 基本要求。①凡施焊的各种钢筋、钢板均应有材质证明书和复试报告，并应进行焊接性能试验，并提供焊条检验报告，合格后方可使用。②钢结构、网架结构应具有出厂前的一级、二级焊缝探伤报告；钢材和焊接材料出厂前应有焊接工艺评定报告。安装所采用焊接材料应有质量证明书和一级、二级安装焊缝探伤报告。③在钢筋电弧焊（帮条焊和搭接焊）中，当焊接Ⅰ、Ⅱ级钢筋时，可采用 E4303 焊条。④电弧焊中，新增窄间隙焊用焊条，应选用低氢型碱性焊条，当焊接Ⅰ级钢筋，可采用 E4316、E4315 焊条；焊接Ⅱ级钢筋，应采用 E5016、E5015 焊条。当采用低氢型碱性焊条时，应按使用说明书的要求烘焙。酸性焊条若受潮，使用前亦应烘焙后方能使用。⑤在电渣压力焊和埋弧压力焊所用焊剂，可采用 HJ431 焊剂。焊剂应存放在干燥的库房内，当受潮时，在使用前应经 250～300℃烘焙 2h。⑥电渣压力焊应用于柱、墙、烟囱、水坝等现浇混凝土结构中竖向受力钢筋的连接；不得用于梁、板等构件中水平钢筋的连接。

b. 焊接（剂）合格证、焊接试验报告要求。①焊条（剂）合格证内容包括：生产厂家、生产日期、编号、型号、机械性能、化学成分。②焊接试验报告内容包括：工程名称、使用部位、品种、规格、代表批量、委托单位及日期、试验日期、焊接方法及接头形式、力学性能试验结果、检测单位印章等，焊接试验报告应填写齐全。③检测规则。钢筋焊接试验应在外观检查合格后随机抽取试样进行试验，试验项目包括抗拉强度、断裂位置及弯曲试验。

3）水泥出厂合格证或试验报告。

a. 基本要求。①凡用于工程的水泥必须有出厂合格证，水泥进场后均须做复试。②当对水泥质量有怀疑或水泥使用超过 3 个月（快硬硅酸盐水泥超过 1 个月）时，应补做 1 次复试，并按复试结果使用。③水泥复试抗压强度不符合标准要求时，降低标号作用应由企业负责人签署意见，方可有效。

b. 水泥出厂合格证、试验报告内容。①水泥出厂合格证内容包括：厂家名称、出厂日期、品种、标号、编号、化学成分含量、烧失量、细度、凝结时间、安定性、强度。水泥出厂时应有 3d（或 7d）强度指标及各项试验结果。28d 强度值应在水泥出厂之日起 32d 内实报。②水泥试验报告内容包括：工程名称、委托日期、试验编号、水泥品种、生产厂家、出厂日期、代表批量、成型（破型）日期、使用单位及检验数据结果。

c. 废品与不合格品的判断。①废品：凡氧化镁、三氧化硫、初凝时间性、安定性中的任一项不符合标准规定时，均为废品。②不合格品：凡细度、终凝时间、不溶物和烧失量中的任一项不符合标准规定时或混合材料掺加量超过最大限量和强度低于商品标号规定的指标称为不合格品。另外，水泥包装标志中水泥品种、标号、工厂名称和出厂编号不全的也属不合格品。

4）砂、石出厂合格证、试验报告。

a. 砂、石进场应有合格证或试验报告。

b. 砂、石试验报告内容包括：委托单位、样品编号、工程名称、产地、代表批量、检测条件、检测依据、检测项目、检测结果、结论等。

c. 砂、石检测项目包括：颗粒级配、含泥量、泥块含量、碎（卵）石另加针生状颗粒含量检验。

d. 对重要工程或特殊工程应根据工程要求，增加检测项目。

5）构件合格证。

a. 混凝土预制构件应有出厂合格证，内容包括：生产单位、生产日期、编号、使用工程、使用部位、构件名称、型号、数量、主筋品种规格、结构性能、混凝土强度（设计、出厂、实际）。其中出厂强度随构件进场时出具在出厂合格证上，实际强度（f28）应在构件生产后 32d 内补齐。生产单位应具有主管部门审批的资质证书。

b. 工厂制作的钢结构必须有出厂合格证，内容包括：厂家名称、加工日期、使用工程、使用部位、构件名称、型号、规格、数量、质量技术指标。同时应满足前述钢材合格证、试验报告及焊条（剂）合格证、焊接试验报告中的钢结构的有关要求。生产厂家须具有主管部门审批的资质证书和营业执照。

c. 商品混凝土出厂应有合格证和质量保证书，进入现场，应对混凝土进行检查，合格后方准使用，不合格应退货，不准在施工现场采用加水搅拌的方法来单纯满足坍落度要求。商品混凝土进场后，尚应在混凝土浇筑地点按规定随机抽样检验，对同一厂家生产的非同一类型产品混凝土要分别留置试块。同一建设工程应采用同一厂家的商品混凝土；同一类型混凝土构件应采取同一厂家的同一类型产品混凝土。

6）原材料储存条件。

a. 水泥存放。水泥应按品种、标号、进场时间、质量状态分别存储在专用的仓储或水泥库内。袋装水泥存放地点应干燥、通风，地面有架空垫板，防止潮湿，有防雨措施，并定期检查和倒垛，防止硬结。垛高不应超过标准规定。

b. 砂石存放。砂石应按品种、规格分别堆放，不得混杂。在其装卸及存储时，应采取措施，使砂、石颗粒级配均匀，保持洁净，严禁混入煅烧过的白云石或石灰块。

c. 钢筋存放。钢筋在存储时，不得损坏标志，应按品种、级别、规格、质量状态分别堆放，堆放场地一般垫高 30cm 以上，并有防雨、防潮措施，同时距离酸、碱等物质应有一定距离，避免锈蚀或油污。

d. 构件应按下面操作堆放。①场地应平整坚实，并具有排水措施，堆放构件时应使构件与地面之间有一定空隙。②应根据构件的刚度及受力情况，确定构件平放或立放，并应保持其稳定。③叠堆放的构件，吊环应向上，标志应向外；其堆垛高度应根据构件与垫木的承载能力及堆垛的稳定性确定；各层垫木的位置应在一条垂直线上。④用靠放架立放的构件，必须对称靠放和吊运，其倾斜角度应保持大于 80°，构件上部宜用木块隔开。

7）计量器具的运行情况。

a. 施工现场必须设置计量器具，各种原材料如砂、石、水泥、钢材等均应配备计量器具，按有关规定进行计量使用。

b. 计量器具包括：计量称、钢尺、测温计、预应力钢筋应力测定仪、计时表、电器的绝缘和电阻测定仪等。

c. 每一工作班正式称量前，应对计量设备进行零点校核。

d. 计量器具应定期检定，经中修、大修或迁移至新的地点后，也应进行检定。

8）橡胶止水材料质量控制要点。

a. 橡胶止水材料检测要求。各种类型的橡胶止水材料进入工地后应逐批检查出厂合格证和检验测试报告。橡胶止水材料的主要技术指标，应满足设计要求，并在发包人、监理单位和质量检测单位人员的监督下，按设计要求抽查复验，产品数量不超过 500m 为一批。抽检的项目包括物理性能、力学性能。

b. 橡胶止水材料的主要技术指标，依据国家标准《水闸橡胶密封件》（GB 10706—1989）规定；对止水橡胶的物理机械性能要求，见行业标准《水利水电工程钢闸门制造安装及验收规范》（DL/T 5018—1994）。

c. 橡胶止水材料施工质量的检查。①橡胶止水材料的品种、规格应符合设计要求，同时应检查质量检测报告、产品质量合格证、产品的生产日期、批号等；②外观质量应满足技术要求；③橡胶止水材料的安装质量、接缝及接头质量应符合设计规定；④橡胶止水材料工程验收时应提供资料。包括出厂合格证、抽样检验（试验）报告、橡胶止水材料铺设施工记录（包括规格、型号、位置图、安装日期、数量等）、质量检验评定表。

9）聚苯乙烯（EPS）保温板质量控制要点。

a. EPS 板进入工地后应逐批检查出厂合格证和检验测试报告。EPS 板的主要技术指标，应在发包人、监理单位和质量检测单位人员的监督下，按设计要求抽查复验，产品数量不超过 $2000m^3$ 为一批。抽检的项目包括物理性能、力学性能。

b. EPS 板的主要技术指标：《渠系工程抗冻胀设计规范》（SL 23—2006）规定了 EPS 板物理特性指标；《隔热用聚苯乙烯泡沫塑料》（GB 10801—1989）规定 EPS 板长度、宽度及偏差、外观特性、物理机械性能等指标。

c. EPS 板工程验收时应提供资料：①出厂合格证；②抽样检验（试验）报告；③EPS 板施工记录（包括规格、型号、位置图、安装日期、数量等）；④质量检验评定表。

10）土工膜、复合土工膜施工质量控制要点。

a. 土工膜、复合土工膜进入工地后应逐批检查出厂合格证和检验测试报告。土工膜、复合土工膜的主要技术指标，按设计要求抽查复验，抽检的项目包括物理性能、力学性能，必要时应测定耐久性能。抽查数量每批一块。

b. 土工膜、复合土工膜的表面不允许有针眼、疵点和厚薄不均匀等，按《水利水电工程土工合成材料应用技术规范》（SL/T 225—1998）规定。

c. 土工膜、复合土工膜验收时应提供以下材料：①土工膜、复合土工膜出厂合格证和检验测试报告；②土工膜、复合土工膜抽样试验报告；③土工膜、复合土工膜施工记录；④土工膜、复合土工膜质量检验评定表。

11）土工织物施工质量控制要点。

a. 土工织物检测要求。进入工地后应逐批检查出厂合格证和检验测试报告。土工织物主要技术指标，按设计要求抽查复验，抽检的项目包括物理性能、力学性能，必要时应测定耐久性能。抽查数量每批一块。

b. 土工织物检查验收时应提供资料：①土工织物出厂合格证和检验测试报告；②土工织物抽样试验报告；③土工织物铺设施工记录；④土工织物工程质量检验评定表。

12）土工合成材料施工质量检测控制要点。各类土工合成材料在进入工地前，应要求生产厂家按国家有关标准和工程设计合同规定，对产品进行逐批检验，并提交出厂合格证明、试验检验报告和质量保证书。取样的数量大约需要 $6m^2$ 进行复验。

常用材料样品取样试验、检测规则见表 2.1 的内容。

6.2.11　常见模板质量缺陷与防治

1. 圈梁模板缺陷

(1) 现象。

1) 局部胀模，造成墙内侧或外侧水泥砂浆挂墙。

2) 梁内外侧不平，砌上段墙时局部挑空。

(2) 原因分析。①卡具未夹紧模板，混凝土振捣时产生侧向压力造成局部胀模；②模板组装时，未与墙面支撑平直。

(3) 预防措施。

1) 如采用在墙上留孔挑扁担木方法施工时扁担木长度应不小于墙厚加 2 倍梁高，圈梁侧模下口应夹紧墙面，斜撑与上口模档钉牢，保持梁上口呈直线。

2) 采用钢管卡具组装模板时，如发现钢管卡具滑扣应立即掉换。

3) 圈梁模板上口必须有临时撑头，保持梁上口宽度。

2. 柱模板缺陷

(1) 现象。

1) 炸模，造成断面尺寸鼓出、漏浆、混凝土不密实或蜂窝麻面。

2) 偏斜，与排架柱子不在同一轴线上。

3) 柱子扭曲。

(2) 原因分析。①柱箍不牢，或钉子被混凝土侧压力拔除；②成排柱子支模不跟线，不找方，钢筋偏移未扳正就套柱模；③模板一面紧，或模板上有残渣未很好地清理。

(3) 预防措施。

1) 成排柱子，应先在底部弹出通线，将柱子位置兜方找中，支撑前必须先校正钢筋位置。

2) 根据柱子截面的大小及高度，柱模外面每隔 $500\sim1000\text{mm}$ 应加设牢固的柱箍，防止炸模。柱距不大时，相互间应用剪刀撑搭牢；柱距较大时，各柱单独拉四面斜撑，保证柱子位置准确。

3) 较高的柱子，应在模板中部一侧留临时浇灌孔，以便灌混凝土，插入振动棒。当混凝土浇灌到临时洞口时，应封闭牢固。

3. 轴线偏立

(1) 现象。拆模后，发现混凝土柱、墙实际位置与建筑物轴线偏移。

(2) 原因分析。

1) 轴线放线错误。

2) 墙、柱模板根部无限位措施，发生偏位后不及时纠正，造成累积误差。

3) 支模时，不拉水平、竖向通线，且无竖向总垂直度控制措施。

4) 模板刚度差，水平拉杆不设或间距过大。

5) 混凝土浇捣时，不均匀对称下料，或一次浇捣高度过高挤偏模板。

6) 螺栓、顶撑、木楔使用不当或松动造成偏位。

(3) 预防措施。

1) 模板轴线放线后，要有专人进行技术复核，无误后才能支撑。

2) 墙、柱模板根部和顶部必须设限位措施，如采用焊接钢件限位，以保证底部和顶部位置准确。

3) 支撑时要拉水平、竖向通线，并设竖向总垂直度控制线，以保证模板水平、竖向位置准确。

4) 根据混凝土结构特点，对模板进行专门设计，以保证模板及其支架具有足够强度、刚度和稳定性。

5）混凝土浇捣前，对模板轴线、支架、顶撑、螺栓进行认真检查、复核，发现问题及时进行处理。

6）混凝土浇捣时，要均匀、对称下料，浇灌高度要控制在施工规范允许范围内。

4. 变形

（1）现象。拆模后发现混凝土柱、梁、墙出现凸肚、缩颈或翘曲现象。

（2）原因分析。

1）支撑及围檩间距过大，模板截面小，刚度差。

2）组合小钢模，连接件未按规定设置，造成模板整体性差。

3）墙模板无对销螺栓或螺栓间距过大，螺栓规格过小。

4）竖向承重支撑地基土未夯实，未垫板，也无排水措施，造成支承部分下沉。

5）门窗洞口内模间对撑不牢固，易在混凝土振捣时模板被挤偏。

6）梁、柱模板卡具间距过大，或未夹紧模板，以致混凝土振捣时产生侧向压力而导致局部爆模。

7）浇捣墙、柱混凝土速度过快，一次浇灌高度过高，振捣过分。

（3）预防措施。

1）模板及支架系统设计时，应考虑其本身自重、施工荷载，以保证模板及支架有足够承载能力和刚度。

2）梁底支撑间距应能保证在混凝土重量和施工荷载作用下不产生变形，支撑底部若为泥土地基，应先认真夯实，做好排水措施，并铺放垫木或型钢，以确保支撑不沉陷。

3）组合小钢模拼装时，连接件应按规定放置，围檩及销螺栓间距、规格应按设计要求设置。

4）梁、柱模板若采用卡具时，其间距要按规定设置，并要卡紧模板，其宽度比截面尺寸略小。

5）浇捣混凝土时，要均匀对称下料，控制浇灌高度，特别是门窗洞口模板两侧，既要保证混凝土振捣密实，又要防止过分振捣引起模板变形。

6）梁、墙模板上部必须有临时撑头，以保证混凝土浇捣时梁、墙上下部宽度一致。

7）当梁、板跨度大于或等于4m时，模板中间应起拱，当设计无具体要求时，起拱高度宜为全跨度的1/1000～3/1000。

5. 脱模剂使用不符合要求

（1）现象。拆模后模板表面用废机油涂刷造成混凝土污染，或混凝土残浆不清除即刷脱模剂，造成混凝土表面出现麻面等缺陷。

（2）原因分析。①拆模后不清理混凝土残浆即刷脱模剂；②脱模剂涂刷不均匀或漏涂，或涂层过厚；③使用废机油作脱模剂，污染钢筋、影响混凝土表面装饰质量。

（3）预防措施。①拆模后必须清除模板上遗留混凝土残浆，尔后再刷脱模剂；②严禁用废机油作脱模剂，脱模剂材料选用原则应为既便于脱模又便于混凝土表面装饰。选用的材料有皂液、滑石粉、石灰水及其混合液或各种专门化学制品的脱模剂等；③脱模剂材料宜拌成稀糊状，应涂刷均匀，不得流滴漏刷，也不宜涂刷过厚；④脱模剂涂刷后，应在短期内及时浇筑混凝土，以防隔离层受破坏。

6. 模内清理不符合要求

（1）现象。模内残留模块、碎砖等建筑垃圾，拆模发现混凝土有缝隙，且有垃圾杂物。

（2）原因分析。①墙、柱根部的拐角、梁柱接头最低处不留清扫孔，或所留位置无法进行清扫；②封模之前未进行第一遍清扫；③钢筋绑扎完毕，模内未用压缩空气或压力水清扫。

（3）预防措施。①封模之前进行第一遍清扫；②墙、柱根部的拐角、梁柱接头最低处留清扫孔，模内垃圾清除后及时将清扫口处封模；③钢筋绑扎完毕，模内用压缩空气或压力水清扫垃圾。

7. 封闭或竖向的模板无排气孔、浇捣孔

（1）现象。由于封闭或竖向的模板无排气孔，混凝土表面易出现气孔等缺陷，高柱、高墙不留浇捣孔，易出现混凝土捣空现象。

（2）原因分析。①墙体内大型预留洞口底模未设排气孔，易使混凝土对称下料时产生气囊，导致混凝土不实；②高柱、高墙侧模无浇捣孔（俗称留门子板），造成混凝土浇灌自由落距过大，易离析或振动机头不能插到，造成振捣不实。

（3）预防措施。①墙体内大型预留洞口底模开设排气孔，使混凝土浇筑时气泡及时排除，确保混凝土密实；②高柱、高墙（超过 3m）侧模要开浇捣孔（留门子板），以便混凝土浇筑和振捣。

8. 梁模板缺陷

（1）现象。断面为矩形的梁，浇筑完混凝土后梁底不平直，断面形成下大、上小的梯形截面，梁底棱角缺损，梁侧表面粗糙甚至麻面或有水平裂缝，梁柱交接处模板拆除困难。

（2）原因分析。

1）支设木模时没有校直、撑牢。

2）因为模板没有支撑在坚硬的地上，所以在浇捣混凝土的过程中，荷重加大，地面下陷，支撑随地面下陷造成模板变形。

3）梁底模板未按规范要求起拱。

4）固定梁侧模的夹条木没有钉牢，浇筑混凝土时使侧模外胀。

5）用来制作木模的木材材质不好，浇筑混凝土后，木模变形大，拆模后混凝土表面有裂缝、掉角和表面毛糙现象。

6）木模间未事先留有空隙，浇筑混凝土后，模板吸水膨胀，造成模板变形。

（3）预防措施。

1）支模时，一定将边模包底模，梁模与柱模交接处应考虑梁模吸湿后膨胀，故在下料时在原尺寸上稍微缩短一点，避免浇筑的混凝土嵌入柱内。

2）梁底支撑要符合设计要求，以保证在混凝土重量和施工荷载作用下模板不变形，支撑不下沉。

3）选用梁侧模与底模的用料厚度时应根据梁的高度尺寸及通用尺寸进行选配，并配上必需的拼条、模档和夹条。梁侧模下口要设置夹条，钉紧在支柱上，以保证浇筑混凝土时侧模下口不炸模。

9. 混凝土板模板缺陷

（1）现象。现浇钢筋混凝土楼板，拆模后发现浇板底不平下拱，板梁交接处一块模板难于拆除。

（2）原因分析。

1）模板格栅用料较小，强度不够，造成现浇模板下挠。

2）模板底下的牵扛撑支撑不牢，随着混凝土的浇筑，荷载不断增加，造成现浇板下挠。

3）混凝土板底模板不平，平整度超过了允许误差，造成现浇板不平。

4）靠梁边的一块板模钉在侧模上浇筑混凝土后梁模膨胀，使得拆模困难。

（3）预防措施。

1）模板格栅用料要按设计尺寸，要有必要的强度。

2）模板底下的牵扛撑具有一定的强度和刚度，若支撑在泥土地上，则需增加垫木，从而在浇筑混凝土时，随着荷载的增加使牵扛撑不下沉。

3）混凝土板底模板要平，平整度符合允许误差，按规范要求起拱。

4）混凝土板底模板要与梁侧模上口相平。

10. 墙模板缺陷

(1) 现象。墙模板炸模、倾斜并且墙体厚度不一、墙根漏浆、漏筋、墙面不平整、墙模底部补浆封住、拆模困难。

(2) 原因分析。

1) 支撑竖向立档、横档的斜撑未撑牢。

2) 安装好墙模后没有用仪器校正。

3) 两片墙模间未用对拉螺栓或对螺栓强度不够。

4) 混凝土空心垫块尺寸不一造成墙厚不均。

5) 浇筑墙体混凝土之前，墙基础未处理干净，并且未用与混凝土同标号的水泥砂浆进行墙基处理，造成墙根漏浆、漏筋。

6) 平模板板面不平，混凝土浇筑时，分层过厚，振捣不密实，造成板面不平整。

7) 平模与角模拼接不密实，造成漏浆。

8) 漏在模板外的混凝土浆没有及时清理造成以后拆模困难。

(3) 预防措施。

1) 钢筋绑扎后，将墙基清理干净，并用与混凝土同标号的水泥砂浆铺 3~5cm 厚。

2) 支墙模前应先弹出中心线和两边线，然后安装墙模，要吊直、找平、撑牢钉实，并用仪器校核。

3) 为保证墙体厚度，要安装好与墙体厚度尺寸相同的混凝土空心垫块。

4) 为防止墙模炸模，要在两片墙模间安装对拉螺栓，若墙体有防水要求，还需在螺栓上加止水片。

5) 浇筑混凝土时，振捣时要均匀密实，漏在板模外的混凝土浆要及时清理。

6) 当墙体混凝土强度达到 $10kg/cm^2$ 时即可拆模，拆模过早容易使墙体混凝土下坠，出现裂缝或麻面。

6.2.12 钢筋工程质量通病与防治

1. 钢筋同截面接头过多

(1) 现象。在绑扎或安装钢筋骨架时发现同一截面内受力钢筋接头过多，其截面面积占受力钢筋总截面积的百分率超过规范规定数值。

(2) 原因分析。

1) 钢筋配料时疏忽大意，没有认真考虑原材料长度，忽略了某些构件中不允许采用绑扎接头的规定。

2) 忽略了配置在构件同一截面中的接头，其中距不得小于搭接长度的规定。

3) 分不清钢筋处在受压区还是受拉区。

(3) 预防措施。

1) 配料时按下料单的钢筋编号再划出几个分号，注明哪个分号与哪个分号搭配，对于同一组搭配而安装方法不同时要加文字说明。

2) 正确理解规范中规定的同一截面含义。

3) 在钢筋骨架已绑扎或安装钢筋骨架时发现接头数量不符合规范要求，一般情况下应拆除骨架或抽出有问题的钢筋返工，如果返工影响工期太长，则可采用加焊绑条的方法解决，或将绑扎搭接改为电弧焊搭接。

2. 钢筋网主、副筋位置放反

(1) 现象。构件制作时，钢筋网主、副筋位置上下放反。

（2）原因分析。操作人员疏忽，使用时对于主、副筋位置在上或在下，不加区别就放进模板。

（3）预防措施。①布置这类构件施工任务时，要向有关人员和直接操作者专门交底；②钢筋网主、副钢筋位置放反，但已浇灌混凝土，必须通过设计单位复核后，再确定是否采取加固措施或减轻外加荷载。

3. 钢筋焊接接头弯折或偏心

（1）现象。接头处产生弯折，折角超过规定，或接头处偏心，轴线偏移大于 $0.1d$（d 指钢筋直径）或 2mm。

（2）原因分析。①钢筋端头歪斜；②电极变形太大或安装不准确；焊机夹具晃动太大；③操作不认真。

（3）预防措施。

1）钢筋端头弯曲，焊前应予以矫直或切除。

2）经常保持电极的正常外形，变形较大时应及时修理或更新，安装时应力要位置准确，夹具如因磨损晃动较大，应及时维修。

3）接头焊毕，稍冷却后再小心地移动钢筋。

4. 骨架外形尺寸不准

（1）现象。要模板外绑扎的钢筋骨架，往模板内安放时发现放不进去，或划刮模板。

（2）原因分析。钢筋骨架外形不准，这和各号钢筋加工外形是否准确有关，如成型工序能确保各部位尺寸合格，就应从安装质量上找原因，安装质量影响因素有两点：①多根钢筋端部未对齐；②绑扎时某号钢筋偏离规定位置。

（3）预防措施。绑扎时多根钢筋端部对齐；防止钢筋绑扎偏斜或骨架扭曲。

（4）治理方法。将导致骨架外形尺寸不准的个别钢筋松绑，重新安装绑扎。切忌用锤子敲击，以免骨架其他部位变形或松扣。

5. 绑扎网片斜扭

（1）现象。绑好的钢筋网片在搬移、运输或安装过程中发生歪斜、扭曲。

（2）原因分析。搬运过程中用力过猛，堆放地面不平；绑扣钢筋交点太少；绑一面顺扣时方向变换太少。

（3）预防措施。堆放地面要平整；搬运过程要轻拿轻放；增加绑扣的钢筋交点；一般情况下，靠外围两行钢筋交点都应绑扣，网片中间部分至少隔一交点绑一扣；一面顺扣要交错着变换方向绑；网片面积较大时可用细一些的钢筋作斜向拉结。

（4）治理方法。将斜扭网片正直过来，并加强绑扎，紧固结扣，增加绑点或加斜拉筋。

6. 平板保护层不准

（1）现象。

1）浇筑混凝土前发现平板保护层厚度没有达到规范要求。

2）预制板制成后，板底、悬臂板的板面出现裂缝。凿开混凝土检查，发现保护层不准。

（2）原因分析。①保护层砂浆垫块厚度不准，或垫块垫的太少；②当采用翻转模板生产平板时，如保护层处在混凝土浇捣位置上方（浇筑阳台板、挑檐板等悬臂板时，虽然不用翻转法生产，也有这种情况），由于没有采取可靠措施，钢筋钢片向下移位。

（3）预防措施。①检查砂浆垫块厚度是否准确，并根据平板面积大小适当垫够；②钢筋网片有可能随混凝土浇捣面沉落时，应采取措施防止保护层偏差。

7. 骨架吊装变形

（1）现象。钢筋骨架用于吊车装入模时发生扭曲、弯折、歪斜等变形。

（2）原因分析。骨架本身刚度不够；起吊后游荡或碰撞；骨架钢筋焦点绑扎欠牢。

（3）预防措施。起吊操作力求平稳；钢筋骨架起吊挂钩点要预先根据骨架外形确定好；刚度较差的骨架可绑木杆加固或利用"扁担"起吊；骨架各钢筋交点都要绑扎牢固，必要时用电焊适当焊上几点。

8. 柱子外伸钢筋错位

（1）现象。下柱外伸钢筋从柱顶甩出，由于位置偏离设计要求过大，与上柱钢筋搭接不上。

（2）原因分析。①钢筋安装后虽自检合格，但由于固定钢筋措施不可靠，发生变位；②浇筑混凝土时被振动器或其他操作机具碰歪或撞斜，没有及时校正。

（3）预防措施。

1）在外伸部分加一道临时箍筋，按图纸位置安好，然后用板样、铁卡或木方卡好固定；浇筑混凝土前再复查一遍，如发生移位则应校正后再浇筑混凝土。

2）注意浇筑操作，尽量不碰撞钢筋，浇筑过程中由专人随时检查，及时校正。

9. 框架梁插筋错位

（1）现象。框架梁两端外伸插筋是准备与柱身侧向外伸插筋顶头焊接（一般采用坡口焊）的；由于梁插筋错位，与柱插筋对不上，无法进行焊接。

（2）原因分析。插筋固定措施不可靠，在浇筑混凝土过程中被碰撞，向上下或左右歪斜，偏离固定位置。

（3）预防措施。外伸插筋用箍筋套上，并利用端部模板进行固定。端部模板一般做成上下两片，在钢筋位置上各留卡口，卡口深度约等于外伸插筋半径，每根钢筋都由上下卡口卡住，再加以固定。此外，浇筑过程中应随时注意检查，如固定处松脱应及时校正。

10. 漏筋

（1）现象。结构或构件拆模时发现混凝土表面有钢筋露出。

（2）原因分析。保护层砂浆垫块垫的太稀或脱落；由于钢筋成型尺寸不准确，或钢筋骨架绑扎不当，造成骨架外形尺寸偏大；局部抵触模板、振捣混凝土时，振动器撞击钢筋，使钢筋移位或引起绑扣松散。

（3）预防措施。砂浆垫块适量可靠，竖立钢筋可采用埋有铁丝的垫块，绑在钢筋骨架外侧；同时，为使保护层厚度准确，应用铁丝将钢筋骨架拉向模板，将垫块挤牢；严格检查钢筋的成型尺寸；模外绑扎钢筋骨架时，要控制好外形尺寸，不得超过允许偏差。

11. 箍筋间距不一致

（1）现象。未按图纸标注的箍筋间距绑扎梁的钢筋骨架，造成箍筋间距不一致，实际所用箍筋数量与钢筋材料表上的数量不符。

（2）原因分析。未按图纸上所注间距绑扎，导致间距或根数有出入。

（3）预防措施。根据构件配筋情况，预先算好箍筋实际分布间距，绑扎钢筋骨架时作为依据；也可按图纸要求的间距，从梁的中心点向两端画线。

12. 绑扎搭接接头松脱

（1）现象。在钢筋骨架搬运过程中或振捣混凝土时，发现绑扎搭接接头松脱。

（2）原因分析。搭接处没有扎牢，或搬运时碰撞、压弯接头处。

（3）预防措施。钢筋搭接处应用铁丝扎紧；扎结部位在搭接部分的中心和两端，共 3 处；搬运时轻抬轻放。

13. 柱箍筋接头位置同向

（1）现象。柱箍筋接头位置方向相同，重复交搭于 1 根或 2 根纵筋上。

（2）原因分析。绑扎柱钢筋骨架疏忽所致。

（3）预防措施。安装操作时经常互相提醒将接头位置错开绑扎。

14. 弯起钢筋方向错误

（1）现象。在悬臂梁中（如阳台挑梁），弯起钢筋的弯起方向放反。

（2）原因分析。钢筋骨架入模疏忽；没有对安装人员进行认真交底，造成操作错误。

（3）预防措施。这类容易引起错误的情况，应对操作人员专门交底，或在钢筋骨架上挂牌，提醒安装人员注意。

6.2.13 混凝土工程质量通病及防治

1. 麻面

（1）现象。混凝土表面局部缺浆粗糙，或有许多小凹坑，但无钢筋外露。

（2）原因分析。

1）模板表面粗糙或清理不干净；钢模板脱模剂涂刷不均匀或面部漏刷，拆模时混凝土表面黏结模板，引起麻面。

2）模板接缝不严密，浇筑混凝土时漏浆，混凝土振捣不密实，混凝土中的气泡未排出。

（3）预防措施。

1）模板面要清理干净；脱模剂涂刷均匀，不漏刷。

2）若模板有缝隙，应用油毡条、塑料条、密封条、密封胶带、水泥砂浆等堵严，防止漏浆，混凝土必须按操作规程分层浇筑、分层振捣密实。

3）对于表面不再装饰的部位应加修补，将麻面部位用清水刷洗，充分湿润后用水泥素浆或1：2水泥砂浆抹平。

2. 蜂窝

（1）现象。混凝土局部酥松，砂浆少，石子多，石子之间出现空隙，形成蜂窝状的死洞。

（2）原因分析。

1）混凝土配合比不准确；材料计量错误，造成砂浆少、石子多。

2）混凝土搅拌时间短，没有拌和均匀，混凝土和易性差，振捣不密实。

3）混凝土一次下料过多，没有分段分层浇筑，因漏振而造成蜂窝。

4）模板孔隙未堵好，或模板支设不牢固，振捣混凝土时模板移位，造成严重漏浆或墙体烂根，形成蜂窝。

（3）预防措施。

1）严格控制混凝土配合比，经常检查，保证材料计量准确。

2）混凝土拌和均匀，颜色一致，其延续搅拌最短时间应按规定。

3）混凝土自由倾落高度不得超过2m。如超过，要采取串筒、溜槽等措施下料。

4）混凝土的振捣应分层捣固，振捣要按有关规定进行。

5）混凝土有小蜂窝，可先用水冲洗干净，然后用1：2或1：2.5水泥砂浆修补；如果是大蜂窝，则先将松动的石子和突出的颗粒剔除，尽量剔成喇叭口，外边大些，然后用清水冲洗干净湿透，再用细石混凝土捣实，加强养护。

3. 塑性收缩裂缝

（1）现象。裂缝多在新浇筑并暴露空气中的结构、构件表面出现，形状很规则，且长短不一，互不连贯，裂缝较浅，类似干燥的泥浆面。大多在混凝土初凝后（一般在浇筑后4h左右），当外界气温高、风速大、气候很干燥的情况下出现。

（2）预防措施。

1）配制混凝土时，应严格控制水灰比和水泥用量，选择级配良好的石子，减小空隙率和砂率；同时，要捣固密实，以减少收缩量，提高混凝土抗裂强度。

2）浇筑混凝土前，将基层和模板浇水湿透，避免吸收混凝土中的水分。

3）混凝土浇筑后，对裸露表面应及时用潮湿材料覆盖，认真养护，防止强风吹袭和烈日暴晒。

4）在气温高、湿度低或风速大的天气施工，混凝土浇筑后，应及早进行喷水养护，使其保持湿润；大面积混凝土宜浇完一段，养护一段。在炎热季节，要加强表面的抹压和养护工作。

5）在混凝土表面喷一层氯偏乳液养护剂，或覆盖塑料薄膜或湿草袋，使水分不易蒸发。

6）加挡风设施，先浇墙体后做地面，以降低混凝土表面的风速。

4. 沉降收缩裂缝

（1）现象。裂缝多沿结构上表面钢筋通长方向或箍筋上断续出现，或在埋件的附近周围出现。裂缝呈棱形，宽度 1~4mm，深度不大，一般到钢筋表面为止。多在混凝土浇筑后发生，混凝土硬化后即停止。

（2）预防措施。

1）加强混凝土配制和施工操作控制，不使水灰比、砂率、坍落度过大；振捣要充分，但避免过度。

2）适当增加混凝土的保护层厚度。

5. 凝缩裂缝

（1）现象。混凝土表面呈现碎小的六角形花纹状裂缝，裂缝很浅，常在初凝期间出现。

（2）预防措施。①混凝土表面刮抹应限制到最小程度；②禁止在混凝土表面撒干水泥刮抹，如表面粗糙，可撒较稠水泥砂浆再压光。

6. 干燥收缩裂缝

（1）现象。裂缝为表面性的，宽度较细，多在 0.05~0.2mm。走向纵横交错，没有规律性，裂缝分布不均。但对较薄的梁、板类构件或桁架杆件，多沿短方向分布；整体性结构多发生在结构变截面处，平面裂缝多延伸到变截面部位或块体边缘，大体积混凝土在平面部位较为多见，侧面也有时出现，预制构件多发生在箍筋位置。这类裂缝一般在混凝土露天养护完毕经一段时间后，在表面或侧面出现，并随湿度的变化而变化，表面强烈收缩可使裂缝由表及里、由小及大逐步向深度发展。

（2）预防措施。

1）混凝土水泥用量、水灰比和砂率不能过大；提高粗骨料含量，以降低干缩量；严格控制砂石含泥量，避免使用过量粉砂；混凝土应振捣密实，并注意对板面进行抹压，可在混凝土初凝后，终凝前，进行二次抹衬，以提高混凝土抗拉强度，减少收缩量。

2）加强混凝土早期养护，并适当延长养护时间，长期露天堆放的预制构件，可覆盖草垫、草袋，避免暴晒，并定期适当喷水，保持湿润。薄壁构件则应在阴凉地方堆放并覆盖，避免发生过大湿度变化。

6.3　水利工程质量监督检查的方法与要点

6.3.1　主要内容和基本要求

水利工程建设实行项目法人负责、监理单位控制、施工单位保证和政府质量监督相结合的质量管理体制。

参建单位按法规、标准组成项目管理部，建立质量管理机构，任命负责人和技术负责人；配备质量管理人员，制定有关工程质量的规章制度。人员的专业、素质、数量配备应满足施工质量检查的要求，监理测量、质量检测、试验及特种作业人员应持证上岗。施工单位根据合同约定或工程需要建立质量检测机构，试验仪器设备应经过计量部门鉴定。不具备检测、试验条件的施工单位，应委托具有相应资质的单位进行检测。

质量监督机构应根据工程建设需要建立质量监督项目站，委派具有相应资格的专职质量监督员进行质量监督，或委托有资质的单位，跟踪施工进行质量检测。

1. 工程质量管理体制与行为

(1) 项目法人质量管理。

1) 项目法人应向水利工程质量监督机构办理工程质量监督手续。

2) 项目法人应对施工、监理单位的质量行为和工程实体质量进行监督检查，组织设计单位向施工单位进行设计交底。

3) 项目法人对施工中出现的工程质量事故，应按规定进行调查、报告，并按照"三不放过"（原因不清不放过，责任不明不放过，措施不力不放过）的原则进行分析、处理。对已建工程质量有重大分歧时，应及时委托具有相应资质等级的第三方质量检测机构对工程质量进行必要的检测。

(2) 监理单位质量控制。

1) 总监理工程师应负责全面履行监理合同约定的监理单位职责，审核、签发施工图纸，主持审查施工单位的施工组织设计和技术措施，签发有关指令、通知等重要监理文件，主持施工合同实施中的协调工作。

2) 监理人员应按监理合同要求，对主体工程的主要工序、关键部位单元工程进行旁站监理，并做好旁站监理记录，对施工单位自检行为进行核查。

3) 监理机构应按照有关规定或合同要求对工程实体质量进行抽检，及时对施工单位的质量检验结果进行确认，对单元工程质量等级进行复核。

4) 监理机构对施工质量缺陷应按照《水利水电工程施工质量检验与评定规程》（SL 176—2007）第 4.4.4 条的规定记录备案，消除缺陷手续应当完备。应按照《水利工程施工监理规范》（SL 288—2014）第 6.2.16 条规定处理工程质量事故。

5)《监理实施细则》应符合工程实际；《监理日志》《监理月报》《监理工作报告》等应及时、准确、真实地反映工程质量情况。

(3) 施工单位质量保证。

1) 工程原材料、中间产品、工程实体质量的检测项目、数量和标准应满足规范和设计要求，各项检测记录应及时、真实、齐全，记录、校对、审核等签字手续应当完备。

2) 施工单位必须按照工程设计要求和施工技术标准施工，不得擅自修改工程设计，不得偷工减料。

3) 施工质量检查应做到班组初检、处（队）复检、项目经理部质量检测机构终检的"三检制"。施工记录、质量评定表、检验单及其他备查资料应当真实、完整。按照规范、规程和技术标准，及时对单元（工序）工程质量进行等级评定，单元（工序）工程验收评定手续应当齐全。

4) 工程质量缺陷及质量事故应及时记录、备案、报告，并及时进行处理。

(4) 监督机构质量监督。

1) 质量监督机构应对工程建设实施强制性监督，对各参建单位的质量管理体系、质量行为及工程实体质量进行监督检查。

2) 质量监督机构应做好质量检查记录；发现工程存在质量问题及时书面通知项目法人，督促有关单位予以整改。

(5) 工程项目划分、质量评定与验收。

1) 主体工程开工前，由项目法人组织监理、设计及施工等单位，按照《水利水电工程施工质量检验与评定规程》（SL 176—2007）的要求进行工程项目划分，并确定主要单位工程、主要分部工程、主要单元工程、重要隐蔽单元工程和关键部位单元工程；项目法人应将项目划分表及说明书面报质量监督机构；质量监督机构应对项目法人上报的工程项目划分以文件的形式予以确认。

2）项目法人应按有关规定组织重要隐蔽单元工程、关键部位单元工程、分部工程、单位工程、合同工程完工验收。分部工程验收可委托监理机构组织；验收程序必须规范，手续应当齐全。

3）施工单位应按照《水利水电工程施工质量评定表填表说明与示例（试行）》的规定填写工程质量评定表。单元（工序）工程、分部工程、单位工程和工程项目质量评定应符合规程要求。监理单位应按规定对工程质量评定结果进行复核。

4）重要隐蔽单元工程、关键部位单元工程、分部工程质量结论应报质量监督机构进行核备；对大型枢纽工程主要建筑物分部工程、单位工程、工程项目的结论应报质量监督机构进行核定。

5）单位工程外观质量评定，应由项目法人组织监理、设计、施工及工程运行管理等单位组成工程外观质量评定组，现场进行工程外观质量检验评定，并报质量监督机构核定。

6）根据竣工验收的需要，竣工验收主持单位可以委托具有相应资质的工程质量检测单位对工程质量进行抽样检测。项目法人应负责提出工程质量抽样检测的项目、内容和数量，经质量监督机构审核后报竣工验收主持单位核定。

7）在工程竣工验收时，质量监督机构应提出工程质量监督报告。

8）工程施工期及试运行期，单位工程观测应当及时，记录应当真实，应按有关规定进行成果分析。

2．工程实体质量

（1）土石方工程。主要检查内容如下。

1）堤坝工程的清基、新老填筑体、混凝土建筑物结合部的清理、削坡刨毛、击实和碾压试验情况；填筑土料、铺土厚度及压实情况记录；基坑开挖、降排水效果；防渗体的质量。

2）原材料检验记录；石笼等防护体的施工工艺；软体沉排等物料的外观尺寸、重量、结构是否符合设计要求；反滤层、滤料和土料的铺筑质量；干砌石、浆砌石的施工工艺，混凝土砌体或砂浆强度试验记录；工程高程、尺寸、垂直度、平整度等。

（2）混凝土工程。主要检查内容如下。

原材料合格证、进场检验记录、抽检记录；钢筋、模板、止水、伸缩缝等制作与安装、焊接或绑扎质量；混凝土强度、钢筋保护层及构筑物几何尺寸；混凝土配合比及计量情况；混凝土温度控制及计量情况；混凝土运输、浇筑、振捣工艺及养护情况；砂浆、混凝土试块强度报告；新老混凝土结合面的处理情况；混凝土工程裂缝、漏（渗）水、窨潮等质量缺陷处理情况；混凝土锚喷工程的试喷情况记录，锚孔深度和锚孔清理情况；钢筋混凝土防腐涂料的产品合格证，涂料涂刷前混凝土表面清洁处理情况。

（3）地基处理与基础工程。主要检查内容如下。

原材料进场验收记录和材料试验报告；基础工程施工方案；桩基承载力和桩身质量检验报告；复合地基承载力试验情况；基础钢筋制作与绑扎质量；基础轴线与标高；防渗墙各段板块间结合情况及渗水试验；砂浆、混凝土试块强度报告；沉井的尺寸、封底情况、井内回填情况；土工防渗膜的铺设、拼接及开槽情况、回填情况检查记录，防渗效果检验记录；基础工程施工质量检验评定和验收资料等。

（4）金属结构与启闭设备安装。主要检查内容如下。

原材料（钢材、焊接材料、高强螺栓、铸件等）合格证、检验记录；金属结构（含预埋件）和启闭设备出厂前检验记录和合格证、运至现场后的复测记录；金属结构（含预埋件）及其防腐处理的抽检质量情况；金属结构（含预埋件）和启闭设备安装记录和现场安装质量；启闭设备出厂前整体组装和调试情况，现场安装后的检测和试运行情况。

（5）机械电气与设备安装。主要检查内容如下。

1）机泵安装工程：主机泵设备及装配材料的厂方检验合格证；主机泵设备进场验收记录；主机泵设备基础及埋件质量检查记录；主机泵设备安装质量及调试记录；辅机设备进场验收记录及辅机系统安装质量记录；泵站起重设备（含轨道与车档、桥式起重机、悬挂式起重机、电动葫芦等）出厂合格证及出厂检验记录和安装质量记录；起重机的空负荷、静负荷试验和动负荷运转情况记录；泵站机组启动试运行检验情况等。

2）电气设备安装工程：设备出厂合格证、安装说明书、进场检验记录；电气设备安装调试记录；变压器油质和渗漏试验报告，变压器运行试验报告；变压器、高低压开关柜、配电箱（盘）、控制柜、动力、电缆等安装；电气接地和避雷接地；绝缘盒接地电阻测试记录、低压电器设备试验和运行记录；电气工程质量验收记录等。

6.3.2 项目监督检查的重点和主要方法

1. 了解设计情况，确定工作重点

（1）主要单位工程、主要分部工程、主要单元工程、重要隐蔽单元工程和关键部位单元工程均为监督检查工作的内容和重点。

（2）检查中如发现有工程质量问题，可再赴工程现场，有针对性地进行核查；对工程实体质量有疑点的部位，应根据工程施工情况进行延伸调查、核实和取证，必要时可安排现场检测。关键部位实体质量应要求项目法人委托质量监督机构授权的检测机构进行检验。

2. 检查工程质量管理体制与质量行为

（1）工程质量管理体制检查的重点应放在质量管理体制是否健全，工程施工质量是否得到有效控制。

（2）检查施工单位是否按设计进行施工，应将施工实际情况与相关设计资料进行对比研究；检查监理机构是否按照监理规范和合同约定对工程质量有效控制，监理机构的抽检资料、旁站及巡查记录、其他监理文件是否完整、规范；检查质量监督机构履行职责情况，是否按规定确认工程项目划分，是否有监督检查记录等。

3. 检查工程项目划分、质量评定与工程验收情况

检查单元（工序）工程、分部工程、单位工程的项目划分与质量评定是否满足相关规程规范的要求；检查工程质量检测资料、质量事故及缺陷处理记录，以及质量监督机构的质量监督报告；核查工程质量评定结果是否与工程实体质量一致；检查工程验收资料是否真实、完整；各单位提供的工作报告是否规范；工程验收鉴定书内容是否齐全、签字是否完整。

4. 检查工程实体质量

工程实体质量应以工程安全为重点，特别关注工程关键部位和重要隐蔽工程的实体质量的检查。如穿坝构筑物、高速水流区、重要承重结构、重要复杂表面结构、防渗反滤部位、重要焊缝、机械间隙、安装水平度和平整度、电气参数等。检查工程外观有无明显质量缺陷。

（1）土石方工程。

1）对于土方填筑工程，重点检查土方填筑质量，尤其是土石结合部的土料填筑质量，采用的土料、填筑方式、碾压工艺、压实质量是否满足设计和施工规范的要求。对于土石结合部的填筑质量、在建工程，要检查施工操作和质量检验是否符合规范要求；已建成的工程，项目法人要委托质量监督机构授权的检测机构对土石结合部填筑质量进行检测。

2）对于石方工程和反滤料铺设，重点检查填筑或砌筑工程质量是否满足安全和功能的要求，采用的石料物理力学指标、砌筑工艺、砌筑质量是否符合设计和施工规范的要求。关键部位的砌筑及反滤层铺设质量，项目法人应安排进行现场抽样检测。

（2）混凝土工程。

1）重点检查进场的砂、石、水泥是否符合要求；钢筋制作安装、模板制作安装以及混凝土拌和、浇筑、振捣、养护等施工工序质量是否符合施工规范的规定；混凝土强度、抗渗、抗冻等指标和构造物外观尺寸是否满足设计要求。

2）对已经建成的混凝土建筑物的关键部位，项目法人应安排采用回弹仪进行现场检测，发现问题应钻取试样进行抗压强度等检测。对混凝土裂缝要详加检查分析。

（3）地基处理与基础工程。重点检查地基开挖处理及检测是否符合设计要求；桩基的承载力和桩身质量以及复合地基的承载力是否满足设计要求；混凝土防渗墙各段板块间的结合情况和防渗试验是否满足设计要求。特别要注意注水与压水试验数量、操作程序、试验结果是否满足设计和规范要求，如有条件可进行现场试验。

（4）金属结构与启闭设备安装。

1）闸门、钢管类：重点检查外观是否有变形、裂纹、锈蚀情况；闸门运行是否顺畅，是否漏水。

2）启闭机械类：重点检查设备运转是否正常；高度指示仪、荷载限制仪是否显示准确；制动器是否运行正常；减速箱、油箱、液压缸是否漏油、渗油；机架是否有变形、裂纹；螺栓是否松动；钢丝绳缠绕是否正常。

3）观察发现的严重问题应安排专项检测、试验。

（5）机械电气与设备安装。

1）对运行设备的外观检查主要是查看设备运行发热状况、稳定性（震动和噪声），有无异味，有无不正常的介质跑、冒、滴、漏现象，有无电气设备异常放电。观察发现的严重问题应安排专项检测、试验。

2）对备用设备和检修设备，有条件时应要求用备用设备进行空载或短时带负荷运行，查看设备运行状况。

（6）环境工程和生物措施按有关规定进行检查。

5. 专项检查重点

（1）对于病险水库除险加固项目，要重点检查水库的险情是否已按设计要求消除、工程质量的各项检测数据是否满足设计要求或相关标准，尤其要对穿坝构筑物及渗流控制措施进行全面、重点检查。

（2）对于灌区节水改造与续建配套项目，要重点检查是否按照设计内容实施，选用的各种材料、设备性能、规格是否符合设计要求，尤其要对渠道的防渗措施进行全面、重点检查。

（3）对于农村人畜饮水工程项目，要重点检查饮水工程是否达到水利部、卫生部《农村饮用水安全卫生评价指标体系》中规定的安全或基本安全要求，尤其要对水源环境、水量和水质、管道和过滤池等进行重点检查。

（4）对于大型泵站改造项目，泵站主体建筑物加固改造重点检查主副泵房、水闸、进水池、出水池等主体建筑物的裂缝、老化是否进行补强加固处理，加固后各项工程质量检测数据是否满足相关标准或达到设计要求；机电设备更新改造重点检查主水泵、主电机及传动装置、进出水管道、辅助设备、电气设备与监控系统设备是否进行了全面改造，是否满足运行和管理需要。

6.3.3　检查中常见的问题和规范标准的适用

1. 工程质量管理体制与质量行为

（1）监理单位质量控制。

1）监理机构未采用跟踪检测、平行检测的手段对施工单位的检验结果进行复核；或者跟踪检测和平行检测的数量未达到规范要求，不符合《水利工程施工监理规范》（SL 288—2014）第6.2.13条的规定。

2）监理机构未结合具体工程项目编制监理实施细则，以控制施工，不符合《水利工程施工监理规范》（SL 288—2014）第4.1.5条的规定。

（2）施工单位质量保证。

1）施工单位进场的技术负责人和主管人员的资格未达到合同要求，不符合《水利工程质量管理规定》（水利部令第7号）第三十一条的规定。

2）施工单位未落实"三检制"，不符合《水利工程质量管理规定》（水利部令第7号）第三十三条的规定。

3）施工单位未按照工程设计图纸和施工技术标准施工，不符合《建设工程质量管理条例》（国务院令第279号）第二十八条的规定。

（3）监督机构质量监督。

1）质量监督机构未制定工程质量监督计划，不符合《水利工程质量监督管理规定》（水建〔1997〕339号）第二十二条的规定。

2）质量监督工作不到位。无正规记录及其他可佐证工作进展及工作成果的文件材料；对工程质量问题不能及时发现或督促有关单位进行整改，不符合《水利工程质量监督管理规定》（水建〔1997〕339号）第二十三条的规定。

3）质量监督项目站部分成员由工程参建单位人员兼职，不符合《水利工程质量监督管理规定》（水建〔1997〕339号）第十一条的规定。

2. 工程项目划分、质量评定与工程验收

（1）工程项目划分不完整、不合理，不符合《水利水电工程施工质量检验与评定规程》（SL 176—2007）第3.2条的规定。

（2）工程项目划分未经质量监督机构确认或无正式的批复确认文件，不符合《水利水电工程施工质量检验与评定规程》（SL 176—2007）第3.3条规定。

（3）工程质量评定工作的组织与管理不规范，不符合《水利水电工程施工质量检验与评定规程》（SL 176—2007）第5.3条。

（4）监理单位对施工质量缺陷未组织填写质量缺陷备案表，或部分工程参建单位代表未在该表上签字，或质量缺陷备案表未报工程质量监督机构备案，不符合《水利水电工程施工质量检验与评定规程》（SL 176—2007）第4.4条的规定。

（5）工程竣工验收时，部分参建单位提供的工作报告编写不规范，不符合《水利水电建设工程验收规程》（SL 223—2008）第8.1.7条的规定。

3. 工程实体质量

（1）影响工程安全的问题。

1）堤防除险加固专项，穿堤建筑物与堤（坝）接合部土方回填施工中，未对建筑物刷浆且回填土压实度不满足设计要求，不符合《堤防工程施工规范》（SL 260—2014）第8.9条的规定。

2）新建水源工程和病险水库除险加固专项，土坝坝端溢洪道地基轴线一侧为岩石，一侧为填筑土，没有很好地设计与处理，建成后溢洪道底板出现深层纵向连续裂缝，最大缝宽在1cm左右，不符合《水利水电工程单元工程施工质量验收评定标准——土石方工程》（SL 631—2012）第7.4条的规定。

3）病险水库除险加固专项，土坝坝基局部粉细沙未清除，水库蓄水后有浑水流出，不符合《碾压式土石坝施工规范》（DL/T 5129—2013）第4.3条的规定。

4）新建枢纽工程或病险水库除险加固专项，土坝坝下埋管未按设计要求做反滤保护；防渗墙面积未达到设计要求。不符合《建设工程质量管理条例》（国务院令 279 号）第二十八条规定。

5）新建枢纽工程或病险水库除险加固专项，坝高 70m 的土坝用高压旋喷进行防渗加固，施工时改为高压定喷，施工后未进行压水试验，不符合《水电水利工程高压喷射灌浆技术规范》（DL/T 5200—2004）第 5.0.2 条的规定。

6）农村人畜饮水专项工程建成后，饮用水水质不达标，影响人民身体健康，不符合《农村饮用水安全卫生评价指标体系》（水利部、卫生部文件，水农〔2004〕547 号）的有关规定。

7）施工单位在施工中擅自修改设计或偷工减料，不符合《建设工程质量管理条例》（国务院令第 279 号）第二十八条的规定。

8）施工单位使用的建筑材料未经检验或检验不合格，不符合《建设工程质量管理条例》（国务院令第 279 号）第二十九条的规定。

（2）土石方工程。

1）堤防、水库除险加固专项，开工前，施工单位未对料场进行现场核查，没有检测代表性土样的物理力学指标，不符合《堤防工程施工规范》（SL 260—2014）第 3.3.1 条的规定。

2）堤防、水库除险加固专项，土方填筑压实指标不满足设计规范要求。不符合《堤防工程设计规范》（GB 50286—2013）第 7.2.4 条或《碾压式土石坝设计规范》（SL 274—2001）第 4.2.3 条和第 4.2.5 条的规定。

3）堤防除险加固专项，护岸抛石的块径、数量、抛投程序不符合《堤防工程施工质量评定与验收规程》（SL 239—1999）第 3.12.1 条的规定。

4）水库除险加固、大型泵站专项，砌筑石料规格不符合质量要求，不符合《砌石坝设计规范》（SL 25—2006）第 3.1.1 条的规定。

5）灌区节水改造、堤防加固专项，干砌石护坡面未嵌紧、整平，铺砌厚度未达到设计要求。不符合《堤防工程施工质量评定与验收规程》（SL 239—1999）第 3.12.1 条规定。

6）灌区节水改造专项，渠道防渗项目未按设计图纸要求进行施工，弄虚作假，偷工减料，以次充好，不符合《建设工程质量管理条例》（国务院令第 279 号）第二十八条的规定。

（3）混凝土工程。

1）水利枢纽工程混凝土拌和用的水泥、砂石料和配合比未按有关规范进行检验，或检验结果（批次或技术指标）不合格，不符合《水工混凝土施工规范》（SDJ 207—2014）第 5 章的规定。

2）水库除险加固工程混凝土配合比、拌和程序、拌和时间未通过试验确定；低流态混凝土的浇筑厚度未进行碾压试验，不符合《水工混凝土施工规范》《SL 677—2014》第 6.0.9 条、第 7.2.7 条和第 7.4.8 条的规定。

3）大型泵站工程混凝土配合比和拌和、混凝土浇筑的分层、厚度、次序、方向、允许间歇时间、温度控制、养护、工作缝处理、缺陷处理等工序质量中任何一项或数项达不到规范要求，不符合《水工混凝土施工规范》（SL 677—2014）第 7.2 条和第 7.4 条的规定。

4）水库除险加固工程混凝土检测取样位置、数量、送检龄期或试验龄期不符合规定；不同位置、不同工作条件的混凝土，其抗压、抗渗、抗冻、抗裂、抗拉、抗冲耐磨、抗风化和抗侵蚀等物理指标的一项或多项不满足设计和规范要求，不符合《水工混凝土施工规范》（SL 677—2014）第 1.0.3 条的规定。

5）大型泵站工程混凝土试块取样、制作、检测评定不规范，不符合《水工混凝土施工规范》（SL 677—2014）第 1.0.3 条的规定。

6）水库除险加固工程，建筑物伸缩缝和止排水设施的形式、位置、尺寸、材料、基岩和混凝土结合状况等有一项或数项未达到设计或合同文件的要求，不符合《水工混凝土施工规范》（SL 677—2014）第 10.2 条和第 10.3 条的规定。

7）堤防、水库除险加固工程，混凝土表面平整度、棱线平直度、几何尺寸偏差、蜂窝狗洞、麻面、露筋、碰损掉角、裂缝，特别是深层或贯穿性裂缝等质量问题不满足评定标准的要求，不符合《水利水电工程单元工程施工质量验收评定标准——土石方工程》（SL 631—2012）第 4.6 条、第 4.7 条、第 5.4 条、第 5.5 条、第 6.5 条的规定。

（4）地基处理与基础工程。

1）水库除险加固工程，1、2 级水工建筑物基岩帷幕灌浆或地质条件复杂有特殊要求的固结灌浆未进行灌浆试验，同种灌浆的分序加密、顺序不满足规范要求，不符合《水工建筑物水泥灌浆施工技术规范》（SL 62—2014）第 6.1.9 条、第 5.1.6 条、第 8.1.2 条的规定。

2）堤防或水库除险加固工程，灌浆布孔不满足设计要求，充填灌浆引起堤身或坝面出现裂缝，不符合《土坝坝体灌浆技术规范》（SD 266—2014）第 3.4.2 条、第 3.4.3 条、第 4.3.1 条、第 4.3.2 条的规定。

3）水库除险加固工程，防渗墙体水泥、骨料、掺和料、外加剂及其配置方法、配合比、墙体厚度、嵌入基岩或相对不透水层的深度、造孔及清孔工艺、浇筑工序等一项或数项不满足规范或设计文件要求，不符合《水利水电工程混凝土防渗墙施工技术规范》（SL 174—2014）第 6.7.8 条的有关规定。

4）堤防或水库除险加固工程，灌浆记录未按规定进行现场记录或原始记录不完整，不符合《土坝坝体灌浆技术规范》（SL 564—2014）第 5 章的规定。

5）堤防或水库除险加固专项，对完工后的高喷灌浆防渗墙或混凝土防渗墙墙体连续性和渗透系数未进行现场检测，不符合《水电水利工程高压喷射灌浆技术规范》（DL/T 5200—2004）第 10.1 条和《水利水电工程混凝土防渗墙施工技术规范》（SL 174—2014）第 13.0.8 条和第 13.0.9 条的规定。

（5）金属结构与启闭设备安装。

1）闸门启闭机运转时有异常响声，不符合《水利水电工程启闭机制造安装及验收规范》（SL 381—2007）第 5.3.3.4 款和第 8.3.3.5 款的要求。

2）闸门启闭机钢丝绳缠绕出现挤叠、跳槽或乱槽现象，不符合《水利水电工程启闭机制造安装及验收规范》（SL 381—2007）第 5.2.2.8 款的要求。

3）闸门或管道焊缝外观质量有裂纹、焊瘤、咬边等缺陷，不符合《水利水电工程钢闸门的制造、安装及验收规范》（GB/T 14173—2008）第 4.4.1 条的规定。

4）闸门漏水量较大，每米长超过了 0.1L/s，不符合《水利水电工程钢闸门的制造安装及验收规范》（GB/T 14173—2008）第 8.5.4 条的要求。

5）闸门运行时发生卡阻、倾斜等现象，不符合《水利水电工程钢闸门的制造安装及验收规范》（GB/T 14173—2008）第 8.5.2 条的要求。

6）设备防腐蚀涂层表面出现皱纹、鼓泡、裂纹、起皮、掉块等缺陷，不符合《水工金属结构防腐蚀规范》（SL 105—2007）第 4.4.1 条和 5.5.1 条的要求。

（6）机械电气与设备安装。

1）设备的油、气、水管道连接处渗漏，不符合《机械设备安装工程施工及验收通用规范》（GB 50231—2009）。

2）闸门老旧起重设备钢丝绳断丝超过标准后继续使用，不符合《起重机械用钢丝绳检验和报废实用规范》（GB 5972—2016）。

3）电器设备接地不符合《机械设备安装工程施工及验收通用规范》（GB 50231—2009）规定。

4）设备所处环境潮湿，不符合《机械设备安装工程施工及验收通用规范》（GB 50231—2009）。

5）用于机电和金属结构工程的材料、设备与设计图纸不符，如电缆、开关柜、绝缘材料等，不符合《水利工程质量管理规定》（水利部令第 7 号）第三十六条的规定。

6.3.4 工程质量常用法规、标准索引

（1）常用法规。

1)《国务院办公厅关于加强基础设施工程质量管理的通知》（国办发〔1999〕16 号）。

2)《建设工程质量管理条例》（国务院令第 279 号）。

3)《水利工程质量管理规定》（水利部令第 7 号）。

4)《水利工程质量监督管理规定》（水建〔1997〕339 号）。

5)《大型灌区续建配套和节水改造项目建设管理办法》（发改投资〔2007〕1291 号）。

6)《农村饮水安全工程项目建设管理办法》（发改投资〔2005〕1302 号）。

7)《关于加强农村饮水安全工程建设和运行管理工作的通知》（发改农经〔2007〕1752 号）。

8)《农村饮水安全项目建设资金管理办法》（财建〔2007〕917 号）。

9)《农村饮用水安全卫生评价指标体系》（水农〔2004〕547 号）。

10)《水利工程质量检测管理规定》（水利部令第 36 号）。

11)《中华人民共和国工业产品生产许可证管理条例》（中华人民共和国国务院令第 440 号）。

12)《水利工程启闭机使用许可证管理办法》（水综合〔2003〕277 号）。

13)《特种设备安全监察条例》（中华人民共和国国务院令第 549 号，自 2009 年 5 月 1 日起实施）。

（2）常用标准。参见 7.1 节相关内容。

6.3.5 质量检查应提供资料清单及常用表格

（1）项目法人应提供的工程质量管理资料。

1）项目法人内设质量管理机构有关文件，包括质量管理机构名称，负责人职务、职称，人员组成。

2）项目法人及其内设质量管理机构制定的规章制度等有关文件。

3）项目法人或其内设质量管理机构办理质量监督和质量评定项目划分手续的文件。

4）项目法人办理项目开工的文件。

5）项目法人或其内设质量管理机构组织设计交底和其他会议的记录或纪要。

6）质量管理机构对参建单位质量行为和实体质量进行监督检查的相关记录或资料。

7）项目法人对施工中出现的工程质量事故所进行的调查、分析、报告、处理的相关资料。

8）项目法人组织的单位工程验收和质量评定的资料。

（2）监理机构应提供的工程质量控制资料。

1）监理机构制定的《监理规划》《监理大纲》和各种施工工艺的《监理实施细则》。

2）总监或总监授权监理工程师核查并签发的施工图纸，审查施工单位施工组织设计和技术措施的有关记录或文件。

3）监理机构对施工单位进场的原材料、中间产品、构配件、工程设备、工程施工质量进行检验的资料，对试样进行平行检测的资料。

4）监理工程师对关键工序、关键部位进行旁站监理的记录。

5）总监或监理工程师签发的指令、指示、通知、监理例会纪要，各种请示、批复文件。

6）监理机构对施工质量缺陷进行的登记、报告、备案资料。

7）分部工程验收、单位工程完工验收、合同项目完工验收资料。

8）《监理日志》《监理月报》《监理专题报告》《监理工作报告》等有关资料。

（3）施工单位应提供的工程质量保证资料。

1）施工单位建立现场机构的有关文件，包括项目部名称、机构组成、项目经理、技术负责人、施工管理负责人的资质及其资质证书。

2）项目经理部质量检测机构的人员，质量检测员及试验员的上岗证、特种作业人员的上岗证。

3）项目经理部制定的有关工程施工质量检验的规章制度。

4）项目经理部试验室的资质证书，试验仪器的检定证书。不具备检测试验条件的施工单位应提供委托检验机构的计量认证资质证明。

5）项目经理部编制的《施工组织设计》，各种施工工艺的《施工方案》《试验计划》及《试验报告》等资料。

6）参加班组初检、施工队复检、项目经理部质量检测机构终检的人员名单。

7）施工记录、工序施工质量评定表、单元工程施工质量评定表、分部及单位工程质量评定表。

8）工程原材料及机械设备出厂质量检验资料，原材料、中间产品及工程施工质量的检验资料。

9）质量缺陷或质量事故的记录、备案、报告、处理等资料。

10）《施工日记》《施工月报》《施工管理工作报告》。

（4）质量监督机构应提供的工程质量监督资料。

1）质量监督机构组建工程质量监督项目站或巡回监督组的文件。

2）《水利工程质量监督书》《质量监督计划》。

3）参建各单位的质量管理体制的监督检查资料，工程施工项目划分批复文件。

4）参建单位委托计量认证检测机构的授权文件。

5）质量监督检查记录、质量监督检查通知、简报或其他质量监督成果。

6）工程竣工验收质量评定成果核定的《工程质量评定报告》。

6.4 水利工程隐患排查清单

6.4.1 各参建单位安全生产监督检查主要内容

（1）勘察（测）设计单位安全生产监督检查内容主要包括：①工程建设强制性标准执行情况；②对工程重点部位和环节防范生产安全事故的指导意见或建议；③新结构、新材料、新工艺及特殊结构防范生产安全事故措施建议；④勘察（测）设计单位资质、人员资格管理和设计文件管理等。

（2）项目法人安全生产检查监督的主要内容：①安全生产管理制度建立健全情况；②安全生产管理机构设立与运行情况；③安全生产责任制建立与落实情况；④安全生产例会制度执行情况；⑤安全生产措施方案的制订、备案与执行情况；⑥安全生产教育培训情况；⑦施工单位安全生产许可证、"三类人员"（施工企业主要负责人、项目部负责人及专职安全生产管理人员）安全生产考核合格证及特种作业人员持证上岗等核查情况；⑧安全施工措施费用管理情况；⑨安全生产事故应急预案管理情况；⑩安全生产隐患排查、治理情况；⑪安全生产事故报告、调查、处理情况等。

（3）监理单位安全生产监督检查内容主要包括：①工程建设强制性标准执行情况；②施工组织设计中的安全技术措施及专项施工方案审查和监督落实情况；③安全生产责任制建立及落实情况；④监理例会制度、生产安全事故报告制度等执行情况；⑤监理大纲、监理规划、监理细则中有关安全生产措施执行情况等。

（4）施工单位现场安全生产检查的主要内容：①施工支护、脚手架、爆破、吊装、临时用电、安全防护设施及文明施工等情况；②安全生产操作规程执行与特种作业人员持证上岗情况；③个人防护与劳动保护用品使用情况；④应急预案中有关救援设备、物质的落实情况；⑤特种设备使用、检验与维护情况；⑥消防设施等落实情况；⑦重大危险源管理现状等。

6.4.2 安全管理隐患排查要点

安全管理隐患排查要点见表 6.7。

表 6.7 安全管理隐患排查要点

序号	排查内容	排查要点
1	安全生产责任制	(1) 项目各岗位安全生产责任制的建立情况； (2) 履行责任制交底签字手续； (3) 制定对责任制的考核奖惩制度或办法； (4) 有考核记录
2	安全操作规程	(1) 项目部制定各工种或各分部（项）工程安全技术操作规程； (2) 操作规程在作业部位进行悬挂
3	目标管理	(1) 制定伤亡事故控制目标、安全达标目标、文明施工实现目标； (2) 对目标进行有效分解和定期考核
4	施工组织设计	(1) 在施工组织设计中有针对工程特点的安全技术措施； (2) 对专业性强、危险性大的工程项目编制专项施工方案； (3) 编制应急救援预案； (4) 履行编制、审核、批准的程序，并经总监理工程师签字认可
5	安全技术交底	(1) 作业人员进场综合安全技术交底； (2) 在施工方案的基础上进行安全技术交底（分部分项工程安全技术交底）； (3) 对操作者的安全注意事项进行安全技术交底，交底要有针对性，双方签字确认
6	安全检查	(1) 制定定期安全检查制度； (2) 按定期安全检查制度的时间和内容进行安全检查并进行记录； (3) 对检查出的隐患制定措施，定人定时进行有效整改，并记录
7	安全教育	(1) 建立三级安全教育卡，并按现场人员名册填写； (2) 经常性安全教育情况； (3) 各工种及变换工种的安全操作技能等安全教育情况
8	班组活动	分班组的安全活动记录
9	持证上岗	(1) 项目经理、安全员持安全生产知识考核合格证情况，安全员的配备符合要求； (2) 特种作业人员名册及与之对应的上岗证复印件，特种作业人员无过期情况。其他操作工由企业培训发证上岗并建立档案
10	工伤事故	建立工伤事故档案，填写《伤亡事故月报表》，发生伤亡事故的现场按规定上报
11	安全标志	(1) 绘制安全标志平面布置图； (2) 履行审批手续； (3) 按平面布置图布置安全标志
12	应急救援预案建立及演练	(1) 应急救援预案有编制审核批准手续； (2) 应急救援预案内明确组织机构通信方式、物资设备等； (3) 应急救援预案在现场显著位置公示； (4) 演练情况

6.4.3 文明施工隐患排查要求

文明施工隐患排查要求见表 6.8。

表 6.8　　　　　　　　　　　　文明施工隐患排查要求

序号	排查内容	排查要求
1	现场围挡	(1) 主干道围挡高 2.5m，非主干道（一般路段）围挡高 1.8m； (2) 围挡应坚固、稳定、美观； (3) 围挡必须连续设置，围挡边不得堆放重压物
2	封闭管理	(1) 有门卫及门卫制度； (2) 管理人员佩戴工作卡上岗
3	施工场地	(1) 施工场地主要道路，有条件的用混凝土进行硬化； (2) 有排水措施，现场无明显积水； (3) 工程施工的废水，经沉淀处理后排放； (4) 设置吸烟室或吸烟处； (5) 门前有冲洗设施，保持清洁
4	材料堆放	(1) 有材料堆放平面布置图，并按图堆放； (2) 作业区及建筑物楼层内建筑垃圾及时清理； (3) 易燃易爆物品存放符合规定
5	现场住宿	(1) 施工现场办公区、生活区与施工区严格分开； (2) 在建工程未兼做宿舍； (3) 宿舍内床铺及各种生活用品放置整齐，室内限定人数； (4) 有宿舍管理制度和卫生值日制度并上墙； (5) 室内高度低于 2.4m 时，采用 36V 安全电压； (6) 室内用电无私拉乱接现象
6	现场防火	(1) 有消防管理制度和动火审批制度； (2) 有义务消防组织； (3) 有施工现场消防平面布置图，并按图配置消防灭火器材； (4) 有消防防火管理台账
7	施工现场标牌	(1) 施工现场入口处有符合要求的牌图； (2) 施工现场在明显处，有必要的安全宣传标语
8	生活设施	(1) 厕所符合卫生要求，并有水冲设施及专人管理； (2) 食堂使用洁净燃料符合卫生要求，并取得卫生许可证，炊事员有健康证，并穿戴工作服上岗； (3) 生熟食分开存放，有食堂卫生管理制度； (4) 有淋浴室，并设置淋浴设施
9	治安综合治理	(1) 有现场工人业余学习和娱乐场所； (2) 有现场治安保卫制度
10	保健急救	(1) 较大的施工现场设置医务室，一般现场配备保健急救箱及一般常用药品； (2) 现场有急救器材及经培训的急救人员； (3) 有卫生防病的宣传教育措施

6.4.4　实体工程隐患排查要求

实体工程隐患排查要求见表 6.9。

表 6.9   实体工程隐患排查要求

		一、脚手架
基础管理		架体搭设高度超过24m应编制专项方案，经公司总工审查后，报监理处审批； 架体搭设高度超过50m应组织论证，按专家意见修改方案，经公司总工审查后，报监理处审批
		模板工程在搭设与拆除前，编制人员或项目技术负责人应当向现场管理人员和作业人员进行安全技术交底
		架体搭设每6~8m进行分段验收； 危大工程模板应先由公司技术负责人组织验收后，再报监理处验收； 超过一定规模危大工程模板应由公司技术负责人组织安全、质量部门联合验收后报监理处
实体管理	落地式	立杆基础应平实，地基无积水，立杆底部底座、垫板或垫板的规格符合规范要求
		按规范要求设置连续的纵、横向扫地杆，扫地杆离地面为20~30cm
		连墙件采用钢管横杆，与墙体预埋锚筋相连，以增加整体稳定性
		连墙件应从底层第一步纵向水平杆开始设置，否则应采用其他可靠措施固定
		连墙件连接点中心至主节点的距离不应大于300mm
		外架与墙之间的距离不应大于150mm
		杆间距要符合方案的要求，且立杆间距不大于2m，大横杆间距不大于1.2m，小横杆间距不大于1.5m
		每道剪刀撑宽度不应小于4跨，且不应小于6m，斜杆与地面的倾角宜在45°~60°
		高度在24m及以上的双排脚手架应在外侧、全立面、连续设置剪刀撑； 高度在24m以下的单、双排脚手架，均必须在外侧立面的两端各设置一道剪刀撑，并应由底至顶连续设置，中间各道剪刀撑之间的净距不应大于15m，剪刀撑必须落地
		剪刀撑搭接长度不应小于1m，并应采用不少于3个旋转扣件固定
		脚手板应满铺，铺设牢靠稳定；且不得有探头板，架体外侧采用密目式安全网封闭
		脚手架应超过作业层2m，作业层在高度1.2m和0.6m处设置上、中两道防护栏杆
		作业层防护栏杆应设置高度不小于180mm的挡脚板
		水平杆搭接长度应大于1m且固定符合要求；立杆除顶层顶步外不准采用搭接
		钢管直径、壁厚、材质符合要求，不出现弯曲、变形、锈蚀严重现象
		螺栓拧紧扭力矩不应小于40N·m，且不应大于65N·m
		各杆件端头伸出扣件盖板边缘的长度不应小于100mm，对接扣件开口应朝上或朝内
		当有6级及6级以上大风和雾、雨、雪天气时应停止脚手架作业（包括搭设和拆除作业以及使用等）。雨、雪后上架作业应有防滑措施，并应扫除积雪
		禁止在脚手架上集中堆放模板、钢筋；禁止在脚手架上拉缆风绳或固定、架设混凝土泵等设备；禁止脚手架与模板支撑体系搭接
	悬挑式	钢梁固定段长度不得小于悬挑段长度的1.25倍，钢梁外端设置钢丝绳或钢拉杆与上一层建筑结构拉结
		钢梁与建筑结构锚固措施符合方案要求，钢梁悬挑端的底部要封闭，U形拉环要用木楔塞好
		立杆底部与钢梁连接处设置可靠固定措施，承插式立杆接长采取螺栓或销钉固定
		在架体外侧设置连续式剪刀撑，在架体内侧设置横向斜撑，按规定与建筑结构拉结
	碗扣式	脚手架首层立杆应采用不同的长度交错布置，底部横杆（扫地杆）严禁拆除，立杆应配置可调底座
		(1) 脚手架高度不大于20m时，每隔5跨设置一组竖向通高斜杆； (2) 脚手架高度大于20m时，每隔3跨设置一组竖向通高斜杆；斜杆必须对称设置
		模板支撑架高度超过4m时，应在四周拐角处设置专用斜杆或四面设置八字斜杆，并在每排每列设置一组十字撑或专用斜杆
		模板支撑架高宽比不得超过3，否则应扩大下部架体尺寸，或者按有关规定验算，采取设置缆风绳等加固措施
		在碗扣节点上同时安装1~4个横杆，上碗扣均应能锁紧
		可调底座及可调托撑丝杆与螺母捏合长度不得少于4~5扣，插入立杆内的长度不得小于150mm

		二、模板支撑
基础管理		搭设高度5m及以上、搭设跨度10m及以上、施工总荷载10kN/m² 及以上、集中线荷载15kN/m及以上需编制专项方案，由施工单位总工程师审查，再报监理处审批
		搭设高度8m及以上、搭设跨度18m及以上、施工总荷载15kN/m² 及以上、集中线荷载20kN/m及以上需组织论证，按专家意见修改方案，由施工单位总工程师审查，再报监理处审批
		脚手架在搭设与拆除前，编制人员或项目技术负责人应当向现场管理人员和作业人员进行安全技术交底
		危险性较大工程脚手架应由公司技术负责人组织验收，超过一定规模危险性较大工程脚手架应由公司技术负责人组织安全、质量部门联合验收，再报监理处验收
实体管理	一般规定	立杆基础应平实，地基无积水，底部底座、垫板或垫板的规格符合规范要求
		按规范要求设置连续的纵、横向扫地杆，扫地杆离地面为20~30cm
		竖向剪刀撑斜杆与地面的倾角应为45°~60°，水平剪刀撑与支架纵（或横）向夹角应为45°~60°，剪刀撑斜杆的接长度不应小于1m，并应采用不少于3个旋转扣件固定
		顶部设置可调支托，其螺杆伸出钢管顶部不得大于200mm
		立柱接长严禁搭接，相邻两立柱对接接头不得在同步内，且对接接头沿竖向错开的距离不宜小于500mm，各接头中心距主节点不宜大于步距的1/3
	满堂支撑	满堂脚手架应在架体外侧四周及内部纵、横向每6~8m由底至顶设置连续竖向剪刀撑。当架体搭设高度在8m以下时，应在架顶部设置连续水平剪刀撑；当架体搭设高度在8m及以上时，应在架体底部、顶部及竖向间隔不超过8m分别设置连续水平剪刀撑。水平剪刀撑宜在竖向剪刀撑斜杆相交平面设置。剪刀撑宽度应为6~8m
		满堂脚手架的高宽比不宜大于3，当高宽比大于2时，应在架体的外侧四周和内部水平间隔6~9m、竖向间隔4~6m设置连墙件与建筑结构拉结，当无法设置连墙件时，应采取设置钢丝绳张拉固定等措施
		在架体外侧周边及内部纵、横向每5~8m，应由底至顶设置连续竖向剪刀撑，剪刀撑宽度应为5~8m，在竖向剪刀撑顶部交点平面应设置连续水平剪刀撑。当支撑高度超过8m，或施工总荷载大于15kN/m²，或集中线荷载大于20kN/m的支撑架，扫地杆的设置层应设置水平剪刀撑。水平剪刀撑至架体底平面距离与水平剪刀撑间距不宜超过8m
		满堂支撑架的可调底座、可调托撑螺杆伸出长度不宜超过300mm，插入立杆内的长度不得小于150mm
		三、临时用电
基础管理		施工现场临时用电设备在5台及以上或设备总容量在50kW及以上者，应编制专项施工方案、由施工单位总工程师审查，再报监理处审批
		方案编制人员（或技术负责人）向电工书面交底，并在涉及用电作业各工种交底内容中增加临时用电交底
实体管理		外电线路与防护设施和在建工程及脚手架、起重机械、场内机动车道之间的安全距离符合规范要求，且采取防护措施（小于1kV，最小安全操作距离4m；1~10kV，最小安全操作距离6m；35~110kV，最小安全操作距离8m），防护设施与外电线路的安全距离及搭设符合规范要求，10kV以下，最小安全距离1.7m；10~35kV，最小安全距离2m；35~110kV，最小安全距离2.5m★
		严禁在外电架空线路正下方建造临时设施或堆放材料物品★
		漏电保护器参数匹配（总配：动作时间大于0.1s、动作电流大于30mA，且两者乘积不大于30mAs；开关箱：动作时间不大于0.1s，动作电流不大于30mA）★
		施工现场的总配电箱、分配电箱、开关箱，应使用专门生产建筑施工临时用电设备厂家的通过"3C"认证的产品，严禁使用临时装配、自行拼装的不符合安全要求的配电箱、开关箱
		电工必须持证上岗工作
		配电房设置［房体材料耐火等级（3级）、尺寸（3m×3m×3m）、照明系统（正常照明及应急照明）、消防器材（适用电气火灾灭火器、消防砂池等）、电工操作规程、电工巡查日志、其他（电气系统与用电平面图，接地电阻、绝缘电阻、漏保测试记录等，用电设备标识、绝缘垫板、百叶窗、电缆沟槽盖板、电缆沟封堵、接地）］符合要求
		分配电箱与开关箱水平距离不大于30m，开关箱与用电设备水平距离不大于3m
		线路敷设符合要求（架空、埋地）
		用电设备设置专用开关箱（满足一机一闸一漏一箱）

续表

	三、临时用电
实体管理	电气设备及灯具金属外壳做保护接零
	工作接地与重复接地的设置、安装及接地装置的材料符合规范要求
	施工现场建筑起重机械、脚手架等防雷措施符合规范要求
	箱体设置系统接线图和分路标记
	箱体设门、锁，采取防雨措施
	箱体安装位置、高度（固定式箱体中心点距地 1.4～1.6m，移动式箱体中心点距地 0.8～1.6m）及周边通道符合规范要求
	各类接地电阻符合要求（工作接地不大于 4Ω，重复接地不大于 10Ω，防雷接地不大于 30Ω）
	特殊场所应使用 36V 及以下安全电压
	电源隔离开关分断时应有明显可见分断点。配电柜或配电线路检修时应断电并悬挂"禁止合闸、有人工作"标志牌
	PE 线从总配电箱-分配电箱-开关箱-用电设备必须贯通，不得与 N 线混用或连接，不得经过漏保及断路器
	施工现场消防供水电源直接从总配电箱接线
	四、基坑工程
基础管理	开挖深度超过 3m（含 3m）应编制专项施工方案，报施工单位总工程师审批。开挖深度超过 5m（含 5m）的基坑需组织论证，按专家意见修改方案，报公司总工审查，再报监理处审批
	基坑开挖前，编制人员或项目技术负责人应当向现场管理人员和作业人员进行安全技术交底
	危险性较大工程基坑施工应由公司技术负责人组织验收，再报监理处。
	超过一定规模危险性较大工程基坑施工应由施工单位技术负责人组织安全、质量部门联合验收，再报监理处
实体管理	开挖、支护及支护拆除形式、做法符合设计文件、方案要求★
	基坑坡顶、坡面、坡底设置排水沟、集水井，并及时有效排水
	积土、料具堆放距槽边距离小于设计规定，基坑周边 1.2m 范围内不得堆载，1.2～3m 为限制堆载，坑边严禁重型汽车通过
	基础施工人员上下基坑应走专用通道
	施工机械（挖机、装载车、推土车等）进场验收合格后使用，司机持特种作业操作证
	挖土机作业时，设专人监护，作业半径内不得有人员进入
	土方开挖按规定程序挖土，不得超挖
	垂直交叉作业应设置上下隔离防护措施
	机械作业安全距离及照明设施应符合相关规范要求
	五、钢筋工程
实体工程	钢筋加工机械所有传动部件应有防护罩
	钢筋冷弯作业时，弯曲钢筋的作业半径内和机身不设固定销的一侧不得站人或通行
	钢筋冷拉作业区两端应装设防护挡板，冷拉钢筋卷扬机应设置于视线良好位置，并应设置地锚，钢筋或牵引钢丝两侧 3m 内及冷拉线两端不得站人或通行
	钢筋对焊机应安装在室内或防雨棚内，并应设置可靠的接地、接零装置。多台并列安装对焊机间距不得小于 3m，对焊作业闪光区四周应设置挡板
	作业高度超过 2m 的钢筋骨架应设置脚手或作业平台，钢筋骨架应有足够的稳定性
	吊运预绑钢筋骨架成捆钢筋应确定吊点的数量、位置和捆绑方法，不得单点起吊
	六、高处作业
实体管理	凡经医生诊断，患高血压、心脏病、精神病等不适于高处作业病症的人员，不应从事高处作业
	高处作业下方或附近有煤气、烟尘及其他有害气体，应采取排除或隔离等措施，否则不应施工

续表

	六、高处作业
实体管理	高处作业前，应检查排架、脚手板、通道、马道、梯子和防护设施，符合安全要求方可作业。高处作业使用的脚手架平台，应铺设固定脚手板，临空边缘应设高度不低于1.2m的防护栏杆
	在坝顶、陡坡、屋顶、悬崖、杆塔、吊桥、脚手架以及其他危险边沿进行悬空高处作业时，临空面应搭设安全网或防护栏杆
	在带电体附近进行高处作业时，距带电体的最小安全距离应满足规定，如遇特殊情况，应采取可靠的安全措施
	高处作业使用的工具、材料等，不应掉下。严禁使用抛掷方法传送工具、材料。小型材料或工具应该放在工具箱或工具袋内
	从事高处作业时，作业人员应系安全带。高处作业的下方，应设置警戒线或隔离防护棚等安全措施
	高处作业时，应对下方易燃、易爆物品进行清理和采取相应措施后，方可进行电焊、气焊等动火作业，并应配备消防器材和专人监护
	高处作业人员上下使用电梯、吊篮、升降机等设备的安全装置应配备齐全，灵敏可靠
	霜雪季节高处作业，应及时清除各走道、平台、脚手板、工作面等处的霜、雪、冰，并采取防滑措施，否则不应施工
	上下脚手架、攀登高层构筑物，应走斜马道或梯子，不应沿绳、立杆或栏杆攀爬
	高处作业时，不应坐在平台、孔洞、井口边缘，不应骑坐在脚手架栏杆、躺在脚手板上或安全网内休息，不应站在栏杆外的探头板上工作和凭借栏杆起吊物件
	高处作业周围的沟道、孔洞井口等，应用固定盖板盖牢或设围栏
	遇有6级及以上的大风，严禁从事高处作业

	七、水上作业
实体管理	开工前，应根据施工需要设置安全作业区，并办理水上水下施工作业许可证，发布航行通告
	水上作业人员应正确穿戴救生衣等个人安全防护用品
	工程船舶必须持有效的船舶证书，船员必须持有与其岗位相应的适任证书，船舶配置必须满足最低安全配员要求
	工程船舶必须在核定的航区和作业水域作业，按规定显示号灯或号型
	在狭窄水道和来往船舶频繁的水域施工时，应设专人值守通信频道
	靠泊船上下人时应搭设跳板、扶手及安全网
	交通船舶必须配有救生设备，载人严禁超过乘员定额

	八、爆破作业
实体管理	从事爆破工作的爆破员、安全员、保管员应按照有关规定经专业机构培训，并取得相应的从业资格
	爆破作业单位实施爆破项目前，应按规定办理审批手续，批准后方可实施爆破作业
	预裂爆破、光面爆破、大型土石方爆破、水下爆破、重要设施附近及其他环境复杂、技术要求高的工程爆破应编制爆破设计方案，制定相应的安全技术措施
	经审批的爆破作业项目，爆破作业单位应于施工前3天发布公告，并在作业地点张贴公告。施工公告内容应包括：工程名称、建设单位、设计施工单位、安全评估单位、安全监理单位、工程负责人及联系方式、爆破作业时限等
	爆破作业必须设置警戒区和警戒人员，起爆前必须撤出人员并按规定发出声、光等警示信号
	雷电、暴雨雪天不得实施爆破作业，强电场区爆破作业不得使用电雷管，遇能见度不超过100m的雾天等恶劣天气不得露天爆破作业

	九、安全防护设施
实体管理	道路、通道、洞、孔、井口、高出平台边缘等设置的安全防护栏杆应由上、中、下三道横杆和栏杆柱组成，高度不应低于1.2m，柱间距应不大于2.0m。栏杆柱应固定牢固、可靠，栏杆底部应设置高度不低于0.2m的挡脚板
	高处临边、临空作业应设置安全网，安全网距工作面的最大高度不应超过3.0m，水平投影宽度应不小于2.0m。安全网应挂设牢固，随工作面升高而升高。禁止非作业人员进出的变电站、油库、炸药库等场所应设置高度不低于2.0m的围栏或围墙，并设安全保卫值班人员

续表

九、安全防护设施	
实体管理	高边坡、基坑边坡应根据具体情况设置高度不低于1.0m的安全防护栏或挡墙，防护栏和挡墙应牢固
	悬崖陡坡处的机动车道路、平台作业面等临空边缘应设置安全墩（墙），墩（墙）高度不应低于0.6m，宽度不应小于0.3m，宜采用混凝土或浆砌石修建
	高处作业、多层作业、隧道（隧洞）出口、运行设备等可能造成落物的部位，应设置防护棚，所用材料和厚度应符合安全要求
	施工生产区域内使用的各种安全标志的图形、颜色应符合国家标准
	夜间和地下工程施工应配有灯光信号
	危险作业场所、机动车道交叉路口、易燃易爆有毒危险物品存放所、库房、变配电场所以及禁止烟火场所等应设置相应的禁止、指示、警示标志
	在同一垂直方向同时进行两层以上交叉作业时，底层作业面上方应设置防止上层落物伤人的隔离防护棚，防护棚宽度应超过作业面边缘1m以上
	安全帽、安全带、安全网等施工生产使用的安全防护用具，应符合国家规定的质量标准，具有厂家安全生产许可证、产品合格证和安全鉴定合格证书，否则不应采购、发放和使用
	高处临空作业应按规定架设安全网，作业人员使用的安全带应挂在牢固的物体上或可靠的安全绳上，安全带严禁低挂高用。拴安全带用的安全绳，不宜超过3m
	防护棚应安装牢固可靠，棚面材料宜使用5cm厚的木板等抗冲击材料，且满铺无缝隙，经验收符合设计要求后使用，并定期检查维修

十、电焊与气焊	
实体管理	电工、焊接与热切割作业人员应按照有关规定经专业机构培训，并取得相应的从业资格
	电工、焊接与热切割作业人员应按规定正确佩戴、使用劳动防护用品
	气瓶与实际焊接或切割作业点的距离应大于10m，无法到达的应设置耐火屏障，气割作业氧气瓶与乙炔瓶之间的距离不得小于5m，电、气焊作业点和气瓶存放点应按规定配备灭火器材
	电焊机一次侧焊接电源线长度不得大于5m；二次侧焊接电缆线应采用防水绝缘橡胶护套铜芯软电缆，长度不宜大于30m，且进出线处应设置防护罩
	电焊机应设置于干燥、通风的位置，露天使用电焊机应设防雨、防潮装置，移动电焊机时应切断电源
	电焊机外壳接地电阻不得大于4Ω，接地线不得使用建筑物的金属结构、管道、轨道等其他金属物体搭接形成焊接回路
	不宜使用交流电焊机，使用交流电焊机时，除在开关箱内设一次侧漏电保护器外，尚应安装二次侧空载降压触电保护器
	高处电焊、切割作业，作业区周围和下方应采取防火措施，按要求配备消防器材，并应设专人巡视
	雨天严禁露天电焊作业，潮湿区域作业人员必须在干燥绝缘物体上焊接作业

十一、施工机具	
实体管理	施工机具应验收合格后方可使用★
	施工机具保护零线应单独设置，并应安装漏电保护装置
	平刨设置护手安全装置，传动部位设置防护罩，无人操作时切断电源
	Ⅰ类手持电动工具设保护接零或漏电保护器，按规定穿戴绝缘用品；使用手持电动工具不得随意接长电源线或更换插头
	圆盘锯应设置防护罩、分料器、防护挡板等安全装置，并应设置具有防雨、防晒功能的作业棚
	钢筋加工区应搭设作业棚，并具有防雨、防晒等功能
	钢筋冷拉作业应设置防护栏，机械传动部位应设置防护罩
	电焊机应设置二次空载降压保护装置。电焊机一次线长度不得超过5m，并应穿管保护；二次线应采用防水橡皮护套铜芯软电缆；电焊工持特种作业操作证，并实行动火审批程序

十一、施工机具	
实体管理	搅拌机离合器、制动器应灵敏有效，料斗钢丝绳的磨损、锈蚀、变形量应在规范允许范围内
	搅拌机应设置安全挂钩或止挡装置，传动部位应设置防护罩；操作手柄设置保险装置
	搅拌机应设置防护棚，并应有防雨、防晒、防尘措施
	搅拌机料斗提升时，人员严禁在料斗下停留或通过；当需在料斗下清理或检修时，应将料斗提升到上止点，并必须用保险销锁牢或用保险链挂牢
	气瓶应按规定存放，与明火安全距离不小于10m，气瓶间安全距离不应小于5m；气瓶设置防震圈和防护帽，安装减压器
	翻斗车制动装置灵敏，司机持特种作业操作证
	桩工机械作业前编制专项施工方案并报批，设备验收合格后使用，设置安全保护装置
	水泵等机械装置验收合格后使用，基础稳固排水通畅
	振捣器具电缆长度不超过30m，操作人员应穿戴好绝缘防护用品
	各机具区悬挂各工种操作规程及应急处置方案
十二、塔式起重机	
方案	塔式起重机安装、拆除专项施工方案（含外电防护、多塔防碰撞和应急预案）应由施工单位编制，施工单位职能部门审核和技术负责人批准，再报监理单位总监理工程师审批
告知、检测等程序	塔式起重机首次安装应履行安装告知、检验检测（整机年检）、联合验收、使用登记程序，其中使用过程的附着、顶升加节应履行告知、联合验收程序
资质（格）审核与交底	审查专业分包单位的资质、合同（含租赁合同）、安全协议、特种作业人员的操作资格证件等内容
实体管理	附着装置处的附着支座连接螺栓紧固、附着拉杆连接销轴有效
	塔式起重机定期检查、维修保养时间不低于一月一次，且记录齐全
	独立安装高度和附着安装高度符合要求
	基础采取有效排水措施
	任意两台塔式起重机之间的最小架设水平距离符合规范要求（水平、竖向不小于2m）
	塔式起重机安装与拆除，信号工、司机等人员应进行针对性的安全技术交底，作业时严格遵守操作规程
	塔式起重机基础、附着支座与建筑结构连接等处的承载力、混凝土强度等应符合要求
	起升高度限位器灵敏有效
	幅度限位器灵敏有效
	回转限位器灵敏有效
	力矩限制器灵敏有效
	超重限制器灵敏有效
	吊钩防脱钩保险装置灵敏有效
	附着前、后塔身垂直度符合使用说明书和规范要求
	钢丝绳的规格、固定、缠绕符合产品说明书及规范要求
	变幅断绳保护及断轴保护装置灵敏有效
	滑轮、卷筒、吊钩、钢丝绳磨损、变形、锈蚀未超出规范要求
	滑轮、卷筒防脱绳装置灵敏有效
	主要结构件的变形、锈蚀程度未超出规范要求
十三、施工升降机	
方案	施工升降机安装、拆除专项施工方案（含应急预案）应由施工单位编制、施工单位职能部门审核和技术负责人批准，再报监理单位总监理工程师审批

续表

十三、施工升降机	
告知、检测等程序	施工升降机首次安装应履行安装告知、检验检测（整机年检和防坠器年检）、联合验收、使用登记程序，其中使用过程的附着、顶升加节应履行告知、联合验收程序★
资质（格）审核与交底	监理单位应及时审查专业分包单位的资质、总分包合同（含租赁合同）、总分包安全协议、特种作业人员的操作资格证件等内容，并经总监理工程师签字确认★
实体管理	施工升降机定期检查维修保护时间不低于半月一次，且记录齐全★
	围栏门、吊笼门机械、电气连锁装置灵敏有效★
	防坠安全器按要求进行一年一标定，并在出厂5年有效期内使用
	急停开关灵敏有效★
	附墙装置安装高度符合使用说明书和规范要求★
	停层平台层门按要求设置并有效关闭★
	施工升降机安装拆卸，操作人员应进行针对性的安全技术交底，作业时严格遵守操作规程
	施工升降机设置在地下室顶板或楼面结构上应单独核算，基础、附着支座与建筑结构连接等处的承载力、混凝土强度应符合要求
	按照规定在明显处设置乘人、荷载限定标牌，且严格遵守
	地面防护围栏设置符合规范要求
	吊笼和对重缓冲器设置符合规范要求
	吊笼顶窗电气连锁装置灵敏有效
	重量限制器灵敏有效
	上、下限位和极限开关均有效设置
	各类开关应符合规范要求，不共用一个触发元件
	施工升降机安全钩装置设置符合要求
	附墙装置的安装符合使用说明书和规范要求
	导轨架垂直度符合使用说明书和规范要求
	标准节连接符合使用说明书及规范要求
	对重钢丝绳防松绳装置灵敏有效
	对重防脱轨保护装置设置符合规范要求
	滑轮、卷筒、钢丝绳磨损、变形、锈蚀未超出规范要求
	滑轮、卷筒防脱绳装置灵敏有效
十四、围堰施工	
基础管理	编制专项施工方案，施工前进行交底
实体管理	堰基上的杂草、树根、腐殖土层清除干净，取土坑距围堰坡脚距离不小于3m，不使用冻土、杂质土和腐殖土填筑围堰
	按规定对围堰进行沉降、位移观测，安排专人巡视、维护，且有巡视记录
	在人畜经常通行的区域，围堰临水侧应设置安全防护栏杆及安全警示标识
十五、三宝、四口	
安全帽	（1）安全帽符合国家有关标准规定要求； （2）现场人员按规定佩戴安全帽
安全网	（1）安全网的规格、材质符合国家标准有关规定的要求； （2）在建工程项目外侧用密目式安全网进行封闭
安全带	（1）安全带符合国家标准有关规定的要求； （2）高处作业人员配戴安全带作业

续表

十五、三宝、四口	
楼梯口、电梯井口	（1）防护措施形成定型化、工具化； （2）电梯井内每隔两层（不大于10m）设置一道水平防护； （3）电梯井口设置安全防护门
预留洞口、坑井防护	（1）对洞口（水平孔洞短边尺寸大于25cm，竖向孔洞高度大于75cm）应采取防护措施； （2）防护措施形成定型化、工具化； （3）防护措施严密、坚固、稳定，并标有警示标志
通道口防护	（1）通道口应搭设防护棚； （2）用竹笆作防护棚材料时应采用双层防护棚
阳台、楼板、屋面等防护	阳台、楼板、屋面无防护设施或设施高度低于80cm时应设防护栏杆，防护栏杆上杆高度为1.0~1.2m，下杆高度为0.5~0.6m，横杆长度大于2m时应设栏杆柱

注 ★表示排查重点。

6.5 质量管理违规行为分类标准

（1）监理单位质量管理违规行为分类标准见表6.10。

表 6.10 监理单位质量管理违规行为分类标准

序号	质量管理违规行为	分类
1	质量控制体系	
（1）	质量控制目标不满足质量管理工作要求	较重
（2）	质量控制目标未进行宣贯	一般
（3）	未编制质量控制体系文件	较重
（4）	监理单位不具备承担监理服务范围的资质	严重
（5）	派驻现场监理人员数量、专业、资格不符合合同约定或不能满足工程建设需要	严重
（6）	主要监理人员变更未报项目法人（项目建管单位）批准	严重
（7）	监理机构主要人员驻工地时间不满足合同约定	严重
（8）	质量管理制度建立不完善	较重
（9）	监理机构岗位质量责任不明确，岗位责任制未落实	较重
（10）	监理单位未与监理机构签订工程质量责任书，质量责任书中未明确质量责任，无具体奖罚规定或未执行	较重
2	施工准备工作	
（1）	监理实施细则无审批手续	严重
（2）	监理规划或监理实施细则编制缺项、不完整或有错误	较重
（3）	监理实施细则针对性和可操作性较差；无质量控制要点、控制措施	较重
（4）	对施工单位质量保证体系未进行审查或审查无记录，或对存在问题未提出整改意见	较重
（5）	对施工单位的开工准备（如人员设备进场、工器具准备等）未进行检查与批准或审核工作	较重
（6）	对施工单位的开工准备（如人员设备进场、工器具准备等）检查与批准、审核工作存在不足	一般
（7）	未按规定协助建管单位向施工单位移交施工设施和施工条件	较重
（8）	未按规定对施工单位的测量方案、成果进行批准和实地复核	严重
（9）	提供的施工图不满足开工条件即同意开工	较重
（10）	对不具备开工条件的分部工程批准开工	严重

序号	质量管理违规行为	分类
(11)	合同项目开工令下达时间晚于实际开工时间	一般
(12)	对施工单位施工技术准备工作审核不严或监督检查工作不到位	较重
(13)	对施工图纸审签不符合监理规范要求	较重
(14)	未组织设计交底会议	严重
(15)	组织的设计交底会议没有记录、记录内容不全	较重
(16)	对施工组织设计、施工技术方案、作业指导书审查不严	较重
(17)	对工艺试验审查不满足合同规定的技术要求	较重
(18)	未按规定执行设计变更管理程序	严重
(19)	设计变更报告未经批复即签发设计图纸或未经批复即同意用于施工	严重
3	施工过程质量控制	
(1)	未对施工单位地质复勘和土料场复勘等工作进行监督检查或监督检查不到位	严重
(2)	未监督施工单位定期对施工控制网进行复核	较重
(3)	未按规范要求施工单位进行各种施工工艺参数的试验或未审批施工单位提交的工艺参数试验报告	较重
(4)	对批复的施工方案实施监督不到位	较重
(5)	未按规定对施工单位的原材料、中间产品的存放工作进行监督检查或监督检查不到位	一般
(6)	签证未经检验或检验不合格的建筑材料、建筑构配件和设备	严重
(7)	签证不合格的建筑工程	严重
(8)	与施工单位串通，弄虚作假、降低工程质量	严重
(9)	对进场使用的原材料、中间产品，未履行审批手续或审批工作存在不足	严重
(10)	未按规范规定的项目和频次对进场原材料、中间产品和成品进行平行检查和跟踪检测	较重
(11)	平行检测、跟踪检测工作不符合规范要求	严重
(12)	委托不具备资质的试验检测单位进行检测	严重
(13)	未按规程规范要求对施工单位的取样工作进行见证	较重
(14)	对平行检测不合格的材料和中间产品的处理措施不力	严重
(15)	未按规定对施工单位的原材料、中间产品及产品质量检测工作进行监督检查或监督检查不到位	严重
(16)	批准使用存在错误的混凝土（砂浆）配合比	严重
(17)	未按规定对进场的特种机械设备使用进行检查和审批	较重
(18)	未按规定对施工单位拌和系统及其管理进行监督检查	较重
(19)	未按规定对混凝土拌和质量进行监督检查	较重
(20)	未按合同和规范规定对重要隐蔽（关键部位）单元工程、主要工序施工过程进行旁站监理或旁站无记录	严重
(21)	对重要隐蔽（关键部位）单元工程、主要工序施工过程旁站记录不完整	较重
(22)	对施工单位"三检制"执行情况和存在问题检查不到位	较重
(23)	未对施工单位的质量评定资料进行复核或复核不认真，签认存在明显错误的质量评定表	严重
(24)	单元（工序）工程未经检验合格即允许下道工序施工	严重
(25)	对施工（安装）单位有质量改进指令，但事后无检查或有检查无记录	较重
(26)	未按规程规范要求组织重要隐蔽（关键部位）单元工程（或设备安装主要单元工程）质量验收	严重
(27)	重要隐蔽（关键部位）单元工程质量等级签证未及时报送建管单位	较重
(28)	重要隐蔽（关键部位）单元工程质量等级签证，相关人员未进行签字确认或签认有错误	较重
(29)	对施工单位申报的文件、资料，监理单位审批意见填写不准确	较重

续表

序号	质量管理违规行为	分类
(30)	对施工单位申报的文件、资料，监理单位审批人员资格不符合规定	较重
(31)	对施工单位提交的各种资料审查不严格	较重
(32)	对明显的质量问题不能及时发现或发现的质量问题未及时下发监理指令	严重
(33)	对存在的质量问题未督促施工单位进行处理或落实整改	严重
(34)	出现质量问题未及时召开质量专题会议，或议定的事项未落实	严重
(35)	应由总监理工程师签字的文件由他人代签	严重
(36)	单元工程评定资料监理单元签字不全	一般
4	安全监测设备安装监理	
(1)	未参加监测仪器和材料进场验收或进场验收记录不详	较重
(2)	未对监测仪器率定情况进行监督检查	较重
(3)	未对电缆进行见证取样检测	较重
(4)	未对施工人员资格及所用检测设备进行审查	较重
(5)	未对需要变更的方案提出审批意见	严重
(6)	未按合同约定开展安全监测安装工作的监理工作	严重
(7)	未及时复核监测单位监测结果	较重
(8)	未及时组织系统联合测试	较重
(9)	未组织开展试运行阶段监测数据的分析整理工作	较重
(10)	未按规程规范进行工程质量评定与验收	严重
(11)	未组织相关单位移交基准点、原始资料、考证表等相关原始资料	较重
(12)	未对监测仪器埋设质量缺陷处理进行监督或记录	较重
(13)	未督促监测单位对监测资料进行整编、分析和处理	较重
5	金属结构、设备监造	
(1)	未按合同约定进行驻厂监造或监造无资料	严重
(2)	未进行出厂验收、出厂验收资料不全、无验收大纲、无验收遗留问题处理资料	严重
(3)	未组织工程金属结构件、永久设备进场验收，或验收无记录	严重
(4)	工程金属结构件、永久设备进场验收记录不详	较重
(5)	无监造日志、日记，或记录不全	较重
6	质量缺陷管理	
(1)	未制定或明确工程质量缺陷管理制度	严重
(2)	未按要求对质量缺陷进行检验和评估	较重
(3)	未按规定对工程质量缺陷处理方案进行审查	较重
(4)	对质量缺陷的处理未实施监督、检验及验收；检验和验收无记录或记录不全	严重
(5)	未按规定将质量缺陷的检查、处理和验收情况上报建管单位	较重
(6)	未进行质量缺陷记录和备案；缺陷记录、备案资料不全、不详或与实际情况不符	较重
(7)	未对施工单位质量缺陷管理制度的执行、缺陷处理工作落实及存在的问题进行检查或检查工作不到位	较重
7	质量事故处理	
(1)	对工程质量事故未按规定及时报告	严重
(2)	质量事故无记录或记录不详、不实或与实际情况不符	严重
(3)	未按要求参加工程质量事故的调查、分析	严重

续表

序号	质量管理违规行为	分类
（4）	对工程质量事故处理未实施监督及验收，或监督、验收无记录	严重
（5）	未建立工程质量事故档案或档案资料不全	严重
8	质量问题整改	
（1）	对质量监督、质量巡视、质量检查和稽查提出的整改意见未落实	严重
（2）	对项目法人（建管单位）、设计单位提出的质量问题未督促施工单位进行整改或整改不到位	较重
9	工程验收	
（1）	未认真审查施工单位验收申请报告或审查无记录	较重
（2）	未对施工单位提交的施工管理工作报告进行审核或审核无记录	较重
（3）	施工验收阶段使用的规程、规范不当	严重
（4）	未及时组织分部工程验收	较重
（5）	主持的分部工程验收不符合规范要求	严重
（6）	未提交各时段工程验收监理工作报告	严重
（7）	对遗留问题未在分部工程验收签证书中填写清楚	较重
（8）	未督促施工单位落实验收遗留问题	较重
（9）	提交的验收资料不真实、不完整，导致验收结论有误	严重
10	监理资料及其他	
（1）	监理日志、日记填写不规范、不完整或日志、日记填写内容不能反映工程实际情况	较重
（2）	监理工程师、总监理工程师巡视无记录或记录不全	较重
（3）	监理单位与施工单位以及建筑材料、建筑构配件和设备供应单位有隶属关系或者其他利害关系	严重
（4）	监理例会记录内容不完善、例会次数不满足监理规划要求	较重
（5）	监理用表格式不规范，或填写错误	较重
（6）	施工进度滞后，未编制控制性进度计划，未责令施工单位采取补救措施	较重
（7）	未制定监理业务培训计划或培训计划未落实	一般
（8）	对施工单位主要管理人员考勤不严格	严重
（9）	《监理月报》《监理专题报告》《监理工作报告》和《监理工作总结报告》等文件及其内容不完整、不规范、不能反映工程实际情况	较重
（10）	对施工单位工程档案资料整理整编检查监督工作不到位	较重
（11）	未安排专人负责信息管理，未制定监理收发文管理办法，文档管理混乱	严重

注　本表摘自国务院南水北调工程建设委员会文件（国调办监督〔2012〕239 号）关于印发《南水北调工程建设质量问题责任追究管理办法》的通知（附件 1-4）。

（2）施工单位质量管理违规行为分类标准见表 6.11。

表 6.11　　　　　　　　　　　施工单位质量管理违规行为分类标准

序号	质量管理违规行为	分类
1	质量保证体系	
（1）	未制定明确的质量目标和保证措施	较重
（2）	质量目标未宣贯	较重
（3）	未行文建立专门的质量管理机构	严重
（4）	质量管理制度不完善	较重
（5）	未配备专职的质量管理人员、总质检师、质检人员	严重
（6）	主要管理人员驻工地时间不满足合同要求	严重
（7）	主要管理人员变更未履行变更审批手续	严重
（8）	特殊工种、关键岗位作业人员未做到持证上岗或配备不满足施工要求	严重
（9）	专职质检人员、试验检测人员、测量人员配备不满足施工需要	较重

续表

序号	质量管理违规行为	分类
(10)	专职质检人员、试验检测人员、测量人员未持证上岗	严重
(11)	质量检查验收"三检制"人员不落实	较重
(12)	质量管理责任不落实,未与下属作业队和职能部门签订工程质量责任书	较重
(13)	有质量责任书,但质量责任不明确	较重
(14)	未建立具体的奖惩制度或有制度未严格实行	较重
(15)	未行文建立工程质量岗位责任制或责任制不落实	严重
(16)	未按质量管理制度规定定期召开工程质量例会	较重
2	施工准备工作	
(1)	施工组织设计、施工方案及措施计划等未经审批,擅自组织施工	严重
(2)	未编制施工作业指导书	较重
(3)	施工作业指导书针对性、实用性差或不满足施工技术要求	较重
(4)	施工图未会检或未形成检查记录	较重
(5)	未按规定对技术管理人员、作业队和施工班组作业人员逐级进行技术交底或交底内容不满足施工要求	较重
(6)	未按规范规定和合同要求进行施工工艺试验或生产性试验即开始施工	较重
(7)	施工工艺试验或生产性试验不满足要求即开始施工	严重
(8)	合同项目、单位工程及分部工程开工申请所附资料不全	较重
(9)	未经批准擅自施工	严重
(10)	未按合同要求进行地质复勘	严重
(11)	未按规定和合同要求进行料场复勘	严重
(12)	料场分区规划不规范,最大干密度取值不具有代表性	严重
(13)	机械设备配备不满足施工要求	较重
(14)	机械设备进场报验不及时或报验资料不全或未报验就投入施工	较重
(15)	测量仪器、设备仪表等未按规定进行检定和校准	严重
3	施工质量保证	
(1)	未经监理批准擅自变更施工方案	严重
(2)	未按工程设计图纸、技术标准及相关规范施工	严重
(3)	原材料、中间产品未按规程规范要求进行进场检验(测)、验收即用于工程	严重
(4)	预应力锚具、夹具、波纹管及橡胶支座未进行检验或检验资料不全即用于工程	严重
(5)	进场验收记录和相关资料不完整或填写错误	较重
(6)	原材料、中间产品检测项目和频次不符合规范要求	较重
(7)	在施工中使用未经检验或检验不合格的原材料、构配件、设备	严重
(8)	送检试样弄虚作假	严重
(9)	未按规定进行见证取样检测	严重
(10)	对重要隐蔽(关键部位)单元工程没有进行见证质量检测	严重
(11)	混凝土、砂浆、灌浆浆液、水泥改性土等配合比设计不符合规程规范要求	严重
(12)	混凝土、砂浆配料通知单材料用量计算错误	严重
(13)	混凝土、砂浆配料单未经监理审核即使用	严重
(14)	水泥改性土拌和生产过程不满足规范或施工技术要求	严重
(15)	混凝土浇筑、灌浆、水泥改性土换填等工作中操作不规范	较重
(16)	没有拆模记录	一般
(17)	混凝土养护措施不符合规程规范要求,养护记录不全	较重
(18)	混凝土和砂浆抗压强度、抗冻、抗渗检验(检测)频次不符合规范要求	较重
(19)	土方填筑压实度检测频次不符合规范要求	较重
(20)	土方填筑击实试验最大干密度取值不准确	严重

续表

序号	质量管理违规行为	分类
(21)	检验、检测结果未按规定报监理审核即用于工程	严重
(22)	对检测资料未建立台账；台账记录不翔实，缺乏可追溯性或未做统计分析	较重
(23)	未建立现场试验室或委托无资质或资质不够的检测机构进行工程检测	严重
(24)	与受委托试验单位没有委托协议	较重
(25)	原材料、中间产品存放及标识不满足要求	较重
(26)	混凝土拌和站计量器具未定期进行检定或校准	较重
(27)	对混凝土拌和物质量控制及试验检测不满足规范要求	较重
(28)	单元工程（工序）质量"三检制"不落实	严重
(29)	"三检制"数据不真实	严重
(30)	"三检制"记录不完整，填表不规范	较重
(31)	评定资料、三检记录内容填写错误	较重
(32)	评定表填写不规范，或相关人员签字不全	较重
(33)	检验评定资料不真实	严重
(34)	使用未经批准的评定表格	较重
(35)	单元工程检验评定资料不全	较重
(36)	单元工程检验与评定不符合相关规定	较重
(37)	单元工程未及时进行检验与评定	较重
(38)	隐蔽工程或隐蔽部位未经验收，自行隐蔽	严重
(39)	重要隐蔽（关键部位）单元工程未进行联合质量检查验收	严重
(40)	未经验收或批准就进入下一工序施工	严重
(41)	粗粒土填筑相对密度试验不规范	严重
(42)	碎石桩、碎石垫层及滤层等不符合设计要求	严重
(43)	错误使用技术标准及规程规范	严重
(44)	未对已完成的工程进行保护，导致损坏	较重
(45)	对施工测量控制点保护不到位，导致损坏	较重
4	质量缺陷处理	
(1)	质量缺陷记录内容不详细，检查人员未签字	较重
(2)	质量缺陷未绘制缺陷位置图、或缺陷图绘制标示不清楚	较重
(3)	未对每一种质量缺陷原因进行分析，没有处理措施或处理措施欠妥	较重
(4)	质量缺陷处理方案编制内容不完善，针对性不强	较重
(5)	未按批准的处理方案进行质量缺陷处理	较重
(6)	质量缺陷处理结果不符合质量标准，未通过验收	严重
(7)	质量缺陷处理和验收结果未按规定备案	较重
(8)	质量缺陷修补质量检查资料不真实	严重
(9)	质量缺陷修补质量检查资料不完整	较重
(10)	擅自处理质量缺陷、或自行掩盖	严重
(11)	未建立质量缺陷档案	较重
5	质量事故处理	
(1)	未按"三不放过"原则对质量事故进行处理	严重
(2)	发生工程质量事故不按规定及时报告	严重
(3)	未建立质量事故档案	严重
6	质量问题整改	
(1)	对质量监督、质量检查、质量巡视和稽查等发现的质量问题未及时整改或整改不到位	严重

序号	质量管理违规行为	分类
(2)	对设计、建管、监理指出的质量问题未及时整改或整改不到位	严重
(3)	对项目法人（建管单位）、设计、监理单位提出的质量改进意见未能及时落实	较重
7	工程验收	
(1)	未制定工程验收计划	较重
(2)	未及时申请分部工程验收、单位工程验收、施工合同完成验收	较重
(3)	提交的验收资料不齐全	较重
(4)	提交的验收资料不真实	严重
(5)	施工管理工作报告编制不规范	较重
8	施工资料及其他	
(1)	未设专人收集整理和保管	较重
(2)	未随工程进度及时收集整理有关工程资料	较重
(3)	文件的质量不符合归档文件的质量要求	较重
(4)	立卷工程文件未按档案管理规定组卷	较重
(5)	资料不够完整、齐全	较重
(6)	资料不真实、有效性差	严重
(7)	施工记录、施工日记填写不完整	较重
(8)	施工记录、施工日记填写不真实	严重
(9)	施工月报内容不全	较重
(10)	质量会议记录不详、不完整	较重
(11)	岗位技能培训不符合有关行业规定	较重
(12)	培训无记录、无考核、无总结；未建立培训考核档案	较重

注　本表摘自国务院南水北调工程建设委员会文件（国调办监督〔2012〕239 号）关于印发《南水北调工程建设质量问题责任追究管理办法》的通知（附件1-5）。

（3）金属结构及机电设备安装单位质量管理违规行为分类标准见表6.12。

表 6.12　　　　　　金属结构及机电设备安装单位质量管理违规行为分类标准

序号	质量管理违规行为	分类
1	施工技术准备工作	
(1)	施工工艺试验、调试记录不满足要求	较重
(2)	未按要求进行焊接工艺评定	较重
(3)	焊接工艺评定报告不符合要求	较重
2	原材料及设备检查验收	
(1)	金属结构、机电设备等进场验收未成立验收工作组，没有验收工作计划	较重
(2)	进场验收记录和资料不全	较重
(3)	未对金属结构、机电设备等进行进场验收	较重
(4)	原材料（焊条、涂料、止水等）检验无记录或检验频次不够	较重
(5)	未对影响结构安全的原材料和工程部位进行见证取样检测	严重
3	单元工程质量检验与评定	
(1)	闸门和拦污栅及其埋件未按规范要求安装或检验评定资料不全	较重

续表

序号	质量管理违规行为	分类
(2)	闸门在无水情况下进行的全程启闭试验记录不全	较重
(3)	未按设计要求进行闸门动水启闭试验	较重
(4)	启闭机安装不符合规范要求，或检验评定资料不全，测定资料不全	较重
(5)	启闭机试运转、调试记录不全	较重
(6)	钢管制作、安装检验评定资料不全	较重
(7)	起重机轨道安装检验评定资料不全	较重
(8)	起重机安装检验不符合技术标准	较重
(9)	起重机试运转（空载、静载和动载）不符合技术标准要求	较重
(10)	机电设备（泵组、机组及附属设备）检验评定资料不全	较重
(11)	机电设备试运转未制订方案	较重
(12)	机电设备试运转调试记录不全	较重

注　本表摘自国务院南水北调工程建设委员会文件（国调办监督〔2012〕239号）关于印发《南水北调工程建设质量问题责任追究管理办法》的通知（附件1-6）。其余内容参照《南水北调工程建设质量问题责任追究管理办法》的通知（附件1-5）执行。

（4）安全监测单位质量管理违规行为分类标准见表6.13。

表6.13　　　　　　　　　　**安全监测单位质量管理违规行为分类标准**

序号	质量管理违规行为	分类
1	施工技术准备	
(1)	机械设备配备不满足施工要求	较重
2	原材料、仪器设备检验试验	
(1)	进场验收记录和相关资料不完整	较重
(2)	未对仪器设备电缆等材料进行进场检验	较重
(3)	仪器设备未率定	严重
(4)	未建立试验台账	较重
(5)	检验工作不符合规范规定	较重
(6)	检验中存在伪造检测数据、出具虚假检测报告等弄虚作假行为	严重
(7)	对电缆未进行见证取样检测	严重
(8)	在施工中使用不合格的仪器设备、材料	严重
3	监测工作	
(1)	未按规定频次进行监测	较重
(2)	数据精度不符合规范要求	严重
(3)	未及时进行分析整理监测资料	较重
(4)	无月报和监测报告，或月报、监测报告内容不符合规范规定	较重
(5)	未进行日常巡视以及特殊气候情况巡视工作，或无巡视检查记录	较重
(6)	未按要求对观测仪器及设施进行保护	较重
(7)	未及时对损坏的仪器设施进行修复	较重

注　本表摘自国务院南水北调工程建设委员会文件（国调办监督〔2012〕239号）关于印发《南水北调工程建设质量问题责任追究管理办法》的通知（附件1-7），安全监测质量管理内容参照通知中的附件1-5执行。

（5）质量检测机构质量管理违规行为分类标准见表 6.14。

表 6.14 　　　　　　　　　　**质量检测机构质量管理违规行为分类标准**

序号	质量管理违规行为	分类
1	质量保证体系	
（1）	质量检测机构资质不符合要求	严重
（2）	未制定明确的试验操作规程	严重
（3）	现场机构、人员配置不满足工程质量检测需要和合同约定	较重
（4）	现场主要管理人员和检测人员资格不符合要求，未持证上岗	严重
（5）	试验室管理制度不完善	较重
（6）	现场试验室未经检测单位授权或未经省水行政主管部门和省计量认证部门批准	严重
（7）	现场检测试验室检测试验项目授权不满足工程需要	较重
（8）	检测机构及检测人员与其从事的检测活动以及出具的数据和结果存在利益关系	严重
（9）	承担第三方试验任务的试验室未做到独立公正地开展检测业务活动	严重
2	仪器设备情况	
（1）	仪器设备操作规程不全	较重
（2）	未建立检测试验仪器设备检定计划，或未按照检定计划检定	较重
（3）	仪器设备使用、维修保养记录不全	一般
（4）	未标识仪器设备的检定状态	一般
（5）	化学试剂存放不符合规范规定	较重
（6）	试验仪器、设备未经县以上计量部门检定	严重
（7）	试验室的工作环境、温度、湿度不符合要求	较重
3	质量检测专业技术工作	
（1）	采样或抽样、样品准备和制备、检测和校核、签发检测或校核报告等工作未由 2 名以上检测人员承担	较重
（2）	采样或抽样、样品准备和制备、样品贮存、检测和校核记录不全	较重
（3）	采样或抽样、样品准备和制备、样品贮存、检测和校核工作不符合规程规范要求	较重
（4）	检测试验过程不符合相关试验规程的规定	严重
（5）	检测试验采用的试验规程不符合行业规定	严重
（6）	检测报告编制不符合相关规范和标准要求，未制作统一格式	一般
（7）	检测报告盖章、签字不全或采用无效印章、无效的电子签名及他人代签	严重
（8）	试验检测报告出具不及时	一般
（9）	试验检测报告出具结果、结论不明确	严重
（10）	检测报告的修改未追加文件	较重
（11）	检测报告的检测项目未在资质认定或授权范围内	严重
（12）	出具虚假质量检测报告，篡改、伪造或随意抽撤质量检测报告	严重
（13）	未将存在的工程安全问题、可能形成质量隐患或影响工程正常运行的检测结果及时报告委托方	严重
（14）	未建立规范的档案管理制度	一般
（15）	未建立试验台账	较重
（16）	检测机构未单独建立检测结果不合格项目台账	一般
（17）	转包、分包质量检测业务	严重

注 本表摘自国务院南水北调工程建设委员会文件（国调办监督〔2012〕239 号）关于印发《南水北调工程建设质量问题责任追究管理办法》的通知（附件 1-8）。

6.6　工程质量缺陷分类标准

（1）地基与基础工程质量缺陷分类标准见表 6.15。

表 6.15　　　　　　　　　　　地基与基础工程质量缺陷分类标准

序号	工程项目	检验项目		缺　陷　类　型	缺陷分类
1	地基处理	湿陷性黄土地基		地基变形、不均匀沉陷，未按设计要求进行处理	严重
2		采空区地基		地基变形、不均匀沉陷，未按设计要求进行处理	严重
3		软基		局部失稳、不均匀沉陷，未按设计要求进行处理	严重
4		液化砂土地基		局部出现砂土液化，未按设计要求进行处理	严重
5		强夯地基		湿陷系数、承载力不符合设计要求，局部基础产生不均匀沉陷	严重
6	桩基工程	水泥搅拌桩		搅拌均匀性差或量测成桩直径不符合设计要求	较重
7				其他成桩检测指标不符合规范和设计要求	较重
8		振冲桩		桩顶中心与设计定位中心偏差不符合相关规范或设计要求	较重
9				孔深或孔径不符合设计要求	严重
10				填料量及质量不符合设计要求，有超径或含泥量超标的现象	较重
11		挤密桩		其他成桩检测指标不符合规范和设计要求	较重
12				桩长度、灌入砂（石）量未达到设计要求	严重
13				桩身或桩间土干密度达不到规程规范或合同技术要求	严重
14				成桩检测指标不符合规范和设计要求	较重
15		沉桩		承载力不足	严重
16				桩体损坏	较重
17				其他成桩检测指标不符合规范和设计要求	严重
18		灌注桩	定位	灌注桩定位中心偏差不符合规范规定	较重
19			造孔	终孔时入岩深度、桩长，桩径等尺寸不满足设计要求	严重
20				孔斜率不符合规范规定	较重
21			清孔	清孔不彻底，桩底沉渣厚度不符合设计要求	一般
22			钢筋笼制作	钢筋笼固定不牢，保护层厚度不符合要求	较重
23				钢筋规格、数量不符合设计要求	严重
24				钢筋接头方式或钢筋接头质量不符合规程规范或设计要求	较重
25			混凝土灌注	混凝土强度不符合规程规范或设计要求	严重
26			成桩	断桩	严重
27				桩柱结合部偏心不符合设计要求	严重
28				接桩部位存在烂根、夹渣、露筋	严重
29				桩体完整性检测和承载力检测指标不符合规程规范和设计要求	严重
30				灌注桩声测管布置不符合规程规范或合同技术要求	严重
31	基础防渗墙工程	防渗墙		墙体不完整、不连续	严重
32				墙体混凝土强度、抗渗、弹模等指标不符合设计要求	严重
33				墙体深度、厚度不满足设计要求	严重
34				泥浆固壁效果差，导致塌孔、墙身厚度不均匀	较重
35				导管埋入深度不够或提升过快，造成混凝土墙体不连续	严重

续表

序号	工程项目	检验项目	缺 陷 类 型	缺陷分类
36	基础灌浆	钻孔	造孔角度、深度等技术指标不符合设计要求	较重
37		灌浆材料	灌浆材料或浆液配比不符合设计要求	严重
38		灌浆	充填灌浆收浆时未达到闭浆标准	严重
39			透水率不满足设计要求	严重
40		封孔	封孔工艺不符合规程规范或合同技术要求	一般

注 本表摘自国务院南水北调工程建设委员会文件，关于印发《南水北调工程建设质量问题责任追究管理办法》的通知（国调办监督〔2012〕239号）（附件2-1）。

（2）土石方工程质量缺陷分类标准见表6.16。

表6.16 土石方工程质量缺陷分类标准

序号	工程项目	检验项目	缺 陷 类 型	缺陷分类
1	石方明挖	岩石边坡开挖	平均坡度陡于设计坡度	一般
2			开挖坡面不稳定，处理不满足设计要求	严重
3			开挖坡面有松动岩块	较重
4			坡面局部超、欠挖，不满足规程规范或合同技术要求	较重
5		岩石地基开挖	建基面有松动岩块，爆破后裂隙未按相关规定处理	较重
6			断层及裂隙密集带，处理不满足设计要求	严重
7			多组切割的不稳定岩体，处理不满足设计要求	严重
8			岩溶洞穴、软弱夹层、夹泥裂隙、超挖部位处理不满足设计要求	严重
9			基坑（槽）长、宽、底部标高、平整度偏差不符合设计要求	一般
10		膨胀岩开挖	预留保护层厚度不足或开挖前排水线路不畅通，导致膨胀岩岩体风化、吸水膨胀和湿化崩解	较重
11			开挖建基面或永久坡面有超挖、欠挖及补坡现象	较重
12			爆破震动导致渠坡整体滑坡	严重
13			渠坡局部有渗水和变形现象，未按设计要求进行处理	较重
14			未按合同要求设置临时防护及排水设施，已开挖的永久边坡面及附近建筑物的基础遭受冲刷或侵蚀破坏	严重
15			边坡永久性排水沟道的坡度和尺寸不符合规程规范或合同技术要求	严重
16	隧洞开挖	岩石洞室开挖	开挖岩面有松动岩块、小块悬挂体，围岩清理不符合技术要求	较重
17			地质弱面处理不符合设计要求	严重
18			洞室轴线偏差不符合规范要求，未及时进行调整	严重
19			底部标高、径向、侧墙及开挖面平整度偏差超标	较重
20			开挖面超挖、欠挖	较重
21			洞身段由于支护不及时等非地质原因造成局部塌方	严重
22			洞室顶部或侧面塌方	严重
23		浅埋暗挖	开挖面有松动或小块悬挂体；开挖面清理不符合规范要求	较重
24			地质弱面处理不符合设计要求	严重
25			拱顶高程、轴线位置、径向或开挖面平整度偏差超标	较重
26			注浆小导管埋设数量不符合设计要求，长度偏差不符合规范规定	较重
27			浆液配合比不符合监理批准的配合比，灌浆压力不符合设计要求	较重
28			灌浆结束标准不符合规范要求	较重

序号	工程项目	检验项目	缺陷类型	缺陷分类
29	基面清理和处理	基面清理和处理	地基有树根、草皮、乱石等未清理	较重
30			坟墓、水井、泉眼或沟槽等未处理	严重
31			基面不合格土层（含沟塘、垃圾）未彻底清理	严重
32			清理后基面压实不满足规范或设计要求	严重
33		岸坡清理和处理	有树根、草皮、乱石；未对有害裂隙及洞穴进行处理	较重
34			岸坡坡度不符合设计要求	较重
35		截水槽地基处理	泉眼、渗水未处理	较重
36			截水槽（墙）基岩面坡度不符合设计要求	较重
37	土方开挖	基坑（槽）开挖	基坑（槽）长、宽、底部标高偏差不符合规范要求	较重
38			基坑边坡坡比陡于设计边坡	较重
39			基底扰动，未加处理	较重
40		渠道开挖	渠道中心线偏离设计线，拐点坐标错位	较重
41			渠道底部高程不满足设计要求	较重
42			渠道底宽、边坡超挖或欠挖不符合设计要求	较重
43			渠基压实不满足设计要求	较重
44			开挖后未及时衬砌或回填，表面未采取保护措施，或预留保护层厚度不符合规程规范或合同技术要求	一般
45			渠道成型后渠底有扰动、不平整，并未加处理	较重
46		膨胀土开挖	渠底及边坡渗水（含泉眼）未妥善引排或封堵，建基面被水浸泡软化或失水干裂	较重
47			坡面及渠底欠挖；有补坡、拍坡现象	较重
48			新老土结合面未开挖成台阶状，不符合技术标准	较重
49			坡面抗滑稳定措施实施不到位，局部滑坡	严重
50			渠坡变形体、滑床未全部挖除；滑坡清理时，周边土体有扰动现象	较重
51			渠基压实不满足设计要求	严重
52			开挖边坡未预留保护层或保护不到位	较重
53			渠底有扰动、不平整，未加处理	较重
54			渠道边坡陡于设计边坡	严重
55	顶涵施工	顶涵施工	顶力中心线与桥涵中心线不一致	较重
56			滑板的强度、刚度和稳定性不满足要求	较重
57			侧墙平整度和垂直度不满足规范要求	较重
58			涵管的轴线和前后两端的高程偏差不满足规范要求	较重
59			涵管上部和顶进时轴线尺寸存在超挖，管涵顶进开挖面下部存在超挖、不符合设计或规范要求	严重
60			防坍塌措施不到位	较重
61			节间接缝未按设计要求进行防水处理	严重
62			顶涵施工时带水作业	严重

续表

序号	工程项目	检验项目	缺陷类型	缺陷分类
63	土石方填筑	土方填筑	填筑土料含水率不合格	较重
64			分层铺土厚度不符合碾压试验要求，有漏压和欠压现象	较重
65			碾压土体产生弹簧土和剪切破坏，未按规定进行处理	较重
66			铺填边线不满足规范规定，致使坡面土压实度未达到设计要求	较重
67			回填土压实指标未达到设计要求	严重
68			填筑土体发生不均匀沉陷、裂缝、滑坡	严重
69		结合面处理	填筑段之间的结合面处理不到位，未刨毛、洒水，层间结合不好	较重
70			结合面坡度不符合技术标准或设计要求	较重
71			在交叉建筑物表面或岩石面未按规范要求涂刷黏土泥浆；涂浆厚度、涂刷高度、涂刷时间不符合规范要求	较重
72			交叉建筑物结合面未按规范要求采用人工夯实，压实指标未达到设计要求	严重
73		反滤料处理	反滤层厚度不满足设计要求；结构层次不清，有泥料现象；分段施工时层间错位，缺断	严重
74			反滤料透水性、级配、反滤体尺寸不满足设计要求	严重
75		土工袋处理层	土工袋的间隙及其间隙回填不符合施工技术要求；土工袋处理层坡面形成后的外切平整度不符合施工技术要求	较重
76			土工袋处理层的压实质量不满足施工技术要求	严重
77		膨胀土（岩）利用率	用于土工格栅加筋、土工袋处理填筑的膨胀土（岩）开挖利用料最大粒径、自由膨胀率和含水率等指标不符合技术标准	较重
78		土工格栅加筋处理	土工格栅碾压破坏	较重
79			土工格栅锚固、铺设和搭接不满足规范要求	较重
80			碾压层间结合面有空白、风干等现象，或有撒入泥土、砂砾料及杂物等	较重
81			高密度聚乙烯（HDPE）土工格栅检测指标不符合规范要求	严重
82			换填部位压实度不符合设计要求	严重
83		水泥改性土填筑	水泥改性土中水泥含量、均匀度和标准差不满足施工要求	严重
84			土料的颗粒粒径不符合施工技术要求	较重
85			水泥品种和强度等级，土料的自由膨胀率不符合设计要求	严重
86			改性土填筑施工超填的余料用于渠坡换填部位及渠堤外包填筑体部位	较重
87			改性土填筑碾压时间不满足施工技术要求	较重
88			填筑体衔接部位结合面处理不符合技术标准	严重
89			改性土填筑压实度不满足施工技术要求	严重
90	渠道渠床整理	渠床整理	削坡平整度、渠肩线、底脚线偏差不符合设计要求	较重
91			各种杂草、树根、杂物、杂质土、弹簧土、浮土等未清理干净	较重
92			雨淋沟和坍坡处理不符合设计要求	较重

注 本表摘自国务院南水北调工程建设委员会文件，关于印发《南水北调工程建设质量问题责任追究管理办法》的通知（国调办监督〔2012〕239号）（附件2-2）。

（3）混凝土及钢筋混凝土工程质量缺陷分类标准见表6.17。

表 6.17   混凝土及钢筋混凝土工程质量缺陷分类标准

序号	工程项目	检验项目	缺 陷 类 型	缺陷分类
1	模板工程	模板加工	局部平整度偏差超标，影响混凝土外观质量	一般
2			异型模板的加工偏差未达到规程规范或设计要求	较重
3		模板安装	模板拼接不严，引起漏浆、错台	一般
4			模板强度、刚度、安装稳定性不足；混凝土结构出现大面积或多处跑模；模板变形	较重
5			结构边线与设计边线偏差不符合规范要求	较重
6			预留孔、洞尺寸及位置偏差不符合规范要求	较重
7	钢筋工程	钢筋制作	钢筋规格、型号、数量不符合设计要求	严重
8			钢筋下料尺寸偏差和形式不符合规程规范或设计要求	较重
9			钢筋接头加工不符合规程规范或设计要求	较重
10			钢筋接头保护不符合要求，有接头损坏现象	一般
11			二期混凝土预埋钢筋数量或规格、型号、间距不符合设计要求	较重
12			电弧焊使用的焊条型号与钢筋的级别不符合规程规范或设计要求	严重
13			焊接或绑扎接头与钢筋弯起点的距离不符合规程规范或设计要求	较重
14		钢筋安装	钢筋安装间距偏差不符合规程规范或设计要求	较重
15			受力钢筋的安装位置不符合规程规范或设计要求	严重
16			保护层厚度不符合要求	较重
17			钢筋机械连接不符合规程规范或设计要求	较重
18			钢筋绑扎或焊接不符合规范要求，浇筑混凝土时发生变形移位	较重
19			钢筋有明显的锈斑、污染	一般
20	混凝土工程基础面、施工缝、变形缝处理	基础面或施工缝处理	垫层铺填不符合规程规范或设计要求	一般
21			混凝土施工缝有乳皮，未成毛面或未露粗砂；施工缝清理不彻底，存在缝内夹渣现象	较重
22			施工缝处理不好，出现冷缝等薄弱部位，导致渗漏	严重
23			砂浆铺筑厚度大于3cm，不均匀，有漏铺现象	一般
24			施工缝内有夹砂层或杂物；新旧混凝土结合质量不满足规范要求	较重
25		变形缝涂刷沥青	涂敷沥青料时，混凝土表面不清洁干燥，涂刷不均匀，与混凝土黏结不紧密，有气泡及隆起现象	较重
26		变形缝贴铺沥青油毛毡	粘贴沥青油毛毡或铺设预制油毡板时，伸缩缝表面不清洁干燥，蜂窝麻面未进行处理；外露铁件未割除；铺设厚度不均匀，搭接不紧密	较重
27		变形缝沥青井、柱填塞	沥青井、柱填塞沥青不密实，安装位置不准确，不稳固，上下层衔接不好	较重
28		变形缝	伸缩缝或变形缝渗（漏）水	严重
29			变形缝宽度不够；缝中填料不符合设计要求；缝内填料老化严重	较重
30		闭孔泡沫板安装	缝内闭孔泡沫板固定不牢，变形移位	一般
31		变形缝处理	变形缝处理不好，堵塞、变形、开裂，导致止水破坏、渗漏	严重
32		密封胶嵌缝	密封胶注胶缝内杂物清理不干净，涂胶基面潮湿，胶体放置时间过长，填充不饱满，黏结不牢，脱落，龟裂	较重
33	混凝土后浇带处理	止水片（带）安装	止水片（带）安装不牢固，止水中心线安装位置偏差不满足设计要求	较重
34		混凝土浇筑	缝面处理不到位，导致漏水	严重

序号	工程项目	检验项目	缺 陷 类 型	缺陷分类
35	止水施工	止水片（带）加工	金属止水的几何尺寸不满足设计要求	较重
36		止水片（带）焊接	止水片（带）的搭接长度，焊接质量不满足规程规范或设计要求	较重
37		止水片（带）安装	止水片（带）的安装不符合规程规范或设计要求，导致止水失败	严重
38			止水片（带）破损或橡胶止水膨胀条失效	较重
39			插入基岩部分不符合规范或设计要求，导致漏水	严重
40			铜片止水牛鼻子填料不满足规范或设计要求	一般
41			止水片（带）交叉接头处理不满足要求，导致漏水	严重
42	混凝土工程	混凝土物理性能	混凝土强度，抗渗、抗冻融、抗冲磨指标不满足设计要求	严重
43		混凝土浇筑	局部漏振或过振、振捣不密实、振捣引起钢筋移位、混凝土跑模	较重
44			混凝土铺料间歇时间过长，部分出现初凝现象，未按规范要求处理	严重
45			混凝土泌水、离析或仓内有积水等	一般
46			入仓温度、坍落度、含气量或和易性等不满足设计要求	较重
47			混凝土内管路等埋件未保护好，发生移位或破坏	较重
48			拆模后有露筋现象	较重
49			重要部位有碰损掉角现象	较重
50			边角区域、钢筋密集区域等部位有骨料架空、孔洞、蜂窝现象，未按要求进行处理的	见注1
51			止水带周边部位存在骨料架空、孔洞、蜂窝现象，未按要求进行处理的	见注2
52			外露面气泡、麻面	见注3
53		混凝土结构物	螺栓孔封堵不严，出现渗水现象	一般
54			建筑物轴线偏移超过规范规定	较重
55			外露面或背水面错台	见注4
56			非外露面或背水面错台	一般
57			平整度不符合规范规定	一般
58			表面局部被机械物碰伤或腐蚀性液体污染损伤	一般
59			混凝土结构裂缝	见注5
60			钢筋头外露、管件头外露	一般
61	安全监测	安全监测仪器	仪器型号、规格、量程不符合设计要求	严重
62			安全监测仪器安装前未进行率定	严重
63			安全监测仪器安装不符合设计要求	较重
64			安全监测仪器损坏，电缆损坏	见注6
65			观测仪器或电缆漏埋或未按照设计要求及时埋设	严重
66			仪器外观有损伤和锈斑，电缆局部损伤	一般
67	预制构件预应力施工	预应力材料	预应力材料质量不符合设计要求	严重
68			预应力材料有污染、锈蚀、损伤	较重
69		预应力筋安装	预应力筋束不符合设计要求；管内不畅通，筋束穿入孔内扭曲	严重
70		预应力管道安装	波纹管安装定位坐标偏差超标，导致受力条件改变，影响结构安全	严重
71			预应力筋管道线型不符合设计图纸；管道未进行固定；管道接头密封性较差；进出浆管规格、质量、固定及畅通不符合设计要求	严重

续表

序号	工程项目	检验项目	缺 陷 类 型	缺陷分类
72	预制构件预应力施工	预应力张拉	锚垫板与管道中心线不垂直、不同轴；千斤顶、锚具、测力计与管道不同轴，偏差超标	较重
73			单根预紧顺序，预紧控制力不符合规范或设计要求	较重
74			张拉程序及张拉力指标控制不符合设计要求，影响结构安全；每级张拉吨位与理论伸长值、张拉加载速率、超张拉和锁定吨位不符合规范或设计要求	严重
75			混凝土强度未达到设计要求即进行张拉或放张	严重
76			施工灌浆、封锚不符合规范或设计要求	严重
77			墩头锚具螺帽缝隙及每块后加垫板的缝隙不符合要求；夹片式锚具回缩值不满足要求	较重
78		预应力管道灌浆	灌浆材料、工艺、浆液配合比、灌浆压力值、灌浆量、灌浆的回浆比重和进浆比重不满足设计要求	严重
79	预制构件	预制构件	混凝土强度不满足设计要求；承载力、挠度、抗裂不满足设计要求	严重
80			预应力梁板上钢板与锚固筋不符合设计要求	严重
81			出现露筋和孔洞	严重
82			混凝土预制梁、渡槽等大型构件裂缝	见注7
83			预制件尺寸偏差超标	见注8
84	桥梁	桥梁尺寸	桥长、桥宽偏差值不符合设计要求	较重
85			桥面中线偏位、桥头高程衔接等偏差值不满足规程规范或设计要求	较重
86		伸缩缝	伸缩缝局部破损、堵塞、渗漏、变形、开裂	严重
87			伸缩装置长度、缝宽与桥面高差等不符合规范或设计要求	较重
88		桥面铺装	铺装层与边板施工接缝明显	一般
89			铺装层与顶部混凝土结合不好，产生渗水现象	较重
90		墩柱、桥台、盖梁	桩柱结合部位出现偏移，超过规范要求	严重
91			桩柱结合部位烂根、夹渣、露筋、软弱垫层	严重
92			桩顶嵌入承台长度、钢筋锚固长度不符合设计要求	严重
93			墩柱、台帽、盖梁规格尺寸偏差超标	较重
94			漏埋预埋件	较重
95		桥面铺装	铺装厚度不符合规范要求；铺装层产生裂缝、不密实	一般
96			人行道板混凝土开裂	一般
97			泄水孔局部破坏，堵塞；排水管局部破坏、阻水	较重
98			强度或压实度不满足设计要求	严重
99			桥面抗滑不符合要求；桥面铺装平整度不满足要求	较重
100		桥面防护设施	栏杆或其他防护设施不直顺；安装偏差超标	较重
101	渡槽	支座	支座材料、规格、型号等不符合设计要求	严重
102		支座安装	支座安装未达到规程规范或设计要求	严重
103		预制构件安装	构件型号或安装不符合规程规范或设计要求	严重
104			接缝或铰缝施工不满足设计或规范要求	较重
105			混凝土构件未达到设计强度即吊装	严重
106		渡槽槽身	渡槽槽身的底高程不满足规范要求	较重
107			渡槽槽身渗水，未按要求进行处理	严重

序号	工程项目	检验项目	缺陷类型	缺陷分类
108	支护	锚喷支护	锚杆的材质、规格、尺寸不符合设计要求	严重
109			钢筋网的间距偏差超标或与基岩面距离偏差超标	较重
110			钢筋网与锚杆连接不牢固	严重
111			锚杆锚固深度不足；锚杆的抗拔力或锚固强度不满足设计或规范要求；预应力锚杆的张拉力不符合规程规范或设计要求	严重
112			锚杆孔的位置偏差超标；锚孔的角度不满足规范或设计要求	较重
113			锚孔的孔径不符合规程规范或设计要求	较重
114			锚固材料不符合规程规范或设计要求	严重
115			喷射混凝土的厚度不符合规程规范或设计要求	较重
116			锚喷混凝土抗压强度不满足设计要求	严重
117			锚喷支护排水孔位置不符合设计要求	一般
118			锚喷支护排水孔数量少于设计要求，排水孔堵塞	较重
119			有夹层、砂包、明显层面、蜂窝、洞穴等缺陷；喷层结合不好；有漏喷、脱空现象；喷层表面整体性差，有裂缝	较重
120		浅埋暗挖支护	受力钢筋的品种、级别、规格和数量不符合设计要求；格栅加工不符合设计要求	严重
121			格栅拱架接头质量、连接板位置及数量、螺栓的数量、连接筋长度、连接方式等不符合规程规范或设计要求	较重
122			钢筋网格间距、钢格栅安装偏差、钢格栅安装保护层偏差等不符合规程规范或设计要求	较重
123			喷射混凝土抗压强度、喷层密实情况不符合规程规范或设计要求	严重
124			喷射混凝土表面平整度、矢弦比偏差超标	较重
125			一衬回填灌浆孔位、孔深、孔径、孔序、灌浆压力、抬动变形、浆液变换、结束标准等不符合规程规范或设计要求	严重
126		抗滑桩	抗滑桩长度、间距、位置、桩径等不能满足设计要求	较重
127	隧洞工程	一衬施工	封闭不及时，支护不及时，不稳固	较重
128			一次支护和超挖岩顶、岩壁间有较大间隙，未及时进行处理	严重
129		二衬施工	基面清理不到位或不彻底，不符合技术要求	一般
130			止水带（片）安装不牢固，止水带受损，安装位置偏差超标	严重
131			隧洞底高程不满足设计要求	较重
132			防水层铺设材料规格、性能不符合规程规范或设计要求	严重
133			防水层焊缝、铺设等不符合规程规范或设计要求	较重
134			钢模台车及模板的刚度、强度、稳定性、模板边线与设计边线误差等模板安装项目不满足技术标准	较重
135			钢筋的数量、规格尺寸不符合规程规范或设计要求	严重
136			钢筋的安装位置、焊缝质量等制作安装项目不符合规程规范或设计要求	较重
137			止水、管路埋设、缝面清理不符合规程规范或设计要求	较重
138			台车浇筑封顶压力等不符合规程规范或设计要求	较重
139		灌浆造孔	造孔的孔位偏差、孔径、角度、深度不符合规程规范或设计要求	较重

续表

序号	工程项目	检验项目	缺　陷　类　型	缺陷分类
140	隧洞工程	灌浆	浆液浓度、灌浆时间、灌浆压力不满足设计要求	较重
141			抬动变形超过设计规定值	较重
142			未严格按序灌浆	一般
143			封孔不符合规程规范或设计要求	较重

注　本表摘自国务院南水北调工程建设委员会文件，关于印发《南水北调工程建设质量问题责任追究管理办法》的通知（国调办监督〔2012〕239号）（附件2-3）。

　　1. 一般：少量、单个面积不大于0.1m²，深度不超过骨料最大粒径。较重：少量、单个面积大于0.1m²，深度超过钢筋保护层。严重：一仓混凝土超过3处，单个面积大于0.1m²，深度超过钢筋保护层。

　　2. 较重：孔洞深度不超过10cm的。严重：孔洞深度超过10cm的。

　　3. 一般：麻面、气泡累计面积不超过0.6m²。较重：麻面、气泡累计面积大于0.6m²。

　　4. 一般：错台位移介于1（含）～5（含）cm；较重：错台位移大于5cm。

　　5. 一般：缝长不大于400cm且缝深小于保护层。较重：建筑物缝长大于400cm且缝深大于保护层。严重：建筑物结构贯穿性裂缝。

　　6. 较重：埋入式不可更换设备完好率小于85%。严重：埋入式不可更换设备完好率小于75%。

　　7. 较重：缝宽不大于0.2m，缝长40～100cm，缝深小于保护层。严重：缝宽大于0.2mm或缝长大于100cm且缝深大于保护层。

　　8. 较重：检测合格率介于50%（不含）～70%（不含）。严重：检测合格率不大于50%

（4）护砌工程及排水工程质量缺陷分类标准见表6.18。

表6.18　　　　　　　　　　护砌工程及排水工程质量缺陷分类标准

序号	工程项目	检验项目	缺　陷　类　型	缺陷分类
1	砌石工程	土工织物滤层	土工织物滤层搭接宽度偏差不符合规程规范或设计要求	一般
2			土工织物滤层品种、规格、材质不符合设计要求	严重
3			土工织物滤层铺设过程中损坏，未按规定进行处理的	较重
4			土工织物滤层铺设不符合规范要求，上下端未锚固	较重
5			土工织物滤层长时间暴晒	一般
6		砂砾石垫层	砂、石垫层级配和铺设厚度偏差不符合规程规范或设计要求	较重
7		块石砌筑	块石的材质和强度不满足规范或设计要求	严重
8			石料单块质量和最小边长不符合规程规范或设计要求	较重
9			块石护坡表面砌缝宽度不符合规范要求、边缘不顺直，砌筑不整齐牢固	较重
10			干砌石挤砌不紧密；面层使用小石、片石、飞翘石等，有通缝、叠砌、浮塞和架空现象	较重
11			干砌石护坡结构尺寸不符合设计要求和规范规定	较重
12			浆砌石原材料水泥、砂等检验结果不符合规范或设计要求	严重
13			砌筑方式不正确；砌石块上下层搭缝尺寸不满足要求	较重
14			浆砌石未采用坐浆法施工，砌缝填充不饱满；砌缝存在较大空隙	较重
15			灌砌石净间距小于粗骨料粒径，灌入的混凝土振捣不密实	较重
16			砌石护砌结构尺寸不满足设计要求	较重
17			砌石表面平整度不符合要求	一般
18			浆砌石砌筑砂浆、灌砌石细石混凝土未按施工配合比控制	较重
19			浆砌石勾缝未清缝，有裂缝、脱皮现象	一般

续表

序号	工程项目	检验项目	缺 陷 类 型	缺陷分类
20	现浇混凝土衬砌	混凝土面板衬砌	切缝深度、宽度不符合要求；伸缩缝顺直度不满足相关标准	较重
21			混凝土试块抗压强度、实体混凝土回弹推定强度未达到设计要求	严重
22			混凝土面板厚度不符合设计要求，局部有少量蜂窝	较重
23			混凝土裂缝	见注1
24			错台	一般
25			混凝土表面剥蚀或冻融破坏	见注2
26			渠底高程不满足设计要求	较重
27			表面粗糙，外观质量差	一般
28			衬砌顶开口宽度及渠底宽度尺寸偏差超标；渠道边坡坡度不符合设计要求	较重
29			衬砌面平整度不满足规程规范或设计要求	一般
30			局部渠坡面板底部冲刷掏空	较重
31			衬砌板整体滑动；现浇板大面积（5m²以上）塌陷破坏	严重
32			衬砌板底部基层冻胀引起板面顶托破坏	严重
33			衬砌板与混凝土建筑物连接部位塌陷破坏	严重
34		伸缩缝处理	伸缩缝嵌缝材料不符合规程规范或设计要求	较重
35			闭孔泡沫板填缝边角不整齐、厚度不均匀，安装不牢固、填充不密实	较重
36		密封胶注胶	缝内杂物清理不干净，涂胶基面潮湿，胶体放置时间过长，填充不饱满，黏接不牢；未压实抹光，边缘不顺直	较重
37			密封胶有脱落、龟裂现象	较重
38	垫层	砂砾石垫层	砂、石垫层铺设不均、局部厚度不符合设计要求	较重
39			渠道铺设的碎石反滤层，部分碎石存在含泥量及石粉含量超标现象	较重
40			垫层高程偏差超标	较重
41			垫层宽度、长度、厚度、平整度偏差超标	一般
42			垫石压实指标不满足设计要求	一般
43	预制混凝土板（块）	预制混凝土板（块）铺设	铺设平整度不符合要求	一般
44			砂浆强度、稠度等指标不符合设计要求	较重
45			预制板（块）厚度不均匀，形状不整齐，表面不清洁、平整	一般
46			预制板（块）铺砌不平整或不平稳，预制板（块）磕碰掉角、断裂	较重
47			勾缝不饱满、不密实，宽度不一致	一般
48			预制块护砌底部被雨水冲刷掏空	较重
49	保温板铺设	聚苯乙烯板铺设	板面未紧贴基面，局部悬空	一般
50			保温板厚度及物理性能等指标不满足规程规范或设计要求	较重
51			铺设未错缝铺垫、接缝不严密	一般
52			保温板有缺角、断裂现象	一般
53			板面高差超标	一般
54			板面固定不牢固、固定物高于板面	较重
55			平整度达不到技术要求	一般

续表

序号	工程项目	检验项目	缺陷类型	缺陷分类
56	混凝土建筑物排水设施	排水设施安装	排水设备、材料、安装工艺不符合技术要求	较重
57		排水管安装	平面位置、倾斜度等不满足规程规范或设计要求	较重
58			安装数量不满足设计要求	严重
59			排水管不通畅	较重
60			反滤料级配，每层厚度不满足规程规范或设计要求	较重
61		基础排水	垂直排水孔的孔口平面位置、倾斜度、孔深偏差不符合技术要求	较重
62			水平孔的平面位置偏差或倾斜度偏差不符合技术要求	一般
63			基础排水孔堵塞	较重
64			排水管部分堵塞	较重
65	渠道永久排水设施	沟槽设施	与设计中心线距离偏差超标	一般
66			宽度、深度、坡比、管底高程偏差超标；沟槽不顺直、底部不平整	一般
67			沟槽回填材料不满足设计要求	较重
68		透水管铺设	透水管未铺放在砂层中央；管间对接不整齐、错缝；外包土工布不平整均匀	一般
69		集水箱安装	集水箱位置和间距不符合设计要求	较重
70			集水箱与暗管、出水管连接不牢固	较重
71			集水井（箱）的长、宽、深不满足设计要求	一般
72			垫层或反滤料不符合设计要求；回填料时未分层夯实	较重
73		渠基排水	井、槽底压实不符合设计要求	一般
74			逆止阀损坏；逆止阀接头连接不符合规范要求	严重
75			逆止阀位置不符合规范或设计要求	较重
76			软式透水管、无砂管、逆止阀管径等不满足设计要求	严重
77			软式透水管、无砂管、逆止阀接头连接不符合规程规范或设计要求	较重
78			管周围砂垫层厚度偏差超标，土工布的纵向及周边搭接长度偏差超标	一般
79	土工膜施工	土工膜材料	土工膜未经检测，或检测结果不满足规程规范和设计要求	严重
80		土工膜铺设	局部破损、不平整、褶皱，未进行处理	较重
81			土工膜受损严重或大面积老化	严重
82			土工膜与防渗墙或墩、柱、墙等穿渠交叉建筑物连接处渗漏	严重
83		土工膜焊接	焊缝和接头不牢固、存在焊洞和漏气现象	严重
84			搭接不平顺，搭接宽度不满足设计要求	一般
85			焊接接头位置不符合设计要求	较重
86		土工膜黏结	黏结不牢固，有漏点；黏结接头拉伸强度不满足规程规范或设计要求	严重

注　1. 本表摘自国务院南水北调工程建设委员会文件，关于印发《南水北调工程建设质量问题责任追究管理办法》的通知（国调办监督〔2012〕239号）（附件2-4）。

2. 一般：不规则表面裂缝。较重：贯穿性裂缝。

3. 一般：单个面积不大于10m²。较重：单个面积介于10～20（含）m²。严重：单个面积大于20m²。

（5）金属结构及机电安装工程质量缺陷分类标准见表6.19。

表 6.19　　　　　　　　　金属结构及机电安装工程质量缺陷分类标准

序号	工程项目	检验项目	缺　陷　类　型	缺陷分类
1	金属结构制作安装	金属结构加工	加工尺寸误差不满足设计要求，不能正常运行	严重
2		金属构件焊接	焊接质量不符合规范要求，产生脱焊、漏焊	较重
3		涂装	除锈、涂装厚度、涂装材料不符合设计要求	较重
4		压力钢管制作、安装	压力钢管安装轴线位置、管口圆度、钢管接缝连接偏差不符合规范规定	严重
5			钢管内、外壁表面临时支撑、夹具和焊疤清除不彻底或清除过程中损伤母材	严重
6		闸门及附属结构安装	工作表面组合处错位，波状不平度超标	较重
7			工作表面扭曲	较重
8			对门槽中心线偏差不符合规范规定	严重
9			平面闸门门轨和底坎的纵横轴线和高程的安装误差不满足规范和设计要求	严重
10			平面闸门门楣轴线位置和高程的安装误差不满足规范和设计要求	严重
11			多个平面闸门的纵轴线不一致，不满足规范和设计要求	较重
12			弧形闸门铰座基础螺栓中心安装误差不满足规范和设计要求	严重
13			弧形闸门侧轨和底坎位置和高程的安装误差不满足规范和设计要求	严重
14		闸门止水材料	止水材料、尺寸不符合规范和设计要求，产生漏水	较重
15			止水橡皮线性差或间隙大，止水效果不佳	较重
16		拦污栅安装	安装偏差不符合规范要求，影响运行	严重
17			主轨或反轨与栅槽中心线偏差不符合规范规定	较重
18			栅体间连接不牢固	较重
19			栅体升降不灵活、不平稳、有卡阻现象	严重
20		水机、电气、管道预埋	漏埋或埋设位置不符合设计要求	较重
21	机电设备安装、调试	启闭机安装	齿轮联轴器不水平或齿轮端面间隙过大	较重
22		固定卷扬式、桥（门）式启闭机试运转	无负荷试运转时电动机运行不平稳、三相电流不平衡	较重
23			无负荷试运转时电气设备有异常发热现象	较重
24			无负荷试运转时限位、保护、联锁装置动作不正确	较重
25			无负荷试运转时控制器接头有烧毁现象	较重
26			机械部件运转时，有冲击声或异常声音	较重
27			无负荷试运转时钢丝绳有碰刮现象；定、动滑轮运转不灵活，有卡阻现象	较重
28			无负荷试运转时制动瓦未能全部离开制动轮，有摩擦现象	较重
29		门式或桥式启闭机试运转	无负荷试运转时大、小车行走滑块滑动不平稳，有卡阻、跳动现象	较重
30			机械部件运转时，有冲击声及异常声响，构件连接处有松动、裂纹等损坏	较重
31			轴承和齿轮润滑较差，机箱有渗油，轴承温度超过 65℃	较重
32			升降机构制动器不平稳、不可靠	严重
33			小车停在桥架中间起吊 1.25 倍额定负荷，停留 10min 卸荷，检查桥架有变形现象，或反复 3 次后，主梁实测上拱度不大于 $0.8L/1000$（L 为跨度）	严重

序号	工程项目	检验项目	缺　陷　类　型	缺陷分类
34	机电设备安装、调试	门式或桥式启闭机试运转	小车停在桥架中间起吊额定负荷，测量主梁下挠度不大于 $L/700$（L 为跨度）	严重
35			动负荷时升降机构制动器不能制止住1.1倍额定负荷升降，或动作不平稳、不可靠	严重
36			动负荷时行走机构制动器不能刹住大车或小车，或车轮有打滑和引起振动及冲击现象	严重
37		油压启闭机	启闭试验及液压试验有渗漏	严重
38			1.25倍额定工作压力，试压30min有渗漏，或大于5%额定工作压力	较重
39			额定工作压力试压12h，有渗漏，或大于5%额定工作压力	较重
40			空载试验油压连续空转不少于30min时出现异常现象	严重
41			油泵在工作压力的25%、50%、75%和100%分别连续运转15min，出现振动、杂音和温升过高等现象	严重
42		油压启闭机启油泵排油检查	油泵在1.1倍工作压力时排油，有剧烈振动和杂音	严重
43		油压启闭机启油泵起动阀检查	油泵转动后3~5s内，起动阀未动作	较重
44		油压启闭机无水手动操作试验	不灵活或有卡阻现象	较重
45		油压启闭机主令控制器	接通、断开时闸门所处位置不符合设计图纸要求或高度指示器所示位置不正确	较重
46		油压启闭机活塞和管路系统漏油检查	闸门提起48h，因系统漏油而产生的闸门沉降量大于200mm	严重
47		油压启闭机	闸门启闭不灵活或有卡阻现象；快速闭门时间不符合设计要求	较重
48		油压启闭机无水自动操作试验	机组过速时，继电器动作不正常；提起闸门，模拟过速时，继电器动作不正常	较重
49		水泵安装	基础埋设不符合要求	较重
50			轴线摆度测量调整不符合标准	较重
51			空气间隙、轴承间隙、轴瓦间隙、空气间隙调整不符合要求	较重
52			水泵安装平面位置和高程不满足规范和设计要求	严重
53	电气设备安装	电气设备	安装精度不符合标准	较重
54		控制保护装置	盘柜与基础连接不牢固	较重
55			盘面有破损，标志不全或不正确	较重
56		控制保护装置	柜门开关不灵活，缝隙过大，门锁缺失，动作不灵活，有卡阻现象	较重
57			盘上电器缺损，附件不全，位置不正确，固定不牢固	较重
58			继电器保护装置未校验，动作不灵敏或不可靠	较重
59			电气测量仪表未校验或指示不正确	较重
60			信号装置缺损；工作可靠性不符合设计要求或显示不准确	较重
61			端子板（排）固定不牢固，标志不全或不清楚	较重
62		电气照明装置	线管加工、敷设不符合规范或设计要求	较重
63			线管配线不符合设计要求	较重
64			配电箱及箱内元器件不符合设计要求	较重
65			事故照明灯、投光灯、金属卤化物灯、室外照明灯具等灯具的安装未达到规程规范或设计要求	较重

续表

序号	工程项目	检验项目	缺　陷　类　型	缺陷分类
66	电气设备安装	接地装置	接地体和接地线的规格、接地装置的布置均达不到设计要求	严重
67			接地装置敷设不符合规范或设计要求	较重
68			接地装置的连接不符合规范或设计要求	较重
69			避雷针（线、带）的接地不符合规范或设计要求	较重
70			接地电阻不满足设计要求；接地上引时漏接、漏引或错位引接	较重

注　本表摘自国务院南水北调工程建设委员会文件，关于印发《南水北调工程建设质量问题责任追究管理办法》的通知（国调办监督〔2012〕239号）（附件2-5）。

第7章 常用部分水利工程建设规范、标准及监理实施细则库

7.1 常用部分水利工程建设规范和技术标准

7.1.1 常用的国家规范和技术标准

常用的部分水利工程建设国家规范和技术标准见表7.1。

表 7.1　　　　　　　　　　常用的部分水利工程建设国家规范和技术标准

序号	标准名称	标准编号	发布日期	实施日期	备注
1	混凝土外加剂	GB/T 8076—2008	2008 - 12 - 31	2009 - 12 - 30	
2	科学技术档案案卷构成的一般要求	GB/T 11822—2008	2008 - 11 - 13	2009 - 05 - 01	
3	水利水电工程钢闸门制造、安装及验收规范	GB/T 14173—2008	2008 - 11 - 04	2009 - 01 - 01	
4	混凝土输水管试验方法	GB/T 15345—2017	2017 - 05 - 31	2018 - 04 - 01	
5	水电新农村电气化验收规程	GB/T 15659—2014	2014 - 07 - 09	2015 - 01 - 09	
6	水土保持综合治理　规划通则	GB/T 15772—2008	2008 - 11 - 14	2009 - 02 - 01	
7	水土保持综合治理　验收规范	GB/T 15773—2008	2008 - 11 - 14	2009 - 02 - 01	
8	水土保持综合治理　效益计算方法	GB/T 15774—2008	2008 - 11 - 14	2009 - 02 - 01	
9	水土保持综合治理技术规范　坡耕地治理技术	GB/T 16453.1—2008	2008 - 11 - 14	2009 - 02 - 01	
10	水土保持综合治理技术规范　荒地治理技术	GB/T 16453.2—2008	2008 - 11 - 14	2009 - 02 - 01	
11	水土保持综合治理技术规范　沟壑治理技术	GB/T 16453.3—2008	2008 - 11 - 14	2009 - 02 - 01	
12	水土保持综合治理技术规范　小型蓄排引水工程	GB/T 16453.4—2008	2008 - 11 - 14	2009 - 02 - 01	
13	水土保持综合治理技术规范　风沙治理技术	GB/T 16453.5—2008	2008 - 11 - 14	2009 - 02 - 01	
14	水土保持综合治理技术规范　崩岗治理技术	GB/T 16453.6—2008	2008 - 11 - 14	2009 - 02 - 01	
15	预应力钢筒混凝土管	GB/T 19685—2017	2017 - 03 - 09	2018 - 02 - 01	
16	管道输水灌溉工程技术规范	GB/T 20203—2017	2006 - 02 - 24	2006 - 07 - 01	
17	水利水文自动化系统设备检验测试通用技术规范	GB/T 20204—2006	2006 - 02 - 24	2006 - 07 - 01	
18	节水灌溉设备现场验收规程	GB/T 21031—2007	2007 - 06 - 11	2007 - 09 - 01	
19	小型水轮机型式参数及性能技术规定	GB/T 21717—2008	2008 - 05 - 04	2008 - 07 - 01	
20	小型水轮机基本技术条件	GB/T 21718—2008	2008 - 05 - 04	2008 - 07 - 01	
21	小型水轮机现场验收试验规程	GB/T 22140—2018	2018 - 05 - 04	2018 - 12 - 01	
22	开发建设项目水土保持设施验收技术规程	GB/T 22490—2008	2008 - 11 - 14	2009 - 02 - 01	

续表

序号	标 准 名 称	标准编号	发布日期	实施日期	备注
23	土工试验仪器 击实仪	GB/T 22541—2008	2008 – 11 – 21	2009 – 02 – 01	
24	灌溉用塑料管材和管件基本参数及技术条件	GB/T 23241—2009	2009 – 02 – 13	2009 – 05 – 01	
25	岩土工程仪器可靠性技术要求	GB/T 24108—2009	2009 – 06 – 12	2009 – 12 – 01	
26	检测和校准实验室能力的通用要求	GB/T 27025—2008	2008 – 05 – 08	2008 – 08 – 01	
27	小型水轮发电机基本技术条件	GB/T 27979—2011	2011 – 12 – 30	2012 – 06 – 01	
28	节水灌溉项目后评价规范	GB/T 30949—2014	2014 – 07 – 08	2015 – 01 – 10	
29	喷灌工程技术规范	GB/T 50085—2007	2007 – 04 – 06	2007 – 10 – 01	
30	土工试验方法标准	GB/T 50123—1999	1999 – 06 – 10	1999 – 10 – 01	
31	土的工程分类标准	GB/T 50145—2007	2007 – 12 – 24	2008 – 06 – 01	
32	粉煤灰混凝土应用技术规范	GB/T 50146—2014	2014 – 04 – 15	2015 – 01 – 01	
33	电气装置安装工程电气设备交接试验标准	GB 50150—2016	2006 – 06 – 20	2006 – 11 – 01	
34	混凝土质量控制标准	GB 50164—2011	2011 – 04 – 02	2012 – 05 – 01	
35	混凝土结构工程施工质量验收规范	GB 50204—2015	2014 – 12 – 31	2015 – 09 – 01	
36	工程岩体分级标准	GB/T 50218—2014	2014 – 08 – 27	2015 – 05 – 01	
37	现场设备、工业管理焊接工程施工规范	GB 50236—2011	2011 – 02 – 18	2011 – 10 – 01	
38	给水排水管道工程施工及验收规范	GB 50268—2008	2008 – 10 – 15	2009 – 05 – 01	
39	水力发电工程地质勘察规范	GB 50287—2016	2016 – 08 – 18	2017 – 04 – 01	
40	土工合成材料应用技术规范	GB/T 50290—2014	2014 – 12 – 02	2015 – 08 – 01	
41	节水灌溉工程技术标准	GB/T 50363—2018	2018 – 03 – 16	2018 – 11 – 01	
42	生产建设项目水土保持技术标准	GB 50433—2018	2018 – 11 – 01	2019 – 04 – 01	
43	生产建设项目水土流失防治标准	GB 50434—2018	2018 – 11 – 01	2019 – 04 – 01	
44	微灌工程技术规范	GB/T 50485—2009	2009 – 03 – 19	2009 – 12 – 01	
45	水利水电工程地质勘察规范	GB 50487—2008	2008 – 12 – 15	2009 – 08 – 01	
46	建设工程工程量清单计价规范	GB 50500—2013	2013 – 01 – 01	2013 – 03 – 01	
47	水利工程工程量清单计价规范	GB 50501—2007	2007 – 04 – 06	2007 – 07 – 01	
48	泵站更新改造技术规范	GB/T 50510—2009	2009 – 07 – 08	2010 – 02 – 01	
49	灌区改造技术规范	GB 50599—2010	2010 – 07 – 15	2010 – 02 – 01	
50	小型水电站技术改造规范	GB/T 50700—2011	2011 – 05 – 12	2012 – 05 – 01	
51	节水灌溉工程验收规范	GB/T 50769—2012	2012 – 05 – 28	2012 – 10 – 01	
52	城市防洪工程设计规范	GB/T 50805—2012	2012 – 06 – 28	2012 – 12 – 01	
53	小水电电网节能改造工程技术规范	GB/T 50845—2013	2013 – 08 – 08	2014 – 03 – 01	
54	小型水电站安全检测与评价规范	GB/T 50876—2013	2013 – 08 – 08	2014 – 03 – 01	
55	小型水电站运行维护技术规范	GB/T 50964—2014	2014 – 01 – 29	2014 – 10 – 01	
56	橡胶坝工程技术规范	GB/T 50979—2014	2014 – 01 – 09	2014 – 08 – 01	
57	大型螺旋塑料管道输水灌溉工程技术规范	GB/T 50989—2014	2014 – 04 – 15	2015 – 01 – 01	
58	水利泵站施工及验收规范	GB/T 51033—2014	2014 – 08 – 27	2015 – 05 – 01	

7.1.2 常用的水利部规范和技术标准

常用的部分水利工程建设监理规范和技术标准见表 7.2（水利部颁布）。

表 7.2 常用的部分水利工程建设监理规范和技术标准

序号	标准名称	标准编号	发布日期	实施日期	备注
1	农田排水工程技术规范	SL 4—2013	2013 - 01 - 22	2013 - 04 - 22	
2	水利水电专用混凝土泵技术条件	SL 15—2011	2011 - 02 - 17	2011 - 05 - 17	
3	小水电建设项目经济评价规程	SL 16—2010	2010 - 10 - 22	2011 - 01 - 22	
4	疏浚与吹填工程技术规范	SL 17—2014	2014 - 05 - 09	2014 - 08 - 09	
5	渠道防渗工程技术规范	SL 18—2014	2014 - 12 - 08	2005 - 02 - 01	
6	水利基本建设项目竣工财务决策编制规程	SL 19—2014	2014 - 03 - 28	2014 - 06 - 28	
7	水利水电工程技术术语	SL 26—2012	2012 - 01 - 20	2012 - 04 - 20	
8	水闸施工规范	SL 27—2014	2014 - 11 - 21	2015 - 02 - 21	
9	水电新农村电气化标准	SL 30—2009	2009 - 12 - 25	2010 - 03 - 25	
10	水利水电工程钻孔压水试验规程	SL 31—2003	2003 - 08 - 29	2003 - 10 - 01	
11	水工建设物滑动模板施工技术规范	SL 32—2014	2014 - 10 - 27	2015 - 01 - 27	
12	水工金属结构焊接通用技术条件	SL 36—2016	2016 - 07 - 20	2016 - 10 - 20	
13	水工预应力锚固施工规范	SL 46—1994	1994 - 03 - 31	1994 - 07 - 01	
14	水工建筑物岩石基础开挖工程施工技术规范	SL 47—1994	1994 - 03 - 31	1994 - 07 - 01	
15	混凝土面板堆石坝施工规范	SL 49—2015	2015 - 05 - 15	2015 - 08 - 15	
16	水利水电工程施工测量规范	SL 52—2015	2015 - 05 - 15	2015 - 08 - 15	
17	中小型水利水电工程地质勘察规范	SL 55—2005	2005 - 04 - 18	2005 - 07 - 01	
18	水文自动测报系统技术规范	SL 61—2015	2015 - 03 - 05	2015 - 06 - 05	
19	水工建设物水泥灌浆施工技术规范	SL 62—2014	2014 - 10 - 27	2015 - 01 - 27	
20	水利建设项目经济评价规范	SL 72—2013	2013 - 11 - 25	2014 - 02 - 25	
21	水利水电工程制图标准 基础制图	SL 73.1—2013	2013 - 01 - 14	2013 - 04 - 14	
22	水利水电工程制图标准 水工建筑图	SL 73.2—2013	2013 - 01 - 14	2013 - 04 - 14	
23	水利水电工程制图标准 勘测图	SL 73.3—2013	2013 - 01 - 14	2013 - 04 - 14	
24	水利水电工程制图标准 水力机械图	SL 73.4—2013	2013 - 01 - 14	2013 - 04 - 14	
25	水利水电工程制图标准 电气图	SL 73.5—2013	2013 - 01 - 14	2013 - 04 - 14	
26	水利水电工程制图标准 水土保持图	SL 73.6—2015	2015 - 10 - 28	2016 - 01 - 28	
27	水闸技术管理规程	SL 75—2014	2014 - 09 - 10	2014 - 12 - 10	
28	水工钢闸门和启闭机安全检测技术规程	SL 101—2014	2014 - 04 - 22	2014 - 07 - 22	
29	水利工程水利计算规范	SL 104—2015	2015 - 05 - 21	2015 - 08 - 21	
30	水工金属结构防腐蚀规范	SL 105—2007	2007 - 11 - 26	2008 - 02 - 26	
31	水库工程管理设计规范	SL 106—2017	2017 - 02 - 28	2017 - 05 - 28	
32	混凝土试模检验方法	SL 130—2017	2017 - 01 - 11	2017 - 04 - 11	
33	混凝土坍落度仪校验方法	SL 131—2017	2017 - 03 - 08	2017 - 06 - 08	
34	水工混凝土标准养护室检验方法	SL 138—2011	2011 - 01 - 20	2011 - 04 - 20	
35	小型水电站建设工程验收规程	SL 168—2012	1996 - 09 - 10	2013 - 02 - 23	

序号	标 准 名 称	标准编号	发布日期	实施日期	备注
36	小型水电站施工技术规范	SL 172—2012	2012 - 01 - 12	2012 - 04 - 12	
37	水利水电工程混凝土防渗墙施工技术规范	SL 174—2014	2014 - 10 - 27	2015 - 01 - 27	
38	水利水电工程施工质量检验与评定规程	SL 176—2007	2007 - 07 - 14	2007 - 10 - 14	
39	堤防工程地质勘察规程	SL 188—2005	2005 - 04 - 18	2005 - 07 - 01	
40	水文调查规范	SL 196—2015	2015 - 02 - 05	2015 - 05 - 05	
41	水利水电工程测量规范	SL 197—2013	2013 - 09 - 17	2013 - 12 - 17	
42	已成防洪工程经济效益分析计算及评价规范	SL 206—2014	2014 - 05 - 09	2014 - 08 - 09	
43	土石坝养护修理规程	SL 210—2015	2015 - 02 - 09	2015 - 05 - 09	
44	水环境监测规范	SL 219—2013	2013 - 12 - 16	2014 - 03 - 16	
45	水利水电建设工程验收规程	SL 223—2008	2008 - 03 - 03	2008 - 06 - 03	
46	水利水电工程土工合成材料应用技术规范	SL/T 225—1998	1998 - 11 - 10	1998 - 11 - 15	
47	橡胶坝技术规范	SL 227—1998	1998 - 12 - 25	1999 - 01 - 01	
48	聚乙烯（PE）土工膜防渗工程技术规范	SL/T 231—1998	1999 - 01 - 16	1999 - 03 - 01	
49	泵站施工规范	SL 234—1999	1999 - 03 - 23	1999 - 04 - 01	
50	土工合成材料测试规程	SL 235—2012	2012 - 05 - 16	2012 - 08 - 16	
51	土工试验规程	SL 237—1999	1999 - 03 - 25	1999 - 04 - 15	
52	周期式混凝土搅拌楼（站）	SL 242—2009	2009 - 06 - 10	2009 - 09 - 10	
53	水利水电工程天然建筑材料勘察规程	SL 251—2015	2015 - 03 - 05	2015 - 06 - 05	
54	溢洪道设计规范	SL 253—2018	2018 - 07 - 17	2018 - 10 - 17	
55	堤防工程施工规范	SL 260—2014	2014 - 07 - 06	2014 - 10 - 16	
56	水利水电工程岩石试验规程	SL 264—2001	2001 - 02 - 28	2001 - 04 - 01	
57	水闸设计规范	SL 265—2016	2016 - 11 - 30	2017 - 02 - 28	
58	大坝安全自动监测系统设备基本技术条件	SL 268—2001	2001 - 06 - 13	2001 - 12 - 01	
59	水土保持监测技术规程	SL 277—2002	2002 - 09 - 04	2002 - 10 - 01	
60	水工隧洞设计规范	SL 279—2016	2016 - 04 - 26	2016 - 07 - 26	
61	水利工程施工监理规范	SL 288—2014	2014 - 10 - 30	2015 - 01 - 30	
62	水土保持治沟骨干工程技术规范	SL 289—2003	2003 - 10 - 20	2004 - 01 - 01	
63	水利水电工程地质测绘规程	SL 299—2004	2004 - 05 - 12	2004 - 08 - 01	
64	水利水电工程施工组织设计规范	SL 303—2017	2017 - 09 - 08	2017 - 12 - 08	
65	小水电代燃料项目验收规程	SL 304—2011	2011 - 12 - 22	2012 - 03 - 22	
66	村镇供水工程技术规范	SL 310—2004	2004 - 11 - 11	2005 - 02 - 01	
67	水利水电工程施工地质勘察规程	SL 313—2004	2004 - 12 - 08	2005 - 03 - 01	
68	泵站设备安装及验收规范	SL 317—2015	2015 - 02 - 02	2015 - 05 - 02	
69	水利血防技术规范	SL 318—2011	2011 - 07 - 12	2011 - 10 - 12	
70	混凝土重力坝设计规范	SL 319—2018	2018 - 07 - 17	2018 - 10 - 17	
71	大中型水轮发电机基本技术条件	SL 321—2005	2005 - 05 - 10	2005 - 07 - 01	
72	水土保持工程质量评定规程	SL 336—2006	2006 - 03 - 31	2006 - 07 - 01	
73	水土保持信息管理技术规程	SL 341—2006	2006 - 09 - 09	2006 - 10 - 01	
74	水土保持监测设施通用技术条件	SL 342—2006	2006 - 09 - 09	2006 - 10 - 01	

续表

序号	标 准 名 称	标准编号	发布日期	实施日期	备注
75	水工混凝土试验规程	SL 352—2006	2006 - 10 - 23	2006 - 12 - 01	
76	农田水利示范园区建设标准	SL 371—2006	2007 - 03 - 01	2007 - 06 - 01	
77	节水灌溉设备现场验收规程	SL 372—2007	2007 - 03 - 01	2007 - 06 - 01	
78	水利水电工程水文地质勘察规范	SL 373—2007	2007 - 05 - 11	2007 - 08 - 11	
79	水利水电工程锚喷支护技术规范	SL 377—2007	2007 - 10 - 08	2008 - 01 - 08	
80	水工建筑物地下开挖工程施工规范	SL 378—2007	2007 - 10 - 08	2008 - 01 - 08	
81	水利水电工程启闭机制造安装及验收规范	SL 381—2007	2007 - 07 - 14	2007 - 10 - 14	
82	水利水电工程清污机型式基本参数技术条件	SL 382—2007	2007 - 07 - 14	2007 - 10 - 14	
83	开发建设项目水土保持设施验收技术规程	SL 387—2007	2007 - 10 - 08	2008 - 01 - 08	
84	水利水电工程施工通用安全技术规程	SL 398—2007	2007 - 11 - 26	2008 - 02 - 26	
85	水利水电工程土建施工安全技术规程	SL 399—2007	2007 - 11 - 26	2008 - 02 - 26	
86	水利水电工程机电设备安装安全技术规程	SL 400—2016	2016 - 12 - 20	2017 - 03 - 20	
87	水利水电工程施工作业人员安全操作规程	SL 401—2007	2007 - 11 - 26	2008 - 02 - 26	
88	大型灌区技术改造规程	SL 418—2008	2008 - 04 - 21	2008 - 07 - 21	
89	水利水电起重机械安全规程	SL 425—2017	2017 - 05 - 05	2017 - 08 - 05	
90	水利工程压力钢管制造安装及验收规范	SL 432—2008	2008 - 08 - 15	2008 - 11 - 15	
91	堤防隐患探测规程	SL 436—2008	2008 - 10 - 06	2009 - 01 - 06	
92	水利系统通信工程验收规程	SL 439—2009	2009 - 03 - 02	2009 - 06 - 02	
93	水利水电工程建设征地移民实物调查规范	SL 442—2009	2009 - 07 - 31	2009 - 10 - 31	
94	小水电代燃料标准	SL 468—2009	2010 - 01 - 25	2010 - 04 - 25	
95	水利工程设备制造监理规范	SL 472—2010	2010 - 03 - 30	2010 - 06 - 30	
96	灌溉与排水渠系建筑物设计规范	SL 482—2011	2011 - 03 - 08	2011 - 06 - 08	
97	水工建筑物强震动安全监测技术规范	SL 486—2011	2011 - 03 - 08	2011 - 06 - 08	
98	水利水电工程施工总布置设计规范	SL 487—2010	2010 - 12 - 30	2011 - 03 - 30	
99	灌浆记录仪校验方法	SL 509—2012	2012 - 08 - 06	2012 - 11 - 06	
100	水工沥青混凝土施工规范	SL 514—2013	2013 - 09 - 17	2013 - 12 - 17	
101	水利视频监视系统技术规范	SL 515—2013	2013 - 02 - 04	2013 - 05 - 04	
102	水土保持工程施工监理规范	SL 523—2011	2011 - 12 - 26	2012 - 03 - 26	
103	小型水电站机组运行综合性能质量评定标准	SL 524—2011	2011 - 01 - 10	2011 - 04 - 10	
104	农村水电变电站技术管理规程	SL 528—2018	2018 - 01 - 20	2018 - 04 - 20	
105	农村水电站技术管理规程	SL 529—2011	2011 - 01 - 20	2011 - 04 - 20	
106	大坝安全监测仪器检验测试规程	SL 530—2012	2012 - 05 - 16	2012 - 08 - 16	
107	大坝安全监测仪器安装标准	SL 531—2012	2012 - 06 - 08	2012 - 09 - 08	
108	水工建设物抗震试验规程	SL 539—2011	2011 - 06 - 01	2011 - 09 - 01	
109	水利水电建设用门座起重机	SL 542—2011	2011 - 06 - 01	2011 - 09 - 01	
110	水利工程设备制造监理技术导则	SL 544—2011	2011 - 06 - 01	2011 - 09 - 01	
111	铸铁闸门技术条件	SL 545—2011	2011 - 07 - 07	2011 - 10 - 07	
112	泵站现场测试与安全检测规程	SL 548—2012	2012 - 04 - 23	2012 - 07 - 23	
113	土石坝安全监测技术规范	SL 551—2012	2012 - 03 - 28	2012 - 06 - 28	

续表

序号	标 准 名 称	标准编号	发布日期	实施日期	备注
114	橡胶坝坝袋	SL 554—2011	2011 - 08 - 11	2011 - 11 - 11	
115	小型水电站现场效率试验规程	SL 555—2012	2012 - 04 - 05	2012 - 07 - 05	
116	水利基本建设项目竣工决策审计规程	SL 557—2012	2012 - 03 - 28	2012 - 06 - 28	
117	农村饮水安全工程实施方案编制规程	SL 559—2011	2012 - 09 - 29	2011 - 12 - 29	
118	土坝灌浆技术规范	SL 564—2014	2014 - 07 - 03	2014 - 10 - 03	
119	水利水电工程地质勘察资料整编规程	SL 567—2012	2013 - 09 - 10	2012 - 12 - 10	
120	节水灌溉设备水力基本参数测试方法	SL 571—2013	2013 - 07 - 01	2013 - 10 - 01	
121	灯泡贯流式水轮发电机组运行检修规范	SL 573—2012	2012 - 08 - 16	2012 - 11 - 06	
122	水利统计主要指标分类及编码	SL 574—2012	2012 - 09 - 10	2012 - 12 - 10	
123	水利水电工程水土保持技术规范	SL 575—2012	2012 - 10 - 08	2013 - 01 - 08	
124	水工金属结构铸锻件通用技术条件	SL 576—2012	2012 - 10 - 19	2013 - 01 - 19	
125	水工金属结构三维坐标测量技术规程	SL 580—2012	2012 - 10 - 19	2013 - 01 - 19	
126	水工金属结构制造安装质量检验通则	SL 582—2012	2012 - 07 - 20	2012 - 10 - 20	
127	泵站计算机监控与信息系统技术导则	SL 583—2012	2012 - 08 - 06	2012 - 11 - 06	
128	潜水泵站技术规范	SL 584—2012	2012 - 08 - 06	2012 - 11 - 06	
129	水利信息化项目验收规范	SL 588—2013	2013 - 01 - 22	2013 - 04 - 22	
130	小水电代燃料生态效益计算导则	SL 593—2013	2013 - 01 - 22	2013 - 04 - 22	
131	水利水电起重机实验方法	SL 594—2013	2013 - 02 - 04	2013 - 05 - 04	
132	堤防工程养护修理规程	SL 595—2013	2013 - 09 - 17	2013 - 12 - 17	
133	锚索测力计校验方法	SL 597—2012	2012 - 09 - 10	2012 - 12 - 10	
134	周期式混凝土搅拌楼（站）计量系统校验方法	SL 598—2012	2012 - 09 - 10	2012 - 12 - 10	
135	混凝土坝安全监测技术规范	SL 601—2013	2013 - 03 - 15	2013 - 06 - 15	
136	小型水电站施工安全规程	SL 626—2013	2013 - 09 - 06	2013 - 12 - 06	
137	水利水电工程单元工程施工质量验收评定标准——土石方工程	SL 631—2012	2012 - 09 - 19	2012 - 12 - 19	
138	水利水电工程单元工程施工质量验收评定标准——混凝土工程	SL 632—2012	2012 - 09 - 19	2012 - 12 - 19	
139	水利水电工程单元工程施工质量验收评定标准——地基处理与基础工程	SL 633—2012	2012 - 09 - 19	2012 - 12 - 19	
140	水利水电工程单元工程施工质量验收评定标准——堤防工程	SL 634—2012	2012 - 09 - 19	2012 - 12 - 19	
141	水利水电工程单元工程施工质量验收评定标准——水工金属结构安装工程	SL 635—2012	2012 - 09 - 19	2012 - 12 - 19	
142	水利水电工程单元工程施工质量验收评定标准——水轮发电机组安装工程	SL 636—2012	2012 - 09 - 19	2012 - 12 - 19	
143	水利水电工程单元工程施工质量验收评定标准——水力机械辅助设备系统安装工程	SL 637—2012	2012 - 09 - 19	2012 - 12 - 19	
144	水利水电工程单元工程施工质量验收评定标准——发电电气设备安装工程	SL 638—2013	2012 - 08 - 08	2013 - 11 - 08	
145	水利水电工程单元工程施工质量验收评定标准——升压变电电气设备安装工程	SL 639—2013	2012 - 08 - 08	2013 - 11 - 08	

续表

序号	标 准 名 称	标准编号	发布日期	实施日期	备注
146	输变电项目水土保持技术规范	SL 640—2013	2013 - 12 - 11	2014 - 03 - 11	
147	水利水电工程施工总进度设计规范	SL 643—2013	2013 - 09 - 17	2013 - 12 - 17	
148	土石坝施工组织设计规范	SL 648—2013	2013 - 11 - 20	2014 - 02 - 20	
149	水文设施工程施工规程	SL 649—2014	2014 - 01 - 17	2014 - 04 - 17	
150	水文设施工程验收规程	SL 650—2014	2014 - 01 - 17	2014 - 04 - 17	
151	水库枢纽工程地质勘察规范	SL 652—2014	2014 - 11 - 25	2015 - 02 - 25	
152	水利水电建设工程验收技术鉴定导则	SL 670—2015	2015 - 08 - 11	2015 - 11 - 11	
153	水电站桥式起重机	SL 673—2014	2014 - 10 - 27	2015 - 01 - 27	
154	水工混凝土施工规范	SL 677—2014	2014 - 10 - 27	2015 - 01 - 27	
155	堤防工程安全评价导则	SL/Z 679—2015	2015 - 01 - 21	2015 - 04 - 21	
156	水利水电工程移民安置验收规程	SL 682—2014	2014 - 12 - 03	2015 - 03 - 03	
157	村镇供水工程施工质量验收规范	SL 688—2013	2013 - 10 - 14	2014 - 01 - 14	
158	水利水电工程施工质量通病防治导则	SL/Z 690—2013	2013 - 10 - 14	2014 - 01 - 14	
159	预应力钢筒混凝土管道技术规范	SL 702—2015	2015 - 02 - 09	2015 - 05 - 09	
160	灌溉与排水工程施工质量评定规程	SL 703—2015	2015 - 02 - 16	2015 - 05 - 16	
161	水闸与泵站工程地质勘察规范	SL 704—2015	2015 - 01 - 30	2015 - 04 - 30	
162	水工混凝土结构缺陷检测技术规程	SL 713—2015	2015 - 05 - 04	2015 - 08 - 04	
163	水利水电工程施工安全防护设施技术规程	SL 714—2015	2015 - 05 - 22	2015 - 08 - 22	
164	水土流失危险程度分级标准	SL 718—2015	2015 - 05 - 15	2015 - 08 - 15	
165	水利水电工程施工安全管理导则	SL 721—2015	2015 - 07 - 31	2015 - 10 - 31	
166	水工钢闸门和启闭机安全运行规程	SL 722—2015	2015 - 08 - 17	2015 - 11 - 17	
167	水利水电工程安全监测设计规范	SL 725—2016	2016 - 05 - 23	2016 - 08 - 23	
168	水工隧洞安全监测技术规范	SL 764—2018	2018 - 12 - 05	2019 - 03 - 05	
169	水利水电工程安全设施验收导则	SL 765—2018	2018 - 03 - 20	2018 - 06 - 20	
170	水闸安全监测技术规范	SL 768—2018	2018 - 12 - 05	2019 - 03 - 05	
171	水利工程质量检测技术规程	SL 734—2016	2016 - 06 - 07	2016 - 09 - 07	

7.2 监理实施细则库

根据公司所承接的工程类别，编集了常用的监理实施细则库，见表7.3。

表7.3 监 理 实 施 细 则 库

序号	监理实施细则名称	监理实施细则编号	备注
1	水利工程施工监理实施细则	RH - XE - SS - 001	
2	土方开挖工程监理实施细则	RH - XE - SS - 002	
3	石方开挖工程监理实施细则	RH - XE - SS0 - 03	
4	土方填筑工程监理实施细则	RH - XE - SS - 004	
5	建筑物周边土方回填监理实施细则	RH - XE - SS - 005	
6	施工围堰填筑监理实施细则	RH - XE - SS - 006	

续表

序号	监理实施细则名称	监理实施细则编号	备注
7	隧洞开挖工程监理实施细则	RH－XE－SS－007	
8	浆砌石工程监理实施细则	RH－XE－SS－008	
9	干砌石工程监理实施细则	RH－XE－SS－009	
10	钢筋混凝土工程监理实施细则	RH－XE－SS－010	
11	大坝混凝土预制块护坡工程监理实施细则	RH－XE－SS－011	
12	大坝观测设施安装监理实施细则	RH－XE－SS－012	
13	混凝土防渗墙施工监理实施细则	RH－XE－SS－013	
14	水泥搅拌桩防渗墙监理实施细则	RH－XE－SS－014	
15	混凝土灌注桩施工监理实施细则	RH－XE－SS－015	
16	锥探灌浆施工监理实施细则	RH－XE－SS－016	
17	大坝劈裂灌浆施工监理实施细则	RH－XE－SS－017	
18	帷幕灌浆施工监理实施细则	RH－XE－SS－018	
19	高压喷射灌浆施工监理实施细则	RH－XE－SS－019	
20	建筑物拆除施工监理实施细则	RH－XE－SS－020	
21	金属结构制造与安装监理实施细则	RH－XE－SS－021	
22	闸门、启闭机安装施工监理实施细则	RH－XE－SS－022	
23	水泵安装施工监理实施细则	RH－XE－SS－023	
24	机电设备安装施工监理实施细则	RH－XE－SS－024	
25	粉喷桩工程施工监理实施细则	RH－XE－SS－025	
26	工程信息化项目建设监理实施细则	RH－XE－SS－026	
27	施工安全控制监理实施细则	RH－XE－SS－027	
28	工程安全监测施工监理实施细则	RH－XE－SS－028	
29	沥青混凝土路面施工监理实施细则	RH－XE－SS－029	
30	防汛道路施工监理实施细则	RH－XE－SS－030	
31	挂网喷混凝土施工监理实施细则	RH－XE－SS－031	
32	原材料质量控制监理实施细则	RH－XE－SS－032	
33	施工测量控制监理细则	RH－XE－SS－033	
34	基础清理施工监理细则	RH－XE－SS－034	
35	水工建筑物岩石地基施工质量验收监理实施细则	RH－XE－SS－035	
36	工程进度计划控制监理实施细则	RH－XE－SS－036	
37	工程质量控制监理实施细则	RH－XE－SS－037	
38	混凝土裂缝处理及化学灌浆工程监理实施细则	RH－XE－SS－038	
39	合同计量与支付控制监理实施细则	RH－XE－SS－039	
40	工程质量检测试验监理实施细则	RH－XE－SS－040	
41	工程变更监理实施细则	RH－XE－SS－041	
42	环境保护监理实施细则	RH－XE－SS－042	
43	水土保持监理实施细则	RH－XE－SS－043	
44	土工合成材料铺设监理实施细则	RH－XE－SS－044	
45	工程验收监理实施细则	RH－XE－SS－045	

续表

序号	监理实施细则名称	监理实施细则编号	备注
46	砂基地层深井降低地下水位工程监理实施细则	RH-XE-SS-046	
47	抛石护岸工程监理实施细则	RH-XE-SS-047	
48	渠道混凝土衬砌监理实施细则	RH-XE-SS-048	
49	渠道混凝土机械化施工监理实施细则	RH-XE-SS-049	
50	渠道膨胀土换填工程监理实施细则	RH-XE-SS-050	
51	膨胀土改性工程施工监理实施细则	RH-XE-SS-051	
52	电气设备安装监理实施细则	RH-XE-SS-052	
53	强制性条文监理实施细则	RH-XE-SS-053	
54	房屋建筑施工监理实施细则	RH-XE-SS-054	
55	基础处理施工监理实施细则	RH-XE-SS-055	
56	管道安装施工监理实施细则	RH-XE-SS-056	
57	水利工程设备制造监理实施细则	RH-XE-SS-057	
58	坝基防渗施工监理实施细则	RH-XE-SS-058	
59	设计文件、图纸审核监理实施细则	RH-XE-SS-059	
60	合同索赔监理实施细则	RH-XE-SS-060	
61	黏土心墙坝填筑监理实施细则	RH-XE-SS-061	
62	堆石坝坝体填筑监理实施细则	RH-XE-SS-062	
63	PCCP管制造监理实施细则	RH-XE-SS-063	
64	土石坝（堰）填筑料开采施工监理实施细则	RH-XE-SS-064	
65	旁站监理实施细则	RH-XE-SS-065	
66	混凝土面碳化处理工程监理实施细则	RH-XE-SS-066	
67	安全文明施工监理实施细则	RH-XE-SS-067	
68	脚手架施工安全监理实施细则	RH-XE-SS-068	
69	金属结构制造监造监理实施细则	RH-XE-SS-069	
70	围堰施工监理实施细则	RH-XE-SS-070	

第8章 水利工程施工、监理合同示范文本

8.1 水利水电土建工程施工合同示范文本

第一部分 通 用 条 款

一、词语涵义

1 词语涵义

除上下文另有要求者外，合同中下列词语应具有本条所赋予的涵义。

1.1 有关合同双方和监理人的词语

（1）发包人：指专用合同条款中写明的当事人。

（2）承包人：指与发包人正式签署协议书的当事人。

（3）分包人：指本合同中从承包人分包某一部分工程的当事人。

（4）监理人：指专用合同条款中写明的由发包人委托对本合同实施监理的当事人。

1.2 有关合同组成文件的词语

（1）合同文件（或称合同）：指由发包人与承包人签订的为完成本合同规定的各项工作所列入本合同条件第1条第（3）项的全部文件以及其他在协议书中明确列入的文件。

（2）技术条款：指本合同的技术条款和由监理人作出的或批准的对技术条款的任何修改或补充文件。

（3）图纸：指列入合同的招标图纸和发包人按合同规定向承包人提供的所有图纸（包括配套说明和有关资料）以及列入合同的投标图纸和由承包人提交并经监理人批准的所有图纸（包括配套说明和有关资料）。

（4）施工图纸：指上述第（3）项规定的图纸中由发包人提供或由承包人提交并经监理人批准的直接用于施工的图纸（包括配套说明和有关资料）。

（5）投标文件：指承包人为完成本合同规定的各项工作，在投标时按招标文件的要求向发包人提交的投标报价书、已标价的工程量清单及其他文件。

（6）中标通知书：指发包人正式向承包人授标的通知书。

1.3 有关工程和设备的词语

（1）工程：指永久工程和临时工程或为二者之一。

（2）永久工程：指按本合同规定应建造的并移交给发包人使用的工程（包括工程设备）。

（3）临时工程：指为完成本合同规定的各项工作所需的各类非永久工程（不包括施工设备）。

（4）主体工程：指专用合同条款中写明的全部永久工程中的主要工程。

（5）单位工程：指专用合同条款中写明的单位工程。

（6）工程设备：指构成或计划构成永久工程一部分的机电设备、金属结构设备、仪器装置及其他类似的设备和装置。

（7）施工设备：指为完成本合同规定的各项工作所需的全部用于施工的设备、器具和其他物品，不包括临时工程和材料。

（8）承包人设备：指承包人的施工设备。

（9）进点：指承包人接到开工通知后进入施工场地。

1.4 有关工期的词语

（1）开工通知：指发包人委托监理人通知承包人开工的函件。

（2）开工日期：指承包人接到监理人按第18.1款发出的开工通知的日期或开工通知中写明的开工日。

（3）完工日期：指本合同规定的全部工程、单位工程或部分工程完工和通过完工验收后在移交证书（或临时移交证书）中写明的完工日。

1.5 有关合同价格和费用的词语

（1）合同价格：指协议书中写明的合同总金额。

（2）费用：指为实施本合同所发生的所有开支，包括管理费和应分摊的其他费用，但不包括利润。

1.6 其他词语

（1）施工场地（或施工地）：指由发包人提供的用于本合同工程的场所以及在合同中指定作为施工场地组成部分的其他场所。

（2）书面形式：指任何手写、打印、印刷的各种函件，包括电传、电报、传真和电子邮件等。

（3）天：指日历天。

二、合同文件

2 语言文字和法律

2.1 语言文字

合同使用的语言文字为汉语文字。

2.2 法律、法规和规章

适用于本合同的法律、法规和规章是中华人民共和国的法律、行政法规以及国务院有关部门的规章和工程所在地的省（自治区、直辖市）的地方法规和规章。

3 合同文件的优先顺序

组成合同的各项文件应能互相解释，互为说明。当合同文件出现含糊不清或不一致时，由监理人作出解释。除合同另有规定外，解释合同文件的优先顺序规定在专用合同条款内。

三、双方的一般义务和责任

4 发包人的一般义务和责任

4.1 遵守法律、法规和规章

发包人应在其组织实施本合同的全部工作中遵守与本合同有关的法律、法规和规章，并应承担由于其自身违反上述法律、法规和规章的责任。

4.2 发布开工通知

发包人应委托监理人按合同规定的日期向承包人发布开工通知。

4.3 安排监理人及时进点实施监理

发包人应在开工通知发布前安排监理人及时进入工地开展监理工作。

4.4 提供施工用地

发包人应按专用合同条款规定的承包人用地范围和时限，办清施工用地范围内的征地和移民，按时向承包人提供施工用地。

4.5 提供部分施工准备工程

发包人应按技术条款的有关规定，完成应由发包人承担的施工准备工程，并按合同规定的时限提供承包人使用。

4.6 移交测量基准

发包人应按第 27.1 款和技术条款的有关规定，委托监理人向承包人移交现场测量基准点及其有关资料。

4.7 办理保险

发包人应按合同规定负责办理由发包人投保的保险。

4.8 提供已有的水文和地质勘探资料

发包人应向承包人提供已有的与本合同工程有关的水文和地质勘探资料，但只对列入合同文件的水文和地质勘探资料负责，不对承包人使用上述资料所作的分析、判断和推论负责。

4.9 及时提供图纸

发包人应委托监理人在合同规定的时限内向承包人提供应由发包人负责提供的图纸。

4.10 支付合同价款

发包人应按第 33 条、35 条和 36 条的规定支付合同价款。

4.11 统一管理工程的文明施工

发包人应按国家有关规定负责统一管理本工程的文明施工，为承包人实现文明施工目标创造必要的条件。

4.12 治安保卫和施工安全

发包人应按第 29 条的有关规定履行其治安保卫和施工安全职责。

4.13 环境保护

发包人应按环境保护的法律、法规和规章的有关规定统一筹划本工程的环境保护工作，负责审查承包人按第 30 条规定所采取的环境保护措施，并监督其实施。

4.14 组织工程验收

发包人应按第 52 条的规定主持和组织工程的完工验收。

4.15 其他一般义务和责任

发包人应承担专用合同条款中规定的其他一般义务和责任。

5 承包人的一般义务和责任

5.1 遵守法律、法规和规章

承包人应在其负责的各项工作中遵守与本合同工程有关的法律、法规和规章，并保证发包人免于承担由于承包人违反上述法律、法规和规章的任何责任。

5.2 提交履约担保证件

承包人应按第 6 条的规定向发包人提交履约担保证件。

5.3 及时进点施工

承包人应在接到开工通知后及时调遣人员和调配施工设备、材料进入工地，按施工总进度要求完成施工准备工作。

5.4 执行监理人的指示，按时完成各项承包工作

承包人应认真执行监理人发出的与合同有关的任何指示，按合同规定的内容和时间完成全部承包工作。除合同另有规定外，承包人应提供为完成本合同工作所需的劳务、材料、施工设施、工程设备和其他物品。

5.5 提交施工组织设计、施工措施计划和部分施工图纸

承包人应按合同规定的内容和时间要求，编制施工组织设计、施工措施计划和由承包人负责的施工图纸提交监理人审批，并对现场作业和施工方法的完备和可靠负全部责任。

5.6 办理保险

承包人应按合同规定负责办理由承包人投保的保险。

5.7 文明施工

承包人应按国家有关规定文明施工，并应在施工组织设计中提出施工全过程的文明施工措施计划。

5.8 保证工程质量

承包人应严格按技术条款中规定的质量要求完成各项工作。

5.9 保证工程施工和人员的安全

承包人应按第 29 条的有关规定认真采取施工安全措施，确保工程和由其管辖的人员、材料、设施和设备的安全，并应采取有效措施防止工地附近建筑物和居民的生命财产遭受损害。

5.10 环境保护

承包人应遵守环境保护的法律、法规和规章，并应按第 30 条的规定采取必要的措施保护工地及其附近的环境免受因其施工引起的污染、噪声和其他因素所造成的环境破坏以及人员伤害和财产损失。

5.11 避免施工对公众利益的损害

承包人在进行本合同规定的各项工作时，应保障发包人和其他人的财产和利益以及使用公用道路、水源和公共设施的权利免受损害。

5.12 为其他人提供方便

承包人应按监理人的指示为其他人在本地或附近实施与本工程有关的其他各项工作提供必要的条件。除合同另有规定外，有关提供条件的内容和费用应在监理人的协调下另行签订协议。若达不成协议，则由监理人作出决定，有关各方遵照执行。

5.13 工程维护和保修

工程未移交发包人前，承包人应负责管理和维护；移交后承包人应承担保修期内的缺陷修复工作。若工程移交证书颁发时尚有部分未完工程需要保修期内继续完成，则承包人还应负责该未完工程的管理和维护工作，直至完工后移交给发包人为止。

5.14 完工清场和撤离

承包人应在合同规定的期限内完成工地清理并按期撤退人员、设备和剩余材料。

5.15 其他一般义务和责任

承包人应承担专用合同条款中规定的其他一般义务和责任。

四、履约担保

6 履约担保

6.1 履约担保证件

承包人应按合同规定的格式和专用合同条款规定的金额，在正式签署协议书前向发包人提交经发包人同意的银行或其他金融机构出具的履约保函或经发包人同意的具有担保资格的企业出具的履约担保书。取得证件的费用由承包人承担。

6.2 履约担保证件的有效期

承包人应保证履约保函或履约担保书在发包人颁发保修责任终止证书前一直有效，发包人应在保修责任终止证书颁发后 14d 内将上述证件退还给承包人。

五、监理人和总监理工程师

7 监理人和总监理工程师

7.1 监理人的职责和权力

(1) 监理人应履行本合同规定的职责。

（2）监理人可以行使合同规定的和合同中隐含的权力，但若发包人要求监理人在行使某种权力之前必须得到发包人批准，则应在专用合同条款中予以规定，否则监理人行使的这种权力应视为已得到发包人的事先批准。

（3）除合同中另有规定外，监理人无权免除合同中规定的承包人或发包人的责任和权利。

7.2　总监理工程师

总监理工程师（以下简称总监）是监理人驻工地履行监理人职责的全权负责人。发包人应在开工通知发布前将总监的任命通知承包人，总监易人时应由发包人及时通知承包人。总监短期离开工地时应委派代表代行使其职责，并通知承包人。

7.3　监理人员

总监理工程师可以指派监理人员负责实施监理中的某项工作，总监理工程师应将这些人员的姓名、职责和授权范围通知承包人。监理人员出于上述目的而发出的指示均视为已得到总监的同意。

7.4　监理人的指示

（1）监理人的指示应盖有监理人授权的现场机构公章和总监或按上述第7.3款规定授权的监理人员签名。

（2）承包人收到监理人指示后应立即遵照执行。若承包人对监理人的指示持异议时，仍应遵照执行，但可向监理人提出书面意见。监理人研究后可作出修改指示或继续执行原指示的决定，并通知承包人。若监理人决定继续执行原指示，承包人仍应遵照执行，但承包人有权按第44.1款的规定提出按合同争议处理的要求。

（3）在紧急情况下，监理人员可以当场签发临时书面指示，但监理人应在发出临时书面指示后48h内补发正式书面指示，如监理人未在48h内及时补发，则承包人可提出书面确认函，声明已视临时书面指示为正式指示。

（4）除合同另有规定外，承包人只从上述第7.3款规定的监理人员处取得指示。

7.5　监理人应公正地履行职责

监理人应公正地履行职责，在按合同要求由监理人发出指示、表示意见、审批文件、确定价格以及采取可能涉及发包人或承包人的义务和权利的行动时，应认真查清事实，并与双方充分协商后作出公正的决定。

六、联络

8　联络

8.1　联络以书面形式为准

合同文件中述及的由任何人提出或给出的与合同有关的通知、指示、要求、请求、同意、意见、确认、批准、证书、证明和决定等是双方联络和履行合同的凭证，均应以书面函件为准，并应送达双方约定的地点和办理签收手续。

8.2　来往函件的发出和答复

上述第8.1款中的通知、指示、要求、请求、同意、意见、确认、批准、证书、证明和决定等来往函件均应按合同规定的时限及时发出和答复，不得无故扣压和拖延，否则由责任方对由此造成的后果负责。

七、图纸

9　图纸

9.1　招标图纸和投标图纸

（1）列入合同的招标图纸及其补充通知仅作为承包人投标报价和在履行合同过程中衡量变更的依据，不能直接用于施工。

（2）列入合同的投标图纸及其补充资料仅作为发包人选择中标者和在履行合同过程中检验承包

人是否按其投标内容进行施工的依据，亦不能直接用于施工。

9.2 施工图纸

（1）按合同规定由发包人委托监理人提供给承包人的施工图纸包括工程建筑物的结构图、体形图和配筋图以及合同规定由发包人负责的细部设计图、浇筑图和加工图等均应按技术条款中规定的时限和数量提交给承包人。由于发包人未能按时提交施工图纸而造成的工期延误应按第 42 条的有关规定办理；施工图纸中涉及变更的应按第 39 条的有关规定办理。

（2）按合同规定由承包人自行负责的施工图纸，包括部分工程建筑物的结构图、体形图和配筋图以及承包人按发包人施工图纸绘制的细部设计图、浇筑图和车间加工图等均应按技术条款中规定的时限提交监理人审批。监理人应在《技术条款》规定的期限内批复承包人。承包人应对其未能按时向监理人提交施工图纸而造成的工期延误负责；若监理人在规定的期限内批复承包人，则应视为监理人已同意按上述图纸进行施工。监理人的批复不免除承包人对其提交的施工图纸应负的责任。

9.3 施工图纸的修改

发包人委托监理人提交给承包人的施工图纸需要修改和补充时，应由监理人在该工程（或工程部位）施工前签发施工图纸的修改图给承包人，具体期限应视修改内容由双方商定，承包人应按修改后的施工图纸进行施工。施工图纸的修改涉及变更时应按第 39 条的有关规定办理。

9.4 图纸的保管

监理人和承包人均应按第 1.2 款第（3）项所包含的内容，在工地各保存一套完整的图纸。

9.5 图纸的保密

未经对方许可，按合同规定由发包人和承包人相互提供的图纸不得泄露给与本合同无关的第三方，违者应对泄密造成的后果承担责任。

八、转让和分包

10 转让

承包人不得将其承包的全部工程转包给第三人。未经发包人同意，承包人不得转移合同中的全部或部分义务，也不得转让合同中的全部或部分权利，下述情况除外。

（1）承包人的开户银行代替承包人收取合同规定的款额。

（2）在保险人已清偿了承包人的损失或免除了承包人的责任的情况下，承包人将其从任何其他责任方处获得补救的权利转让给承包人的保险人。

11 分包

11.1 工程分包应经批准

承包人不得将其承包的工程肢解后分包出去。主体工程不允许分包。除合同另有规定外，未经监理人同意，承包人不得把工程的任何部分分包出去。经监理人同意的分包工程不允许分包人再转包出去。承包人应对其分包出去的工程以及分包人的任何工作和行为负全部责任。即使是监理人同意部分分包，亦不能免除承包人按合同规定应负的责任。分包人应就其完成的工作成果向发包人承担连带责任。监理人认为有必要时，承包人应向监理人提交分包合同副本。除合同另有规定外，下列事项不要求承包人征得监理人同意。

（1）按第 12.1 款的规定提供劳务。

（2）采购符合合同规定标准的材料。

（3）合同中已明确了分包人的工程分包。

11.2 发包人指定分包人

（1）发包人根据工程特殊情况欲指定分包人时，应在专用合同条款中写明分包工作内容和指定分包人的资质情况。承包人可自行决定同意或拒绝该指定的分包人。若承包人在投标时接受了发包人指定的分包人，则该指定分包人应与承包人的其他分包人一样被视为承包人雇用的分包人，由承包人与其签订分包合同，并对其工作和行为负全部责任。

（2）在合同实施过程中，若发包人需要指定分包人时，应征得承包人的同意，此时发包人应负责协调承包人与分包人之间签订分包合同。发包人应保证承包人不因此项分项而增加额外费用；承包人则应负责该分包工作的管理和协调，并向指定分包人计取管理费；指定分包人应接受承包人的统一安排和监督。由于指定分包人造成的与其分包工作有关的一切索赔、诉讼和损失赔偿均应由指定分包人直接对发包人负责，承包人不对此承担责任。

九、承包人的人员及其管理

12　承包人的人员

12.1　承包人的职员和工人

承包人应为完成合同规定的各项工作向工地派遣或雇用技术合格和数量足够的下述人员。

（1）具有合格证明的各类专业技工和普工。

（2）具有技术理论知识和施工经验的各类专业技术人员及有能力进行现场施工管理和指导施工作业的工长。

（3）具有相应岗位资格的管理人员。

12.2　承包人项目经理

（1）承包人项目经理是承包人驻工地的全权负责人，按合同规定的承包人义务责任和权利履行其职责。承包人项目经理应按本合同的规定和监理人的指示负责组织本工程的圆满实施。在情况紧急且无法与监理人联系时，可采取保证工程和人员生命财产安全的紧急措施，并在决定采取措施后24h向监理人提交报告。

（2）承包人为实施本合同发出的一切函件均应盖有承包人授权的现场机构公章和承包人项目经理或其授权代表签名。

（3）承包人指派项目经理应经发包人同意。项目经理易人，应事先征得发包人同意。项目经理短期离开工地，应委派代表代行其职，并通知监理人。

13　承包人人员的管理

13.1　承包人人员的安排

（1）除合同另有规定外，承包人应自行安排和调遣其本单位和从本工程所在地或其他地方雇用的所有职员和工人，并为上述人员提供必要的工作和生活条件及负责支付酬金。

（2）承包人安排在工地的主要管理人员和专业技术骨干应相对稳定，上述人员的调动应报监理人同意。

13.2　提交管理机构和人员情况报告

承包人应在接到开工通知后84d内向监理人提交承包人在工地的管理机构以及人员安排的报告，其内容应包括管理机构的设置、主要技术和管理人员资质以及各工种技术工人的配备状况。若监理人认为有必要时，承包人还应按规定的格式，定期向监理人提交工地人员变动情况的报告。

13.3　承包人人员的上岗资格

技术岗位和特殊工种的工人均应持有通过国家或有关部门统一考试或考核的资格证明，监理人认为有必要时可进行考核合格者才准上岗。承包人应按第13.2款要求提交的人员情况报告中说明承包人人员持有上岗资格证明的情况。监理人有权随时检查承包人人员的上岗资格证明。

13.4　监理人有权要求撤换承包人的人员

承包人应对其在工地的人员进行有效的管理，使其能做到尽职尽责。监理人有权要求撤换那些不能胜任本职工作或行为不端或玩忽职守的任何人员，承包人应及时予以撤换。

13.5　保障承包人人员的合法权益

承包人应遵守有关法律、法规和规章的规定，充分保障承包人人员的合法权益，承包人应做到

（但不限于）：

（1）保证其人员有享受休息和休假的权利，承包人应按《劳动法》的规定安排其人员的工作时间。因工程施工的特殊需要占用休假日或延长工作时间，不应超过规定的限度，并应按规定给予补休或付酬。

（2）为其人员提供必要的食宿条件和符合环境保护和卫生要求的生活环境，配备必要的伤病预防、治疗和急救的医务人员和医疗设施。

（3）按有关劳动保护的规定采取有效的防止粉尘、有害气体和保障高温、高寒、高空作业安全等的劳动保护措施。人员在施工中受到伤害，承包人应有责任立即采取有效措施进行抢救和治疗。

（4）按有关法律、法规和规章的规定，为其管辖的所有人员办理养老保险。

（5）负责处理其管辖人员伤亡事故的全部善后事宜。

十、材料和设备

14　材料和工程设备的提供

14.1　承包人提供的材料和工程设备

（1）除合同另有规定外，为完成本合同各项工作所需的材料和工程设备均由承包人负责采购、验收、运输和保管。

（2）合同规定承包人负责采购的主要材料和工程设备，一经与供货厂家签订供货协议，应将一份副本提交监理人。

14.2　发包人提供的工程设备

（1）按合同规定由发包人提供的工程设备的名称、规格、数量、交货地点和计划交货日期均规定在专用合同条款中。

（2）承包人应根据合同进度计划的进度安排，提交一份满足工程设备安装要求的交货日期计划报送监理人审批，并抄送发包人。监理人收到上述交货日期计划后，应与发包人和承包人共同协商确定交货日期。

（3）发包人提供的工程设备不能按期交货时，应事先通知承包人，并应按第20.2款的规定办理，由此增加的费用和工期延误责任由发包人承担。

（4）发包人要求按专用合同条款中规定的提前交货期限内提前交货时，承包人不应拒绝，并不得要求增加任何费用。

（5）承包人要求更改交货日期时，应事先报监理人批准，否则由于承包人要求提前交货或不按时提供设备所增加的费用和工期延误责任由承包人承担。

（6）若发包人提供的工程设备的规格、数量或质量不符合合同要求或交货日期拖后，由此增加的费用和工期延误责任由发包人承担。

15　承包人材料和设备的管理

15.1　承包人设备应及时进入工地

合同规定的承包人设备应按合同进度计划（在施工总进度计划尚未批准前，按签署协议书商定的设备进点计划）进入工地并需经监理人核查后投入使用，若承包人需变更合同规定的承包人设备时，须经监理人批准。

15.2　承包人的材料和设备专用于本合同工程

（1）承包人运入工地的所有材料和设备应专用于本合同工程。

（2）承包人除在工地内转移这些材料和设备外，未经监理人同意，不得将上述材料和设备中的任何部分运出工地。但承包人从事运送人员和外出接运货物的车辆不要求办理同意手续。

（3）承包人在征得监理人同意后，可以按不同施工阶段的计划撤走其属于自己的闲置设备。

15.3　承包人旧施工设备的管理

承包人的旧施工设备进入工地前必须按有关规定进行年检和定期检修，并应由具有设备鉴定资格的机构出具检修合格证或经监理人检查后才准进入工地。承包人还应在旧施工设备进入工地前提交主要设备的使用和检修记录，并应配置足够的备品备件以保证旧施工设备的正常运行。

15.4 承包人租用的施工设备

（1）发包人拟向承包人出租施工设备时，应在专用合同条款中写明各种租赁设备的型号、规格、完好程度和租赁价格。

（2）承包人可以根据自身的条件选租发包人的施工设备。若承包人计划租赁发包人提供的施工设备，则应在投标时提出选用的租赁设备清单和租用时间，并在报价中计入相应的租赁费用，中标后另行签订协议。

（3）承包人从其他人租赁施工设备时，则应在签订的租赁协议中明确规定若在协议有效期内发生承包人违约而解除合同时，发包人或发包人邀请承包本合同的其他承包人可以相同的条件取得该施工设备的使用权。

15.5 监理人有权要求承包人增加和更换施工设备

监理人一旦发现承包人使用的施工设备影响工程进度和质量时，有权要求承包人增加和更换施工设备，承包人应予及时增加和更换，由此增加的费用和工期延误责任由承包人承担。

十一、交通运输

16 交通运输

16.1 场内施工道路

（1）发包人按第4.5款规定提交给承包人使用的场内道路和交通设施，应由承包人负责其在合同实施期内的维修、养护和交通管理工作，并承担一切费用。

（2）除本款（1）项所述的由发包人提供的部分场内道路和交通设施外，承包人应负责修建、维修、养护和管理其施工所需的全部其余的场内临时道路和交通设施，并承担一切费用。

（3）承包人修建的场内临时道路和交通设施，应免费提供给发包人和监理人使用；其他承包人需要使用上述道路和设施时，应按第5.12款的规定办理。

16.2 场外公共交通

（1）承包人的车辆外出行驶所需的场外公共道路的通行费、养路费和税款等一切费用由承包人承担。

（2）承包人车辆应服从当地交通部门的管理，严格按照道路和桥梁的限制荷重安全行驶，并服从交通监管部门的检查和检验。

16.3 超大件和超重件的运输

由承包人负责运输的物件中，若遇有超大件或超重件时，应由承包人负责向交通管理部门办理申请手续。运输合同规定的超大件或超重件所需进行的道路和桥梁临时加固改造费用和其他有关费用均由承包人承担。若实际运输中的超大件或超重件超过合同规定的尺寸或重量时，应由发包人和承包人共同协商确定各自分担的费用。

16.4 道路和桥梁的损坏责任

承包人应为自己进行的物品运输造成工地内外公共道路和桥梁的损坏负全部责任，并负责支付修复损坏的全部费用和可能引起的索赔。

16.5 水路运输

本条上述各款的内容亦适用于水路运输，其中"道路"一词的含义应包括水闸、码头、堤防或与水路有关的其他结构物；"车辆"一词的含义应包括船舶；本条各款规定仍有效。

十二、工程进度

17 进度计划

17.1　合同进度计划

承包人应按《技术条款》规定的内容和时限以及监理人的指示，编制施工总进度计划提交监理人审批。监理人应在《技术条款》规定的时限内批复承包人。经监理人批准的施工总进度计划（称合同进度计划）作为控制本合同工程进度的依据，并据此编制年、季和月进度计划报送监理人。根据施工总进度计划和监理人的指示控制工程进展。

17.2　修订进度计划

（1）不论何种原因发生工程的实际进度与第 17.1 款所述的合同进度计划不符时，承包人应按监理人的指示在 28d 内提交一份修订进度计划报送监理人审批，监理人应在收到该进度计划后 28d 内批复承包人。批准后的修订进度计划作为合同进度计划的补充文件。

（2）不论何种原因造成施工进度计划的拖后，承包人均应按监理人的指示采取有效措施赶上进度。承包人应在向监理人提交修订的进度计划的同时，编制一份赶工措施报告报送监理人审批，赶工措施应以保证工程按期完工为前提调整和修改进度计划。由于发包人原因造成施工进度拖后，应按第 20.2 款的规定办理；由于承包人原因造成施工进度拖后，应按第 20.3 款的规定办理。

17.3　单位工程进度计划

监理人认为有必要时，承包人应按监理人指示的内容和时限，并根据合同进度计划的进度控制要求编制单位工程进度计划报送监理人。

17.4　提交资金流估算表

承包人应在按第 17.1 款的规定向监理人提交施工总进度计划的同时，按专用合同条款规定的格式向监理人提交按月的资金流估算表。估算表应包括承包计划向发包人处得到的的全部款额，以供发包人参考。此后，如监理人提出要求，承包人还应按监理人指定的时限内提交修订的资金流估算表。

18　工程开工和完工

18.1　开工通知

监理人应在专用合同条款规定的时限内向承包人发出开工通知。承包人应在接到开工通知后及时调遣人员和调配施工设备、材料进入工地，并从开工日起按签署协议书时商定的进度计划进行施工准备。

18.2　发包人延误开工

监理人未按合同规定的时限发出开工通知或发包人未能按合同规定向承包人提供开工的必要条件，承包人有权提出延长工期的要求。监理人应在收到承包人的要求后立即与发包人及承包人共同协商补救办法，由此增加的费用和工期延误责任由发包人承担。

18.3　承包人延误进点

承包人在接到开工通知后 14d 内未按进度计划要求及时进点组织施工，监理人可通知承包人在接到通知后 7d 内编制一份赶工措施报告报送监理审批。赶工措施报告应详细说明不能及时进点的原因和赶工办法，由此增加的费用和工期延误责任由承包人承担。

18.4　完工日期

本合同的全部工程、单位工程和部分工程的要求完工日期规定在专用合同条款中，承包人应在上述规定的完工日期内完工或在第 20.2 款和第 21 条规定可能延后或提前的完工日期内完工。

19　暂停施工

19.1　承包人暂停施工的责任

属于下列任何一种情况引起的暂停施工，承包人不能提出增加费用和延长工期的要求。

（1）合同中另有规定的。

（2）由于承包人违约引起的暂停施工。

（3）由于现场非异常恶劣气候条件引起的正常停工。

（4）为工程的合理施工和保证安全所必需的暂停施工。

（5）未得到监理人许可的承包人擅自停工。

（6）其他由于承包人原因引起的暂停施工。

19.2　发包人暂停施工的责任

属于下列任何一种情况引起的暂停施工，均为发包人的责任，由此造成的工期延误，应按第20.2款的规定办理。

（1）由于发包人违约引起的暂停施工。

（2）由于不可抗力自然或社会因素引起的暂停施工。

（3）其他由于发包人原因引起的暂停施工。

19.3　监理人的暂停施工指示

（1）监理人认为有必要时，可向承包人发布暂停工程或部分工程施工的指示，承包人应按指示的要求立即暂停施工。不论由于何种原因引起的暂停施工，承包人应在暂停施工期间负责妥善保护工程和提供安全保障。

（2）由于发包人的责任发生暂停施工的情况时，若监理人未及时下达暂停施工指示，承包人可向其指出暂停施工的书面请求，监理人应在接到请求后的48h内予以答复，若不按期答复，可视为承包人请求已获同意。

19.4　暂停施工后的复工

工程暂停施工后，监理人应与发包人和承包人协商采取有效措施积极消除停工因素的影响。当工程具备复工条件时，监理人应立即向承包人发出复工通知，承包人应在收到复工通知后按监理人指定的时间复工。若承包人无故拖延和拒绝复工，由此增加的费用和工期延误责任由承包人承担。

19.5　暂停施工持续56d以上

（1）若监理人在下达暂停施工后56d内仍未给予承包人复工通知，除了该项停工属于第19.1款规定的情况外，承包人可向监理人提交书面通知，要求监理人在收到书面通知后28d内准许已暂停施工的工程或其中一部分工程继续施工，监理人逾期不予批准，则承包人有权作出以下选择：当暂时停工仅影响合同中部分工程时，按第39.1款规定将此项停工工程视作可取消的工程，并通知监理人；当暂时停工影响整个工程时，可视为发包人违约，应按第42条的规定办理。

（2）若发生由承包人责任引起的暂停施工时，承包人在收到监理人暂停施工指示后56d内不积极采取措施复工造成工期延误，则应视为承包人违约，可按第41条的规定办理。

20　工期延误

20.1　发包人的工期延误

在施工过程中发生下列情况之一使关键项目的施工进度计划拖后而造成工期延误时，承包人可要求发包人延长合同规定的工期。

（1）增加合同中任何一项的工作内容。

（2）增加合同中任何项目的工程量超过专用合同条款第39.1款规定的百分比。

（3）增加额外的工程项目。

（4）改变合同中任何一项工作的标准或性质。

（5）本合同中涉及的由发包人责任引起的工期延误。

（6）异常恶劣的气候条件。

（7）非承包人原因造成的任何干扰或阻碍。

（8）其他可能发生的特殊情况。

20.2　承包人要求延长工期的处理

（1）若发生第 20.1 款所列的事件时，承包人应立即通知发包人和监理人，并在发出该通知的 28d 内向监理人提交一份细节报告，详细申述发生该事件的情节和对工期的影响程度，并按 17.2 款的规定修订进度计划和编制赶工措施报告提交监理人审批。若发包人要求修订的进度计划仍应保证工程按期完工，则应由发包人承担由于采取赶工措施所增加的费用。

（2）若事件的持续时间较长或事件影响工期较长，当承包人采取了赶工措施而无法实现工程按期完工时，除应按上述第（1）项规定的程序办理外，承包人应在事件结束后的 14d 内提交一份补充细节报告，详细申述要求延长工期的理由，并最终修订进度计划。此时发包人除按上述第（1）项规定承担赶工费用外，还应按以下第（3）项规定的程序批准给予承包人延长工期的合理天数。

（3）监理人应及时调查核实上述第（1）和（2）项中承包人提交的细节报告和补充细节报告，并在审批修订进度计划的同时，与发包人和承包人协商确定延长工期的合理天数和补偿费用的合理额度，并通知承包人。

20.3　承包人的工期延误

由于承包人原因未能按合同进度计划完成预定工作，承包人应按第 17.2 款第（2）项的规定采取赶工措施赶上进度。若采取赶工措施后仍未能按合同规定的完工日期完工，承包人除自行承担采取赶工措施所增加的费用外，还应支付逾期完工违约金。逾期完工违约金额规定在专用合同条款中。若承包人的工期延误构成违约时，应按第 41 条的规定办理。

21　工期提前

21.1　承包人提前工期

承包人征得发包人同意后，在保证工程质量的前提下，若能按合同规定的完工日期提前完工时，则应由监理人核实提前天数，并由发包人按专用合同条款中的规定向承包人支付提前完工奖金。

21.2　发包人要求提前工期

发包人要求承包人提前合同规定的完工日期时，由监理人与承包人共同协商采取赶工措施和修订合同进度计划，并由发包人和承包人按成本加奖金的办法签订提前完工协议。其协议内容应包括：

（1）提前的时间和修订后的进度计划。

（2）承包人的赶工措施。

（3）发包人为赶工提供的条件。

（4）赶工费用和奖金。

十三、工程质量

22　质量检查的职责和权力

22.1　承包人的质量管理

承包人应建立和健全质量保证体系，在工地设置专门的质量检查机构，配备专职的质量检查人员，建立完善的质量检查制度。承包人应在接到开工通知后的 84d 内，向监理人提交一份内容包括质量检查机构和质检人员的资质和组成、质量检查程序和细则等的工程质量检查计划和措施报告报送监理单位审批。

22.2　承包人的质量检查职责

承包人应严格按技术条款的规定和监理人的指示，对工程使用的材料和工程设备以及工程的所有部位及其施工工艺进行全过程的质量检查，详细作好质量检查记录，编制工程质量报表，定期提交监理单位审查。

22.3　监理人的质量检查权力

监理人有权对全部工程的所有部位及其任何一项工艺、材料和工程设备进行检查和检验。承包人应为监理人的质量检查和检验提供一切方便，包括监理人赴施工现场或制造、加工地点或合同规定的其他地方进行察看和查阅施工记录；承包人还应按监理人的指示进行现场取样试验、工程复核测量和设备性能检测；提供试验样品、试验报告和测量成果以及监理人要求进行的其他工作。监理人的检查和检验不免除承包人按合同规定应负的责任。

23　材料和工程设备的检查和检验

23.1　材料和工程设备的检验和交货验收

（1）承包人提供的材料和工程设备由承包人负责检验和交货验收，验收时应同时查验材质证明和产品合格证书。承包人还应按技术条款的规定进行材料的抽样检验和工程设备的检验测试，并将检验结果提交监理人，其所需费用由承包人承担。

监理人应按合同规定参加交货验收，承包人应为监理人对交货验收的监督检查提供一切方便。监理人参加交货验收不免除承包人在检验和交货验收中应负的责任。

（2）发包人提供的工程设备应由发包人和承包人在合同规定的交货地点共同进行交货验收，并由发包人正式移交给承包人。承包人应按技术条款的规定进行工程设备的检验测试，并将检验结果提交监理单位，其所需费用由承包人承担。工程设备安装后，若发现工程设备存在缺陷时，应由监理人与承包方共同查找原因，如属设备制造不良引起缺陷应由发包人负责；如属承包人运输和保管不慎或安装不良引起的损坏应由承包人负责。

23.2　监理人进行检查和检验

对合同规定的各种材料和工程设备，应由监理人与承包人按商定的时间和地点共同进行检查和检验。若监理人未按商定的时间派员到场参加检查或检验，除监理人另有指示外，承包人可自行检查或检验，并立即将检查或检验结果提交监理人。除合同另有规定外，监理人应在事后确认承包人提交的检查或检验结果，若监理单位对承包人自行检查和检验的结果有疑问时，可按第22.3款的规定进行抽样检验。检验结果证明该材料或工程设备质量不符合合同要求，则应由承包人承担抽样检验的费用；检验结果证明该材料或工程设备质量符合合同要求，则应由发包人承担抽样检验的费用。

23.3　未按规定进行检查和检验

承包人未按合同规定对材料和工程设备进行检查和检验，监理人可以指示承包人按合同规定补作检查和检验，承包人应遵照执行，并应承担所需的检查和检验费用和工期延误责任。

23.4　不合格的材料和工程设备

（1）承包人使用了不合格的材料或工程设备，监理人有权按第26.2款规定指示承包人予以处理，由此造成的损失由承包人负责。

（2）监理人的检查或检验结果表明承包人提供的材料或工程设备不符合合同要求时，监理人可以拒绝验收，并立即通知承包人。承包人除应立即停止使用外，还应与监理人共同研究补救措施，由此增加的费用和工期延误责任由承包人承担。

（3）若按第23.1款第（2）项规定的检查或检验结果表明，发包人提供的工程设备不符合合同要求，承包人有权拒绝接收，并可要求发包人予以更换，由此增加的费用和工期延误责任由发包人承担。

23.5　额外检验和重新检验

（1）若监理人要求承包人对某项材料和工程设备进行的检查和检验在合同中未作规定，监理单位可以指示承包人增加额外检验，承包人应遵照执行，但应由发包人承担额外检验的费用和工期延误责任。

（2）不论何种原因，若监理人对以往的检验结果有疑问时，可以指示承包人重新检验，承包人不得拒绝。若重新检验结果证明这些材料和工程设备不符合合同要求，则应由承包人承担重新检验的费用和工期延误责任；若重新检验结果证明这些材料和工程设备符合合同要求，则应由发包人承担其重新检验的费用和工期延误责任。

23.6　承包人不进行检查和检验的补救办法

承包人不按第 23.3 款和第 23.5 款的规定完成监理人指示的检查和检验工作，监理人可以指派自己的人员或委托其他有资质的检验机构或人员进行检查和检验，承包人不得拒绝，并应提供一切方便。由此增加的费用和工期延误责任由承包人承担。

24　现场试验

24.1　现场材料试验

承包人应在工地建立自己的试验室，配备足够的人员和设备，按合同规定和监理人的指示进行各项材料试验，并为监理人进行质量检查和检验提供必要的试验资料和原始记录。监理人在质量检查和检验过程中若需抽样试验，所需试件应由承包人提供，监理人可以使用承包人的试验设备，承包人应予协助。上述试验所需提供的试件和监理人使用试验设备所需的费用由承包人承担。

24.2　现场工艺试验

承包人应按合同规定和监理人的指示进行现场工艺试验，除合同另有规定外，其所需费用由承包方承担。在施工过程中，若监理人要求承包人进行额外的现场工艺试验时，承包人应遵照执行，但所需费用由发包人承担。

25　隐蔽工程和工程的隐蔽部位

25.1　覆盖前的验收

隐蔽工程和工程的隐蔽部位经承包人的自检确认具备覆盖条件后的 24h 内，承包人应通知监理人进行检查，通知应按规定的格式说明检查地点、内容和检查时间，并附有承包人自检记录和必要的检查资料。监理人应按通知约定的时间指派监理人员到场进行检查，在监理人员确认质量符合《技术条款》要求，并在检查记录上签字后，承包人才能进行覆盖。

25.2　监理人未到场检查

监理人应在约定的时限内到场进行隐蔽工程和工程隐蔽部位的检查，不得无故缺席或拖延。若监理人未及时派员到场检查，造成工期延误，承包人有权要求延长工期和赔偿其停工、窝工等损失。

25.3　重新检验

对隐蔽工程或工程的隐蔽部位按第 25.1 款规定进行检查并覆盖后，若监理人事后对质量有怀疑，可要求承包人对已覆盖的部位进行钻孔探测以至揭开重新检验，承包人应遵照执行。其重新检验所需增加的费用和工期延误责任按第 23.5 款第（2）项的规定办理。

25.4　承包人私自覆盖

承包人未及时通知监理人到场验收，私自将隐蔽部位覆盖，监理人有权指示承包人采用钻孔探测以至揭开进行检验，由此增加的费用和工期延误责任由承包人承担。

26　不合格的工程、材料和工程设备的处理

26.1　禁止使用不合格的材料和工程设备

工程使用的一切材料和工程设备，均应满足《技术条款》和施工图纸规定的等级、质量标准和技术特性。监理人在工程质量的检查和检验中发现承包人使用了不合格的材料和工程设备时，可以随时发出指示，要求承包人立即改用合格的材料和工程设备，并禁止在工程中继续使用这些不合格的材料和工程设备。

26.2　不合格的工程、材料和工程设备的处理

（1）由于承包人使用了不合格材料和工程设备造成了工程损害，监理人可以随时发出指示要求承包人立即采取措施进行补救，直到彻底清除工程的不合格部位以及不合格的材料和工程设备，由此增加的费用和工期延误责任由承包人承担。若上述不合格的材料或工程设备系由发包人提供的，应由发包人负责更换，并承担由此增加的费用和工期延误责任。

（2）若承包人无故拖延或拒绝执行监理人的上述指示，则发包人有权委托其他承包人执行该项指示，由此增加的费用和利润及工期延误责任由承包人承担。

27　测量放线

27.1　施工控制网

监理人应在《技术条款》规定的时限内，向承包人提供测量基准点、基准线和水准点及其书面资料。承包人应根据上述基准点（线）以及国家测绘标准和本工程精度要求，测设自己的施工控制网，并应在《技术条款》规定的期限内，将施工控制网资料报送监理人审批。

承包人应负责管理好施工控制网点，若有丢失或损坏，应及时修复，其所需的管理和修复费用由承包方承担。工程完工后应完好地移交给发包人。

27.2　施工测量

承包人应负责施工过程中的全部施工测量放线工作，并应自行配置所需合格的人员、仪器、设备和其他物品。

监理人可以指示承包人在监理人员监督下进行抽样复测，当复测中发现有错误时，承包人必须按监理人指示进行修正或补测，发包人将不为上述指示所增加的复测工作另行支付费用。

27.3　监理人使用施工控制网

监理人可以使用本合同的施工控制网，承包人应及时提供必要的协助，发包人亦不再为此另行支付费用。其他承包人需要使用上述施工控制网时，应按第 5.12 款的规定办理。

28　补充地质勘探

在合同实施期间，监理人可以指示承包人进行必要的补充地质勘探，并提供有关资料，承包人为本合同永久工程的施工需要进行补充地质勘探时，须经监理人批准，并应向监理人提交有关资料，上述补充勘探的费用由发包人承担。承包人为其临时工程所需进行的补充地质勘探，其费用由承包人承担。

十四、文明施工

29　文明施工

发包人应统一管理本工程的文明施工工作，负责管理和协调全工地的治安保卫、施工安全和环境保护等有关文明施工事项。发包人对文明施工的统一管理和协调工作不免除承包人按第 29.1、29.2 款和第 30 条规定应负的责任。

29.1　治安保卫

（1）发包人应负责与当地公安部门协商共同，在工地建立或委托当地公安部门建立一个现场治安管理机构，统一管理全工地的治安保卫事宜，负责履行本工程的治安保卫职责。

（2）发包人和承包人应教育各自的人员遵纪守法，共同维护全工地的社会治安，协助现场治安管理机构做好各自管辖区（包括施工工地和生活区）的治安保卫工作。

29.2　施工安全

（1）发包人应负责统一管理本工程的施工作业安全以及消防、防汛和抗灾等工作。监理人应按有关法律、法规和规章以及本合同的有关规定检查、监督上述安全工作的实施，承包人应认真执行监理单位有关安全管理工作的指示。监理人在检查中发现施工中存在不安全因素，应及时指示承包人采取有效措施予以改正，若承包人故意延误或拒绝改正时，则监理人有权责令其停工整顿。

（2）承包人应按合同规定履行其安全职责。承包人应设置必要的安全管理机构和配备专职的安全人员，加强对施工作业安全的管理，特别应加强易燃、易爆材料、火工器材和爆破作业的管理，制定安全操作规程，配备必要的安全生产设施和劳动保护用具，并经常对其职工进行施工安全教育。

（3）发包人或委托承包人（应在专用合同条款中约定）在工地建立一支消防队伍负责全工地的消防工作，配备必要的消防水源、消防设备和救助设施。

（4）发包人或委托监理人在每年汛前组织承包人和有关单位进行防汛检查，并负责统一指挥全工地的防汛和抗灾工作。

承包人应负责其管辖范围内的防汛和抗灾等工作。按发包人的要求和监理人的指示，做好每年的汛前检查，配置必要的防汛物资和器材，按合同规定做好汛情预报和安全度汛工作。

30 环境保护

30.1 环境保护责任

承包人在施工过程中，应遵守有关环境保护的法律、法规和规章及本合同的有关规定，并应对其违反上述法律、法规和规章及本合同规定所造成的环境破坏以及人员伤害和财产损失负责。

30.2 采取合理的措施保护环境

（1）承包人应在编报的施工组织设计中做好施工弃渣的处理措施，严格按批准的弃渣规划有序地堆放和利用弃渣，防止任意堆放弃渣影响河道的防汛标准和本工程其他承包人的正常施工，以及危及下游居民的安全。

（2）承包人应按合同规定采取有效措施对施工开挖的边坡及时进行支护和做好排水措施，避免由于施工造成的水土流失。

（3）承包人在施工过程中应采取有效措施，注意保护饮用水源免受施工活动造成的污染。

（4）承包人应按技术条款的规定加强对噪声、粉尘、废气、废水的控制和治理，采用先进设备和技术，努力降低噪声，控制粉尘、废气浓度以及做好废水和废油的治理和排放。

（5）承包人应保持施工区和生活区的环境卫生，及时清除垃圾和废弃物，并运至指定的地点堆放和处理，进入现场的材料、设备必须置放有序，防止任意堆放器材杂物阻塞工作场地周围的通道和影响环境。

十五、计量与支付

31 计量

31.1 工程量

《工程量清单》中开列的工程量是合同的估算工程量，不是承包人为履行合同应当完成的和用于结算的实际工程量。结算的工程量应是承包人实际完成的并按本合同有关计量规定计量的工程量。

31.2 完成工程量的计量

（1）承包人应按合同规定的计量办法，按月对已完成的质量合格的工程进行准确计量，并在每月末随同月付款申请单，按工程量清单的项目分项向监理人提交完成工程量月报表和有关计量资料。

（2）监理人对承包人提交的工程量月报表进行复核，以确定当月完成的工作量；若有疑问时，可以要求承包人派员与监理人共同复核，并可要求承包人按第27.2款的规定进行抽样复测。此时，承包人应积极配合和指派代表协助监理单位进行复核并按监理人的要求提供补充的计量资料。

（3）若承包人未按监理人的要求派代表参加复核，则监理人复核修正的工程量应被视为该部分工程的准确工程量。

（4）监理人认为有必要时，可要求与承包人联合进行测量计量，承包人应遵照执行。

（5）承包人完成了《工程量清单》中每个项目的全部工程量后，监理人应要求承包人派员共同对每个项目的历次计量报表进行汇总和通过核实该项目的最终结算工程量，并可要求承包人提供补充计量资料，以确定该项目最后一次进度付款的准确工程量。如承包人未按监理人的要求派员参加，则监理人最终核实的工程量应被视为该项目完成的准确工程量。

31.3　计量方法

除合同另有规定外，各个项目的计量办法应按《技术条款》的有关规定执行。

31.4　计量单位

除合同另有规定外，均应采用国家法定的计量单位。

31.5　总价承包项目的分解

承包人应将工程量清单中的总价承包项目进行分解，并在签署协议书后的28d内将该项目的分解表提交监理人审批。分解表应标明其所属子项或分阶段的工程量和需支付的金额。

32　预付款

32.1　工程预付款

（1）工程预付款的总金额应不低于合同价格的10％，分两次支付给承包人。第一次预付的金额应不低于工程预付款的40％。工程预付款总金额的额度和分次付款比例在专用合同条款中规定。工程预付款专用于本合同工程。

（2）第一次预付款应在协议书签订后21d内，由承包人向发包人提交了经发包人认可的预付款保函，并经监理人出具付款证书报送发包人批准后予以支付。工程预付款保函在预付款被发包人扣回前一直有效，保函金额为本次预付款金额，但可根据以后预付款扣回的金额相应递减。

（3）第二次预付款需待承包人主要设备进入工地后，其估算价值已达到本次预付款金额时，由承包人提出书面申请，经监理人核实后出具付款证书提交给发包人，发包人收到监理人出具的付款证书后的14d内支付给承包人。

（4）工程预付款由发包人从月进度付款中扣回。在合同累计完成金额达到专用合同条款规定的数额时开始扣款，直至合同累计完成金额达到专用合同条款规定的数额时全部扣清。在每次进度付款时，累计扣回的金额按下列公式计算：

$$R = A/(F_2 - F_1)S \times (C - F_1 S)$$

式中　　R——每次进度付款中累计扣回的金额；

　　　　A——工程预付款总金额；

　　　　S——合同价格；

　　　　C——合同累计完成金额；

　　　　F_1——按专用合同条款规定开始扣款时合同累计完成金额达到合同价格的比例；

　　　　F_2——按专用合同条款规定全部扣清时合同累计完成金额达到合同价格的比例。

上述合同累计完成金额均指价格调整前且未扣保留金的金额。

32.2　工程的材料预付款

（1）专用合同条款中规定的工程的主要材料到达工地并满足以下条件后，承包人可向监理人提交材料预付款支付申请单，要求给予材料预付款。

1）材料的质量和储存条件符合《技术条款》的要求。

2）材料已到达工地，并以承包人和监理人共同验点入库。

3）承包人应按监理人的要求提交材料的订货单、收据或价格证明文件。

4）到达工地的材料应由承包人保管，若发生损坏、遗失或变质，应由承包人负责。

（2）预付款金额为经监理人审核后的实际材料价的90％，在月进度付款中支付。

（3）预付款从付款月后的6个月内在月进度付款中每月按该预付款金额的1/6平均扣还。

33　工程进度付款

33.1　月进度付款申请单

承包人应在每月末按监理人规定的格式提交月进度付款申请单（一式四份），并附有第 31.2 款规定的完成工程量月报表。该申请单应包括以下内容：

（1）已完成的工程量清单中永久工程及其他项目的应付金额。

（2）经监理人签认的当月计日工支付凭证标明的应付金额。

（3）按第 32.2 款规定的永久工程材料预付款金额。

（4）根据第 37 条和第 38 条规定的价格调整金额。

（5）根据合同规定承包人应有权得到的其他金额。

（6）扣除按第 32 条规定应由发包人扣还的工程预付款和永久工程材料预付款金额。

（7）扣除按第 34 条规定应由发包人扣留的保留金金额。

（8）扣除按合同规定由承包人应付给发包人的其他金额。

33.2　月进度付款证书

监理人在收到月进度付款申请单后的 14d 内进行核查，并向发包人出具月进度付款证书，提出应当到期支付给承包人的金额。

33.3　工程进度付款的修正和更改

监理人有权通过对以往历次已签证的月进度付款证书的汇总和复核中发现的错、漏或重复进行修正或更改；承包人亦有权提出此类修正或更改，经双方复核同意的此类修正或更改应列入月进度付款证书中予以支付或扣除。

33.4　支付时间

发包人收到监理人签证的月进度付款证书并审批后支付给承包人，支付时间不应超过监理人收到月进度付款申请单后 28d。若不按期支付，则应从逾期第一天起按专用合同条款中规定的逾期付款违约金加付给承包人。

33.5　总价承包项目的支付

工程量清单中的总价承包项目应按第 31.5 款规定的总价承包项目分解表统计实际完成情况，确定分项应付金额列入第 33.1 款第（1）项内进行支付。

34　保留金

（1）监理人应从第一个月开始在给承包人的月进度付款中扣留按专用合同条款规定百分比的金额作为保留金（其计算额度不包括预付款和价格调整金额），直至扣留的保留金额达到专用合同条款规定的数额为止。

（2）在签发本合同工程移交证书后 14d 内，由监理人出具保留金付款证书，发包人将保留金总额的一半支付给承包人。

（3）在单位工程验收并签发移交证书后，将其相应的保留金总额的一半在月进度付款中支付给承包人。

（4）监理在本合同全部工程的保修期满时，出具为支付剩余保留金的付款证书。发包人应在收到上述付款证书后 14d 内将剩余的保留金支付给承包人。若保修期满时尚需承包人完成剩余工作，则监理人有权在付款证书中扣留与剩余工作所需金额相应的保留金余额。

35　完工结算

35.1　完工付款申请单

在本合同工程移交证书颁发后的 28d 内，承包人应按监理人批准的格式提交一份完工付款申请单（一式四份），并附有下述内容的详细证明文件。

（1）至移交证书注明的完工日期止，合同所累计完成的全部工程价款金额。

（2）承包人认为根据合同应支付给他的追加金额和其他金额。

35.2　完工付款证书及支付时间

监理人应在收到承包人提交的完工付款申请单后的28d内完成复核，并与承包人协商修改后在完工付款申请单上签字和出具完工付款证书报送发包人审批。发包人应在收到上述完工付款证书后的42d内审批后支付给承包人。若发包人不按期支付，则应按第33.4款规定办法将逾期付款违约金付给承包人。

36　最终结清

36.1　最终付款申请单

（1）承包人在收到按第53.3款规定颁发的保修责任终止证书后的28d内，按监理人批准的格式向监理人提交一份最终付款申请单（一式四份），该申请单位应包括以下内容，并附有关的证明文件。

1）按合同规定已经完成的全部工程价款金额。

2）按合同规定应付给承包人的追加金额。

3）承包人认为应付给他的其他金额。

（2）若监理人对最终付款申请单中的某些内容有异议时，有权要求承包人进行修改和提供补充资料，直至向监理人正式提交经监理人同意的最终付款申请单。

36.2　结清单

承包人向监理人提交最终付款申请单的同时，应向发包人提交一份结清单，并将结清单的副本提交监理人。该结清单应证实最终付款申请单的总金额是根据合同规定应付给承包人的全部款项的最终结算金额。但结清单只在承包人收到退还履约担保证件和发包人已付清监理人出具的最终付款证书中应付的金额后才生效。

36.3　最终付款证书和支付时间

监理人收到最终付款申请单和结清单副本后的14d内，向发包人出具一份最终付款证书提交发包方审批。最终付款证书应说明：

（1）按合同规定和其他情况应最终支付给承包人的合同总金额。

（2）发包人已支付的所有金额以及发包人有权得到的全部金额。

发包人审查监理人提交的最终付款证书后，若确认还应向承包人付款，则应在收到该证书后的42d内支付给承包人。若确认承包人应向发包人付款，则发包人应通知承包人，承包人应在收到通知后的42d内付还发包人。不论是发包人或承包人，若不按期支付，均应按第33.4款规定的办法将逾期付款违约金加付给对方。

若承包人和监理人未能就最终付款的内容和额度取得一致意见，监理人应对双方已同意的部分出具临时付款证书，双方应按上述规定执行，对于未取得一致的部分，双方均有权按第44.1款的规定提出按合同争议处理的要求。

十六、价格调整

37　物价波动引起的价格调整

37.1　需调整的价格差额

因人工、材料和设备等价格波动影响合同价格时，按以下公式计算差额，调整合同价格。

$$\Delta P = P_0 \left[A + \left(B_1 \times \frac{F_{t1}}{F_{01}} + B_2 \times \frac{F_{t2}}{F_{02}} + B_3 \times \frac{F_{t3}}{F_{03}} + \cdots + B_n \times \frac{F_{tn}}{F_{0n}} \right) - 1 \right]$$

式中　　　　　　　　ΔP——需调整的价格差额；

P_0——约定的付款证书中承包人应得到的已完成工程量的金额。此项金额应不包括价格调整、不计质量保证金的扣留和支付、预付款的支付和扣回。约定的变更及其他金额已按现行价格计价的，也不计在内；

A——定值权重（即不调部分的权重）；

B_1、B_2、$B_3 \cdots B_n$——各可调因子的变值权重（即可调部分的权重），为各可调因子在投标函投标总报价中所占的比例；

F_{t1}、F_{t2}、$F_{t3} \cdots F_{tn}$——各可调因子的现行价格指数，指约定的付款证书相关周期最后一天的前42d的各可调因子的价格指数；

F_{01}、F_{02}、$F_{03} \cdots F_{0n}$——各可调因子的基本价格指数，指基准日期的各可调因子的价格指数。

以上价格调整公式中的各可调因子、定值和变值权重以及基本价格指数规定在投标补充资料的价格指数和权重表内。价格指数应首先采用国家或省（自治区、直辖市）的政府物价管理部门或统计部门提供的价格指数，若缺乏上述价格指数时，可采用上述部门提供的价格或双方商定的专业部门提供的价格指数或价格代替。

37.2 暂时确定调整差额

在计算调整差额时得不到现行价格指数，可暂用上一次的价格指数计算，并在以后的付款中再按有关规定进行调整。

37.3 权重的调整

由于按第39.1款规定的变更导致原定合同中的权重不合理时，监理人应与承包人和发包人协商后进行调整。

37.4 其他的调价因素

除在专用合同条款中另有规定和本条各款规定的调价因素外，其余因素的物价波动均不另行调价。

37.5 工期延误后的价格调整

由于承包人原因未能按专用合同条款中规定的完工日期内完工，则对原定完工日期后施工的工程，在按第37.1款所示的价格调整公式计算时应采用原定完工日期与实际完工日期的两个价格指数中的低者作为现行价格指数。若按第20.2款规定延长了完工日期，但又由于承包人原因未能按延长后的完工日期内完工，则对延期期满后施工的工程，其价格调整计算应采用延长后的完工日期与实际完工日期的两个价格指数中的低者作为现行价格指数。

38 法规更改引起的价格调整

在投标截止日前的28d后，国家的法律、行政法规或国务院有关部门的规章和工程所在地省（自治区、直辖市）的地方法规和规章发生变更，导致承包人在实施合同期间所需要的工程费用发生除第37条规定以外的增减时，应由监理人与发包人和承包人进行协商后确定需调整的合同金额。

十七、变更

39 变更

39.1 变更的范围和内容

（1）在履行合同过程中，监理人可根据工程的需要指示承包人进行以下各种类型的变更。没有监理人的指示，承包人不得擅自变更。

1）增加或减少合同中任何一项工作内容。

2）增加或减少合同中关键项目的工程量超过专用合同条款规定的百分比。

3）取消合同中任何一项工作（但被取消的工作不能转由发包人或其他承包人实施）。

4）改变合同中任何一项工作的标准或性质。

5）改变工程建筑物的形式、基线、标高、位置或尺寸。

6）改变合同中任何一项工程的完工日期或改变已批准的施工顺序。

7）追加为完成工程所需的任何额外工作。

（2）第39.1款第（1）项范围内的变更项目未引起工程施工组织和进度计划发生实质性变动和

不影响其原定的价格时，不予调整该项目的单价。

39.2 变更的处理原则

（1）变更需要延长工期时，应按第 17.2 款和第 20.2 款的规定办理，若变更使合同工作量减少，监理人认为应予提前变更项目的工期时，由监理人和承包人协商确定。

（2）变更需要调整合同价格时，按以下原则确定其单价或合价。

1）《工程量清单》中有适用于变更工作的项目时，应采用该项目的单价或合价。

2）《工程量清单》中无适用于变更工作的项目时，则可在合理的范围内参考类似项目的单价或合价作为变更估价的基础，由监理人与承包人协商确定变更后的单价或合价。

3）《工程量清单》中无类似项目的单价或合价可供参考，则应由监理人与发包人的和承包人协商确定新的单价或合价。

39.3 变更指示

（1）监理人应在发包人授权范围内按第 39.1 款的规定及时向承包人发出变更指示。变更指示的内容应包括变更项目的详细变更内容、变更工程量和有关文件图纸以及监理人按第 39.2 款规定指明的变更处理原则。

（2）监理人在向承包人发出任何图纸和文件前，应仔细检查其中是否存在第 39.1 款所述的变更。若存在变更，监理人应按本款第（1）项的规定发出变更指示。

（3）承包人收到监理人发出的图纸和文件后，经检查后认为其中存在第 39.1 款所述的变更而监理人未按本款第（1）项规定发出变更指示，则应在收到上述图纸和文件后 14d 内或在开始执行前（以日期早者为准）通知监理人，并提供必要的依据。监理人应在收到承包人通知后 14d 内答复承包人：若同意作为变更，应按本款第（1）项规定补发变更指示；若不同意作为变更，亦应在上述时限内答复承包人。若监理人未在 14d 内答复承包人，则视为监理人已同意承包人提出的作为变更的要求。

39.4 变更的报价

（1）承包人收到监理人发出的变更指示后 28d 内向监理人提交一份变更报价书，其中内容应包括承包人确认的变更处理原则和变更工程量及其变更项目的报价单。监理单位认为必要时，可要求承包人提交重大变更项目的施工措施、进度计划和单价分析等。

（2）承包人对监理人提出的变更处理原则持有异议时，可在收到变更指示后 7d 内通知监理人，监理人则应在收到通知后 7d 内答复承包人。

39.5 变更决定

（1）监理人应在收到承包人变更报价书后 28d 内对变更报价书进行审核后作出变更决定，并通知承包人。

（2）发包人和承包人未能就监理人的决定取得一致意见，则监理人可暂定他认为合适的价格和需要调整的工期，并应将其暂定的变更处理意见通知发包人和承包人，此时承包人应遵照执行。对已实施的变更，监理人可将其暂定的变更费用列入第 33.2 款的规定月进度付款中。但发包人和承包人均有权在收到监理人变更决定后的 28d 内要求按第 44.1 款的规定提请争议调解组解决，若在此时限内双方均未提出上述要求，则监理人的变更决定即为最终决定。

（3）在紧急情况下，监理人向承包人发出的变更指示，可要求立即进行变更工作。承包人收到监理人的变更指示后，应先按指示执行，再按第 39.4 款的规定向监理人提交变更报价书，监理人则仍应按本款第（1）、（2）项的规定补发变更决定通知。

39.6 变更影响本项目和其他项目的单价或合价。按第 39.1 款进行的任何一项变更引起本合同工程或部分工程的施工组织和进度计划发生实质性变动，以致影响本项目和其他项目的单价或合价时，发包人和承包人均有权要求调整本项目和其他项目的单价或合价，监理人应与发包人和承包人协商确定。

39.7 合同价格增减超过15%。完工结算时，若出现由于第39条规定进行的全部变更工作引起合同价格增减的金额和实际工程量与工程量清单中估算工程量的差值引起合同价格增减的金额（不包括备用金和第37、38条规定的价格调整）的总和超过合同价格（不包括备用金）的15%时，在除了按第39.6款确定的变更工作的增减金额外，若还需对合同价格进行调整时，其调整金额由监理人与发包人和承包人协商确定。若协商后未达成一致意见，则应由监理人在进一步调查工程实际情况后予以确定，并将确定结果通知承包方，同时抄送发包人。上述调整金额仅考虑变更和实际工程与《工程量清单》中估算工程量的差值引起的增减总金额超过合同价格（不包括备用金）的15%的部分。

39.8 承包人原因引起的变更

（1）若承包人根据工程施工的需要，要求监理人对合同的任一项和任一项工作作出变更，则应由承包人提交一份详细的变更申请报告报送监理人审批。未经监理人批准，承包人不得擅自变更。

（2）承包人要求的变更属合理化建议的性质时，应按第59条的规定办理，否则由于变更增加的费用和工期延误责任由承包人承担。

（3）承包人违约或其他由于承包人的原因引起的变更，增加的费用和工期延误责任由承包人承担。

39.9 计日工

（1）监理人认为有必要时，可以通知承包人以计日工的方式进行任何一项变更工作。其金额应按承包人在投标书中提出，并经发包人确认后列入合同文件的计日工项目及其单价进行计算。

（2）采用计日工的任何一项变更工作应列入备用金中支付，承包人应在该项变更实施过程中每天提交以下报表和有关凭证报送监理人审批。

1）项目名称、工作内容和工作数量。

2）投入该项目的所有人员姓名、工种、级别和耗用工时。

3）投入该项目的材料数量和种类。

4）投入该项目的设备型号、台数和耗用工时。

5）监理人要求提交的其他资料和凭证。

（3）计日工项目由承包人按月汇总后按第33.1款的规定列入月进度付款申请单中，由监理单位复核签证后按月支付给承包人，直至该项目全部完工为止。

40 备用金

40.1 备用金的定义

备用金指由发包人在《工程量清单》中专项列出的用于签订协议书时尚未确定或不可预见项目的备用金额。

40.2 备用金的使用

监理人可以指示承包人进行上述备用金项下的工作，并根据第39条规定的变更办理。

该项金额应按监理人的指示，并经发包人批准后才能动用。承包人仅有权得到由监理人决定列入备用金有关工作所需的费用和利润。监理人应与发包人协商后，将根据本款作出的决定通知承包人。

40.3 提供凭证

除了按投标书中规定的单价或合价计算的项目外，承包人应提交监理人要求的属于备用金专项内开支的有关凭证。

十八、违约和索赔

41 承包人违约

41.1　承包人违约

在履行合同过程中，承包人发生下述行为之一者属承包人违约。

（1）承包人无正当理由未按开工通知的要求及时进点组织施工和未按签署协议书时商定的进度计划有效地开展施工准备，造成工期延误。

（2）承包人违反第10条和第11条规定私自将合同或合同的任何部分或任何权利转让给其他人，或私自将工程或工程的一部分分包出去。

（3）未经监理人批准，承包人私自将已按合同规定进入工地的工程设备、施工设备、临时工程设施或材料撤离工地。

（4）承包人违反第26.1款的规定使用不合格的材料和工程设备，或拒绝按第26.2款的规定处理不合格的工程、材料和工程设备。

（5）由于承包人原因拒绝按合同进度计划及时完成合同规定的工程或部分工程，而又未按第20.3款规定采取有效措施赶上进度，造成工期延误。

（6）承包人在保修期内拒绝按第53条的规定和工程移交证书中所列的缺陷清单内容进行修复，或经监理人检验认为修复质量不合格而承包人拒绝再进行修补。

（7）承包人否认合同有效或拒绝履行合同规定的承包人义务，或由于法律、财务等原因导致承包方无法继续履行或实质上已停止履行本合同的义务。

41.2　对承包人违约发出警告

承包人发生第41.1款的违约行为时，监理人应及时向承包人发出书面警告，限令其在收到书面警告后的28d内予以改正。承包人应立即采取有效措施认真改正，并尽可能挽回由于违约造成的延误和损失。由于承包人采取改正措施所增加的费用应由承包人承担。

41.3　责令承包人停工整顿

承包人在收到书面警告后的28d内仍不采取有效措施改正其违约行为，继续延误工期或严重影响工程质量，危及工程安全，监理人可暂停支付工程价款，并按第19.3款的规定暂停其工程或部分工程施工，责令其停工整顿，并限令承包人在14d内提交整改报告报送监理人。由此增加的费用和工期延误责任由承包人承担。

41.4　承包人违约解除合同

监理人发出停工整顿通知28d后，承包人继续无视监理人的指示，仍不提交整改报告，亦不采取整改措施，则发包人可通知承包单位解除合同并抄送监理人，并在发出通知14d后派员进驻工地直接监管工程，使用承包人设备、临时工程和材料，另行组织人员或委托其他承包人施工，但发包人的这一行动并不免除承包人按合同规定应负的责任。

41.5　解除合同后的估价

因承包人违约解除合同后，监理人应尽快通过调查取证并与发包人和承包人协商后确定，并证明：

（1）在解除合同时，承包人根据合同实际完成的工作已经得到或应得到的金额。

（2）未用或已经部分使用的材料、承包人设备和临时工程等的估算金额。

41.6　解除合同后的付款

（1）若因承包人违约解除合同，则发包人应暂停对承包人的一切付款，并应在解除合同后发包人认为合适的时间委托监理人查清以下付款金额，并出具付款证书报送发包人审批后支付。

1）承包人按合同规定已完成的各项工作应得的金额和其他应得的金额。

2）承包人已获得发包人的各项付款金额。

3）承包人按合同规定应支付的逾期完工违约金和其他应付金额。

4）由于解除合同承包人应合理赔偿发包人损失的金额。

（2）监理人出具上述付款证书前，发包人可不再向承包人支付合同规定的任何金额。此后，承包人有权得到按本款第（1）项中 1）减去 2）、3）和 4）的余额，若上述 2）、3）和 4）相加的金额超过 1）的金额时，则承包人应将超出部分付还给发包人。

41.7　协议利益的转让

若因承包人违约解除合同，则发包人为保证工程延续施工，有权要求承包人将其为实施本合同而签订的任何材料和设备的提供或任何服务的协议和利益转让给发包人，并在解除合同后的 14d 内，通过法律程序办理这种转让。

41.8　紧急情况下无能力或不愿进行抢救

在工程实施期间或保修期内发生危及工程安全的事件，当监理人通知承包人进行抢救时，承包人声明无能力执行或不愿立即执行，则发包人有权雇用其他人员进行该项工作。若此类工作按合同规定应由承包人负责，由此引起的费用应由监理人在发包人支付给承包人金额中扣除，监理人应与发包人协商后将作出的决定通知承包人。

42　发包人违约

42.1　发包人违约

在履行合同过程中，发包人发生下述行为之一者属发包人违约。

（1）发包人未能按合同规定的内容和时间提供施工用地、测量基准和应由发包人负责的部分准备工程等承包人施工所需的条件。

（2）发包人未能按合同规定的时限向承包人提供应由发包人负责的施工图纸。

（3）发包人未能按合同规定的时间支付各项预付款或合同价款，或拖延、拒绝批准任何支付凭证，导致付款延误。

（4）由于法律、财务等原因导致发包人已无法继续履行或实质上已停止履行本合同的义务。

42.2　承包人有权暂停施工

（1）若发生第 42.1 款第（1）、（2）项的违约时，承包人应及时向发包人和监理人发出通知，要求发包人采取有效措施限期提供上述条件和图纸，并有权要求延长工期和补偿额外费用。监理单位收到承包人通知后，应立即与发包人和承包人共同协商补救办法，由此增加的费用和工期延误责任由发包人承担。

发包人收到承包人通知后的 28d 内仍未采取措施改正上述违约行为，则承包人有权暂停施工，并通知发包人和监理人，由此增加的费用和工期责任由发包人承担。

（2）若发生第 42.1 款第（3）项的违约时，发包人应按第 33.4 款的规定加付逾期付款违约金，逾期 28d 仍不支付，则承包人有权暂停施工，并通知发包人和监理人，由此增加的费用和工期延误责任由发包人承担。

42.3　发包人违约解除合同

若发生第 42.1 款第（3）、（4）项的违约时，承包人已按第 42.2 款的规定发出通知，并采取了暂停施工的行动后，发包人仍不采取有效措施纠正其违约行为，承包人有权向发包人提出解除合同的要求，并抄送监理人。发包人在收到承包人书面要求后的 28d 内仍不答复承包人，则承包人有权立即采取行动解除合同。

42.4　解除合同后的付款

若因发包人违约解除合同，则发包人应在解除合同后 28d 内向承包人支付合同解除日以前所完成工程的价款和以下费用（应减去已支付给承包人的金额）。

（1）即将支付承包人的，或承包人依法应予接收的为该工程合理订购材料、工程设备和其他物品的费用，发包人一经支付此项费用，该材料、工程设备和其他物品即成为发包人的财产。

（2）已合理开支的、确属承包人为完成工程所发生的而发包人未支付过的费用。

（3）承包人设备运回承包人所在地或合同另行规定地点的合理费用。

（4）承包人雇用的所有从事工程施工或与工程有关的职员和工人在合同解除后的遣返费和其他合理费用。

（5）由于解除合同应合理补偿承包人损失的费用和利润。

（6）在合同解除日前按合同规定应支付给承包人的其他费用。

发包人除应按本款规定支付上述费用和退还履约担保证件外，亦有权要求承包人偿还未扣完的全部预付款余额以及按合同规定应由发包人向承包人收回的其他金额。本款规定的任何应付金额应由监理人与发包人和承包人协商后确定，监理人应将确定的结果通知承包人，并抄送发包人。

43　索赔

43.1　索赔的提出

承包人有权根据本合同条件的任何条款及其他有关规定向发包人索取追加付款，但应在索赔事件发生后28d内将索赔意向书提交发包人和监理人。在上述意向书发出后的28d内，再向监理人提交索赔申请报告，详细说明索赔理由和索赔费用的计算依据，并应附必要的当时记录和证明材料。如果索赔事件继续产生影响，承包人应按监理人要求的合理时间间隔列出索赔累计金额和提出中期索赔申请报告，并在索赔事件影响结束后的28d内向监理人提交包括最终索赔金额、延续记录、证明材料在内的最终索赔申请报告，并抄送发包人。

43.2　索赔的处理

（1）监理人收到承包人提交的索赔意向书，应及时核查承包人的当时记录，并可指示承包人继续做好延续记录以备核查，监理人可要求承包人提交全部记录的副本。

（2）监理人收到承包人提交的索赔申请报告和最终索赔申请报告后的42d内，应立即进行审核，并与发包人和承包人充分协商后作出决定，在上述时限内将索赔处理决定通知承包人。

（3）发包人和承包人应在收到监理人的索赔处理决定后14d内，将其是否同意索赔处理决定的意见通知监理人。若双方均接受监理人的决定，则监理人应在收到上述通知后的14d内将确定的索赔金额列入第33条、第35条或第36条规定的付款证书中支付；若双方或其中任何一方不接受监理单位的决定，则对方均可按第44.1款的规定提请争议调解组评审。

（4）若承包人未遵守本条各项索赔规定，则应得到的付款不能超过监理人核实后决定的或争议调解组按第44.3款规定提出的或由仲裁机构裁定的金额。

43.3　提出索赔的期限

（1）承包人按第35.1款的规定提交了完工付款申请单后，应认为已无权再提出在本合同工程移交证书颁发前所发生的任何索赔。

（2）承包人按第36.1款规定提交的最终付款申请单中，只限于提出本合同工程移交证书颁发后发生的新的索赔。提交最终付款申请单的时间是终止提出索赔的期限。

十九、争议的解决

44　争议调解

44.1　争议的提出

发包人和承包人或其中任一方对监理人作出的决定持有异议，又未能在监理人的协调下取得一致意见而形成争议，任何一方均可以书面形式提请争议调解组解决，并抄送另一方。在争议尚未按第44.3款的规定获得解决之前，承包人仍应继续按监理人的指示认真施工。

44.2　争议调解组

发包人和承包人应在开工后的84d内按本款规定共同协商成立争议调解组，并由双方与争议调解组签订协议。争议调解组由3（或5名）名有合同管理和工程实践经验的专家组成，专家的聘请方法可由发包人和承包人共同协商确定，亦可请政府主管部门推荐或通过行业经济合同争议调解机构聘请，并经双方认同。评审组成员应与合同双方均无利害关系。争议调解组的各项费用由发包人和承包方平均分担。

44.3　争议的评审

（1）合同双方的争议，应首先由主诉方向争议调解组提交一份详细的申诉报告，并附有必要的文件图纸和证明材料，主诉方还应将上述报告的一份副本同时提交给被诉方。

（2）争议的被诉方收到主诉方申诉报告副本后 28d 内，亦应向争议调解组提交一份申辩报告，并附有必要的文件图纸和证明材料。被诉方亦应将其报告的一份副本同时提交给主诉方。

（3）争议调解组收到双方报告后 28d 内，邀请双方全权代表和有关人员举行听证会，向双方调查和质询争议细节；若需要时，争议调解组可要求双方提供进一步的补充材料，并邀请监理人代表参加听证会。

（4）在听证会结束后的 28d 内，争议调解组应在不受任何干扰的情况下进行独立和公正的评审，提出由全体评审专家签名的评审意见提交发包人和承包人，并抄送监理人。

（5）若发包人和承包人接受争议调解组的评审意见，则应由监理人按争议调解组的评审意见拟定争议解决议定书，经争议双方签字后作为合同的补充文件，并遵照执行。

（6）若发包人和承包人或其中一方不接受争议调解组的评审意见，并要求提交仲裁，则任一方均可在收到上述评审意见后的 28d 内将仲裁意向通知另一方，并抄送监理人。若在上述 28d 期限内双方均未提出仲裁意向，则争议调解组的意见为最终决定，双方均应遵照执行。

45　友好解决

发包人和承包人或其中任一方按第 44.3 款第（6）项的规定发出仲裁意向通知后，争议双方还应共同作出努力直接进行友好磋商解决争议，亦可提请政府主管部门或行业经济合同争议调解机构调解以寻求友好解决。若在仲裁意向通知发出后 42d 内仍未能解决争议，则任何一方均有权提请仲裁机构仲裁。

46　仲裁或诉讼

46.1　仲裁

（1）发包人和承包人应在签署协议的同时，共同协商确定本合同的仲裁范围和仲裁机构，并签订仲裁协议。

（2）发包人和承包人未能在第 45 条规定的期限内友好解决双方的争议，则任一方均有权将争议提交仲裁协议中规定的仲裁机构仲裁。

（3）在仲裁期间，发包人和承包人均应暂按监理人就该争议作出的决定履行各自的职责，任何一方均不得以仲裁未果为借口拒绝或拖延按合同规定应进行的工作。

46.2　诉讼

发包人和承包人因本合同发生争议，未达成书面仲裁协议的，任一方均有权向人民法院起诉。

二十、风险和保险

47　工程风险

47.1　发包人的风险

工程（包括材料和工程设备）发生以下各种风险造成的损失和损坏，均应由发包人承担风险责任。

（1）发包人负责提供的工程设计不当造成的损失和损坏。

（2）由于发包人责任造成工程设备的损失和损坏。

（3）发包人和承包人均不能预见、不能避免并不能克服的自然灾害造成的损失和损坏，但承包人迟延履行合同后发生的除外。

（4）战争、动乱等社会因素造成的损失和损坏，但承包人迟延履行合同后发生的除外。

（5）其他由于发包人原因造成的损失和损坏。

47.2　承包人的风险

工程由于承包人对工程（包括材料和工程设备）照管不周造成的损失和损坏。

（1）由于承包人对工程（包括材料和工程设备）照管不周造成的损失和损坏。

（2）由于承包人的施工组织措施失误造成的损失和损坏。

（3）其他由于承包人原因造成的损失和损坏。

47.3　风险责任的转移

工程通过完工验收并移交给发包人后，原由承包人按上述第47.2款规定承担的风险责任同时转移给发包人（在保修期发生的因在保修期前承包人原因造成的损失和损坏除外）。

47.4　不可抗力解除合同

合同签订后发生第47.1款第（3）项和第（4）项的风险造成工程的巨大损失和严重损坏，使双方或任何一方无法继续履行合同时，经双方协商后可解除合同。解除合同后的付款由双方协商处理。

48　工程保险和风险损失的补偿

48.1　工程和施工设备的保险

（1）承包人应以承包人和发包人的共同名义向发包人同意的保险公司投保工程险（包括材料和工程设备），投保的工程项目及其保险金额在签订协议书时由双方协商确定。

（2）承包人应以承包人的名义投保施工设备险，投保项目及其保险金额由承包人根据其配备的施工设备状况自行确定，但承包人应充分估计主要施工设备可能发生的重大事故以及自然灾害造成施工设备的损失和损坏对工程的影响。

（3）工程和施工设备的保险期限及其保险责任范围为：

1）从承包人进点至颁发工程移交证书期间，除保险公司规定的除外责任以外的工程（包括材料和工程设备）和施工设备的损失和损坏。

2）在保修期内由于保修期以前的原因造成上述工程和施工设备的损失和损坏。

3）承包人在履行保修责任的施工中造成上述工程和施工设备的损失和损坏。

48.2　损失和损坏的费用补偿

（1）自工程开工至完工移交期间，任何未保险的或从保险部门得到的保险费尚不能弥补工程损失和损坏所需的费用时，应由发包人或承包人根据第47.1款或第47.2款规定的风险责任承担全部所需的费用，包括由于修复风险损坏过程中造成的工程损失和损坏所需的全部费用。

（2）若发生的工程风险包含有第47.1款和第47.2款所述的发包人和承包人的共同风险，则应由监理人与发包人和承包人通过友好协商，按各自的风险责任分担工程的损失和修复损坏所需的全部费用。

（3）若发生承包人设备（包括其租用的施工设备）的损失或损坏，其所得到的保险金尚不能弥补其损失或损坏的费用时，除第47.1款所列的风险外，应由承包人自行承担其所需的全部费用。

（4）在工程完工移交给发包人后，除了在保修期内发现仍属承包人应负责的由于保修期前的原因造成的损失或损坏以外，均应由发包人承担任何风险造成工程（包括工程设备）的损失和修复损坏所需的全部费用。

49　人员的工伤事故

49.1　人员工伤事故的责任

（1）承包人应为其执行本合同所雇用的全部人员（包括分包人的人员）承担工伤事故责任。承包方可要求其分包人自行承担其自己雇用人员的工伤事故责任，但发包人只向承包人追索其工伤事故责任。

（2）发包人应为其执行本合同的全部雇用人员（包括监理人员）承担工伤事故责任，但由于承包人过失造成在承包人责任区内工作发包人人员的伤亡，则应由承包人承担其工伤事故责任。

49.2 人员工伤事故的赔偿

发包人和承包人应根据有关法律、法规和规章以及按第 49.1 款规定对工伤事故造成的伤亡按其各自的责任进行赔偿，其赔偿费用的范围应包括人员伤亡和财产损失的赔偿费、诉讼费和其他有关费用。

49.3 人员工伤事故的保险

在合同实施期间，承包人应为其雇用的人员投保人身意外伤害险。保险费应在工程量清单中专项列报。承包人可要求其分包人投保其自己的雇用人员的人身意外伤害险，但此项投保不免除承包人按第 49.2 款规定应负的赔偿责任。

50 人身和财产的损失

50.1 发包人的责任

发包人应负责赔偿以下各种情况造成的人身和财产损失。

（1）工程或工程的任何部分对土地的占用所造成的财产损失。

（2）工程施工过程中，承包人按合同要求进行工作所不可避免地造成的财产损失。

（3）由于发包人责任造成在其管辖区内发包人和承包人以及第三者人员的人身伤害和财产损失。

上述赔偿费用应包括人身伤害和财产损失的赔偿费、诉讼费和其他有关费用。

50.2 承包人的责任

承包人应负责赔偿由于承包人的责任造成在其管辖区内发包人和承包人以及第三者人员的人身伤害和财产损失。

上述赔偿费用应包括人身伤害和财产损失的赔偿费、诉讼费和其他有关费用。

50.3 发包人和承包人的共同责任

由于在承包人辖区内工作的发包人人员或非承包人雇用的其他人员的过失造成的人员伤害和财产损失，若其中含有承包人的部分责任时，应由监理人与发包人和承包人共同协商合理分担其赔偿费用。

50.4 第三者责任险（包括发包人的财产）

承包人应以承包人和发包人的共同名义投保由于履行合同造成在工地及其毗邻地带的第三者人员伤害和财产损失的第三者责任险，其保险金额由双方协商确定。此项投保不免除承包人和发包人各自应负的在其管辖区内及其毗邻地区发生的第三者人员伤害和财产损失的赔偿责任，其赔偿费用应包括赔偿费、诉讼费和其他有关费用。

51 对各项保险的要求

51.1 保险凭证和条件

承包人应在工程开工日后的 84d 内向发包人提交按合同规定的各项保险合同的副本，并通知监理人。保险单的条件应符合本合同的规定。

51.2 保险单条件的变动

承包人需要变动保险合同的条件时，应事先征得发包人同意，并通知监理人。

51.3 未按规定投保的补救

若承包人在工程开工日后的 84d 内未按合同规定的条件办理保险，则发包人可以代为办理，所需费用由承包人承担。

51.4 遵守保险单规定的条件

发包人和承包人均应遵守保险单规定的条件，任何一方违反保险单规定的条件时，应赔偿另一方由此造成的损失。

二十一、完工与保修

52　完工验收

52.1　完工验收申请报告

当工程具备以下条件时，承包人即可向发包人和监理人提交完工验收申请报告（附完工资料）。

（1）已完成了合同范围内的全部单位工程以及有关的工作项目，但经监理人同意列入保修期内完成的尾工项目除外。

（2）已按第52.2款的规定备齐了符合合同要求的完工资料。

（3）已按监理人的要求编制了在保修期内实施的尾工工程项目清单和未修补的缺陷项目清单以及相应的施工措施计划。

52.2　完工资料

完工资料（一式六份）应包括：

（1）工程实施概况和大事记。

（2）已完工程移交清单（包括工程设备）。

（3）永久工程竣工图。

（4）列入保险期继续施工的尾工工程项目清单。

（5）未完成的缺陷修复项目清单。

（6）施工期的观测资料。

（7）监理人指示应列入完工报告的各类施工文件、施工原始记录（含图片和录像资料）以及其他应补充的完工资料。

52.3　工程完工的验收

监理人收到承包人按52.1款规定提交的完工验收申请报告后，应审核其报告的各项内容，并按以下不同情况进行处理。

（1）监理人审核后发现工程尚有重大缺陷时，可拒绝或推迟进行完工验收，但监理人应在收到完工验收申请报告后的28d内通知承包人，指出完工验收前应完成的工程缺陷修复和其他工作内容和要求，并将完工验收申请报告同时退还给承包人。承包人应在具备完工验收条件后重新申报。

（2）监理人审核后对上述报告中所列的工作项目和工作内容持有异议时，应在收到报告后的28d内将意见通知承包人，承包人应在收到上述通知后的28d内重新提交个性后的完工验收申请报告，直至监理人同意为止。

（3）监理人审核后认为工程已具备完工验收条件，应在收到完工验收申请报告后的28d内提请发包人进行工程验收。发包人在收到完工验收申请报告后的56d内签署工程移交证书，颁发给承包人。

（4）在签署移交证书前，应由监理人与发包人和承包人协商核定工程的实际完工日，并在移交证书中写明。

52.4　单位工程验收

在单位工程完工后，经发包人同意，承包人可申请对本合同专用合同条款第1.3款所列的单位工程项目中某些需要进行验收的项目进行验收，其验收的内容和程序应按第52.1～52.3款的规定进行。单位工程的验收成果和结论可作为本合同工程完工验收申请报告的附件，验收后应由发包人或授权监理人按第52.3款的规定签发该单位工程的移交证书。

52.5　部分工程验收

在全部工程完工验收前，发包人根据合同进度计划的安排，需要提前使用尚未全部完工的某项工程时，可对已完成的部分工程进行验收，其验收的内容和程序可参照第52.1～52.3款的规定进行，并应由发包人或授权监理人签发临时移交证书，其完工验收申请报告应说明已验收的该部分工程的项目或部位，还需列出应由承包人负责修复的未完成缺陷修复项目清单。

52.6 施工期运行

（1）按第 52.4～52.5 款进行验收的单位工程或部分工程，发包人需要在施工期投入运行时，应对其局部建筑物承受施工运行荷载的安全性进行复核，在证明其能确保安全时才能投入施工期运行。

（2）在施工期运行中新发现的工程缺陷和损坏，应按第 53.2 款第（2）项的规定办理。

（3）因施工期运行增加了承包人修复缺陷和损坏工作的困难而导致费用增加时，应由监理人与承包人和发包人协商确定需由发包人合理分担的费用。

52.7 发包人不及时验收

（1）若监理人确认承包人已完成或基本完成合同规定的工程，并具备了完工验收条件，但由于非承包方原因使完工验收不能进行时，应由发包人或授权监理人进行初步验收，并签发临时移交证书，但承包人仍应执行监理人在此后进行正式完工验收所发出的指示，由此增加的费用由发包人承担。当正式完工验收发现工程未符合合同要求时，承包人应有责任按监理人指示完成其缺陷修复工作，并承担缺陷修复的费用。

（2）若发包人或监理人在收到承包人的完工申请报告后不及时进行验收，或在验收后不颁发工程移交证书（即不接收工程），则发包人应从承包人发出完工申请报告 56d 后的次日起承担工程保管费用。

53 工程保修

53.1 保修期

保修期自工程移交证书中写明的全部工程完工日开始算起，保修期限规定在专用合同条款中。在全部工程完工验收前，已经发包人提前验收的单位工程或部分工程，其保修期亦按全部工程的完工日开始算起。

53.2 保修责任

（1）保修期内，承包人应负责未移交的工程和工程设备的全部日常维护和缺陷修复工作；对已移交发包人使用的工程和工程设备，则应由发包人负责日常维护工作。但承包人应按移交证书中所列的缺陷修复清单进行修复直至经监理人检验合格为止。

（2）发包人在保修期内使用工程和工程设备过程中发现新的缺陷和损坏或原修复的缺陷部位或部件又遭损坏，则承包人应按监理人的指示负责修复直至经监理人检验合格为止。监理人应会同发包方和承包人共同进行查验，若经查验确属由于承包人施工造成的缺陷或损坏，应由承包人承担修复费用；若经查验确属发包人使用不当或其他由于发包人责任造成的缺陷或损坏，则应由发包人承担修复费用。

53.3 保修责任终止证书

在整个工程保修期满后的 28d 内，由发包人或授权监理人签署和颁发保修责任终止证书给承包人。若保修期满后还有缺陷未修补，则需待承包人按监理人的要求完成缺陷修复工作后再发保修责任终止证书。尽管颁发了保修责任终止证书，发包人和承包人均仍应对保险责任终止证书颁发前尚未履行的义务和责任负责。

54 完工清场及撤退

54.1 完工清场

本工程移交证书颁发前（经发包人同意，可在保修期满前），承包人应按以下工作内容对工地进行彻底清理，并需经监理人检验合格为止。

（1）工地范围内残留的垃圾已全部焚毁、掩埋或清除出场。

（2）临时工程已按合同规定拆除，场地已按合同要求清理和平整。

（3）按合同规定应撤离的承包人设备和剩余的建筑材料已按计划撤离工地，废弃的施工设备和材料亦已清除。

（4）施工区内的永久道路和永久建筑物周围（包括边坡）的排水沟道均已按合同图纸要求和监理人的指示进行了疏通和修整。

（5）主体工程建筑物附近及其上、下游河道中的施工堆积物，已按监理人的指示予以清理。

54.2　施工队伍的撤退

整个工程的移交证书颁发后的 42d 内，除了经监理人同意需在保修期内继续工作和使用的人员、施工设备和临时工程外，其余的人员、施工设备和临时工程均应拆除和撤离工地，并应按技术条款的规定清理和平整临时征用的施工用地，做好环境恢复工作。

二十二、其他

55　纳税

承包人应按有关法律、法规的规定纳税。除合同另有规定外，承包人应纳的税金包括在合同价格中。

56　严禁贿赂

严禁与本合同有关的单位和人员采用贿赂和类似的不正当竞争行为谋取不正当的利益。

若发现任何上述行为，发包人和承包人均应进行追查和处理，构成犯罪的提交司法部门处理。

57　化石和文物

在施工场地发掘的所有化石、钱币、有价值的物品或文物、古建筑结构以及有地质或考古价值的其他遗物等均为国家财产。承包人应按国家文物管理的有关规定采取合理的保护措施，防止任何人员移动或损坏上述物品。一旦发现上述物品，应立即把发现的情况通知监理人，并按监理人的指示做好保护工作。由于采取保护措施而增加的费用和工期延误，监理人可按第 20.2 款的规定办理。

58　专利技术

（1）承包人应保障发包人免于承担工程所用的或与工程有关的任何材料、承包人设备或施工工艺等方面因侵犯专利权等知识产权而引起的一切索赔和诉讼，保障发包人免于承担由此导致或与此有关的一切损害赔偿费、诉讼费和其他有关费用。但如果此类侵犯是由于遵照发包人的要求或发包人提供的设计或技术条款引起者除外。

（2）发包人要求采用的专利技术，应办理相应的申报审批手续，承包人则应按发包人的规定使用，并承担使用专利技术的一切试验工作。申报专利技术和试验所需的费用应由发包人承担。

（3）发包人应对承包人在投标中和合同执行过程中提交的标有密级的施工文件进行保密，应保障文件中涉及承包人自身拥有的专利等知识产权不因发包人的疏漏而遭损害。若由于发包人的责任或其人员的不正当行为造成对承包人专利和知识产权的侵害，则承包人有权要求发包人赔偿损失。

59　承包人的合理化建议

在合同实施过程中，承包人对发包人提供的施工图纸、技术条款及其他方面提出的合理化建议应以书面形式提交监理人，建议的内容应包括建议的价值、对其他工程的影响和必要的设计原则、标准、计算和图纸等。监理人收到承包人的合理化建议后应会同发包人与有关单位研究后确定。若建议被采纳，需待监理人发出变更指示后方可实施，否则承包人仍应按原合同规定进行施工。若由于采用了承包人提出的合理化建议降低了合同价格，则发包人应酌情给予奖励。

60　合同生效和终止

60.1　合同生效

除合同另有规定外，发包人和承包人的法定代表人或他们的授权代表在协议书上签字并盖公章后，合同生效。

60.2　合同终止

承包人已将合同工程全部移交给发包人，且保修期满，发包人或被授权的监理人已颁发保修责任终止证书，合同双方均未遗留按合同规定应履行的义务时，合同自然终止。

第二部分　专用合同条款

前　言

专用合同条款中的各条款是补充和修改通用合同条款中条款号相同的条款或当需要时增加新的条款，两者应对照阅读。一旦出现矛盾或不一致，则以专用合同条款为准，通用合同条款中未补充和修改的部分仍有效。

1　词语涵义

1.1　有关合同双方和监理人的词语

（1）发包人是（填入发包人的名称）_____。

（2）监理人是（填入监理人的名称）_____。

1.3　有关工程和设备的词语

（4）主体工程包括以下工程。

1）（填入工程名称）_____。

2）_____。

（5）单位工程指以下工程。

1）（填入单位工程名称）_____。

2）_____。

3　合同文件的优先顺序

除合同另有规定外，解释合同文件的优先顺序如下（示例，供参考）。

（1）协议书（包括补充协议）。

（2）中标通知书。

（3）投标报价书。

（4）专用合同条款。

（5）通用合同条款。

（6）技术条款。

（7）图纸。

（8）已标价的工程量清单。

（9）经双方确认进入合同的其他文件。

4　发包人的一般义务和责任

4.4　提供施工用地

发包人提供给承包人的施工用地范围和时限见（填入施工用地范围图表名称，用地范围图应标明范围的坐标）。

若招标文件中仅初步规定施工用地范围而未规定用地的确切界限和分片提供的期限时，本款可作如下修改。

删去本款全文，并代之以："发包人负责办理工地范围内的征地和移民，向承包人提供施工用地，提供的用地范围和时限在签署协议书时商定。"

4.15　其他一般义务和责任

可根据具体工程情况补充。

5　承包人的一般义务和责任

5.15　其他一般义务和责任

可根据具体工程情况补充。

6　履约担保

6.1　履约担保证件

本款中采用履约保函形式的担保金额为合同价格的____％；采用履约担保书形式的担保金额为合同价格的____％。

6.2　履约担保证件的有效期

本款亦可采用以下方案。

删去本款全文，并代之以："履约保函自合同生效日起至工程移交证书颁发后 28d 内一直有效。履约担保书自合同生效日起至工程移交证书颁发后 1 年内一直有效。上述两种证件均应在其有效期结束后 14d 内退还给承包人。"

7　监理人和总监理工程师

7.1　监理人的职责和权力

本款第（2）项补充：监理人在行使下列权力前，必须得到发包人的批准（发包人可根据具体情况规定需经批准的权力范围，以下示例供参考）。

1）按第 11 条规定，批准工程的分包。

2）按第 20 条规定，确定延长完工期限。

3）按第 39 条规定，当变更引起的合同价格增加大于____％时作出变更决定。

尽管有以上规定，但当监理人认为出现了危及生命、工程或毗邻财产等安全的紧急事件时，在不免除合同规定的承包人责任的情况下，监理人可以指示承包人实施为消除或减少这种危险所必须进行的工作，即使没有发包人的事先批准，承包人也应立即遵照执行。监理人应按第 39 条的规定增加相应的费用，并通知承包人和抄送发包人。

11　分包

11.1　工程分包应经批准

若需规定分包总金额的限额时，本款应作如下修改。

本款中的"经监理人同意的分包工程不允许分包人再分包出去"改为"经监理人同意的分包工程总金额不得大于合同价格的____％，且分包人不得将分包的工程再分包出去。"

11.2　发包人指定分包人

本款第（1）项补充：发包人指定分包人的分包工作内容和分包人资质如下。

（1）分包工作内容。

（2）分包人名称及地址。

（3）分包人具有的与分包工作相类似的经验。

1）工程名称及地点。

2）工程主要特性。

3）合同价格。

4）工程完成年月。

5）工作内容和履行合同情况。

6）该工程的发包人名称及地址。

14　材料和工程设备的提供

14.2　发包人提供的工程设备

（1）发包人提供的工程设备名称、规格、数量及交货地点和计划交货日期如下表。

发包人提供的工程设备表（参考格式）

序号	工程设备名称	规格	数量	交货地点	计划交货日期	备注
1						
2						
3						
4						
5						
…						

（4）本款第（4）项规定的发包人要求提前交货期限为＿＿天。

增加条款：若发包人根据工程的特殊情况需要指定部分材料和工程设备的供应来源时，增加下款。

14.3 发包人指定供应来源的材料和工程设备

（1）发包人指定供应来源的材料和工程设备如下表。

发包人指定供应来源的材料和工程设备表（参考格式）

序号	材料和工程设备名称	规格	数量	供货厂家名称	备注
1					
2					
3					
4					
5					
…					

（2）承包人应按合同进度计划及监理人指定的格式和期限，提交上述材料和工程设备的需用计划，经监理人批准后，由承包人与指定的供货厂家签订供货协议，并应将协议副本提交监理人。

（3）除合同另有规定外，承包人应负责上述材料和工程设备的采购、验收、运输和保管，并承担上述工作所需的全部费用。

（4）上述指定的供货厂家不能按供货合同规定的规格、数量、质量或时间要求提供材料和工程设备时，由发包人和承包人共同与供货厂家交涉，若由此导致费用增加和工期延误，应依据其原因由发包人和承包人分担各自的责任。

15 承包人材料和设备的管理

15.4 承包人租用的施工设备。删去本款第（1）项全文，并代之以："（1）发包人可向承包人出租下表所列的施工设备。"

发包人可出租给承包人的施工设备表（参考格式）

序号	设备名称	型号及规格	设备状况	数量	出租地点	每台租赁价格（填入计价单位）
1						
2						
3						
4						
5						
…						

注 设备状况内应填写设备的新旧程序，如系旧设备应写明设备的购进时间、已使用的小时数、最近一次的大修时间。

17 进度计划

17.4 提交资金流估算表

本款补充下表。

资金流估算表（参考格式） 金额单位_____

年	月	工程和材料预付款	完成工作量付款	保留金扣留	预付款扣还	其他	应得付款

18 工程开工和完工

18.1 开工通知

监理人应在____年____月____日前发出开工通知。

18.4 完工日期

本合同全部工程、单位工程和部分工程要求完工日期如下表。

要求完工日期表（参考格式）

序　号	项目及其说明	要求完工日期

20 工期延误

20.3 承包人的工期延误

本款补充下表。

逾期完工违约金表（参考格式）

序号	项目及其说明	要求完工日期	逾期完工违约金/(元/d)

上表中各项逾期完工违约金将单独予以确定，但其最终的累计总金额不应超过合同价格的____%。

21 工期提前

21.1 承包人提前工期

本款补充下表。

提前完工奖金表（参考格式）

序号	项目及其说明	要求完工日期	提前完工奖金/（元/d）

23　材料和工程设备的检查和检验

23.1　材料和工程设备的检验和交货验收

若发包人指定部分材料和工程设备的供应来源时，本款应作如下修改：

本款第（1）项中"承包人提供的材料和工程设备应由承包人负责检验和交货验收"，改为"无论是承包人提供的材料和工程设备还是发包人指定供应来源的材料和工程设备，均由承包人负责检验和交货验收"。

29　文明施工

29.2　施工安全

若发包人需要委托承包人在工地建立一支消防队伍时，本款应作如下修改。

删去本款第（3）项全文，并代之以"发包人委托承包人在工地建立一支消防队伍负责全工地的消防工作，并配备必要的消防设备和救助设施，所需费用由承包人承担。对消防的要求见技术条款。发包人应负责协调承包人与其他承包人的关系。"

32　预付款

32.1　工程预付款

本款第（1）项中工程预付款总金额为合同价格的____％，第一次支付金额为该预付款总额的____％，第二次支付金额为该预付款总额的____％。

本款第（4）项中先后出现的两个"专用合同条款规定的数额"，分别为"合同价格的____％"和"合同价格的____％"。

32.2　永久工程的材料预付款

本款第（10）项中所指的"形成本合同永久工程的主要材料"为：

①（填入永久工程主要材料名称）_____。

②_____。

33　工程进度付款

33.4　支付时间

本款中"专用合同条款中规定的逾期付款违约金"为按中国人民银行规定的同期贷款最高利率计算的利息。

34　保留金

本款第（1）项中"专用合同条款规定的百分比"为"____％"，"专用合同条款规定的数额"为"合同价格的____％"。

37　物价波动引起的价格调整

37.4　其他的调价因素

若还有除通用合同条款规定外的调价因素和调价办法，可在本款作补充规定。

39　变更

39.1　变更的范围和内容

本款第（1）项②中，"专用合同条款规定的百分比为＿＿＿％"。

39.3　变更指示

若用于河道疏浚工程时，本款应补充增加第（4）项，其条文为："（4）河道疏浚工程的变更造成承包人无法使用原选用的疏浚设备完成变更工作量时，除非合同双方协商同意按变更处理，承包人可以不实施这项变更工作。"

47　工程风险

47.1　发包人的风险

若发包人指定部分材料和工程设备的供应来源时，本款应补充：本款第（2）项中，在"造成"后插入"材料和"三字。

48　工程保险和风险损失的补偿

48.1　工程和施工设备的保险

若由发包人投保工程险时，删去本款第（1）项全文，并代之以："发包人应以发包人和承包人的共同名义投保工程险（包括材料和工程设备）。保险的工程项目和其他有关情况说明如下：（根据工程具体投保情况填写）。"

50　人身和财产的损失

50.4　第三者责任险（包括发包人的财产）

若由发包人负责投保第三者责任险时，本款应作如下修改：本款第一句中"承包人应以承包人和发包人的共同名义……"改为"发包人应以发包人和承包人的共同名义……"。

51　对各项保险的要求

51.1　保险凭证和条件

若由发包人负责投保工程险和第三者责任险时，本款应作如下修改。

本款第一句中"承包人应向发包人提交按合同规定的各项保险合同的副本……"改为"发包人和承包人应相互提交按合同规定的各项保险合同的副本……"。

51.2　保险合同条件的变动

若由发包人负责投保工程险和第三者责任险时，本款应作如下修改。

删去本款全文，并代之以："发包人或承包人需要与保险公司协商变动各自投保的保险合同条件时，应事先征得另一方的同意，并通知监理人。"

51.3　未按规定投保的补救

若由发包人负责投保工程险和第三者责任险时，本款应作如下修改。

删去本款全文，并代之以："发包人或承包人在承包人接到开工通知日后84d内未按合同规定的条件办理保险，则另一方可以代为办理，所需费用由合同规定的投保责任方承担。"

53　工程保修

53.1　保修期

本合同工程的保修期为＿＿＿年。

增加条款：用于河道疏浚时，增加第53.4款。

53.4　疏浚工程无保修责任

疏浚工程无保修期，承包人对已完工验收的疏浚工程，在工程移交证书写明的完工日期后所发生的工程缺陷、河道缩窄或其他不合格之处，都不承担保修责任。

60　合同生效和终止

60.1　合同生效

若规定合同需经公证或鉴证时，本款应作如下修改：在"……签字并盖公章"与"后"之间插入"和办理公证或鉴证"。

增加条款：若合同需要保密时，增加第 61 条。

61　保密

除第 9.5 款和第 58 条第（3）项规定外，双方还应对本合同内容及双方相互提供标有密级的文件保密，未经许可不得泄露给与本合同无关的第三方，违者应对泄密造成的后果承担责任。

增加条款：若承包人为联营体时，增加第 62 条。

62　联营体各成员承担各自的和连带的责任

承包人为两家或两家以上企业联合组成的联营体时，各成员应为履行本合同承担各自的和连带的责任，并应推举其中的一个成员为该联营体的牵头人，代理联合体的任一方或全体成员承担本合同的责任，负责与发包人和监理人联系并接受指示，以及全面负责履行合同。经发包人确认的联合体协议和章程应作为合同文件的组成部分，在履行合同过程中，未经发包人同意，不得修改联合体协议和章程。

8.2　水利工程施工监理合同示范文本

说　明

为进一步规范水利建设监理市场秩序，提高建设监理水平，保障监理合同双方的合法权益，依据《中华人民共和国合同法》等法律法规和水利工程建设监理有关规定，结合现阶段我国水利工程建设监理实际，水利部组织修订了《水利工程建设监理合同示范文本》（GF—2007—0211），并与国家工商行政管理总局联合颁发。

为体现合同文本名称与其适用范围和相关内容的协调一致，本次修订将原名称"水利工程建设监理合同示范文本"改为"水利工程施工监理合同示范文本"（以下简称《合同文本》）。

本次修订着重修改了委托人和监理人的权利和义务条款，进一步规范了委托人、监理人职责和合同履行中有关问题的处理方式。修订后的《合同文本》将有利于规范当事人双方履行合同的行为，避免因合同条款不完备、不准确等原因产生合同纠纷。

《合同文本》包括"水利工程施工监理合同书""通用合同条款""专用合同条款""附件"四个部分。《水利工程建设监理规定》（水利部令第 28 号）规定必须实行施工监理的水利工程建设项目（不包括水土保持工程）应当使用本《合同文本》，其他可参照使用。在使用本《合同文本》时，"水利工程施工监理合同书"应由委托人与监理人平等协商一致后签署；"通用合同条款""专用合同条款"是一个有机整体，"通用合同条款"不得修改，"专用合同条款"是针对具体工程项目特定条件对"通用合同条款"的补充和具体说明，应根据工程监理实际情况进行修改和补充；"附件"所列监理服务的工作内容及相关要求，供委托人和监理人签订合同时参考。

水利工程施工监理合同书

委　托　人：

监　理　人：

合同编号：

合同名称：

依据国家有关法律、法规，＿＿＿＿（委托人名称）＿＿＿＿（以下简称委托人），委托＿＿＿（监理人名称）＿＿（以下简称监理人）提供＿＿＿（工程名称）＿＿＿工程＿＿（监理项目名称）＿＿监理服务，经双方协商一致，订立本合同。

一、工程概况

1. 工程名称：

2. 建设地点：

3. 工程等别（级）：

4. 工程总投资（人民币，下同）：＿＿＿＿＿＿＿万元

5. 工期：

二、监理范围

1. 监理项目名称：

2. 监理项目内容及主要特性参数：

3. 监理项目投资：

4. 监理阶段：＿＿＿（施工期、保修期）＿＿＿

三、监理服务内容、期限

1. 监理服务内容：按专用合同条款约定填写。

2. 监理服务期限：

自＿＿年＿＿月＿＿日至＿＿年＿＿月＿＿日。

四、监理服务酬金

监理正常服务酬金为（大写）＿＿＿＿＿＿＿＿＿元，由委托人按专用合同条款约定的方式、时间向监理人支付。

五、监理合同的组成文件及解释顺序

1. 监理合同书（含补充协议）。

2. 中标通知书。

3. 投标报价书。

4. 专用合同条款。

5. 通用合同条款。

6. 监理大纲。

7. 双方确认需进入合同的其他文件。

六、本合同书经双方法定代表人或其授权代表人签名并加盖本单位公章后生效。

七、本合同书正本一式贰份，具有同等法律效力，由双方各执一份；副本＿＿＿份，委托人执＿＿＿份，监理人执＿＿＿份。

委　　　托　　　人：＿＿（盖章）＿＿　　　　　监　　　理　　　人：＿＿（盖章）＿＿

法 定 代 表 人：＿＿（签名）＿＿　　　　　法 定 代 表 人：＿＿（签名）＿＿

或授权代表人：＿＿（签名）＿＿　　　　　或授权代表人：＿＿（签名）＿＿

单位地址：＿＿＿＿＿＿＿＿＿　　　　　单位地址：＿＿＿＿＿＿＿＿＿

邮政编码：＿＿＿＿＿＿＿＿＿　　　　　邮政编码：＿＿＿＿＿＿＿＿＿

电　　话：＿＿＿＿＿＿＿＿＿　　　　　电　　话：＿＿＿＿＿＿＿＿＿

电子信箱：＿＿＿＿＿＿＿＿＿　　　　　电子信箱：＿＿＿＿＿＿＿＿＿

传　　真：_____　　　　传　　真：_____

开户银行：_____　　　　开户银行：_____

账　　号：_____　　　　账　　号：_____

签订地点：_____

签订时间：____年____月____日

第一部分　通用合同条款

词语涵义及适用语言

第一条　下列名词和用语，除上下文另有约定外，具有本条所赋予的涵义：

一、"委托人"指承担工程建设项目直接建设管理责任，委托监理业务的法人或其合法继承人。

二、"监理人"指受委托人委托，提供监理服务的法人或其合法继承人。

三、"承包人"指与委托人（发包人）签订了施工合同，承担工程施工的法人或其合法继承人。

四、"监理机构"指监理人派驻工程现场直接开展监理业务的组织，由总监理工程师、监理工程师和监理员以及其他人员组成。

五、"监理项目"是指委托人委托监理人实施建设监理的工程建设项目。

六、"服务"是指监理人根据监理合同约定所承担的各项工作，包括正常服务和附加服务。

七、"正常服务"指监理人按照合同约定的监理范围、内容和期限所提供的服务。

八、"附加服务"指监理人为委托人提供正常服务以外的服务。

九、"服务酬金"指本合同中监理人完成"正常服务""附加服务"应得到的正常服务酬金和附加服务酬金。

十、"天"指日历天。

十一、"现场"指监理项目实施的场所。

第二条　本合同适用的语言文字为汉语文字。

监理依据

第三条　监理的依据是有关工程建设的法律、法规、规章和规范性文件，工程建设强制性条文、有关技术标准，经批准的工程建设项目设计文件及其相关文件，监理合同、施工合同等合同文件。具体内容在专用合同条款中约定。

通知和联系

第四条　委托人应指定一名联系人，负责与监理机构联系。更换联系人时，应提前通知监理人。

第五条　在监理合同实施过程中，双方的联系均应以书面函件为准。在不做出紧急处理即可能导致安全、质量事故的情况下，可先以口头形式通知，并在48h内补做书面通知。

第六条　委托人对委托监理范围内工程项目实施的意见和决策，应通过监理机构下达，法律、法规另有规定的除外。

委托人的权利

第七条　委托人享有如下权利：

一、对监理工作进行监督、检查，并提出撤换不能胜任监理工作人员的建议或要求。

二、对工程建设中质量、安全、投资、进度方面的重大问题的决策权。

三、核定监理人签发的工程计量、付款凭证。

四、要求监理人提交《监理月报》《监理专题报告》《监理工作报告》和《监理工作总结报告》。

五、当监理人发生本合同专用条款约定的违约情形时，有权解除本合同。

监 理 人 的 权 利

第八条　委托人赋予监理人如下权利：

一、审查承包人拟选择的分包项目和分包人，报委托人批准。

二、审查承包人提交的施工组织设计、安全技术措施及专项施工方案等各类文件。

三、核查并签发施工图纸。

四、签发合同项目开工令、暂停施工指示，但应事先征得委托人同意；签发进场通知、复工通知。

五、审核和签发工程计量、付款凭证。

六、核查承包人现场工作人员数量及相应岗位资格，有权要求承包人撤换不称职的现场工作人员。

七、发现承包人使用的施工设备影响工程质量或进度时，有权要求承包人增加或更换施工设备。

八、当委托人发生本合同专用条款约定的违约情形时，有权解除本合同。

九、专用合同条款约定的其他权利。

委 托 人 的 义 务

第九条　工程建设外部环境的协调工作。

第十条　按专用合同条款约定的时间、数量、方式，免费向监理机构提供开展监理服务的有关本工程建设的资料。

第十一条　在专用合同条款约定的时间内，就监理机构书面提交并要求作出决定的问题作出书面决定，并及时送达监理机构。超过约定时间，监理机构未收到委托人的书面决定，且委托人未说明理由，监理机构可认为委托人对其提出的事宜已无不同意见，无须再作确认。

第十二条　与承包人签订的施工合同中明确其赋予监理人的权限，并在工程开工前将监理单位、总监理工程师通知承包人。

第十三条　提供监理人员在现场的工作和生活条件，具体内容在专用合同条款中明确。如果不能提供上述条件的，应按实际发生费用给予监理人补偿。

第十四条　按本合同约定及时、足额支付监理服务酬金。

第十五条　为监理机构指定具有检验、试验资质的机构并承担检验、试验相关费用。

第十六条　维护监理机构工作的独立性，不干涉监理机构正常开展监理业务，不擅自作出有悖于监理机构在合同授权范围内所作出的指示的决定；未经监理机构签字确认，不得支付工程款。

第十七条　为监理人员投保人身意外伤害险和第三者责任险。如要求监理人自己投保，则应同意监理人将投保的费用计入报价中。

第十八条　将投保工程险的保险合同提供给监理人作为工程合同管理的一部分。

第十九条　未经监理人同意，不得将监理人用于本工程监理服务的任何文件直接或间接用于其他工程建设之中。

监 理 人 的 义 务

第二十条　本着"守法、诚信、公正、科学"的原则，按专用合同条款约定的监理服务内容为委托人提供优质服务。

第二十一条　在专用合同条款约定的时间内组建监理机构，并进驻现场。及时将监理规划、监理机构及其主要人员名单提交委托人，将监理机构及其人员名单、监理工程师和监理员的授权范围通知承包人；实施期间有变化的，应当及时通知承包人。更换总监理工程师和其他主要监理人员应征得委托人同意。

第二十二条　发现设计文件不符合有关规定或合同约定时，应向委托人报告。

第二十三条　核验建筑材料、建筑构配件和设备质量，检查、检验并确认工程的施工质量；检查施工安全生产情况。发现存在质量、安全事故隐患，或发生质量、安全事故，应按有关规定及时采取相应的监理措施。

第二十四条　监督、检查工程施工进度。

第二十五条　按照委托人签订的工程保险合同，做好施工现场工程保险合同的管理。协助委托人向保险公司及时提供一切必要的材料和证据。

第二十六条　协调施工合同各方之间的关系。

第二十七条　按照施工作业程序，采取旁站、巡视、跟踪检测和平行检测等方法实施监理。需要旁站的重要部位和关键工序在专用合同条款中约定。

第二十八条　及时做好工程施工过程各种监理信息的收集、整理和归档，并保证现场记录、试验、检验、检查等资料的完整和真实。

第二十九条　编制《监理日志》，并向委托人提交《监理月报》《监理专题报告》《监理工作报告》和《监理工作总结报告》。

第三十条　按有关规定参加工程验收，做好相关配合工作。委托人委托监理人主持的分部工程验收由专用合同条款约定。

第三十一条　妥善做好委托人所提供的工程建设文件资料的保存、回收及保密工作。在本合同期限内或专用合同条款约定的合同终止后的一定期限内，未征得委托人同意，不得公开涉及委托人的专利、专有技术或其他需保密的资料，不得泄露与本合同业务有关的技术、商务等秘密。

监 理 服 务 酬 金

第三十二条　监理正常服务酬金的支付时间和支付方式在专用合同条款中约定。

第三十三条　除不可抗力外，有下列情形之一且由此引起监理工作量增加或服务期限延长，均应视为监理机构的附加服务，监理人应得到监理附加服务酬金。

一、由于委托人、第三方责任、设计变更及不良地质条件等非监理人原因致使正常的监理服务受到阻碍或延误；

二、在本合同履行过程中，委托人要求监理机构完成监理合同约定范围和内容以外的服务；

三、由于非监理人原因暂停或终止监理业务时，其善后工作或恢复执行监理业务的工作。

监理人完成附加服务应得到的酬金，按专用合同条款约定的方法或监理补充协议计取和支付。

第三十四条　国家有关法律、法规、规章和监理酬金标准发生变化时，应按有关规定调整监理服务酬金。

第三十五条　委托人对监理人申请支付的监理酬金项目及金额有异议时，应当在收到监理人支付申请书后7d内向监理人发出异议通知，由双方协商解决。7d内未发出异议通知，则按通用合同条款第三十二条、第三十三条、第三十四条的约定支付。

合 同 变 更 与 终 止

第三十六条　因工程建设计划调整、较大的工程设计变更、不良地质条件等非监理人原因致使本合同约定的服务范围、内容和服务形式发生较大变化时，双方对监理服务酬金计取、监理服务期限等有关合同条款应当充分协商，签订监理补充协议。

第三十七条　当发生法律或本合同约定的解除合同的情形时，有权解除合同的一方要求解除合同的，应书面通知对方；若通知送达后 28d 内未收到对方的答复，可发出终止监理合同的通知，本合同即行终止。因解除合同遭受损失的，除依法可以免除责任的外，应由责任方赔偿损失。

第三十八条 在监理服务期内，由于国家政策致使工程建设计划重大调整，或不可抗力致使合同不能履行时，双方协商解决因合同终止所产生的遗留问题。

第三十九条 本合同在监理期限届满并结清监理服务酬金后即终止。

违 约 责 任

第四十条 委托人未履行合同条款第十条、第十一条、第十三条、第十四条、第十五条、第十六条、第十七条、第十九条约定的义务和责任，除按专用合同条款约定向监理人支付违约金外，还应继续履行合同约定的义务和责任。

第四十一条 委托人未按合同条款第三十二条、第三十三条、第三十四条约定支付监理服务酬金，除按专用合同条款约定向监理人支付逾期付款违约金外，还应继续履行合同约定的支付义务。

第四十二条 监理人未履行合同条款第二十一条、第二十三条、第二十四条、第二十五条、第二十七条、第二十八条、第二十九条、第三十条、第三十一条约定的义务和责任，除按专用合同条款约定向委托人支付违约金外，还应继续履行合同约定的义务和责任。

争 议 的 解 决

第四十三条 本合同发生争议，由当事人双方协商解决；也可由工程项目主管部门或合同争议调解机构调解；协商或调解未果时，经当事人双方同意可由仲裁机构仲裁，或向人民法院起诉。争议调解机构、仲裁机构在专用合同条款中约定。

第四十四条 在争议协商、调解、仲裁或起诉过程中，双方仍应继续履行本合同约定的责任和义务。

其   他

第四十五条 委托人可以对监理人提出并落实的合理化建议给予奖励。奖励办法在专用合同条款中约定。

第 二 部 分 专 用 合 同 条 款

监 理 依 据

第三条 本合同的监理依据为：＿＿＿＿＿＿＿＿＿。

委 托 人 的 权 利

第七条

五、当监理人发生下列违约情形时，委托人有权解除合同。

1. ＿＿＿＿＿＿＿＿＿＿。
2. ＿＿＿＿＿＿＿＿＿＿。
3. ＿＿＿＿＿＿＿＿＿＿。

监 理 人 的 权 利

第八条

八、当委托人发生下列违约情形时，监理人有权解除合同。

1. _____。

2. _____。

3. _____。

九、委托人赋予监理人的其他权利

1. 签发工程移交证书（若不授予则删除此款；若授予应约定监理人的具体权限）。

2. 签发保修责任终止证书（若不授予则删除此款；若授予应约定监理人的具体权限）。

3 _____。

委 托 人 的 义 务

第十条　委托人向监理机构免费提供的资料如下表。

序号	资料名称	份数	提供时间	收回时间	保存和保密要求

第十一条　委托人对监理机构书面提交并要求作出决定的事宜作出书面决定并送达的时限：

一般文件_____天；紧急事项_____天；变更文件_____天。

第十三条　委托人无偿向监理机构提供的工作、生活条件如下表。

序号	名　称	单位	数量	提供时间	交还时间	管理要求	备注
1	生活、办公用房……						
2	办公设施、设备						
3	检验、测试设备……						
4	交通工具……						
5	通信设施						
6	其他（水、电等）						

监 理 人 的 义 务

第二十条　监理服务内容：（参照附件，由双方协商确定）。

第二十一条　监理人应当在本合同生效后____天内组建监理机构，并进驻现场。

第二十七条　需旁站监理的工程重要部位是：_____。

需旁站监理的关键工序是：_____。

第三十条　委托人委托监理人主持的分部工程验收：_____。

第三十一条　在本合同终止后____天内，未征得委托人同意，不得泄露与本合同业务有关的技术、商务等秘密。

监 理 服 务 酬 金

第三十二条　监理正常服务酬金支付方法。

一、支付时间为：＿＿＿＿＿＿＿＿＿＿＿＿。

二、支付方式为：＿＿＿＿＿＿＿＿＿＿＿＿。

第三十三条　监理附加服务酬金的计取与支付方法。

一、计取方法为：＿＿＿＿＿＿＿＿＿＿＿＿。

二、支付方式为：＿＿＿＿＿＿＿＿＿＿＿＿。

三、支付时间为：＿＿＿＿＿＿＿＿＿＿＿＿。

违 约 责 任

第四十条　委托人违约，应支付给监理人违约金。

违约金：＿＿＿＿＿＿＿＿＿＿＿＿。

第四十一条　因委托人延期支付监理服务酬金而向监理人支付逾期付款违约金的计算办法：＿＿＿＿＿＿＿＿＿＿＿＿。

第四十二条　监理人违约，应支付给委托人违约金。

违约金：＿＿＿＿＿＿＿＿＿＿＿＿。

争 议 的 解 决

第四十三条　争议调解、仲裁机构。

一、争议调解机构为：＿＿＿＿＿＿＿＿＿＿。

二、仲裁机构为：＿＿＿＿＿＿＿＿＿＿＿＿。

其 他

第四十五条　委托人对监理人提出并落实的合理化建议的奖励办法为：＿＿＿＿＿。

第三部分　附　件

本合同监理服务内容如下（具体内容由双方协商确定）。

（一）设计方面

1. 核查并签发施工图，发现问题向委托人反映，重大问题向委托人做专题报告。

2. 主持或与委托人联合主持设计技术交底会议，编写会议纪要。

3. 协助委托人会同设计人对重大技术问题和优化设计进行专题讨论。

4. 审核承包人对施工图的意见和建议，协助委托人会同设计人进行研究。

5. 其他相关业务。

（二）采购方面

1. 协助委托人进行采购招标。

2. 协助委托人对进场的永久工程设备进行质量检验与到货验收。

3. 其他相关业务。

（三）施工方面

1. 协助委托人进行工程施工招标和签订工程施工合同。

2. 全面管理工程施工合同，审查承包人选择的分包单位，并报委托人批准。

3. 督促委托人按工程施工合同的约定，落实必须提供的施工条件；检查承包人的开工准备工作。

4. 审核按工程施工合同文件约定应由承包人提交的设计文件。

5. 审查承包人提交的施工组织设计、施工进度计划、施工措施计划；审核工艺试验成果等。

6. 进度控制。协助委托人编制控制性总进度计划，审批承包人编制的进度计划；检查实施情况，督促承包人采取措施，实现合同工期目标。当实施进度发生较大偏差时，要求承包人调整进度计划；向委托人提出调整控制性进度计划的建议意见。

7. 施工质量控制。审查承包人的质量保证体系和措施；审查承包人的实验室条件；依据工程施工合同文件、设计文件、技术标准，对施工全过程进行检查，对重要部位、关键工序进行旁站监理；按照有关规定，对承包人进场的工程设备、建筑材料、建筑构配件、中间产品进行跟踪检测和平行检测，复核承包人自评的工程质量等级；审核承包人提出的工程质量缺陷处理方案，参与调查质量事故。

8. 资金控制。协助委托人编制付款计划；审查承包人提交的资金流计划；核定承包人完成的工程量，审核承包人提交的支付申请，签发付款凭证；受理索赔申请，提出处理建议意见；处理工程变更。

9. 施工安全控制。审查承包人提出的安全技术措施、专项施工方案，并检查实施情况；检查防洪度汛措施落实情况；参与安全事故调查。

10. 协调施工合同各方之间的关系。

11. 按有关规定参加工程验收，负责完成监理资料的汇总、整理，协助委托人检查承包人的合同执行情况；做好验收的各项准备工作或者配合工作，提供工程监理资料，提交监理工作报告。

12. 档案管理。做好施工现场的监理记录与信息反馈，做好监理文档管理工作，合同期限届满时按照档案管理要求整理、归档并移交委托人。

13. 监督承包人执行保修期工作计划，检查和验收尾工项目，对已移交工程中出现的质量缺陷等调查原因并提出处理意见。

14. 按照委托人签订的工程保险合同，做好施工现场工程保险合同的管理。协助委托人向保险公司及时提供一切必要的材料和证据。

15. 其他相关工作。